흙건축

흙으로 하는 생태적 계획 및 건설

KB077840

흙건축
흙으로 하는 생태적 계획 및 건설

Horst Schroeder 지음

이은주 옮김

씨아이알

옮긴이의 글

건축 분야에서 일하고 연구한 지 20여 년이 훌쩍 지난 시점에 우연히 흙건축과 마주쳤고 화들짝 그 생태적 가치에 눈을 떴습니다. 밤낮도 계절도 지역도 상관없이 어디에서든 하늘 높이 번쩍이지만 동시에 소모적이고 공허한 현대건축의 아쉬움에 대한 답을 찾은 느낌이었습니다. 그러나 산업화 과정에서 소홀히 여겼다가 불과 20세기 말부터 다시 주목받기 시작한 흙건축을 체계적으로 다룬 자료는 일반적인 건축에 비해 매우 적었습니다. 따라서 앞뒤 없이 자료를 헤집던 중에 발견한 이 책이 매우 반가웠습니다.

뒤늦게 흙건축에 빠져든 저는 이 책을 통해 흙건축 자재를 공학 관점에서 연구하고 열심히 산업 생산과 표준화를 추진하고 있는 독일 흙건축의 전개 과정을 엿볼 수 있었고, 나아가 흙건축 분야 전반의 흐름을 파악하는 데 큰 도움이 되었습니다. 따라서 흙건축에 애정을 가진 다른 분들께도 유용할 것으로 확신하여 번역하고자 마음먹었습니다.

연일 사회적 거리두기 단계가 상향되던 시기에 모두를 짓누르던 불안감을 떨치며 번역 작업의 유도차pace maker 역할을 해준 권오진 연구원, 박주연 연구원에게 감사합니다. 어려운 상황에서 발휘해준 성실함은 신뢰 이상의 감동을 주었고, 진심으로, 함께해서 행운이었습니다. 또한 흙건축 입문자의 용감한 작업에 여러 가지로 도움을 주신 목포대학교의 황혜주 교수님, 이소유 선생님, 그리고 씨아이알 출판사의 담당자들께도 감사드립니다.

번역 작업이 한창이던 2021년 1월 말에 Hugo Houben 교수님의 부고가 들려왔습니다. 정확히 1년 전인 2020년 2월에 눈, 비, 우박을 한꺼번에 맞으면서도 전혀 지친 기색 없이 일다보Ile d'Abeau 주거 단지 구석구석으로 저희 일행을 이끌며 열정적으로 설명해주시던 기억이 생생했기 때문에 믿기 어려웠습니다. 현대 흙건축의 가능성을 제시한 첫 세대이신 Houben 교수님께 감사와 작별의 마음을 전합니다.

2021년 9월 연구실에서 이은주

서 문

흙은 수천 년 동안 건축 자재로 사용되었다. 이집트, 서아시아, 중국, 중앙아시아, 라틴아메리카 고대 문명의 건축은 이 자재와 밀접하게 연관되어 있다. 중부 유럽에서도 수천 년 동안 흙을 건축 자재로 사용했다는 고고학적 증거가 있다. 각 지역 내에서 흙자재를 활용하면서 쌓인 경험과 건축 규칙이 여러 세대에 걸쳐 전승되어 기후에 따라 가장 보편적이고 최적화된 건축 공법으로 이어졌다. 건축물은 환경친화적인 방법으로 현지에서 조달할 수 있는 자재로 지었다. 흙 구조물은 풍경과 잘 어우러져 수 세기 동안 변두리 지방과 도시 주거지의 모습을 형성했다. 건축물의 "재활용"은 문제가 되지 않았다: 흙건축 자재는 무기한 재사용하거나 환경에 해를 끼치지 않고 자연의 순환계로 되돌릴 수 있었다.

현대에는 이런 모든 측면을 "지속 가능한 건축물"이라는 용어로 어느 정도 집약할 수 있다. 오랫동안 건축 자재와 건축 설계를 주로 구조 설계, 재료 기술, 경제성 측면에서 평가했다. 그러나 오늘날 생태적 기준, 특히 건축물이 에너지 소비와 환경에 미치는 영향은 지속 가능한 개발에서 점점 더 중요해졌다. 건축주들은 쾌적한 실내 기후를 조성하는 무독성의 건강한 건축 자재를 요구한다. 인기를 끄는 또 다른 측면은 독특한 재질감, 기분 좋은 표면 촉감, 다양한 색상과 같은 건축 부재의 감각적인 특성이다. 이는 흙을 건축 자재로서 더욱 바람직하게 한다.

흙은 산업적으로 대량 생산된 건축 자재로 지어진 전형적인 기존 건축에 비해 수년간 외면당해 왔으나, 비로소 이런 맥락으로 재조명을 받고 있다. 오늘날 민간 못지않게 공공 건축주도 점점 더 많이 흙으로 된 건축 자재를 선택한다.

이 책은 현대 관점에서 흙건축 사업의 계획과 시행을 설명한다: 역사적 보존과 개축 사업에 필요한 전통 보존을 중요시하는 동시에 현대 흙건축의 현재 동향을 보여준다. 지속 가능성 측면과 흙을 다른 "현대적" 건축 자재와 어떻게 결합할 수 있는지에 특히 중점을 둔다.

건축 자재로서 흙의 수명주기에 대한 개념은 이 책에서 반복하는 주제이다: 재료의 조달과 채취, 건축 자재와 건축 부재로 만들기 위한 흙 준비와 가공, 완성된 건물의 유효수명과 유지 관리, 마지막으로 순환을 완성하는 건물의 철거와 재활용을 포함한 흙의 모든 처리 단계를 다룬다. 오늘날 건축 자재의 수명주기 모델은 지속 가능성과 관련하여 건축 자재와 건축 산업재의 생산을 정량적으로 기록하고 평가하는, 보편적으로 수용된 방법론적 접근 방식이다.

이 책은 흙을 건축 자재로 다루며 일해온 내 다년간의 경험을 요약했다. 여기에는 독일 바이마르 바우하우스 대학에서 연구와 강의의 일부로, 다양한 국내외 기관과 건축주 대상 자문가로, 건설 현장에서 실무를 통해서 얻은 지식을 반영하고 있다. 무엇보다도 20년 동안 독일흙건축협회(German Association for Building with Earth: Dachverband Lehm e.V.)의 회장을 역임한 것과 수많은 건설사업에 참여하며 협회의 구성원들과 전문적인 교류를 한 것이 이 책을 집필하는 바탕이 되었다.

2010년에 출간된 독일어 초판은 곧 매진되었다. 개정판은 2013년에 출간되었는데, 특히 새로 출간된 흙건축 자재용 DIN 표준과 같은 변화를 많이 포함했다. 많은 해외 동료들이 이 책의 영어 번역에 관심을 표명했다. 출판사와 나는 이 희망과 바람에 답하기로 했으며, 영어 번역판이 원래 독일어판과 같은 수준의 관심을 받기를 바란다.

재검토하여 다소 최신화한 두 번째 독일어 개정판이 영어 번역판의 기반이다. 이 책이 전 세계의 흙건축 관계자들에게 도움이 되길 바란다.

2015년 3월 독일 바이마르, Horst Schroeder

CONTENTS

기호 목록

기호	단위	척도	척도집단[a]
A	m^2	면적	3, 4, 5
A	Bq	방사능	5
A	kN/cm	압축작업	3
a	mm	슬럼프	3
a	Bq/kg	비방사능	5
A_s	cm^2/g	입자 비표면적	2
b	$Ws/s0.5m^2K$	열침투계수	5
C	W/m^2K^4, $kcal/hm^2K4^4$	"비흑체"의 복사계수	5
C_c	–	곡률계수, 입도	1
c_N	g/cm^2, N/mm^2	Niemeyer 응집강도	3
c_p	Ws/kg K, kJ/kg K	비열용량	5
C_u	–	균일계수	1
d	m	건축 부재의 두께	5, 7
d	mm	입자 크기 / 입도	1
d	mm	입자 지름	1
d	mm	시험체 지름	1, 4
D	Gy, J/kg	흡수선량	5
D_f	–	변형비	4
D_{Pr}	–	압축도	1
d_x	mm	x% 만큼 체를 통과하는 입자 지름	1
e	–	공극률	1
e	m	기초 바닥 평면에서 합력의 편심	4
E	N/mm^2, MN/m^2	단축 탄성계수, 단축 Young계수	4
E_S	N/mm^2, MN/m^2	압밀계수	4
E_S	W/m^2	총복사에너지	5
F	kN, N	힘	4
F_s	%	자유팽윤값	4
G	kN, MN	고정하중	4
G	MN/m^2	전단계수	4
H	Sv, J/kg	선량당량	5
h	Sv/a, mSv/a	선량당량률	5
h	mm	높이, 시험체 높이	1, 4, 7
h_1	mm	뭉개진 시료 높이	4

기호	단위	척도	척도집단[a]
h_o	mm	초기 시료 높이	1, 4
I	Bq/kg	방사능 농도지수	5
I	12-degree scale	지진 진도	4
I_A, AI	–	활성비, 활성지표	2
I_o, CI	–	연경도 수준	3
I_p, PI	–	가소성 지수	3
I_S	–	수축지수	3
l	mm	길이	7
L_n	dB	충격음 수준	5
$L_{n, w}$	dB	가중정규화충격음압 수준	5
M	Richter scale	지진 규모	4
m_{Ca}	g	전체 탄산염에 대한 질량 비율, md 기준	2
m_d	g	건조 질량	1, 3
m_m	g	습윤 질량	1, 3
m_s	g	고체 질량	1, 3
m_w	kg/m^2	모세관 현상을 통해 흡수한 수분 질량	5
n	–	다공성	1
Q	J, Ws; 1 J=1Ws	열, 열량	5
q	W/m^2	열유속 밀도	5
Q_s	Ws/m^{2}K	축열용량	5
R	m^{2}K/W	열관류저항	5
R	kN	구조 저항성, 합쳐진	4
R	dB	음향감쇠지표	5
RH	%	상대습도	3, 5
R_{si}, R_{se}	m^{2}K/W	표면열관류저항, 실내(i) 및 외부(e)	5
R_T	m^{2}K/W	총열관류저항	5
R_w	dB	가중음향감쇠지표	5
$R_w{'}$	dB	인접 건축 부재를 고려한 가중음향감쇠지표	5
S	Ws/m^{3}K	체적 열용량	5
S	kN	사용하중	4
s_d	–	수중기확산등가공기층 두께	5
S_r	–	포화도	1
t	s, h, a	시간	4, 5
T, Θ	K, ℃; 1K=1℃	온도	5, 6
t_A	h	냉각거동	5
U	W/m^{2}K	총열관류율, U값	5
V	cm^3, m^3	시료의 전체 부피	1, 3
v_{Ca}	%	석회 성분	2

기호	단위	척도	척도집단[a]
v_{gl}	%	강열감량법	2
V_P	cm^3, m^3	공극부피, 기공 면적	1
V_S	cm^3, m^3	고체 덩어리 부피	1
w	–	함수량	1, 2, 3
w	mm	너비	7
w_a	–	수분 흡수용량	5
w_c	–	실질/연속 함수량, 평형 함수량	5
w_{hygr}	–	흡습량	5
w_L, LL	–	액성한계에서 함수량	3
w_N	–	표준연경도에서 함수량(Niemeyer)	3
w_P, PL	–	소성한계에서 함수량	3
w_{Pr}	–	프록터 함수량, 최적 함수량	3
w_S, SL	–	수축한계에서 함수량	3
a	–	형태계수	1
β	N/mm^2	강도 척도	4
β_{AS}, c	N/mm^2	접착 전단강도	4
β_{AT}	N/mm^2	접착 (인장) 강도	4
β_C	N/mm^2	압축강도	4
β_D	N/mm^2	건조 압축강도	4
β_F	N/mm^2	휨강도	4
β_k	N/mm^2	가속 시험으로 측정한 압축강도	4
β_S	N/mm^2	전단강도	4
β_{ST}	N/mm^2	쪼갬 인장강도	4
β_T	N/mm^2	인장강도	4
β_{TW}	N/mm^2	표준연경도에서 인장강도(Niemeyer)	4
γ	kN/m^3	단위 중량, 비단위 중량	1
γ_M	–	부분안전계수	4
γ_{zx}	°	전단왜곡	4
$\Delta\Theta$	K	온도진폭	5
ε'	–	복사율	5
ε, ε_x, ε_y, ε_z	%	변형	4
ε_{bl}	%	침전/침하	4
ε_c	%	화학 유도 변형	4
ε_d	%	탄성 변형 +/−	4
ε_f	%	수분 변형 +/−	4
$\varepsilon_{f,l}$	%	선형수축도	4
ε_{fl}	%	소성 변형, 유속	4

기호	단위	척도	척도집단[a]
ε_T	%	열 변형 $+/-$	4
$\varepsilon_{v,el}$	%	지연 탄성 변형	4
Λ	W/m^{2}K	열관류율	5
$\lambda(k)$	W/mK	열전도율계수	5
μ	$-$	수증기확산저항계수	5
μ	$-$	마찰계수	4
ν	$-$	푸아송 비	4
ρ	g/cm^3, kg/dm^3	용적밀도, 습윤 용적밀도	1
ρ_d	g/cm^3, kg/dm^3	건조 용적밀도	1
ρ_{Pr}	g/cm^3, kg/dm^3	프록터 밀도	1
ρ_s	g/cm^3, kg/dm^3	비밀도, 고형비밀도	1
ρ_{sr}	g/cm^3, kg/dm^3	포화 용적밀도	1
τ	N/mm^2	전단응력	4
Φ	W	열유속	5
Φ	$-$	크리프비	4
φ	h	상변위	5
ψ	$-$	완화	4
$\sigma,\ \sigma_x,\ \sigma_y,\ \sigma_z$	N/mm^2	응력	4
σ_p	N/mm^2	허용 압축응력	4
σ_s	N/mm^2	팽윤압	3

[a] 표 1.1에 따른 척도 집단

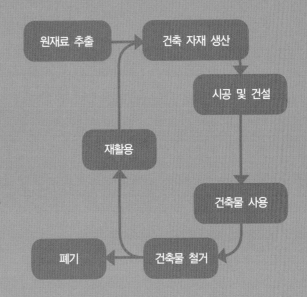

흙건축의 발전

기원전 약 10,000년경에, 인간사에서 결정적인 변화가 일어났다: 그 시점까지 식량 조달의 주요한 방식이었던 수렵과 채집이 점차 혼합 농경으로 대체되었다. 이 새로운 생활방식으로 인해 농산물 저장용 구조물뿐 아니라 사람과 가축 모두가 사용할 영구적인 은신처 건축이 필요해졌다. 이런 구조물에 자연석, 나무, 그리고 무엇보다도 흙을 건축자재로 사용했다.

1 흙건축의 발전

The Development of Earth Building

1.1 흙건축의 역사적 뿌리

인류 역사에서는 지역의 지질학적 조건뿐 아니라 주요 기후와 식생에 따라 다양한 건축 양식과 건축 방식이 발전해왔다: 주요 목재 조달원이 없는 고온 건조 기후에서는 내력 흙벽을 이용한 **중량 건축물** *massive construction*이 지배적이며, 이러한 구조는 강한 일사량에 대한 "열 완충물heat buffer" 역할을 한다. 목재 조달원이 풍부한 천이 기후transitional climates나 산간 지역에서는 **가구식 건축** *framed construction*이 우세하다: 가구식 건축에서는 별도의 목재 골격이 구조체의 하중을 지탱하고, 때로 돌을 섞기도 한 흙으로 사이를 채워서 공간 구획 기능을 한다. 두 구조system를 결합한 과도기적인 건축 유형도 있다.

두 건축 양식은 세계 여러 지역에서 수천 년 전까지 거슬러 올라가기도 한다.

지금까지 알려진 바에 따르면, 오늘날의 터키, 이란, 이라크, 레바논, 시리아, 요르단, 이스라엘 지역인 **서남아시아** *Southwest Asia*에서부터 좌식 생활방식으로 전환이 시작되었고, 이곳에서 기원전 10,000년경의 최초 영구 거주지dwelling로 보이는 고고학적 증거도 발견되었다.

오늘날 터키의 아나톨리아Anatolia와 팔레스타인Palestine 지역에는 가장 오래된 영구 흙 주택들이 남아있는데(그림 1.1, 1.2, 1.3), 아나톨리아 지역 차탈 회위크Çatal Höyük에 있는 약 8,000년 된 구조물은 놀랍도록 수준이 높다. 하중을 지지하는 외벽은 흙블록으로 만들었고, 내부에서 목재 지지체로 지붕 구조물을 지탱했다. 평평한 지붕은 빗물을 막기 위해 나무 기둥, 풀 또는 갈대, 흙반죽 층으로 구성했다. 지붕을 통해 집에 출입했고, 개별 구조물들은 서로 맞닿아있는 벌집처럼 함께 모여있었다 [1].

그림 1.1 흙벽돌 집 모형도, 터키 아나톨리
아Anatolia의 차탈 회위크Çatal Höyük,
기원전 약 6,000년경 [1]

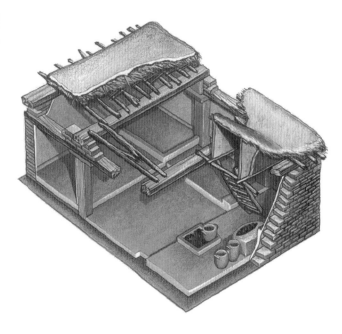

그림 1.2 고고학 발굴지, 터키 아나톨리아, 기원전 6,000년경

그림 1.3 흙블록 구조물, 이스라엘의 예리코Jericho, 팔레스타인Palestine, 기원전 약 6,000년경

중국 *China*은 넓은 지역이 점성토, 특히 충적토loess로 덮여 있다. 흙재료와 조합한 가구식 건축 뿐 아니라 수천 년에 걸쳐 전해진 흙으로 만든 내력 구조물의 증거가 존재한다.

그림 1.4의 흙다짐 건축 공법에 대한 역사적 묘사는 다음 이야기와 엮여 있다: 상(商) 왕조 Shang Dynasty(기원전 약 1320년경) 치하의 장관minister이었던 Fu Yueh(侯雀)는 흙다짐 공법의 개발자 이자 최초의 "흙다짐 건설 장인master builder"이었다고 한다. 전설에 의하면, Fu Yueh는 희한하게 등용되었다: 꿈에서 어떤 지혜롭고 유능한 사람을 본 황제가 그 사람을 그리게 했고, 전국에 이 사람의 그림을 가진 사신을 보내서 그를 찾게 했다. 사신들이 그림 속의 사람과 닮은 Fu Yueh와 마주쳤을 때 Fu Yueh는 흙을 다져서 집을 짓느라 바빴다고 하는데, 그림 1.4는 이 장면 을 묘사하고 있다. Fu Yueh는 궁으로 불려왔고 장관에 임명되었다 [2].

중국에서는 흙블록의 생산 및 사용 또한 수천 년 동안 알려져 왔다. 그림 1.5는 명(明) 왕조 Ming Dynasty 시대의 흙블록 생산 모습이다 [3].

그림 1.4 고대 중국 흙다짐 건축물, 기원전 1320년경 상나라 [2]

그림 1.5 명나라 시대 중국의 흙블록 생산 [3]

　만리장성은 중국에서 가장 크고 유명한 건축물일 뿐 아니라 인간이 지은 가장 큰 구조물로, 오늘날 알려진 총 길이 약 50,000km를 건설하는 데 거의 2,000년이 걸렸다. 지역별로 구할 수 있는 재료 상황에 따라 목재, 석재, 흙(소성벽돌 형태로도)과 식물성 강화재를 함께 사용했다. 그림 1.6은 기원전 220년경의 진(秦) 왕조Qin Dynasty 시대에 흙다짐 공법으로 지은 성벽의 한 부분을 보여준다 [4].

그림 1.6 기원전 220년경 지어진 중국 만리장성의 간쑤성Gansu Province 구간 [4]

　이집트 *Egypt*는 수천 년 전부터 흙건축 전통을 가져온 또 다른 전형적인 국가이다. 해마다 발생하는 나일Nile강의 홍수가 에티오피아 고원에서 비옥한 진흙을 옮겨왔는데, 햇볕에 마르면 단단해졌고 젖으면 다시 물러졌다malleable. 이 근본적인 경험이 햇볕에 말린 진흙mud블록 생산의 기본을 형성했다. 모래나 식물 섬유를 첨가하거나, 나아가 불에 구워서 더 강하고 견고하게 만들었다. 구약 성경에서는 흙블록 생산에 다진 짚을 쓴다고 기술했다 [출애굽기 5:7f, 16:18f].

　기원전 1500년경에 묘사된 그림 1.7은 흙 준비부터 블록을 사용한 건설까지 흙블록 생산에 이용되는 기술을 단계별로 보여준다 [5]. 그림 1.8에서 그 시기에 집권한 파라오인 하트셉수트Hatshepsut를 흙블록을 만들고 있는 건설 장인으로 상징적으로 묘사한 것은 이 활동의 중요성을 강조하는 것이다 [6]. 햇볕에 말린 흙블록으로 지은 볼트vault 구조물의 기원도 이집트로 거슬러 올라갈 수 있다. 그림 1.9는 기원전 1300년 무렵 람세스^{Ramses} 2세의 무덤 보관실에 사용한 흙블록 볼트^{vault}이다.

그림 1.7 고대 이집트의 흙블록 생산, 기원전 1500년경 [5]; 테반^{Theban} 서부의 비지에 레크마이어^{Vizier Rekhmire}에 위치한 무덤에 묘사됨

그림 1.8 나일강 진흙으로 블록을 만들고 있는 파라오 하트셉수트^{Hatshepsut}, 기원전 약 1500년경 [6]

그림 1.9 이집트 룩소르^{Luxor} 인근 흙블록 볼트^{vault}, 기원전 약 1300년경

상대적으로 나무가 적고 흙이 많은 지역인 **아프가니스탄** *Afghanistan*과 **이란** *Iran*의 유프라테스 *Euphrates*와 **티그리스** *Tigris* 사이에 위치한 **메소포타미아** *Mesopotamian*에는 수천 년 전으로 소급되는 흙건축 전통의 고고학적 증거가 있다. 그림 1.10은 이 지역의 여러 곳에서 나온 햇볕에 말린 흙블록을 보여준다 [7]. 이 블록은 이미 고도로 발달한 건축 부재 사전제작 기술의 실례이다.

이 지역에서는 흙블록을 큰 종교 건축물 건설에도 사용했는데, 피라미드 모양으로 지어진 이 건축물들은 이집트 건축물과 쉽게 그 규모를 비교할 수 있다. 그림 1.11은 복원 후의 초가 잔빌^{Chogha Zanbil} 피라미드(지구라트^{Ziggurat})의 상태를 보여준다. 이는 기원전 1500년경 엘람인^{Elamite} 지배자들이 현재의 이란 지역에 건설했다 [8]. 햇볕에 말린 흙블록으로 짓고 외부를 소성벽돌로 마감한 바벨탑[구약성서, 창세기 11:3]도 이 범주의 건물에 해당한다.

게다가 이 지역은 가장 오래된 흙건축 성문법^{written rules}의 본향으로 알려져 있다. 기원전 1800년경에 살았던 바빌로니아^{Babylonia}의 통치자 함무라비^{Hanmmurabi} 시대에 구운 점토판^{clay tablet} 위에 기록했다 [9].

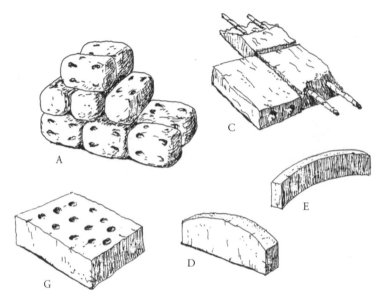

그림 1.10 메소포타미아Mesopotamia 및 아프가니스탄의 햇볕 건조 흙블록과 사전제작 건축 부재, 기원전 4천 년~6세기 [7]

그림 1.11 이란의 초가 잔빌Chogha Zanbil에 있는 지구라트Ziggurat, 기원전 1250년경 [8]

북쪽 중앙아시아 대초원과 사막의 **투르크메니스탄** *Turkmenistan*, **우즈베키스탄** *Uzbekista*, **카자흐스탄** *Kazakhstan* 문화는 수천 년 전으로 거슬러 올라가며, 5천 년 이상 흙을 건축 자재로 사용했다 [10]. 그림 1.12는 13세기 몽골 침략 때 칭기즈칸이 완전히 파괴한 아프라시아브Afrasiab의 고대

그림 1.12 아프라시아브^{Afrasiab}시의 흙블록벽, 현재 우즈베키스탄 사마르칸트^{Samarkand}주

도시 유적으로, 오늘날 우즈베키스탄 사마르칸트^{Samarkand}의 전신이다. 현대의 사마르칸트, 부하라^{Bukhara}, 치와^{Chiwa}는 2500년의 역사와 흙건축 전통을 가진 도시들이다.

현재 파키스탄의 인더스^{Indus}강을 따라 기원전 3천 년경 초반에 흙블록으로 지은 도시인 모헨조다로^{Mohenjo Daro}도 있다 [11].

소위 신대륙이라고 불리는 콜롬비아 이전 시대의 **페루** *Peru*에서도 다양한 흙건축 기술에 익숙했다. $120 \times 120 m^2$ 규모인 모체^{Moche}의 후아카 델 솔^{Huaca del Sol}(태양의 와카) 피라미드(200∼500년경) 건설에 1억 3천만 개의 햇볕에 말린 흙벽돌^{adobe}을 사용한 것으로 추산한다. 콜롬비아 이전 아메리카에서 가장 큰 도시였던 찬찬^{Chan Chan}에는 14∼15세기에 약 6만 명이 거주했었다. 오늘날 이 도시의 면적은 여전히 $25km^2$에 달하고, 흙벽돌 잔해로 뒤덮여 있다. 도시의 건설자는 여러 지구^{quarters}를 직각으로 배치했고 높은 흙벽돌벽으로 둘러쌓았다. 흙다짐 건축 기술도 알려져 있었다.

그림 1.13은 띠 모양^{friezes}(13세기)으로 장식한 찬찬 궁전의 흙다짐벽이다 [8].

그림 1.13 흙다짐 기법으로 지은 오늘날 페루 찬찬^{Chan Chan}의 궁전 유적, 13세기 [8]

북미에서도 전통 건축의 역사가 길다. 그림 1.14a는 평지붕을 받치는 목재 보로 된 지지체를 빚어 말린 흙벽돌 층으로 덮어 일체화한 푸에블로 인디언^{Pueblo Indian}의 움집(애리조나^{Arizona}, 뉴멕시코^{New Mexico})의 개념을 보여준다. 지붕의 개구부를 통해 사다리로 집에 드나들었는데(기원후 2세기경) [12], 이런 유형의 주택 건축은 아나톨리아 차탈 회위크에 있는 신석기 시대 흙블록 주택(그림 1.1)과 놀랍도록 유사하다.

미국 뉴멕시코 산타페 북쪽 리오그란데^{Rio Grande} 계곡의 타오스^{Taos}라는 작은 마을 중심부에 13~14세기 푸에블로 인디언 주거지^{settlement}가 보존되어 있다. 주거지의 건축 양식은 움집에 뿌리를 두고 있는데, 건축물뿐 아니라 출입구도 지상에 있으며 최대 4층에 달한다(그림 1.14b). 흙벽돌로 만든 벽은 1년에 한 번씩 흙미장으로 손질한다.

"푸에블로 데 타오스^{Puenlo de Taos}"는 유네스코 세계문화유산이다.

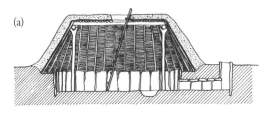

그림 1.14 미국 남서부에 있는 푸에블로 인디언^{Pueblo Indian}의 흙벽돌 주택. (a) 북미의 푸에블로 인디언 움집 [12]
(b) 미국 뉴멕시코주 푸에블로 데 타오스^{Puenlo de Taos}, 평지붕과 흙미장으로 된 흙벽돌 건물

1.2 문화유산으로서의 흙건축

지난 수 세기 동안 세계 각지에서 전통적인 흙건축 기술의 지식이 사라졌다. 가장 빈곤한 개발도상국에서마저도 콘크리트와 시멘트 같은 "현대적" 건축 자재가 종래에 건축 자재 역할을 하던 흙을 대체하기 시작했거나 이미 대체한 상태다. 흙이나 진흙은 종종 빈곤과 동일시된다. 특히 도시 지역에서 사람들은 경제적 여유가 생기는 대로 콘크리트나 소성벽돌로 건물을 짓는다. 그러나 개발도상국의 변두리 지역에서는 아직 흙이 건축 자재로 일상적인 건설 현장에서 살아남았다.

흙이 다시금 제 3세계 국가 사람들의 문화적 정체성의 일부가 된 데에는 ICOMOS와 CRATerre 조직이 전통 흙건축 분야에서 펼친 국제적 활동의 기여가 컸다. ICOMOS 내 다수의 전문가 집단은 역사적 구조물 보존 작업에 중점을 두고 있으며, 그중에는 흙건축 분야에서 일하는 ISCEAH(흙건축유산국제과학위원회, http://isceah.icomos.org)도 있다.

UNESCO 세계문화유산의 건축 유적 목록[13] 내에 역사적 흙건축을 포함시킨 것이 흙건축을 대하는 국가들의 인식에 변화를 촉발했다: 빈곤의 유산으로 여겼던 것이 국가의 역사적인 건축 전통과 업적에 대한 자부심으로 천천히 변화하고 있다. 2013년 세계문화유산 목록에 등재된 759개의 문화 유적 중 19%에 해당하는 143개 유적의 부분 또는 전체가 흙으로 지어졌다.

그중에는 중국의 만리장성, 예멘 시밤Shibam의 흙블록으로 지은 "타워 하우스Tower House", 스페인 그라나다Granada의 유명한 알람브라Alhambra, 티베트 라사Lhasa의 포탈라 궁Potala Palace이 있다 [52].

건축 유적으로 지정되면, 1964년 2차 역사건축물 건축가 및 전문가 국제회의에서 합의한 베니스헌장(Venice Charter)에 따라 역사적 구조물의 보존과 복원 원칙을 따라야 한다.

개발도상국에서는 이렇게 복원한 흙건축 유적을 중심으로 "지속 가능한" 관광을 개발하기 시작하여 절실하게 필요한 해외 수입을 얻고 있다. 그림 1.15a에서 볼 수 있는 모로코 남부 에이트 벤하두Ait Benhaddou의 흙다짐 주택은 UNESCO 세계문화유산 보호지에 등재되면서 이런 관광 개발의 한 예가 되었다. 이 주택들은 그 건설자의 공학 기술이 이룩한 성과물을 보여주는 인상적인 증거물testament이다. 오늘날 이런 건축 기술은 변두리 지역에서, 특히 노인 세대는 아직 기억하더라도 곧 잊힐 위험에 처해 있다. 건설 방식이 극명하게 변했기 때문이다: 주로 마을 공동체나 대가족 단위로 하던 건설 활동을 이제는 소규모 사업체가 돈을 벌기 위해 한다.

특별한 흙건축 기술을 보존하려는 노력은 독일의 야외 박물관과 유사한 새로운 형태의 박물관 조성으로 이어질 것이다. 이런 상황에서는 멸실 위기에 처한 흙건축 구조물과 전통적 흙건축 기술을 문화적 정체성의 일부로서 문서화하는 것이 필수적이다.

2011년 유럽연합이 지원하는 사업의 일환으로 "유럽연합의 흙건축 유산 지도"를 출간했다. 이 지도는 유럽연합 27개국의 저자 50명이 협업하여 제작했고[14], www.culture-terra-incognita.org 에서 찾을 수 있다. 흙채움, 흙블록 조적, 흙다짐, 흙쌓기 기술을 활용한 다양한 유형의 흙목조 구조에 대해 각 기술 유형에 따른 지리적 지역area을 보여준다. 독일 내 각 지역 표시는 불완전한 자료를 참고한 것이어서, 현재 GIS(지리정보시스템)에 근거한 지도를 개발 중이다(dev. lehmbau-atlas.de) [15].

이러한 "일람표inventory"를 이미 프랑스[16], 포르투갈[17, 18], 체코 공화국[19] (http://hlina.info/cs.html), 이탈리아[20] 등의 다양한 유럽 국가 및 지역에서 수집했다.

민간 조직인 WMF(세계유적재단, www.wmf.org)는 40년이 넘는 기간 동안 위험에 처한 건축 유적이 더 악화되거나 파괴되지 않도록 보호하는 데 전념해왔다. 고립되고 접근하기 어려운 장소와 전쟁 지역에 위치한 유적들이 특히 위험에 처해 있다. WMF는 이런 유적들의 위태로운 상황을 알리고, 긴급히 필요한 안정화 작업을 지원할 전 세계의 후원자를 찾기 위해 2년마다 가장 위협받는 건축 유적 100선의 목록을 발행한다.

WMF의 2008 감시 목록^{Watch List}을 보면, 이라크 전쟁 지역 한가운데 위치한 우르크^{Uruk}와 수메르^{Sumer} 시대(기원전 3500년경)의 고고학 발굴 현장 상황이 특히 중요하다고 지정한다. 이 도시 주거지의 대부분 벽은 흙재료로 지어졌다(그림 1.15b).

그림 1.15 흙건축 자재의 문화유산. (a) UNESCO 세계문화유산 보호지: 모로코 남부 에이트 벤하두^{Ait Benhaddou}에 위치한 전통 흙다짐 주택. (b) WMF(세계유적재단)의 "위험에 처한 세계 유적 2008": 이라크 전쟁 지역에 위치한 수메르 시대(기원전 3500년경)의 흙건축 자재로 지은 도시 주거지

1.3 독일 흙건축의 역사적 발달

약 8,000년 전, 혼합 농경은 남동부에서부터 무역로를 따라 중부 유럽과 현재의 독일 지역으로 천천히 이동했다. 나무와 흙은 거의 모든 곳에서 주택 건설에 사용 가능한 건축 자재였지만 이 지역에서는 다른 주택 계획이 필요했다. 동부 지중해 지역에서 주택이 거주자, 가축, 비축물을 보호하려면 여름 더위를 막아야 했던 반면, 이곳에서는 강우와 겨울 추위를 막아야 했다.

그 당시의 건물 계획은 오늘날 건물 영역^{area}의 둘레에서 눈에 띄는 어둡게 변색된 원형 말뚝 기둥^{post} 구멍을 통해 재구성해볼 수 있다. 이 주택의 계획 원리는 엮은 나뭇가지 위에 짚흙^{straw clay}을 덧씌운 지지틀로 된 기둥 구조를 기반으로 하고 있다(그림 1.16) [1]. 초기의 목재 골조 건물을 복원한 모습은 오베르돌라^{Oberdorla}나 독일 바이마르^{Weimar} 튀링겐^{Thüringen}주의 유적및고고학 보존사무소(Thüringisches Landesamt f. Archäologie und Denkmalpflege)와 같은 다수의 야외 박물관에서 볼 수 있다(그림 1.17) [21].

최근 독일 에르푸르트-기스퍼슐레벤^{Erfurt-Gispersleben} 근처에서 새로운 고속도로 A71을 건설하던 중 기원전 4500년경 중부 유럽의 대규모 신석기 시대 주거지 하나가 발견되었고, 바이마르 시내 중심가에 있는 Anna Amalia 공작부인 도서관의 지하 저장고 기초를 발굴하던 중 주거지와 대략 같은 시대의 주택 구조물이 또 발견되었다. 신석기 시대 흙건축물의 역사적 양상은

그림 1.16 기원전 4,000년경 중부 유럽 삼림 지대 농부들의 전통 가옥 [1]

튀링겐 주립 유적및고고학보존사무소와 공조하는 바이마르 바우하우스Bauhaus 대학 학생의 연구 논문 주제이다 [21].

독일 내 흙건축을 기록한 가장 오래된 문헌은 기원후 100년경 로마의 작가 Tacitus의 작품 "게르마니아Germania"에서 찾을 수 있다. 그가 설명한 건축물은 그보다 약 4,000년 전 삼림 지대 농민들의 초기 건축물과 매우 유사했다. 벽은 땅에 박거나 파묻은 목재 기둥으로 구성했다. 기둥 사이의 뚫린 곳은 버드나무 가지로 엮은 외(椳)wattle로 채웠고, 전체 표면은 반죽 같은 짚흙 혼합물로 씌워서 막았다.

나뭇가지로 엮은 격자에 진흙 반죽을 한 겹 덧입힌 말뚝기둥으로 된post-built 이런 주택은 후에 오늘날 중부 독일에서 흙쌓기Cob로 알려진 내력 흙건축 기술로 발전한 것으로 추정된다. 건물을 사용하는 동안 계속해서 보수하고 또한 화재를 막으려다 보니 결국 진흙 반죽이 수십 센티미터 두께의 층을 이루고 내력 기둥과 외를 완전히 뒤덮게 되었을 것이다. 그러다 어느 시점에 이르러 하중 지지 역할이 흙건축 자재로 옮겨지면서 기둥과 외를 생략할 수 있었다.

Behm-Blancke에 의하면, 바이마르 주변 지역의 경우 이러한 점진적 전이는 기원후 9세기 이후로 거슬러 올라간다 [22]. 바이마르에 있는 마을의 초기 중세 농장에서 발견된 10~11세기 무렵의 단단한 흙벽 유적을 살펴보면 흙쌓기 기술을 사용해 지은 것으로 추정된다 [23]. 이

그림 1.17 심벽 목재 기둥 구조의 신석기 시대 일자형 주택 모델. 바이마르의 튀링겐주 유적및고고학보존사무소 [21]

시기 이후부터 벽의 기저부^{base}에 석회암 바닥판을 사용했다는 증거를 발견했다. 이 바닥판에서는 나무 기둥용으로 움푹 들어간 부분^{depression}을 볼 수 없었으며, 대신 "무너진" 흙으로 둘러싸여 있었다. 이것을 "내력" 흙벽의 유력한 증거로 뒷받침할 수 있다. 고고학 문헌에서는 이 대목을 "흙다짐벽"이라고 말하지만, 사실은 흙쌓기벽이었을 가능성이 더 유력하다. 독일에서 거푸집을 사용하는 흙다짐은 18, 19세기 전환기까지 확립되지 않았다. 튀링겐 중심가에서 가장 오래된 흙쌓기 건물로 알려진 사례는 주거 공간과 마구간을 결합한 건물로, 1577년 아른슈타트^{Arnstadt} 근처 뷜퍼스하우젠^{Wülfershausen}에 지었으며 지금은 존재하지 않는다 [24].

알프스 북쪽에서 내력 **흙블록 건축물** *earth block construction*로 알려진 가장 오래된 사례는, 기원전 500년경으로 거슬러 올라가는 울름^{Ulm} 남서쪽에 위치한 언덕 요새인 호이네부르크^{Heuneburg an der Donau}이다. 이는 로마가 점령하기 훨씬 이전에 켈트족의 영향을 받아 지은 것으로 추정된다. 다뉴브^{Danube}강을 따라서 그리스 건축물과의 연결도 가능한데, 당시 그리스인들은 오래전부터 내력 흙블록벽 건설에 익숙했기 때문이다.

나뭇가지로 엮은 격자에 진흙 반죽을 바른 신석기식 벽에서 출발한 다음 단계의 발전은 흙목조 구조로 이어졌다. 수 세기를 관통해 현대에 이르기까지 지역마다 양식이 다른 **흙목조 건축공법** *half-timber construction technique*은 독일과 다른 유럽 국가뿐만 아니라 아시아에서도 도시 주거지와 변두리 지역 건축의 모습을 결정했다. 그림 1.18은 내력 목조 구조의 발달을 보여준다: 마루기둥^{ridge post}과 진흙 반죽을 씌운 엮은 나뭇가지 격자가 있는 초기 말뚝기둥 주택에서 시작해서, 정착보^{anchor beam}와 중심기둥^{center-column}이 있는 목조^{timber-frame} 주택으로 이어지고, 층단위 골조^{story-framing}를 사용한 흙목조^{half-timber} 주택으로 끝난다 [25].

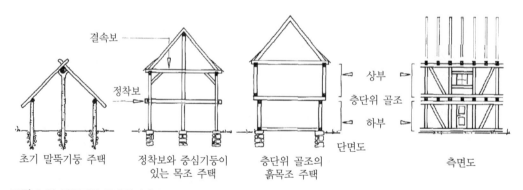

그림 1.18 말뚝기둥 주택에서 흙목조 구조까지 지지 구조의 발달 [25]

원래 건축 대지에 꽂던 자립형 목재 말뚝기둥은 부식을 막으려고 높이 올렸고, 결국 돌로
된 바닥판slab 기초 위에 놓았다. 말뚝기둥post-built 주택은 기둥보post-and-beam 주택이 되었고, 그 결과
건축 대지의 제한을 받지 않게 되었다. 이제 종단벽, 횡단벽, 천장, 지붕의 각 건축 부재는 수
직 기둥, 수평 토대, 중간 버팀대noggin piece, 대각선으로 지른 버팀재를 장부촉 맞춤으로 연결해
서, 자체적으로 버티는 하나의 판과도 같은panel-like 구조가 되었다. 초기 말뚝기둥 주택과 마찬
가지로 수직, 수평, 대각선 목재 사이의 뚫린 곳, 이른바 **벽판** *panels*은 막대stake와 유연한 가지로
만든 격자로 채우고 짚흙으로 막았다.

오늘날에도 채움 기법을 보여주는 수많은 증거가 여전히 남아있다. 그림 1.19는 Volhard[26]
가 1289년 림부르크Limburg a. d. Lahn에 지어진 흙목조 주택인 "고딕 주택Gotisches Haus"의 벽판을 분석한
것이다(그림 4.1). 짚흙 혼합물을 시공한 방식을 분명하게 관찰할 수 있다.

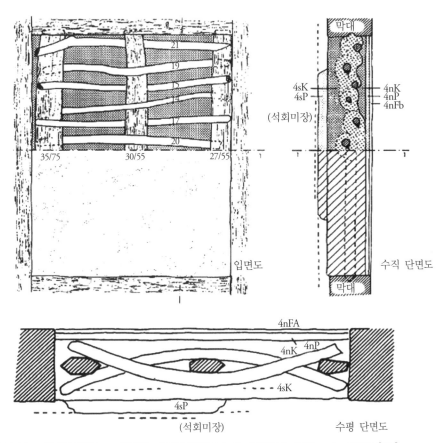

그림 1.19 란Lahn의 림부르크Limburg에 있는 "고딕 주택Gotisches Haus"(1289), 짚흙straw clay 격자틀 [26]

12~13세기경 시작된 중부 유럽의 도시 부흥 때문에 건물 부지가 부족해졌고, 2층 건설 수요가 생겨났다. 인구 성장, 뒤이은 마을 화재, 전쟁으로 인한 파괴 등은 당시 선호하던 건축 자재인 목재 부족을 유발했고, 이에 "내화성"이면서 쉽게 구할 수 있었던 흙이 중요해졌다. 이런 전개는 오늘날의 상공회의소^{chambers of crafts and trades}에 해당하는 특수한 길드 형성에서도 드러났다. 그림 1.20은 뉘른베르크 열두 형제 재단의 사보^{House Books 1} 삽화로, 1608년 뉘른베르크에서

그림 1.20 뉘른베르크 열두 형제 재단^{Nüremberg Twelve Brothers Foundation} 사보에 실린 흙 건설업자^{Kleiber} Hans Pühler 묘사
(1608년 뉘른베르크에서 사망) [27, 28] (Stadtbibliothek Nürnberg, Amb. 317b.2°, f. 76r)

---

1   PEACHEY CONSERVATION, BOOK CONSERVATION, <https://jeffpeachey.com/2009/05/05/house-books-of-the-nuremberg-12-brothers-foundation/> (2021.03.01.), 발췌 및 요약: 14세기 부유한 상인 Konrad Mendel과 16세기 계약자였던 Matthaus Landauer의 house book을 연구했던 프로젝트. 1388년 Konrad Mendel이 12명의 가난한 사람들에게 식량과 주택을 제공하는 재단을 설립했고, 이어서 Landauer가 보살피고 수공예를 가르친 궁핍했던 사람들을 기록한 책으로, 그 사람들의 초상, 출생 일자와 이름, 간단한 전기가 포함되어 있다.

사망한 "흙 건설업자^{Claiber}" Hans Pühler의 모습이다 [27, 28]. 오늘날 독일어 명칭인 "Kleiber"는 지금까지 존속되었는데, 흙 건설업자 직업을 일컫는 오래된 단어이다.

목재 부족의 심화는 중부 유럽에서 흙건축이 발전한 원동력이 되었다. 당시의 특정 성문 건축법규에서 이 증거를 찾아볼 수 있다. 건설용 목재 사용을 줄이기 위해 1560년 제정된 "작센 삼림 규제(Forst-und Holzordung)"는 건물의 지상층을 돌이나 흙으로 짓도록 규정했다. 1575년 발표된 "산림원을 위한 총칙(Generalbestallung für die Forstbedienten)"에 따르면, 건설용 목재는 "석재 또는 흙쌓기벽"으로 지상층을 건설할 수 없는 경우에만 사용하도록 했다. 1556년 어니스틴^{Ernestine} "영토법(Landesordnung)"은 튀링겐에서 목조 건축을 금지했고 흙목조, 흙쌓기, 소성벽돌, 석재를 활용한 신축만 허용했다 [23]. 그림 1.21은 1786년 흙쌓기벽과 관련된 작센 선거 후(選擧侯)$^{Saxon\ Elector\ 2}$ Frederick Augustus의 법령을 보여준다 [29]. 프로이센(1764)과 오스트리아(1753)에도 비슷한 흙건축 관련 법규가 존재했으며, 이는 ("이집트식")비소성벽돌과 관련되었다 [30].

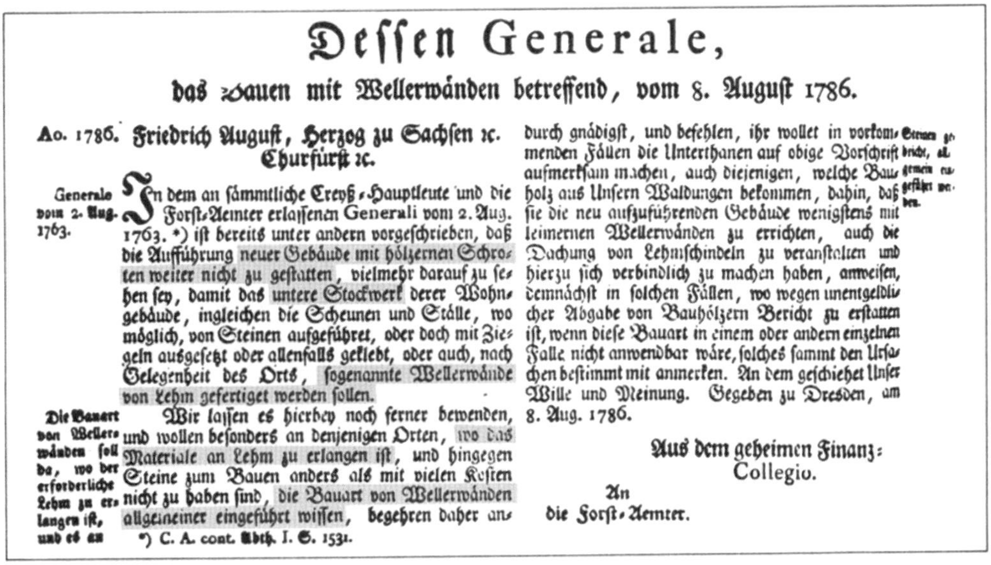

그림 1.21 흙쌓기벽 건설에 관한 작센 선거 후$^{Saxon\ Elector}$ Frederick Augustus의 1786년 법령 [29]

---

2   국립국어원, 표준국어대사전, <https://stdict.korean.go.kr/search/searchResult.do> (2021.03.01.): 신성로마 제국에서 1356년 황금문서에 근거해 독일 황제의 선거권을 가졌던 일곱 사람의 제후.

18세기 말 프랑스의 건설 장인이자 건축가인 François Cointereaux가 프랑스식 흙다짐벽(프랑스어: pisé) 경험을 요약해 일련의 저술을 펴냈는데, 이는 독일의 흙다짐 건축 발전에 지대한 영향을 미쳤다 [31]. Cointereaux는 건축 자재, 공법, 건설 기법을 방대하게 기술하고 이들을 하나의 통합본으로 내놓았다. 흙건축 자재의 준비와 가공에 대해 조언하고 필요한 도구와 장비를 자세히 설명한 이 저술은 최초의 근대적 흙건축 "교과서"가 되었다.

왕령 프로이센Royal Prussian의 건축 관리였던 David Gilly는 이 건축 기술을 프로이센과 실레지아Silesia에 전파하는 데 중요한 영향을 미쳤다. 그림 1.22는 1790년 Ludwig Wilhelm Chodowiecki의 그 시절 판화 속 Gilly를 보여준다 [29]. 정부 법률가 Wimpf는 그의 저술의 영향을 받아 헤세Hesse에 다층 흙다짐 주택을 건설했다. 1830년 란Lahn의 바일부르크Weilburg에 지은 6층짜리 주거용 건물은 오늘날에도 여전히 사용되고 있으며 독일 흙다짐 건물 중 가장 높은 건물로 간주한다 (그림 1.23).

그림 1.22 David Gilly, 프로이센의 국가 흙건축 장인 및 계획가, L.W.Chodowiecki의 삽화 (1790) [29]

그림 1.23 란Lahn의 바일부르크Weilburg에 위치한 흙다
짐 공법으로 지은 6층 주거건물, 1830년
경 W. J. Wimpf가 건설

19세기 연소 기관과 기계 공학에서의 급진적 기술 혁신은 건설 산업에 근본적 변화를 가져
왔다: 현대식 용광로와 가마를 달구는 경탄과 연탄의 대규모 채굴 및 이어진 가스와 석유 연료
로의 전환은 벽돌 생산의 산업화로 귀결되었다. 시멘트 산업의 발전과 함께 콘크리트와 철근
콘크리트가 건축 자재로 부상한 것은 나무에서 석탄 연료(이어서 석유와 가스)로 전환이 없었
다면 불가능했을 것이다.

목표는 건축 자재의 강도를 증대해서 용도가 같은 건축 부재의 크기를 줄이는 것이었다.
특히 철근과 콘크리트의 조합으로 이 목표를 잘 성취할 수 있었다. 반면 흙건축 자재는 강도가
제한적이고 내수성이 취약한 결점 때문에 이러한 발전에 적응할 수 없었다. 따라서 흙은 건축
자재 중에서 점차 주변으로 밀려났고 결국 중요한 역할을 모두 잃었다.

20세기에 1차, 2차 대전을 거치며 흙은 건축 자재로서 중요성을 어느 정도 되찾았지만, 이는
순전히 건축 자재 생산 공장이 크게 파괴되고 운송이 불가능했기 때문이었다.

"전후"의 흙건축은 구(舊) 동독 지역에서 특히 중요한 역할을 했다: 전쟁 때문에 집을 잃은
수백만 명의 사람들뿐 아니라 빼앗긴 동쪽 영토에서 수백만 명의 난민이 몰려들었다. 단시일

그림 1.24 흙블록 채움 흙목조 공법을 사용한 신규 취농민 농가, 1947 [33]

내에 구할 수 있는 건축 자재로, 그중에서도 흙으로 주택을 지어야 했다. 이와 관련해 소련 군사 행정 명령 209호를 언급하는 것이 중요하다. 이 명령은 소위 신규 취농민[new farmers]들을 위해 20만호의 주택을 건설하도록 요구했다. 주택의 최소 40%는 현지 수급이 가능한 천연 자재로 지었다.

흙은 건축 자재로서 다시 한번 정부 규제의 대상이 되었고, 이 시기에 대학 역시 이 재료를 연구하기 시작했다. 동독에서는 다양한 흙건축 기술을 활용해 주로 신규 취농민의 농장과 주거지를 건설하는 사업을 진행했다. 이 사업은 현재 바우하우스 대학의 전신인 바이마르 건축미술대학에서 설계 및 계획했다 [32]. 그림 1.24와 1.25는 두 가지 다른 유형의 예시를 보여준다. 흙블록 채움을 적용한 흙목조 건축과 거대한 흙블록벽 건설이 그 예다 [33]. 흙다짐을 사용한 2층 아파트 건물의 설계 중에서 1951년 고타[Gotha]에 지은 18세대 규모의 주거건물 역시 같은 대학에서 시작했다 [34]. 그림 1.26은 1950년대에 메르제부르크[Merseburg] 근처 지젤[Geisel] 계곡의 뮈헬른[Mücheln]에 지은, 흙다짐을 사용해 개조한 다세대 아파트 건물을 보여준다. 건물 외부에서 건설 중에 사용한 흙건축 기술을 묘사하는 벽 장식[frieze]을 볼 수 있다.

그림 1.25 내력 흙블록 공법을 사용한 신규 취농민 농가, 1946 [33]

그림 1.26 1950년대에 메르제부르크Merseburg 근처 지젤Geisel 계곡의 뮈헬른Mücheln에 지은, 흙다짐 기술을 사용한 벽 장식frieze이 있는 다세대 아파트 건물

옛 소련 점령지와 동독의 흙건축 역사는 Rath가 연구했다 [35]. 그 당시의 흙건축은 동독의 높은 기술 표준에 도달해 있었다. 소련, 특히 카자흐스탄의 새로운 영토 운동도 이 지식으로 혜택을 입었다 [36]. 또한 재건 협약의 일환으로 북한 함흥에서 흙다짐 기술을 활용한 주택 사업을 완공했다.

1960년 무렵 건축 자재 생산과 주택 산업의 산업화를 약속한 정치적 결정으로 인해 동독의 흙건축은 막을 내렸다.

1.4 오늘날의 흙건축: 생태와 경제적 측면

로마 클럽Meadows(1972)이 의뢰한 "성장의 한계"라는 보고서가 발표되고 1973년 첫 번째 세계적 석유 파동이 발생한 후, 제한 없이 에너지를 계속 소비하면 경제 성장과 발맞춰 갈 수 없다는 것이 분명해졌다. 오늘날 이런 자각은 자원 소비 전반에 적용된다.

2007년 기후변화에관한정부간협의체(IPCC, www.awi.de)의 보고서에서 대기 중 CO_2 농도는 산업 혁명이 시작된 1750년부터 2005년까지 35% 증가했다고 언급했고, 지난 10년 동안의 증가율은 50년 만에 가장 높았다. 현재의 수치는 지난 65만 년 동안 가장 높은 수치이다. 이러한 증가의 78%는 화석 연료 사용에서 기인했고, 22%는 열대우림 벌채 같은 토지 사용의 변화에서 기인했다. 같은 기간에 공기 중의 메탄 농도는 148% 증가했다.

이 두 가지 기체는 대기 중에서만 흔적을 발견할 수 있지만, 이들의 농도 증가는 인간의 영향 때문이며 지구 온난화를 초래하는 대기의 "온실" 효과의 원인으로 여겨진다. 지금까지 드러난 영향은 IPCC 보고서에 자세히 기재되어 있다. 1993년 이후 매년 지구의 표면 온도는 +0.74℃, 해수면은 약 3mm 상승하여 20세기에 총 17cm 상승했다.

1.4.1 지속 가능한 건축물

브룬트란트Brundtland 위원회가 "우리 공동의 미래"(1987)라는 제목으로 유엔 세계환경개발위원회에 제출한 보고서에서 인류의 지속적인 발전을 설명하면서 "지속 가능성sustainability"이라는 용어를 처음으로 사용했다. 지속 가능한 개발은 "미래 세대가 그들 자신의 요구를 충족할 수 있는 능력을 훼손하지 않으면서 현재 우리의 요구를 충족"하도록 보장한다 [37].

건설 과정은 항상 천연자원과 자연 순환계에 크건 작건 상당한 영향을 미친다. 건설에 "지속 가능성"이라는 어휘를 적용하는 것은 건축물의 사용연한life 중 모든 단계에서 사용자가 필요로 하는 것들이 기존 자원을 사용하면서 환경에 미치는 영향을 최소화해야 한다는 의미이다. 전통적으로 건설 과정을 평가할 때는 주로 기능 및 설계, 구조 공학, 재료 기술, 시공building practice에 중점을 두었다. 오늘날에는 건설 과정을 점점 더 사용자 요구와 법으로 정한 환경 의무 사항을 조화시켜 최적화하는 과업으로 인식한다. 따라서 "지속 가능한 개발"이라는 어휘에는 적절한 기간에 걸쳐 똑같이 중요하게 고려해야 할 세 가지 측면이 있다 [38]:

－생태

－경제

－사용자 요구(사회문화적 고려 / 기능 품질)

또한 지속 가능 건축물 요건에 따라 지은 모든 건축물은 세 가지 측면 모두에서 계획 및 시공과 관련된 지정 기술 척도parameter와 해당 품질 수준을 충족해야 한다.

독일에서는 건축 자재와 부재의 기술적 품질에 필요한 일반 준수사항을 독일연방공화국기본건축법(Musterbauordnung für die Länder der Bundesrepublik Deutschland, MBO)으로 규정한다. MBO에 따르면 건축 산업재product, 자재, 부재, 설비는 구조물에 영구히 설치하기 위해 생산된다. "용도에 맞게 제대로 유지관리하면서 사용되는 구조물이 이 법의 요건을 충족하거나 이 법에 근거한 용도에 적합하도록 건축 산업재를 사용해야 한다"(MBO, §3.2)[3].

MBO는 건축 자재 및 부재의 **사용 적합성** *suitability for use*을 충족하는 주요 준수사항으로 다음 사항을 제시한다:

－기계적 강도와 안정성

－내화

－위생, 건강, 환경 보호

－사용상 안전

－차음

－에너지 절약 및 단열

2011년 3월에 발표된 "건축 산업재 마케팅 통합 조건"을 다룬 유럽 의회 및 이사회 규정[39]에 **천연자원의 지속 가능한 사용** *sustainable use of natural resources* 요건이 추가되었다. 규정에 따르면 건축물은 천연자원을 지속 가능하게 사용하기 쉽고 다음을 보장하는 방식으로 설계, 건축, 사용 후 철거해야 한다:

－건축물, 즉 그 자재와 부재는 철거 후 재활용이 가능해야 한다.

---

3   영어 원문: Building products are only to be used if the structures they are used in, along with proper maintenance over a time period which is proportionate to its purpose, meet the requirements of this law or are suitable for their intended use based on this law.

독일어 원문: Bauprodukte dürfen nur verwendet werden, wenn bei ihrer Verwendung die baulichen Anlagen bei ordnungsgemäßer Instandhaltung während einer dem Zweck angemessenen Zeitdauer die Anforderungen dieses Gesetzes oder aufgrund dieses Gesetzes erfüllen und gebrauchstauglich sind.

−건축물은 내구적이어야 한다.

−건축물 건설에는 환경친화적인 원자재와 환경친화적인 2차 건축 자재를 사용해야 한다.

이 규정은 또한 EU 회원국 정부들이 지속 가능한 개발 원칙을 각 국가의 건축 활동에 적용하도록 요구한다. 지속 가능한 개발을 위해서는 환경, 경제, 이용자의 이익에 대한 **방어 목표** *protection objectives*를 명시적으로 수립해야 한다. 일반적인 방어 목표의 예로는 유해물질 기피, 에너지·토지·자원 사용 절감, 재료 복원을 통한 폐기물 방지 등이 있다. 인과 관계 이해를 바탕으로 방어 목표에서 **실행 전략** *action strategies*을 도출해야 한다. 이런 전략은 원자재와 건축 자재, 건축물 건설, 주변 환경의 세 가지 단계를 목표로 해야 하며[40], 이에 미치는 건설 과정의 **영향** *effects*은 지표와 평가 기준을 정해서 기술해야 한다.

환경, 사회, 경제 특성 측면에서 건물의 지속 가능성 평가 표준은 DIN EN 15643 표준 군^group에서 명시한다. ISO 21929-1 국제 표준은 지표 개발 및 건축물의 핵심 지표 편찬을 위한 구성 체계를 규정하는 반면, ISO 15392는 지속 가능 건축물의 일반 원칙을 공식화한다.

1.4.1.1 원자재 및 건축 자재

지속 가능한 건축물에서 건축 자재의 선택은 특히 중요하다. 일반적으로 지속 가능한 건축 사업에 사용하는 건축 자재는 생태 건축 자재로 표시하며 건물의 전체 사용연한 동안 사람들의 건강과 환경에 미치는 영향이 적다. 건축 자재를 선택할 때 이는 특히 다음을 의미한다:

건축 자재 생산에 사용하는 **원자재** *raw material*는 환경친화적이고 지속 가능한 방식으로 채취해야 한다. 이는 재생 가능하거나 장기간 사용할 수 있어야 하며 유해 성분이 없어야 한다.

원자재 추출 및 건축 자재 생산에 필요한 **에너지 소비량** *energy expenditure*이 가능한 한 적어야 한다. 이 에너지 소모량을 1차 에너지량^primary energy content이라 칭한다(단원 1.4.3.2). 이어지는 전체 수명주기 단계(단원 1.4.2)에서 에너지 소비량 또한 고려해야 한다.

운송 에너지 소비량 *energy expenditure for transportation*과 수명주기 각 단계 사이의 전환 시간을 최소화해야 한다.

건축 자재 생산 및 가공 중의 **오염** *pollution*을 널리 방지해야 한다. 이는 특히 건물의 유효 사용연한 동안 거주자(피해, 실내 공기질, 건강)와 관련된 것뿐만 아니라 건물 철거와 철거 자재 폐기에 관련해서도 마찬가지이다.

건축 자재는 **재사용** *reusable* 또는 **재활용** *recyclable*할 수 있어야 한다. 건물의 사용연한이 지나면 자재는 재사용 또는 재활용할 수 있어야 하며, 적어도 최소 에너지를 사용해 환경친화적인 방식으로 폐기해야 한다. 이것은 폐기물을 줄이고 토지 점유 공간을 최소화한다.

건축 자재의 수명은 건축물의 전반적 평가에 영향을 미치기 때문에 **오래 지속** *long lasting*해야 한다. 구조물에 사용하는 건축 자재는 구조물이 용도에 적합하다고 간주되는 기간 동안 적절하게 사용성 요건을 충족해야 한다.

1.4.1.2 건축물 시공

앞에서 언급한 지속 가능한 건설 요건을 충족하는 건축물은 재활용이 쉬운 방식으로 지어야 한다. 이는 건축 부재 간의 연결부를 분리할 수 있어야 한다는 것을 의미하며, 그래야 개별 건축 부재를 쉽게 분리하여 (원하는 대로^preferably 재활용할 수 있는) 철거 재료를 분류하고 복원할 수 있다.

건축물은 단순하고 경제적인 방식으로 지어야 하며 사용할 때는 수리가 쉽고 융통성이 있어야 한다. 알맞은 건축 자재를 사용하여 자연형 태양열 설계를 적용하면 난방 에너지 소요량을 줄이고 연중 쾌적한 온도를 조성할 수 있다.

건축물은 MBO의 요건을 충족하는 범위에서 생태 건축 자재를 사용해야 한다. 이를 위해 구조체 또는 건축 부재에 부과하는 기능과 요건을 명확하게 정해야 한다. 따라서 습기에 민감한 건축 자재(예: 흙)는 실외에 사용하지 못하게 하거나 제한적으로만 허용한다. 실내에 사용하려면 적절한 예방적 설계를 해야 한다.

입법자들은 지난 몇 년 동안 방어 목표인 "에너지 사용 제한"과 함께 CO_2 배출 저감에서 건물의 온열 성능 요건을 더욱 엄격하게 했다. 이 때문에 때로 단열재를 내장하고 재료를 뗄 수 없게 접착해서 여러 겹으로 된 복잡한 외벽 구조체를 형성하게 되는데, 종종 벽체 내부 틈새로 공기가 통해서 습기 피해 및 곰팡이가 발생한다.

실내 공기질에 대해서는 특정 준수사항이 있으므로, 건축 부재 마감에 적절한 자재를 사용하는 것이 특히 중요하다. 이런 건축 자재에는 실내 공기에 기체를 배출할 수 있는 유해 성분이 없어야 한다. 특히, 실내 습도의 급격한 변화를 "완충"하여 곰팡이 발생 위험을 줄이려면 증기가 투과할 수 있고 흡착^sorption이 가능해야 한다.

DIN EN 15643-2는 건축물의 **환경** *environmental* 성능의 기술적 측면 평가체계를 규정한다.

건축물의 지속 가능성 평가에는 이런 기술 요건 외에 사회문화 요소도 있다. 건강 및 쾌적(단원 5.1.3), 안전, 설계 품질, 기능과 같은 "무형^soft" 요소가 건축물 사용자의 행복을 결정한다. 이런 요소는 사용자 만족도를 평가하는 주관적 인식에 따라 달라진다. 고객은 건축 부재의 표면 품질에서 점점 더 아름다운 작품(색상, 구조/질감, 쾌적한 촉감의 표면 특성)을 찾는다. 건축물의 **사회문화** *sociocultural* 성능을 평가하는 기본 조건은 DIN EN 15643-3에서 설명한다.

지속 가능한 건축물 원칙에 따라 설계한 건물도 경제적 효율성 측면에서 비교할 수 있어야 한다. 이는 전과정 비용의 최소화와 건설 중의 전반적인 경제적 효율성 개선을 포함한다. DIN EN 15643-4에서 건축물의 **경제** *economic* 성능 평가체계를 규정한다.

1.4.1.3 주변 환경

건설 과정에서 건축물이 주변 환경에 미치는 부정적 영향은 가능한 한 낮춰야 한다. 이와 관련된 실행 전략은 두 가지 방향으로 전개할 수 있다 [40]: 개방된 공간 설계와 도시 구조.

개방된 공간에서 건축 사업은 기존 구조물에 민감하면서 보수적이며, 환경적, 사회적으로 용납되는 토지 사용을 염두에 두어야 한다. 사용자와 거주자는 수질 및 토양 오염 또는 중독 또는 폐수, 매연, 고체/액체 폐기물의 부적절한 처리로 인한 영향을 받아서는 안 된다.

도심 녹지 공간은 도시나 지역 내의 주변 개방 공간과 연결해야 하며, 무엇보다도 여가와 자연 보호 요구를 충족할 필요가 있다.

전반적인 도시의 에너지 요구는 환경에서 허용이 가능한 정도로 줄여야 한다. 지속 가능한 이동성 개념을 도입하여 도시 생활을 "느리게" 하고 개별 교통은 거의 대부분 대중교통으로 전환할 수 있으므로, 결과적으로 도심의 거리 공간은 생활 공간으로 설계할 수 있다.

1.4.2 건물의 수명주기와 재료주기

위에서 설명한 건축물의 모든 수명주기^life cycle 단계에서 환경에 미치는 영향과 관련된 실행 전략 평가는 지속 가능한 건축물의 핵심 원칙인 건축물에 사용하는 재료의 수명주기 분석으로 이어진다. 이 분석의 목표는 순환의 고리를 "완결^closing"함으로써 폐기물을 줄이고 환경에 미치는 영향을 가능한 한 줄이는 것이다. 재료 목록을 만들 때 전체 수명주기를 평가한다. 여기에는 원재료 조달과 추출, 건축 부재와 구조물을 만드는 자재 사용, 유지관리를 포함한 완성된 건축물 사용, 마지막으로 건축물 철거와 철거 자재 재활용이 있다. 각 단계 사이의 운송뿐 아니라 생산하는 데 소요되는 재료와 에너지량(量)energy flows도 이 평가에 포함한다.

  수명주기의 각 단계마다 건축 자재는 단원 1.4.1에서 설명한 지속 가능한 건축물의 요건을 충족해야 한다. 이 요건은 표준화한 시험 절차를 통해 측정한 기준척도parameter로 설명한다. 예를 들어, 건축 자재는 내력 구조물에 적합하도록 압축강도가 충분해야 한다. 시험 기준을 충족한다는 것은 특정 수명주기 단계에서 필요한 특성을 그 단계를 완료할 때까지 계속 보유한다는 것을 확증하는 것이다. 그래야만 그 건축 자재 또는 건축 부재가 사용에 적합한 것이다.

  그림 1.27은 건축 자재인 흙의 수명주기 모델을 보여준다 [41]. 각 수명주기 단계를 거친 후 흙재료는 새로운 지위quality를 얻는다: 원토는 건축토가 되고, 다시 흙건축 자재로 가공된다. 재활용 흙자재를 재사용하여 수명주기를 자체 완결self-sustaining한다.

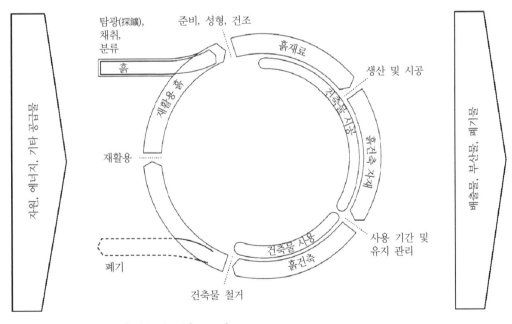

그림 1.27 건축 자재로서 흙의 수명주기 [41, 53]

표 1.1은 흙 구조물의 기술, 환경, 사회문화, 경제 성능을 평가하는 필수 특징을 연결해서 이를 항목체계^{matrix}로 보여준다. 이는 그림 1.27에 따른 "건축토", "흙건축 자재", "흙 구조물"의 주기별 단계와 관련된 기준척도와 기준척도 집단을 열거한다. 어떤 건설 사업을 계획할 때, 각 시험 기준에 따라 적합성을 설명하는 기준척도를 사업의 특정한 조건을 바탕으로 이 항목체계에서 끌어낼 수 있다. 표 1.1의 마지막 열은 이 책 해당 단원의 번호를 나타낸다.

표 1.1 흙 가공 단계에 관련된 기준척도 / 지표, 개요

| 척도 집단(PG) | 관련 분야 | 건축 자재 기준척도 | 가공 단계 | | | 단원 번호 |
			건축토	흙건축 자재	흙건축 부재/구조물	
1. 물리 척도	구조 척도	다공성	●	●		3.6.1.1
	부피 척도	용적밀도		●	●	3.6.1.2
		건조 용적밀도	●	●		3.6.1.3
		프록터 밀도		●		3.6.1.4
		비중	●	●		3.6.1.5
	입자 크기 척도	입자 크기 / 입도 분포	●			2.2.3.1
2. 화학광물학적 척도	산 반응	pH 값			●	1.4.3.3
	점토질의 종류 (등급)	활성^{activity}	●			2.2.3.2
		양이온 교환량	●			2.2.3.4
	천연 첨가물	석회	●			2.2.3.4
		수용성 염류	●	●	●	2.2.3.4
		유기물 첨가물	●			2.2.3.4
3. 가공 척도	가소성	함수량	●			2.2.3.2
		액성한계 / 소성한계	●			2.2.3.2
		연경도	●			2.2.3.2
		응집강도 / 표준 연경도	●			2.2.3.2
4. 구조 척도	변형 척도, 하중 비의존	수분 팽창: 수축(−), 팽윤(+)	●	●	○	3.6.2.1, 2.2.3.3
		슬럼프		●		3.6.2.1
	변형 척도, 하중 의존	탄성률 / 푸아송 비		●	○	3.6.2.1
	강도 척도	건조 압축강도		●	○	3.6.2.2
		휨강도		●		3.6.2.2
		인장 접착강도			●	3.6.2.2
		전단강도			○	3.6.2.2
		내마모성			○	3.6.2.2

표 1.1 흙 가공 단계에 관련된 기준척도 / 지표, 개요(계속)

| 척도 집단(PG) | 관련 분야 | 건축 자재 기준척도 | 가공 단계 | | | 단원 번호 |
			흙건축	흙건축 자재	흙건축 부재/ 구조물	
5. 건축물리학 척도	습성 척도	모세관 흡수		●	○	3.6.3.1
		동결frost 시험		●		3.6.3.1
		평형수분 함량			●	5.1.2.4
		수증기확산저항계수			●	5.1.2.2
		수증기 흡착			●	5.1.2.5, 3.6.3.1
	열 척도	열전도율		●		3.6.3.2
		비열용량		●		3.6.3.2
		열관류율			●	5.1.1.2
		열침투계수			●	5.1.1.2
	차음 척도	음향감쇠지표			●	5.1.5
	내화 척도	인화성 (등급)		●		3.4.8
		내화성 (등급)			●	5.1.4.2
	방사능 방호 척도	작용 농도 지표			●	5.1.6.1
6. 기능 척도		내부식성			●	5.1.2.6
		내풍성			●	5.1.3.3
		생물학적 견고성			○	5.2.3
		노후 민감도			○	5.2.2
7. 건설 과정 척도	흙건축 계획	건설사업 기본 원칙			●	4.2
	흙건축 시공	기초			●	4.3.1
		바닥			●	4.3.2
		벽 건설			●	4.3.3
		천장			●	4.3.4
		지붕 건설			●	4.3.5
		미장			●	4.3.6
8. 건축생태학 척도	자원 소비, 편의	에너지 소비 PEI, CED	●	●	●	1.4.3.1
		음용수 이용 / 하수	●	●	●	1.4.1.3
		대지 이용	●	●	●	1.4.1.3
		재활용 가능성[a]			●	6.2.2
		발열량heating value [b]			●	6.2.2
	환경 영향 척도	지구 온난화 가능성, CO_2 환산량[c]	●	●	●	1.4.3.2
		오존층 파괴 가능성 ODP[d]	●	●	●	1.4.3.2
		산성화 가능성, SO_2 환산량[e]	●	●	●	1.4.3.2
		과비료 가능성 / 부영양화, PO_4 가능성[f]	●	●	●	1.4.3.2
		광화학적 오존 생성 가능성 POCP, C_2H_4 환산량[g]	●	●	●	1.4.3.2
		대기권 오존 전구물질 환산량, TOPP 환산량[h]	●	●	●	1.4.3.2
		지역 환경의 위험성	●		●	2.2.4

표 1.1 흙 가공 단계에 관련된 기준척도 / 지표, 개요(계속)

| 척도 집단(PG) | 관련 분야 | 건축 자재 기준척도 | 가공 단계 | | | 단원 번호 |
			건축토	흙건축 자재	흙건축 부재/ 구조물	
9. 생리학 척도	유해 성분 제한	금속/준금속, TVOC, PAK, AOX, 페놀 지수			●	6.2.2.1
10. 건축 및 미학 척도	표면 효과	품질등급 Q(미장)			●	4.3.6.6
	균열 형성	균열 너비 통제			●	4.3.6.6
	색상 효과				○	4.3.6.6
	마모	마모 분진량			●	4.3.6.6
11. 폐기물 기술 척도	자재 순도				○	6.1.2
	재사용/재활용	유해물질 수준 / 지정기준 LAGA				6.3.2
12. 건설 시행 척도	수량 및 중량 척도	중량 및 구조 척도	●	●	●	4.2.2.2. 3.6.1
		단가	●	●	●	4.2.2.2
		기준 작업 시간		●	●	4.2.2.2
	사용 중 건물 관련 비용	보수 및 개축 주기[i]			●	5.3.2.2
13. 추출 척도	해체, 적재, 운반	추출등급	●			2.2.4.1
		운송	●	●	●	2.2.4.2, 6
		위험 가능성	○			2.2.4.1

● 알려진 시험 방법/절차 있음, ○ 알려진 시험 방법 없음

a 새 자재의 생산에 비해 자재의 "재활용"을 통해 환경에 미치는 부정적인 영향을 얼마나 피할 수 있는지 설명(단원 6.2.2). 자재 생산으로 발생하는 배출량은 향후 재활용 잠재력으로 감쇄해야.

b 물질이 열 재활용(연소)을 겪을 때 방출되는 에너지의 양. 목재 $1m^3$의 발열량은 약 8,000~13,000MJ(=난방유 225~365L).

c "온실가스" 특정량이 온실효과에 기여하는 정도를 나타냄. 대기 중 거류시간 100년을 1로 표준화된 CO_2 계수로 표현. CO_2 자체가 온실효과와 그에 따른 지구 온난화의 주요 원인. CO_2 배출량 10kg은 약 3L의 난방유 생성 및 연소에 해당.

d 오존층 파괴 가능성은 다양한 오존층 파괴 가스의 영향을 결합하며, 기준 물질은 CFC. 성층권의 오존층은 유해 자외선에서 지구를 보호.

e 대기 중으로 배출되어 "산성" 비, 흙, 물 등을 유발할 가능성이 있는 기준 물질. 건축물에 대한 2차 영향은 강철 부식, 건축 자재인 자연석, 콘크리트, 흙의 변질 등.

f 물질을 PO_4 효과로 집단화. 과도한 비료는 지하수와 식수 모두에 인간에게 유독한 물질 농축 초래 가능.

g 에틸렌 효과(C_2H_4) 지칭. 강한 햇빛이 지상에서 화학 반응을 일으켜 소위 스모그를 유발하는 오존 같은 유해 성분 생성. 고농도 오존은 인간에게 유독.

h 지상 오존 생성 가능성을 정량적으로 표현한 것으로, 대기에 배출된 CO, NMVOC(비메탄 휘발성 유기 화합물), NOx, CH_4의 상대 오존 생성률에서 형성됨. TOPP가 증가하면 여름철 스모그 위험 증가.

i 건축 자재가 부여된 용도 내에서 목적한 기능을 수행할 수 있는 기간.

1.4.3 환경 경영과 전과정 평가

환경 경영 *environmental management*은 조직 경영 체계의 일부로, 기업과 그 직원들이 개발한 제품과 공정의 환경 적합성을 확보하기 위해서 정부 당국과 기업 차원에서 환경 보호 실행 전략을 개발하는 것이다.

"전과정 평가$^{life\ cycle\ assessment}$"라는 용어는 제품이 수명기간 내내 환경에 미치는 영향에 대해 생태 평가 결과의 형태로 체계적, 정량적 분석을 수행하는 것을 의미한다. 여기에서의 "환경 영향"은 단순히 자원의 사용뿐만 아니라 제품 수명기간 내 모든 단계의 배출이 환경에 미치는 영향을 뜻한다. 분석 결과를 통해 환경 영향을 줄이는 방안을 탐색하거나 다른 제품과 비교할 수 있다.

전과정 평가는 건축 자재와 건축 산업재의 지속 가능성을 정량 평가할 때 일반적으로 적용하는 방법론적 접근 방식이 되었다.

유럽 단위에서는 현재 전과정 평가를 수행하는 데 다음의 표준을 적용한다:

DIN EN ISO 14040:2009-11 환경 경영 – 전과정 평가 – 원칙^{principles} 및 체계^{framework}

DIN EN ISO 14044:2006-10 환경 경영 – 전과정 평가 – 요건^{requirements} 및 지침^{guidelines}

DIN EN ISO 14040에 따르면, 전과정 평가는 4단계로 구성된다. 각 단계는 서로 유기적이어서 독립적으로 고려할 수 없다.

- 목표와 범위 설정
- 전과정 목록^{inventory} 분석
- 영향 평가
- 결과 해석

1.4.3.1 목표와 범위 설정

목표와 범위 설정은 제품의 용도와 기능, 그리고 원자재 조달에서 폐기까지에 이르는 수명주기 전 과정을 규정해야 한다. 그림 1.27은 흙자재의 이런 순환을 보여준다.

건축 자재와 건축 산업재는 다양한 자재와 시공 방법을 선택하고 결정하는 데 이 단계를 이용한다. 이 과정을 용이하게 하려면 참조 대상(건축 자재의 단위 수량 또는 제품 고유 규격에 해당하는 표본 건물)으로 소위 **기능 단위** $functional\ unit$를 설정한다. 환경 영향 분석의 결과는 이런 기능 단위를 참조할 수 있으며, 비교 대상이 되는 단위 제품은 기능 면에서 정확히 일치해야 한다.

시작할 때부터 어떤 지표를 분석에 포함하고 제외할지 결정하여 **시스템 경계** $system\ boundaries$를 한정해야 한다. "요람에서 공장 문 앞까지", "요람에서 무덤까지"는 시스템 경계의 전형적인 예다. 이러한 지표의 선택은 전과정 평가의 결과에 영향을 줄 수 있다.

1.4.3.2 전과정 목록분석

전과정 목록분석^{life cycle inventory analysis} 단계에서는 한정된 시스템 경계 내의 여러 자재와 공법을 관련된 자재와 에너지량^{energy flows}으로 확정한다. 전과정 목록분석은 원자재와 에너지에 관련된 모든 소비량, 배출물과 유해물질의 종류와 양, 그리고 해당한다면 자재와 건물의 전체 수명기간 동안 발생하는 모든 폐기물의 물량 정보를 포함한다. 이러한 초기 정보는 생산자를 통해 얻어야 한다. 산정한 자재 물량은 영향 평가 단계에서 환경 영향과 연관된다. 전과정 목록분석 자체는 평가를 포함하지 않는다. 기존 데이터베이스를 활용할 수 없으면 필요한 데이터를 수집하는 데 시간을 많이 소모하게 된다.

(1) 1차 에너지 집중도

원자재의 생산과 운송을 포함해 건축 자재의 생산에 필요한 에너지 소비량은 "생태적" 건축 자재를 선택하는 중요한 지표이다. 이런 에너지 소비를 "1차 에너지 집중도^{Primary Energy Intensity, PEI}"라고 하며 주로 "요람에서 공장 문 앞까지" 시스템 경계에 해당한다.

에너지 수요를 맞추는 데 재생 가능한(예: 바이오매스^{biomass}), 무한한(예: 태양), 재생 불가능한(예: 화석 연료) 에너지를 사용할 수 있다. 재생 불가능한 에너지 자원 공급은 한정적이므로 절약해서 사용해야 한다. PEI 산정 과정에서 재생 불가능한 에너지 자원의 양이 확인되므로, 이로써 PEI를 "에너지 자원 사용" 범주의 환경 영향 측정 도구로도 활용할 수 있다.

전통적 흙건축에서 주로 하는, 건축 부지에서 적합한 자재를 채취해 흙건축 자재와 구조물로 가공하는 수동 공정은 PEI를 고려하면 과거에도 현재까지도^{was and still is} 이상적인 여건이다. 흙건축 자재는 특히 운송이 필요 없으므로 PEI가 거의 0이다.

그러나 현대 흙건축은 대부분 기계화되었고 건축 자재 생산과 건축 현장에서 산업재 사용을 물리적으로 분리하는 특성을 띤다. 이는 자동으로 에너지 소비와 운송으로 이어진다. 여러 유럽 국가의 흙건축 자재 생산자들은 제품을 이미 타 국가로 수출하기 시작했다. 장거리 운송과 높은 에너지 소비 비율(예: 인공 건조(단원 3.3.3))은 건축 자재의 생태 평가에 부정적 영향을 미친다. 표 1.2는 [40]에 따른 일반적 운송 방식의 PEI를 보여준다.

흙건축 자재는 PEI 측면에서 기존 주요 건축 자재와 비교했을 때 여전히 타의 추종을 불허한다. 내재 에너지embodied energy가 큰 첨가물을 사용하더라도 마찬가지이다. 표 1.3에서 발췌한 내용을 볼 수 있다 [42].

표 1.2 일반적인 운송 방식의 에너지 사용

운송 방식	PEI [kWh/tkm]
철도	0.43
승용차, 서유럽	1.43
화물차, 40미터톤	0.72
화물차, 28미터톤	1.00
화물차, 16미터톤	1.45
승합차, <3.5미터톤	3.10
화물선(국제)	0.04
화물선(국내)	0.27

표 1.3 건축 자재의 1차 에너지 집중도(PEI) 발췌

건축 자재	PEI [kWh/m^3]
흙	0~30
짚판재	5
목재, 국내 생산	300
목재 생성물	800~1,500
소성벽돌	500~900
시멘트	1,700
표준 콘크리트	450~500
규회벽돌	350
판유리	15,000
강철	63,000
알루미늄	195,000
폴리에틸렌 PE	7,600~13,100
PVC	13,000

(2) 누적 에너지 수요

누적 에너지 수요 cumulative energy demand는 건물의 전체 사용연한("요람에서 무덤까지" 시스템 경계)의 에너지 수요를 아우른다. VDI 지침 4600: 2012-01에 따르면, 특정 상황을 가정하여 누적 에너지 수요를 추산하고, 같은 상황의 환경 영향을 이 에너지 수요에 비교한다(표 1.1, PG 8).

건축 자재나 건축 공법의 PEI는 흔히 비교 평가에만 사용한다. 그러나 사실 건축 자재의 생산과 건축물 건설은 상대적으로 짧은 기간이므로 실제 평가는 건물 사용연한의 모든 단계를 고려해야 한다. 흙건축 자재가 "PEI가 낮다"는 이점을 좇다가 구조물의 내구성 또는 더 성가신 유지관리로 값을 치를 수도 있다. PEI가 더 큰 단열재를 써서 난방 에너지 수요를 줄이면 건물 전체 사용연한 동안 배출량이 감소하므로 그렇게 "단점"을 상쇄할 수 있다. 이런 자재는 긍정적인 환경 영향뿐 아니라 건물주에게 재정적 이점을 안겨준다. 결과적으로 건물을 얼마나 오래 사용할지 정하는 것이 건축 부재나 자재 생산자layer가 부담하는 필수 유지관리 주기 횟수

에 영향을 미치는 또 하나의 중요한 시스템 경계가 될 것이다.

1.4.3.3 영향 평가

이 단계에서는, 전과정 목록분석 과정에서 수집한 자재와 에너지량을 선별한 지표와 한정한 시스템 경계에 준해서 환경 영향을 평가한다: 원인을 영향과 비교한다. 이것이 표 1.1, PG 8에서 기술한 환경 영향을 검토하는 단계이다. 요즘은 영향 평가를 계산하는 데 필요한 값의 데이터베이스가 들어있는 다수의 컴퓨터 프로그램을 사용할 수 있다. 데이터 분석은 정의한 표준에 따라 수행해야 한다. GaBi(www.gabi-software.com), EcoInvent(www.ecoinvent.ch, 약 4,500개의 데이터 파일), WECOBIS(www.wecobis.de, 독일연방 환경자연보호건설및핵안전부에서 운영)의 프로그램 등이 일반적으로 사용하는 환경 데이터베이스이다. WECOBIS는 2015년 1월부터 운영되었다. DIN EN 15804 기준에 의거해 구축했고 현재 약 1,300개의 데이터 파일을 갖고 있으며 흙미장, 흙블록, 흙다짐 역시 다루고 있다.

　Freudenberg는 프로그램 GEMIS(www.gemis.de)를 사용해서[43] 안정화 처리한 압축 흙블록(compressed stabilized earth block, CSEB)의 전과정 평가에 필요한 다양한 기준척도를 산정했다. 표 1.4는 수동/기계 생산한 시멘트 5%로 안정시킨 흙블록, 소성벽돌 완제품 1미터톤$^{metric\ ton}$당에 대해서 이 척도들을 부분적으로 비교한다.

표 1.4 안정시킨 흙블록의 생태적 기준척도 발췌 [43]

선택사항	CED [kWh]	CO₂ equiv. [kg]	SO₂ equiv. [kg]	TOPP equiv. [kg]	원재료 소비 [t]
CSEB(수동 생산)	215	94	0.37	0.59	2.53
CSEB(기계 생산)	655	189	0.49	0.70	3.05
소성벽돌	1347	508	1.68	3.03	1.55

1.4.3.4 결과 해석

특정 상황에 따라 계산 결과를 여러 방식으로 최종 해석할 수 있다. 이를테면:

－설계 제안 비교(선호하는 제안^{variation})

－생태 영향 평가(위험 요소)

－기존 환경 오염에 관련된 영향

　오늘날 국제 수준의 문서로 CO_2 배출량 감축에 중요한 순서를 결정하는 의무 규정을 수립하고자 노력하는 사례처럼, 전과정 평가는 환경 의사 결정에 필수적이다. 환경 목표는 적절한 표준과 규정에 근거해서 지침을 정해야만 달성할 수 있다. 건축 자재 분야의 제품 표준 역시 여기에 포함된다. 독일흙건축협회에서 2011년에 발행한 기술정보지 "기술안내서(Technische Merkblätter) 02～04"[44～46]에는 DIN EN ISO 14040에 기반하여 CO_2 환산량을 정하는 절차가 들어 있다. 흙블록과 흙몰탈에 적합한 절차는 DIN 표준(DIN 18945～47)에 선택 시험(부록 A) 으로 실었다.

　전과정 평가는 계획 단계에서 크게 노력하는 것뿐만 아니라 기존 계획을 운영하는 데 지속 가능한 건축물 개념을 더하려는 의지가 필요하다. 간혹 자료가 충분하지 않아서 문제가 발생한다. 앞서 언급한 지표는 생태 영향 범주를 상세히 설명하고 있지만, 일반적으로는 알려져 있으나 지금껏 양을 측정할 수 없는 유해한 환경 영향이 존재한다. 이미 정의했던 지표로 하는 상관관계 인용이 정확한지 역시 의문으로 남아있다. 마지막으로, 이용 가능한 환경 데이터베이스에서 수집한 전과정 평가 목록 자료의 신뢰성을 검토해야 한다. 이는 어느 정도 각 결과의 타당성을 제한한다.

　한편, 전과정 평가는 실현 가능해 보이는지, 생태 기반의 주장이 현실에서 지지받을 만한지 확인하는 데 이미 적합한 도구이다. 그러나 필요한 기본 원칙과 도구는 더 개선해야 한다.

1.4.3.5 환경 성적 표지 및 건축물 인증

DIN EN ISO 14040에 따른 전과정 분석은 에너지 수요와 환경 소비를 기록하는 것뿐만 아니라 건물의 전체 수명주기에 걸친 환경 영향에 대한 체계적이고 표준화된 자료를 제공한다.

　또한, 지속 가능한 건축물 원칙(단원 1.4.1)에 따르면 건축물의 **환경 성능** *environmental performance* 은 기술적 품질, 기능적 측면, 사회문화적 기준뿐만 아니라 위치(예: 운송 기반시설)도 아우르는 개념이다. 마지막으로, 비용은 건축주에게 매우 중요한 고려사항이다. 여기 해당하는 척도군은 표 1.1에 기재되어 있다. 이런 측면들은 "순수한" 전 과정 분석을 넘어선다.

　건축 산업재의 환경 성능을 분석하기 위해 다음 두 가지 도구를 개발했다:

－건축 산업재 **생산자** *manufacturers*를 위한 환경 표시[labels]/환경 표지[declarations]

－**건물주** *owners* / 건축주를 위한 환경 건축물 인증

(1) 환경 성적 표지

현재 건축 산업재 생산자들은 세 가지 유형의 환경 표시를 사용할 수 있다:

- 제 I형 환경 표시는 DIN EN ISO 14024에 따라, 외부 기관이 뛰어난 환경 성능에 수여한 상의 기호나 상표이다. "Blue Angel"이나 "Natureplus" 등의 환경 표시가 여기에 해당한다. 흙 건축 산업재 중 다수가 "Natureplus"를 달았다 [47].

- 제 II형 환경 표시는 DIN EN ISO 14021에 따라, 생산자의 자체 환경 표지이다. 즉, 외부 기관이 검증했어도 되는 표지를 생산자가 책임진다.

- 제 III형 환경 표시는 DIN EN ISO 14025에 따라, 건축 산업재를 대상으로 한 자발적인 표준, 합의 또는 보증이다. 생산자, 단체, 품질보증협회가 외부 기관이 수여하는 인증서의 형태로 건물의 "환경 성능"을 입증하기 위해 제공한다. 이러한 표시를 **환경 성적 표지** *environmental product declaration(EPD)*라고 한다.

건축 산업재의 EPD 발전을 위해 현재 다음과 같은 표준이 존재한다:

DIN EN 15804 건축의 지속 가능성-환경 성적 표지-건설 제품 분류에 대한 핵심 규칙

DIN EN 15942 건축의 지속 가능성-환경 성적 표지-업체 간 의사소통 형식

DIN EN ISO 14025 환경 표시 및 표지-제 III형 환경 표지-원칙 및 절차

ISO 21930 건축물 건설-지속 가능한 건축물-건축 산업재의 환경 성적 표지

이런 표지에는 생산 및 사용 중 환경 영향, 사용자에게 발생할 수 있는 건강상 위험 요인을 제품 수명주기의 모든 단계에 기술해서 넣어야 한다. 이 요건을 충족하기 위해 표준 평가표를 개발했다. 이는 표지해야 하는 4가지 수명주기 단계(시기)와 혜택 및 부담(소비)을 기록하는 D열로 구성된다(DIN EN 15804)(표 1.5).

표 1.5 DIN EN 15804에 따른, EPD 수명주기 단계별 평가표

제품 단계			건설공정 단계		사용 단계							수명 종료 단계				혜택 및 부담
A1	A2	A3	A4	A5	B1	B2	B3	B4	B5	B6	B7	C1	C2	C3	C4	D
원자재 생산	운송	생산	운송	시공/ 설치	사용	유지	보수	대체	재건축/ 개축	기업 에너지 소비	기업 물 소비	철거	운송	폐기물 관리	처리	재사용, 복원, 재활용 가능성

환경 성적 표지

환경 성적 표지는 환경을 고려하여 제품을 선택하는 도구가 되었으며, 경쟁을 통해 환경친화적 제품 사용을 촉진하고 안전하지 않은 제품을 시장에서 퇴출하여 소비자의 안전과 건강을 보호하는 데 도움을 준다.

흙건축 자재는 건강에 위험하지 않고 다른 건축 자재에 비해 PEI가 낮아 본질적으로 환경친화적이다(표 1.3). 현재 PEI가 높은 광물 건축 자재 생산자들은 각 산업 단체의 요구대로 석회, 석고, 시멘트를 함유한 건축 자재에 DIN ISO EN 14025에 따라 인증된 EPDs를 제공한다. 이산화탄소 환산량^{GWP}으로 표기하는 온실가스 배출량을 평가할 때(표 1.1), 생산자들은 예를 들어 석회가 탄화하는 동안 이산화탄소를 "소모"하거나, 화석 연료를 사용하는 대신 폐기물에서 "에너지를 회수"하여 상쇄하는 방식을 이용한다. 이렇게 하면 생산자들은 기존 자재와 흙건축 자재 사이의 "지속 가능성 격차"를 줄일 수 있다. 이는 환경 성적 표지가 건축 자재 시장에서 경쟁 도구 역할을 얼마나 점점 더 많이 맡고 있는지를 강조한다.

흙건축 자재를 산업적으로 제작하는 생산자들은 기존 흙 제품의 환경 신뢰도가 미래에는 충분하지 않을 것이라는 사실을 깨달아야 한다. 갈수록 경쟁이 심해지는 시장에서 성공적으로 살아남기 위해서는 흙건축 자재에 알맞은 전과정 평가(EPDs)를 정립해야 한다. 산업 생산한 자연 습윤 흙몰탈의 제작 과정(원자재에서 출고까지$^{deliver\ ex\ works}$)을 대상으로 한 최근 전과정 평가에서는 석회와 석고로 만든 건축 자재보다 에너지 수지$^{energy\ balance}$ 값이 5~10배 낮다 [48].

(2) 건축물 인증

요즘 주택 소유주들은 자신의 집에 대해서 사용 단계의 에너지 소비 환경 성능을 설명해야 한다. 에너지절감법 EnEV 2014[49]에 따라서 주택 소유주들은 임대 또는 매입에 관심이 있는 모든 사람에게 **에너지 패스** *energy pass* [4]를 공개할 의무가 있다.

그러나 에너지 소비는 건축물 환경 성능의 일부 측면만을 나타낸다. 현재 건축물의 환경 성능 종합 정량 평가에 다음과 같은 표준을 적용할 수 있다:

4　TÜV NORD GROUP, energy certificate for building, <https://www.tuev-nord.de/en/company/energy/energy-efficiency/energy-efficiency-in-buildings/energy-pass-for-buildings/> (2021.03.01.), 발췌 및 요약: 독일에서 2007년부터 시행된 제도로, 건물의 에너지효율등급을 확인할 수 있는 표. 건축가나 건축 공학자 등 전문가가 발행한다. 기존에 지은 건물을 포함해 새로 짓는 건물은 모두 이 에너지 패스를 붙여야 하며 그렇지 않을 경우 벌금을 물도록 제재한다.

DIN EN 15978 건축의 지속 가능성－환경 성능 평가－산출 방법

DIN EN 16309 건축의 지속 가능성－사회 성능 평가－산출 방법

DIN EN 16627 건축의 지속 가능성－경제 성능 평가－산출 방법

이 표준들은 DIN EN 15804에 따른 EPD 평가표를 사용한다(표 1.5).

다수의 기관과 협회가 DIN EN 15804보다 더 광범위한 기준 목록을 기반으로 한 건축물 환경 성능 인증체계를 개발했다. 일례가 독일지속가능한건축물협회(Deutschen Gesellschaft für Nachhaltiges Bauen, DGNB)에서 발급하는 건축물 인증이다 [50]. 이 체계는 추가 가중치를 두는 부분적 기준－생태, 경제, 사회문화, 기능 측면－과 기술적 기준(각각 22.5%)은 물론 공정 품질(전체 평가의 10%)을 포함하는 6개 핵심 품질범주 목록을 사용한다. "위치" 범주는 전체 평가에 간접적으로 포함한다. 외부 심사자가 각 품질범주 기준 준수에 매긴 점수를 합산해서 "금", "은", "동" 품질 인장seal을 수여한다.

독일 정부는 연방교통건설도시발전부5가 발간한 "연방 건축물을 위한 지속 가능한 건축물"(Nachhaltiges Bauen für Bundesgebäude, BNB)이라는 등급 체계를 활용하여 향후 모든 연방정부 건축 사업에 지속 가능한 건축물 원칙을 적용하는 것을 의무화 하기로 결정했다 [38, 51]. 그렇게 해서 정부 건축물이 모범이 되고자 한 것이다.

1.4.4 경제적 측면

건축주들은 종종 흙으로 지으려면 얼마나 더 "비싼"지 묻는다. 전체 건축비 구조에서 흙건축 요소가 차지하는 부분은 지역에 따라 상당히 다를 수 있다. 예를 들어, 전형적인 흙채움 목조건축에서는 사용한 흙건축 자재의 종류와 양에 따라 흙건축 자재가 총건축비의 10% 미만일 수 있다 [41].

흙건축 자재 수급이 더 편해져서 현재 가격이 소비자에게 더욱 "매력적"으로 되었을 수 있다. 매우 "특정한" 흙건축 자재를 사용하기로 결정한다면, 건축주는 생태적 기준에서 건물 평가에 부정적인 영향을 미칠 추가 운송을 감안해야 한다.

종래의 비용 추정, 계산, 평가는 DIN 276에 따라 건축물의 준공 또는 최종 인도까지 수행한

5　2013년 연방교통및디지털기반시설부(Federal Ministry of Transport and Digital Infrastructure)로 개편.

모든 공사service를 기준으로 한다. 이런 계산과 평가는 사회 전반과 특히 건축주에게 중장기적 "수혜benefits"를 주는 건축 자재인 흙의 중요한 이점을 아직 고려하지 않는다. 흙자재의 이점은 의심할 여지 없이 낮은 1차 에너지 수지(단원 1.4.3.2)와 재활용 가능성(단원 6.2.2), 적절히 설치했을 때의 내구성, 건축적 아름다움aesthetics 등이 있으며, 특히 흙건축 자재가 실내 공기를 건강하게 한다(단원 5.1.3). 이는 종합 건축물 인증체계에 이미 포함되어 있다(단원 1.4.3.5).

현재 건축물의 전체 사용연한 동안 예상되는 유지 비용을 포함한 운영 비용은 기초적인 방식으로만 평가할 수 있어서 지금은 정량적 전과정 평가로 지속 가능성 측면을 기록할 수 없다. 예를 들어, 오늘날 지은 건축물의 사용연한이 끝나는 100년 후의 건축 폐기물 처리 비용을 예측하는 것은 불가능하다. 그러나 흙자재와 흙건축 공사비를 책정할 때 특히 관심을 끄는 것은, 다른 건축 자재와 실제로 비교하면 현재 세상에서 이미 흙으로 짓는 것이 비용 효율이 좋다는 점이다.

DIN EN 16627은 경제 측면에서 건축물의 지속 가능성을 평가하는 데 적용할 수 있다.

1.5 과학 분야로서의 흙건축의 분류

그림 1.28은 흙건축에 중요한 유관 과학 분야의 상호연결 모델을 보여준다. 여기에서 흙건축 자재 분야는 기초과학에 해당하고, 흙건축 부재와 구조 분야는 구조계획, 구조공학, 구조설계 학계와 묶인다. 흙건축은 다양한 과학 분야를 통해 여러 가지 방식으로 접근할 수 있다.

1.5.1 용어 정의

건설 분야의 일부인 흙건축의 분류는 일반적인 용어로는 "건축architecture" 및 "건축물building"으로 정의한다(프랑스어 architecture de terre, 독일어 Lehmbau). 건축은 인간의 다양한 요구에 맞는 건축물을 만드는 것을 목표로 하는 인간 활동의 일부이다.

구조물을 지상 또는 지하 중 주로 어디에 건설하는지에 따라 지상 구조물 또는 지하 구조물로 분류하며, 보편적으로 지상 구조물을 건축물이라 칭한다.

일반적으로 **흙건축** *earth building*은 흙건축 자재를 내력/비내력 구조 특징이 있는 건축 부재와 지상 구조물로 가공하는 것으로, 흙건축 구조물은 보통 완성된 상태에서 건조하다는 점이 지반공학, 도로 건설, 수력공학과 다르다(단원 3.3).

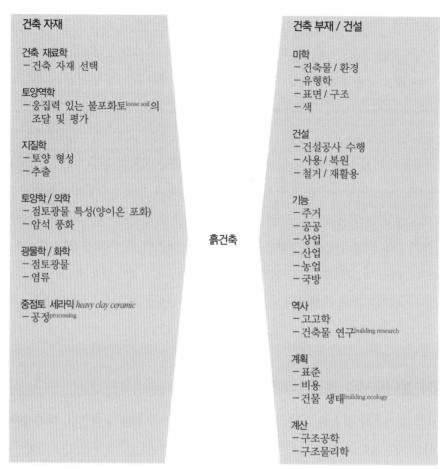

건축 자재

건축 재료학
－건축 자재 선택

토양역학
－응집력 있는 불포화토loose soil의
　조달 및 평가

지질학
－토양 형성
－추출

토양학 / 의학
－점토광물 특성(양이온 포화)
－암석 풍화

광물학 / 화학
－점토광물
－염류

중점토 세라믹heavy clay ceramic
－공정processing

흙건축

건축 부재 / 건설

미학
－건축물 / 환경
－유형학
－표면 / 구조
－색

건설
－건설공사 수행
－사용 / 복원
－철거 / 재활용

기능
－주거
－공공
－상업
－산업
－농업
－국방

역사
－고고학
－건축물 연구building research

계획
－표준
－비용
－건물 생태building ecology

계산
－구조공학
－구조물리학

그림 1.28 과학 분야로서 흙건축의 분류

1.5.2 건축 자재와 건축 기술

특히 지난 50년 동안 토목공학 분야에서 기존 건축 자재인 콘크리트, 강철, 철근콘크리트, 소성벽돌, 특수 과학 분야가 발전했다. 또한, 이러한 발전은 대학에서 집중적인 교육, 연구 활동으로 이어졌고, 추후 목조 건축도 유사했다. 앞에서 설명한 것처럼, 건축 자재로서 흙은 상황이 다르게 전개되었다.

"흙건축"을 다루는 별도 과학 분야는 이제 시작 단계이다. 건축 현장에서 흙건축 자재를 표준화하는 방안과 그것을 기능적 건축 부재 및 구조물 생산에 사용하려는 수요가 증가하고, 흙건축이 건축공학적인 기술이 되면서, 흙건축은 중요성과 자율성을 얻을 것이다. 위에서 언급한 기존의 건축 자재에 비해 흙을 건축 자재로 널리 사용하지 않아서 수십 년 동안 체계적인 흙건축 연구를 진행하지 않았다. 이러한 "연구 지체^{backlog}"를 줄이는 데는 시간이 걸릴 것이다. 2009~2011년에 처음 독일연방재료연구및시험연구소(Bundesanstalt für Materialforschung und-prüfung, BAM)에서 연구 과제의 일환으로 선별한 흙건축의 건축 자재와 부재 측면을 처음으로 광범위하게 체계적으로 조사했다. 이 과제의 결과를 흙건축 대상 DIN 표준 개발에 통합했다.

한편, 건축 자재로서의 흙은 콘크리트, 강철과 달리 합성해서 생산하지 않고 오히려 자연적으로 "생산"된 비표준 자재이기 때문에 흙건축은 항상 비공학적인 기술로 남을 것이다. 지금까지도 대부분의 흙건축 활동은 개발도상국가에서 자가 건축자$^{\text{owner-builder}}$들이 전통 기법으로 수행한다.

다양한 과학 분야와 엮인다는 것 또한 흙건축의 특징이다. "원재료"인 흙은 여러 분야에서 많은 기능을 하는데, 예를 들어 중점토$^{\text{heavy clay}}$ 세라믹에서는 세라믹 상품 생산용 **원재료** *raw material*, 토양공학 분야에서는 기초를 세우는 **심토** *subsoil*, 토양학에서는 작물을 재배하는 **토양** *soil*, 심지어 의학에서는 **약용** *medicinal purpose*으로도 사용한다. 모든 학계에서 "원료"인 흙의 특정 용도마다 각자의 기준척도^{parameter}와 용어를 개발해서 성공적인 정보전달의 기초로 삼았다. 기준척도에는 항상 측정 단위로 표현하는 내용^{conent}과 수치 또는 척도 고유의 속성을 정성적으로 표현하는 범위^{scope}가 있다.

References

1. Burenhult, G.u.a. (Hrsg.): Die Menschen der Steinzeit—Jager, Sammler und fruhe Bauern; Illustrierte Geschichte der Menschheit. Weltbild, Augsburg (2000)

2. Boehling, H.: Chinesische Stampfbauten. Sinologica, Basel. 3(1), 16–22 (1953)

3. Sung, Y.: Tian gong kai wu, vol. 2, leaf 1. Zhonghua shuzhu, Xinhua shudian zongjing xiao, Beijing. http://depts.washington.edu/chinaciv/home/3intrhme.htm#brik (1959)

4. Luo, Z., Zhao, L.: Chinas Große Mauer—Traditionelle chinesische Kunst u. Kultur. Verlag f. Fremdsprachige Literatur, Beijing (1986)

5. Endruweit, A.: Stadtischer Wohnbau in Agypten. Gebr. Mann, Berlin (1994)

6. Fathy, H.: Architecture for the Poor. University of Chicago Press, Chicago (1973)

7. Galdieri, E.: Tecnologia y fantasia en las construcciones de tierra. In: II. Encuentro de trabajosobre la tierra como material de construccion, pp. 53–59. Inter-Accion, Navapalos/El Burgo de Osma (1986)

8. Simon, S.: Kulturelles Erbe Erdarchitektur—Materialien, Forschung, Konservierung. In: Naturwissenschaft & Denkmalpflege, pp. 263–273. Innsbruck University Press, Innsbruck (2007)

9. Boysan-Dietrich, N.: Das hethitische Lehmhaus aus der Sicht der Keilschriftquellen. Winter, Heidelberg (1987)

10. Baimatova, N.S.: 5000 Jahre Architektur in Mittelasien—Lehmziegelgewolbe vom 4./3. Jahrtausend. v. Chr. bis zum Ende des 8. Jahrhunderts. n. Chr. Archaologie in Iran und Turan, 7, Deutsches Archaologisches Institut, Eurasien-Abteilung, Außenstelle Teheran. Verlag Philipp v. Zabern, Mainz (2008)

11. Jansen, M.: Mohenjo-daro-Pakistan. The problem of adobe & brick conservation. In: Terra 2003—9th International Conference on the Study and Conservation of Earthen Architecture, pp. 309–318. Yazd (2003)

12. Bardou, P., Arzoumanian, V.: Arquitecturas de adobe. Tecnologia y Arquitectura—construccion alternativa, 3rd edn. Ediciones G. Gili, S.A. de C.V., Mexico (1986)

13. ICOMOS (ed.): The World Heritage List. Filling the Gaps—An Action Plan for the Future. Monuments and Sites XII, Paris (2005)

14. Correia, M., Dipasquale, L., Mecca, S. (eds.): Terra Europae. Earthen Architecture in the European Union. Edizioni ETS, Pisa (2011)

15. http://dev.lehmbau-atlas.de

16. CRATerre (ed.), Guillaud, H.: Terra Incognita—Discovering and Preserving European Earthen Architecture. Argumentum/Culture Lab Editions, Lissabon (2008)

17. Correia, M.: Taipa no Alentejo. Lissabon, Argumentum (2007)

18. Fonseca, I.: Architectura de terra em Avis. Argumentum, Lissabon (2007)

19. Syrova-Anýžová, Z., Syrovy, J., Kříž, J.: Inventaire, documentation et methodologie de conservation de l'architecture en terre en Republique Tcheque. SOVAMM CD, Brno (2000)

20. Conti, G., Di Chiacchio, A., Cicchitti, M., et al.: Terra cruda—Insediamenti in provincia di Chieti. Edizioni COGECSTRE, Penne (1999)

21. Isensee, B: Materialtechnische Probleme des Hausbaus auf einer jungsteinzeitlichen Siedlungbei Erfurt-Gispersleben. Unpublished student research paper. Bauhaus-Universitat, Fak. Bauingenieurwesen, Weimar (2003)

22. Behm-Blancke, G: Die altthuringische und fruhmittelalterliche Siedlung Weimar. In: Fruhe Burgen und Stadte. Beitrage zur Burgen-und Stadtbauforschung, Berlin (1954)

23. Weise, G.: Mineralische Rohstoffe und ihre Nutzung im Weimarer Land, Heft 1. Materialforschungs-und Prufanstalt an der Bauhaus-Universitat, Weimar (1998)

24. Lieberenz, T.: Die altesten Lehmwellerbauten in Mittelthuringen. In: Hauser aus Lehm und Stroh—vergessene Bauweisen und Materialien, Hohenfeldener Hefte Nr. 4, pp. 27–34. Volkskundliche Kommission fur Thuringen e.V./Thuringer Freilichtmuseum Hohenfelden, Hohenfelden (2008)

25. Brandle, E.: Sanierung alter Hauser. BLV Verlagsgesellschaft, Munchen (1991)

26. Volhard, F.: Historische Lehmausfachungen und Putze. In: LEHM '94, pp. 25–27. Internationales Forum fur Kunst u. Bauen mit Lehm, Beitrage, Aachen (1994)

27. Hausbucher der Nurnberger Zwolfbruderstiftungen. Nurnberg 1425-1806. http://www.nuernberger-hausbuecher.de/75-Amb-2-317b-76-r/data

28. Guntzel, J.: Zur Geschichte des Lehmbaus in Deutschland, Bd. 1. Gesamthochschule, Diss., Kassel (1986)

29. Guntzel, J.G.: Zur Propagierung des Lehmbaus in Deutschland im 18. Jahrhundert. In: Bauenmit Lehm, Bd. 1. Okobuch Verlag, Grebenstein (1984)

30. Hetzl, M.: Der Ingenieur-Lehmbau. Die Entwicklung des ingenieurmaßigen Lehmbaus seitder Franzosischen Revolution und der Entwurf neuer Lehmbautechnologien. Technische Universitat, Fak. Architektur, Diss., Wien (1994)

31. Cointeraux, F: Die Pise-Baukunst. Leipzig: Zentralantiquariat der DDR. Reprint der Originalausgabe von 1803 (1989)

32. Miller, T., Grigutsch, A., Schultze, K.W.: Lehmbaufibel—Darstellung der reinen Lehmbauweise, Heft 3. Schriftenreihe d. Forschungsgemeinschaften Hochschule, Weimar. Reprint der Originalausgabe von 1947. Verlag Bauhaus-Universitat, Weimar (1999)

33. Miller, T.: Landwirtschaftliche Versuchshofe in Thuringen. Der Baumeister. 44(9), 282–296 (1947)

34. Grigutsch, A., Keller, B., Fahrmann, H.: Erfahrungen beim zweigeschossigen Lehmbau in Gotha. Bauplanung/Bautechnik. 7(6), 28 (1952)

35. Rath, R: Der Lehmbau in der SBZ/DDR. Unpublished diploma thesis. Technische Universitat, Fakultat Architektur, Umwelt, Gesellschaft, Berlin (2004)

36. Архипов, И.И.: Механизированное производство и применение самана в сельском строительстве (Industrial production of straw-mud bricks for agricultural buildings). Научно-исследовательский институт сельского строительства (НИИСельстрой) РСФСР (Hrsg.). Государственное издательство лите

ратуры по строительству, архитектуре истроительным материалам, Москва (1963)

37. United Nations Organization (UNO): Report of the World Commission on Environment and Development: Our Common Future (Brundtland Report). UNO, New York (1987)

38. Bundesministerium fur Verkehr, Bau und Stadtentwicklung (BMVBS) (Hrsg.): Leitfaden Nachhaltiges Bauen. BMVBS, Berlin (2011)

39. Europaisches Parlament; rat der Europaischen Union: Verordnung Nr. 305/2011 vom 9. Marz 2011 zur Festlegung harmonisierter Bedingungen fur die Vermarktung von Bauprodukten und zur Aufhebung der Richtlinie 89/106/EWG des Rates. Amtsblatt der Europaischen Union L 88/5 v., Brussel (2011)

40. Glucklich, D. (Hrsg.): Okologisches Bauen—von Grundlagen zu Gesamtkonzepten. Deutsche Verlags-Anstalt, Munchen (2005)

41. Dachverband Lehm e.V. (Hrsg.): Lehmbau Verbraucherinformation. Dachverband Lehm e.V., Weimar (2004)

42. Umweltbundesamt (Hrsg.), Krusche, P.u.M., Althaus, D., Gabriel, I.: Okologisches Bauen. Bauverlag, Wiesbaden (1982)

43. Freudenberg, P.: Okobilanzierung von gepressten, stabilisierten Lehmsteinen. Unpublished diploma thesis. Fachhochschule, FB Wirtschaftsingenieurwesen, Jena (2007)

44. Dachverband Lehm e.V. (Hrsg.): Lehmsteine—Begriffe, Baustoffe, Anforderungen, Prufverfahren. Technische Merkblatter Lehmbau, TM 02. Dachverband Lehm e.V., Weimar (2011)

45. Dachverband Lehm e.V. (Hrsg.): Lehm-Mauermortel—Begriffe, Baustoffe, Anforderungen, Prufverfahren. Technische Merkblatter Lehmbau, TM 03. Dachverband Lehm e.V., Weimar (2011)

46. Dachverband Lehm e.V. (Hrsg.): Lehm-Putzmortel—Begriffe, Baustoffe, Anforderungen, Prufverfahren. Technische Merkblatter Lehmbau, TM 04. Dachverband Lehm e.V., Weimar (2011)

47. Natureplus e.V. (Hrsg.): Richtlinien zur Vergabe des Qualitatszeichens "natureplus"; RL 0607 Lehmanstriche und Lehmdunnlagenbeschichtungen (September 2010); RL 0803 Lehmputzmortel (September 2010); RL 0804 Stabilisierte Lehmputzmortel (proposed); RL 1006 Lehmbauplatten (September 2010); RL 1101 Lehmsteine (proposed); RL 0000 Basiskriterien (May 2011); Neckargemund (2010)

48. Lemke, M.: Nachhaltigkeit von Lehmbaustoffen—Umweltproduktdeklarationen als Wettbewerbsin strument. In: LEHM 2012 Weimar, Beitrage zur 6. Int. Fachtagung fur Lehmbau, pp. 220–229. Dachverband Lehm e.V., Weimar (2012)

49. Zweite Verordnung zur Anderung der Energieeinsparverordnung (EnEV 2009) v. 18.11.2013. Bundesgesetzblatt I, Nr. 61. Berlin (2013)

50. Deutsche Gesellschaft fur Nachhaltiges Bauen (Hrsg.): Ausgezeichnet. Nachhaltig bauen mit System. DGNB Systembroschure, Stuttgart (2012)

51. Bundesministerium fur Verkehr, Bau und Stadtentwicklung (BMVBS): Bekanntmachung uber die Nutzung und die Anerkennung von Bewertungssystemen fur das nachhaltige Bauen. Bundesanzeiger Nr. 70, p. 1642 v. 07. Mai (2010)

52. CRATerre-Ensag/Gandreau, D., Delboy, L.: World Heritage Inventory of Earthen Architecture. World Heritage Earthen Architectural Programme WHEAP. CRATerre-ENSAG, Grenoble (2012)

53. Schroeder, H.: Konstruktion und Ausfuhrung von Mauerwerk aus Lehmsteinen. In: Mauerwerkkalender 2009, pp. 271–290. W. Ernst & Sohn, Berlin (2009)

2

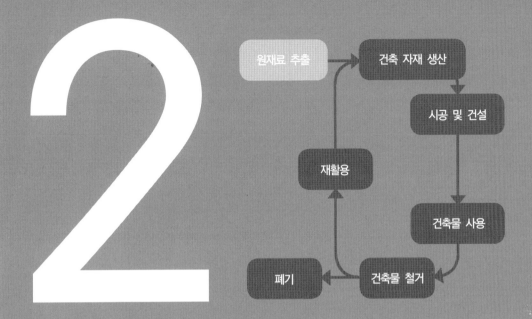

건축토 – 조달,
채취, 분류

"자연 재료"라는 용어는 자연적으로 발생하고 자연 매장지 또는
자연 공급처에서 구할 수 있는 모든 재료를 의미한다. 따라서 자
연적으로 생긴 점성토는 천연 흙 *natural earth* 또는 자연토 *natural
soil*라고도 할 수 있다. 적절한 시험 절차를 거치면 대체로 자연
점성토가 흙 건설에 적합한지 구별할 수 있다. 자연 재료를 매장
지에서 채취해서 일부 기술적 절차를 거친 후에는 원재료가 되
며, 비로소 실질적인 가치를 가지게 된다. 즉, 자연토가 원토[raw
soil] 또는 건축토 *construction soil*가 되는 것이다.

2 건축토 – 조달, 채취, 분류

Construction Soil – Sourcing, Extraction, and Classification

2.1 자연토

2.1.1 자연토의 형성

점성토는 날씨, 식물계^{flora}, 동물계^{fauna}의 영향으로 형성된 단단한 지각의 최상층에 속하므로 거의 모든 곳에서 쓸 수 있다. 토양학에서도 지각의 이 층을 흙 *soil*이라고 하며 지질학에서는 전석(磚石)[1] *loose rock*이라고 칭한다.

2.1.1.1 흙의 층단면

흙이 형성되는 동안 무기 및 유기 원^{parent}물질의 분해 산물은 흙의 특징을 이루는 새로운 흙 성분(점토 및 부식질)으로 변형되고 구조화된다. 그런 다음 이런 구성 성분은 흙 속의 빗물, 지하수의 작용으로 또는 경작과 흙에 사는 유기체의 활동으로 씻기고, 옮겨지고, 섞인다. 그 결과 원래 암석은 녹아 부스러진^{elluviated} 부식질이 풍부한 표토^{topsoil}(A층)와 석회 같은 특정 물질이 몰려 아래 깔린 심토^{subsoil}층(B층)으로 흙의 층단면 *soil profile*이 분화한다. 풍화되지 않은 기반암을 C층이라고 한다(그림 2.1 [1]).

부식질이 풍부한 A층은 식생과 농경의 기반이 되나, 건축에 적합한 흙은 색이 더 밝고 부식질이 없는 B층에서 얻을 수 있다. 노출된 바위 표면은 A층과 B층이 완전히 사라진 예이다.

---

1 안용한, 대한건축학회 온라인 건축용어사전 <http://dict.aik.or.kr> (2021.07.12.) 암반에서 떨어져 구르거나 흐르는 물에 밀려나가 흙에 묻혀 있는 돌.
표준국어대사전 <https://stdict.korean.go.kr> (2021.07.12.) 석비레: 돌이 풍화하여 생긴 푸석푸석한 돌이 많이 섞인 흙.
본 서에서는 문맥을 고려하여, 지질학적인 흙인 자연토는 "전석", 건축 자재용 흙인 건축토는 "석비레"로 칭한다.

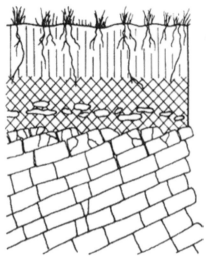

A **표토층**: 광물성 흙으로 분해된 식물 및 동물 물질matter

B **고갈 / 축적 구역**: 콜로이드(점토 등) 및 염류(석회)가 비에 침출되어 leached 모래와 실트가 남음. 위층보다 유기물이 적고 점토와 염류 함량이 높음

C **원물질 / 암석**: 윗부분의 솔럼solum층 2이 생겨난, 상당히 풍화된 암석 및 광물질. 풍화되지 않은 기반암층 위에 약 1m에서 수 m 두께로 덮여 있음

그림 2.1 단순화한 토양학적 표준 층단면 [1]

2.1.1.2 흙의 구성 성분

흙은 고체, 액체, 기체 성분을 포함하고 있어 삼상분계ternary system라는 용어 적용이 가능하며, 구성요소의 공간 배치와 분포가 건축에 사용 가능한지를 결정한다(단원 3.6.1).

(1) 고체 성분

고체 성분은 무기물과 유기물로 구성된다. 무기물 부분은 석영quarts(규석silicates), 장석feldspar, 운모mica, 석회lime, 석고gypsum, 점토광물, 수용성 염류, 알루미늄 산화물, 철과 같은 기반암과 원광물의 잔류물에서 형성된다.

한편, 무기질 또는 광물질 흙은 일반적으로 **입자 크기** grain size d에 따라 네 가지 주요 유형으로 나눌 수 있다(표 2.2):

－굵은 입자: 자갈, 모래, 실트silt

－초세립자: 점토

일반적으로 흙에는 이런 주요 유형이 혼합되어 있다. 점성토는 전형적인 혼립토이다.

한편, 흙의 유형은 점토의 양에 따라 구분할 수 있다: **응집성** cohesive 흙(점토 함량 높음) 및

---

2   <https://www.dictionary.com/browse/solum> (2021.03.01.): 식물 뿌리의 영향을 받는 흙 층단면의 상부(A층과 B층).

비응집성 *non-cohesive* 흙(점토 함량이 낮거나 없음). 점토 부분에는 응집성 부분(점토광물)과 비응집성 부분(예: 석영, 운모)이 있다. 응집성 점토광물은 흙의 "골격"을 구성하는 실트, 모래, 자갈 등 굵은 입자들을 한데 결합하는 역할을 한다. 점성토는 응집성 흙이다.

다른 흙은 유기 *organic* 물질의 양에 따라 또한 무기물(유기 물질 없음), 유기물이 섞인(유기 입자 비율 낮음), 유기물이 풍부한(유기 물질 비율 높음) 전석^{loose rock}으로 구분한다. 흙은 일반적으로 무기물과 유기물을 모두 포함한다.

건축물 용도에 따른 흙 분류는 항상 흙의 고체 성분을 기반으로 한다(단원 2.2.3).

(2) 액체 성분

흙의 액체 성분은 토수^{soil water}로 이루어진다. 토수는 흙의 공극 및 모세관에 침투해서 자유롭게 이동하는 지하수와 흡착수^{sorption water}로 나눌 수 있다(그림 2.33).

(3) 기체 성분

기체 성분은 공기뿐만 아니라 기공 내부의 수증기도 포함한다.

2.1.1.3 흙 형성에 영향을 미치는 요소

흙 형성 과정은 여러 요인에 의해 영향을 받는다 [2].

- 기후
- 시대
- 식생
- 원^{parent}물질
- 지형
- 인간 활동

이런 힘에 의해 촉발되는 물리적, 화학적, 생물학적 과정은 흙에 지속적인 영향을 미친다. 이 힘 사이의 비율이 비슷하면 동적 균형이 생겨서 유사한 층단면을 형성한다.

(1) 기후와 식생

기온과 강수의 정도와 변동에 따라 단단한 암석이 어느 정도 기계적으로 열화되면, 여러 가지 성분이 포함된 침전물 또는 용융수가 균열과 갈라진 틈바구니로 스며든다. 이에 복잡한 구조의 광물질(규석, 석영, 석회)이 풍화 과정을 통해 더 단순한 화합물(염기alkali, 염기토 이온, 이산화규소silica)로 변한다. 점토광물은 이런 단순한 화합물에서 새로 형성된다. 이들 점토광물은 수용성 염류와 함께 스며든 빗물을 타고(침출eluviation) 더 깊은 곳으로 이동한다. 용해도가 낮은 철Fe과 알루미늄Al 이온은 대부분 축적된 원래 위치에 남아있다. ([2]에 따른) 그림 2.2의 다이어그램에서 기본 광물질의 분해 및 변형 과정과 새로운 점토의 형성 과정을 볼 수 있다.

예를 들어, 정장석orthoclase 광물질에 해당하는 화학방정식은 다음과 같다:

$$2K(AlSi_3O_8) + 2H^+ + H_2O \rightarrow 2K^+ + 4SiO_2 + Al_2Si_2O_5(OH)_4$$

정장석   점토광물 카올리나이트

새롭게 형성된 점토광물은 층상 격자 구조로 된 규석이다. 작은 입도($d < 0.002mm$)와 큰 비표면적 때문에 수분 흡착을 일으키고 따라서 수축과 팽윤 같은 구조적 특성의 원인이 된다. 주요한 점토광물은 카올리나이트(고령석(高嶺石)kaolinite), 일라이트illite, 몬모릴로나이트montmorillonite이다. 이 광물들의 형성은 암석의 풍화 및 침수seepage 때문에 녹아서 해체되는 강도에 따라 달라진다: 몬모릴로나이트는 팽윤 속성이 극도로 큰 광물이며 제한적인 침출로 형성된 반면, 카올리나이트는 강한 침출로 형성된 팽윤 속성이 작은 점토광물이다(단원 2.2.3.4).

열대 지방의 **덥고 습한** hot and humid 기후에서는 암석 풍화 과정이 가장 빠르고 가장 철저하다: 일정한 고온과 강수량, 무성한 초목이 촉매 역할을 한다. 균열에 파고들었다가 곧 사라지는 풍화 과정과 동시에 분해 과정이 일어나서 유기체를 더 단순한 구조를 가진 결과물(광물화/부식질)로 변형시킨다. 다량의 침투수가 일으킨 강한 침출은 팽윤 속성이 작은 점토광물을 형성한다. 기반암은 **화학적** chemically으로 변화한다.

덥고 건조한 hot and dry 기후에서는, 주로 하루 동안의 극심한 기온 변동과 부족 또는 전무한 강수와 식생 때문에 기반암이 **기계적** mechanically으로 변화한다. 이는 암석의 광물 성분을 약간만 변화시킨다. 사막 지역에서는 강수량이 부족하여 석회 또는 석고가 풍부한 흙이 일반적이다. 건기와 우기가 뚜렷한 반건조 지역에서는 침출이 제한되어 팽윤 속성이 매우 큰 점토광물이 새로 형성된다.

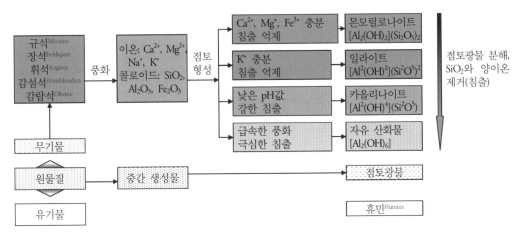

그림 2.2 [2]에 따른 무기질 흙 성분의 분해, 운반, 구성 과정

추운 *cold* 기후에서는 암석 풍화에 필요한 조건이 부족하다. 암석과 얇은 표토가 있더라도 영구적으로 완전히 얼어있고(영구 동결토) 여름철 몇 주 동안만 녹는다. 동결융해주기에서 비롯된 물리적 암석 풍화가 우세하여 느슨하고, 각지고, 가장자리가 날카로운 물질로 이루어진 파편 지대를 조성한다.

온난한 *moderate* 기후에서는 암석 풍화가 덥고 습한 기후와 똑같은 영향을 받는다. 그러나 풍화 강도가 훨씬 낮아 풍화 지대의 두께가 줄어든다. 따라서 새로 형성된 점토는 팽윤 속성이 큰 점토광물과 작은 점토광물을 모두 함유할 수도 있다.

(2) 시대

유럽에서 대부분 점성토는 가장 젊은 지질시대인 제 4기the Quaternary period 동안에 형성되었다. 암석의 지질학적 분류에서 점토 흙은 굳지 않은 쇄설 퇴적물clastic sediments 군에 속한다. 예를 들면, 빙하(Holocene) 퇴적물을 형성하거나 범람원 침전물에서 발견되기도 한다. 그 형성 과정은 약 1.5Ma 전에 시작되어 현재까지 계속되고 있다.

이 기간에 일부 점토 흙은 **기원지에 남아있는** *remained at their place of origin*(잔류한residual) 반면, 다른 흙은 다른 방식으로 **이동했다** *moved.* 얼음(빙하의glacial), 물(충적토의alluvial), 바람(풍화의aeolian) 같은 날씨 영향과 이어진 분해(침전sedimentation)가 작용한 여러 유형의 운반 방식은 흙의 층단면 구조에 차이를 남겼다. **층화되지 않은** *unstratified* 구조는 어느 정도 같은 유형의 전석을 형성하는 반면,

층화된 *stratified* 구조는 다른 유형의 전석이 된다. 수평형으로 층화된 전석은 비교란된 *undisturbed* 층화라고 하지만, 거기서 벗어난 것은 모두 교란된 *disturbed* 것으로 말한다. 점성토에서 이런 편차는 부니^{sapropel}, 적층 점토^{laminated clay}, 자갈 핵^{gravel lense}의 침전물일 수 있다.

이 시기 동안 기원지의 기후조건이 바뀌었을 수도 있다: 추운 기간이 따뜻한 기간으로 대체되었고 그 반대의 경우도 암석의 풍화 조건과 형성된 흙의 특성에 영향을 미쳤다. 더 이른 시기에 형성된 흙을 노령토 *fossil*라고 하고 현재 형성되고 있는 흙을 신생토 *recent*라고 한다.

(3) 암석과 지형

흙의 형성은 또한 기반암의 유형에 따라 정해진다. 그러나 항상 주요 기후조건과 관련지어 검토해야 한다. 예를 들어, 습하거나 건조한 열대 기후에서 순수한 석회암은 종종 붉은 흙을 생성하는 반면 이회암^{marl}은 검은 흙을 생성한다.

화학 조성과 광물 구조는 암석의 내후성 정도와 흙의 형성 기간을 결정한다. 형성 유형에 따라 단단한 암석은 세 가지 주요 유형으로 분류할 수 있다.

- 화성암^{migmatite rock} 또는 응고암^{solidified rock}(SiO_2의 비율에 따라 다름: 염기성(엷고 어두운색) 및 산성(풍부하고 밝은색))
- 퇴적암^{sedimentary rock}
- 변성암^{metamorphic rock}

또한 여러 주요 유형 암석의 특징을 공유하여 한 가지 주요 유형에 명확하게 속하지 않는 하위 유형 암석이 있는데, 홍토(紅土)^{laterite}가 그 예이다(단원 2.1.2.6).

산, 평야, 계곡, 분지 같은 지형 지세는 각각의 이동 조건과 마찬가지로 다양한 흙 형성에도 영향을 미친다. 예를 들어 배수가 불충분하고 지하수위가 높은 계곡과 분지에서는 염화토(鹽化土)^{saline soil}가 생성될 수 있다.

(4) 인간의 활동

마지막으로, 농업, 가축 사육, 건설과 같은 인간 활동은 흙 형성 과정에 변화를 유발한다. 광범위한 열대우림 파괴와 사헬 이남 아프리카에서의 집중 목초 경작은 흙의 성질이 영구히 변한 사례이다.

2.1.2 자연토의 명칭

자연 퇴적토는 형성 또는 발생에 따라 분류한다. 지질도에서는 이를 기원이 같은 흙을 연결한 영역으로 묘사하며 똑같은 암석학적 형성^{lithogenic} 명칭을 지정한다. 그림 2.3 [3]의 구(舊) 동독 일반 지도는 형성 측면에서 구별한 다양한 흙 퇴적물을 보여준다.

암석학적 명칭은 또한 입자 분포 범위, 점성토에서 "천연" 결합재인 점토광물의 양과 질 같은, 특정 전석 집단의 성질을 나타낸다. 따라서 암석학적 표기는 DIN 18196(단원 2.2.3.1)에

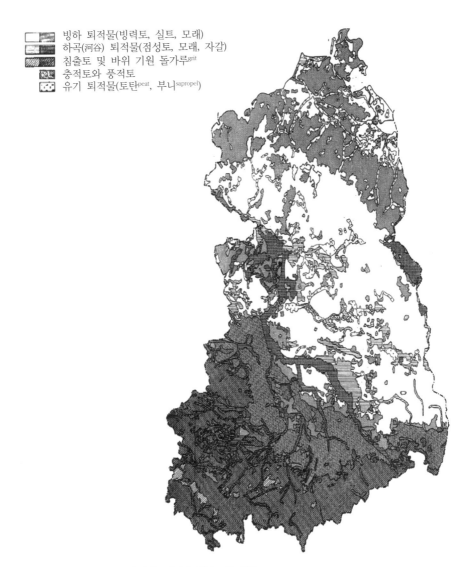

빙하 퇴적물(빙력토, 실트, 모래)
하곡(河谷) 퇴적물(점성토, 모래, 자갈)
침출토 및 바위 기원 돌가루^{grit}
충적토와 풍적토
유기 퇴적물(토탄^{peat}, 부니^{sapropel})

그림 2.3 구 동독 지역의 형성 기원 흙 퇴적물 일반 지도 [3]

따라 흙 유형의 지반 분류 시스템에 포함되며 집단 기호 지정을 통해 "예시"로 사용한다.

흙 형성에는 다양한 유형이 있다. 이는 점성토의 특성이 상당히 다를 수 있음을 의미한다. 따라서 점성토의 암석학적 지정은 용도 및 가공법에 적합한지, 필요하다면 가능한 변용을 현장에서 즉시 판정하는 데 사용할 수 있다.

2.1.2.1 충적토와 풍적토

충적토(沖積土)[loess]는 바람이 옮겨놓은 석회 함량이 높은 빙하토(氷河土)[glacial soil]이다. 흙 속의 석회는 풍화 과정에서 빗물 때문에 성겨지고, 씻겨 나가고, 잔뿌리 퇴적토[root cast soil] 3 아래층에 쌓인다. 이 과정을 통해 "석회질이 빠진" 풍적토(風積土)[loess soil]는 충적토에 비해 응집강도가 더 커진다. 풍적토에 "흙[soil]"이 붙은 것은 광물 성분이 더 많이 풍화되어 원물질보다 점토광물 함량이 더 높다는 것을 가리킨다.

풍적토의 전형적인 특징은 점토 비율이 낮고($<$ 10%) 실트의 중간~거친 구간($>$ 75%)에서 입도 분포[envelope]가 가파르고 좁다([1]에 따른 그림 2.4). 이로 인해 가소성이 낮은~중간 사이일 뿐만 아니라 물에 노출될 때 침식 위험이 있는데, 이는 특히 흙건축에 바람직하지 않다. 흙에

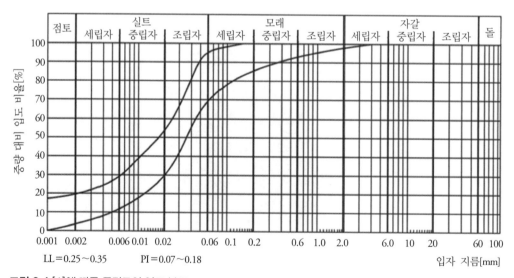

그림 2.4 [1]에 따른 풍적토의 입도 분포

---

3   <https://www.thefreedictionary.com> (2021.03.01.), 발췌 및 요약: 가는 관 모양으로 수직에 가깝게 아래쪽으로 뻗어내린 퇴적 구조물로, 식물의 뿌리가 남긴 관 모양의 빈 공간을 채우면서 형성됨.

일정량의 석회가 있으면 가공 및 성형 후 "결속하는^{cementitious} 성질"을 내며 상대적으로 건조 압축강도가 높다.

- 독일의 주요 매장지: 북부 고지대의 산기슭

  풍적토는 동남 유럽과 아시아에서 흔함. 중국의 최대 수백 미터 높이의 충적토 지대는 특히 유명함
- 주요 광물: 석영 40~80%, 장석 10~20%, 방해석 0~50%, 점토광물(풍적토)
- 색상: 석회 함량이 증가하면 대부분 누런 황토색 또는 회색을 띰
- 흙건축 용도:

  충적토: 메말라서^{lean} 첨가물 없이 가공이 어렵고, 분말점토나 모래를 섞어 미장과 경량토로 사용

  풍적토: 흙블록, 경량토
- 분류 기호: DIN 18196에 따른 집단 기호, UL 또는 TM(단원 2.2.3.1)

2.1.2.2 빙하 이회토와 빙하토(빙력토)

빙하 이회토(泥灰土)^{glacial marl}는 빙하기에 빙하가 운반하여 층이 없는 저퇴석(底堆石)^{ground moraine}으로 퇴적된 흙을 말한다. 석회 함량이 높고 점토, 실트, 모래에서 자갈, 바위에 이르기까지 전형적으로 입도 분포가 넓은 재료이다([1]에 따른 그림 2.5). 표면층 근처의 수용성 석회 부분(빙하토

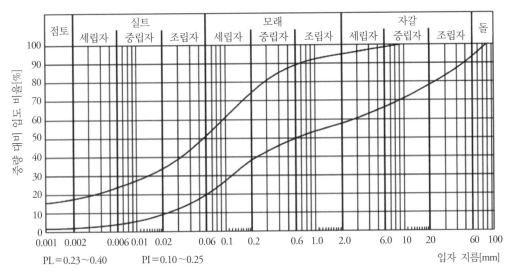

그림 2.5 [1]에 따른 빙하토의 입도 분포

(빙력토^{till}))은 풍적토와 유사하게 대부분 씻겨 나갔다. 두드러진 구조 특징은 일명 빙하 표석 (漂石)^{glacial erratic}이다. 닳고 둥글어진 스칸디나비아 산맥의 화성암 또는 변성암 파편이 입자가 고운 바탕질^{matrix}에 어느 정도 박혀 있다. 보통 점토, 모래, 자갈 핵을 포함하며 단면에 빙하 기원 물질^{drift material}이 전혀 없다.

- 독일의 주요 매장지: 북부 독일 평야의 저퇴석과 종퇴석(終堆石)^{terminal moraine} 능선
- 주요 광물: 석영 40~50%, 장석 5~30%, 점토광물 5~25%, 석회 5~30%
- 색상: 석회 함량과 풍화 정도에 따라 회색에서 황갈색까지 다양함
- 흙건축 용도: 흙다짐
- 분류 기호: DIN 18196에 따른 집단 기호, TL 또는 SM*

2.1.2.3 침출토

침출토(浸出土)^{eluvial soil}는 입도 분포 측면에서 빙하토(빙력토)와 비슷하다. 단, 옮겨진 적이 없고 여전히 1차 퇴적지에서 발견된다. 이는 왜 모래와 자갈 입자가 여전히 각지고 모서리가 날카로운지 설명한다. 침출토에서 침사(沈沙)^{eluvial grit}, 암설(巖屑)^{detritus}로 점차 전환되는 것이 층단면에서 보인다([1]에 따른 그림 2.6).

- 독일의 주요 매장지: 고지대, 알파인 산기슭

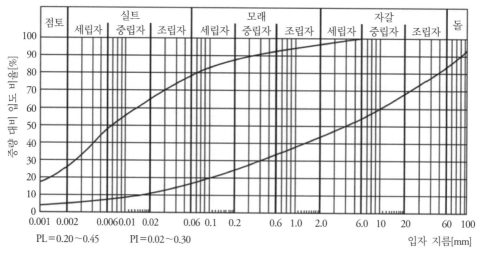

그림 2.6 [1]에 따른 침출토의 입도 분포

- 주요 광물: 기반암의 조성에 따른 석영, 장석, 운모, 점토광물
- 색상: 기반암에 따라 다르거나 종종 갈색
- 흙건축 용도: 흙다짐
- 분류 기호: DIN 18196에 따른 집단 기호, GT

2.1.2.4 하천과 경사면 유실토

하천[fluvial]과 경사면의 유실토(流失土)[wash soils]는 범람 지역에서 홍수가 남겨놓은 중간~강한 연경도의 응집성 퇴적물로 이루어진다(하성토(河成土)[fluvial soil]). 무너져 내리는 경사면은 산기슭에 경사면 유실토를 형성한다. 입도 분포가 흘러내리는 속도에 따라 점토와 실트에서 모래까지 다양하며, 일반적으로 유기 침전물이 있다. 사면 유실토는 대개 입자가 더 거칠고 뒤섞여 있다([1]에 따른 그림 2.7).

- 독일의 주요 매장지: 범람 지역, 계곡 경사면
- 주요 광물: 기반암의 조성에 따른 석영, 장석, 운모, 점토광물
- 색상: 노란색에서 갈색
- 흙건축 용도: 유기섬유 및 경량광물골재와 함께 경량토에 사용, 흙블록
- 분류 기호: DIN 18196에 따른 집단 기호, SU* 또는 GU*

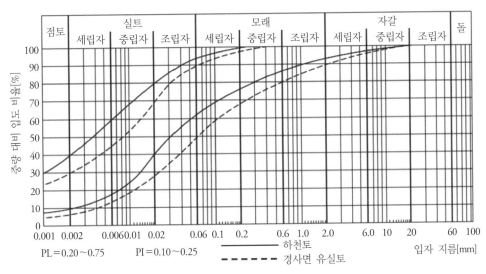

그림 2.7 [1]에 따른 하천 및 사면 유실토의 입도 분포

2.1.2.5 점토

지질공학의 관점에서 "점토(粘土)"라는 용어는 의미가 두 가지이다: 단단한 암석이 풍화 과정의 결과로 형성한 세립자 흙을 칭하거나, DIN 18196에 따른 건축용 입자등급($d < 0.002$mm)을 규정한다(단원 2.2.3.1).

자연적으로 생긴 점토는 매우 곱게 기계적으로 분쇄된 **비가소성** *nonplastic* 광물 성분(예: 석영 파편, 장석 잔해, 운모)과 암석 풍화 과정의 마지막 단계에서 새로 형성된 **가소성** *plastic* 점토광물의 혼합물이다(그림 2.2). 특히 제 3기[the Tertiary period]에는 산성 화성암(화강암[granite], 섬장암(閃長岩)[syenite], 반암(斑岩)[porphyry])과 염기성 화성암(현무암[basalts])의 화학적 풍화 작용으로 점토가 형성되었다. 이들은 퇴적했다가 나중에 옮겨졌다.

점토의 입도 분포는 주로 "점토" 입자($d < 0.002$mm) 부분이 40%를 넘는다. $d > 0.06$mm(모래)인 비율은 10% 미만으로 낮다. 나머지 40%는 DIN 18196에 따른 집단 기호 T를 사용하는 실트이다.

점토의 색상 범위[palette]는 흰색과 회색에서 검은색까지 광범위하다. 독일의 매장지는 메클렌부르크[Mecklenburg], 튀링겐[Thuringian] 분지, 북부 작센[Saxony], 마이센[Meißen] 주변 지역인 루자티아[Lusatia](라우지츠[Lausitz])에서 찾을 수 있다.

입도 분포를 살펴보면 순수점토와 점성토[clay-rich soils]의 차이가 분명하다: 점성토에 비해 순수점토는 모래와 자갈의 굵은 입자 분획[fraction]이 작다. 그러나 두 흙 모두 **비수경성** *non-hydraulic* 결합재로 작용하는 점토광물이 들어있다. 이 성분은 공기에 노출되었을 때만 굳고 굵은 입자를 매우 섬세하게 둘러싸는데, 흙건축 자재를 생산하는 동안 자재가 가소성과 응집력을 가지게 된다. 건조 후에는 자재의 안정성과 강도를 내는 반면, 다시 적시면 가소성을 회복한다. 이런 기제[mechanism]는 무한히 반복될 수 있어서 건축 자재인 흙과 점토에 특별한 생태적 가치를 부여한다. 점성토와 순수점토는 이 기제가 똑같으므로, 흙건축 관점에서 순수점토를 점성토의 "특별한 형태"로 간주할 수 있다.

점토는 주로 세라믹 산업에서 원료로 사용한다. 또한 분말점토로 산업 가공하여(단원 2.2.1.2) 일반 건축과 흙건축에서 다양하게 활용한다.

2.1.2.6 열대 잔류토

열대와 아열대 기후는 이 지역에서 건설에 사용하는 흙 형성에 특별한 영향을 미쳤다. 덥고 습한 *hot and humid* 기후의 특징은 일정하게 높은 기온과 큰 강수량인 반면, 덥고 **건조한** *hot and arid* 기후의 특징은 큰 일별 기온 진폭과 적은 강수량이다(단원 2.1.1.3). 그 결과 흙은 건축 속성 측면에서 온대 기후의 흙과 크게 다르다 [4]. 흙건축에 사용하는 대표적인 열대 잔류토(殘留土)^{residual soils}는 홍토(紅土)와 일명 흑면토(黑綿土)이다.

(1) 홍토

홍토^{laterite}는 전형적인 다습 또는 반다습 기후의 흙이다. 예를 들면, 아프리카의 약 1/3을 덮고 있으며, 그 이름(later: 라틴어로 벽돌)에서 말하는 것처럼 특유의 붉은 벽돌색, 계피색으로 유명하다.

습한 기후는 상부 암석층의 조성을 기반암과 화학적으로 닮은 점이 거의 없을 정도로 극적으로 바꿔놓는다. 이렇게 새로 형성된 흙을 잔류토라고 한다. 계속되는 침출은 암석에 있는 수용성 광물질을 녹여서 더 낮은 층으로 옮기고, 석영과 철, 알루미늄 이온 같은 불용성 성분을 남긴다. 이 금속 산화물은 기반암의 잔류 물질을 모아 새로운 흙 응집체^{aggregates}로 결합하고 홍토에 특정 색상을 부여한다. 또한, 점토를 형성한다(그림 2.2). 이들 흙에서 주요한 점토광물은 팽윤 속성이 작은 카올리나이트이다(단원 2.2.3.4). 입도 분포는 어느 비율이나 가능하다.

홍토가 노천에서 굳을 때(그림 3.23) 두 가지 강도의 바탕질을 형성한다: 온대 기후 흙건축에서 흔히 볼 수 있는 점토광물 응집강도의 기반을 이루는 수용성 바탕질과 금속 산화물로 형성된 불용성 바탕질이다. 후자는 시멘트의 효과와 유사하여 건축 자재의 내후성을 향상시킨다. 이 상태에서 홍토는 전석^{loose rock}(푸석한 암석)과 단단한 암석 사이의 전이 상태를 형성한다.

(2) 흑면토

"흑면토^{black cotton soil}"라는 용어는 특히 인도에서 널리 이런 흙에 목화를 재배한 것에 기원을 두고 있다. 이 흙의 전형적인 색상이 검은색 또는 짙은 회색이다.

"흑면토"는 주로 배수가 충분히 안 되고 칼슘과 마그네슘이 풍부한 염기성 화성암 위의 평원과 분지에서 형성된다. 이는 연중 강수량 차이가 200mm에서 2,000mm에 이르고 투수와 건조 사이에 뚜렷한 변동이 있는 열대성 습건 기후와 관련이 있다. 건기에는 흙이 매우 단단하고 깊은 균열이 생기는데, 이것이 우기에 흙이 물러지는 데 도움이 되는 "제비 구멍swallow holes" 역할을 한다.

대부분의 입자 크기는 점토와 실트 분획 내에 있다. 제한적인 침출과 충분한 농도의 칼슘, 마그네슘은 팽윤 속성이 매우 큰 몬모릴로나이트 군의 점토광물을 생성한다(단원 2.2.3.4; 그림 2.2). 이런 속성에 상응하여 가소성 수치가 눈에 띄게 높다(단원 2.2.3.2).

따라서 이런 흙은 흙건축에 사용할 때 모래를 추가해서 많이 메마르게lean 해야 한다. 그림 2.8은 수단 흑면토의 입도 분포를 보여준다 [5].

(3) 사막토 및 반사막토semidesert soil

덥고 건조한 지역에서는 흙에 보호 식생층(A층)이 없어서 먼지가 형성된 후 쌓이지 않고 이동한다. 일회성으로 또는 특정 계절에만 개울에 물이 흐르는데, 건조한 계곡(아랍어, 와디스wadis)에 있는 주변 산에서 물질이 퇴적된다.

강수량이 부족해 흙에서 수용성 성분이 녹아 운반될 수 없으므로 석회와 소금이 축적된다. 지하수위가 높아서(배수가 안 되는 분지, 바다에 근접) 대지가 습하면 상승 및 증발하는 지하수에 용해된 염류가 표면으로 이동해서 석회와 석고 성분의 껍질(Na_2SO_4, $MgSO_4$, $NaCl$)을 형성한다.

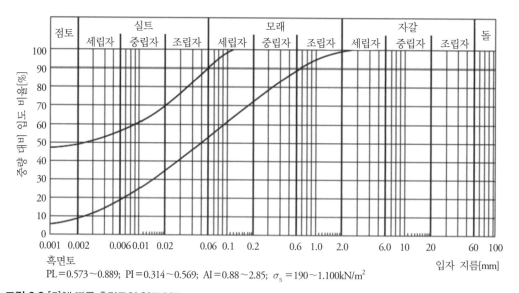

흑면토
$PL = 0.573 \sim 0.889$; $PI = 0.314 \sim 0.569$; $AI = 0.88 \sim 2.85$; $\sigma_s = 190 \sim 1.100 kN/m^2$

그림 2.8 [5]에 따른 흑면토의 입도 분포

2.2 건축토

건축토는 흙건축 산업재 생산에 적합한 흙을 말한다 [6]. 건축토로 분류되는 자연토는 많이 가공하지 않아도 흙미장용 충적토$^{loess\ soil}$처럼 특정 용도에 적합할 수 있다. 하지만 많은 건축토가 사용하기에 어떤 "결함"이 있으며, 이는 사전에 계산한 양의 골재와 첨가물을 추가하여 상당 부분 보완할 수 있다(단원 3.1.2.4).

산업적으로 생산한 흙건축 산업재에는 보통 다양한 성분이 들어있다. 때로는 공장에서 생산한 건조토와 분말점토로 결합재 역할을 하는 "건축토"를 보완하기도 한다. 이는 "완성된" 흙건축 자재가 표방하는 주요 속성에 최종 배합물에 섞인 건축토의 속성이 미칠 영향을 보정하는 것이다.

현재의 보통 흙건축 실무에서 입자 크기$^{grain\ size}$ 및 가소성^{plasticity}/응집강도$^{cohesive\ strength}$ 기준척도를 기준으로 삼아 일반적 변동 허용범위$^{fluctuation\ margins}$를 정해서 건축토의 적합성을 시험하는 것은 별로 실용적이지 않다. 흙건축 자재 생산자들이 특정 건축 산업재용 건축토를 고르는 데 공급지(예: 흙 채취장)의 자료를 근거로 삼을 수 있다. 그 후 생산자들은 "완성된" 건축 산업재가 나타내는 기준척도로 입증해야 한다.

2.2.1 용어 정의

건축토는 천연 매장지$^{natural\ deposit}$에서 채취할 수도 있고, 자재의 수명주기 전체 과정을 거쳐 돌아온 재활용 제품 또는 산업 폐기물을 사용할 수도 있다.

2.2.1.1 노천토

노천$^{open\ pit}$의 흙은 자연적으로 습한 상태의 매장지에서 채취한, 부엽토나 뿌리 잔류물이 없는 건축토이다. 생산자는 이 흙을 주로 일반 자가 건축자$^{owner-builder}$에게 추가로 전처리하고 흙건축 자재로 가공해서 사용하는 용도로 제공한다.

2.2.1.2 건조토 및 분말점토

분말토와 분말점토로 사용할 건축토는 노천토와 마찬가지로 천연 매장지에서 채취한다. 흙을 채취한 후 건조하고 분쇄해(단원 3.1.2.3) 과립이나 분말 형태로 종이 포대나 대용량 포대$^{big\ bag}$(그림 3.6)에 포장해 판매하며, 주로 자가 건축자들이 자연토를 흙건축 자재로 가공할 때 첨가하는 용도로 판매한다. 과립화한 가공재는 펠릿^{pellet}이라고도 부르며 수분을 약 10~20% 정도 포함해서 사실상 먼지 없이 가공할 수 있다.

건조토 *dry soil*는 자갈이나 돌이 없으며, 채취해서 인공적으로 건조한 후에 보통 분쇄까지 한 흙이다. 건조토는 미장 배합물 생산이나 특수 용도(예: 화덕^{oven} 시공)에 사용할 수 있다. 도료 및 목재와 초벌 미장의 고름재^{primers}로 바로 사용하거나 가공할 수 있다.

분말점토 *powdered clay / milled clay*는 주로 점토와 실트 분획^{fraction}의 입도가 특징적이다. 메마른^{lean} 건축토나 가소성이 낮은 흙의 가소성 / 응집강도를 증진하는 데 사용한다. 모래나 식물 섬유로 개량한 분말점토는 흙판재 제작에 사용할 수 있다.

2.2.1.3 재활용 흙자재

재활용 흙자재는 철거한 건물 부재에서 얻을 수 있다. 건조한 상태에서 부숴서 (필요하다면) 자재의 순환주기로 다시 돌아간다(단원 6.2.2). 재활용 흙자재는 건축 고재(高材)를 재활용하는 분야 업체들의 제품 목록에서도 찾아볼 수 있다.

이 자재에는 불순물이 전혀 없어야 하며, 특히 곰팡이와 건부병 균사$^{dry-rot spore}$가 없어야 한다. 구조물을 사용하는 동안 자재 내에 침투해 축적되었을 가능성이 있는 염류는 인공 화학 첨가물과 비슷한 방식으로 재활용 흙자재의 응집강도를 저해할 수 있어서 재활용성이 떨어진다. 위생적인 이유로 다른 제한이 필요할 수도 있는데, 예를 들어 철거한 마구간이나 농업건물은 냄새를 중화해야 한다.

2.2.1.4 압축토

압축토[4]는 자갈 채취장에서 자갈을 씻어내는 과정에서 생기는 산업 폐기물이다. 저장고와 탱크에서 자갈을 씻어낸 후 남은 찌꺼기^{sludge}를 모은 것이며, 주로 입자가 너무 고와서 콘크리트 산업에서는 골재로 사용할 수 없는 점토와 실트 입자로 되어 있다. 자갈을 세척한 찌꺼기에서 물을 뺀 후에도 저장고에 남아있는 여과 케이크^{cake}는 여전히 함수량이 높다. 이는 벨트 필터 프레스$^{belt filter press}$를 사용하면 줄일 수 있다. 이 과정은 압축토의 질량을 현저히 줄인다. 매년 독

---

4 원문 중 compressed soil을 그대로 번역한 것으로, 관련 단원 3.1.2.5 및 본 서의 전반적인 내용으로 미루어 슬러리(slurry)에 해당.

일에서 수백만 톤이 발생하지만(작센에서만 연간 수십만 톤씩 발생한다 [7]), 지금까지 이 자재의 가치 있는 용도를 발견하지 못했다. 현재 사용 중인 용도는 광산 구덩이를 메우는 것이다. 그러나 이 자재는 불안정해서 건설용으로 더 사용하지 못한다.

지금까지 압축토를 흙건축에 활용하는 것은 실험적인 단계를 벗어나지 못했다. 하지만 자갈 세척 과정에서 이미 현탁액dispersion 형태로(단원 3.1.2.5) 집중 가공을 거쳤으므로 생각해볼 필요가 있다. 자갈 플랜트에서 세척 과정을 가속하려고 물에 응집제flocculant를 첨가하기도 한다. 압축토를 건축토로 사용하려면 응집제가 미칠 생태적 영향을 더 많이 검토해야 한다.

2.2.2 조달

건축토를 조달하는 과정은 적절한 매장지 물색과 간이 시험 그리고 실험실 시험용 시료 채취로 이루어진다. 조달 탐사에서는 흙 지층의 양태strata pattern, 매장지의 공간적 범위, 지질학적 방해요인, 지하수 수위 정보를 얻는다. 매장지의 공간적 범위는 적절한 지질공학적 측량 절차를 거쳐 알아낼 수 있다.

과거에는 주로 인근의 매장지(흙 채취장)에서 원료 흙을 채취했고 자가 건축자는 비용을 들이지 않고 흙을 이용할 수 있었다. 예전부터 전해오는 들판 또는 가로street의 이름에서 오늘날 그런 매장지가 어디에 위치하는지 유추해볼 수 있다. 지질도나 과거 벽돌 공장의 위치에서도 적절한 원토를 찾아볼 수 있다. Freyburg[8]는 건축토로서 흙의 적합성 평가와 함께 이전 동독 GDR의 42개 채취장의 위치 개요를 제공한다.

오늘날 대부분 흙건축 자재는 산업적으로 생산된다. 따라서 품질 수준이 일관된 대량의 건축토를 확보하는 것이 점점 더 필수적이다. 이는 건축토의 가장 중요한 속성들을 지속적으로 감독해야만 확보할 수 있다.

2.2.2.1 탐광 방법

흙건축 자재 생산자들은 점점 더 전문 굴착업체나 전문 건설업체에서 건축토를 공급받는다. 이 업체들은 반대로 굴착한 흙을 폐기하는 데 드는 비용을 절약한다.

새로운 건축토를 조달하기 위해, 지질공학 조사에서 널리 사용하는 채굴 공정을 적용할 수 있다. 채굴할 흙의 양에 따라 건축토 조달원을 찾기 위해 사용할 수 있는 방법은 다양하다.

(1) 시굴

시굴광test excavation pit은 지하수 수위보다 높고 최대 깊이가 3m인 사람이 드나들 수 있는 구덩이다 (그림 2.9) [15]. 흙이 안정적이면 1.3m 깊이까지는 버팀대를 사용할 필요가 없다. 1.8m 깊이까지는 널빤지로 구덩이를 받쳐야 하며, 더 깊이 파려면 기성품 매입형 흙막이full trench box가 필요하다. 시굴의 장점은 굴착한 깊이까지 지층의 양태를 눈으로 직접 평가하는 동시에 건축토로 잠정 분류할 1차 시료를 채취할 기회가 있다는 것이다. 단점은 수작업이던 기계를 사용하던 땅을 파는 데 상당한 노력이 필요하다.

(2) 관통 시험

관통 시험을 위해서는 하부에 홈을 낸 강철봉을 지면에서 2m 깊이로 박는다. 이 봉을 다시 꺼내면 봉이 통과한 지층을 대략 평가할 수 있다. 박아넣을 때 받는 저항의 변화가 지층의 변화를 의미한다. 이 방법으로 흙을 직접 채취할 수는 없다. 관통 시험은 쉽게 적용할 수 있는 것이 장점이며 흙의 품질을 대략적으로만 평가할 수 있는 것이 단점이다. 그러므로 관통 시험은 시굴 및 천공과 같이 수행해야 한다.

더 넓은 지역의 흙을 조사하려면 조사할 구역의 크기에 따라 일정한 간격의 격자로 구획하고 관통 시험과, 필요하다면 시굴까지 같이 수행한다.

건축토의 잠재적인 매장지는 전기장탐사법geoelectrical method과 탄성파굴절법seismic refraction method을 이용한 사전 물리탐사geophysical investigation를 활용해서 더 정확한 위치를 찾아낼 수 있다.

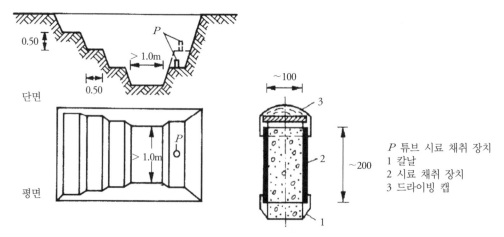

그림 2.9 탐광 방법, 굴착, 시험 채취장, 튜브형 시료 채취 장치 [15]

(3) 천공

천공boring은 사실상 매장지를 탐사하는 깊이 제한이 없다. 깊이가 깊을수록 천공에 들이는 노력 역시 증가한다. 건축토를 조사할 때 천공은 넓은 굴착 현장에서, 또는 시굴과 관통 시험을 보완할 때만 실용적이다.

　천공 장비에는 확장 및 부착물이 있는 천공 막대와 (수동 또는 엔진으로 작동하는) 구동 장치가 있다. 흙 시료를 채취하는 추가 부품의 유형은 흙의 연경도에 따라 다르다(그림 2.10 [9]). 나선형 오거auger는 고형solid 또는 반고형semisolid 흙자재에 적합하다. 오거의 홈flute으로 흙을 끌어올려 평가 시료를 채취하거나, 나선형 오거로 흙을 부드럽게 한 후 다른 천공 도구로 흙을 시험할 수 있다. 무르거나soft 질척한paste-like 흙의 시료 채취에는 표준형 오거를 사용한다. 표준형 오거는 수직 길이 전체를 따라 틈새slit가 있고 하단 끝부분이 뾰족한 강철 막대이다. 막대가 회전하는 동안 흙을 모을 수 있도록 회전 반대 방향에 있는 틈새의 옆면이 안으로 굽어 있다.

도구	오거(베일러)	표준형 오거	나선형 오거	끌
동력 전달	다짐	회전	회전	다짐
흙 유형 / 연경도	응집성 / 질척한, 유기질 / 질척한, 건조 및 습윤 비응집성	응집성 / 무른–뻑뻑한stiff 및 습윤 비응집성	응집성 / 반고형–고형	자갈, 빙하토
그림				

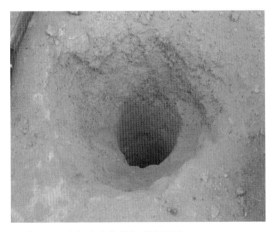

나선형 드릴을 사용해 시료를 채취한 이후의 시추공 [37]

그림 2.10 탐광 방법, [9]에 따른 천공

2.2.2.2 시료 채취

(1) 시료 취득

변질되지 않은 기준척도를 얻으려면 흙 시료를 5단계 품질(DIN EN ISO 22475-1)로 채취한다.

건축토 *Construction soil*는 4단계에 따라 시험한다. 이는 입도 구성이 바뀌지 않게 시료를 채취한다는 뜻이다(단원 2.2.3.1). 시험에서 도출할 수 있는 흙의 기준척도는 가공 척도(단원 2.2.3.2)와 천연 불순물의 양이다(단원 2.2.3.4).

각 시료 채취장마다 약 10L(대략 양동이 하나) 정도면 흙 시험에 충분하다. 부식질이 없는 B층에서 자연 상태의 습한 시료를 삽으로 퍼낸다. B층은 부식질이 풍부한 표토(A층)보다 색이 밝아서 구별할 수 있다(단원 2.1.1.1). 넓은 면적에서 건축토를 굴착할 때는 A층을 제거해서 일시적으로 보관한다. 굴착 최소 깊이는 0.5m이다.

만약 흙의 단면이 눈에 띄게 층을 이루고 있거나 매장지가 교란된disturbed 경우(단원 2.1.1.3)에는 해당 장소의 여러 위치에서 시료를 채취해서 섞어 합쳐야 한다.

3단계와 2단계는 비교란된undisturbed 형태로 더 많은 기준척도를 평가하도록 시료를 추출하는 방법을 설명하며, 이는 **흙건축 자재** *earth building materials* 시험에서 중요할 수 있다: 흙건축 자재 또는 부재의 함수량−3단계(단원 2.2.3.2), 습윤 용적밀도−2단계(단원 3.6.1.2). 이런 단계는 예를 들면, 완성된 흙다짐 건축 부재의 최종 압축과 건조 공정을 시험할 때 사용할 수 있다.

(2) 간이 시험법

간이 시험법은 원토가 건축토로 얼마나 적합한지 매장지 현장에서 1차로 대략 평가하기 위해 사용한다. 손으로 만져보고 몇 가지 간단한 시험을 해서 흙의 입자 분포, 가소성, 자연 상태의 함수량을 알아보는 것이 주요한 목적이다.

또한, 간이 시험법은 건축토 및 흙건축 자재로 가공할 혼합토의 연경도와 조성을 정성적으로 평가하는 데 이용할 수 있다.

간이 시험 결과를 해석하려면 어느 정도 경험이 필요하므로 전문가들에게 맡기는 것이 좋다. 산업적으로 생산한 흙건축 자재는 이 시험으로 필수적인 실험실 표준 시험을 대체할 수 없다.

표 2.1 일상 사물과 자갈, 모래의 입도 분획 비교

입도 분획	비교
자갈 크기 분획	달걀보다 작고 성냥 머리보다 큰 크기
굵은자갈	달걀보다 작고 헤이즐넛보다 큰 크기
보통자갈	헤이즐넛보다 작고 완두콩보다 큰 크기
잔자갈	완두콩보다 작고 성냥 머리보다 큰 크기
모래 크기 분획	성냥 머리보다 작고 최소 육안으로 식별 가능한 크기
굵은모래	성냥 머리보다 작고 세몰리나 입자보다 큰 크기
보통모래	세몰리나 정도의 크기
잔모래	세몰리나보다 작지만 육안으로 개별 입자를 식별 가능한 크기

입도 구성 육안 평가

매장지 현장에서 원토의 입도 구성을 육안으로 평가하려면 자갈과 모래의 입자 크기를 일상적인 사물과 비교하기도 한다(표 2.1).

실트와 점토의 입자 크기는 육안으로 식별할 수 없다. 간이 시험으로 가소성과 응집력^{cohesion}을 평가해서 이들의 대략적인 입자 비율을 평가할 수 있다.

굵은 자갈$^{coarse-gravel}$보다 큰 입자는 돌멩이^{stone}라고 부른다. 사람 머리 크기와 같거나 더 크면 호박돌^{boulder}이라고 한다. 추가로, 석회석 상층의 잔류토의 입자 크기도 모래와 자갈 입도 분획 $^{grain\ size\ fraction}$ 구간에 있으므로 굵은 입자의 화학적, 기계적 안정성 또한 고려해야 한다.

흙 시료 채취 현장에서의 간이 시험

침전 시험(단지^{jar} 시험). 흙 시료의 입자 분포 일반 평가에 사용한다.

시험할 흙 약 100g을 깊이가 있는 단지에 담고 물을 채운 후 모든 덩어리가 용해될 때까지 몇 분 동안 내용물을 흔든다. 무거운 자갈과 모래가 먼저 항아리 바닥에 가라앉는다. 가장 미세한 점토 입자가 물을 흐리고 마지막에 가라앉는다.

몇 시간 후 물이 맑아지면 물에는 가장 미세 입도 분획에 속하는 입자^{particle}만 소량 남는다. 순수점토는 며칠 동안 침전시킨 후에도 물이 흐린 것을 볼 수 있다.

공 시험. 원토의 응집강도 평가에 사용한다. 자연 상태의 축축한 흙을 손으로 지름 약 5cm의 공 모양으로 만든다.

- 평가

  양토: 뭉치는 동안 (부드러운 비누 같이) 손에 들러붙는다.

  박토~준양토: 뭉치는 동안 손에 묻지 않으며 시료가 마른 후에도 모양을 유지한다.

  희박토(적합하지 않음): 모양을 만들기가 매우 어려우며 마른 후에는 쉽게 해체된다.

절단 시험 자연 상태의 축축한 시료를 칼로 자른다.

- 평가

  양토: 점토 함량이 커서 절단면에 광택이 난다^{shiny}.

  희박토: 절단면에 윤기가 없고 실트와 모래 입자가 지배적이며 자를 때 갈리는 소리가 난다.

건조 압축강도 시험. 건조한 시료를 으스러뜨렸을 때 느껴지는 저항이 세립자의 비율을 나타낸다.

- 평가

  양토: 손가락 압력으로는 시료가 찌그러지지 않는다.

  박토~준양토: 손가락으로 적당히 힘주어 누르면 시료가 작은 조각으로 쪼개진다.

  희박토: 손가락으로 가볍게 누르거나 어떤 압력 없이도 마른 후에 시료가 부스러진다.

문지르기 시험. 자연 상태의 축축한 흙 시료를 엄지와 검지로 문지른다.

- 평가

  양토: 부드러운 비누 느낌이며 마른 후에도 손에 붙어 있다.

  박토: 세립질 구조가 느껴지며 마른 후에는 얇은 껍질^{flake}이 손가락에서 떨어진다.

  희박토: 조립질 구조가 느껴지며 마른 후에 손가락에서 입자가 낱개로 떨어진다.

냄새 시험. 자연 상태의 축축한 시료의 전형적인 부식질 냄새로 부식질이 많은 흙을 가려내는 것. 소량의 부식질은 무해하며 숙성^{aging}을 거쳐 건축토의 자연 가공에 긍정적 영향을 미친다(단원 3.1.1.3).

색깔 시험. 자연 상태의 축축한 흙의 색은 세립자의 화학적 조성을 나타낸다. 완전히 마르면 어두운 색에서 밝은 색으로 변하는 것을 볼 수 있다. 흙의 색깔은 검은색, 회색, 베이지색, 황토색, 노란색, 적갈색, 계피색, 적색까지 다양하며 다음과 같은 성분이 있음을 보여준다.

밝은 흰색	Ca, Mg
어두운 갈색	Mn
초록색	Cl
황적갈색	Fe
흑회색	부식질, 무기질 성분(냄새 시험)

2.2.3 시험 및 분류

건축토는 흙건축 자재로 적합하다는 것을 확증하기 위해 시험한다. 흙의 성질은 표준 시험 과정에서 도출한 기준척도로 측정한다. 이 기준척도들은 독일의 Lehmbau Regeln[6]에서 자세하게 규정하고 있으며, 개별 건축 사업의 요건에서 도출해야 할 때도 있다.

기초 자재[base material] 또는 흙건축 자재의 산업적 생산 과정에서 배합물의 일부로 쓰는 건축토는 생산 공정과 자연적 조성의 변동을 시험해야 한다. 시험 결과는 추후 다시 복기할 수 있도록 문서화해야 한다. 독일흙건축협회는 이를 지원하기 위해 기술정보지 05[26]를 개발했다.

건축토의 주요 속성은 특정한 용도와 연계된 기준등급으로 설명할 수 있다. "입자"(구조[skeleton]), 모든 천연 첨가물, "결합재"(점토광물)가 건축토의 적합성을 결정하는 주요 속성이다(표 1.1). 이 속성들이 특정 한계를 초과하면 건조하는 동안 변형이 발생할 수 있다.

주로 사용하는 절차는 DIN 18196(DIN EN ISO 14688-1, 2 포함)에 따라 석비레[loose rock]를 분류하기 위해 토공사와 지반공학 분야에서 차용한 시험들이다.

2.2.3.1 입자 척도

입자 척도는 건축토에서 발견할 수 있는 광물 입자의 크기, 분포, 형태를 기술한다.

(1) 입자 크기 및 입자 분포

용어 정의

유기물은 물론 모든 종류의 광물로 이루어진 석비레[loose rock]는 **점토** *clay*, **실트** *silt*, **모래** *sand*, **자갈** *gravel* 입자 분획[grain fractions] 내의 광물 입자 크기에 따라 분류하고, 해당 집단 기호를 지정한다(대문자 기호 형식). 지질공학 분야에서는, 분획의 **입도 범위** *grain size ranges*를 고유 법규로 정한다. 독일(유럽)과 미국의 법규(통일분류법(USCS)과 [기존] 야드·파운드법 사용 국가 포함)가 서로 다르다. 건축토를 분류할 때는 이 점을 유의해야 한다(표 2.2).

표 2.2 지질공학에서 주요한 흙 유형의 입도 분획

번호	흙의 유형	DIN 18196		USCS	
		표기 기호[a]	입자 크기 d[mm]	표기 기호	입자 크기 d[mm]
1	왕자갈^{cobble} 또는 호박돌^{boulder}	X (Bo/Co)	≥ 63	B	≥ 76.2
2	자갈	G (Gr)	$2.0 \leq d < 63$	G	$4.75 \leq d < 76.2$
3	모래	S (Sa)	$0.063 \leq d < 2.0$	S	$0.075 \leq d < 4.75$
4	실트	U (Si)	$0.002 \leq d < 0.063$	M	$0.002 \leq d < 0.075$
5	점토	T (Cl)	< 0.002	C	< 0.002
6	유기질 석비레$^{loose rock}$	O		O	

[a] DIN EN ISO 14688-1에 따른 기호 표기

점성토 *clay-rich soils*는 여러 입자가 섞인 재료이다. 대개 모든 크기의 입자가 들어 있으므로 단일 입자 분획으로 분류할 수 없다. 예를 들면, 어떤 점성토는 굵은 입자$^{coarse\,grain}$가 없으나(풍적토) 점토 분획은 모두 포함되어 있다.

$d < 0.002$mm 크기의 "점토" 입자 분획은 가소성 점토광물과 석영 가루, 운모 조각 등 비가소성 부분으로 형성된다. 가소성 점토광물은 $d > 0.002$mm 크기의 입자가 고운 실트 범위에 포함되어 있기도 하다(단원 2.1.2.5). 이런 이유로 러시아의 토양역학 문헌[23] 등 다양한 자료에서 점토~실트 입자 분획을 $d < 0.005$mm로 정의한다.[5]

시험 절차

$d \geq 0.063$mm의 입자 분획(모래, 자갈)은 체 분석으로 측정한다. 0.063mm 미만의 입자 분획(실트, 점토)은 비중계 분석으로 측정한다(DIN 18123). 입자가 섞인 흙은 **체와 비중계 병합** *combined sieve and hydrometer* 분석을 사용한다. 따라서 점토와 실트 입자 분획은 진흙 입자라고도 하며, 모래와 자갈 입자 분획은 조약돌^{pebble} (체) 입자라고도 한다.

체 분석. 체 분석에는 시료의 대표 입도에 해당하는 표준 크기의 망 여러 개로 된 한 벌의 체를 사용한다. 거름망 구멍이 가장 큰 체를 맨 위에 얹은 체 한 벌을 교반기(攪拌機)^{shaker} 위에 얹는다. 각 체는 바로 위에 있는 체보다 거름망의 크기가 작다. 바닥에 0.063mm 미만의 입자를

---

5   한국은 'KS F 2324: 흙의 공학적 분류 방법'에서 통일분류법(USCS)과 동일한 기준을 사용하고 있으며, 그에 따라 점토의 입자 크기를 $d < 0.075$mm로 정하고 있다. <https://www.standard.go.kr/KSCI/standardIntro> (2021.07.12.)

받을 둥근 판을 받치고 위에는 뚜껑을 덮는다(그림 2.11) [10]. 105℃에서 건조한 시료를 가장 위에 있는 체에 붓고 설명서에 따라 거른다. 각 체에 남은 물질의 질량을 측정하여 단일점 single-point 계량으로 도표에 기입한다. 이 도표는 직교좌표 체계로 만들었는데, 총건조질량의 % 비율을 y축을 따라 표기하고, 각 체의 거름망 크기를 로그 척도로 왼쪽에서 오른쪽으로 증가하는 x축을 따라 표기한다. 각 점은 입도분포곡선으로 종합하며, 이는 질량비에 대한 누적 빈도수 다각형으로 입도 곡선grading curve 또는 **입도 분포** *grain size distribution*라고도 한다(그림 2.12) [10].

비중계 분석. 비중계hyrdometer 분석은 스토크스의 법칙STOOKES' Law에 따라 입자 "지름"을 환산값으로 산출하는 현탁액suspension 밀도의 시간적 변화 기록에 기반한다. 이 분석에서는 1,000ml 실린더에 담긴 증류수에 자연 습윤토 약 50g을 풀어 넣고, 피로인산나트륨pyrophosphate과 같이 응고를 방지하는 화학물질을 첨가한다. 특정 시간 순서에 따라 결과를 읽고 평가한다(그림 2.13) [10]. 비중계 분석은 크기가 0.001mm 미만인 입자에는 적용할 수 없다.

체 및 비중계 병합 분석. 체 및 비중계 병합 분석의 첫 단계는 흙 시료를 물에 담가 점토광물의 "결속cemented 구조"를 녹이는 것이다. 그 후 습식 선별 처리로 시료를 각각 다른 입자 분획으로

그림 2.11 DIN 18123 [10]에 따른 모래와 자갈 입도의 기계적 분석을 위한 체 세트

분리하고 말린 잔류물의 질량을 측정한다. 이 단계를 위해서 잔류물을 수거하는 판에 크기 0.063mm 미만의 흙 세립자를 모을 수 있는 헹굼물 배수구를 장착한다. 이렇게 세립토를 건조하고 질량을 잰 후, 비중계 분석으로 입도 분포를 밝히고 입도 곡선을 도표화한다(그림 2.12).

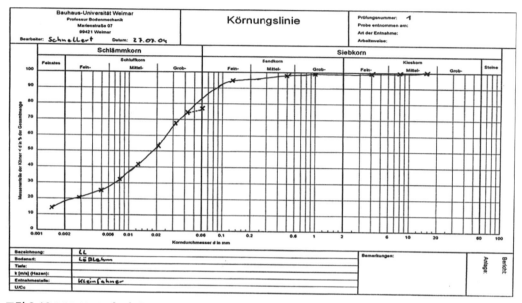

그림 2.12 DIN 18123 [10]에 따른 입도분포곡선 도표

그림 2.13 DIN 18123 [10]에 따라 실트와 점토의 입도를
측정하는 비중계와 이를 이용한 비중계 분석

분류

입도 분획/분류 기호에 따라. 표 2.2에 따르면 다음 입도 분획으로 구별할 수 있다. 대문자는 흙의 1차 분획 *primary fraction*을 이루는 입자 분획을 가리키거나 주요 속성을 나타낸다. 즉,

− 세립자 비율< 5%인 조립토^{coarse-grained soil}(실트 그리고/또는 점토)

− 세립자 비율< 5~40%인 혼립토^{mixed-grained soil}

− 세립자 비율> 40%인 세립토^{fine-grained soil}

시료에서 얻은 입자 분획의 **2차 분획** *secondary fraction*은 속성을 나타내지 않는다. 2차 분획은 소문자로 나타내며 중요한 순서에 따라 1차 분획을 따른다. 특히 2차 분획 부분이 **크거나** *high* **작으면** *low* 분류 기호 위의 횡선, 별표, 아포스트로피^{apostrophe} 등으로 표시한다.

예: G, s^*, u, t' − 자갈, 높은 모래 비율, 실트질, 낮은 점토 비율

더 구체적으로 속성을 표기하기 위해 분류 기호에 두 번째 대문자를 더할 수 있다:

− 조립토의 불균일성: E(좁음), W(넓음), I(산발 분포^{gap graded})

− 응집성 흙의 가소성: L(낮음), M(중간), A(매우 높음) (단원 2.2.3.2)

− 0.063mm 이하 세립자 질량 백분율에 따른 중립토의 분할: U(실트) 또는 T(점토) 낮음 5~ 15% 또는 U* 또는 T* 높음> 15~40%

실트, 모래, 자갈의 각 입자 분획을 세립^{fine}, 중립^{meduim}, 조립^{coarse}의 하위 집단으로 더 나눌 수 있다. 하위 집단은 각각 소문자 f, m, g로 나타낸다. 이 문자들은 단일 입자의 분획으로만 이루어진 "순수토 유형" 앞에 붙인다.

예: gU − 굵은 실트(0.02> d < 0.06mm)

점토광물 함량(그리고 가소 함량도 같이)이 증가함에 따라 "입도 구성^{grain size compositon}" 속성이 흙의 가공 속성으로 이어진다. 이는 입자 척도에 더해 가공 척도도 구분할 필요가 있다는 것을 의미한다.

입도분포곡선에 따라. 입도 곡선에서 중요한 기술 및 가공 속성들(다짐성^{compactibility}, 압축강도, 내식성, 변형 등)을 도출할 수 있다. 여기서 나아가 건축토가 몇 안 되는 입자 크기로 구성되어 흙이 **균일** *uniform*한지, 또는 매우 다양한 입자 크기로 구성되어 **불균일** *nonuniform*한지 알아내는 것이 중요하다. 그에 따라서 각 입도분포곡선은 완만하거나 가파르다. 연속된 입도 곡선에서

완만한 부분은 존재하지 않는 입자 분획을 의미하고, 반대로 가파르거나 건너뛴 부분은 지배적인 입자 분획을 의미한다.

도로나 댐 공사에서는 입도 곡선에서 나온 값을 응집력이 없거나 작은 흙 유형의 다짐성을 평가하는 데 쓸 수 있다.

대체로, 불균일한 석비레는 당초 기공pore 면적이 같은 균일한 석비레보다 다지기가 쉽다. 불균일한 석비레를 다지는 과정에서 조립자 때문에 생긴 공극void을 더 작은 입자가 채워서 기공의 부피를 최소화한다.

균일계수 *uniformity coefficient* C_u는 입도 곡선의 평균 경사도이다: 경사도가 가파를수록 흙이 균일하다.

$$C_u = d_{60}/d_{10}$$

d_{60} 입도분포곡선에서 세로축 60%에 해당하는 입자 지름

d_{30} 30%에 해당

d_{10} 10%에 해당

석비레의 상대적인 C_u 값은 다음과 같이 분류한다:

$C_u < 5$	균일(예: 해변 모래)
$C_u = 5 \sim 15$	균일 분포(예: 모래, 풍적토)
$C_u > 15$	불균일(예: 빙하토, 침출토)

곡률계수 *curvature coefficient* C_c 또는 **입도** *grading*는 d_{10}과 d_{60} 사이의 입도 곡선을 설명한다: C_c 값이 작으면 d_{30}이 d_{10} 근처에 있는 것을 표시하고, C_c 값이 크면 d_{30}이 d_{60} 근처에 있는 것을 표시한다.

$$C_c = (d_{30})^2/d_{60} \cdot d_{10}$$

$C_u < 1$	불량poorly 분포
$C_u = 1$	일반normally 분포
$C_u > 1$	특이distinctly 분포
$C_u = 1 \sim 3$	양호well 분포 (예: 자갈이 깔린 모래, 침출토)

석비레가 균일할수록 C_c가 작다.

입자 분획의 집단 기호 자갈 G와 모래 S에 추가한 두 번째 문자는 입도분포곡선의 평균 증가 또는 기울기를 나타낸다:

명칭	분류 기호	C_u	C_c
불량 분포	E	<6	모든 값
양호 분포	W	≥ 6	1~3
산발 분포	I	≥ 6	<1 또는 >3

이 값은 실트 및 점토 분획의 비율이 5% 이하인 조립토(결합하지 않는 자갈과 모래)에 적용하므로 이런 유형의 석비레는 일반적으로 흙건축에 적합하지 않다.

"최밀 충전spher packing" 모델은 기본적으로 건축토에도 적용할 수 있다. 이 모델에 따르면, 불균일한 (빙하토 같은) 건축토는 예를 들어, 균일한 흙(풍적토)보다 흙다짐에 더 적합하다.

불균일한 흙은 밀도가 더 클 수 있고, 그래서 광물 성분이 같은 균일한 흙보다 압축강도가 더 클 수 있다. 그러나 점토광물의 응집강도 때문에 압축은 반작용을 받게 된다.

압축 목적에 맞게 이상적으로 분포한 석비레는 입도 구성이 Fuller 곡선 *Fuller curve*을 따른다 (그림 2.14 [11]):

$$x = 100 \, (d_x / d_{100})^n$$

d_x	망 크기 x
d_{100}	최대 입자 지름
n	입도계수

입도계수 $n=0.5$를 "최밀 충전"에 적용하는데 자연토는 입자의 모양이 으레 구형과는 거리가 멀기 때문에 이와 똑같은 값을 얻을 수 없다. 그러므로 Houben과 Guillaud[12]는 모래와 자갈에는 $n=0.35$, 점성토에는 $n=0.25$를 사용할 것을 권장한다.

이런 종류의 흙자재는 적절한 압축과 최적의 함수량으로 가능한 가장 작은 기공 부피와 가장 큰 밀도를 얻을 수 있다. 입자 물질 내에서 가장 굵은 입자 각각의 Fuller 곡선을 알아낼 수 있다. 이를 활용해 압축한 후에 이 입자의 크기에 맞는 가장 조밀한 입도를 구성한다.

이 과정은 흙을 인공 조성해서 토사댐의 심부core를 수밀하게 만드는 데 적용한다. 입도분포

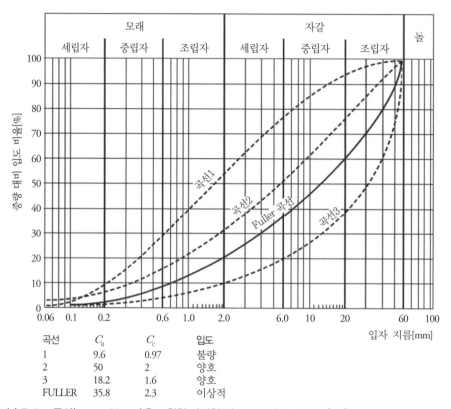

곡선	C_u	C_c	입도
1	9.6	0.97	불량
2	50	2	양호
3	18.2	1.6	양호
FULLER	35.8	2.3	이상적

그림 2.14 Fuller 곡선(d_{max}=60mm)을 포함한 다양한 입도 분포의 입도 분류 [38]

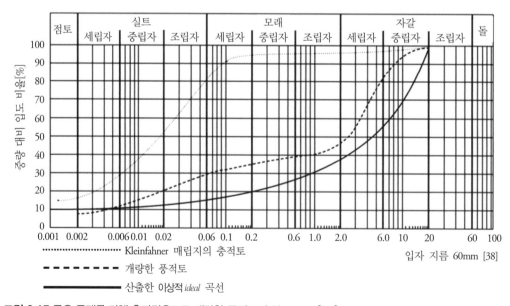

··················· Kleinfahner 매립지의 충적토

— — — — — 개량한 풍적토

━━━━━━ 산출한 이상적 *ideal* 곡선

입자 지름 60mm [38]

그림 2.15 굵은 골재를 더해 흙다짐용으로 개량한 풍적토의 입도 분포 [11]

곡선의 연속성만으로도 댐의 내마모성과 수밀성을 확보할 수 있다. 이 흙을 **흙콘크리트** *clay concrete*라고도 부른다. Plehm[13]은 압축 실트 실험에서 자갈 섞은 모래를 포함한 흙콘크리트(중량별 100부^parts by weight, pbw)를 기반으로 Caminau 실트(10pbw), Guttau 분말점토(15pbw)를 사용했다.

흙다짐벽 건설 같은 흙건축 압축작업을 할 때는 이 방식대로 흙을 고르거나 골재를 추가해서 인위적으로 개량할 수 있다. [38]에서 설명한 예시는 풍적토를 흙다짐 건설용 건축토로 사용했다. 원하는 강도 값에 도달하기 위해 Fuller 곡선(그림 2.15)을 따라 조립 골재로 개량했다.

그러나 흙건축 용도로 최적화된 보편적 입도분포곡선은 존재하지 않는다. 흙건축 자재의 사용 목적에 따라서 구체적인 세부사항에 맞춰 "이상적인" 입도분포곡선이 되도록 수정해야 할 것이다. 예를 들어 흙다짐은 일정 부분 자갈이 필요하고, 흙미장은 모래 함량이 많아야 하며, 자연 건조 흙블록은 점토 비율이 높아야 한다.

가소성 요소에 따라. 흙의 입도 구성만으로는 점토광물의 특정 성질을 평가할 수 없어서 건축토에 적합한지를 종합적으로 평가할 수 없다. 점토광물은 건축토의 가공 속성을 규정한다(표 1.1). 점토–실트–모래 삼각형 안에서 다양한 흙 유형을 연구한 미국 도로 건설 연구^American road construction research의 오래된 도표에서는 이를 다루지 않았고(그림 2.16 [11]), 입도 구성 분석 결과로만 각각의 흙 시료를 분류한다.

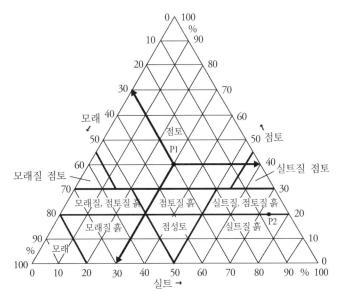

그림 2.16 삼각형 입도 분포에 따른 다양한 흙의 유형 묘사 [11]

따라서 DIN 18196에 따라서 점성토를 지질공학적으로 분류할 때, 가공 척도는 언제나 입자 척도와 함께 평가한다(단원 2.2.3.2).

(2) 입자 형태 및 입자 모서리형

흙의 입도 구성뿐만 아니라 개별 입자의 형태와 모서리형angularity 역시 중요한 역할을 한다. 입자 형태는 구형, 각기둥형prismatic, 막대형elongated, 평판형flat 등이 있으며 각진, 둥근, 매끈한 모서리형으로 특징지을 수 있다(그림 2.17 [14]).

조립토에서 입자 형태와 모서리형은 기반암의 유형과 발생 과정의 영향을 받는다. 이동한 흙(예: 빙하토)의 입자는 보통 둥글거나 매끈한 모서리형인 반면, 이동하지 않은 흙(예: 침출토)은 뾰족하거나 각진 모서리형이다. 이동하지 않은 흙의 전단강도가 더 크다. 세립토의 입자 형태는 광물 유형에 따라 다르다: 석영과 석회는 큼직한bulky 각기둥형이고, 점토광물은 대체로 판형platelike이다.

입자 형태와 모서리형은 Fuller 곡선을 사용한 인위적 입도 혼합에서도 영향을 미친다.

그림 2.17 입자 형태와 모서리형 [14]

(3) 입자 표면

물이 존재할 때 흙이 보이는 거동^{behavior}은 흙의 주요 속성이다(단원 3.6.3.1). 흙에 흡착해서 결합할 수 있는 물의 양은 흙의 **입자 비표면적** *specific grain surface area* A_s, 즉 1g의 건조 질량 m_d에 대한 입자 A의 표면에 따라 달라진다. 부피는 크기의 세제곱에 비례하고 표면적은 크기의 제곱에 비례하기 때문에 입자가 작을수록 표면적이 커진다. 입자 형태 역시 영향을 미치는 요인이다. 입자 비표면적 A_s는 다음으로 알아낼 수 있다(그림 2.18 [14]):

$$A_s = A/m_d = \alpha/d \cdot \rho_s \ \ [\text{cm}^2/\text{g}]$$

d	입도
ρ_s	입자 밀도
α	형태계수

형태계수 α는:

－육면체 또는 구형 입자(석영) $\alpha = 6$

－두께가 $0.1d$인 판형(카올리나이트, 일라이트) $\alpha = 24$

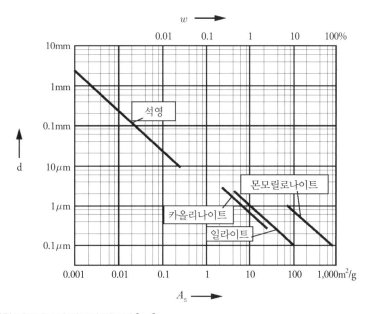

그림 2.18 다양한 점토광물의 입도와 비표면 [14]

－두께가 $0.01d$인 판형(몬모릴로나이트) $\alpha = 204$

입자 표면에 흡착 결합한 물의 양은 입자 표면적에 비례하며 현탁도^{dispersity}를 따라 증가한다. 그림에서 두께 $1 \times 10^{-6}\text{mm} = 10\text{Å}$ 결합수 층에 대한 함수량 w 역시 확인할 수 있다. 입자들의 분자 인력은 흡착한 결합수에 매우 높은 압력을 가하고, 따라서 밀도와 점성이 높아진다(단원 2.2.3.4).

2.2.3.2 가공 척도

가공 척도는 시간과 가공 유형에 따른 (모양을 만드는) 성형과 압축에 버티는 흙 시료의 저항성을 설명한다. 이 저항은 응집력 $cohesion$이라고도 하는데, 건축토 내 세립 광물 성분의 표면력 때문에 발생한다. 이 강도는 입자 지름, 점토광물의 구조, 함수량에 따라 달라진다.

(1) 함수량

용어 정의

흙 시료의 함수량 $moisture\ content$ w는 기공수의 질량 m_w와 흙 시료의 건조 질량 m_d의 비율이다.

$$w = m_\text{w} / m_\text{d}\ \ [-].$$

포화도 $degree\ of\ saturation$ S는 물을 포함한 공극^{void}과 총 공극의 비율이다(단원 3.6.1.2).

시험 방법

DIN 18121-1를 따라 함수량 w를 계산하는 방법은, 흙 시료를 105°C에서 말리기 전후의 질량을 측정하여 그 차이를 기공수 질량 m_w으로 산출하는 것이다.

DIN 18132를 따르면, 건축토의 모세관 흡수 $capillary\ water\ absorption$를 Enslin-Neff가 설명한 시험 장치(그림 2.19 [9, 15])로 측정할 수 있다. $d \leq 2\text{mm}$인 건조토 1g을 m_d으로 설정하고 지정 조건에서 시간에 따라 수분 흡수량 m_w를 측정한다.

4분 후 얻는 결과가 최댓값이며 이 값을 수분 흡수용량 $water\ absorption\ capacity$ w_b이라고 한다.

$$w_\text{b} = m_\text{w} / m_\text{d}\ \ [-]$$

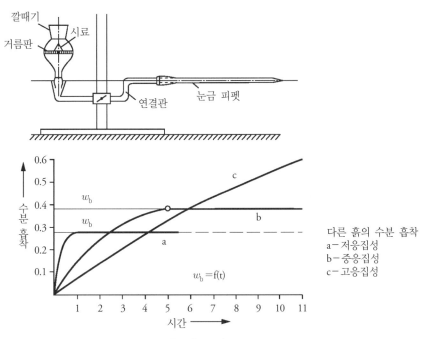

그림 2.19 엔슬린-네프$^{\text{Enslin-Neff}}$에 따른 흡수력 측정 [9, 15]

실험 및 계산 수치

기공 내 함수량과 연결된 건축토 시료의 상태를 다음과 같이 **포화도** *degree of saturation* *S*로 규정할 수 있다.

흙의 수분 흡수용량 w_b에 있어서, 일반적으로 메마른 건축토($w_b \leq 0.45$)는 상대적으로 적은 양의 물을 매우 빠르게 흡수하는 경향이 있다고 여겨지며, 대조적으로 점성토나 순수점토(w_b = 0.6~1.5)는 물을 많이 빨아들이나 시간이 오래 걸린다 [15].

내수성 역시 토공사와 댐 건설에서 쓰이는 투수성^{permeability}계수 k로 평가할 수 있다. k값이 1×10^{-5}mm/s이면 내수성이 좋은 흙이다.

S_r (−)	상태
0	건조한^{dry}
0~0.25	습한^{moist}
0.25~0.50	매우 습한$^{\text{very moist}}$
0.50~0.75	젖은 ^{wet}
0.75~1.0	완전히 젖은$^{\text{very wet}}$
>1.0	포화된^{saturated}

(2) 가소성 지수 PI, 연경도 지수 CI

용어 정의

(가소성 영역이라고도 알려진) 가소성 지수 PI는 흙의 가소성 수준을 정의하는 일반적인 지질 공학적 분류 속성이다. 이는 흙의 자연 상태 수분과는 무관한 두 가지 표준 함수량, 즉 **액성한계** *liquid limit* LL에서 함수량과 **소성한계** *plastic limit* PL에서 함수량의 차로 규정한다:

$$PI = LL - PL \ [-].$$

흙 시료에서 함수량 LL은 **질척한** *paste-like* 정도에서 **액형** *liquid* 정도까지의 연경도 변환기[transition]를 말한다. 함수량 PL은 **뻑뻑한** *rigid* 정도에서 **반고형** *semisolid* 정도까지의 변환기를 말한다. 흙은 가소성 영역 한계 내에서 성형할 수 있다. Atterberg의 "연경도 도표"에 임계 함수량 수준이 표시되어 있다(그림 2.20).

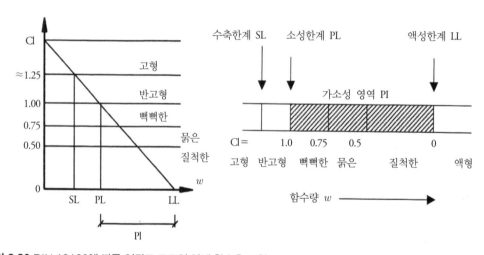

그림 2.20 DIN 18122에 따른 연경도 도표의 임계 함수율 표현

수축한계 *shrinkage limit* SL에서의 함수량은 시료의 연경도가 **반고형** *semisolid*에서 **고형** *solid*까지 변환하는 것을 말한다. 이때 흙은 더 이상 통상의 압축으로는 성형할 수 없다.

연경도 지수 *consistency index* CI로 표현하는 흙 시료의 연경도 또는 상태는, 시료의 현재 함수량 *w*를 DIN 18122에 따라 동일 건축토에서 측정한 특정 함수량 수준 LL 및 PL과 비교한다:

$$CI = (LL - w) / PL \ [-].$$

지질공학 용어에서, 점토광물 성분이 있는 석비레[loose rock soil](점성토, 순수점토)는 **응집성** *cohesive* / **가소성** *plastic* 흙이라고 하며, 반면 점토광물 성분이 없는 것(모래, 자갈)은 **비응집성** *non-cohesive* / **비가소성** *nonplastic* 흙이라고 한다. 경험적으로 얻은 가소성 도표의 A선 PI= 0.73(LL−20) [−]가 실트와 점토를 구분한다(그림 2.21). 가소성 단계에는 저[slightly], 중[medium], 고[highly]의 세 단계가 있다. DIN 18196에 따른 흙 유형 분류는 분류 기호에 이 단계들을 집단 기호에 이어 두 번째 문자 L, M, A로 추가한다(단원 2.2.3.1):

예: UL, 저가소성 실트(예: 충적토[loess])

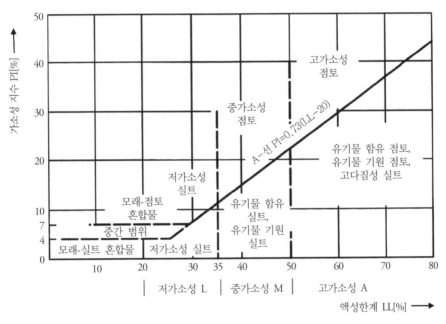

그림 2.21 DIN 18123에 따른 연경도에 의한 건축토의 분류

시험 방법

액성한계 LL. 액성한계 LL에서의 함수량은 Casagrande 방법(DIN 18122-1)으로 측정한다. 표준 시험 장치에 포함된 황동 접시 안에 준비한 흙 시료를 펼쳐놓고 접시를 캠축[camshaft]에 매단다(그림 2.22 [10]). 흙 시료에 홈 파는 도구로 캠축에 수직 방향으로 홈을 낸다. 캠축을 돌려서 접시를 반복해서 10mm 높이로 들어 올렸다가 단단한 고무 바닥에 떨어뜨리면 흙의 홈이 줄어든다. 25번 낙하 후 홈 길이가 10mm보다 작아지면 액성한계에 도달한 것이다.

소성한계 PL. 소성한계 PL에서의 함수량은 준비한 시료를 흡착 매트 위에서 굴려 말아서 측정한다. 지름 3mm로 굴려 말은 시료가 갈라지고 길이 10~15mm의 더 작은 조각으로 부서지기 시작하면 소성한계 PL에 도달한 것이다(그림 2.23 [10]).

수축한계 SL. 시료 내 기공의 물리적 결합수가 말라서 흙 시료의 부피 감소가 완전히 끝나면 수축한계 SL에 도달한다(DIN 18122-2). 이 절차를 위해, 흙을 고리 형태로 펼치고 시료의 질량이 일정하게 될 때까지 말린다. 이 상태가 수축한계를 나타낸다. 시각적 징후는 흙의 색이 어두운 상태에서 밝게 변하는 것이다.

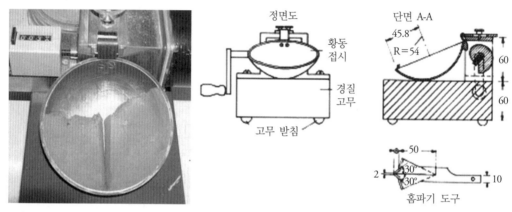

그림 2.22 Casagrande에 따른 액성한계 LL 측정 장치 [10, 14]

그림 2.23 소성한계 PL 측정 [10]

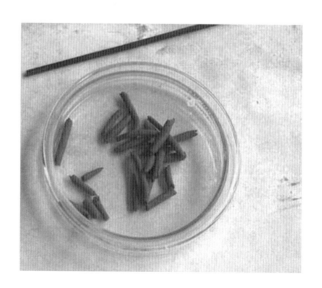

실험 및 계산 수치

액성한계 LL. 현탁도와 광물 성분의 함수인 액성한계 LL은 흙자재의 수분 결합력 또는 수화작용을 판단하는 방법이다. LL이 클수록 흙의 가소성이나 응집강도가 크다. 활성 점토광물의 비율은 액성한계를 증가시킨다.

- LL의 예 [9]:

  풍적토: 0.2~0.35

  하성토: 0.30~0.75

  빙하토: 0.20~0.45

  흑면토[4]: 0.66($n = 627$인 평균값, $s = 16.96$, $\nu = 25.7\%$)

가소성 지수 PI. 가소성 지수 PI가 큰 흙에 비해 PI가 작은 흙은 똑같은 양의 물을 추가했을 때 훨씬 빠르게 반응해 작업이 더 용이하다.

- PI의 예 [9]:

  풍적토: 0.07~0.18

  하성토: 0.12~0.45

  빙하토: 0.02~0.30

  흑면토[4]: 0.36($n = 627$인 평균값, $s = 12.95$, $\nu = 35.7\%$)

기준척도 PI와 LL은 많은 지질공학적 속성과 관련이 있다. 예를 들어 흙의 PI와 LL을 알면 광범위한 시험 없이도 점토 함량과 점토광물의 성질을 정성적으로 설명할 수 있다.

수축한계 SL. Muhs[11]에 따르면, 응집강도가 작은 흙의 수축한계 SL은 약 5~15%, 큰 흙은 약 15~40%이다. 수축한계는 초기 함수량에 따라 달라진다. (Krabbe[16]) SL의 추가 기술은:

$$SL \sim LL - 1.25PI.$$

수축한계 SL을 사용하면 **수축지수** *shrinkage index* SI를 활용하여 건축토의 팽윤용량을 평가할 수 있다(단원 2.2.3.3) [17]:

$$SI = LL - SL \ [-].$$

팽윤용량 *swelling capacity* Sl [%]

저	0~20
중	20~30
고	30~60
초고	>60

활성비 I_A Skempton에 따르면 활성비 I_A로 수분 흡착 능력capabilities을 정성 평가하고 주요 점토광물을 파악하는 것이 가능하다:

$$I_A = PI/(m_{dT}/m_d) \ [-]$$

m_{dT} : $d < 0.002$mm인 점토 분획의 건조 질량

m_d : 전체 시료의 건조 질량

• 평가

$I_A < 0.75$	비활성(예: 카올리나이트)
$0.75 < I_A < 1.25$	일반
$I_A > 1.25$	활성(예: 몬모릴로나이트)

표 2.3은 특정 점토광물의 평균 I_A 값을 보여준다 [14, 15].

표 2.3 일부 점토광물의 활성비 I_A 평균값

광물	LL [%]	I_A [−]	w_a [%]
카올리나이트	60	0.40	80
일라이트	100	0.90	
Ca 몬모릴로나이트	500	1.50	300
Na 몬모릴로나이트	700	7.00	700
대조군: 석영 가루	0	0	30

적절한 첨가물 사용에 더하여 집중 가공으로 점토광물을 더 많이 수화시킬 수 있다(단원 3.4.2). 이렇게 처리한 흙 시료는 처리하지 않은 똑같은 흙 시료보다 LL값이 더 크다. 반대로 합성 결합재(석회, 시멘트)를 첨가하면 점토광물이 덜 수화된다.

연경도지수 Cl. 흙건축 자재는 필요한 용도에 따라 다양한 연경도^{consistency}로 가공한다. 따라서 흙건축 분야에서는 다양한 연경도를 이해하고 발전시키는 것이 중요하며, 이는 실제 경험을 통해 얻을 수 있다(표 2.4).

흙건축 자재는 질척하거나$^{paste-like}$, 무르거나^{soft}, 뻑뻑한^{rigid} 연경도($0 \leq CI \leq 1$)에서 성형할 수 있고 또는 가소성을 띤다.

표 2.4 흙건축 자재의 연경도등급, 가공 속성

연경도값 CI	연경도 표기 [약식]	가공 시 흙건축 자재의 연경도	속성	DIN 18319 연경도등급
0	액형 [fl]	경량토용 점토 슬러리	물 같은 혼합물	
0~0.50	질척한 [br]	조적용 흙몰탈	주먹을 쥐면 손가락 사이로 삐져나옴	LBM 1^a
0.50~0.75	무른 [we]	짚흙$^{straw\ clay}$	작업이 매우 용이	LBM 1
0.75~1.00	뻑뻑한 [st]	흙다짐	작업이 용이	LBM 2
1.00~1.25	반고형 [hf]	건조압축 흙다짐	말거나, 뭉개거나, 찢을 수 있으나 덩어리로 뭉쳐지지 않음	LBM 2
>1.25	고형 [fe]	흙블록	건조하고 밝은색, 깨지면 흩어진 조각을 다시 합칠 수 없음	LBM 3

^{a}LBM-응집성 석비례, 입도 $d \leq 63$mm, 광물 구성성분

(3) Pfefferkorn에 따른 가소성

세라믹 산업에서는 세라믹 재료의 가소성을 평가하는 데 Pfefferkorn 방법을 사용했다 [28]. 이 방법은 원통형 흙 시험체에 원판^{disk}을 떨어뜨려 변형시킨다. 시험체의 초기 높이 h_0와 뭉개진 시험체 높이 h_1의 비를 변형비 $D_f = h_0 / h_1$로 규정한다. 이 충돌 시험은 자재의 연경도 정보를 제공한다. $D_f = 2.5 \sim 4$는 손으로 쉽게 성형할 수 있는 점토 배합물(예: 도기 녹로(轆轤)용 자재)의 연경도를 나타낸다. $D_f = 1.25$는 압출 제품에 이상적인 연경도를 나타낸다.

(4) 표준 연경도와 응집강도

용어 정의

건축토의 적합성 평가를 위해 (폐기된) DIN 18952-2에서는 Niemeyer[18]의 응집강도 시험을 적용했다: 이 시험에서는 점토광물 및 입도 구성을 각각 측정하지 않고 오히려 저항의 형태로 두 기준척도의 "외부적" 효과를 측정한다. 이 저항은 인장 "파단break" 시험에서 표준 연경도인 흙 시험체의 응집강도cohesive strength c_N (지질공학 용어로는 응집력cohesion)을 측정한다. 여기서 용어 **표준 연경도** standard consistency는 응집강도를 측정하기 위해 규정한 흙 시험체의 시험 연경도를 일컫는다.

시험 방법

표준 연경도는 다음과 같이 실증적으로 측정한다: 균질하게 마련한 흙 시료 200g을 단단한 비흡수성 표면에 여러 번 두드려서 압축하고, 바로 이어서 공 모양으로 만든다. 매끈하고 단단하며 견고하게 고정한 비흡수성 표면 위 높이 2m에서 공을 떨어뜨린다. 바닥에 충돌했을 때 공이 너비 50mm로 평평해지는 정도를 흙 시료의 표준 연경도라고 간주한다.

응집강도 c_N 을 측정하려면, 표준 연경도 시료를 목재 성형틀에 넣어 8자 모양 시험체로 만든 후 두 개의 금속 받침 사이에 끼운다. 위쪽 받침은 내민 버팀대에 매달고 아래쪽 받침에는 하중을 가하는 기구를 부착한다. 이 기구는 시험체가 부러질 때까지 최대 유속 750g/min으로 모래나 물을 채우는 상자이다. 8자형 시험체(5cm)의 가장 가는 부분에 하중을 가해 cm^2당 "응집강도"(당김pull) 값으로 변환한다(그림 2.24 [10]).

실험 및 계산 수치

측정한 응집강도 c_N 에 따라 건축토를 "박토lean"에서 "과양토very-rich"까지 다양한 범주로 분류한다(표 2.5 [18]).

DIN 18952-2에 따르면 응집강도 c_N 이 $50g/cm^2(0.005\,N/mm^2)$ 미만인 흙은 흙건축 용도에 적합하지 않은 것으로 간주한다. 그러나 천장용 비다짐 채움loose fill 같은 여러 가지 부분에 여전히 사용할 수 있다. 희박토extremely lean soil는 응집강도 시험에서 쓸만한 결과가 나오지 않는다.

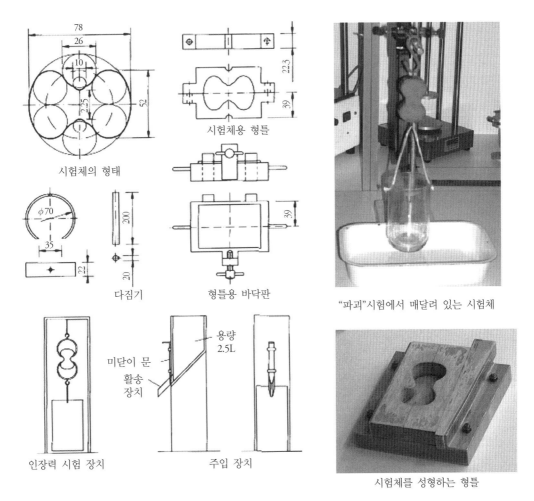

시험체의 형태

시험체용 형틀

다짐기

형틀용 바닥판

"파괴"시험에서 매달려 있는 시험체

인장력 시험 장치

주입 장치

시험체를 성형하는 형틀

그림 2.24 Niemeyer [10] / DIN V 18952-2에 따른 소성한계 PL 측정

1940년대에 개발한 응집강도에 기반한 건축토의 가공 척도 분류는 독일어권 국가에 국한되어 있다. 국제적으로는 지질공학 척도 PI와 LL에 따른 분류를 사용한다. 건축 자재로서 흙의 중요성이 국제적으로 증가함에 따라 두 체계 간의 "호환" 문제가 대두되었다. 바이마르[Weimar]의 바우하우스대학[Bauhaus Unversity]에서 이를 다루는 연구를 수행했다. 가소성은 "저[slightly]가소성", "중[medium]가소성", "고[highly]가소성" 등급으로, 응집강도는 "박토[lean]"부터 "과양토[very rich]" 등급으로 표시하여 16개 지역의 흙을 시험했다(표 2.6 [19]).

표 2.5 Niemeyer에 따른 응집강도 기반 건축토 분류

응집강도 c_N [g/cm²] 또는 (N/mm²)	건축토 분류	선형수축도 $\varepsilon_{f,1}$ [%]	표준 연경도에서의 함수량 w_N [%]
50~80 (0.005~0.008)	희박토 very lean	0.9~2.3	
81~110 (0.0081~0.011)	박토 lean	0.9~2.3	9.5~12
111~200 (0.0111~0.02)	준양토 semi-rich	1.8~3.2	11~15
201~280 (0.201~0.028)	양토 rich	2.7~4.5	12~20
281~360 (0.0281~0.036)	과양토 very rich	3.6~9.1	
>360 (0.036)	순수점토 pure clay	>9.1	15~23

표 2.6 시험한 건축토의 기준척도

번호	시료 명칭	표준 연경도 함수량 w_N [%]	프록터 w_{pr} [%]	선형수축도 $\varepsilon_{f,1}$ [mm/20cm]	응집강도 c_N [g/cm²]	소성한계 PL [%]	액성한계 LL [%]	가소성 지수 PI [%]
1.	Kromsdorf	19.86	16.22	8.0	60.6	19.27	35.86	16.53
2.	Weimar-Umgehstr	27.59	26.25	15.0	493.2	27.11	67.20	40.09
3.	Leuben	17.52	16.46	7.0	169.0	17.18	41.45	24.27
4.	Hochstedt 1/1	17.57	18.40	7.0	94.9	18.97	31.30	12.33
5.	Hochstedt 2/1	20.18	20.50	7.7	134.3	21.77	39.16	17.05
6.	Hochstedt 3/1	17.52	20.91	10.3	137.3	20.62	35.70	15.08
7.	Hochstedt 4/1	18.45	19.00	8.7	110.3	20.47	33.79	13.32
8.	Hochstedt 5/1	21.04	20.30	10.7	259.6	16.14	46.00	29.85
9.	Weimar-Klinik 1/1	21.45	21.74	9.6	155.7	20.23	46.91	26.68
10.	Weimar-Klinik 2/1	21.91	21.91	10.3	164.5	21.16	53.90	32.74
11.	Weimar-Klinik 3/1	29.54	27.21	19.5	350.5	25.30	54.30	39.00
12.	Nohra 1/1	24.90		12.7	513.4	22.94	50.50	27.56
13.	Mörsdorf 1/1	18.00	19.69	8.7	91.3	18.27	33.75	15.48
14.	Weimar-Klinik 1/1a	21.64	20.40	8.0	130.3	21.86	45.50	23.64
15.	Nordhausen 1	20.36	17.29	6.0	127.5	21.93	40.75	18.82
16.	Erdmannsdorf 1/1	29.27		6.0	366.9	26.31	70.25	43.94

이 시험으로 응집강도 증가와 흙의 가소성 증가가 관련이 있음을 전반적으로 확인할 수 있었다. 시험체의 연경도 함수량 기술에 사용한 흙건축과 지질공학적 분류 간에는 뚜렷한 상관관계가 있었으나, 시험한 시험체에서는 응집강도 c_N 과 액성한계 LL 및 가소성 지수 PI 간의 상관관계가 분명하지 않았다(표 2.7 [19]).

표 2.7 지질공학과 흙건축 기준척도 간의 상관관계 참조

	표준 연경도 함수량 w_N	응집강도 c_N
LL	$w_N = 0.32LL + 7.21;\ r_{xy} = +0.94$	$c_N = 7.88LL - 155.94;\ r_{xy} = +0.72$
PL	$w_N = 0\ 1.19PL - 3.37;\ r_{xy} = +0.79$	
w_{pr}	$w_N = 01.10w_{pr} - 1.84;\ r_{xy} = +0.79$	
PI		$c_N = 9.06PI - 17.01;\ r_{xy} = +0.70$
용어 정의		
	가소성	응집강도 c_N
	저가소성	박토
	중가소성	준양토~양토
	고가소성	과양토, 순수점토

영향 변수

점토에서는 수분이 느리게 퍼지기 때문에, 과양토와 순수점토는 박토에 비해 시험용 "표준 연경도"를 얻으려면 더 집중해서 가공해야 한다. 표준 연경도는 점토광물이 수분을 똑같이 수용한 정도를 규정하는데, 점토광물이 적은 박토는 물이 덜 필요한 반면 과양토와 순수점토는 더 많은 물이 필요하다. 이는 표준 연경도에서의 함수량 w_N 이 과양토와 순수점토가 박토에 비해 훨씬 높은 이유이기도 하다. 표 2.6은 일부 흙 시료의 기준척도인 가소성 지수 PI, 응집강도 c_N, 함수량 w_N 을 통해 이런 경향을 설명한다.

2.2.3.3 변형 척도

흡습과 배습에서 비롯된 건축토의 변형을 팽윤swelling과 수축shrinkage이라고 한다. 다른 광물 건축자재와 비교했을 때 그 범위가 상당히 넓을 수 있다.

건축토의 변형 성질을 평가하는 것은 흙건축 자재의 생산 과정에서 안정화 조치를 해야 하는지 결정한다. 형성 기원formation genesis(예: "흑면토", 단원 2.1.2.6) 때문에 팽창하는 것으로 알려진 흙이나 점토를 흙건축 자재로 가공할 때는 특히 그렇다.

단원 3.6.2.1의 개요는 흙건축 자재의 변형을 체계적으로 나열하고 있다.

(1) 수축

용어 정의

건축토는 기공수가 증발하여 건조 과정 중에 부피가 감소한다. 이로 인해 **수축** *shrinkage* 이라고 하는 3차원적 변형이 발생한다. 하중과 무관하게 발생하며 가역적 reversible 이다.

건축용 흙의 적합성을 시험할 때 변형은 일반적으로 단일 방향에서만 시험한다: 시험체의 초기 길이 대비 선형 치수의 변화율. **선형수축도** *linear degree of shrinkage* $\varepsilon_{sl} = \Delta l / l$ [%] 또는 선형 수축으로 알려짐.

세라믹 산업은 "건조 수축"과 "소성 수축"을 구분한다. 건조 수축은 일반적으로 200℃ 미만의 온도에서 소성 전 성형체가 "녹색 green" 벽돌로 전환되는 것을 말한다. 소성 수축은 800℃가 넘는 온도에서 세라믹을 굽는 동안 규화(硅化) sintering 과정에서 비롯된 변형이다. 이 과정은 흙건축 자재의 생산에서는 없으므로 흙건축에서는 "수축"이라는 용어 한 가지면 충분하다.

시험 방법

DIN 18952-2에 따라, 건축토의 수축 시험은 규격 220×40×25mm인 표준 시험체의 길이 감소를 측정해서 수행한다(그림 2.25 [10]). 흙을 표준 연경도(단원 2.2.3.2)로 준비해서 형틀에 넣는다. 형틀을 제거하고 나서 길이가 변하지 않을 때까지 시험체를 공기 중에서 건조한다. 이 상

그림 2.25 DIN V 18952-2[10]에 따른 선형수축도 시험

태에서 흙의 함수량은 수축한계 SL(단원 2.2.3.2)에서의 함수량과 연관이 있다. 흙이 아직 축축할 때, 시험체에 200mm 간격으로 두 개의 참조 표시를 긁는다. 이 두 선 사이의 길이 감소를 측정한 것이 선형수축도 $\varepsilon_{f,1}$이다. 이는 2%를 초과하지 않아야 하며, 세 번 시험하여 계산한 평균값이 최종 결과이다.

실험 및 계산 수치

Niemeyer[18]에 따르면, 앞에서 언급한 규격의 시험체를 사용하면 표 2.5의 응집강도 c_N와 선형수축도 간에 상관관계가 존재한다.

건축토의 응집강도로 선형수축도와 이에 따라 수축 감소 조치가 필요한지 알 수 있다. 그러므로 Lehmbau Regeln[6]은 건축토에 수축 시험을 요구하지 않으며, 나중에 가공 준비가 된 실제 흙건축 자재에 이 시험을 시행한다. 이 자재는 건축토, 골재, 필요한 가공 연경도를 얻으려고 넣은 물로 구성된다. 실제 흙 배합물로 시행해야만 예상 수축 변형 정도를 현실적으로 추정할 수 있다. 각 흙건축 자재마다 사용한 골재에 따라 시험체의 치수가 다르다(단원 3.6.2.1).

영향 변수

흙 시료의 수축은 전체 부피를 기본으로 점토광물의 비율과 구조에서 영향을 받는다: 점토광물의 전반적 비율이 변하지 않을 경우, 삼층 광물(예: 몬모릴로나이트)이 지배적인 흙은 수축 정도가 클 것으로 예상할 수 있는 반면, 이층 광물(예: 카올리나이트)이 지배적인 흙에서는 수축 정도가 작을 것으로 예상할 수 있다(단원 2.2.3.4). 변형 정도가 크면 대개 균열 징후를 드러내는 것이다.

균열 위험은 흙 시료의 초기 함수량이 낮고 입도분포곡선이 더 잘 분포하면better-graded 감소한다(단원 2.2.3.1).

그림 2.26[27]은 초기 연경도가 똑같은 스멕타이트smectite(녹점토)와 카올리나이트(고령토)의 수축 거동이 다른 것을 보여준다: 스멕타이트 시료는 덩어리가 다 산산히 부스러진 반면, 카올리나이트 시료는 각 덩어리가 지면에 붙어있는 "정상적" 균열 형성을 보여준다.

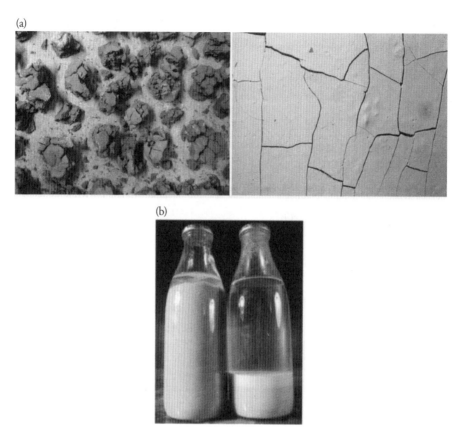

그림 2.26 점토광물의 수축과 팽윤 [27]. **(a)** 초기 연경도가 똑같은 수축: **왼쪽**, 스멕타이트(녹점토); **오른쪽**, 카올리나이트(고령토). **(b)** 점토광물과 모래의 양이 똑같은 혼합물의 팽윤: **왼쪽**, 스멕타이트; **오른쪽**, 카올리나이트

(2) 팽윤

용어 정의

흙은 마르는 동안 수축하는 반면, 수분을 흡수하면 부피가 증가한다. 이 변형 역시 3차원적이며 팽윤 *swelling*이라고 한다. 하중과 무관하게 발생하며 가역적이다. "팽윤"이라는 용어는 하중을 가하면 시험체가 일시적으로 압축되었다가 하중을 제거하는 즉시 반대로 되는 탄성 변형에도 사용한다(단원 3.6.2.1).

시험 방법

자유 **팽윤값** *free-swell value* F_s("자유 팽윤 시험"[17])는 흙 시료의 팽윤용량을 추정하는 간이 시험에서 사용할 수 있다.

시험을 위해서 흙 시료 $10cm^3$를 0.4mm 체에 거른 후 눈금이 있는 실린더에서 증류수 $100cm^3$와 혼합한다. 침전settling이 발생하면, 시료의 초기 부피 기준 대비 초기와 최종 부피의 차이(%)로 자유 팽윤값 F_s를 측정한다.

건축토의 팽윤 잠재성을 보다 정확하게 계산하는 방법은 토양역학에서 일반적으로 사용하는 장치인 압밀시험기oedometer를 사용해 수직 팽윤 *vertical swell* h를 측정하는 것이다(단원 3.6.2.2). 이 시험은 측면 팽창을 제한하지 않고 장치별 하중 장력 $1.6kN/m^2$($0.0016 N/mm^2$)을 가했을 때 침수된 흙 시료의 부피 증가를 조사한다. 시료의 초기 높이 h_0에 대해 측정한 높이 증가값 Δh가 수직 팽윤 h'이다.

$$h' = \Delta h / h_0 \ [\%]$$

실험 및 계산 수치

자유 팽윤값 F_s [%]와 [17]에 따른 팽윤 잠재성:

< 50	낮음
50~100	적절
> 100	매우 높음

벤토나이트 점토의 자유 팽윤값은 $F_s = 200$~$2,000\%$ 범위에 달한다.

영향 변수

흡수된 물은 점토광물의 구조에 결합한다: 삼층 광물(예: 몬모릴로나이트)은 다량의 물을 흡수할 수 있는 반면 이층 광물(예: 카올리나이트)은 상대적으로 적은 양의 물을 흡수한다(단원 2.2.3.4).

그림 2.26[27]은 같은 양의 모래와 점토광물에 물을 부은 두 개의 병을 보여준다: 왼쪽이 스멕타이트, 오른쪽은 카올리나이트. 카올리나이트를 채운 병의 모래는 바닥에 가라앉았으나, 스멕타이트를 채운 병의 모래는 "부유"하고 있으며 스멕타이트가 팽윤 잠재성이 커서 현탁액 안에 고르게 퍼졌다.

가소성 지수 PI, 점토 함량 및 수분 흡수용량 w_a이 증가하면 팽윤이 증가하여, 자유 팽윤값 F_s와 마찬가지로 수직 팽윤 h'도 증가한다.

2.2.3.4 화학광물학적 척도

건축토의 화학광물학적chemical-mineralogical 조성, 특히 점토광물의 양과 그 구조는 흙의 가공 속성과 변형 척도에 있어 결정적인 요인이다. 관련된 지질공학적 가공 척도 외에도 적절한 시험 결과에 따라 건축토의 가공 거동을 정성적으로 나타낼 수 있다.

대량 채취한 흙과 산업 생산한 흙건축 자재는 특히 채취장을 다른 곳으로 바꾼 후에는 사용한 건축토의 품질을 지속적으로 감독해야 한다. 물리 – 역학적 기준척도 시험뿐만 아니라 화학 – 광물학적 분석도 수행해야 한다.

(1) 점토광물

용어 정의

점토광물은 화학 용어로 규산 알루미늄aluminum silicate이라고 한다. 주로 규소, 알루미늄, 산소, 수소 원소를 포함한다. 철과 알칼리, 알칼리토금속 족에 해당하는 다른 원소, 특히 마그네슘, 칼슘, 칼륨 등도 포함한다.

점토광물은 내부 구조에 따라 분류한다. 모든 점토광물의 구조적 구성단위building block는 규소와 산소로 이루어진 **규산염 사면체** *Si-O-tetrahedron*와 알루미늄, 산소, 수소로 이루어진 **알루민산염 팔면체** *Al-OH-octahedron*로 구성된다(그림 2.27 [9]). 두 구성단위 모두 양전하를 갖는 중심 이온에 음전하 이온이 여러 개 붙어서 음전하가 초과 상태이다. 4가 양이온 규소 원자를 가진 사면체 SiO_4는 산소 이온 4개의 음전하가 8개로 음전하가 4개 과잉이며, 팔면체 $Al(OH)_6$ 역시 3가 양이온인 알루미늄 원자에 OH 음이온이 6개 붙어있어 음전하가 3개 과잉이다.

이런 초과 전하는 다른 사면체, 팔면체와의 교차결합cross-linking으로 균형을 이룬다. 먼저 사면체와 팔면체가 육각 고리의 안정된 배열을 형성하고(그림 2.28 [9]) 여기에 육각 고리를 더 추가해서 그물 같은 박막sheet을 구축한다. 다음으로 특정 산소 이온이 형성한 교상결합bridge bonding이 사면체와 팔면체의 교차결합을 일으킨다. 이 연속된 이온 박막은 **경화막** *packaged sheet* 또는 **층** *layer*라고 한다. 복수의 층은 **적층** *layer stack*이라고 한다. 여러 겹의 적층은 점토광물의 결정박판crystal lamella을 형성해 주사 전자 현미경(SEM)으로 보면 단일 구조로 보인다(그림 2.31).

사면체와 팔면체 박막 간의 교차결합은 사면체 박막과 팔면체 박막이 일대일로 결합할 때는 물론 팔면체 박막 한 개의 다른 면에 사면체 박막 두 개가 결합할 때도 발생한다. 그림

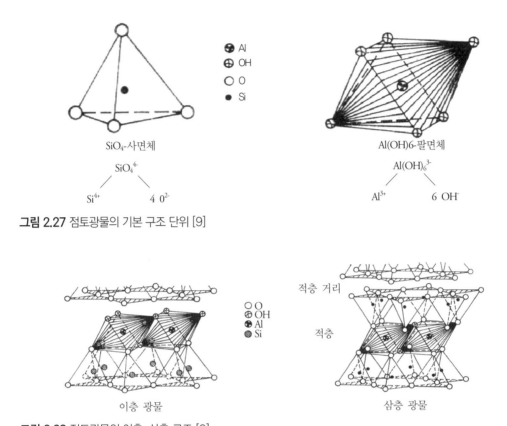

그림 2.27 점토광물의 기본 구조 단위 [9]

그림 2.28 점토광물의 이층, 삼층 구조 [9]

2.28[9]은 이중, 삼중 적층의 육각 고리 부분을 보여준다. (이중 또는 삼중 적층으로 구성된) 결정의 구조에 따라 광물을 **이층** *two-layer* 또는 **삼층** *three-layer* 광물 *minerals*이라고 한다.

카올리나이트 *kaolinite*(또는 고령토)는 가장 흔한 이층 광물이며 주로 강한 (열대) 풍화로 산성 혼성암[migmatite]에서 형성된다(단원 2.1.2.6).

삼층 광물인 **일라이트** *illite*는 일반적으로 온화하고 습한 기후대의 운모[mica]에서 생성된다. 거의 모든 유형의 응집성 전석에서 다양한 비율로 발견된다. 삼층 광물인 **몬모릴로나이트** *montmorillonite*는 주로 반건조[semiarid] 기후대에서 알칼리성 암석이 풍화되어 생성된다(단원 2.1.2.6).

시험 방법

흙의 광물 함량 분석으로 가공 거동[processing behavior]을 알 수 있다. 이 시험에서는 점토광물의 전반적 비율과 유형을 시험한다. 시험 결과로 가소성, 응집강도, 건조 거동(수축) 평가가 가능하다.

비가소성 광물(석영quartz, 장석feldspar, 방해석calcite, 백운석dolomite)은 "조질제tempering agent" 역할을 한다. 화학적 분석(Al_2O_3/Fe_2O_3)으로 수분 결합 용량을 더 파악할 수 있다.

들이는 노력에 비해 유효성이 떨어져서 습식 화학 *wet chemical* 분석은 거의 하지 않는다. 습식 화학분석은 흙재료의 화학 조성을 정량적으로 확인하려고 할 때 사용한다.

시차열분석법(differential thermoanalysis, DTA)은 흙 시험에 적합한 열 *thermal* 분석 기법이다. 이 분석은 시료를 가열하여 흡열, 발열 효과의 결과로 해당 점토광물의 유형과 농도에 대한 믿을 만한 정보를 얻는다. 이 과정은 100~750℃ 범위에서 진행한다.

X선을 이용하는 시험 방법 중 X선 회절 *X-ray diffraction*로 중요한 흙 시험 결과를 얻을 수 있다. 이 방법을 사용하면 결정격자crystal lattice의 강도intensity 값, 여입사각glancing angle, 층 두께(d값)를 측정해서 믿을 만한 흙의 광물학적 조성 정보를 얻을 수 있다. 그림 2.15와 2.29[10]의 튀링겐Thüringen 풍적토는 비가소성 광물인 규암quartzite과 방해석의 비율이 비교적 크다는 것을 보여준다.

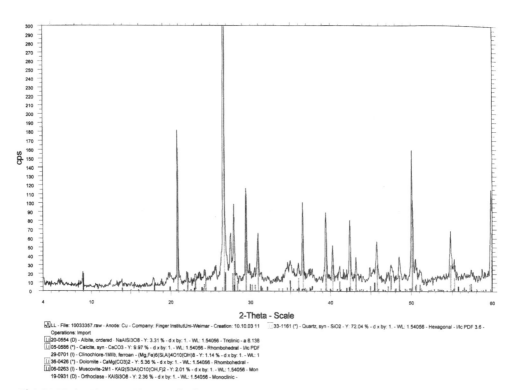

그림 2.29 풍적토의 X-ray 회절 분석 [10]

표 2.8 고타 Gotha 풍적토: 광물 성분과 화학적 분석

광물 성분	
석영	35%
사장석(장석류)	8~10%
방해석	10~12%
백운석	2~3%
카올리나이트(고령토)	8%
일라이트 또는 운모 광물(운모의 비율이 우세한)	20%
삽입 광물 intercalated minerals	8%
몬모릴로나이트족의 팽윤 광물	8%
화학 분석	
100℃ 건조에서의 손실	1.4%
1,000℃ 발화에서의 손실	7.5%
SiO_2	65.2%
Al_2O_3	10.9%
Fe_2O_2	3.5%
CaO	5.6%
MgO	2.1%
K_2O	2.55%
Na_2O	0.91%

정성적 평가 외에도, 흙의 화학적, 광물학적 조성 정보를 얻기 위해 정량적 평가를 수행할 수 있다.

표 2.8[29]에 고타 Gotha 풍적토의 결과를 수록했다.

영향 변수

광물 구조. 위에서 설명한 광물 구조의 안정성은 흙과 점토의 가소성, 수축, 팽윤과 같은 주요 속성에 큰 영향을 준다. 이층 광물과 삼층 광물은 이런 속성들이 분명하게 다르다:

이층 광물 two-layer minerals의 결정격자는 모든 전하 배열이 완결되어 견고하고 표면이 전기적으로 중성을 띤다. 이는 광물의 수분 저장용량, 기공수에 용해되는 이온의 양, 수축/팽윤 경향을 감소시킨다. 적층과 각 결정박판 사이에서만, 즉 층의 바깥쪽 가장자리에서만 육각 고리의 파괴를 통해서 자유 전하가 생길 수 있다. 그러므로 박막 적층의 바깥쪽에만 물 분자를 저장해서 수축, 팽윤이 발생할 수 있다.

삼층 광물 *three-layer minerals*의 결정격자는 불안정하다. 앞에서 설명한 형태 외에도, 4가 중심 규소 이온을 3가 알루미늄 이온으로 대체할 수 있다. 또한 팔면체에서는 3가 철 이온, 2가 마그네슘 이온, 심지어는 1가 리튬 이온도 3가 알루미늄 이온을 대체할 수 있다. 때때로 중심 원자를 전부 잃기도 한다. 그러나 고가[higher-valent] 양전하를 띤 중심 원자를 저가[lower-valent] 원자가 대체했는데, 주변 음전하 이온의 수가 변하지 않으면, 결과적으로 전체 격자 내에 음전하가 더 많아진다. 이런 과잉은 양전하를 띤 기공수의 양이온 또는 물 분자로 중화해야 한다.

삼층 광물의 불안정한 결정격자로 빚어진 또 다른 결과는 적층 간의 거리가 고정되지 않는다는 것이다. 그 대신 확장이 가능하다. 물 분자가 적층 사이에 추가로 붙어서 가소성과 수축/팽윤 용량이 증가할 수 있다. 이런 특정 속성은 종종 흙건축에서는 바람직하지 않아서 화학 첨가물, 보통 석회나 시멘트 결합재를 사용하기도 한다.

광물은 때때로 위에서 설명한 이층, 삼층 광물의 양태와 맞아떨어지지 않는다. 그런 광물은 전이[transition] 광물 또는 혼층 구조[mixed layer structure] 광물로 알려져 있다. 그것들은 연속된 균일 적층은 아니지만 균일/불균일한 혼층 구조로 이루어진 다른 적층으로 되어있다. 그림 2.30[9]은 구조 도해와 함께 각 집단에서 가장 주요한 광물의 개요를 제공한다.

그림 2.31에서는 $d < 0.002$mm인 "점토 입자" 분획에서의 점토광물의 결정박판과 비가소성 석영 파편 간의 실제 크기 비율을 알 수 있다. 크기 차이는 더 굵은 입자 사이에서 점토광물이 결합재 역할을 하는 것을 설명한다 [11].

구조 유형	광물군 / 광물명	형성과정의 풍화 유형	채취장 성분
이층 광물 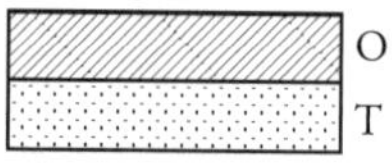 O T 기본 화학식 $Al_2Si_2O_5(OH)_4$	카올린 광물 카올리나이트 할로이사이트 메타할로이사이트	장석을 포함한 산성암	카올린(불순물이 섞인 카올린), 세라믹 점토
삼층 광물 T O T 기본 화학식 $Al_2Si_4O_{10}(OH)_{12}$	몬모린 광물 몬모릴로나이트 바이델라이트 논트로나이트	화산재 알칼리암 (현무암, 반려암)	벤토나이트(고가소성 점토)
	운모 함유 점토광물 일라이트 버미큘라이트(질석)	운모	응집성 전석(점성토)

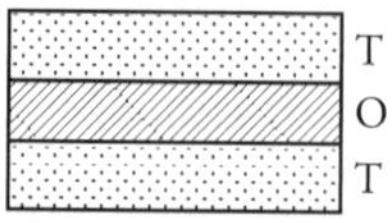

T 사면체 박막, O 팔면체 박막

그림 2.30 구조 도해와 주요 점토광물 [9]

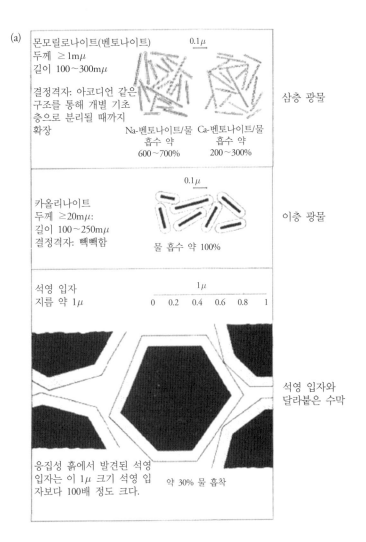

(a)

몬모릴로나이트(벤토나이트)
두께 ≥1mμ
길이 100~300mμ

결정격자: 아코디언 같은
구조를 통해 개별 기초
층으로 분리될 때까지
확장

0.1μ

Na-벤토나이트/물   Ca-벤토나이트/물
흡수 약   흡수 약
600~700%   200~300%

삼층 광물

카올리나이트
두께 ≥20mμ:
길이 100~250mμ
결정격자: 빽빽함

0.1μ

물 흡수 약 100%

이층 광물

석영 입자
지름 약 1μ

1μ
0   0.2   0.4   0.6   0.8   1

응집성 흙에서 발견된 석영
입자는 이 1μ 크기 석영 입
자보다 100배 정도 크다.

약 30% 물 흡착

석영 입자와
달라붙은 수막

(b)

그림 2.31 점토광물의 크기 비율과 수막water film이 붙은 석영 입자 [11]. (a) 삼층/이층 점토광물의 크기 비율과 수막이 붙은 석영 입자 [11]. (b) SEM으로 관찰한 석영 입자와 달라붙은 점토광물 박막 [위키피디아]

점토광물 결정박판의 형태와 그들 간의 조합 유형은 건축토를 가공하고 건조하는 방식과 완성된 건축 산업재가 갖는 기계적 속성에 큰 영향을 미친다.

그림 2.32[27]는 두 개의 다른 점토광물 결정박판을 보여준다: (a) **침상형** *needles*, 단일 결속 cemented(일라이트, 몬모릴로나이트) (b) **판상형** *plates*(클로라이트chlorite(녹니석))(그림 2.31b(카올리나이트) 포함).

그림 2.32[20]에 따르면 각 점토광물 결정박판의 여러 가지 조합 유형을 다음과 같이 구분한다: **점형** *dot-like*(c, 그림 2.32b: 녹니석), **선형** *linear*(d, 그림 2.30b: 일라이트), **평면형** *planar*(e, 그림 2.31b(카올리나이트)).

그림 2.32 점토광물의 조합 구조와 유형. (a) 침상형 또는 결속된 일라이트; 구조, "불안정한 구조", SEM [27]. (b) 판상형, 녹니석; 구조, "불안정한 구조", SEM [27]. 점토광물 박막 간의 조합 유형 [20]. (c) 점형. (d) 선형. (e) 평면형

띠 구조 *band structure*로도 알려진 결정박판 간의 평면 조합은 가장 안정적이어서 그로 인해 가공과 다짐 과정에서 더 저항이 크다. 점형 조합은 개방open 구조로, 카드집 구조 *house-of-cards structure*로도 불린다. 이 구조는 물이 증발 표면으로 가는 과정을 방해하는 저항성이 작아서 건조할 때 시간이 적게 소요된다. 개방 구조가 수축과 팽윤을 대부분 "완충"할 수 있다. 이런 경우에는 측정 가능한 어떤 변형도 별로 중요하지 않다.

양이온 교환용량. 초과된 전하에는 모두 물을 결합할 수 있기 때문에 양이온 포화 *cation saturation* 유형은 흙과 점토의 가소성에 지대한 영향을 미친다. 흡착된sorbed 양이온 교환에 따라 $H^+ \Rightarrow Al^{3+} \Rightarrow Ba^{2+} \Rightarrow Ca^{2+} \Rightarrow Mg^{2+} \Rightarrow K^+ \Rightarrow Na^+$ 방향으로 수화라고 일컫는, 물과 결합하는 능력이 향상된다. 이는 차례대로 흙의 가소성을 증대시킨다(그림 2.31, Na-, Ca-벤토나이트). 이 순서("Hofmeister 계열")에 따라 왼쪽의 이온을 더 오른쪽에 있는 이온이 더 쉽게 대체하며 반대 역시 마찬가지이다.

이처럼 이온을 교환할 수 있는 용량을 양이온 교환용량이라고 하며 흙 1g 또는 100g당 밀리 환산량milliequivalent[mequ]으로 표시한다. 카올리나이트 광물은 양이온 교환용량이 비교적 작은 반면, 몬모릴로나이트 광물은 양이온 교환용량이 크다(표 2.9).

표 2.9 [36]에 따른 일부 점토광물의 양이온 교환용량과 팽윤 거동

번호	점토광물	교환용량 [mequ/100g]	평가	팽윤
1	카올리나이트	0~15	적절	적절
2	몬모릴로나이트	60~150	매우 강함	매우 강함
3	일라이트	3~40	적절	중간
4	질석	100~150	매우 강함	강함
5	할로이사이트	5~50	중간	중간
6	녹니석	3~40	중간	중간

표면 장력과 결합수. 고체와 액체 상태 사이의 상호 작용 기제로 점토광물 박판lamella의 초미립자에 작용하는 **표면 장력** *surface tension*은 이런 미립자들의 응집 원인이며, 따라서 점토광물을 포함하는 모든 전석의 "응집성cohesive" 속성의 원인이다.

표면 장력은 전기적 성질을 가지며 각 입자를 둘러싸는 힘의 장을 형성해 물 분자(쌍극자)와 지하수에 용해된 이온을 흡착시킨다. 물 분자는 스스로 배열해서 고체 입자 주위에 연속적

인 **수막** *water film*을 형성한다. 고체 광물의 핵에서 떨어진 거리에 따라 이 수막은 다른 속성을 가진다(그림 2.33 [3]): 고체 성분 표면에 직접 위치한 부착수[adherent water]는 표면 장력이 매우 커서 고체(흡착수[sorption water])처럼 행동한다. 거리가 멀어짐에 따라 물의 속성은 끈적한 아스팔트(용매수[solvation water])와 비슷해지며 0.5μm보다 멀어야만 "액체" 속성을 회복한다. 미세기공 내에는 이런 "액체" 형태의 물 외에도 수증기가 들어있다. 이 증기는 분자력[molecular force] 영향 아래에서 중력과 무관하게 움직인다.

표면 장력과 수막 두께는 비표면적(입자[particle] 크기), 광물 성분 유형, 자유 양이온 가용성, 온도의 영향을 받는다: 입자가 작을수록 응집강도가 크다. 물이 충분하면 입자의 결정 구조가 불안정할수록 수막이 두껍다. 수피복[water sheath]의 두께가 두꺼워지면, 개별 입자 사이 인력이 감소하고 입자 골격이 불안정해진다. 그러나 이는 입자가 서로 엇갈리는 능력(작업성)을 향상시킨다.

세립자는 수소 결합으로 조립자의 표면에 달라붙는다. 수막이 얇을수록 결합은 더 안정적

그림 2.33 점토광물과 물 분자 간의 상호작용 원리 [3, 23]. (a) 수결합의 묘사. (b) 입자 표면에서의 물 쌍극자의 정렬. (c) 점토 입자와 물 간의 거리에 따른 인력

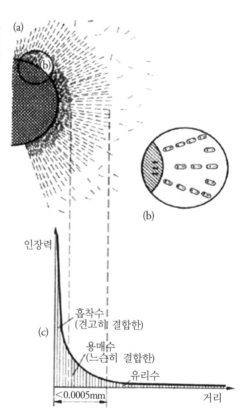

이다. 점토 박판의 양이온 피복은 이런 방식으로 입자와 추가 결합한다. 입자 혼합물이 계속 마르면 기공수 속에서 부유하던 점토광물 박판은 점점 더 좁은 공간으로 몰리게 된다. 이들은 조립자가 서로 맞닿아 형성된 기공의 구석에 모인다(그림 2.34 [20]). 마지막으로, 조립자 사이에 안정적인 가교가 형성되어 입자 구조에 접착 강도가 생긴다. 토양역학에서는 이 현상을 응집이라고 한다(단원 2.2.3.2).

계속 건조할수록 입자들이 만나는 기공에서 인력이 증가한다. 이는 전체 입자 구조 내에서 콘크리트와 비슷한 안정적 강도 바탕질strength matrix을 형성한다. 이 강도 바탕질로 "입자에서 입자" 압력으로 하중을 전달해 "내력" 흙건축이 가능해진다. 그러나 "결합재"인 점토 입자와 조립자 사이의 결합 강도는 항상 각 조립자의 강도보다 작다. 따라서 "과하중"을 받으면 항상 조립자의 표면 또는 기공을 따라 파단break이 발생한다. 콘크리트와 반대로 이 결합은 수용성이다.

색상. 건축토는 넓은 범위의 색상을 띠는데, 이는 점토광물 구조 내에서 특정 화학 원소가 얼마나 퍼져있는지를 나타낸다(단원 2.2.2.2).

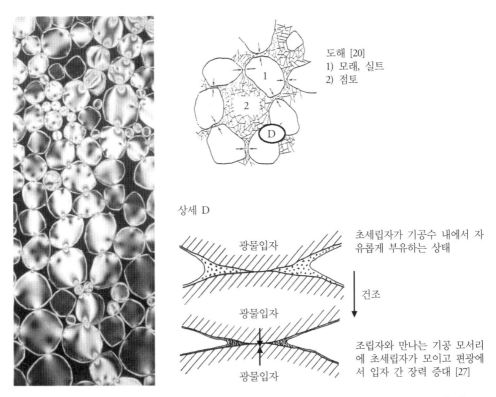

도해 [20]
1) 모래, 실트
2) 점토

상세 D

광물입자

초세립자가 기공수 내에서 자유롭게 부유하는 상태

건조

광물입자

광물입자

조립자와 만나는 기공 모서리에 초세립자가 모이고 편광에서 입자 간 장력 증대 [27]

그림 2.34 "입자에서 입자"를 통한 흙건축 부재의 하중 전달 원리 – 편광 내에서의 장력, 도해 / 편광 [27]

(2) 천연 첨가물

건축토에는 건축 용도 분류의 기본이 되는 광물 흙(단원 2.1.1.2) 외에 천연 첨가물이 포함되어 있고, 여기에는 수용성 염류와 유기물도 들어있다. 이런 천연 첨가물은 가소성과 강도 같은 건축토의 건설 속성에 영향을 줄 수 있다.

석회 성분

용어 정의. 석회 성분은 건축토에서 가장 흔한 천연 부수물이다. 이는 용해성 암석과 표토 생성물에 작용한 풍화와 침출에서 생성된다.

시험 방법. 건축토 내 석회 성분의 **정성적** *qualitative* 평가는 현장에서 염산을 이용해 진행할 수 있다. 이 시험은 흙 시료에 희석 염산을 가해 거품이 나는 정도를 평가한다: 반응이 격렬할수록 석회 함량이 높다(표 2.10).

　　정량적 *quantitative* 분석은 DIN 18129에 기술된 강열감량법$^{loss-on-ignition}$을 활용한다. 이 시험에서는 건조 건축토 약 20g을 자기로 된 용기에 담아 약 900℃에서 두 시간 동안 가열한다. 건조기에서 시료를 냉각한 후, 질량을 재서 질량 손실을 측정하고 석회 함량 ν_{Ca}를 평가한다.

　　정량적 평가는 X선 회절로도 수행할 수 있다(단원 2.2.3.4).

표 2.10 DIN EN ISO 14688-1에 따른 흙의 석회 성분 정성 평가

석회 함량 ν_{Ca} [%]	HCl 첨가 후 시료의 반응	평가
<1	거품 없음	석회 무포함
1~5	약하고 짧게 지속되는 거품	석회 일부 포함
>5	강하고 오래 지속되는 거품	석회 다포함

$\nu_{Ca} = m_{Ca} / m_d$
m_{Ca} 전체 탄산염에 대한 질량 비율, m_d를 기준으로
m_d 시료의 건조 질량

영향 변수. 흙에 석회가 포함되어 있으면 점토광물의 활성을 저해한다. 이는 건축토의 수분 흡수용량과 가소성의 저하로 이어진다. 일정량의 석회는 건조 후 조립자 사이에서 안정적인 석회 바탕질을 형성해 흙건축 구조물의 강도를 증가시킬 수 있다.

　　구하기 쉬운 건축토의 속성을 특정 용도에 맞도록 개량할 목적으로 혼합토에 석회를 첨가

하기도 한다(단원 3.1.2.4).

사막토와 반사막토에서(단원 2.1.2.6), 천연 석회 함량은 매우 중요할 수 있다. Bazara[21]가 예멘 하드라마우트^{Hadramaut}의 와디^{wadi} 6에서 채취한 건축토에서 석회 성분이 20% 이상 검출되기도 했었다. 이런 흙은 때때로 (실트 입자가 지배적인) 상대적으로 작은 건조 용적밀도에서 큰 건조 압축강도를 낼 수 있다. 한 모서리의 길이가 8cm인 정육면체 시험체에서 8N/mm²가 넘게 측정된 적이 있다(시밤^{Shibam}) [22].

남부 잉글랜드에서도 석회가 풍부한 흙을 흙건축용으로 사용해왔다 [30].

수용성 염류

용어 정의. 석회뿐만 아니라 다른 수용성 염류 역시 흙에서 자연적으로 생성될 수 있는데, 특히 황산염(석고), 염화물, 질산나트륨, 질산칼슘이 이에 해당한다. 수분을 따라서 염류가 건축 부재 내부에서 이동하고, 수분이 증발하면 표면에서 결정을 형성한다.

시험 방법. 이런 염은 건축 부재에 피해를 미치는데, 질산은($AgNO_3$)과 염화바륨($BaCl$)이라는 화학물질을 이용해 실험실에서 확인할 수 있다.

영향 변수. 염류 결정은 건축 부재 표면에서 구조체를 약해지게 하고, 이는 단원 5.2.1.2의 그림 5.13에서 확인할 수 있는 다양한 피해로 이어진다. 물에 녹는 용해도에 따라 서로 다른 층^{horizon}을 형성한다(그림 5.12).

"유해 농도"의 주요 속성은 주로 각 염류의 수용성 음이온을 의미하며 단계별 오염도로 표현한다. 다음 표 2.11[25]의 분류는 미장에 관련된 것이다.

산업적으로 생산된 흙건축 자재에 포함된 유해 염류의 허용 농도는 DIN 18945~47에 따라 다음과 같이 규정한다:

질산염	<0.02 질량%
황산염	<0.10 질량%
염화물	<0.08 질량%

유해 염류의 총 비율은 0.12 질량%를 초과하지 않아야 한다.

---

6   옥스퍼드 영한사전, <https://en.dict.naver.com/#/search?query=wadi> (2021.03.01.): 중동·북아프리카에서 우기 때 외에는 물이 없는 계곡·수로.

표 2.11 유해 염류로 인한 미장의 오염 단계

번호	황산염 [질량백분율]	염화물 [질량백분율]	질산염 [질량백분율]	농도 [mmol/kg]	평가
1	0.024 이하	0.009 이하	0.016 이하	2.5 이하	제 0단계 – 오염 없음
2	0.077 이하	0.028 이하	0.05 이하	8.0 이하	제 I단계 – 낮은 수준의 오염
3	0.24 이하	0.09 이하	0.16 이하	25.0 이하	제 II단계 – 중간 수준의 오염
4	0.77 이하	0.28 이하	0.50 이하	80.0 이하	제 III단계 – 높은 수준의 오염
5	0.77 초과	0.28 초과	0.50 초과	80.0 초과	제 IV단계 – 매우 높은 수준의 오염

그러나 다른 나라의 흙건축 법규에서는 건축토의 수용성 (유해) 염류 허용량을 질량 기준 약 1~2% 범위로 규정한다(예: [31, 32]). 이는 [33]에서 주어진 값의 10배 이상이다. 이 법규들은 주로 염류가 화학적으로 작용하는 첨가물, 특히 시멘트에 영향을 미칠 가능성을 평가한다. 이 값을 규정할 때 염류가 구조물 자체에 미칠 수 있는 해로운 영향은 크게 고려하지 않았던 것 같다.

유기 물질

용어 정의. 흙에 포함된 유기 물질에는 살아있는 유기체, 죽은 동식물 그리고 흙마다의 전환 생산물conversion product(부식 물질) 등이 있다(단원 2.1.1.2). 이런 분해 및 중간 산물을 일반적으로 "부식질humus"이라 한다.

시험 방법. 흙 안의 유기 물질 비율은 DIN 18128에 따른 강열감량법을 사용하여 측정하고 평가한다(참조: 강열감량, 석회 성분, 단원 2.2.3.4) (표 2.12).

영향 변수. 유기 물질은 건축토의 수분 흡착 능력뿐만 아니라 가소성까지 상당히 증대시킨다. 또한 흙건축 자재의 건조 압축강도를 저하시킨다.

유기발생적 흙과 유기질 흙은 전통적으로 스칸디나비아, 영국, 특히 아일랜드에서 잔디의 떼를 떠낸 형태로 집을 짓는 데 사용했다 [24]. 잔디 떼장sod을 뿌리가 위로 가도록 해서 벽돌처럼 쌓아서 한 층 높이의 내력벽 구조물로 만들었다(떼장집). 이런 집은 떼장이 마를수록 점점 강해졌다(단원 4.3.3.1).

표 2.12 DIN 18128에 따른 유기 물질이 포함된 흙의 분류

강열감량 ν_{gl} [%]	명칭
<5	무기질 흙
5~30	유기발생적organogenic 흙 또는 유기물이 있는 흙
>3	유기질 흙(예: 토탄peat)

$\nu_{gl} = \Delta m_{gl} / m_d$
m_d 강열 전 시료의 건조 질량
Δm_{gl} m_d 대비 강열 중 발생한 질량 손실

2.2.4 채취, 운송, 품질 관리

2.2.4.1 채취

건축토를 채취하기 전 유기질 표토를 제거한 후 건축토와 따로 저장해야 한다. 유기 물질, 나무 뿌리, 자갈 핵 등도 건축토와 섞이지 않도록 추려내야 한다.

전통적인 흙건축에서는 괭이, 가래, 삽 따위로 일일이 수작업으로 건축토를 채취했는데, 이는 매우 노동 집약적이고 비효율적인 방법이었다. 하루에 채취할 수 있는 양은 건축토의 매장 밀도에 따라 달랐다: 작업자 10명이 손수레 15개로 성긴 흙은 3.2m³, 조밀한 흙은 0.8m³ 정도를 채취할 수 있었다 [34].

오늘날에는 날이 달린 불도저, 트랙터, 스크레이퍼 도저 등(그림 2.35a) 적절한 장비를 활용해서 기계적으로 건축토를 채취한다. 이런 기계를 사용하면 사람 한 명이 한 시간에 (조밀한 흙을) 약 100m³ 정도 채취할 수 있다 [34, 35].

자연 형성된 흙에서 얇은 층으로 채취하면 굵은 덩어리clod($d > 20$cm, 그림 2.35b)보다 더 쉽게 가공할 수 있다. 즉, 채취 품질이 다음 단계의 가공에까지 긍정적 영향을 미치고 가공 과정 역시 줄일 수 있다는 뜻이다.

흙을 채취하는 과정은 모든 제거, 적재, 운반 과정을 포함한다. DIN 18300에 따르면, 이 작업은 채취 도중 흙의 상태에 따라 여러 등급으로 분류한다. 적절한 건축토는 주로 3등급(채취하기 쉬운 흙)과 4등급(중간 정도로 채취하기 어려운 흙)이다. 2등급 흙(액상 흙)과 5등급 흙(채취하기 어려운 흙)은 건축토로 사용하기에 거의 적합하지 않다.

2.2.4.2 운송

운송하기 전에 먼저 채취한 재료의 무게를 측정해야 한다. DIN 1055-2에 명시된 부피밀도 γ 의 경험값에 근거하여 계산할 수 있다(표 3.5).

 일반 지침에 의하면, 각 기술 과정 사이의 전환은 가급적 짧아야 한다. 재래식 흙건축에서는 기초foundation를 놓으려고 판 구덩이의 흙을 곧바로 흙건축 자재로 가공하는 것이 가장 이상적이었다. 이때 흙은 사람이 나르거나 손수레에 담아 옮겼다. 5km 미만의 거리에는 역축을 이용하기도 했다. 손수레를 사용하면 한 사람이 하루에 약 11m³의 건축토를 운반할 수 있다 [34].

 현대 흙건축은 중앙집중적centralized 생산 체계와 적정 재고를 충분하게 보장할 수 있는 생산 규모를 갖춰야만 경제성이 있다. 따라서 불가피하게 5km보다 먼 거리를 트럭과 트랙터 트레일러로 운송하게 된다(표 1.2; 그림 2.35c).

그림 2.35 흙 채취와 운송 [34, 35]. (a) 굴착기를 이용한 채취. (b) 응집체 크기가 $d > 200mm$ 인 채취 흙. (c) 차륜식 적재 장비와 트럭을 이용한 운송

2.2.4.3 품질 관리

매장지에서 건축토를 채취하고 나면, 각 검사 과정을 거쳐 규정된 속성을 가진 건축 산업재가 된다. 이 과정은 주로 적합성 시험과 품질 관리이다.

(1) 적합성 시험

적합성 시험은 흙이 건축토로 적합한지 판단하기 위해 (매장지에서) 하는 초기 평가이다(단원 2.2.3). 이 시험은 이전에 시험하지 않은 흙을 건축토로 사용하고자 한다면 시행해야 한다. 독일의 적합성 시험은 Lehmbau Regeln에 기반하고 있다 [6].

(2) 품질 관리

품질 관리는 흙건축 자재의 산업 생산에 원자재로 쓰이는 (한 가지) 건축토의 주요 속성을 계속 검사하는 것이다. 2011년 독일흙건축협회는 산업적으로 생산한 흙건축 자재의 원자재로 사용하는 건축토의 품질 시험을 위한 지침을 발표했다 [26]. 이 지침은 자율적으로 적용하되, 흙건축 산업재의 품질에 상당한 변동이 있는 경우 담당 인증기관이나 검사기관에서 지침 적용을 의무화할 수 있다. 이 지침을 적용하면 채취 과정 중 흙 조성의 변동을 확인하고 추적할 수 있다.

주요 속성

현재 독일에서 건축토의 "생산자"(예: 벽돌 공장, 흙 채취장)는 건설제품법에 준하여 주요 속성을 고시할 필요가 없다. 대개 제품 정보지에 관련 정보를 게재하는데, 세라믹 산업(화학적 분석)을 주요 고객으로 초점을 맞춘다.

채취 과정에서 품질 시험과 관련이 있는 건축토의 속성은 [6]에 따른다:

− 가소성/응집성 속성(단원 2.2.3.2)
− 입도 분포(단원 2.2.3.1)
− 냄새 및 시각 검사로 확인한 부식질 함량(단원 2.2.2.2)
− 유해 염류(단원 2.2.3.4)

희박토에는 가소성/응집성 시험을 하는 것이 적합하지 않다. 선형수축도(단원 2.2.3.3)와 건조 압축강도(단원 3.6.2.2)를 시험도 마찬가지여서, 최소한 준양토에나 가능하다. 이 경우에는 충분히 정밀하게 흙 조성의 변동을 보여줄 수 있다면 다른 시험 방법을 사용할 수 있다.

흙건축 자재의 품질에 영향을 미칠 정도로 농도가 높은 흙 속의 유해 염류 시험은 해당 채취장에 그런 염류가 존재할 수도 있다는 의심이 드는 경우에만 시행한다.

검사 간격

생산자, 또는 생산자가 임명하고 계약을 맺은 제 3자는 건축토의 관련 속성을 공장 내부에서 관리하는 책임을 진다.

시험은 반기에 한 번씩, 또는 최소 채취한 흙 1,000t마다 한 번씩 시행해야 한다. 시험 결과는 문서화해서 최소 5년 이상 보존해야 한다. 생산자가 장기간 매장지가 일관된 것을 경험했다면 시험 빈도를 흙 3,000t 이상에 한 번씩으로 줄일 수 있다. 그러나 매장지에서 지질학적 변동이 자주 나타나면 시험 빈도를 높여야 한다.

References

1. Klengel, K.J., Wagenbreth, O.: Ingenieurgeologie für Bauingenieure. VEB Verlag f. Bauwesen, Berlin (1981)

2. Gellert, J.F., et al.: Die Erde—Sphären, Zonen und Regionen, Territorien. Urania-Verlag, Leipzig (1982)

3. Klengel, K.J.: Frost und Baugrund. VEB Verlag f. Bauwesen, Berlin (1977)

4. Schroeder, H.: Problems of the classification of tropical soils. In: Planning and building in the tropics, Heft 84, pp. 103–133. Schriften der Hochschule f. Arch. u. Bauwesen Weimar (1990)

5. Horn, A., Schweitzer, F.: Tropische Böden als Baugrund und Baustoff. In: Vorträge Baugrundtagung, pp. 9–28. Dt. Ges. f. Erd-u. Grundbau, Berlin (1978)

6. Dachverband Lehm e.V. (Hrsg.): Lehmbau Regeln—Begriffe, Baustoffe, Bauteile, 3 überarbeitete Aufl. Vieweg+Teubner/GWV Fachverlage, Wiesbaden (2009)

7. Dietzschkau, A.: Zielgruppen für mögliche Lehmprodukte aus der Kiesgewinnung—einepraktische Marketingkonzeption. Unpublished diploma thesis. FB Wirtschaftswissenschaften, Westsächs Hochschule (FH), Zwickau (1998)

8. Freyburg, S.: Recherche zur Eignung von bau-und grobkeramischen Lehmen und Tonen fürdie Lehmbauweise. Unpublished study. Institut f. Bau-und Grobkeramik, Weimar (1983)

9. Fuchs, E., Klengel, K.J.: Baugrund und Bodenmechanik. VEB Verlag f. Bauwesen, Berlin (1977)

10. Schnellert, T.: Untersuchung von Transportprozessen der Einbaufeuchte in Baukonstruktionen aus Stampflehm während der Austrocknung. Unpublished diploma thesis. Bauhaus-Universität, Fak. Bauingenieurwesen, Weimar (2004)

11. Muhs, H.: Die Prüfung des Baugrundes und der Böden. In: Mitt. Degebo TU Berlin, H. 11. Springer, Berlin (1957)

12. Houben, H., Guillaud, H.: Earth Construction: A Comprehensive Guide. Intermediate Technology Publications, London (1994)

13. Plehm, H.: Beitrag zur Frage des Einflusses der Verdichtung auf Berechnungswerte von bindigen und schluffigen Erdstoffen. In: Mitteilungen der Forschungsanstalt für Schifffahrt, Heft 31. Wasser und Grundbau, Berlin (1973)

14. Smoltczyk H. (Hrsg.): Grundbau-Taschenbuch, Bd. 1 Grundlagen, 3. Aufl. Ernst & Sohn, Berlin (1980)

15. Bobe, R., Hubaček, H.: Bodenmechanik, 2. Aufl. VEB Verlag f. Bauwesen, Berlin (1986)

16. Krabbe, W.: Über die Schrumpfung bindiger Böden. In: Mitt. der Hannoverschen Versuchsanstalt für Grundbau und Wasserbau, Franzius-Institut der TH Hannover, Heft 13, pp. 256–342. (1958)

17. Horn, A.: Schwellversuche an expansiven Böden. In: Mitt. Degebo TU Berlin, H. 32, Beiträge zur Bodenmechanik und zum Grundbau aus dem In-und Ausland, pp. 81–87

18. Niemeyer, R: Der Lehmbau und seine praktische Anwendung. Reprint der Originalausg. von 1946. Ökobuch Verlag, Grebenstein (1982/1990)

19. Schroeder, H.: Klassifikation von Baulehmen. In: LEHM 2000 Berlin; Beiträge zur 3. Int. Fachtagung für Lehmbau des Dachverbandes Lehm e.V., pp. 57–63. Overall-Verlag, Berlin (2000)

20. Kezdi, A.: Handbuch der Bodenmechanik, Bd. 1 Bodenphysik. VEB Verlag f. Bauwesen, Berlin (1969)

21. Bazara, A.: Erarbeitung einer Konzeption zur konstruktiven und funktionellen Rekonstruktion der Stockwerk-Lehmkonstruktionen in der VDR Jemen. Unpublished diploma thesis. Hochschule f. Architektur und Bauwesen, Sektion Bauingenieurwesen, Weimar (1986)

22. Bazara, A.: Bautechnische Grundlagen zum Lehmgeschossbau im Jemen. Berichte aus dem Konstruktiven Ingenieurbau, Heft 29. Fraunhofer IRB, Stuttgart (1997)

23. Цытович, Н.А.: Механика грунтов—краткий курс (Soil mechanics—a brief summary), 3-е изд. Высшая школа, Москва (1979)

24. McDonald, F., Doyle, P.H.: Ireland's Earthen Houses. A. & A. Farmar, Dublin (1997)

25. Scholz, J.; Zier, H.-W.: Schaden an den Fresken Moritz von Schwinds im Palas der Wartburg und Moglichkeiten der Restaurierung. In: Europaischer Sanierungskalender 2009 (4. Jahrgang), pp. 343–359. Beuth Verlag, Berlin (2009)

26. Dachverband Lehm e.V. (Hrsg.): Qualitatsuberwachung von Baulehm als Ausgangsstoff fur industriell hergestellte Lehmbaustoffe—Richtlinie. Technische Merkblatter Lehmbau, TM 05. Dachverband Lehm e.V., Weimar (2011)

27. Fontaine, L., Anger, R.: Batir en terre—Du grain de sable a l'architecture. Cite des sciences et de l'industrie, Edition Belin, Paris (2009)

28. Krause, E., Berger, I., Nehlert, J., Wiegmann, J.: Technologie der Keramik, Bd. 1: Verfahren—Rohstoffe—Erzeugnisse; Krause, E., Berger, I., Plaul, T., Schulle, W.: Technologie der Keramik, Bd. 2: Mechanische Prozesse; Krause, E., Berger, I., Krockel, O., Maier, P.: Technologie der Keramik, Bd. 3: Thermische Prozesse. VEB Verlag f. Bauwesen, Berlin (1981–1983)

29. Monnig, H.U., Fischer, F., Schroeder, H., Wagner, B., Mucke, F.: Spezifische Eigenschaftsuntersuchungen fur Erdbaustoffe einschließlich der Eigenschaftsverbesserung durch Modifikation und Moglichkeiten des Feuchtigkeitsschutzes fur in Erdstoff errichtete Gebaude. Unpublished research report. Hochschule f. Arch. u. Bauwesen, WBI, WB Tropen-u. Auslandsbau, Weimar (1988)

30. Pearson, G.T.: Conservation of Clay & Chalk Buildings. Donhead, Shaftesbury (1997)

31. Regulation & Licensing Dept., Construction Industries Div., General Constr. Bureau: 2006 New Mexico Earthen Building Materials Code. CID-GCB-NMBC-14.7.4. Santa Fe, NM (2006)

32. Bureau of Indian Standards: Indian Standard 2110-1980: Code of practice for in situ construction of walls in buildings with soil-cement (1991 1st rev., 1998 reaffirmed). New Dehli (1981)

33. Dachverband Lehm e.V. (Hrsg.): Lehmsteine—Begriffe, Baustoffe, Anforderungen, Prufverfahren. Technische Merkblatter Lehmbau, TM 02. Dachverband Lehm e.V., Weimar (2011)

34. International Labour Organisation ILO (Ed.): Techn. Series TM No. 6. Small scale brickmaking Techn.

Series TM No. 12. Small-scale manufacture of stabilized soil blocks. ILO, Geneva (1984–1987)

35. Rigassi, V.: Compressed Earth Blocks, vol. 1: Manual of Production; Guillaud, H.u.a.: Compressed Earth Blocks, vol. 2: Manual of Design and Construction. Vieweg-Verlag, Gate/CRATerre-EAG, Braunschweig (1995)

36. Schneider, U., Schwimann, M., Bruckner, H.: Lehmbau fur Architekten und Ingenieure—Konstruktion, Baustoffe und Bauverfahren, Prufungen und Normen, Rechenwerte. Werner-Verlag, Dusseldorf (1996)

37. Dachverband Lehm e.V/Abu Dhabi Authority for Culture & Heritage (Ed.): Planning and Building with Earth—course handbook for architects, engineers, conservators & archaeologists. Unpublished. Weimar (2009)

38. Schroeder, H.; Bieber, A.: Neue Stampflehmprojekte in Thuringen. In: LEHM 2004 Leipzig, Beitrage zur 4. Int. Fachtagung fur Lehmbau, S. 190–201, Weimar: Dachverband Lehm e.V

3

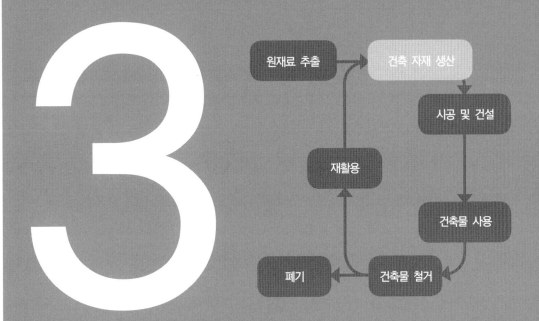

흙건축 자재 -
생산, 요건, 시험

자연 매장지에서 건축토를 채취한 후에는 흙건축 자재로 가공한
다. 다양한 방법의 전처리preparation, 성형, 건조 과정을 거쳐서 건
축토를 흙건축 자재 *earth building material*로 만든다.
흙건축 자재는 골재와 첨가물을 비첨가/첨가하여 불에 굽지 않
은 건축토로 만든 유/무형의 건축 자재이다. 특정 용도에 부합하
는지는 적절한 시험을 거쳐 확인해야 한다.

3 흙건축 자재 - 생산, 요건, 시험

Earth Building Materials - Production, Requirements, and Testing

3.1 건축토의 가공

채취한 흙인 건축토를 균질하고 작업 가능한 재료로 바꾸기 위해 가공 과정을 거치며, 추가로 가공하고 성형할 수 있다. 적절한 골재와 첨가물을 더하면 건축토의 속성이 향상된다. 이 과정에서 필요한 연경도^{consistency}를 얻기 위해 물을 섞기도 한다.

채취한 흙을 가공할 때, 흙의 기존 구조를 해체하고 이질적인 부분을 혼합하는 것이 중요하다. 자연 지층과 채취 과정에서 생긴 층이 이에 해당한다. 이 과정에서 응집체^{agglomerates} 형태의 세립자 조각에 들어있는 점토광물이 물 분자를 더 흡수할 수 있게 되고, 굵은 입자와의 결합이 풀려서 흙을 더 쉽게 가공할 수 있다. 가공 품질은 이후 흙건축 자재 생산에서 생기는 속성을 결정한다.

소성벽돌 생산에서도 원^{raw} 점토광물 재료를 가공하는 전반적인 목표는 같다. 이는 한 가지 차이점 이외에는 전처리, 성형, 건조 방법이 유사하다는 것을 의미한다: 원료 요건이 더 까다롭고 굽는 데 더 많은 에너지가 필요한 소성벽돌은 이런 기술적 절차의 마지막 단계에 위치한다. 19세기 후반에 발전한 소성벽돌의 산업적 생산 방법은 고품질 제품을 확보하는 가공 절차 또한 발전시켰다. 그러나 흙건축은 이런 발전에서 수혜를 입지 못했다.

자연적 및 기계적 가공 방법이 있는데, 자연적 가공은 보통 습식 과정인 반면 기계적 가공은 습식 및 건식이 모두 가능하다.

3.1.1 자연적 가공

자연적 가공은 건축토를 주요 기후조건에 노출하는 것이다. 이 방식은 시간이 핵심 요소이다. 물리적, 화학적 과정은 건축토의 구조를 변경("파괴")한다. 이는 노출한 햇빛과 서리의 영향 및 흙에 포함된 유기 입자의 부패와 분해로 인해 발생한다.

중앙아시아, 중국, 일본 문화에서는 건축토를 자연적으로 가공하는 과정이 건축에서 가장 핵심적인 부분이었다. 이는 시간이 많이 소요되고 상당히 세심해야 하며 때로는 몇 년씩 걸리기도 했다.

3.1.1.1 하절기 및 동절기 풍화

동절기 풍화 가공에서는 흙의 기공 내부에서 언 물의 부피가 증가하여 흙의 자연적 구조가 해체된다. 겨울 풍화를 준비하려면, 가을에 재료를 약 1m 더미로 쌓는다. 겨울을 지낸 후에는 대개 흙을 기계적으로 더 가공할 필요가 없다. 이 처리 방법에는 겨울을 적어도 한번은 지내는 건설 일정과 충분하고 알맞은 저장 시설이 필요하다.

마찬가지로, 하절기 풍화를 위해 쌓은 건축토는 온도와 습기 변동에 노출되어 팽윤과 수축 변형을 일으킨다. 이것 또한 더 굵은 광물 입자에 붙은 점토 입자를 느슨하게 만든다.

3.1.1.2 침습

침습(浸濕)soaking 가공은 건축토를 물과 혼합하여 일정 시간 동안 놓아두는 것이다. 흙이 부풀면 점토광물이 형성한 구조가 깨져서 작업하기가 더 쉬워진다. 세라믹 산업에서는 채취한 흙을 철근콘크리트로 만든 물통이나 용기에 채우고 물을 섞어서 기계적으로 가공한다. 이 방법은 여러 가지 흙, 점토, 모래를 함께 혼합하는 데 쓸 수 있다. 침습 후에 추가 가공을 위해 혼합토를 혼합물에서 덜어낼 수 있다.

3.1.1.3 숙성

침습과 달리 숙성aging은 발효가 작용하는 생물학적 분해 과정이다. 조류나 박테리아가 흙이나 점토질에서 자라서 가소성이 커지는 이 과정은 적절한 첨가물을 추가해 증진할 수 있다(단원 3.1.2.4). 흙의 부식질 입자는 똑같은 효과를 낸다.

3.1.2 기계적 가공

과거에는 인간과 동물의 근력과 간단한 도구를 사용하여 흙을 수동으로 부쉈다. 오늘날에는 전체 과정에 걸쳐 기계 장비를 사용할 수 있고, 그중 일부는 무관한 산업(원예 및 농업, 육류 가공 및 식품 산업)에서 유래했다. 이런 기계 장비는 다양한 기계적 작동 원리와 습식 및 건식 방법을 사용해서 건축토를 필요한 응집체 크기로 부순다.

3.1.2.1 부수기, 으깨기chopping, 치대기

굵은 파쇄coarse crushing는 채굴 과정에서 발생한 흙의 덩어리clods($d > 20$cm)를 쪼개거나 파쇄하여 크기 2cm 미만의 덩어리agglomerate로 만든다. 재래식 굵은 파쇄 방법에는 물을 섞어(인간과 동물이) 밟기, 마른 흙덩이clump를 괭이, 낙하 추, 축력 퍼그 밀pug mill(일일 약 10m³ 생산)로 부수기crushing가 있다 [2](그림 3.1 [3]). 수동 흙 파쇄기도 사용했다(일일 약 3m³ 생산) (그림 3.2 [2]).

1850년부터 소성벽돌 생산 분야에서 기계식 가공 장비가 더욱 보편화되었다. 이런 장비를 단순화해서 흙 가공에 도입했으며 오늘날에도 여전히 사용하고 있다. 널리 사용되는 장비의 예는 다음과 같다(그림 3.3 [4]):

- 팬 그라인더pan grinders / 조 크러셔jaw crushers: 역회전 롤러 여러 개 또는 고정 롤러 1개와 회전 롤러 1개로 흙덩이를 부순다(일일 약 7m³ 생산).
- 타격 망치impact hammers: 강철 꺾쇠가 붙은 수평 원통이 수직축을 중심으로 고속 회전하여 흙덩이와 굳은 석비레loose rock를 부순다(장비에 따라 일일 15~40m³ 생산).

그림 3.1 건축토의 재래식 가공: 치대기kneading와 퍼그 밀pug mill을 이용한 파쇄 [3]

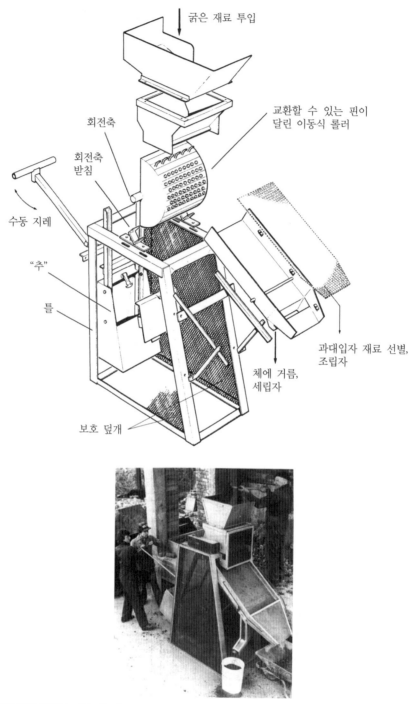

그림 3.2 건축토의 재래식 가공: 흙 파쇄기를 이용한 부수기 [2]

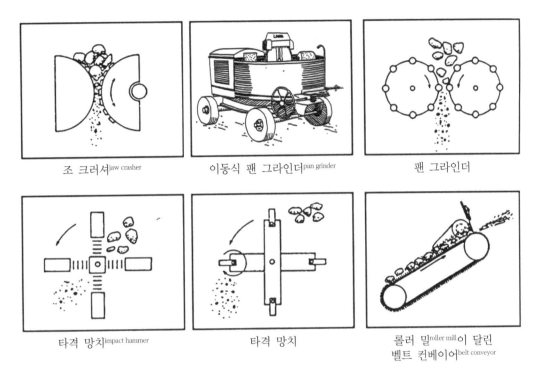

조 크러셔jaw crasher 이동식 팬 그라인더pan grinder 팬 그라인더

타격 망치impact hammer 타격 망치 롤러 밀roller mill이 달린 벨트 컨베이어belt conveyor

그림 3.3 건축토 가공 장비: 굵은 파쇄, 부수기, 치대기kneading [4]

3.1.2.2 분류(체거름)

굵게 파쇄한 흙을 체로 걸러서 입자 또는 응집체agllomerate 크기에 따라 분류한다. 이 과정에서 사용할 수 없는 돌과 굵은 입자는 물론 나무 뿌리와 같은 유기물을 흙에서 분리한다. 체에 남은 흙덩이는 기계로 으깨서 다시 체거름 과정에 넣을 수 있다. 사용하는 거름 장치는 굵은 재료는 거르고 고운 재료는 뚫린 부분으로 통과할 수 있어야 한다.

최종 입자 크기에 따라 일반적인 망의 크기는 약 2~7mm이다. 사람이 나를 수 있는 적은 양이면 기울여 세운 거름망 같은 고정식 체 또는 간이체hand sieve를 사용한다(그림 3.4 [5]).

양이 많으면 회전 또는 진동체 같은 기계식 체 장비로 체 분류를 수행한다(그림 3.5 [74]).

3.1.2.3 분쇄 및 과립화

미세 분쇄fine grinding 가공은 고운 입자fine-grained 상태인 젖은 건축토 또는 인위적으로 말린 건축토를 입자 크기가 $d < 0.63$mm인 분말 흙건축 자재로 바꾸는 것이다. 이 자재의 일반적인 상품

그림 3.4 건축토 가공: 수동식 체를 이용한 분류 [5]

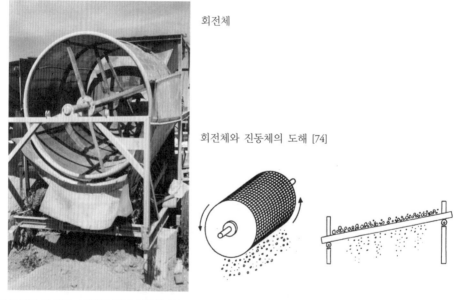

회전체

회전체와 진동체의 도해 [74]

그림 3.5 건축토 가공: 기계식 체를 이용한 분류

명은 "분말토 및 분말점토" 또는 "분쇄점토"(단원 2.2.1.2)이다. 이런 제품은 "포대에 담긴" 또
는 저장고^{silo}에 담긴 상태로 구매할 수 있다(그림 3.6b, c).

세라믹 산업에서는 원토를 분쇄하는 데 여러 종류의 분쇄기^{mill}를 사용한다. 예를 들어:

- **회전 또는 공 분쇄기**(Fig. 3.7[6], *Technologie der Keramik, Bd. 2: Mechanische Prozesse*): 회전하는 강철 원통 (드럼drum)에 (강바닥에서 난) 부싯돌로 만든 분쇄구grinding ball가 한 무더기 들어있다. 원통이 회 전하면서 무더기의 위쪽으로 이동한 분쇄구가 재료 더미의 경사로 굴러내릴 때 분쇄 효과 가 난다. 분쇄구가 서로 부딪치면서 그 사이에 들어간 재료를 갈아낸다. 무더기 내에서 분쇄 구가 돌아다니면서 추가적인 분쇄 효과를 낸다.

- **롤러 분쇄기**: 동일 지름의 롤러 2개가 평행한 경로에서 서로 반대 방향으로 빠르게 회전해서 재료가 너비 1mm 미만으로 고정된 롤러 사이 틈으로 빨려 들어간다.

분말 가공의 마지막 단계는 **과립화** *granulating*일 수 있다. 이 단계에서는 가열한 분말에 물을 분무해서 약 1~30mm 펠릿pellet 크기로 응집시키는 반습식 공정을 거친다(그림 3.6a [7]).

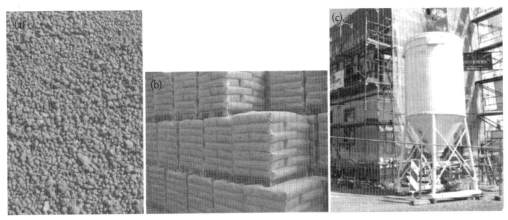

그림 3.6 분말점토 공급 형태 [7]. (a) 과립화된 분말점토 (b) 포대에 든 분말점토 (c) 저장고

그림 3.7 건축토 가공: 공 분쇄기의 미세 분쇄 도해 [6]

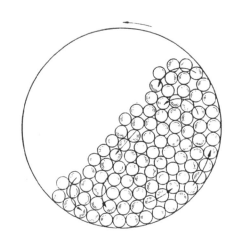

3.1.2.4 계량, 혼합, 배합

건축토는 종종 용도에 필요한 속성이 부족할 때가 있다. 이를 개선하기 위해 여러 가지 골재 및 첨가물을 특별히 사용할 수 있다.

(1) 자동 계량

자동 계량batching 과정에서는 체적 또는 중량 방식으로 작동하는 장비가 골재, 첨가물과 함께 건축토를(단원 3.4.2) 꺼내 하류식 컨베이어에 투입한다. **체적** *volumetric* 계량은 단위 시간마다 지정 부피의 고형물을 저토장storage pile에서 추출해서 컨베이어에 공급하는 것을 의미한다. 반면 **중량** *gravimetric* 계량은 계량 속도 또는 추출면을 조절하기 전에 적정 장치로 고형물의 무게를 측정한다. 그림 3.8은 흙미장을 생산하는 전자동 계량 및 배합 공장(Claytec 사(社))을 보여준다 [8].

간단한 부피 측정 기구(버킷, 휴대용 상자)를 사용해 수동으로 계량할 수도 있다.

그림 3.8 흙미장 생산용 전자동 계량 장비 [8]

(2) 혼합

혼합 과정에서는, 여러 가지 유입stream 재료(건축토, 골재 및 첨가물, 필요한 물)를 지정 배합비에 따라 혼합한다. 여러 유입재를 여러 층으로 부어 넣고 섞을 수도 있는데, 그러고 나서 즉시 또는 얼마 후에 제거하고 처리할 수 있다.

(3) 배합

배합의 목표는 오랫동안 조성을 유지하는 균질하고 성형할 수 있는 재료를 만드는 것이다. 이를 달성하기 위해 건축토, 골재, 첨가물은 물론 필요한 물을 치대고 끊어내는 과정을 거쳐 혼합한다. 여기서 "가소 연경도plastic consistency"라는 용어는 개별 구성요소 간의 응집력을 잃지 않고 모양을 바꿔서 외부 힘에 반응하는 재료의 능력을 설명한다. 이 능력은 점토광물의 접착력 때문에 생긴다.

그림 3.9는 건축토와 골재를 배합하는 현대와 과거의 기술을 보여준다 [9, 10].

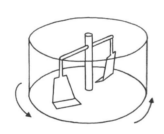

팬pan 배합기를 이용한 배합 [9], 도해 [74]

패들paddle 배합기를 이용한 배합 [9]

재래식 배합 방법 [10]

그림 3.9 건축토 가공: 여러 가지 골재 배합 방법

3.1.2.5 액상화

액상화slurrying 또는 분산화dispersing라는 용어는 전동식 패들paddle 배합기 같은 걸 사용하여 습식 가공을 해서 건축토를 액체 재료로 바꾸는 것을 의미한다. 이 방법은 건축토의 여러 입자 간 모세관 결합력을 분산시키고 굵은 입자에서 점토광물 응집체 막을 분리한다. 석회 또는 석고 덩어리 같은 불순물도 이런 방식으로 녹이거나 분리한다.

경량골재 위에 점토 슬러리slurry를 붓거나 이런 골재를 슬러리에 담그면 점토광물이 덧씌워져서 건조 후 결합재 역할을 하여, 성형한 건축 자재 또는 건축 부재의 크기를 안정시킨다(그림 3.10 [9]).

자갈 채취장에서는 체 분류를 할 때 분산제(계면활성제)를 사용하여 굵은 입자에서 점토광물 막을 습식으로 분리하는 원리를 활용한다. 이렇게 나온, 압축토로 알려진 점토광물 폐기물은 흙건축 자재 생산에도 사용할 수 있다(단원 2.2.1.4).

크기가 다양한 건축토 입자 간 모세관 결합력을 깰 목적으로 액상화 방법을 쓰는 데 한 가지 큰 단점이 있다: 음용수 수준의 물을 많이 사용한다.

그림 3.10 짚 층에 진흙 슬러리 붓기 [9]

온수 증기 사용은 물을 절약하는 건축토 가공 방법의 하나이다. 재료를 뜨거운 증기에 노출시켜 약 90℃로 가열하면 상대적으로 물 소모가 적다. 이 가공을 거치면 재료의 가소성^{plasticity}, 유연성^{malleability}이 커져서 건조 단계 동안 성형 제품의 수축 변형도 적다. 뜨거운 물을 가해서 재료를 약 30℃로 가열하면 비슷한 효과를 낸다.

점토 또는 흙자재를 뜨거운 물이나 증기에 노출하는 것은 세라믹 산업에서 사용하는 가공으로, 성형 흙건축 자재(흙블록, 흙판재) 생산에도 사용한다. 그러나 이런 방법은 에너지를 훨씬 더 많이 소모한다.

3.2 성형

성형 공정의 목표는 조형(造形)할 수 있는^{plastic} 상태의 가공한 비정형^{unshaped} 혼합재를 사용하여 규정된 응집력을 가진 정형^{shaped} 흙건축 자재와 부재를 생산하는 것이다. 성형 절차는 재료와 구조가 균일하고 건조 후에 건축 자재 또는 부재로 사용할 수 있는 정형 제품을 만들도록 보장해야 한다. 정형 제품은 성형하는 동안 불균일해서는 안 된다. 그 예로는 재료 또는 입자 크기가 서로 다른 구성요소를 배합할 때의 분리, 정형 제품을 생산할 때의 (특히 압출 성형 중) 압축 차이, 점토광물 이방성 입자의 방향 및 정렬 차이가 있다.

정형의 제품을 생산하는 동안, 비정형이며 가소성인 재료 특유의 기공 안에 갇힌 공기와 물을 최대한 제거하기 위해 여러 가지 압축 방법을 사용해야 한다. 이것이 건조 후 건축 부재 또는 구조 요소의 필요 강도를 보장한다. 압축하는 동안 비결합 모래와 자갈의 마찰 저항뿐만 아니라 굵은 입자에 붙은 점토광물의 응집강도 또한 극복해야 한다. 이 과정에서 입자들이 서로 부대끼며 느슨한 입자 물질들의 기공을 미세 및 초미세 광물 입자로 채운다. 이는 흙이 충분히 젖었거나 흙을 충분히 많이 다질 때만 가능하다.

3.2.1 성형의 양상

흙건축 자재의 성형 방법은 보통 두 가지 양상^{aspects}을 기반으로 나눌 수 있다:

− 정형 제품의 **구성형식** *format design*에 따라, 다음 공정용 단위 규격재로 또는 완성된 건축 부재로
− **연경도** *consistency* 또는 배합한 재료의 함수량에 따라

단위 **규격재** *modular* 구성형식은 비정형이면서 대개 성형이 가능한 흙건축 자재로 만든 부재, 블록, 판재, 덩어리로 구성된다. 이런 건축 부재의 상당수는 조적 건축 규칙에 따라 조적용 몰탈을 쓰거나(습식) 안 쓰고(건식) 조립해서 최종 흙건축 부재를 형성한다.

건축 부재 *building element* 구성형식은 비정형이면서 성형이 가능한 흙건축 자재를 직접 성형하여 최종 흙건축 부재를 생산하는 것이 특징이다. 이 영역은 거푸집을 사용하지 않는 직접 수공 성형과 거푸집을 사용한 성형으로 나눌 수 있는데, 흙건축 자재를 여러 층으로 넣고 압축하는 것을 포함한다.

세라믹 산업은 혼합재의 연경도 또는 함수량에 따라 성형의 유형을 다음처럼 구분한다([6], *Technologie der Keramik, Bd. 2: Mechanische Prozesse*):

- **압축성형** *Compaction shaping*: 재료가 비교적 건조하고 모양이 없는 덩어리를 형성하며, 거칠고 가루 같은 연경도이고, 눈에 띄는 응집성이 없고, 함수량 < 15 질량%
- **가소성형** *Plastic shaping*: 재료가 조형이 가능하고^plastic 무르며^malleable 응집력이 명백한 건축토와 골재가 특징. 함수량은 약 15~25 질량% 범위
- **주조성형** *Shaping by casting*: 안정된 점성이 있고 부을 수 있는 현탁액(슬러리)으로 처리한 재료로, 함수량 약 25~40 질량%

이런 분류는 흙건축에서 통용되는 성형 공정에도 적용할 수 있다.

3.2.2 기술적 절차

표 3.1은 재료의 계획 체제, 연경도, 함수량, 그리고 장비 사용 시 필요한 다짐 압력과 관련해서 흙건설에서 사용하는 기술적 성형 절차의 일반적 개요를 제공한다([6], *Technologie der Keramik, Bd. 2: Mechanische Prozesse*). 시중에는 많은 다짐기가 있으므로 이 표는 대표적 사례만을 골라 보여준다.

각 흙건축 자재 생산에 사용하는 기술적 성형 절차는 건축 자재 속성의 일부가 되므로 그 표기에 포함하여 고시할 필요가 있다(예: DIN 18945에 따른 흙블록).

표 3.1 (*Technologie der Keramik, Bd. 2: Mechanische Prozesse* [6])에 따른 흙건축 자재의 성형 방법

번호	성형 유형	기술적 절차	가공 단계		연경도 CI	함수량 [질량 %]	다짐압력 [MPa]	장비	그림/출처
			건축 자재	건축 부재					
1	압축				고형solid~반고형semisolid	<8~15			
1.1		건조 압축	×		고형	<8	<40	타일 압축기	[12], [13]
1.2		습윤/ 젖은 압축	×		반고형	8~15	1~2	지레 압축기	그림 3.12
							4~6	"경량" 압축기	그림 3.13a
							<20	"중량" 압축기	그림 3.13b
1.3		누적하중		×	반고형	<10		평롤러	그림 3.11
1.4		두드리기 / 진동	×	×	반고형	<10		수동 다짐기	그림 3.14a, b
			×	×				전동/공압 다짐기	그림 3.16
				×				진동대, 진동판	그림 3.11
				×				양발 진동 롤러	그림 3.15
2	가소				무른soft~뻑뻑한stiff	15~25			
2.1		수공 성형	×	×	무른	15~25		수작업	그림 4.35, 3.22
2.2		(손) 투척	×		무른	15~25	충격	목재틀, 형틀 작업대	그림 3.24a, b
2.3		압출	×		무른~뻑뻑한		0.5~5.0	압출기	그림 3.25a
			×				10.3		그림 3.25c
2.4		분사		×	무른	~18	15~20m/s	분사기	그림 4.32
3	주조				질척한paste-like	25~40			
3.1		격자 주조	×		질척한	25~40		"알낳기" 장비	그림 3.27b
3.2		띠 주조	×		질척한	25~40		띠 주조 공장	그림 3.27c

3.2.2.1 압축 성형

압축 성형 방법은 규격재 구성형식과 건축 부재 구성형식에 사용한다. 자재의 연경도는 고형에서 반고형까지이다. 그림 3.11[4, 11]은 다짐기를 사용하는 기술적 압축 절차의 개요이다.

압축 방법	압축 도구	그림
중첩하중, 압력 압축에서 비롯된 정적 압축	압축기press, 평활룬 롤러	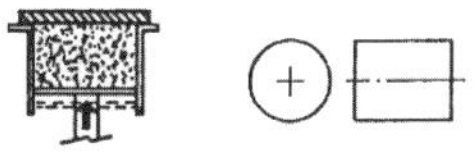
충격 압축 또는 타격 압축	공압 및 전기 다짐, 손 다짐기	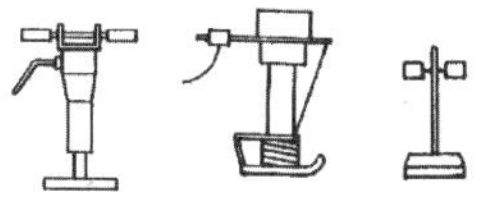
진동 압축	진동판 다짐기	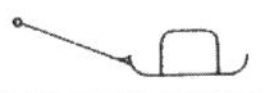
정적 압축과 진동 압축 결합	양발 및 격자 진동 롤러	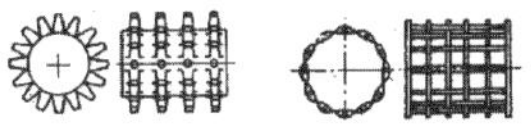

그림 3.11 흙건축 자재의 압축 성형을 위한 압축 도구 및 방법, 개요 [11], [4]

(1) 단위 규격재 구성형식

단위 규격재modular 유형의 구성형식은 흙블록 및 흙판재 생산에 사용한다. 재료는 탄탄한 금속 성형칸shaping chamber에서 단축uniaxial 정적static 압축하중으로 압축한다. 딱딱한/탄력 있는 성형칸에 균일한 압축 운동으로 양면에서 압력을 가하는 방법도 가능하다.

압축 성형은 DIN 18945에 따른 흙블록 표지에서 특징적 속성인 "형틀 압축(p)"로 기재한다.

다양한 압축 성형 방법은 적용한 압축 수준과 자재의 함수량에 따라 "건식 압축"과 "습식 압축"으로 나눌 수 있다.

건식 압축

유동적이고 비교적 건조한 재료를 함수량 8% 미만에서 최대 압축 수준인 40MPa으로 압축한다. 이런 조건으로 처리한 흙자재는 더 이상 성형할 수 없다. 흙의 고체 성분이 서로 밀려 더 빽빽하게 메운 덩어리로 바뀌면서 대부분의 기공을 채운다. 압축이 증가하면 고형 입자가 더 가소화되고 부서져서 입자가 밀착하는 밀도가 더욱 커진다. 흙판재 같은 실내에 사용하는 일부 특정 흙건축 제품을 이 방법으로 생산한다 [12, 13].

이 성형 방법의 장점은 흙건축 자재의 기계적 강도가 크고, 수축 변형이 적으며, 건조 비용과 시간이 절약된다. 건식 압축은 고가의 전용 장비로만 가능한 고압 압축이 필요하다.

습식 압축

습식 또는 습윤 압축은 함수량 8~15%에서 최대 압축 수준 20MPa으로 시행한다. 이 압축 수준에서 재료는 유동적이고 가소성을 지닌다. 포함된 물은 압축할 수 없어서 다짐을 제한하기도 한다.

요즘에는 동력, 압축 수준, 일일 생산량, 이동성과 같은 여러 기준으로 분류할 수 있는 다양한 종류의 압축기press를 습식 또는 습윤 압축에 사용할 수 있다.

수동 지렛대 압축기. 흙블록을 성형하는 압축 칸이 1~2개 있는 가장 단순한 수동식 누름 압축기이다. 먼저 푸석한 재료를 탄탄한 성형칸에 부은 다음, 압축을 가해서 최종 형태의 흙건축 자재를 얻는다. 이 정적인static 압축 과정에서 판형의platelike 점토광물 입자는 압축이 가해진 인장력 방향, 즉 작용한 압축력에 수직 방향으로 정렬한다. 건축 자재는 이 과정을 "기억"한다. 이는 건조한 건축 자재를 사용할 때 당초의 압축 방향으로만 하중을 가해야 한다는 것을 의미한다.

개발도상국에서 매우 인기 있는 CINVA Ram(그림 3.12 [5])은, 1957년 콜롬비아의 공학자 Pablo Ramirez가 개발해서 특허를 냈다. 이 지렛대 압축기는 장점이 매우 많다: 작동과 이전이 쉽고, 거친 지형과 전력망에 구애받지 않고, 초기 비용이 비교적 적으며, 무엇보다도, 생산한 흙블록의 품질이 우수하다. 오늘날 표준에서는 이 성형법은 생산성에 한계가 있다. 일일 흙블록 생산량 300개 이상을 맞추려면 최적 생산에 3~5명이 필요하다. 작용하는 압축 수준은 1~2MPa 범위이다.

전동 "경량" 압축기. 이런 압축기는 작업대의 형태를 따라 분류한다(그림 3.13a [14]).

－단일 성형칸이 있는 고정 작업대

－성형칸이 여러 개 있는 회전 작업대

이 압축기는 이동식이고 전기 또는 디젤로 작동하며 일일 흙블록 생산량은 약 800~3,000개 이다. 생산량이 비슷한 유압식 압축기도 사용할 수 있다. 작용하는 압축 수준은 4~6MPa 범위이다.

유압식 "대형" 생산 장치. 그림 3.13b의 "Terrablock" 압축기는 유압식으로 작동하는 "대형heavy-duty" 이동식 생산 장치이다. 일일 흙블록 생산량은 약 7,500개로, 컴퓨터화된 완전 자동 생산이다. 적재함hopper에 약 10분간 연속 생산할 건축토를 담고, 내장된 체로 굵은 분쇄 단계에서

그림 3.12 지렛대 압축기 성형 [5]

부서지지 않은 큰 흙덩어리와 암석, 유기물을 걸러낸다. 진동기가 있어서 적재함 하부에서 성형칸으로 건축토를 계속해서 옮기기가 쉽다. 유압식 압축기가 성형칸 안의 건축토를 다지고, 압축이 끝나면 성형한 제품을 성형칸에서 컨베이어 벨트로 자동 배출한다. 작용하는 압축 수준은 최대 20MPa이다 [2].

다짐 압축기. 이것은 특별한 "압축compacted" 흙블록 생산 기술이다: 규격재 구성형식이자 습윤 및 습식 압축 범주에 속하는 방법이나 다음 단락에서는 "다짐 압축ram compaction"으로 분류한다. "압축" 흙블록은 수동 또는 기계식으로 생산할 수 있다.

그림 3.14a[10]은 "다진rammed" 흙블록을 수공 생산하는 성형틀과 다짐 도구를 보여준다. 이 방법은 대형 흙블록 생산에 적합하다.

(a)

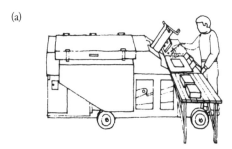 

이동식 "경량" 흙블록 압축기, 전기 / 디젤식 [14]:
단일 성형칸 고정 작업대

다중 성형칸 회전식 작업대

(b)

 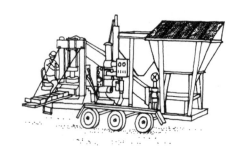

Terrablock 압축기: 이동식 "대형" 생산 장치, 모터식/유압식 [2], [14]

그림 3.13 "경량" 및 "대형" 흙블록 압축기, 일부 사례

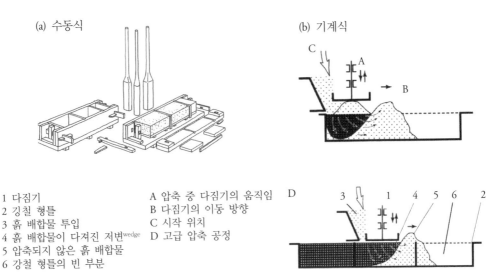

(a) 수동식

(b) 기계식

1 다짐기
2 깅철 형틀
3 흙 배합물 투입
4 흙 배합물이 다져진 저변wedge
5 압축되지 않은 흙 배합물
6 강철 형틀의 빈 부분

A 압축 중 다짐기의 움직임
B 다짐기의 이동 방향
C 시작 위치
D 고급 압축 공정

그림 3.14 흙블록 성형: 다짐 압축 [10, 15]

그림 3.14b는 흙블록을 생산하는 기계화 다짐 시스템의 원리를 보여준다 [15]. 압축 공정 동안 강철 형틀에 계속해서 흙건축 자재를 채운다. 다짐기 앞쪽에 다짐 방향으로 압축된 흙자재의 저변(底邊)wedge이 확장되며 만들어진다. 압축된 흙의 저변이 압축되지 않은 흙자재에 다짐기가 도달해서 압축할 때까지 이를 앞으로 밀어낸다. 이 시스템은 크기 $390 \times 190 \times 90 mm(\sim 1.7 m^3)$의 흙블록을 시간당 약 250개 생산할 수 있다(http://ruskachely.ru).

(2) 건축 부재 구성형식

압축을 이용한 건축 부재 구성형식에서는, 거푸집(벽 구조) 또는 측면에 경계가 있는 곳(바닥, 천장)에 흙건축 자재를 층으로 추가하고 다져서 건축 부재를 조성한다. 거푸집의 내부 치수가 완성한 건축 부재의 최종 치수를 나타낸다. "정적static 압축 또는 압력 압축"과 "타격 다짐 또는 진동 다짐"이 알맞은 다짐 방법이다.

정적 압축 또는 압력 압축

정적 압축 또는 압력 압축에서 흙건축 자재는 맥동하중pulsating load을 받으며, 고정식 롤러로 거푸집 또는 측면 경계의 안쪽에서 압축된다.

그림 3.15 양발sheepsfoot 롤러 흙다짐 압축기를 이용한 건축 부재 성형

평활륜 롤러. 평활륜 롤러 *smooth-wheel roller*는 유효한 범위의 깊이에서 하중을 가해 다진다. 그러나 동시에 수평 전단응력이 발생한다. 이는 자재의 층에 물결 모양 변형과 롤러의 진행 방향 측면에 균열을 일으킬 수 있다.

격자 롤러 및 양발 롤러. 롤러 무게의 정하중과 치대는kneading 효과를 결합한다. 이는 특히 응집성 흙건축 자재를 효과적으로 압축한다. 롤러의 특별한 모양이 치대는 효과를 낸다.

격자 롤러 *grid roller*의 롤러 드럼은 강철 격자로 둘러싸여 있는데, 이는 롤러의 표면을 3차원으로 만들어서 일반 평활륜 롤러에서 발생하는 전단응력을 방지한다.

양발 롤러 *sheepfoot roller*는 징박은spiked 또는 강모bristle 롤러라고도 하는데, 롤러 드럼이 타원형/각진 밑창이 있는 사각형/다각뿔대 발로 덮여 있다. 정밀한 압력과 수평으로 치대는 작용을 해서 압축 효과를 내며, 이것이 흙재료 안에 있는 압축되지 않은 큰 기공에서 공기와 물을 밀어낸다. 양sheep의 발이 압력(아마도 진동도)을 가해 만든 구멍이 흙의 표면적을 늘려 다음 층 흙을 넣기 전에 물이 더 많이 증발하게 된다. 양발 롤러는 재료를 바닥에서부터 위쪽까지 다지므로 오가는 횟수가 늘어남에 따라 발이 침투하는 깊이가 줄어들어 장비가 표면 위로 올라간다.

이 위에 기술한 롤러들은 **진동 롤러** *vibration rollers*로도 제작할 수 있다.

최근에는 흙다짐 공법을 쓰는 다양한 사업에서 격자 롤러와 양발 진동 롤러를 성공적으로 사용하고 있다(그림 3.15 [8]).

그림 3.16 공압식 다짐기를 이용한 흙다짐 압축

다짐 또는 충격 압축 / 진동 압축

"다지는ramming" 성형 방법은 흙블록을 (앞에 기술한 대로) 생산하는 단위 규격재 구성형식과 완성된 건축 부재를 생산하는 건축 부재 구성형식 모두에 사용한다.

건축토를 함수량 12 질량% 미만으로 푸석하고 유동성 있게 가공해서 상자 거푸집, 틀 거푸집, 특정 건축 부재 거푸집 등에 넣는다. 흙을 손으로 또는 특수 투입 장치로 여러 층 넣은 후에 다짐 도구와 특정 다짐 진동률로 압축한다. 이런 다짐 도구는 손으로 또는 기계적으로 작동시킬 수 있다. 거푸집을 제거한 후에 성형한 제품과 건축 부재를 공기 중에 말린다.

손 다짐기. 전통적으로 흙다짐 공사에 사용해왔으며 오늘날에도 여전히 사용한다. 순 중량은 5~8kg, 접촉 면적은 100~200cm^{2}이다.

공압 및 전기 다짐기. "반동"과 "충격" 상태로 움직이며 올라붙는 반동과 내려앉는 압력 사이에서 다짐과 진동의 조합을 만들어서 거푸집 또는 측면 경계 내에서 흙건축 자재를 압축한다.

현대에는 흙다짐 자재 가공에 공압pneumatic 및 전기 다짐기를 사용한다. 거푸집에 작용하는 다짐 압력 때문에 순 질량은 최대 15kg으로 제한한다. 이 다짐기의 진동률은 700회/분이다(그림 3.16). 건설 현장에서 전기 다짐기를 사용할 때는 (공기) 압축기compressor가 필요하지 않다. 다짐판은 접촉면이 원형 또는 사각형인 강철 또는 경질 고무로 만든다.

진동 롤러 및 진동판. 진동 롤러*vibrating rollers*의 압축 효과는 압축 도구 및 흙다짐 재료의 속성과 관련된 여러 기술적 척도로 측정한다. 빠르게 연속해서(> 1200회/분) 흙다짐 자재에 작용하는 충격*impulse*은 조립자*coarse-grained* 구간에서 일시적으로 교착을 감소시킬 수 있다. 이는 더 큰 기공을 더 미세한 입자로 채우고, 초미립자*finest grain* 구간에서 과도한 기공수압이나 기압 증가를 유발한다. 그래서 분자 응집이 부분적으로 중화되고 기공수가 표면으로 옮아간다. 중첩 하중과 진폭이 충분하면 입자 구조가 더 조밀해진다. 그러나 거푸집의 다짐 압력에 주의를 기울이는 것이 중요하다.

진동 롤러 외에도 **진동판** *vibrating plates*은 똑같은 압축 효과를 얻을 수 있는데, 보강 테*rim*가 있는 내마모성 바닥판에 단단히 부착한 모터와 진동기로 구성되어있다. 이들의 여자기력*exciter power*이 순 질량보다 커서 표면에서 떠오르게 한다. 이는 평활륜 롤러와 유사하게 자재 층에 물결 모양 변형과 진동판 진행 방향으로 측면 균열을 일으킬 수 있다.

거푸집 공법

흙건축 부재 구성형식에 사용하는 거푸집 시스템은 임시 및 영구 거푸집 시스템으로 나눌 수 있다. 흙건축 자재와 다짐 유형에 따라 거푸집 시스템의 다양한 측면을 고려해야 한다.

임시 *temporary* 거푸집은 흙건축 재료를 부은 직후에 제거할 수 있으며 새로 형성된 흙건축 부재가 충분히 강하다면 다질 수 있다. 대조적으로, **영구** *permanent* 거푸집은 벽 구조체 안에 남아있고 보통 (흙)미장의 바탕재로 쓴다. 투과성이 있어야 하며 건조를 크게 방해하면 안 된다.

흙다짐 건축 *rammed earth construction*은 일체식 콘크리트 구조와 관련이 있다. 측판이 목재 또는 복합목재로 된 충분히 견고한 거푸집이 필요하며, 이동식 임시 거푸집 또는 상향식*climbing* 거푸집으로 사용한다.

재래식 흙다짐 건축에서는 거푸집판을 수직 버팀대*brace*로 보강한다. 목재/강철로 만든 긴결재*tie* 또는 고정쇠*anchor*를 버팀대 상단 끝에 수평으로 부착한다. 버팀대는 거푸집 판재를 고정하고 흙다짐 압력을 흡수한다. 긴결재는 벽 두께에 필요한 정확한 간격을 확보한다. 버팀대 하단 끝에서 고정쇠와 거푸집판으로 다짐벽을 받치고, 다짐벽을 완료한 후에 제거해야 한다(그림 3.17).

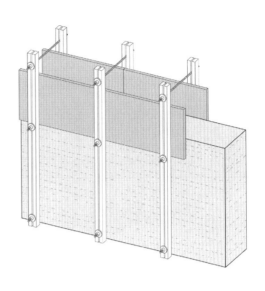

재래식 성형, 모로코의 에이트 벤하두   거푸집 시스템의 기본 배열 [75]

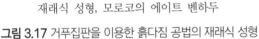

그림 3.17 거푸집판을 이용한 흙다짐 공법의 재래식 성형

흙다짐 건축에서 거푸집 시스템을 쓸 때는 다음을 고려해야 한다:

−압축할 때 거푸집판이 바깥쪽으로 휘지 않도록 해야 한다.

−거푸집은 쉽게 조정할 수 있어야 한다.

−거푸집의 개별 부품은 쉽게 운반할 수 있어야 한다.

현대 흙다짐 건축에서는 콘크리트 건축에서 흔하게 쓰는 거푸집 시스템을 사용하며, 이는 약 $60kN/m^2$의 압력을 견디도록 설계되었다. 흙다짐 자재를 붓기 전에 거푸집 내부 표면에 효과적인 박리제로 입증된 아마인유를 바른다. 거푸집을 제거하면 흙다짐 건축 부재 성형이 완료된다.

그림 3.16은 곡면 섬유판 두 겹으로 만든 흙다짐벽 거푸집을 보여준다. 두 번째 바깥쪽 판이 안쪽 거푸집판의 연결부에 쉽게 겹쳐진다.

흙다짐벽($d \geq 250mm$)을 산업적으로 사전제작하는 데 이 공법을 특별히 활용할 수 있다. 특수 설치 기법을 사용하여 이런 벽을 천장 높이의 내력/비내력 벽체로 조립할 수 있다(그림 3.18)(단원 3.5.8). 거푸집 및 다짐 기술은 흙다짐벽 생산 기술과 동일하다.

그림 3.18 사전제작한 흙다짐벽 부재

짚흙 및 경량토 건축 *Straw-Clay and Light-Clay Construction.* 짚흙 및 경량토 건축은 임시 거푸집, 영구 거푸집을 모두 사용한다. 이 흙건축 자재는 일반 흙다짐에 비해 다짐 수준이 낮으나 거푸집은 비슷하게 강해야 한다. 지지틀의 수직 기둥과 비내력 충전틀을 올바르게 배치해서 안정성을 확보한다.

임시 거푸집은 유기섬유질을 첨가한 경량토에 사용하며 설치 직후 거푸집을 제거할 수 있다. 거푸집을 골조 부재에 쉽게 부착할 수 있다(예: 조임쇠^{clamp} 사용) (그림 3.19).

영구 거푸집은 보통 안정적이지 않아 즉시 제거할 수 없으므로 "더 가벼운" 경량토 구조에 사용해야 한다. 갈대자리^{reed mat}(70줄기/m)는 이런 종류의 거푸집에 적합하다. 경량토 건축 공사를 진행하면서 자리를 계속 펼쳐서 목재 골조에 부착한다(그림 3.20 및 4.45). 석회로 결합한 유기섬유재 경량판으로도 알맞은 거푸집을 만들 수 있다. 외부에 노출된 목조 구조는 임시 외부 거푸집과 영구 내부 거푸집 조합이 가능하다. 경량판은 수분 배출이 가능해야^{diffusion-open} 하며 건조를 크게 방해하면 안 된다.

그림 3.19 경량짚흙 시공 과정의 성형: 임시 거푸집의 거푸집판

그림 3.20 영구 거푸집을 사용해 경량목편토로 만든 벽의 성형 [9]

그림 3.21 흙쌓기벽을 깎는 재래식 성형(우즈벡: 팍샤pakhsa) [16]

흙쌓기 *Cob.* 재래식 흙쌓기 건축 기술로도 건축 부재를 만들었는데, 대부분 거푸집을 사용하지 않았다. 흙쌓기로 벽을 울퉁불퉁하게 세우고 흙재료가 아직 축축한 상태에서 뾰족삽spade 또는 삽을 써서 수직으로 또는 면을 맞춰 깎아내서 모양을 만들었다. 그림 3.21 [16]에서, "팍샤pakhsa" 라고 불리는 우즈벡의 흙쌓기 건설에서 이런 유형의 성형을 볼 수 있다.

3.2.2.2 가소 성형

가소 성형 방법은 주로 단위 규격재 구성형식에 사용한다. 이 방식에서 재료의 점성은 무른soft 것부터 뻑뻑한stiff 것까지 다양하며, 압축 압력은 압축 성형에서 가하는 압력보다 작다.

산업적으로 생산한 흙블록 건축 자재 표지에는 사용된 압축 방법 외에도 문자 기호로 블록 의 치수를 표시해야 한다(단원 3.5.7, 독일에서는 보편적으로 공통 DIN 형식). 또한 일반블록 과 유공블록(DIN 18945에서 문자 기호 "g"로 표시)을 구분해야 한다.

(1) 수공 성형

흙건축에서 가장 오래되고 가장 원시적인 성형 방법은 정한 치수 없이 손으로 빚어서 흙덩이 를 생산하고 사용하는 것이다. 이 흙덩이는 모양을 만들 수 있는 굳기plastic consistency의 건축토로

(a)

뒤네르 흙덩이 기법: 진흙덩이 생산 및 벽체 쌓기(독일) [3]

(b)

"도자기 기법": 흙덩이 생산 및 쌓기(가나) [76]

그림 3.22 덩어리 모양 흙건축 자재의 생산

만들며 띠strip, 공, 돌멩이 같은(그림 1.1∼1.3) 다양한 형태이다. 덩어리는 내력벽에 쓰거나 젖은(몰탈 없음, 그림 3.22a) 또는 마른 상태로 흙채움재로 썼다(조적용 몰탈 포함). 이런 방식에는 거푸집이 필요하지 않았다.

오늘날, 직접 수공 성형은 특히 아프리카의 재래식 흙건축에서 여전히 보편적이다. 이 지역에서는 벽을 만들면서 가소 연경도plastic consistency인 흙덩이를 층층이 쌓는다. 흙덩이 사이에 생기는 "이음새joints"는 벽 표면을 매끈하게 만들기 위해 평평하게 고른다(그림 3.22b).

북유럽과 북아메리카의 습한 초원 지역에서는 집을 짓는 데 삽으로 흙을 풀뿌리 채로 사각형으로 떠낸 다음, 이를 뒤집어서 내력벽을 쌓아 올렸다. 이런 블록은 현지 명칭이 여러 가지인데, 아일랜드에서는 "turfs", 영국에서는 "sods", 미국에서는 "terrones"라고 한다(그림 3.23b [17]).

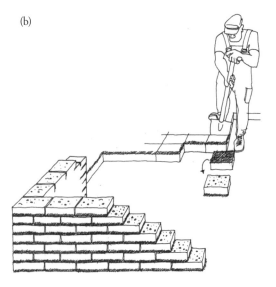

공기 중 경화한 홍토 블록 자르기[위키피디아]   뗏장 블록 자르기와 뿌리 쪽을 위로 해서 쌓는 벽 시공

그림 3.23 흙블록의 수공 성형

홍토[laterites]는 이례적인 건축 자재이다(단원 2.1.2.6). 점토광물 함량이 적당해서 자연 습윤 상태로 성형할 수 있다. 그러나 공기에 노출되면 비가역적으로 굳어져서, 쉽게 뗄 수 있는 단단한 암석과 비슷하게 도끼나 장비를 이용하여 손으로 캐서 원하는 치수로 자른다(그림 3.23a).

(2) (손) 투척

"손으로 던지는" 성형 방법은 형틀을 사용하므로 치수가 일정한 흙블록으로의 전환을 상징한다. 이 방법은 DIN 18945에서 흙블록을 표기할 때 주요 속성으로 "손 투척(f)"으로 표시한다.

재래식 *traditional* 손 투척은 함수율이 질량 기준 15~25%인 무른[soft] 연경도의 흙건축 자재를 쓴다. 손으로 힘껏 성형칸 / 틀에 던져넣고 판으로 두드린 후 더 다지지 않는다("수공 주조 블록", 그림 3.24a [16]). 손으로 던지는 동안 작용하는 운동량[momentum]이 점토광물 소판(小板)[platlelet]을 운동 방향에 수직으로 정렬한다. 보통 형틀을 즉시 제거할 수 있으며 흙블록이 굳는 대로 옆면으로 돌려세워서 공기 중에서 건조할 수 있다.

형틀 작업대는 단순한 형틀을 넘어서, 특히 인체공학[occupational physiology]적인 발전을 의미한다. 이제 작업자가 땅에서 작업하느라 몸을 구부리지 않고 테이블 앞에 서 있을 수 있다(그림 3.24b).

형틀 작업대의 기술적 개선 사례는

−틀에서 블록을 제거하는 발 페달
−넘치는 재료를 잘라내는 미끄러지는 절삭기

작업대에는 성형칸 안의 재료에 압력을 가하는 마감판과 손잡이도 달려있었다. 이는 더 큰 압력을 가할 수 있는 수동 지렛대 압축기로의 전환을 완결하는 것이다 [2, 8].

기계적 *mechanical* 투척 공정에서는, 가소성 자재를 부피 계측 "자동 배합기[batches]"로 적재함에서 컨베이어 벨트로 배출한다. 그런 다음 컨베이어 벨트가 가속하여 "배합물[batch]"을 강철 형틀에 던져서 흙재료를 꽉 채운다. 넘친 재료는 강선으로 잘라낸다. 추가로 압축하지 않는다.

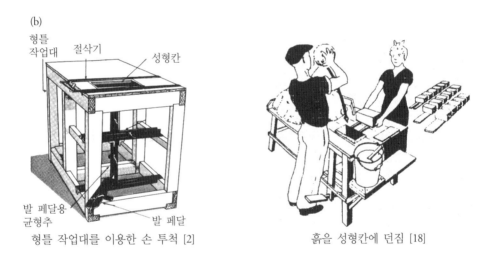

형틀 작업대를 이용한 손 투척 [2]   흙을 성형칸에 던짐 [18]

목재 틀에 손으로 투척 [16]

그림 3.24 흙블록의 성형: 손 투척

(3) 압출 성형

흙블록은 압출기로도 성형할 수 있다. 전처리한 흙 혼합물을 넣고 혼합 오거로 다져서 진공칸으로 내보내고, 연속 블록을 만들어 최종 압출구를 통해 밀어내 이를 원하는 치수로 절단한다. 이 방법은 DIN 18945에서 "압출(s)"로 표기하는 흙블록의 주요 속성이다.

압출기는 수동 또는 기계로 채우고 작동시킬 수 있으며 고정식 또는 이동식 장치로 제작한다(그림 3.25). 재래식 압출기는 인력 또는 견인 축력으로 구동했다. 과거의 소성벽돌 압출에서는 나선형 구동축(그림 3.25a)으로 벽돌을 전진시켰고, 현대 시설에서는 웜기어 구동 장치가 있는 유압식 압축기를 사용한다(그림 3.25b).

압출은 소성벽돌 산업에서 일반적으로 쓰는 성형법이다. 이때 재료는 순수점토이다. 성형 공정 후 "녹색green" 벽돌은 800~1,000°C에서 소성해서 내수성이 된다. 재료의 연경도에 따라 (무른~뻑뻑한) 가하는 압력이 다르며 0.5~5.0MPa 범위이다 [6]. 재료가 더 뻑뻑하면 건조 특성이 더 좋아서 치수가 안정된 제품이 되지만 그러려면 압축력이 더 커야 한다.

(a)

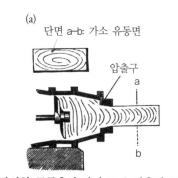

나선형 구동축이 달린 표준 압출기 [19]

(b)

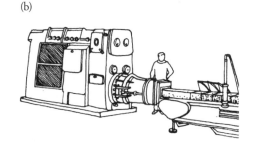

웜기어 구동축이 달린 고정 압출기 [14]

(c)

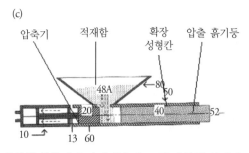

유압식 압축기가 달린 압출기, 표준 흙블록 형태와 대비되는 흙블록 부재의 EarthCo Megablock 시스템 [20]

그림 3.25 흙블록의 성형: 압출. 단면 a–b: 가소 유동면

압출기 성형 공정 중에 재료가 더 단단한 부분들 사이에 함수량이 많은 활동면slip surface이 생긴다. 이는 특히 순수점토에서 그렇다. 이런 활동면이 가소성이 있는 유동 평면flow plane을 따라서 벽돌 내에 조개껍데기 같은 구조를 형성한다(그림 3.25a [19]). 이런 구조는 벽돌을 소성하는 동안 서로 섞인다.

굽지 않은 "흙"벽돌 또는 "녹색"벽돌은 건조할 때 수축 균열이 생긴다. 여기에 새로 수분이 침투하면(예: 비에 노출된 외벽) 결국 벽돌이 부스러진다. 2차 대전 이후 이런 피해의 예가 [18](그림 5.20)에 기록되어있다.

미국에서는 평범한 흙블록 형식에 추가하여 지정 벽 두께로 최대 3m 길이의 흙블록을 생산한다. 이렇게 압출한 기둥을 완제품 벽 부재로 쓴다. 그림 3.25c는 표준 흙블록 형식에 비해 블록 단면적이 30×46cm인 EarthCo Megablock 시스템을 보여준다 [20]. 이 기술은 재료를 적재함에 넣고 확장 성형칸이 있는 압축칸에 흘려 넣는다. 뻑뻑한stiff 흙재료를 압축기의 피스톤으로 번갈아 타격하여 확장 성형칸으로 밀어 넣어서 연속 블록으로 압축한다. 성형칸 벽(길이 약 150cm)의 마찰 저항으로 최대 10.3MPa의 압축력을 가할 수 있어서 강력 흙다짐 "메가블록" 생산이 가능하다.

(4) 분사[1]

흙건축에서 "분사spraying" 성형법은 벽 및 천장의 채움, 벽 덧마감, (철근) 강화 내력 벽체 같은 건축 부재 생산에서 특히 인기가 있다(그림 4.32) [21]. 오늘날 "미장"도 흙미장 몰탈과 분사 흙미장을 사용해서 분사해 시공한다 [22].

이 기술에서는 건축토와 골재의 혼합물, 가능한 첨가물, 물 등의 재료를 타설pumping에 적합한 연경도로 섞는다. 미장용 몰탈 시공에 사용되는 분사 방법과 마찬가지로, 건축 부재용 거푸집(또는 미장 바탕면)에 한 겹 또는 여러 겹을 고압으로 뿌린다. 흙 혼합물이 건축 부재 형틀이나 바탕면에 부딪히는 기계적 충격으로 흙건축 자재에 필요한 다짐 효과를 얻는다. 이 기술에

---

1   건축 일반에서 spray 기법을 언급할 때, 도료를 뿌려서 도포하는 "뿜칠"이라는 용어를 흔히 사용한다. 그러나 본서의 내용에서는 흙자재를 spray 기법으로 성형/시공하여 도장과 미장 등 표면 마감재뿐 아니라 채움재와 내력 부재에까지 쓰임새를 확대하고 있으며 이를 통해 흙건축의 가능성을 확장하고 있다고 설명한다. 따라서 흙건축에서의 spray 기법은 도장과 표면의 의미를 강하게 드러내는 "칠" 대신에, 흙다짐, 흙쌓기 등의 용어와 같은 맥락에서 압력을 이용해 흙자재를 내뿜는 spray 기법의 구성 원리를 드러내고, 이를 통해 생산한 다양한 결과물을 한정하지 않기 위해서 "(흙)분사"로 번역한다.

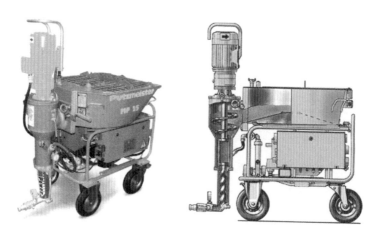

그림 3.26 별 모양 수평 바퀴 구동기와 혼합 나선이 있는 연속 배합기가 달린 배합 장비

사용하는 기계 장비는 팬 또는 연속 혼합기(단원 3.1.2.4)와 몰탈 펌프이다. 분무 압력과 흙 배합물의 조성과 연경도를 조절할 수 있다 [23, 24](단원 4.3.3.2).

　그림 3.26은 혼합 나선helix이 처음의 건조 재료를 혼합칸으로 운반하는, 별 모양의 수평 바퀴가 있는 미장 기계를 보여준다. 그런 다음 흙은 혼합칸 내부에서 물과 섞인다. 재료를 더 균질화하기 위해 배합물을 첫 몰탈 호스로 내보내기 전에 골재를 추가 혼합할 수 있다. 점토광물의 응집강도 때문에 분사하는 동안 재료가 바탕면에 달라붙고, 건조하는 동안 건축 부재의 치수가 안정적으로 유지된다.

3.2.2.3 주조

주조casting는 흙건축에서 건축 부재를 성형하는 방법으로 사용한다. 주조에는 질척한 연경도, 함수량 25~40질량%인 흙재료를 사용한다. 정적 압축을 가하지 않으나 격자 틀을 흔들어 진동 압축이 가능하다.

(1) 격자 주조

흙블록을 생산하는 격자grid 주조 기술은 1930년대 미국 남서부에서 독일계 미국인 Hans Sumpf가 개발했다. 이 기술은 오늘날에도 뉴멕시코와 애리조나에서 인기가 있다.

　공정은 콘크리트 포장재 슬립폼slipform 시공과 비슷하다: 끈적한 연경도의 흙건축 자재를 단단한 표면에 놓은 강철 격자 틀에 손 또는 기계로 붓는다. 그다음 격자 틀을 흔들어서 재료를 빼내고 압축한다(그림 3.27a, b [14, 25]). 이 방법에 장비를 쓰면 흙블록을 일일 최대 20,000개, 계절당 최대 150만 개를 생산한다. 이 장비는 "내리기[laydown]" 또는 "알 낳기[egg layer]" 기계라고도 불린다.

(a)   (b)

끈적한 흙건축 자재를 마련하여 수작업으로 형틀을 채움 (a), "알 낳기" 장비를 이용 (b) [25]

"알 낳기" 장비 도해[14]

(c) 흙판재를 생산하는 공장(CLAYTEC clay panel, Company Muhr)

그림 3.27 흙블록의 성형: 주조

이 지역은 기후가 건조해서 흙블록의 건조 과정이 빠르다. 날씨에 따라 건조 시간이 1~3주 필요하다.

격자 모양의 성형틀 대신 간단한 틀을 사용할 수도 있다. 일정 두께로 만든 "흙판earth slab"을 단단한 표면에 깔고 아직 가소plastic 상태인 동안 판 모양 칼을 써서 블록으로 자른다. 흙블록이 운반과 적재를 할 수 있을 만큼 강해질 때까지 현장에서 말린다.

(2) 띠strip 주조

"주조" 성형법으로 얇은 흙판재를 생산할 수도 있다. 성형 과정에서 벨트 압축기로 끈적한 흙 재료에서 물을 제거한다. 강화재를 흙판재에 결합해서 운송할 수 있을 정도로 휨강도와 안정성을 높일 수 있다. 그림 3.27c는 흙판재 생산 공장의 모습이다(Claytec-clay panel, Company Muhr).

3.3 흙건축 자재와 부재의 건조

성형 직후의 흙건축 자재와 부재는 치수가 안정적이지 않으며 강도가 낮다. 이들은 건조 상태에서만 의도한 구조적 및 물리적 속성을 갖추는데, 이는 흙건축 자재의 가공과 성형에 필요했던 배합수를 다시 말려야 한다는 것을 의미한다. 따라서 성형과 후속 건조가 흙건축 자재의 생산 과정을 완성한다.

3.3.1 건조 과정

흙건축 자재 또는 흙건축 부재의 건조 과정은 일반적으로 세 단계로 나눌 수 있다(그림 3.28 [6], *Bd. 3: Thermische Prozesse*):

- 1단계: 기공수가 건축 부재의 표면으로 흐르고 물이 액체에서 기체 상태로 바뀌면서 대류를 통해 주변 공기로 배출될 때 건조 과정이 시작된다.
- 2단계: 부재 표면의 모세관 반달면menisci이 깨지면서 건축 부재의 내부로 증발면이 옮아간다. 모세관의 수분은 내부 중심부에서 "증발 수위"(A점)까지 이동한다. 거기서 형성된 수증기는 점점 더 두꺼워지는 건조된 밝은색의 층을 통과해 건축 부재의 표면으로 확산한다. 표면에

서는 공기에 흡수되어 대류로 운반된다. 이런 식으로 증발 수위는 결국 건축 부재의 중심부까지 이동한다.

건조의 두 번째 단계에서는 "외부에서" 보이는 수축 변형(단원 2.2.3.3)과 균열로 중량 손실이 발생하기 시작한다. 토양역학에서 이 상태를 수축한계 SL(단원 2.2.3.2)에 도달한 함수량으로 설명한다.

- 3단계: 도달할 수 있는 최대 **흡습량** *hygroscopic moisture content* w_{hygr}에 이르면(완전 건조토) 건조 수위(B점)가 사라진다. 이 함수량은 건축 자재 또는 부재가 모세관 기공을 통해 공기에서 직접 흡수하는 수분을 의미한다. 전반적[prevailing] 습도와 온도에 따라 낮아진다. 건물이 사용 중일 때, **실질 함수량** *practical moisture content* w_c(연속 함수량이라고도 함)는 궁극적으로 건축 부재 내에서 평균값이 되는 함수량을 나타낸다(단원 5.1.2.4).

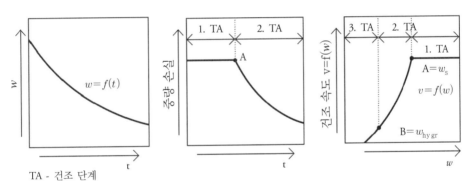

그림 3.28 흙건축 자재와 부재의 건조 과정([6]에 따름)

3.3.2 건조 속도

흙건축 부재의 건조 속도는 여러 요인에 따라 달라진다: 초기 함수량, 건축 부재의 두께, 자연 건조를 위한 전반적 날씨와 지역 조건, 각 점토광물의 구조마다 흙건축 자재의 광물 성분에 물이 결합된 방식 등. 따라서 흙건축 자재와 부재의 평균 건조 시간은 대략적인 소요 시간만 추정할 수 있다([22], 1판 및 2판).

건조 과정은 증발 수위의 기공수 또는 건축 부재 표면의 수증기가 건축 부재 내부에서 수분이 이동하는 속도와 같은 속도로 증발할 때 이상적인 것으로 간주한다. 수축 변형도 마찬가지이다: 모든 면[sides]이 균일하게 수축해서 감소한 시험체의 부피는 증발한 물의 부피에 해당한다.

강한 여름 햇빛에서는 보통 표면의 증발 속도가 건축 부재 내부의 수분 이동 속도보다 빠르다. 대부분 주요 조건(예: 건축 부재의 형상 또는 외부 그림자)이 다양해서 일광 노출이 고르지 않다. 흙건축 자재의 불균일성이 건조 조건을 고르지 않게 할 수도 있다. 건축 부재 표면에 생긴 균열은 이 과정이 가시화된 결과이다. 최악의 경우 균열의 폭이 몇 cm나 되고 건축 부재 전체 길이에 걸쳐 뻗칠 수도 있다(예: 설치 시 함수량이 높은 과양토(그림 4.24)). 따라서 거푸집을 제거한 직후에 건축 부재 표면에 방수포를 덮어 직사광선을 가리는 것이 매우 중요하다.

습도가 높고 공기 흐름이 좋지 않은 조건에서는 그 반대가 될 수 있다. 특히 건축 부재의 실내 쪽 표면에서는 대류만으로 건축 부재 내부에서 표면으로 증발이 일어나 수분이 이동하기에 충분하지 않다. 이런 상황에서 특히 유기골재를 포함한 흙건축 자재는 곰팡이가 생기기 쉽다. 한 방향에서만 마르거나(예: 오래된 건물에 부착한 30cm 이상의 경량토판 덧마감) 또는 건축 부재가 특히 두꺼운 경우 유사한 상황이 발생할 수 있다. 따라서 특히 실내의 건축 부재는 환기를 충분히 하는 것이 필수적이다.

독일 바이마르의 바우하우스 대학에서 서로 다른 7가지 흙 혼합물 시험체와 흙다짐벽 일부의 건조 시간과 건조 과정을 조사했다 [26]. 시험체는 자연 건조했으며, 함수량을 측정할 시료는 각 시험체의 중심부에서 채취했다. 시험에서 시험체의 강도 발달에 미치는 초기 함수량의 영향도 확인했다(그림 3.47, 단원 3.6.2.2).

그림 3.29a는 초기 함수량이 서로 다른 시험체들을 90일 동안 건조한 과정과 각 측정값을 보여준다(표 3.2). 풍적토$^{loess\ soil}$ 표본 I과 II(골재 없음)는 첫 번째 건조 단계에서 함수량의 변화가 거의 없다. 2주 후 함수량이 지속적으로 감소하기 시작해서 90일 후 잔류 함수량에 도달한다. 이것은 그림 3.28의 건조 단계 A에 해당한다.

짚섬유를 섞은 흙다짐 시험체 VVII는 건조 시작부터 시험체의 중앙에서도 함수량이 지속적으로 감소하는 것을 보여준다. 모세관수가 시험체 중심에서 표면으로 이동하는 데 섬유가 추가 이동 경로로 도움이 된 것으로 보인다.

90일 후에는 짚섬유를 섞지 않거나(III 및 IV) 섞은(V~VII) 흙다짐 혼합물의 결과가 크게 다르지 않으며, 설치 시점의 함수량과 무관하게 1.7% 미만의 잔류 함수량을 보인다. 두 풍적토 시험체 I($w \sim w_{Pr}$)과 II($w > w_{Pr}$) 모두 잔류 함수량이 2.8%와 3.8%로 훨씬 더 높다. 풍적토와 섬유골재가 있거나 없는 흙다짐의 w_{Pr}의 결과는 그에 따라 다양하다.

그림 3.29b는 90일 건조 과정 동안 흙다짐 시험 벽체 종단면의 수분 변화를 보여준다. 심지
어 6개월 동안 자연 건조한 후에도 두께 50cm의 흙다짐 벽체 중심부의 함수량은 설치 당시의
초기 함수량과 같았다.

(a) 여러 가지 흙건축 자재 시험체의 90일 건조 과정 / 함수량 변화

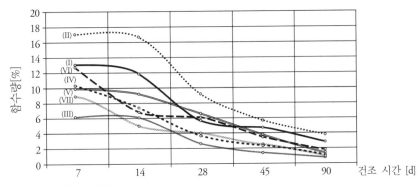

(I)   자연 상태 풍적토, $w \sim w_{pr}$
(II)   자연 상태 풍적토, $w > w_{pr}$
(III)   굵은 골재 섞은 흙다짐, $w \sim w_{pr}$
(IV)   굵은 골재 섞은 흙다짐, $w > w_{pr}$
(V)   굵은 골재＋짚섬유 섞은 흙다짐, $w \sim w_{pr}$
(VI)   굵은 골재＋짚섬유 섞은 흙다짐, $w > w_{pr}$
(VII)   굵은 골재＋짚섬유 섞은 흙다짐, $w < w_{pr}$

(b) 건조 단계 동안 흙다짐 시험 벽체 내부의 수분 종단면 [26]

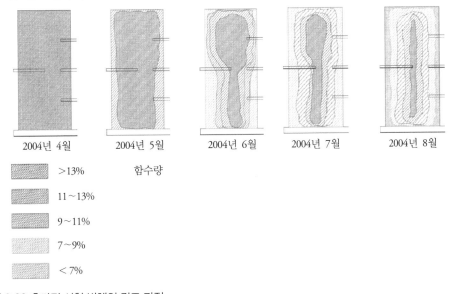

2004년 4월   2004년 5월   2004년 6월   2004년 7월   2004년 8월

>13%   함수량
11～13%
9～11%
7～9%
< 7%

그림 3.29 흙다짐 시험 벽체의 건조 과정

표 3.2 여러 흙건축 자재로 만든 시험체의 90일 건조 과정 동안 함수량 변화 [26]

번호	혼합물	수분 포화	설치 시 함수량	7일 후 함수량	90일 후 함수량
I	자연 상태 풍적토	$w \sim w_{pr}$	0.147	0.131	0.028
II	자연 상태 풍적토	$w > w_{pr}$	0.203	0.172	0.038
III	굵은 골재 섞은 흙다짐	$w \sim w_{pr}$	0.099	0.061	0.007
IV	굵은 골재 섞은 흙다짐	$w > w_{pr}$	0.124	0.106	0.013
V	굵은 골재＋짚섬유 섞은 흙다짐	$w \sim w_{pr}$	0.123	0.101	0.014
VI	굵은 골재＋짚섬유 섞은 흙다짐	$w > w_{pr}$	0.155	0.128	0.017
VII	굵은 골재＋짚섬유 섞은 흙다짐	$w < w_{pr}$	0.093	0.088	0.009

3.3.3 건조 방법

에너지 경제성 측면에서 습윤 상태에서 하는 흙건축 자재의 **자연** *natural* 건조(추가 인공 난방 없이 공기 건조)는 가장 에너지 효율적이면서도 가장 시간이 오래 걸리는 건조 방법이다(그림 3.30). 이 부분에서 흙건축 자재 생산자는 다음과 같은 문제에 직면한다: 생산 장비를 연속해서 가동하려면 기후 여건에 따라 건조 시간이 길어지고 많은 공간이 필요하다.

그림 3.30 흙블록의 자연 건조

흙건축 자재를 **인공** *artificial* 건조(예: 터널 또는 실(室)^{chamber} 건조기)하는 것은 대개 건조 시간을 단축하기 때문에 특히 대량 연속 생산에서는 비용 효율이 더 높다. 그 결과 장비를 더 효율적으로 사용하고 건조 공간을 줄일 수 있다. 그러나 이는 흙건축 자재 생산의 에너지 균형에 부정적인 영향을 미친다(단원 1.4.3.2). 소성벽돌용 야적장은 대개 마음 놓고 쓸 수 있는 적절한 건조 장치가 있어서 유리할 수 있다.

젖은 상태에서 사용하는 흙건축 자재(미장, 벽, 바닥)로 작업할 때는 계절 조건과 관계없이 충분한 환기장치가 있는 인공 건조를 자주 사용한다. 겨울에는 동결 위험이 있어서 항상 인공 건조가 필요하지만 가끔은 외기가 매우 건조해서 특히 효과적이다. 여름에 습도가 높은 특정 기상 조건에서는 실내 공간을 자연 건조해서는 곰팡이를 방지하는 것이 거의 불가능하다. 따라서 건조 과정을 점검하고 문서화해야 한다(단원 4.3.6.3).

또한 건조 방법은 시험에서 중요한 역할을 한다: DIN 18952-2는 건조 압축강도를 측정할 시험체를 준비하려면 표준대기조건에서 5일 동안 시험체를 보관한 다음 잔류 수분 수준이 될 때까지 80℃에서 인공 건조할 것을 권장한다. 그러나 [27]에 따르면 인공 건조는 압축강도를 최대 30%까지 감소시킨다. 건조 방법이 자연적으로, 인공적으로 건조한 흙블록의 강도 속성에도 영향을 미치는지 지켜봐야 한다.

3.4 표기, 인증, 생산관리

건축 당국은 독일흙건축협회가 개발한 Lehmbau Regeln[22]을 공식적으로 승인했고, 표 3.3에 따라 독일 흙건축 자재의 공통 표기 및 해당 문자 기호를 규정한다. 자재의 이름은 흙건축 자재 표지의 일부이다.

또한 표기 체계는 주어진 등급과 설명(예: 물리적 기계적 속성, 특정 골재(및 가능한 첨가물), 용도, 생산과 기능 관련 측면)으로 각 흙건축 자재의 주요 속성을 설명한다. 표 3.4는 흙건축 자재의 주요 속성 개요이다.

각 건축 자재의 주요 속성을 지정된 순서대로 DIN 18945~47에 따라 **표기** *designation*한다. 현재는 흙블록과 흙몰탈만 그렇게 표기한다(단원 3.5.7, 3.5.6.1, 3.5.6.2). 표 3.3의 다른 모든 흙건축 자재는 특정 표기 형식을 (아직) 정하지 않았다.

인증 *certification* 절차는 흙건축 자재의 생산공정을 검사 및 시험한 결과와 고시 자료의 적합성을 검증한다. 외부 시험기관이 지정 형식의 적합성 인증서(독일 Ü 표식, 유럽 CE 표식)로 또는 생산자가 적합성 표지로 인증한다. 주요 속성을 시험 및 검사하는 간격을 정해서 생산 기간 이후에도 흙건축 자재의 **성능 지속성** *constancy of performance*을 입증한다.

표 3.3 Lehmbau Regeln[22]에 따른 흙건축 자재의 표기

번호	건축 자재 이름	문자 기호
1	흙다짐	STL
2	흙쌓기	WL
3	짚흙straw clay, 섬유토	Sl, FL
4	경량토	LL
4.1	− 경량목편토wood chip clay	HLL
4.2	− 경량짚흙	SLL
4.3	− 경량섬유토	FLL
4.4	− 경량광물토	MLL
5	비다짐 흙채움	LT
6	흙블록	LS
7	흙판재	LP
8	흙몰탈	LM
8.1	− 조적용 흙몰탈	LMM
8.2	− 미장용 흙몰탈	LPM
8.2.1	− 박층 흙마감재	LDB [34]
8.3	− 분사용 흙몰탈	LSM

표 3.4 흙건축 자재의 주요 속성 표기, 개요

번호	주요 속성	설명/등급
1	생산지	현장 배합, 공장 배합
2	골재 / 첨가물	광물질, 유기질
3	연경도 / 가공	습윤(반고형, 뻑뻑한, 무른, 질척한, 액형), 건조(고형)
4	사전제작 / 구성형식의 정도	비정형(흙몰탈, 사전 배합물), 정형(흙블록, 흙판)
5	성형 공정	다짐, 압축, 수공, 분사, 주조
6	건조 용적밀도	작음($\rho_d < 1.2 \mathrm{kg/dm^3}$), 중간($1.2 \leq \rho_d \leq 1.7 \mathrm{kg/dm^3}$), 큼($\rho_d > 1.7 \mathrm{kg/dm^3}$)
7	적용 유형 / 적용 등급	내력(건축 부재의 하중 담당, 예: 천장, 지붕, 적재하중), 비내력(예: 가구식 구조 내 채움)
8	내화 성능	DIN 4102-1 기준: 건축자재등급 A1, A2, B1, B2

3.4.1 생산지

흙건축 자재는 현대적 방법(예: 공장 배합 몰탈)으로 "현장에서" 또는 "산업적으로" 재래식으로 생산할 수 있다. 산업적으로 또는 공장에서 생산한 흙건축 자재는 주요 속성이 관련 기술법규(DIN 표준, Lehmbau Regeln) 요건에 맞는지 입증해야 한다. Lehmbau Regeln은 또한 공식적으로 "현장에서" 흙건축 자재를 재래식으로 가공하는 것을 허용한다는 점에 주목해야 한다.

3.4.2 골재와 첨가물

건축토의 어떤 특징을 개선하기 위해 흙건축 자재 생산 중에 골재 및 첨가물을 첨가할 수 있다. 첨가한 재료는 건축 자재 표기에 포함한다.

Lehmbau Regeln[22] 및 DIN 18945~47에서 규정한 흙건축 자재는 점토광물의 속성이 특성을 결정한다. 점토광물은, 가공할 때는 흙 혼합물의 유일한 결합재이며 사용할 때는 치수 안정성과 강도를 보장한다(단원 2.2.3.4). 따라서 화학적으로 안정시킨 흙건축 자재와 합성 결합재가 들어간 흙 제품은 Lehmbau Regeln에서 다루지 않으나, 이것들을 제외한다는 뜻은 아니다. 많은 국가에서 이런 건축 자재를 매일 사용하며 현지 건축법규(단원 4.2.1.3)를 준수한다. DIN 18945~47를 따른다면 흙건축 자재를 생산할 때 건축토에 첨가한 모든 골재를 표시해야 한다.

골재 *aggregates*는 주로 흙건축 자재의 물리적 속성을 바꾼다. 건조 중 수축을 줄이고 인장강도와 내식성을 높인다. 경량골재는 흙건축 자재로 생산한 건축 부재의 단열 속성을 향상시킨다.

골재는 광물 또는 유기물에서 기원한다(그림 3.31a [28]). 광물골재의 예로는 모래, 자갈, 경량골재(팽창점토, 팽창유리, 팽창슬레이트 등 열 변형 제품 형태)가 있다. 그러나 열팽창 제품 생산에는 더 많은 에너지가 필요하다. 팽창유리 생산에 사용하는 재활용 유리는 주요 원료보다 오염 물질이 많으면 안 되며, DIN EN 13055(D)에 따라 환경 영향을 시험해야 한다.

유기골재는 주로 다진 짚, 나무 조각, 대마 껍질 같은 식물 섬유이다. 예를 들어 송아지 털, 돼지 털 같은 동물 털도 사용할 수 있다.

첨가물 *additives*도 광물 또는 유기물에서 기원한다(그림 3.31b [28]). 첨가물은 흙 속 점토광물의 화학 구조를 바꾸어 수축과 팽윤 같은 불리한 속성을 줄인다. 또한 압축강도와 흙건축 부재의 내마모성, 내식성을 증가시킨다. 유기 첨가물에는 수액과 동물 배설물이 있는데, 이것들에만 국한되지는 않는다.

흙건축에서 가장 중요한 광물 첨가물에는 많은 결합재 군^{group}이 있다. **결합재** *binders*는 수경성 ^{hydraulic}과 비수경성$^{non-hydraulic}$으로 나눈다. 가장 흔한 수경성 결합재로 시멘트, 수경 석회 $CaCO_3$가 있다. 공기 중 또는 수중에서 노출되면 (어느 정도의 초기 공기 경화 후에) 화학적 과정을 통해 완전히 경화된다. 흙건축 자재 생산에서 "화학적 안정제"라고 칭한다.

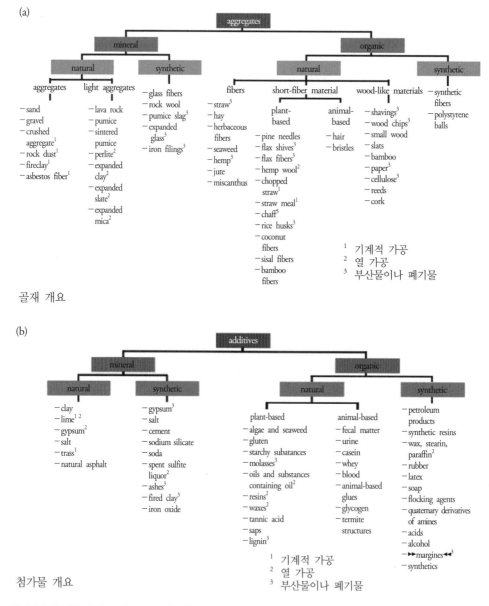

그림 3.31 흙건축 자재, 골재, 첨가물 [28]

첨가물을 사용해 건축토를 화학적으로 안정시키면 보존해야 하는 건축 자재로서 흙의 중요하고 특별한 생태학적 가치를 제한한다. 물을 가하면 말린 건축토를 다시 성형이 가능하게^{plastic} 만들 수 있고(재가소화^{replasticized}) 더 가공하거나(단원 6.2.2.2) 대단한 에너지 소모 없이 자연의 순환계로 쉽게 돌아간다.

특히 석회, 시멘트 같은 결합재를 흙다짐 혼합물 및 흙블록에 추가하는 흙건축 자재의 화학적 안정화는 열대 개발도상국뿐만 아니라 오스트레일리아와 미국에서도 가장 흔하게 알려져 있다. 특히 개발도상국에서는 고가의 시멘트 대신에 다른 지역의 대체물을 건축토에 추가한다. 식물 부산물(쌀겨)의 재 같은 대체물은 점토광물의 화학 구조를 변경할 수도 있다.

합성 탄화수소가 들어있는 첨가물 사용은 항상 매우 신중하게 고려해야 한다. 이런 첨가물은 건물의 사용기간 동안 실내 공기를 오염시킬 수 있다. 역청(아스팔트 유액) 사용이 건강에 미칠 수 있는 악영향도 조사하지 않았다. 합성 첨가물은 또한 철거한 구조물의 흙을 폐기할 때 자연 순환계에서 분해 능력이 문제가 된다.

점토광물(단원 2.2.3.4)은 비수경성 결합재이다. 이는 가소^{plastic} 성질을 유지하면서 공기 건조(공기 경화 몰탈)를 통해 물리적으로 경화되는 것을 의미한다. 수분을 새로이 다시 흡수해서 "재가소화"되고, 이로써 흙건축 자재를 성형 공정으로 되돌리고 에너지를 가하지 않고도 수명주기 안에 머무를 수 있다. 수명주기 원칙은 생태적이고 지속 가능한 건축물의 필수 구성요소이다. 흙이 특정 용도로 사용하기에 너무 메마른^{lean} 경우 점토광물을 건축토 첨가물(예: 분말점토)로 사용할 수도 있다.

다른 비수경성 결합재로는 건축용 석회(비수경성 석회 $Ca(OH)_2$), 석고($CaSO_4 \cdot 2H_2O$), 무수석고($CaSO_4$), 마그네슘 옥시클로라이드 시멘트($MgCO_3$)가 있다. 이런 결합재는 점토광물과 달리 화학적으로 경화되어 재가소화할 수 없다.

3.4.3 연경도와 가공

흙건축 분야는 흙건축 자재의 가공을 위해 "젖은"과 "마른" 연경도 상태를 구분한다. 따라서 흙다짐, 흙쌓기, 짚흙, 경량짚흙, 흙몰탈(흙미장 포함) 등 젖은 상태에서 가공하는 모든 흙재료는 **습식 흙건축** *wet earth construction*으로 분류한다. 이 재료들을 시공하려면, 어떤 때는 지정된 시험 방법으로 시험한(예: 흙미장) 특정 연경도 상태에 맞추어야 한다.

건식 **흙건축** *dry earth construction*은 주로 흙판재로 하는 실내 작업을 다룬다. 흙조적 건축은 건식 (흙블록)과 습식(조적용 흙몰탈, 흙미장) 흙건축의 조합이다.

3.4.4 사전제작 및 구성형식의 정도

사전 가공한 비정형^{unshaped} 혼합물은 여러 가지 성형 방법을 이용하여 흙블록 및 흙판재 같은 단위 규격^{modular} 흙건축 자재, 또는 흙다짐벽 같은 온전한^{entire} 건축 부재로 만들어진다(단원 3.2.2).

거푸집은 건축 부재를 만드는 데 이용한다. 재래식 흙건축에서는 건축 부재의 표면도 흙쌓기 공법에서 잘라내는 것처럼 수작업으로 성형했다.

정형^{shaped} 흙건축 자재의 실제 치수는 생산자가 고시한 자료를 준수해야 한다. 흙블록은 블록이 단단한지, 구멍이 뚫렸는지 아는 것이 중요하다. 유공블록은 허용된 구멍 비율과 최소 격막^{web} 두께와 관련된 특정 요건을 충족해야 한다.

독일에서는 (구멍이 있/없는) 흙블록의 치수는 대개 직사각형 조적공사용 DIN 형식에 일치한다. 특수 규격으로 변형도 가능하다.

3.4.5 성형 방법

표 3.1과 단원 3.2.2.1의 기준으로 흙건축 자재의 성형 방법은 대개 다음과 같이 구분한다:

- 압축(압축 틀성형^{molding}, 압출 성형)
- 손 투척(수공 성형)
- 다짐
- 분사
- 주조
- 수공 성형(흙덩이)

성형 방법은 건축 부재 또는 구조물 생산에 사용하는 흙건축 자재의 기계적 속성에 영향을 미친다.

3.4.6 용적밀도 분류

DIN 18945~47에 따라 흙건축 자재의 건조 용적밀도는 $0.1kg/dm^3$ 간격으로 공급한다. 용적밀도 분류가 $1.2kg/dm^3$ 미만이면 건축 자재 이름에 "경량"을 추가할 수 있다(예: "경량토" 또는 "경량토블록").

3.4.7 용도 유형

흙건축 자재의 기계적 속성은 특정 용도에 적합한지를 결정한다. 예를 들어, 자재를 내력 또는 비내력 건축 부재에 사용할 수 있는지 또는 내부용인지 외부용인지를 규정한다. 그 예시로, 흙블록의 사용등급은 DIN 18945(단원 3.5.7)에 규정되어있다.

3.4.8 내화 성능

DIN 4102-1과 DIN EN 13501-1에 따라 건축 자재의 내화 성능을 불연성 *nonflammable*(건축자재등급 A) 및 가연성 *flammable*(건축자재등급 B)으로 분류한다. 건축 자재의 내화 성능은 실제 재료의 종류뿐만 아니라 모양, 비표면적, 질량, 다른 자재와의 조합, 사용한 연결재, 설치 유형의 영향을 받는다.

DIN 18945~47에 따른 흙건축 자재의 내화 성능을 DIN 4102-1과 DIN EN 13501-1의 방법으로 시험해야 한다. 흙과 광물골재(모래, 자갈 등)는 DIN 4102-1에서 불연성(A1)으로 분류한다.

그러므로 흙건축 자재의 내화 성능은 자연 또는 인공 유기물골재를 경량토 생산에 사용할 때 특히 관련이 있다. 다진 짚, 목재 부스러기, 목재 껍질, 톱밥, 부서진 코르크 같은 일반 유기물골재는 흙건축 자재의 내화 성능에 영향을 미칠 수 있다. 건축자재등급 A1(불연성)으로 분류되려면, 흙건축 자재의 질량 또는 부피 중 하나에 대해서 균질 분포한 유기물골재 함량이 1% 이하여야 한다.

독일건설기술연구소(DIBt)는 Lehmbau Regeln[22]의 "5.5 내화 성능" 장을 무효화 했다. 이는 더 이상 표 5.6을 적용할 수 없다는 뜻이다. 현재 DIN 18945~47에서 규정하지 않은 흙건축 자재는 건축자재등급과 내화 성능 결정을 규제받지 않는다. 위에서 언급한 A1 등급 "불연성"으로 분류하는 조건인 "균질 분포한 유기골재 함량 ≤ 질량 또는 부피의 1%" 비율은 표 3.3의 나머지 모든 흙건축 자재에도 기준지침으로 사용할 수 있다.

DIN 4102-1은 2010년에 도입한 DIN EN 13501-1과 함께 당분간 독일에서 국가 표준으로 효력이 있다. 이는 CE 표식(예: ETA, 그림 4.18)을 부착한 통합 유럽 허가에만 의무 적용한다.

DIN EN 13501-1은 A(불연성)와 F(가연성) 등급을 구분한다. 내화 성능 이외에도 연기 배출(s1 − s3)과 화염 방울(d0 − d2)을 포함하여 분류하므로 DIN 4102-1에 따라 기존 건축자재등급을 직접 비교하기는 쉽지 않다. 그러나 "불연성" 건축자재등급은 두 규범 모두 동일하다.

3.4.9 성능 지속성의 감독과 인증

DIN 18200에서 정한 절차는 건축 산업재를 평가하는 적합성 인증서의 기초 역할을 한다. 이는 공장 내 생산 제어와 건축 산업재 시제품을 시험하는 정기적인 외부 감독으로 구성된다.

건축 산업재의 성능 *performance of a building product*은 고시한 주요 속성으로 설명한다. 이는 수준, 등급, 짧은 설명으로 표현할 수 있다(표 3.4 참조). 주요 속성 검사는 (흙)건축 자재 전체 생산 공정에 걸쳐 지정 간격으로 실시하며 성능 지속성 감독 *monitoring the constancy of performance*이라 한다.

그림 3.32는 EU법 No. 305 / 2011, 부록 V에 따라 건축 자재의 성능 지속성을 평가하고 검증하는 체계를 보여주는데, 생산자 또는 공인기관이 주관하는 다양한 검사가 있다. 국가기술평가기관(독일: DIBt)이 검증해야 하는 각 자재의 주요 속성과 꼭 거쳐야 하는 검사 체계를 규정한다.

검사 체계	1+	1	2+	3	4
시제품 검사					
공장에서 추출한 표본 검사					
공장 내 생산관리					
초기 감독					
임의 표본 검사					
공장 이행 초기 검사 및 공장 내 생산관리					
지속 감독, 공장 내 생산관리 평가 및 검증					
적합성 유형	Z	Z	Z	E	E

검사주관:
생산자   ▢ E 적합성 고시
공인기관   ▩ Z 적합성 인증
S 2+: 조적용 몰탈 대상 M2~M4, 흙블록 강도등급 ≥2
S 4: 조적용 몰탈 및 미장용 흙몰탈 대상 M0, 흙블록 강도등급 0

그림 3.32 건축 산업재의 성능 지속성 평가와 검증 체계, EU법 No. 305 / 2011. 부록 V(BauPVO)

3.4.9.1 생산자 주관 검사

생산자는 공장 내 생산관리를 설정하기 전에 **시제품 시험** *initial type testing*을 해서 건축 산업재로 쓸 수 있는 요건(＝주요 속성)을 충족하는지 확인해야 한다. 공장 내 생산관리는 시제품 시험을 성공적으로 마친 후에만 시작할 수 있다.

　공장 내 생산관리 *in-factory production control*는, 생산하는 흙건축 자재가 기술법규를 준수해서 고시한 기준척도를 갖추었는지를 확인하고자 생산자가 정기적으로 실시하고 기록해야 하는 생산 감독*monitoring*이다. 생산자는 이 감독 절차를 책임져야 하며 직접 시행하거나 외부 실험실에 의뢰할 수 있다.

　생산자가 시행한 검사 결과가 DIN 18945∼47에서 요구하는 주요 속성에 적합하면 적합성 표식 형태로 각 흙건축 자재(그림 3.32)에 **적합성 표지** *Declaration of Conformity*를 발행한다. "Ü 표식"에는 다음 정보가 들어있다.

－생산자명
－적합성 인증 증빙(기술법규, 건축 등록 번호, 각 시험인증서 번호, 담당기관의 "개별 승인")
－필요하면, 인증기관의 기호 또는 이름

3.4.9.2 공인기관 주관 검사

외부 검사 *external inspection*는 인증 및 감독 기관을 대신해서 독립된 시험기관이 정기적으로 생산자의 생산 시설에서 수행하는 생산관리이다. 시제품 시험과 규정 준수 감독으로 구성된다.

　시제품 시험 *initial type testing*은 인증기관이 제품이 고시된 속성과 관련된 모든 요건을 충족하는지, 포장의 표식과 동봉한 정보가 올바른지 확인한다. 이 시험은 또한 공장 내 제품관리뿐만 아니라 지속적이고 적절한 생산에 필요한 모든 요건을 충족하는지 확인한다. 규정 준수 감독은 시제품 검사를 성공적으로 통과한 후에야 시작할 수 있다.

　규정 준수 감독 *compliance monitoring*은 적절한 생산 방법과 올바른 제품 표기를 확보하기 위해 인력 및 기술 요건 측면에서 공장 내 생산관리를 다룬다. 사전 통지 없이 합리적인 간격으로 1년에 2회 이상 실시한다.

　공인기관이 시행한 검사 결과가 DIN 18945∼47에서 요구하는 주요 속성을 준수하면 흙건축 자재에 적합성 인증서를 발행한다(그림 3.32).

3.5 요건과 주요 속성

흙건축 자재는 주요 속성과 성능 연경도가 Lehmbau Regeln 또는 DIN 18945~47의 요건을 충족하면 표 3.3대로 사용할 수 있다.

3.5.1 흙다짐

(1) 용어 정의

흙다짐은 건축토, 골재(및 첨가물), 물로 이루어진 형태가 없는^{shapeless} 혼합물이다. 흙다짐의 건조 용적밀도 ρ_d는 사용한 흙과 골재에 따라 1.7~2.2(최대 2.4)kg/dm³이다. 최근 몇 년 전부터 열팽창 경량광물골재를 사용하여 1.7kg/dm³ 미만의 건조 용적밀도를 생산한다.

(2) 건축토

내력 흙다짐벽 건축은, 양호 분포한^{well-graded}(균일하고 일관된) 입도분포곡선이 특히 중요하다. 적합한 건축토는 굵은 입자가 섞인 혼립토^{mixed grain soil}(침출토 또는 빙력토, 2.1.2.2 및 2.1.2.3장)로, 가소성은 박토^{lean}에서 양토^{rich}까지, 응집강도는 작음에서 중간까지로 분류할 수 있다. Houben과 Guillaud[14]는 가소성 값의 변동 범위가 넓다는(PI=0.03~0.30 및 LL=0.24~0.46) 것을 확인하고는 이 범위를 분명하게 정하기가 어렵다는 것을 지적한다.

  Maniatidis와 Walker[29]는 모든 골재 분획에 다음과 같이 상한 및 하한을 권장한다(표 3.5).

  [14]에서는 흙다짐을 위한 다양한 입도 분획 구성을 입도 분포^{grading envelopes} 형태의 권장사항으로 제시한다.

표 3.5 흙다짐용 권장 입도 구성

번호	입자 분획	최소 [%]	최대 [%]
1	점토＋실트	20~25	30~35
2	모래＋자갈	50~55	70~75

(3) 가공, 골재, 첨가물

구하기 쉬운 건축토에서 있을 수 있는 입자 크기 흠결(수축 정도, 침식 위험)은 빠진 크기의 입자(굵은 모래, 자갈 또는 콩자갈, 열팽창 경량골재)를 추가해서 균형을 맞출 수 있다. 이때 Fuller 곡선 모델을 지침으로 사용할 수 있다(단원 2.2.3.1). 때로 소량의 유기골재(밀짚 또는 기타 적절한 식물섬유)도 추가한다.

그러나 입자 척도(단원 2.2.3.1)를 가공 척도(단원 2.2.3.2)와 분리해서는 안 된다.

대부분의 개발도상국은 물론 미국, 오스트레일리아에서도 흙다짐에 석회와 시멘트 결합재를 추가하는 것이 일상적인 관행이다(단원 3.4.2).

오늘날 흙다짐 혼합물은 보통 팬^{pan} 혼합기로 가공하지만 수동 혼합도 가능하다. 흙 혼합물은 수분이 고르게 분포되고 균일하고 곱고 푸석푸석하게 될 때까지 혼합한다. 권장 연경도는 뻑뻑한^{stiff} 정도에서 반고형^{semisolid}까지이다.

(4) 용도

거푸집 흙다짐 공사로 내력 및 비내력 건축 부재를 모두 생산할 수 있다. 또한 다짐 또는 압축 흙블록 생산에도 적합해서, 이들을 건조해서 일반 조적체와 똑같은 방식으로 내력 또는 비내력 구조체를 건축할 수 있다. 또한 흙다짐은 바닥에도 적용하고, 천장 높이의 벽체 같은 대형 부재를 사전제작한다.

(5) 주요 속성 / 요건

－건조 용적밀도, 단원 3.6.1.3
－건조 압축강도, 단원 3.6.2.2
－최대 입자 크기, 단원 2.2.3.1
－선형 수축, 단원 3.6.2.1
－내화 성능 / 섬유질 첨가물, 단원 3.4.8

건설 현장에 전달하는 혼합물의 연경도는 "자연 상태에서 촉촉한" 것보다 더 축축하면 안 된다. 혼합물은 수분이 고르게 분포되고 균일하고 푸슬푸슬해야 한다. 흙다짐 재료를 건설 현장으로 운송하는 동안 분리되지 않도록 하는 것이 중요하다.

(6) 표기

DIN 18945~47에 따라 다짐용 흙은 다음과 같이 표기한다:

  *흙다짐 — 내력/비내력 — Lehmbau Regeln(기준 법규) — 최대 입자 크기와 섬유골재의 문자
  기호 — 강도등급 — 용적밀도등급*

섬유골재가 없고 최대 입자 크기가 20mm, 압축강도등급 2N/mm², 용적밀도등급 2.0kg/dm³인,
Lehmbau Regeln 기준 내력용 흙다짐 혼합물의 표기 예시:

  흙다짐 — 내력 — LR — STL 20 — 2 — 2.0

3.5.2 흙쌓기

(1) 용어 정의

흙쌓기는 건축토, 짚과 기타 적절한 섬유, 물로 이루어진 형태가 없는 혼합물이다. 흙쌓기의
건조 용적밀도 ρ_d는 혼합물 내의 섬유 비율에 따라 1.4~1.7kg/dm³이다.

(2) 건축토

적합한 건축토는 세립토fine-grained soil로, 가소성은 박토lean에서 양토rich까지, 응집강도는 작음에서
중간까지(풍적토)이다. 수축 정도가 커서 과양토very rich나 응집력이 큰 흙(점토)은 가공이 어렵
고, 짚섬유로 강화해도 갈라질 수 있다.
   적합한 세립토를 구할 수 없는 지역에서는 처리 과정이 복잡하더라도 바위가 많은 건축토
를 유사한 건축 자재 생산에 사용했다.

(3) 가공, 골재, 첨가물

흙쌓기를 수작업으로 준비하려면, 짚과 길이가 약 30~50cm인 기타 적절한 식물 섬유를 두께
약 5cm로 4~5겹으로 펼쳐놓는데, 높이 10cm의 질척한paste-like 또는 끈적한 건축토와 번갈아 쌓
는다. 총 높이는 60cm를 초과하지 않아야 한다. Niemeyer[30]는 흙재료 1m³당 짚 25kg을 권장
한다. 배합기를 이용해 배합물을 기계적으로 처리할 수도 있다.

(4) 용도

흙쌓기는 기존 구조물을 수리하는 데 사용한다. 기본적으로는 내력벽과 비내력벽을 신축할 수도 있으나 상당한 노동력이 필요하므로 거의 수행하지 않는다. 흙다짐 구조와 달리 흙쌓기 벽은 거푸집 없이 지으며, 흙블록도 생산할 수 있다.

(5) 주요 속성 / 요건

- 건조 용적밀도, 단원 3.6.1.3
- 최대 입도, 단원 2.2.3.1
- 건축 부재 시험체의 수축
- 내화 성능, 단원 3.4.8

흙쌓기를 수작업으로 준비할 때, 혼합재를 층으로 쌓아 하루 동안 놔두면 물이 재료 내부에서 고르게 분산되므로 당초 배합 시에는 물을 소량만 섞어야 한다(그림 3.33 [10]). 가공 특성이 똑같은 균질 가소성 자재를 만드는 것을 목표로 섬유 재료를 흙 혼합물로 고르게 감싸야 한다. 흙 부분의 권장 연경도는 뻑뻑한^{stiff} 정도이다.

그림 3.33 흙쌓기 공정 [10]

(6) 표기

DIN 18945~47에 따라 흙쌓기용 흙은 다음과 같이 표기한다:

흙쌓기 ― 내력/비내력 ―Lehmbau Regeln(기준 법규) ―문자 기호 ―강도등급 ―용적밀도등급

압축강도등급 1N/mm², 용적밀도등급 1.8kg/dm³인, Lehmbau Regeln 기준 내력용 흙쌓기 혼합물의 표기 예시:

흙쌓기 ― 내력―LR ―WL ―1 ―1.8

3.5.3 짚흙과 섬유토

(1) 용어 정의

짚흙과 섬유토는 건축토, (필요하다면) 모래, 유기섬유, 물로 이루어진 형태가 없는 혼합물이다. 건조 용적밀도 ρ_d는 섬유 함량에 따라 1.2~1.7kg/dm³이다.

(2) 건축토

권장하는 건축토는 가소성은 박토[lean]에서 준양토[semi-rich]까지, 응집강도는 작은 흙이다(예: 풍적토, 단원 2.1.2.1).

(3) 가공, 골재, 첨가물

적합한 유기골재는 연한 짚, 건초, 기타 길이가 최대 25cm인 연한 식물 섬유이다. Lehmbau Regeln[22]에서는 흙재료 m³당 짚/섬유 40~60kg을 권장한다. 흙쌓기와 같은 방식으로 재료를 가공한다. 오래된 채움재를 모래나 짚으로 메마르게[lean] 개량해서 가공하는 것도 가능하다. 흙 부분의 권장 연경도는 사용 목적에 따라 뻑뻑한[stiff] 정도에서 무른[soft] 정도까지이다.

(4) 용도

짚흙과 섬유토는 건축 자재로 많이 사용한다: 흙목조 구조 또는 목조 구조의 흙채움, 목조천장의 흙채움, 질척한 표면재, 정형[shaped] 흙블록과 흙판재 생산, 대개 비내력용.

(5) 주요 속성 / 요건

− 건조 용적밀도, 단원 3.6.1.3

− 건축 부재 시험체의 수축

− 내화 성능, 단원 3.4.8

가공 특성이 똑같은 균질 가소성 자재를 만드는 것을 목표로, 섬유 재료를 흙 혼합물로 고르게 감싸야 한다. 흙 부분의 권장 연경도는 사용 목적에 따라 뻑뻑한[stiff] 정도에서 무른[soft] 정도까지이다.

(6) 표기

DIN 18945~47에 따라 짚흙/섬유토는 다음과 같이 표기한다:

짚흙/섬유토 — 비내력 — Lehmbau Regeln(기준 법규) — 문자 기호 — 용적밀도등급

용적밀도등급 1.4kg/dm^3인, Lehmbau Regeln 기준 비내력용 짚흙/섬유토의 표기 예시:

짚흙/섬유토 — 비내력 — LR — SL — 1.4

3.5.4 경량토

(1) 용어 정의

경량토(LL)는 건축토, 유기골재 또는 경량광물골재, 물로 이루어진 형태가 없는 혼합물이다. 건조 용적밀도 ρ_d는 $0.3\sim1.2\text{kg/dm}^3$이다. 경량토는 용적밀도로 등급을 나눈다:

− 경량 혼합재: $\rho_d = 0.3\sim0.8\text{kg/dm}^3$

− 중량 혼합재: $\rho_d > 0.8\sim1.2\text{kg/dm}^3$

다음과 같이 건축 부재의 이름에 주[predominant]골재의 이름을 넣을 수 있다. 예:

경량짚흙: 짚섬유 유기골재(그림 3.19)

경량목편토: 목편[wood chip] 유기골재(그림 3.20)

경량광물토: 경량광물골재 팽창점토(그림 3.34)

그림 3.34 경량광물골재 채움재로 사용한 경량토, 팽창점토 [77]

(2) 건축토

골재 비율이 늘어나면 건축토의 응집강도도 커져야 한다. 이는 중량 혼합재에는 박토[lean]면서 응집강도가 작은 흙(풍적토)이 적합하며, 경량 혼합재에는 양토[rich]에서 과양토[very rich]까지의, 응집강도가 중간에서 큰 정도인 세립토(하성토[fluvial soil]에 분말점토 약간 추가)가 적합하다는 것을 의미한다.

(3) 가공, 골재, 첨가물

골재로 유기섬유 재료(모든 종류의 짚, 목편)나 경량광물골재(열팽창 재료, 부석[pumice], 펄라이트[perlite])를 사용할 수 있다. 두 종류의 골재를 섞는 것도 가능하다. 유기섬유는 완성된 건축 부재 또는 자재의 최단 길이보다 길면 안 된다. Lehmbau Regeln[22]에서는 건축 부재 m^3당 경량골재 양을 다음과 같이 권장한다:

- 짚단[straw bale]: 약 60~90kg/m^3
- 목편: 약 300kg/m^3
- 경량광물골재: 약 300~600kg/m^3

중량 혼합물 *heavy mixes*은 흙쌓기와 마찬가지로 수작업 또는 장비로 가공할 수 있다. **경량 혼합물** *light mixes*은 점토광물 층이 모든 골재를 속속들이 감싸야 한다. 이를 위해 건축토를 수작업 또는 적당한 혼합기로 슬러리[slurry]로 가공한 다음, 팬 믹서[pan mixer]에서 골재를 섞을 수 있다(그림 3.9). 섬유가 긴 유기골재(짚)는 슬러리를 짚에 붓거나(그림 3.10) 짚을 슬러리에 담근다(단원

3.1.2.5). 짚흙 혼합물은 일정 시간 동안, 가급적이면 밤새 평평한 면에 두어야 하는데, 이렇게 하면 혼합물 내에 물이 고르게 퍼지는 데 도움이 된다. 이 상태에서 흙 부분의 연경도는 다소 뻑뻑한^{stiff} 정도이다.

(4) 용도

경량토는 비내력 건축 부재로 사용하며, 건축 자재로도 다양하게 사용한다: 흙목조 구조 또는 목조 구조의 특히 외벽 및 덧마감^{ining} 흙채움, 목조천장의 흙채움, 질척한 표면재, 정형 흙블록과 흙판재 생산.

(5) 주요 속성 / 요건

- 건조 용적밀도, 단원 3.6.1.3
- 건축 부재 시험체의 건조 압축강도 및 선형수축도 시험
- 점토 슬러리의 슬럼프^{slump}, 단원 3.6.2.1
- 내화 성능, 단원 3.4.8

가공 특성이 똑같은 균질 가소성 자재를 만드는 것을 목표로 섬유 재료를 흙 혼합물로 고르게 감싸야 한다. 흙 부분의 권장 연경도는 사용 목적에 따라 뻑뻑한^{stiff} 정도에서 무른^{soft} 정도까지이다.

(6) 표기

DIN 18945~47에 따라 경량토는 다음과 같이 표기한다:

경량토 —Lehmbau Regeln(기준 법규) —광물/유기섬유골재의 문자 기호 —용적밀도등급

용적밀도등급 0.9kg/dm³인, Lehmbau Regeln 기준 비내력용 경량토 혼합재의 표기 예시:

경량토 —LR —LLf —0.9

3.5.5 비다짐 흙채움

(1) 용어 정의

비다짐 흙채움^{earthen loose fill}은 건축토(골재 포함/미포함)로 만든 유동적인 흙건축 자재로, 건축 부

재의 수평 충전재로 사용한다. 필요하면 물을 넣기도 한다. 건조 용적밀도는 다음의 유형으로 구분할 수 있다:

− 비다짐 흙채움: $\rho_d > 1.2\text{kg/dm}^3$

− 비다짐 경량토채움: $\rho_d = 0.3 \sim 1.2\text{kg/dm}^3$

주골재에 따라 이름을 붙일 수도 있다. 예: 비다짐 경량목편토채움; 비다짐 짚흙채움; 비다짐 건축토채움(골재 미포함)

(2) 건축토

응집강도/가소성, 입도에 특별한 요건은 없다. 단원 2.2.1.3에서 제시한 점을 고려하면 재활용 흙이 나을 수 있다.

(3) 가공, 골재, 첨가물

건축토, 가능한 골재, 물을 수작업 또는 기계로 혼합해서 비다짐 재료로 가공한다. 물은 주로 시공할 때 먼지가 덜 나게 하려고 추가한다. 경량광물과 유기섬유를 골재로 사용할 수 있다.

(4) 용도

비다짐 흙채움은 천장과 건축물의 빈 공간을 한꺼번에 채우는 데 사용한다. 분말 처리 후 과립화한 흙과 점토가 이 용도에 특히 적합하다.

(5) 주요 속성 / 요건

− 내화 성능, 단원 3.4.8

단원 3.6.1.2에 따라서 예상 하중을 확인하기 위해 건축 자재의 용적밀도를 시험할 수 있다.

(6) 표기

DIN 18945~47에 따라 비다짐 채움용 흙은 다음과 같이 표기한다:

비다짐 흙채움 —Lehmbau Regeln(기준 법규) — 광물/유기섬유 골재의 문자 기호 —용적밀도 등급

용적밀도등급 1.4kg/dm³인, Lehmbau Regeln 기준 비다짐 흙채움 혼합재의 표기 예시:

비다짐 흙채움 ―LR ―LLf ―1.4

3.5.6 흙몰탈

(1) 용어 정의

흙몰탈은 세립fine-grained 건축토, 광물이나 고운 유기섬유fine-fibered 골재, 물로 이루어진 혼합물이다. 건조 용적밀도 ρ_d가 1.2kg/dm³ 미만이면 경량 흙몰탈이라고 한다.

흙몰탈은 DIN EN 998에 따라 이미 DIN 18946 "조적용 흙몰탈" DIN 18947 "미장용 흙몰탈"로도 통합되었고, 다음의 이름으로도 구분한다:

생 흙몰탈 *fresh earth mortar*은 배합을 완료해서 사용할 준비가 된 흙몰탈이다. **경화 흙몰탈** *hardened earth mortar*은 이미 굳은 흙몰탈이다. **안정화 흙몰탈** *stablized earth mortar*은 몰탈의 강도와 재가소화 능력을 비가역적으로 바꾸도록 화학적으로 안정시키는 결합재를 추가한 몰탈이다.

과대 입도 *oversize*는 DIN EN 1015-1에 따라 체질 후 잔류물이 남지 않은 시험용 체의 거름망 크기이다. **최대 입도** *maximum grain size*는 잔류물이 없거나 과대 입자 한 가지만 검출할 수 있는 시험용 체의 맨 위 거름망 크기 D에 해당하는 입도 분획을 뜻한다. 하단(d)와 상단(D)의 거름망 크기 d/D로 골재의 입자 크기를 설명한다.

(2) 건축토

적합한 건축토는 세립토fine-grained soil로, 실트질silty에서 모래질sandy까지, 가소성은 박토lean에서 준양토semi-rich까지, 응집강도는 작은 흙(예: 풍적토)이다.

(3) 가공, 골재, 첨가물

DIN EN 998은 가공 위치와 방법에 따라 흙몰탈에 관련된 일반 용어를 정의하는데, Lehmbau Regeln[22] 및 DIN 18946-47의 흙몰탈과 연계하여 적용한다.

건축 부지에서 나오는 여러 재료로 흙몰탈을 배합해서 **현장 조달 몰탈** *site-sourced mortar*로 쓸 수 있다. 노천토로 만든 흙몰탈은 먼저 단원 3.1대로 처리하여 5mm보다 큰 입자를 모두 걸러 내야 한다. 적합한 몰탈 배합비는 대개 특정 장소에서의 경험을 따른다.

공장 생산 몰탈 *industrially produced mortars*은 생산자가 제공한 응집성 결합재(예를 들면 건조토, 단원 2.2.1.2)에 지정 배합비에 따라 현장에서 골재(예: 모래)를 추가해서 섞는다. 여기에 물을 가해서 반죽을 필요한 연경도로 만든다. 현장 조달 몰탈과 공장 생산 몰탈에는 Lehmbau Regeln[22]을 적용한다.

포장 즉석 몰탈 *ready-to-use bagged mortars*은 건축토와 골재의 혼합을 완료한 것이다. 이것은 (종이 봉투 또는 저장고에 담아서) 건조한 또는 (소위 대용량 봉투big-bags에 담아서, 그림 3.30) 자연 상태로 습한 채로 건설 현장에 배송한다. 이런 몰탈은 (생산자의 지침에 따라) 물을 추가한 후 즉시 또는 정해진 처리 및 조절tempering 기간 후에 사용할 수 있다. 포장 즉석 몰탈은 DIN 18946~47을 따른다.

재사용 몰탈 *reused mortar*(재활용 흙자재, 단원 2.2.1.3)은 철거한 건축 부재에서 회수해 물로 처리해서 작업할 수 있는 연경도 상태인 조적용 또는 미장용 몰탈이다. 화학적 또는 생물학적 불순물이 없어야 하며 필요에 따라 모래나 짚으로 개량할 수 있다(Lehmbau Regeln[22]).

흙몰탈의 속성은 사용 목적에 따라 따로 추가한 광물골재나 유기물골재, 첨가물의 영향을 받을 수 있다(단원 3.4.2).

(4) 주요 속성 / 요건

현장 조달 몰탈 *site-sourced mortar*의 적합성 시험은 시편 표면 또는 건축 부재 시험체에 할 수 있다.

포장 즉석 몰탈 *ready-to-use bagged mortars*은 공장 내 생산관리의 일환으로 사용 목적에 해당하는 주요 속성을 검증하고 시제품 시험을 고시해야 한다.

변형

생 흙몰탈 연경도. 필요한 성능 특성을 얻기 위해 더 가공하기 전에 생 흙몰탈의 연경도를 시험할 수 있다. 시험은 DIN EN 1015-3에 따라 시험용 흙몰탈의 **유동 연경도** *flow consistency* a를 측정한다(그림 3.40, 단원 3.6.2.1). Lehmbau Regeln에 따라 수축 시험에 사용하는 시험체는 유동 연경도 140mm인 생 흙몰탈을 사용한다.

선형수축도. 흙몰탈의 선형수축도는 단원 3.6.2.1에 따라 시험한다. 시험체는 Lehmbau Regeln에 따라 유동 연경도 140mm인 생 흙몰탈로 준비한다.

공급 형태

생산자는 공급하는 (건조/습윤) 흙몰탈의 연경도를 명시해야 한다. 가장 일반적인 공급 형태는 종이봉투 또는 저장고에 들어있는 건조 몰탈이다. 진공 포장한 유기섬유 함유 건조 몰탈의 수분 함량은 표준기후조건(23°C / 65% RH)에서 몰탈의 평형수분 함량을 초과해서는 안 된다. 생산자가 포장에 "건조" 이상의 함수량과 필요 가공 연경도를 내는 데 필요한 물 소요량을 표시해야 한다.

생산자의 제품 정보에는 건축 자재 공급 업체와 건설 현장에서 제품을 보관할 때의 권장 보관 조건과 예상 보관 수명도 포함해야 한다. 즉석 생몰탈을 공급할 수도 있다

유해 염류 농도

골재와 첨가물을 추가하는 과정에서 몰탈 혼합물에 들어갈 수 있는 유해 염류의 농도는 특정 한도를 초과하지 않아야 한다. 일반적으로 "유해 염류 농도" 속성은 각 염의 수용성 음이온을 지칭하며, 다양한 오염 수준으로 나타낸다. 표 3.6[31]의 다음 분류는 미장에 대한 것이다.

표 3.6 미장에서의 유해 염류 농도 수준

번호	황산염 [질량 %]	염화물 [질량 %]	질산염 [질량 %]	농도 [mmol/kg]	평가
1	<0.024	<0.009	<0.016	<2.5	0 수준 – 오염 없음
2	<0.077	<0.028	<0.05	<8.0	1 수준 – 저농도 오염
3	<0.24	<0.09	<0.16	<25.0	2 수준 – 중농도 오염
4	<0.77	<0.28	<0.50	<80.0	3 수준 – 고농도 오염
5	≥0.77	≥0.28	≥0.50	≥80.0	4 수준 – 최고농도 오염

DIN 18946 및 18947에서 정한 즉석 사용 흙몰탈의 유해 염류 허용 농도는 다음과 같다:

질산염	<0.02 질량%
황산염	<0.10 질량%
염화물	<0.08 질량%

총 유해 염류 농도는 질량의 0.12%를 초과하지 않아야 한다.

내화 성능

DIN 18946 및 18947에 따른 흙몰탈이 질량 또는 부피 중 하나에 대해서 균질 분포한 유기물골재 함량이 1% 이하라면 DIN 4102-4에 따른 추가 시험 없이 계속 건축자재등급 A1로 분류한다. 건축자재등급 A1, A2, B1은 공인기관이 수행하는 적합성 감독 과정의 일환으로 일 년에 한 번 인증을 받아야 한다. 건축자재등급 B2는 생산자가 공장 내 생산관리의 일환으로 검증해야 한다(표 3.9, 3.11 및 단원 3.4.8).

(5) 용도

흙몰탈은 용도에 따라 다음과 같이 분류한다:

- 조적용 흙몰탈
- 흙미장
- 분사 흙몰탈

용도가 건축 자재 이름의 일부이다. 특정 용도로 특별히 표시한 몰탈은 그 특정 분야에서만 사용하기 위한 것이다. 예를 들어, 조적용 흙몰탈은 흙미장용으로는 적합하지 않다.

3.5.6.1 조적용 흙몰탈

(1) 용어 정의

조적용 흙몰탈은 DIN 18946에 따른 조적공사용 흙몰탈이다.

(2) 건축토

조적용 흙몰탈에는 가소성이 박토^{lean}에서 준양토$^{semi-rich}$까지인 응집강도가 작은 흙이 적합하다.

(3) 가공, 골재, 첨가물

건축토를 대개 중립$^{medium-grained}$에서 조립$^{coarse-grained}$까지의 모래($d < 2mm$)와 필요하면 유기섬유로 개량한다. 그래서 "m"(광물) 또는 "f"(섬유강화)로 표기한다.

DIN 18946에 의하면 흙건축 조적용 흙몰탈에 다음의 골재를 사용할 수 있다:

- 광물(m): DIN EN 12620에 따른 천연골재, 몰탈 없는 벽돌로 만든 파쇄 벽돌, DIN EN 13055-1에 따른 팽창펄라이트/팽창점토/팽창슬레이트/천연경석
- 유기물(f): 식물 부산물 및 섬유, 동물 털, 화학 처리하지 않은 분쇄 목재(목편^{wood chip})

DIN EN 12878에 의거해서 무기 안료 첨가도 허용된다. 흙 혼합물에 넣은 모든 골재는 반드시 전부 다 고시해야 한다.

각 구성성분을 생산 공장에서 알맞은 배합기를 사용해서 균질 자재로 혼합해야 한다. 포장 및 운송 중에 배합이 분리되는 것을 방지해야 한다.

(4) 용도

조적용 흙몰탈은 내력/비내력 흙블록 조적공사(DIN 18946)와 기타 벽돌, 콘크리트, 자연석을 이용한 조적공사에 사용한다(Lehmbau Regeln).

(5) 주요 속성 / 요건

조적용 흙몰탈은 흙블록 또는 흙판재, 벽돌 또는 자연석 간의 연결 기능을 하므로 건축 부재 내에서 압축응력과 전단응력을 전달할 수 있어야 한다. 이를 위해서 조적용 흙몰탈과 (흙)블록 사이에서 접착력이 충분해야 한다. 조적용 흙몰탈은 또한 허용한계 내에서 건축 자재의 치수 편차 균형을 맞추고 조적 구조체 내의 연결 틈새를 밀봉하여 바람을 막아야 한다.

다음 요건은 DIN 18946 기준으로 생산자가 고시해야 하는 조적용 흙몰탈의 주요 속성이다.

최대 입자 크기 / 과대 입자

조적용 흙몰탈의 과대 입자는 반드시 8mm 미만이어야 한다. 단원 2.2.3.1에 따라 시험한다.

건조 용적밀도

경화된 조적용 흙몰탈의 용적밀도는 표 3.7의 등급으로 나뉜다.

내력 조적조에 쓰는 표준 조적용 흙몰탈의 건조 용적밀도 ρ_d는 약 1.8kg/dm^3이다.

표 3.7 경화된 조적용 흙몰탈의 용적밀도등급

번호	용적밀도등급	건조 용적밀도의 평균값 [kg/dm³]
1	0.9	0.81~0.90
2	1.0	0.91~1.00
3	1.2	1.01~1.20
4	1.4	1.21~1.40
5	1.6	1.41~1.60
6	1.8	1.61~1.80
7	2.0	1.81~2.00
8	2.2	2.01~2.20

강도

조적용 흙몰탈이 노출된 특정 응력에 따라서 강도 속성은 압축강도와 접착 전단강도로 나누고, 이를 강도등급으로 분류한다.

내력 조적체(강도등급 ≥ M2)에서의 조적용 흙몰탈의 최소 압축강도는 $2.0N/mm^2$이다. 강도등급 M0의 조적용 흙몰탈은 최소 압축강도가 $1.0N/mm^2$이어야 한다. 접착 전단강도 최솟값은 $0.02N/mm^2$이다. 단원 3.6.2.2대로 시험을 시행해야 한다.

표 3.8 조적용 흙몰탈의 강도등급

번호	강도등급	압축강도 [N/mm²]	접착 전단강도 [N/mm²]
1	M0	−	−
2	M2	≥ 2.0	≥ 2.0
3	M3	≥ 3.0	≥ 3.0
4	M4	≥ 4.0	≥ 4.0

선형수축도

선형수축도는 2.5%를 초과하지 않아야 하며, 섬유강화 조적용 흙몰탈은 4% 미만이어야 한다. 단원 3.6.2.1대로 시험을 시행해야 한다.

수증기확산저항

시험하지 않고 $\mu = 5/10$로 상정하거나 단원 3.6.3.2의 시험 방법으로 측정할 수 있다.

열전도율

단원 3.6.3.2대로, 건조 용적밀도 값 ρ_d를 DIN 4108-4에 따라 0.1kg/dm³ 단위에서 반올림한 후 산정해야 한다.

(6) 표기

DIN 18946에 따라:

조적용 흙몰탈—주관 DIN 번호(기준 법규)—최대 입도 및 광물/유기섬유 골재의 문자 기호—강도등급—용적밀도등급

최대 입도 4mm이고 유기섬유골재가 있는 강도등급 M2, 용적밀도등급 1.6kg/dm³인, DIN 18946 기준 조적용 흙몰탈의 표기 예시:

조적용 흙몰탈—DIN 18946—LMM 04 f—M2—1.6.

(7) 성능 지속성의 감독과 인증

DIN 18946에 따른 조적용 흙몰탈 생산 중 성능 일관성은 그림 3.32의 DIBt 체계에 의거하여 감독한다.

- 강도등급 M0인 조적용 흙몰탈, 시스템 S4:

  생산자가 시제품 시험과 공장 내 생산관리 수행; 생산자가 시험 성공 후 적합성conformity 표시
- 강도등급 M2~M4인 조적용 흙몰탈, 시스템 S2+:

  공인인증기관이 공장과 공장 내 생산관리를 초기 감독, 공장 내 생산관리를 계속 감독(이행 감독); 시험 성공 후 공인인증기관이 적합성 인증서를 발급; 생산자가 초기 감독과 공장 내 생산관리 수행; 생산자가 시험 성공 후 적합성 표시

  생산자는 공장 내 생산관리 수행 이전에 조적용 흙몰탈 특유의 요건들에 부합하는, 즉 표 3.9에 있는 주요 속성을 갖춘 시제품을 시험해야 한다. 시제품 시험에 성공하기 전에는 공장 내 생산관리를 시작할 수 없다.

  공인인증기관은 1년에 2회 이상 공장 내 생산관리와 인력, 정상 생산을 보장하는 기술적 요건, 조적용 흙몰탈의 올바른 표시를 이행 감독해야 한다. 초기 감독을 성공적으로 완료하기 전에는 이행 감독을 시작할 수 없다.

　제품정보지(= 생산자의 성능 표시)에는 건축 자재 표지와 자재 요건을 표시한 모든 주요 속성을 포함한다. 또한 CO_2값도 자발적으로 표시할 수 있다.

　포장 명세서는 다음의 정보를 반드시 포함해야 한다:

− 생산자와 공장의 상표[logo]

− 납품한 조적용 흙몰탈의 사양 표기, 수량, 공급 형태

− 납품 날짜 및 수령자

− 적합성 표식(가능하면 포장과 동봉한 정보지에도 나타내야)

표 3.9 조적용 흙몰탈의 성능 지속성 감독을 위한 시험 체계, DIN18947

번호	미장용 흙몰탈의 주요 속성	시제품 시험	공장 내 생산관리	공장 내 생산관리의 시험 범위	건축 자재명 / 제품정보지[d]	단원
1	과대 입자	○	○	400톤마다	제품정보지	2.2.3.1
2	경화된 몰탈의 용적밀도등급	○	○/●	400톤마다	건축 자재명, 제품정보지	3.6.1.3
3	선형수축도	○		400톤마다	제품정보지	3.6.2.1
4	표 3.8에 따른 강도등급 M0a, M2 ~ M4b				건축 자재명, 제품정보지	
5	건조 압축강도 M2 ~ M4	○	○/●	400톤마다	제품정보지	3.6.2.2
6	접착 전단강도 M2 ~ M4	○	○		제품정보지	3.6.2.2
7	내화 성능, 건축자재등급 B2[a] A1, A2, B1[b]	○	○ ○/●	연 1회	제품정보지	3.4.8
8	(의심) 유해 염류	○				2.2.3.4
9	입도 분획(상단 체 크기 D)				건축 자재명, 제품정보지	2.2.3.1
10	광물/유기물 골재				건축 자재명, 제품정보지	3.4.2
11	공급 형태별 흙몰탈 유형				제품정보지	3.5.6
12	열전도율				제품정보지	3.6.3.2
13	수증기확산저항계수				제품정보지	5.1.2.2
14	CO_2 환산량				제품정보지	1.4.3.1
15	활성농도지표[c]				제품정보지	5.1.6.1

생산자 주관 검사 ○: 시제품 시험; 공장 내 생산관리
공인기관 주관 검사 ●: 시제품 감독; 이행 감독
[a] 생산자가 적합성 고시
[b] 공인기관이 적합성 인증
[c] 자발적
[d] 건축 자재명, 제품정보지로 통합

3.5.6.2 미장용 흙몰탈

(1) 용어 정의

미장용 흙몰탈은 실내의 벽과 천장의 표면, 풍화에서 보호해야 하는 외부 표면을 씌우는 데 사용한다. **미장층** *plaster coat*은 "습식 위에 습식으로(wet on wet)" 한 차례 이상 시공한다. **미장 조직** *plaster system*은 한 겹 이상의 미장층으로 구성된다. **초벌 미장** *base coat plaster*은 다층 미장 조직의 하부층을, **정벌 미장** *top coat plaster*은 상부층을 지칭한다(DIN 18947).

표 3.7에서 용적밀도등급이 1.2 이하인 미장용 흙몰탈은 미장용 경량토몰탈이라고 할 수 있다.

개별 요건을 적용할 때는 미장용 흙몰탈은 건축 자재로, 흙미장은 건축 부재로 간주한다(단원 4.3.6).

박층 흙마감재 *clay thin-layer finishes*는 DIN EN 13300에 따라 수성 표면재로 분류할 수 있다. 최대 두께 3mm로 도포하는 (대부분 착색한) 미장용 흙몰탈, "퍼티 나이프^{putty knife}" 흙덩이, 흙도장 피막^{coat}이 이에 해당한다. 박층 흙마감재는 DVL[34]에서 발행한 기술 정보지 06에서 규제한다. [22] 및 DIN 18945~47과 달리 이 정보지는 안정시킨 흙건축 자재도 포함한다.

(2) 건축토

미장용 흙몰탈에 적합한 건축토는 실트질^{silty}에서 모래질^{sandy}까지이면서(예: 풍적토), 수축을 줄이기 위해 조립 실트에 중립 모래가 충분히 들어있는 흙이다. 또한, 흙의 점토광물은 실트와 모래 입자가 미장 표면에 붙어있고 미장이 마른 후에는 거의 안 긁히는 정도의 응집력이 있어야 한다. 분말점토에 희박토^{very lean soil}를 추가하면 이것이 가능하다.

(3) 가공, 골재, 첨가물

건축토는 대개 입자 크기가 중간에서 굵은 정도까지의 모래($d < 2mm$)와 필요하면 유기섬유질을 섞어 개량하는데, 이를 "m"(광물) 또는 "f"(섬유강화)로 표기한다. 미장에서 섬유질은 건조하는 동안 균열을 방지하는 강화 역할을 한다. 섬유질은 흙미장의 마모 및 충격을 견디는 기계적 저항을 증가시키고 미장 마감 상태에서 단열 속성을 개선한다. 뾰족한 모래가 흙 골격 내에서 연동^{interlocking} 저항이 더 크므로 닳아서 둥근 모래보다 골재로 사용하기에 낫다.

DIN 18947에 의하면 흙미장 몰탈에 다음의 골재를 사용할 수 있다:

- 광물(m): DIN EN 12620에 따른 천연골재, 몰탈 없는 벽돌로 만든 파쇄 벽돌, DIN EN 13055-1에 따른 팽창펄라이트/팽창점토/팽창유리(단원 3.4.2 참조)/팽창슬레이트/천연경석
- 유기물(f): 식물 부산물 및 섬유, 동물 털, 화학 처리하지 않은 분쇄 목재(목재 복합재 아님)

DIN EN 12878에 의거해서 무기 안료 첨가도 허용된다. 흙 혼합물에 넣은 모든 골재는 반드시 전부 다 고시해야 한다.

각 구성성분을 생산 공장에서 알맞은 배합기를 사용해서 균질 자재로 혼합해야 한다. 포장 및 운송 중에 배합이 분리되는 것을 방지해야 한다.

중앙아시아, 북아프리카, 아라비아 전통 흙건축의 미장에서는 다른 식으로 화학 변형한 첨가물과 골재를 널리 사용한다. 주로 실내 공간을 장식하는 기능을 하며 지역 건축문화의 필수적인 부분이다. 일본에도 훌륭한 기술이 필요한 매우 오랜 흙미장 전통이 있다.

독일 변두리 지역에서는 전통적으로 경제적인 이유로도 외벽에 흙미장을 사용했다. 석회 이외에도 구할 수 있는 인근의 폐기물을 골재와 첨가물로 넣어서 미장의 내후성을 개선했다. 신선한 소똥, 유청, 동물 혈액 등의 첨가물(그림 3.31)이 점토광물의 구조를 화학적으로 바꾸었다. 이런 전통적 혼합물은 그 적합성이 입증되었으며 특히 현재의 흙건축 재건 및 보존 작업 실무에서 역할을 할 수 있다.

지금은 적절한 기준이 없어서 특히 흙미장과 흙건축 자재 전반의 화학적 변형 첨가물을 따로 생태적으로 평가할 수 없다. 첨가물이 혹시라도 사용자의 건강에 미칠 위험과 자연 순환주기로 재편입한 후 생분해성 측면이 특히 걱정스럽다. Natureplus e.V. 기구는 품질 인장[seal] 발급을 위해서 "흙미장", "흙도료 및 박층 흙마감재"라는 지침을 만들었다 [35]. "금지 및 제한하는 성분 물질" 단원에서 다음 내용을 명시하고 있다:

"흙미장" 제품은 반드시 100% 광물 및 재생 가능한 원료를 함유해야 한다. 결합재로 점토광물만을 허용하며, 합성 결합재와 화학 변형 첨가물은 금지한다. 미장용 흙몰탈은 특히 다음 물질을 포함해서는 안 된다:

－살생물제[biocides]

－유기할로겐 물질

－합성 첨가물 및 섬유(예: 아크릴산염[acrylates], 폴리비닐아세테이트[polyvinyl acetates])

－합성 결합재(석회, 석고, 시멘트)

－셀룰로스 및 전분 유도체

건조한 조적용 흙몰탈의 휘발성유기화합물(VOC) 함량한계 수준은 최대 100ppm이다. 흡착성유기할로겐화합물(AOXs), pH 값, 금속/준금속, 방사능 한계는 해당 시험 절차에서 규정한다. 재활용 흙자재를 쓴 경우(단원 2.2.1.3 및 6.2.2.1)에는 건강에 해로울 수 있는 흡수성 성분, 특히 석면 섬유, 중금속, 방향족탄화수소(PAH)를 시험해야 한다.

미장용 흙몰탈은 방사능 수준이 절대로 증가해서는 안 되고 표 6.1에 있는 한도 내에 있어야 한다.

[34], [35]에 따르면, "흙도장 및 박층 흙마감재" 제품군은 중량 기준 최소 99% 광물 및 재생 가능한 원료(화학 변형한 천연 재료 포함)와 물로 구성되어야 한다. 주요 결합재는 반드시 점토광물이어야 하며, 다음과 같은 물질이 포함되어서는 안 된다:

－유기할로겐 물질
－식품 첨가물 또는 화장품용으로 승인되지 않은 보존제
－살생물제, 제품 특성(예: 높은 염기성)으로 인해 양철통에 보관해야 하는 경우 제외

고름재primers에 유해물질, 가소제, 보존제를 방출하는 용매를 포함하면 표 6.1에 기재된 제한을 준수해야 한다. 골재/첨가물에 메틸셀룰로스를 사용한다면 생산하는 동안 하수가 오염되지 않았는지 확인해야 한다.

(4) 용도

최근 몇 년 동안 미장용 흙몰탈 분야는 여러 특수 응용 영역으로 다변화했다. 이로 인해 특별한 속성과 제품명을 가진 미장이 발달했다.

초벌 미장용 몰탈

초벌 미장용 몰탈은 다층 미장 조직의 아래층으로, 고르지 않은 바탕면을 채우거나 단열판을 부착하는 데 사용한다. 이 층은 최대 수 센티미터 두께(일반적으로 10~20mm)까지 시공하므로 이 용도의 미장 배합물은 흔히 양토rich에 가깝다. 후속 단계를 시공하는 동안, 예를 들어 마감 미장fine-finish plaster으로 이 층을 덮으면 균열이 발생할 수 있다. 초벌 미장에는 최대 길이 30mm인 섬유 및 최대 입자 지름 4mm인 세립 자갈과 같은 상대적으로 거친 골재가 들어있다.

정벌 미장용 몰탈

정벌 미장용 몰탈은 미장 조직의 최상층에 사용하며 최대 두께 약 12mm의 단일 층으로 시공할 수도 있다. 초벌 미장용 흙몰탈과 달리 미장 최종면을 형성하므로 더 고운 섬유와 입도가 작은($d \leq$ 2mm) 골재를 사용한다. 정벌 미장용으로 산업 생산한 건식 광물몰탈은 "마감 미장용 몰탈"이라고도 하며 DIN EN 998-1에 따라 약어 "CR"(착색 정제 몰탈)을 사용한다.

초벌 및 정벌용 흙몰탈은 조성이 비슷하고 표면 질감이 상대적으로 거칠다. 따라서 많은 생산자가 초벌용과 정벌용 몰탈을 구분하지 않고 두 가지 용도에 같은 제품을 제공한다.

고운 광물질/섬유질 골재가 들어있는 **박층 미장용 흙몰탈** *thin-layer earth plaster mortar*은 다층 미장 조직의 마감 층에 사용한다. 두께 3~5mm로 얇게 시공해 매우 곱고 치밀한 표면 질감을 낸다.

흙 접착제 *clay adhesives*는 대형 (흙)블록을 연결하고 건식 공사에서 (흙)판재를 부착하는 데 쓰며, 퍼티 칼을 사용하여 최대 두께 5mm로 시공한다. 모래와 미세 유기섬유에 분말점토와 기타 결합재(셀룰로스, 활석^{talcum} 등)를 추가해서 상대적으로 응집력이 크다.

흙 접착제를 박층 미장용 흙몰탈로 쓸 수도 있다.

박층 흙마감재

박층 흙마감재 제품군은 박층 미장이 도장재로 변환된 것이다. 박층 흙마감재는 건축토, 가능한 광물 및 섬유 골재, 가능한 안정화 첨가물로 구성된다. 용도에 따라 두께 3mm 미만으로 시공한다.

이 제품군은 다음을 포함한다:

유색 *colored finish* **미장용 흙몰탈**. 질척한$^{past-like}$ 정도에서 주무를 수 있는^{plastic} 정도까지의 연경도로 최종 면에 시공한다. 중성색의 흙 배합물에 유색 안료를 첨가한 것으로, 특수 착색한 점토를 결합재로 섞어서 색을 낼 수도 있다. 두 방법 모두 실내 공간에서 창의적인 효과를 내는 유색 표면 마감에 사용할 수 있다.

흙퍼티 *earth putty coats*. 갈아서 연마할 수 있는 특히 고운 입도의 박층 흙마감재이다. 질척한 정도에서 주무를 수 있는 정도까지 연경도로, 퍼티칼로 매우 얇게 발라 마감용 흙미장의 바탕을 고르는 데 사용한다.

흙도장 *earth paint coats*. 붓으로 칠할 수 있는 흙미장과 흙도료가 있는데, 질척한 정도에서 주무를 수 있는 정도까지 연경도로 최종 층에 시공한다.

붓미장 *brushable earth plasters*은 미장에 들어있는 특정 크기의 입자가 풍부한 표면 질감을 내는 "과립형 도료"이다. 도료처럼 시공하며, 표면 구조의 최종 층이라는 면에서 마감 흙미장과 유사하다. 분말점토 외에도 셀룰로스 또는 전분을 결합재로 사용할 수도 있다.

흙도료 *clay paints*는 분말점토와 결합재인 셀룰로스 또는 전분의 조합으로 구성되나 눈에 띄는 입자 질감은 없다.

건식 흙미장판

건식 흙미장판은 습식 미장용 몰탈의 대안으로 흙미장 중에서도 독특하다. 갈대로 강화한 얇은 흙판재로, 현재 두께 16mm, 62.5×62.5cm^2 규격으로 통용된다. 판의 표면에 거칠게 짠 황마 직물을 씌웠다. 건식 흙미장판은 타일처럼 건조한 바탕에 평평하게 접착제로 붙이고 마감 흙미장으로 얇게 덮는다.

(5) 주요 속성 / 요건

미장용 흙몰탈은 반드시 바탕면에 충분하게 부착해야 한다. 정벌 미장은 균열이 없어야 하며, 필요한 시각적 요건을 충족해야 한다(단원 4.3.6.3).

생산자가 고시해야 하는 미장용 흙몰탈의 주요 속성은 DIN 18947에 따라 다음 요건을 충족해야 한다:

최대 입자 크기 / 과대 입자

미장용 흙몰탈의 과대 입자는 반드시 생산자가 제공한 최소 미장층 두께보다 작아야 한다.

건조 용적밀도

경화된 미장용 흙몰탈의 용적밀도는 표 3.7에 따라 등급을 나눈다. 용적밀도등급이 1.2 이하인 미장용 흙몰탈은 미장용 경량토몰탈이라고 할 수 있다.

강도 및 마모

미장용 흙몰탈의 강도 속성을 DIN 18947에 따라 여러 가지 강도등급으로 나누는데, 노출되는 응력에 따라 압축강도, 휨강도, 접착강도로 구성된다. 미장 흙몰탈은 표 3.10에 나열된 각 강도 등급의 최소 요건을 충족해야 한다. 박층 흙마감재는 응집강도 및 마모 속성이 강도등급 S II 요건을 충족해야 한다.

마모는 각 강도등급의 기준값을 절대로 초과해서는 안 된다(표 3.10). 각 제품의 마모량인, 유색 미장용 흙몰탈과 흙퍼티 0.70g, 붓미장 0.20g, 흙도료 0.03g을 초과해서는 안 된다.

표 3.10 미장용 흙몰탈의 강도등급

번호	강도등급	압축강도 [N/mm²]	휨강도 [N/mm²]	접착강도 [N/mm²]	마모량 [g]
1	S I	≥ 1.0	≥ 0.3	≥ 0.05	≤ 1.5
2	S II	≥ 1.5	≥ 0.7	≥ 0.10	≤ 0.7

선형수축도

미장용 섬유강화 흙몰탈의 선형수축도는 2.0% 또는 3.0%를 초과해서는 안 된다. 박층 미장용 섬유강화몰탈과 광물몰탈의 선형수축도는 최대 4%를 낼 수 있다. 이 상태에서 생산자가 정한 특정 층 두께에서 재료 고유의 작업성을 확보해야 한다.

수증기확산저항

시험하지 않고 $\mu = 5/10$로 상정하거나 단원 3.6.3.2의 시험 방법으로 측정할 수 있다.

수증기 흡착

미장용 흙몰탈은 표 3.32에 따라 수증기흡착등급 WS I 요건을 충족해야 한다. 박층 흙마감재는 아래층 미장용 흙몰탈의 수분 흡착을 크게 감소시키지 않아야 한다. 이 요건은 박층 흙마감재가 수증기흡착등급이 WS III인 미장용 흙몰탈의 수분 흡착을 감소시키는 것에 한해서는 충족하는 것으로 간주한다.

-1시간 후 3g/m² 초과

-6시간 후 7g/m² 초과 [34]

열전도율

단원 3.6.3.2대로, 건조 용적밀도 값 ρ_d를 DIN 4108-4에 따라 $0.1kg/dm^3$ 단위에서 반올림한 후 산정해야 한다.

(6) 표기

DIN 18947에 따라:

  미장용 흙몰탈―주관 DIN 번호(기준 법규) ― 최대 입도 및 광물/유기섬유 골재의 문자 기호 ― 강도등급 ―용적밀도등급

최대 입도 2mm이고 유기섬유골재가 있는 강도등급 S II, 용적밀도등급 $1.6kg/dm^3$인, DIN 18947 기준 미장용 흙몰탈의 표기 예시:

  미장용 흙몰탈―DIN 18947 ―LMP 02 f―S II ―1.6.

(7) 성능 지속성의 감독과 인증

DIN 18947에 따른 미장용 흙몰탈 생산 중 성능 일관성은 그림 3.32의 DIBt 체계에 의거하여 감독한다.

- 시스템 S 4: 생산자가 시제품 시험과 공장 내 생산관리 수행; 생산자가 시험 성공 후 적합성 conformity 표시. 미장용 흙몰탈은 모든 미장용 광물몰탈의 경우처럼 적합성 표식을 받지 않는다.

  생산자는 공장 내 생산관리 수행 이전에 미장용 흙몰탈 특유의 요건들에 부합하는, 즉 표 3.11에 있는 주요 속성을 갖춘 시제품을 시험해야 한다. 시제품 시험에 성공하기 전에는 공장 내 생산관리를 시작할 수 없다.

  포장 명세서는 다음의 정보를 반드시 포함해야 한다:

－생산자와 공장의 상표^{logo}

－납품한 미장용 흙몰탈의 사양 표기, 수량, 공급 형태

－납품 날짜 및 수령자

표 3.11 미장용 흙몰탈의 성능 지속성 감독을 위한 시험 체계, DIN18947

번호	미장용 흙몰탈의 주요 속성	시제품 시험	공장 내 생산관리	공장 내 생산관리[b]의 시험 범위	건축 자재명 / 제품정보지[c]	단원
1	과대 입자	○	○	400톤마다	제품정보지	2.2.3.1
2	경화된 몰탈의 용적밀도등급	○	○	400톤마다	건축자재명, 제품정보지	3.6.1.3
3	선형수축도	○	○	400톤마다	제품정보지	3.6.2.1
4	표 3.10에 따른 강도등급				건축자재명, 제품정보지	
5	건조 압축강도	○	○	400톤마다	제품정보지	3.6.2.2
6	휨강도	○			제품정보지	3.6.2.2
7	응집강도	○			제품정보지	3.6.2.2
8	내화 성능, 건축자재등급 A1, A2, B1	○	○	연 1회	제품정보지	3.4.8
9	(의심) 유해 염류	○				2.2.3.4
10	입도 분획(상단 체 크기 D)				건축자재명, 제품정보지	2.2.3.1
11	광물/유기물 골재				건축자재명, 제품정보지	3.4.2
12	공급 형태별 흙몰탈 유형				제품정보지	3.5.6
13	최대/최소 층 두께				제품정보지	
14	열전도율				제품정보지	3.6.3.2
15	수증기확산저항계수				제품정보지	5.1.2.2
16	(의심) 마모도[a]	○			제품정보지	3.6.2.2
17	표 3.32에 따른 수증기흡착등급a			2년마다 1회	제품정보지	3.6.3.1 5.1.2.5
18	CO_2 환산량[a]				제품정보지	1.4.3.1
19	활성농도지표[a]				제품정보지	5.1.6.1

생산자 주관 검사 ○: 시제품 시험; 공장 내 생산관리
[a] 자발적
[b] 연생산량 1,600톤 이하 연 1회, 또는 연생산량 1,600톤 초과 연 4회;
  박층 미장용 흙몰탈 한정: 연생산량 200톤 이하 연 1회, 또는 연생산량 1,600톤 초과 연 8회 공장 내 생산관리
[c] 건축 자재명, 건축 정보지로 통합

3.5.6.3 분사 흙몰탈

(1) 용어 정의

분사 흙몰탈은 분사 기술을 사용해 골격 구조틀 안을 채우는 흙몰탈이다. 단원 3.5.6.2에 따르면 분사 흙몰탈은 미장용 흙몰탈로 간주하지 않는다. 표 3.7에 따라 용적밀도등급이 1.2 이하인 분사 흙몰탈을 분사용 경량토몰탈이라고 할 수 있다.

(2) 건축토

건축토는 가소성이 적당$^{semi\text{-}rich}$에서 풍부한^{rich} 정도이고, 응집강도는 낮은^{low}~중간^{semi} 정도인 흙이 적합하다.

(3) 가공, 골재, 첨가물

분사 흙몰탈 배합물은 특히 장비 사용에 적합한 골재 선택이 각별히 중요하다. 광물골재는 모래가 적합하며 유기물골재는 톱밥과 잘게 다진 짚섬유가 적합하다.

(4) 용도

분사 흙몰탈은 흙목조의 채움재, 덧마감, 철근 보강 벽체(그림 4.32), 천장 채움재로 쓴다.

(5) 주요 속성 / 요건

단일 층 또는 다층으로 시공하는 분사 흙몰탈은 바탕 또는 골조에 견고하게 부착해야 한다.

－건조 용적밀도, 단원 3.6.1.3
－최종 배합물(또는 필요한 건축 부재의 시험체)의 선형수축도, 단원 3.6.2.1

(6) 표기

DIN 18945~48에 따라 분사 흙몰탈은 다음과 같이 표기한다:

분사 흙몰탈—Lehmbau Regeln(기준 법규)—광물/유기물 골재의 문자 기호—용적밀도등급

유기섬유골재가 있는 용적밀도등급 1.4kg/dm³인, Lehmbau Regeln 기준 분사 흙몰탈 표기 예시:

분사 흙몰탈—LR—LSM f—1,4.

3.5.7 흙블록

(1) 용어 정의

흙블록은 단원 3.5.1, 3.5.3, 3.5.4에 따른 정해진 형태가 없는^{unshaped} 흙자재로 만든, 대체로 직사각형 형태인 흙건축 자재이다. DIN EN 771-1에 의거해서 다음의 흙블록 용어를 정의하고 해당하는 DIN 18945에서 사용한다.

　일반 흙블록 *solid earth blocks*은 수평 바닥면에 수직 관통한 모든 천공면이 15% 미만인 블록이다.

　유공 흙블록 *perforated earth blocks*은 수평 바닥면에 수직 관통한 모든 천공면이 15% 이상이다. 표 3.7에 따라 용적밀도등급이 1.2 미만인 흙블록은 DIN 18945에 근거해서 경량토블록이라고 한다.

　블록 용적밀도 *block bulk density*(＝총 건조 용적밀도, 천공면 무시)와 재료 용적밀도 *material bulk density*(＝순 건조 용적밀도, 소성벽돌의 용적체^{bulk body} 밀도에 해당)라는 용어를 다시 구분한다.

　안정시킨 흙블록 *stabilized earth blocks*은 블록의 수용성과 강도를 바꾸는 화학 변형 첨가물이 들어 있다.

　재래식 흙건축에서 흙블록은 흙블록과 녹색 비소성벽돌 범주로 구분한다: 녹색 비소성벽돌 *green unfired bricks*은 산업적 벽돌 생산자가 불에 구우려고 했었으나 굽지 않은 상태로 사용한 벽돌이다.

(2) 건축토

흙블록을 만드는 데 사용하는 흙은 특히 응집강도, 가소성, 입도 분포에서 비정형^{unshaped} 흙건축 자재의 품질 요건을 충족해야 한다. Houben와 Guillaud[14]는 안정시키지 않은 블록의 건축토에 다음과 같은 가소성 범위를 권장한다: PI＝0.17～0.33, LL＝0.32～0.50. 이들은 이 범위를 좁히기는 어렵다고 말한다.

(3) 가공, 성형, 골재 / 첨가물

흙블록의 가공과 성형은 단원 3.1과 3.2.2에서 설명한 방법으로 수행한다. 최종 소성 과정을 제외하면 세라믹 산업과 유사하다.

　DIN 18945에 따르면 흙블록을 만드는 데 세 가지 성형 방법 *shaping methods*이 있다:

- f: 투척－(손으로 또는) 기계로 강하게 던지거나 형틀에 부은 다음 절삭로^{striking pass}를 통과해 추가 압축 없이 *without* 성형
- p: 압축－형틀에서 압축하거나 다져서 만듦
- s: 압출－배출구로 밀려 나온 압출 블록을 자름

성형 방법은 흙블록의 기계적 특성에 큰 영향을 미친다. 이는 DIN 18945의 표기 체계에서 주요 특성으로 문자 기호 "f", "p", "s"로 고시한다.

표 3.12에서 사용등급 I(과 II)인 흙블록은 반드시 (과거의 "녹색"벽돌에서 흔히 볼 수 있었던) 표면에 조개껍질 같은 결이 없고 표면에 가까운 부분만 더 많이 압축되지 않은 균질한 구조로 만들어야 한다.

표 3.12 흙블록의 사용등급, DIN 18945

번호	사용등급	용도
1	Ia	목조 건축의 미장한 외부 조적 채움재, 날씨에 노출
2	Ib	완전히 미장한 외부 조적벽, 날씨에 노출
3	II	마감재로 날씨 영향을 차단한 외부 조적벽, 내부 조적벽
4	III	건식 흙블록 건축(예: 천장 채움재 또는 벽의 쌓은 덧마감)

흙블록에는 성형 과정에서 투입한 비정형 흙건축 자재에 포함된 골재와 첨가물이 들어있다. DIN 18945에 의하면 흙블록에 다음의 골재를 사용할 수 있다. 해당하는 문자 기호는 "m", "f"이다:

- **광물(m):** DIN EN 12620에 따른 천연골재, 몰탈 없는 벽돌로 만든 파쇄 벽돌, DIN EN 13055에 따른 팽창펄라이트/팽창점토/팽창유리(단원 3.4.2 참조)/팽창슬레이트/천연경석
- **유기물(f):** 식물 부산물 및 섬유, 동물 털, 화학 처리하지 않은 분쇄 목재(목재 복합재 아님)

DIN EN 12878에 의거해서 무기 안료의 첨가도 허용된다. 흙 혼합물에 넣은 모든 골재는 반드시 전부 다 고시해야 한다.

많은 개발도상국은 물론 미국과 오스트레일리아에서도 흙블록 생산에 합성 결합재(특히 시멘트, 아스팔트 유액)를 보편적으로 사용한다. 이런 결합재 사용은 현지 법규로 규제한다.

(4) 용도

DIN 18945에 따른 흙블록은 용도와 노출되는 하중 유형을 기준으로 사용등급을 분류한다(표 3.12). 사용등급 Ib, II인 흙블록은 강도 요건을 충족하면 내력벽에 사용할 수 있다.

(5) 주요 속성 / 요건

DIN 18945에 의거하여 흙블록은 다음의 요건을 반드시 충족해야 한다.

규격, 구멍, 치수

흙블록은 직사각형 모양의 건축 자재이다. 흙블록의 단부는 평활하거나 홈이음부가 있고, 측면은 평활하거나 단면에 모양이 있기도 하다. 흙블록의 직사각형 모양에 편차가 있을 수 있으나 생산자가 명확하게 고시해야 한다.

DIN 105-100에 따른 흙블록의 치수는 다음의 순서로 표시한다: 길이(l)×너비(w)×높이(h) (단위 mm) 또는 형식 기호(표 3.13). 일반적인 흙블록 규격은 표준 규격 NF 240×115×71mm 와 얇은 규격 DF 240×115×52mm이며, 얇은 규격의 배수로 파생해 최대 12DF까지이다(그림 3.35). 비규격 치수도 허용한다.

DIN 105-100에 따라 생산한 흙블록에는 다음의 공칭 크기, 최소 및 최대 크기, 길이 l, 너비 w, 높이 h에 치수 공차를 적용한다(표 3.14). 공칭 크기는 표준 크기이고 최소 및 최대 크기는 블록마다 허용하는 치수 편차이다. 치수 공차는 건설 현장으로 배송하는 1회 물량 내에서 허용할 수 있는 치수 편차를 규정한다.

내력 조적 건축에서 흙블록은 표 3.15에 기재된 요건을 충족해야 한다.

표 3.13 흙블록의 공칭 크기 및 기호, DIN 18945

번호	규격 기호	공칭 크기 [mm]		
		길이 l	너비 w	높이 h
1	1DF(얇은 규격)	240	115	52
2	NF(표준 규격)	240	115	71
3	2DF	240	115	113
4	3DF	240	175	113
5	4DF	240	240	113
6	5DF	240	300	113
7	6DF	240	365	113
8	8DF	240	240	238
9	10DF	240	300	238
10	12DF	240	365	238

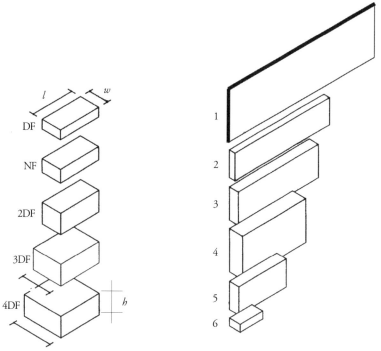

DIN 105-100에 의한 흙블록 규격: 비표준 흙판재 규격

l x	w x	h [cm]				
24 x	11.5 x	5.2	DF	1	150 x	62.5 x	2.5
24 x	11.5 x	7.1	NF	2	100 x	24.5 x	6.0
24 x	11.5 x	11.3	2DF	3	85 x	29.5 x	9.5
24 x	17.5 x	11.3	3DF	4	67 x	67.0 x	14.0
24 x	24.0 x	11.3	4DF	5	50 x	25.0 x	12.0 (10.0)
				6	대조를 위한 NF		

그림 3.35 [9]에 따른 흙블록과 흙판재의 공통 규격

표 3.12에서 사용등급 I과 II인 흙블록에 있는 구멍은 바닥면에 수직으로 관통해야 하며 표 3.15에서 주어진 구멍, 노출면$^{face shell}$ 두께, 격막^{web} 두께의 최솟값 미만으로 떨어지지 않아야 한다. 구멍은 바닥면 전체에 고르게 분포해야 한다. 구멍의 횡단면은 어떤 모양이든 될 수 있지만 취급용 함몰부와 손잡이 구멍을 제외하고 $6cm^2$를 초과해서는 안 된다. 각 취급 또는 손잡이 구멍은 $25cm^2$를 초과하지 않아야 하며 3DF 이상 규격과 특수 규격에만 둔다.

흙블록을 다루는 함몰부와 손잡이 구멍은 필요한 곳에만 중심선 상에 위치해야 한다. 취급용 함몰부 또는 손잡이 구멍 두 개 사이의 거리는 70mm 이상이어야 하며, 그 사이에 구멍이 더 없어야 한다. 손잡이 구멍은 전체 천공 면의 일부로 계산한다.

표 3.14 흙블록의 치수, DIN 18945

번호	치수	공칭 크기 [mm]	최소 크기 [mm]	최대 크기 [mm]	치수 공차 [mm]
1	l, w	90	84	95	6
2	l, w	115	108	120	7
3	l, w	145	137	148	8
4	l, w	175	166	178	9
5	l, w	240	230	245	12
6	l, w	300	290	308	14
7	l, w	365	355	373	14
8	h	52	48	54	4
9	h	71	66	74	5
10	h	113	107	118	6
11	h	155	149	160	6
12	h	175	169	180	6
13	h	238	231	243	7

표 3.15 다양한 사용등급에서 허용하는 흙블록의 구멍, 최소 노출면face shell 및 격막web 두께, DIN 18945

번호	사용등급	바닥면에 허용하는 구멍 [%]	노출면 두께 [mm]	격막 두께 [mm]	바닥면을 향한 구멍 방향
1	Ia	비천공[a]	≥ 50	≥ 70	수직
2	Ib	≤ 15	≥ 30	≥ 20	수직
3	II	$\leq 15 (\leq 30)^{b}$	≥ 20	$\geq 20 (\geq 4)^{b}$	수직
4	III	요건 없음			모든 방향

[a] 중심선상에 배열된 두 개의 손잡이 구멍을 제외하고, 전체 천공 표면이 ≤15%인 3DF 이상 규격 및 특수 규격
[b] 비내력 흙조적용 값

재료 용적밀도의 순 부피 산출에 쓰는 구멍의 부피는 DIN EN 772-9에 따라 계산할 수 있다. 흙블록의 구멍은 DIN 18945에서 주요 속성으로 "구멍"을 나타내는 문자 기호 "g"를 써서 표기한다.

유해 염류 농도

단원 3.5.6을 따른다.

건조 용적밀도

흙블록은 표 3.7에 따라 용적밀도등급 0.5부터 시작해서 블록의 용적밀도등급을 나눈다. 내력

조적 건축용 흙블록은 최소 용적밀도등급 1.4를 준수해야 한다. 용적밀도등급이 1.0 이하라면 각 값은 한곗값의 위 또는 아래로 0.05kg/dm³를 벗어나면 안 되며, 용적밀도등급이 1.0 초과라면 위 또는 아래로 0.1kg/dm³ 이하여야 한다.

강도

흙블록의 강도 속성은 표 3.16에 따라 압축강도등급으로 정의한다. 압축강도등급은 허용되는 최소 개별값에 해당한다. 시험에서 측정한 압축강도의 연속 평균값(Lehmbau Regeln에 따라 최소 3개의 시험체로 구성)은 압축강도등급 값보다 25% 이상 높아야 한다. 시험 결과는 단원 3.6.2.2에 따라 규정한 평균값과 최소 개별값보다 낮아서는 안 된다.

내력 조적 건축용 흙블록은 최소 압축강도등급 2를 준수해야 한다. 내력용이 아닌 조적 건축용 흙 블록은 공정과 용도에 맞게 충분히 강해야 한다. 일반적으로 압축강도가 최소 1N/mm²인 경우이다.

표 3.16 흙블록의 압축강도등급, DIN 18945

번호	압축강도등급	압축강도 [N/mm²]	
		평균값	최소 개별값
1	2	2.5	2.0
2	3	3.8	3.0
3	4	5.0	4.0
4	5	6.3	5.0
5	6	7.5	6.0

변형 거동

하중을 받을 때. 내력벽용 흙블록은 최소 탄성계수가 750N/mm²이어야 한다. 압축강도등급이 2 이상인 흙블록은 대체로 이 요건을 충족한다. 의심스럽다면 생산자가 주관하여 단원 3.6.2.2에 따라 시험을 시행해야 한다.

습기와 동결에 노출될 때. 흙블록은 반드시 각 용도에 필요한 내습성과 내한성이 충분해야 하며, 표 3.17의 요건을 충족해야 한다. 사용등급 I과 II인 흙블록의 팽윤이 절대로 사용과 표면 마감에 영향을 미치지 않아야 한다. 각 시험은 단원 3.6.3.1에 따라 시행한다.

표 3.17 흙블록의 습기 거동, 동결 거동, DIN 18945

번호	사용등급	담금 시험 질량 손실 [%]	접촉 시험	흡착 시험 [h]	동결 시험 [주기]
1	Ia	≤ 5	균열 또는 팽윤 없음	≥ 24	≥ 15
2	Ib			≥ 3	≥ 5
3	II	≤ 15		≥ 0.5	요건 없음
4	III	요건 없음	요건 없음	요건 없음	

수증기확산저항

시험하지 않고 $\mu = 5/10$로 상정하거나 단원 3.6.3.2의 시험 방법으로 측정할 수 있다.

열전도율

단원 3.6.3.2대로, 건조 용적밀도 값 ρ_d를 DIN 4108-4에 따라 0.1kg/dm^3 단위에서 반올림한 후 산정해야 한다.

내화 성능

DIN 18945에 따른 흙블록은 질량 또는 부피 중 하나에 대해서 균질 분포한 유기물골재 함량이 1% 이하라면 DIN 4102-4에 따른 추가 시험 없이 계속 건축자재등급 A1로 분류한다(단원 3.4.8). 건축자재등급 A1, A2, B1은 공인기관이 수행하는 적합성 감독 과정의 일환으로 일 년에 한 번 인증을 받아야 한다. 건축자재등급 B2는 생산자가 공장 내 생산관리의 일환으로 검증해야 한다(표 3.18).

(6) 표기

DIN 18945에 따라 흙블록은 다음과 같이 표기한다:

흙블록 ― 내력용/비내력용 ― 주관 DIN 번호(기준 법규) ― 흙블록의 생산 방법, (해당한다면) 구멍, 압축강도등급의 문자 기호 ― 사용등급 ― 용적밀도등급 ― 규격 문자 기호

구멍이 없고, 압축강도등급 3, 사용등급 Ib, 용적밀도등급 1.6인, 길이 240mm, 너비 115mm, 높이 71mm("표준 규격 NF")인 DIN 18945 기준 내력용 압축 흙블록의 표기 예시:

흙블록 ― 내력용 ― DIN 18945 ― LS p 3 ― Ib ― 1.6 ― NF.

표 3.18 흙블록의 성능 지속성 감독을 위한 시험 체계, DIN18945

번호	미장용 흙몰탈의 주요 속성	시제품 시험	공장 내 생산관리	공장 내 생산관리의 시험 범위[d]	건축 자재명 / 제품정보지[e]	단원
1	사용등급(UCI[a]), 사용유형 "내력[a]/비내력"		●		건축자재명, 제품정보지	3.5.7
2	생산 방법				건축자재명, 제품정보지	3.2.2
3	형식, 구멍, 치수	○	○/●	250m³ LS	건축자재명, 제품정보지	3.5.7
4	표 3.7에 따른 용적밀도등급	○	○/●	250m³ LS	제품정보지	3.6.1.2
5	표 3.16에 따른 압축강도등급	○	○/●, 강도등급 2 이상	250m³ LS	제품정보지	3.6.2.2
6	습기/동결 존재 시 변형 거동 사용등급 I, 사용등급 II	○	●			3.6.2.1
7	광물/유기물 골재	○			건축자재명, 제품정보지	3.4.2
8	(의심) 유해 염류					2.2.3.4
9	열전도율				제품정보지	3.6.3.2
10	수증기확산저항계수				제품정보지	5.1.2.2
11	내화 성능, 건축자재등급 B2[b] A1, A2, B1[a]	○	○ ○/●	연 1회	제품정보지	3.4.8
12	CO₂ 환산량[c]				제품정보지	1.4.3.1
13	수증기흡착등급[c]			2년마다 1회	제품정보지	3.6.3.1 5.1.2.5
14	활성농도지표[c]				제품정보지	5.1.6.1

생산자 주관 검사 ○: 시제품 시험; 공장 내 생산관리
공인기관 주관 검사 ●: 시제품 감독; 이행 감독
[a] 공인기관이 적합성 인증
[b] 생산자가 적합성 고시
[c] 자발적
[d] 사용등급 Ia는 500m³마다 주요 속성 검사, 사용등급 Ib와 II는 1,000m³마다 주요 속성 검사
[e] 건축 자재명, 건축 정보지로 통합

이 정보는 분명하게 읽을 수 있어야 하며, 포장에 부착하거나 동봉한 제품정보지에도 생산자의 상표[logo]와 함께 반드시 포함해야 한다.

(7) 성능 지속성의 감독과 인증

DIN 18945에 따른 흙블록 생산 중 성능 일관성은 그림 3.32의 DIBt 체계에 의거하여 감독한다.

내력용 흙블록 및 사용등급 I

• 시스템 S 2+: 공인인증기관이 공장과 공장 내 생산관리를 초기 감독, 공장 내 생산관리를
계속 감독(이행 감독); 시험 성공 후 공인인증기관이 적합성 인증서를 발급; 생산자가 시제품
시험과 공장 내 생산관리 수행; 생산자가 시험 성공 후 적합성 표시

비내력용 흙블록

• 시스템 S 4: 생산자가 시제품 시험과 공장 내 생산관리 수행; 생산자가 시험 성공 후 적합성
conformity 표시

생산자는 공장 내 생산관리 수행 이전에 표 3.18에 있는 주요 속성을 시험하는 시제품 시험
을 시행해야 한다. 시제품 시험에 성공하기 전에는 공장 내 생산관리를 시작할 수 없다.

공인인증기관은 1년에 2회 이상 공장 내 생산관리와 인력, 정상 생산을 보장하는 기술적
요건, 흙블록의 올바른 표시를 이행 감독해야 한다.

포장 명세서는 다음의 정보를 반드시 포함해야 한다:

－생산자와 공장의 상표logo
－납품한 흙블록의 사양 표기, 수량
－납품 날짜 및 수령자

3.5.8 흙판재

(1) 용어 정의

흙판재clay panels는 기본적으로 평면에 **수직으로** *perpendicular* 엱는 평평한 판 모양의 건축 자재이다.
표면 치수에 비해서 두께 d가 작다. 정해진 치수 제한이 없어서 "흙블록"과 "흙판재"의 구분이
불분명하다.

흙건축 자재로 만든 벽 판재wall panels는 평면에 **평행하게** *parallel* 붙이는 평평한 판 모양의 건축
부재이다. 좌굴을 방지하기 위해 충분하게 견고해야 한다.

건조 용적밀도가 $\rho_d < 1.2\text{kg/dm}^3$인 흙판재는 경량흙판재라고 할 수 있다.

(2) 규격

현재 흙판재는 표준 규격이 없다. 치수는 대단히 다양할 수 있으며 법규를 따르지 않는다(그림 3.35). 판재 두께는 용도에 따라 다르다:

－얇은 흙판재(두께 16~50mm)

－두꺼운 흙판재(두께 50~100mm)

－무거운 흙판재(> 두께 100mm)

　얇은 *thin* 흙판재는 크기 면에서 건식 벽체의 판재와 유사하고, 대개 하부 구조체가 필요하다. **두꺼운** *thick* 흙판재는 블록 모양이며 규격이 흙블록과 유사하다. 무거운 흙판재처럼 자체 지지하며, 판재의 평면에 평행하게 천공하기도 한다.

　무거운 *heavy* 흙판재는 용도에 따라 중공판 또는 일반판(벽 판재)으로 제작한다.

(3) 건축토

흙판재는 단원 3.5.1, 3.5.3, 3.5.4에 상응하는 전처리한 비정형 흙건축 자재로 생산한다. 흙판재 생산에 사용하는 건축토는 비정형 흙건축 자재의 품질 요건, 특히 응집강도와 가소성은 물론 입도 분포를 꼭 충족해야 한다. "얇은" 흙판재 생산에는 응집성 분말점토 또는 모래로 개량한 건조토를 사용하고, 일반 판재(벽 판재)에는 다진 흙을 사용한다.

(4) 가공 및 성형

흙판재는 특수 성형 기술로 생산한다(단원 3.2.2). 예를 들어 "얇은" 흙판재 생산에는 벨트 프레스*belt press*를 사용한다(그림 3.27c). "두꺼운" 흙판재는 표준 압출 방식과 건축 부재 생산에 사용하는 다른 방법으로 생산한다. 현장 수공 성형도 가능하다. 내력 벽체 용도로 대형 흙다짐 벽판을 사전제작하려면 적절한 거푸집이 필요하다.

　판재의 가장자리는 평활하게, 또는 (모든 가장자리를) 촉과 홈으로 제작한다. 장부촉 맞춤으로 제작하는 것도 가능하다.

(5) 골재와 첨가물

건조한 흙은 인장력과 휨 인장력 흡수 능력이 제한적이다. 따라서 흙판재 생산에 사용하는 비정형 흙건축 자재는 적절한 섬유로 강화해야 한다. 식물 섬유로 만든 자리[mat]나 그물을 매입해서 강화할 수 있다.

Natureplus e.V. 기구는 "흙판재"의 품질 인장 발급 절차를 목적으로 이를 위한 지침을 개발했다 [35]. 이 지침은 산업 생산한 흙판재에 적용하며, "금지 및 제한하는 성분 물질" 단원에서 다음 내용을 명시하고 있다:

"흙판재" 제품은 반드시 점토광물을 주요 결합재로 사용한 99%의 광물 및 재생 가능한 원료를 함유해야 한다. 합성 변형한 (밀랍 및 셀룰로스와 전분 유도체 같은) 천연 재료는 질량의 10%를 초과해서는 안 된다.

흙판재는 특히 다음 물질을 포함해서는 안 된다:

－살생물제[biocides]

－유기할로겐 물질

－합성 물질 및 섬유(예: 아크릴산염[acrylates], 폴리비닐아세테이트[polyvinyl acetates]), 밀랍 및 메틸 셀룰로스와 같은 화학 변형한 천연 재료 제외

(6) 용도

흙판재는 여러 방법으로 시공할 수 있다: 조적 방식, 맞댄 이음[butt-jointed], 건식 시공. 표준 철물로 부착하거나 붙일 수 있다. 흙판재는 용도에 따라 다양한 치수와 구성을 정한다. 예를 들면:

－얇은 판 _thin panel_은 실내 건축 부재의 덧마감[lining] 및 치장[facing], 하부 구조체가 있는 비내력 칸막이벽(단원 4.3.6.2), 영구 거푸집 및 다층 벽체 시공의 실내 덧마감, 건식 흙미장판으로 미장 대체; 건식 바닥판과 경사지붕의 실내 덧마감으로 사용할 수 있다.

－두꺼운 판 _thick panel_은 하부 구조체가 없는 비내력 칸막이벽, 기존 구조물의 덧마감판, 경사지붕 채움재, 천장 덧마감 및 채움재 용이다. 대표적인 특수 용도로 벽 난방용 중공판(단원 4.3.7.3)에 열선[heating coil]이나 온돌재[hypocaust elements]를 매입한 흙판재가 있다.

－무거운 판 _heavy panel_은 천장의 채움판(단원 4.3.4.4) 용이다. 내력 벽체 용도로 사전제작한 대형 흙다짐 벽판은 적절한 조립 기술이 필요하다.

(7) 주요 속성 / 요건

－규격, 치수, (해당 시) 천공/중공

－건조 용적밀도, 단원 3.6.1.3

－휨강도

－수축 및 팽윤 거동(이음부 및 연결부)

　　Natureplus e.V. 기구는 흙판재 생산 인증 절차로 완제품 m³당 다음의 생태적 기준값을 준수할 것을 요구한다(표 3.19) [35]. 개별 기준값을 초과하면 전반적으로 생산 최적화 상태라고 허용할 수 있는지를 (각 사례별로) 판단해야 한다. 혹시라도 존재 여부가 의심스러우면 제품에 살충제(표 6.1)와 방사능 수준 증가(단원 5.1.6.1) 시험을 해야 한다.

표 3.19 흙판재 생산 대상 생태적 기준척도

지표	참고값	시험 방법
1차 에너지, 비재생 [MJ/m³]	4,000	
1차 에너지, 전체, 재생 포함 [MJ/m³]	9,000	DIN EN ISO 14040 기준 전과정 목록 분석
지구 온난화 잠재성 [kg CO_2 환산량/m³]	450	CML[a] 2001 기준 영향력 범주
광화학적 스모그 [kg 에틸렌 환산량/m³]	0.1	Frischknecht 1996 기준 1차 에너지 소요량
산성화 잠재성 [kg SO_2 환산량/m³]	1.0	지구 온난화 잠재성 1994/100년
오존 저감 잠재성 [kg CFC-11 환산량/m³]	5E-05	제품 배송 직전 단계까지
과양화 잠재성 [kg PO_4 환산량/m³]	0.2	

[a] Leiden 환경과학학회

3.5.9 기타 흙건축 자재

단원 3.5.1~3.5.8에서 언급한 흙건축 자재 이외에 특별한 건축 사업(예: 개축, 복원) 용도로 회사들이 각자의 사양으로 다른 흙건축 자재를 생산하고 판매할 수 있다. 목조 건축의 벽 또는 천장 채움재로 사용하는 짚흙타래straw-clay reel의 생산이 그 일례이다.

3.6 흙건축 자재의 기준척도와 시험

흙건축 분야는 1950년에서 1980년대에 기술 개발이 부진했었기 때문에(단원 1.3) 대량 생산

체제를 운영하는 콘크리트와 소성벽돌 등의 광물 건축 자재에 비해 과학 연구가 아직 초기 단계에 머물러 있다. 그러므로 흙 고유의 시험 방법을 개발하고 건축 자재 및 부재의 기준척도를 체계적으로 규명하는 것이 특히 필요하다. 또한 흙건축의 지속 가능성에 관한 사안도 복잡한 문제를 제기하므로 여전히 시험 기준을 개발할 필요가 있다.

최근 몇 년 동안 흙건축 자재용 신규 DIN 표준(단원 3.5.6.1, 3.5.6.2, 3.5.7) 도입과 맞물려서 새로운 접근 방식으로 시험 방법을 개발했다. 그러나 이런 접근법을 실제 흙건축 분야에서 입증해야 한다.

흙건축 자재에 있어 가장 중요한 기준척도와 시험은 다음의 주요 유형으로 나눈다(표 1.1):

- 부피 및 구조 척도
- 변형 척도
- 강도 척도
- 건축물리 척도

3.6.1 부피 및 구조 척도

모든 흙건축 자재는 광물 입자와 골재가 형성한 광물 고형체와 공극^{voids} 또는 기공^{pores}으로 구성된다(그림 3.36). 이 기공에는 공기 air가 차 있거나, 물 $water$이 일부 또는 전부 차 있다(단원 2.1.1.2). 이 세 가지 구성요소의 분포와 공간적 배열 ― 구조 요소 또는 상태 ― 이 젖은 흙건축 자재의 가공 및 변형 속성은 물론 완성된 구조물을 사용할 때 강도 및 건축물리 속성에 상당한 영향을 미친다.

3.6.1.1 다공성과 공극률

흙 시료의 공극량을 설명하기 위해서, 총 부피 V 내부에 포함된 고형체, 물, 공기의 이상 분포 모델에서 두 개의 척도를 사용한다. 여기에서 공극량 V_p는 전체 표본 V의 부피(다공성 n) 또는 부피별 비율로 고형체 V_s의 부피(공극률 e)를 기준으로 한다. 두 척도 모두 단위가 없는데, 다공성 n은 종종 백분율로 나타낸다. 두 척도는 서로를 통해 표현할 수 있다:

$$공극률\ \ e = V_p / V_s = n / (1-n)$$

$$다공성\ \ n = V_p / V = e / (1+e)$$

　고체-액체-기체 세 가지 상^{phase}의 이상 분포 모델은 흙건축 자재를 흙건축 부재와 구조물로 가공하는 데 중요한 실제 사례를 보여주기 위해 사용할 수 있다(그림 3.36)(표 3.20). 흙건축 자재의 총부피에서 이런 상 분포 사례를 바탕으로 다양한 밀도 유형을 구분할 수 있다.

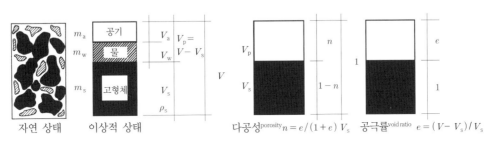

전체 부피 V 내에서의 고체 덩어리 m_s, 물 m_w, 공기 m_a

V_s-기공 부피, V_s-고체 덩어리 부피, m_s-고체 성분 질량, m_m-수분 질량, ρ_s-흙 고형물의 비^{specific}인력

다양한 포화도 S_r의 실제 적용

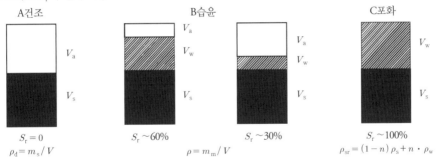

그림 3.36 흙건축 자재에서의 고형체 및 기공 분포[81]

표 3.20 실제 적용에서의 흙건축 자재 기공의 충전 조건

사례	공극 충전	흙건축 자재의 가공 방법(예)	흙건축 자재의 연경도	흙건축 자재의 용적밀도
B	공기 또는 수증기, 물	흙건축 자재의 "습식" 가공 또는 성형(흙다짐), 거푸집 제거 후 건조 시작	반고형, 뻑뻑한, 무른, 질척한	$\rho = m_m / V$
C	물, 완전 충전	흙몰탈(흙미장)	질척한~액형	$\rho_{sr} = (1-n) \cdot \rho_s + n \cdot \rho_w$ $S_r = 1$
A	공기 또는 수증기, 완전 충전	"건식" 가공(흙블록)	고형	$\rho_d = m_s / V$ $S_r = 0$

3.6.1.2 용적밀도 ρ / 포화 용적밀도 ρ_{sr}

(1) 용어 정의

젖은 흙건축 자재 표본의 용적밀도 *bulk density* ρ(습윤 용적밀도라고도 함)는 일반적으로 부피 V 에 대한 습윤 질량 m_m 의 비율로 표현한다(사례 B):

$$\rho = m_m / V \ [\text{g/cm}^3]$$

표본의 전체 공극 부피에 대한 물이 찬 공극 부피의 비율 역시 **포화 수준** *saturation level* (또는 포화도) S 라고도 한다.

포화 용적밀도 *saturated bulk density* ρ_{sr} 은 모든 공극에 물이 차 있는 밀도를 말한다(사례 C):

$$\rho_{sr} = \rho_d + n \times \rho_w \ [\text{g/cm}^3]$$

$\rho_w = 1.0\text{g/cm}^3 (= 물의 밀도)$.

이 경우, 표본의 포화도 S_r 은 1이다.

$$S_r = V_w / V_p \ [-].$$

젖은 흙건축 표본의 **단위 중량** *unit weight* γ 는 일반적으로 고정하중 $_G$ 의 비율로 표현하며, 영구하중으로서 부피 V 에 중력 가속도 g를 허용한다:

$$\gamma = G / V = \rho \times g \ [\text{kN/m}^3].$$

이를 위해 중력 가속도는 $g = 10\text{m/s}^2$ 로 추산한다. 이런 식으로 해당 중량(강도 척도 및 구조 계산용 추정 하중 1kg~1N)은 밀도(질량 척도)에서 도출할 수 있다.

(2) 시험 방법

용적밀도 ρ 를 시험하려면 흙건축 자재 시험체의 습윤 질량 m_m 을 계량해서 측정하고, 부피는 직접 측정하거나(담금^{dip} 시험) 흙 시료 채취관$^{tube \ sampler}$ 같은 알려진 부피를 활용해 산출한다. 이 시험은 DIN 18125-1에 근거한다.

(3) 실험 및 계산 수치

흙건축 자재 표본의 비밀도$^{specific \ density}$ ρ_s 는 (건축토의) 고체 광물질의 실제 밀도 ρ_s, 섞은 물의 양, 건조 진행에 따라 달라진다. DIN 1055-2는 경험값(표 3.21)에 근거해서 자연적으로 습한 건축토의 단위 중량 γ를 특정한다.

이 수치를 자연적으로 형성된 응집성 흙의 고유 무게에 적용한다. 압축정도가 $D_{pr} \geq 0.97$이라면 느슨하게 압축한 응집성 흙에도 적용할 수 있다. 특히 균일계수 C_u(빙하 이회토marl, 점성토, 흙 그룹 GU, GT, SU, ST, GU*, GT*, SU*, ST*의 혼립토)가 특히 큰 흙은 가중치를 1.0kN/m³로 높여야 한다.

3.6.1.3 건조 용적밀도 ρ_d

(1) 용어 정의

DIN 18125-1에 따르면 건조 용적밀도 *dry bulk density* ρ_d는 흙건축 자재 표본의 건조 질량 m_d와 부피 V의 비율로 정한다(사례 A: 건조 완료).

(2) 시험 방법

흙 표본의 건조 용적밀도 ρ_d를 실험으로 확인하려면, 젖은 시험체의 질량은 무게를 재서 측정하고 해당 부피는 담금immersion 측정(예: 파라핀을 씌운 시험체)으로 확인한다. 젖은 표본의 공극 공간에 포함된 물은 시험체를 +105℃에서 건조해 추출한다. 시험체에는 점토광물을 둘러싼 모세관 수막 결합수가 남는다.

표 3.21 하중 추정을 위한 건축토의 단위 중량 γ

번호	DIN 18196에 따른 흙의 유형과 분류 기호	연경도	γ [kN/m³]
1	저가소성 실트 UL(LL<0.35)	무른 뻑뻑한 반고형의	17.5 18.5 19.5
2	중가소성 실트 UM(LL=0.35−0.5)	무른 뻑뻑한 반고형의	16.5 18.0 19.5
3	저가소성 점토 TL(LL<0.35)	무른 뻑뻑한 반고형의	19.0 20.0 21.0
4	중가소성 점토 TM(LL=0.35−0.5)	무른 뻑뻑한 반고형의	18.5 19.5 20.5
5	고가소성 점토 TA(LL>0.5)	무른 뻑뻑한 반고형의	17.5 18.5 19.5

건조 용적밀도 ρ_d는 알려진 습윤 용적밀도 ρ값과 해당 함수량 w를 사용하여 수학적으로 산정할 수도 있다. 젖은 표본에서 세 개의 하위 표본을 취한다(가장자리 w_{e1}, w_{e2}에서 2개, 중간 w_c에서 1개). 이 하위 표본의 무게를 측정하고 해당 함수량은 +105°C에서 건조해서 산정한다.

$$w = (w_{e1}, + 2w_c + w_{e2})/4.$$

$$\rho_d = m_s / V = m_m / V(1+w) = \rho / (1+w).$$

Lehmbau Regeln[22]은 비정형 흙건축 자재 *unshaped earth building materials*의 건조 용적밀도 ρ_d를 산정하는 데 사용하는 시험체는 모서리 길이 200mm인 직육면체로 만들어서 "건설 현장에서"와 똑같은 방식으로 준비해야 한다고 규정한다.

DIN 18946~47 기준대로 흙몰탈 *earth mortars*을 시험하려면 DIN EN 1015-11(표 3.25)에 따라 치수 160×40×40mm인 몰탈 시험체 *prisms*를 준비한다. 최종 수축에 도달한 시점에 따라(단원 3.6.2.1) 2~7일 후에 형틀에서 시험체를 꺼내서 쇠격자 *grate* 위에 종이를 깔아 보관한다.

시험하기 전에 연속 3개의 몰탈 시험체를 일정한 중량에 도달할 때까지 표준대기조건(23°C/50% RH)에서 조절한다. 24시간 간격으로 두 번 연속 측량한 결과 간 차이가 더 작은 측정값 기준으로 질량의 0.2% 이하이면 항량(恒量) *constant weight*에 도달한 것이다. 공장 내 생산관리에서는 다음과 같은 변동을 허용한다: 기온 ±5°C, RH±15%. 몰탈 시험체의 질량과 외경 부피로 용적밀도를 계산한다.

흙다짐 *rammed earth*은 "건설 현장에서"와 똑같은 방식으로 표본을 준비하는 것이 거의 불가능하다. 최종 압축 수준을 측정하려면 실제 시공 중에 시료 채취관으로 표본을 채취하는 것을 대안으로 권장한다. 방금 압축해서 아직 젖어있는 흙의 상층에서 표본을 채취해야 한다. 또한 표본이 입자 구성, 압축 밀도, 함수량 측면에서 "비교란된 *undisturbed*" 상태인지 확인하는 것도 중요하다. 시험을 시작할 때까지 채취한 표본의 함수량을 일정하게 유지해야 한다(품질등급 2, 단원 2.2.2.2).

정형 흙건축 자재 *shaped earth building materials* 시험에서는 자재 자체를 적당한 크기로 자른 시험체와 함께 사용할 수 있다. 이 시험체는 건조한 상태여야 한다(= 건조 질량 m_d).

DIN 18945 기준 흙블록(단원 3.5.7)의 블록 용적밀도를 측정하려면, 연속 3개의 흙블록을 정상 대기조건에서 조절한다. 측정한 각 흙블록의 질량과 (구멍이 있으면 포함한) 부피로 블록의 용적밀도를 계산한다. 그리고 연속물의 평균을 구한다.

유공 흙블록 시험은 블록에서 구멍이 없는 적당한 직사각형을 잘라내서 위에서 설명한 대로 조절한다. 이것들의 무게를 재고, 가열한 파라핀을 (붓으로 칠해) 피복해 방수한 다음 다시 무게를 잰다. 다음으로, 시험체를 증류수를 채운 용기에 넣어서 (적당한 측량계로) 무게를 잰다. 또는 DIN EN 772-9에 따라 일명 모래 충전 방법으로 대신할 수도 있다.

(3) 실험 및 계산 수치

Lehmbau Regeln[22]은 흙건축 자재의 건조 용적밀도 ρ_d를 자재를 사용하는 기간에 대한 계산값으로 제공한다(표 3.22):

건조한 흙건축 자재는 흡습성이어서 점토광물의 표면이 공기 중에 포함된 물 분자를 결합할 수 있다. 그 결과 자재를 사용하는 동안(40~70% RH, +20℃) "평형 함수량"(단원 5.1.2.4)이라는 함수량을 갖는다. 이 "건조" 용적밀도는 +105℃ 실험 조건에서 측정한 건조 용적밀도와 수치가 다르다. 실험에서 열전도율 λ를 산정하는 데 사용하는 변환계수를 활용해서 이 차이를 고려한다.

건조 용적밀도 ρ_d는 DIN 18945~47에 따른 흙블록과 흙몰탈 표기에 포함되는 주요 속성이다. 표 3.7에 따라 등급 형태로 기재한다.

표 3.22 흙건축 자재의 건조 용적밀도

번호	흙건축 자재	건조 용적밀도 ρ_d [g/cm³]
1	흙다짐	1,700~2,400
2	흙쌓기	1,400~1,700
3	짚흙, 섬유토	1,200~1,700
4	경량토	300~1,200
5	비다짐 흙채움	300~2,200
6	흙몰탈	600~1,800
7	흙블록	600~2,200
8	흙판재	300~1,800

3.6.1.4 프록터 밀도 ρ_{pr}

(1) 용어 정의

모든 흙건축 자재의 압축 후 최종 건조 용적밀도는 압축작업과 자재의 함수량에 따라 다르다. 최적 함수량 w_{pr}과 지정predefined 압축작업으로 모든 흙에서 가장 높은 건조 용적밀도 – 표준 *standard* 또는 프록터 밀도 *proctor density* ρ_{pr} – 를 얻을 수 있다.

(2) 시험 방법

프록터 밀도의 실험적 측정은 DIN 18127에서 규정한다. 함수량을 다르게 해서 최소 4가지의 개별 시험을 시행해야 한다. 준비한 흙 표본을 두께가 똑같은 3개의 층으로 강철 실린더 안에 넣고 자유낙하 다짐기를 고르게 분산 타격해서 압축한다(그림 3.37). 압축기를 사용해서 다짐 중량, 낙하 높이, 치수, 회전을 미리 지정한다. 이는 60Ncm/cm^3의 압축 수준이다. 지정 값을 정확하게 설정할 수 없는 경우 수동 다짐기로 압축을 할 수도 있다.

(3) 실험 및 계산 수치

직교 좌표계(w; ρ_d)에 개별값들을 표시하면 w_{pr}에서 얻을 수 있는 가장 높은 건조 용적밀도 ρ_{pr}을 정점으로 하는 특징적인 포물선 압축 곡선을 형성한다. 표 3.23[11]은 다양한 건축토의 ρ_{pr} 및 w_{pr} 경험값을 보여준다.

실제 압축작업에서는 프록터 밀도 ρ_{pr}(=100%)에 대한 건조 용적밀도 ρ_d의 백분율로 품질 요건인 최종 용적밀도 D_{pr}를 제공한다:

$$D_{pr} = \rho_d / \rho_{pr} \ [-]$$

독일 노르트하우젠Nordhausen[36] "힘멜슐라이터Himmelsleiter" 사업의 흙다짐 건설 감독 과정에서 다음 값을 산정했다:

$$w_{pr} = 12.66\% \text{에서} \ \rho_{pr} = 1.81 \text{g/cm}^3$$

압축한 흙다짐의 최종 용적밀도는 $D_{pr} = 0.95 \sim 0.98$ 범위였다. 이는 흙건축 작업에 가장 일반적으로 필요한 값이다.

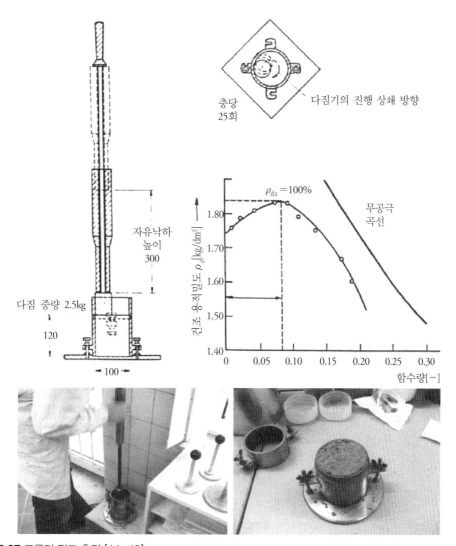

그림 3.37 프록터 밀도 측정 [11, 43]

표 3.23 다양한 건축토의 표준 밀도

번호	흙	프록터 밀도 ρ_{pr} [g/cm³]	w_{pr} [−]
1	충적토, 풍적토	1.70～1.85	0.18～0.13
2	빙력토, 빙하 이회토	1.80～2.00	0.14～0.11
3	침출토	1.75～1.95	0.17～0.10
4	경사면 유실토	1.65～1.85	0.21～0.14
5	하성토	1.50～1.75	0.27～0.16
6	순수점토	<1.50	>0.25

(4) 영향 변수

프록터 밀도 시험은 도로 건설에서 압축작업의 최종 품질을 확인하기 위해 개발되었다. 충격과 다짐 압축을 사용하는, 예를 들어 흙건축의 흙다짐 건축 부재와 같이 유사한 시공 분야에 원리를 적용할 수도 있다.

특히 내력 흙건축 부재에서는 제대로 압축해서 광물 입자의 밀도를 높여 공극 부피를 최소화하는 것이 중요하다. 비응집성 자갈과 모래는 기공이 비교적 커서 이렇게 하기가 상대적으로 쉽지만, 점토에 들어있는 공기는 기공이 더 커야만 밀어낼 수 있다. 결과적으로 다공성이 작아서 물이 부분적으로 둘러싼 미세한 기공에 들어있는 공기는 제거하기가 매우 어렵거나 전혀 제거할 수 없다.

시공 시점의 함수량 *moisture content at the time of installation*은 압축에 다음과 같은 영향을 미친다: 압축 곡선의 "건조" 쪽에서 꼭짓점에 접근하면 흙 표본의 모세관 강도가 압축을 방해한다: 시행한 압축작업이 흙의 단립(團粒) 구조$^{\text{crumb structures}}$ 2를 완전히 깨뜨릴 만큼 충분하지 않다. "습윤" 쪽에서는 기공수 또는 모세관 장력이 압축을 제한한다: 압축 도구를 "튕긴다". 압축 곡선은 흙의 포화 용적밀도 ρ_{sr}를 상술하는 무공극 곡선과 거의 평행하다(그림 3.37).

액성한계 *liquid limit* LL 또는 **가소성 지수** *plasticity index* PI가 크면, 광물화학적 조건 및 최적 함수량 w_{pr}에 따라 흙의 수분 결합 성향이 증가하는 동시에 최대 건조 용적밀도 ρ_{pr}가 감소한다(그림 3.38). 또한 최대 건조 용적밀도 ρ_{pr}가 감소하고 최적 함수량이 증가하면 압축 곡선이 더 평평해진다 [11].

그림 3.39는 프록터 시험을 바탕으로 압축작업과 시공 시점에 얻을 수 있는 건조 용적밀도, 함수량 사이의 관계를 보여준다 [11]. 이 관계는 도로와 제방 건설 분야에서 확립되었으며, 흙건축에도 원리를 적용할 수 있다: 시공 시점에 함수량은 똑같이 유지하면서 **압축작업** *compaction work*을 늘리면 최대 건조 용적밀도 ρ_{pr}이 로그 방식으로 다소 증가한다. 따라서 압축작업이 증가하면 (거의) 건조하고 형태가 없는 흙건축 자재를 사용할 수 있다. 이것은 수축 변형 문제를 사실상 해결한다. 흙건축 분야에서는 흙블록과 흙판재의 "건식 압축" [12](단원 3.2.2.1), 목조 건축의 채움재로 거의 건조한 경량토 배합물을 고압 분사하는 데 응용한다 [24].

---

2 강영희, 『생명과학대사전』, 도서출판 여초, 2008, 발췌 및 요약: 흙의 개별 입자가 모여 입자군(群)을 형성하는 흙의 구조. 개별 입자 간에 소공극과 입자군 간에 대공극이 생기기 때문에 개별 입자 구조(single grained structure)에 비해 전체의 공극량이 많다.

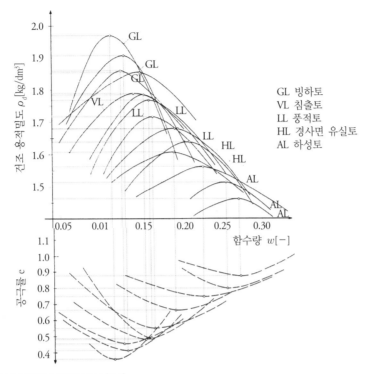

그림 3.38 여러 건축토의 프록터 곡선 [11]

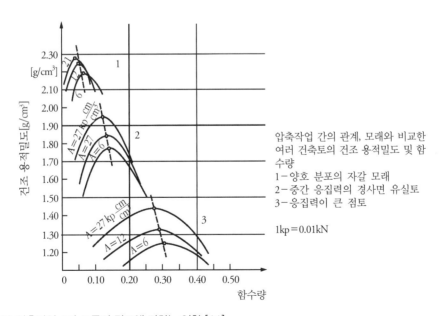

그림 3.39 압축작업 A가 프록터 밀도에 미치는 영향 [11]

한편, 도로 공사의 표준 압축작업과 흙다짐의 비^{specific}압축작업을 직접 비교하는 것은 불가능하다. 흙다짐 선설에 비해 도로 건실의 입축 수준이 더 높은 것으로 보이는데, 이는 시공 시에 상대적으로 낮은 함수량에서 최대 용적밀도를 달성하기 때문이다. 흙다짐 표본의 최대 건조 용적밀도를 함수량 $w > w_{pr}$에서 달성한다는 사실로 설명할 수 있다 [26].

또한 순수점토를 같은 수준으로 압축했을 때 입도 분포가 훨씬 더 넓은 건축토(여기서는 경사면 유실토)에 비해 건조 용적밀도가 낮다는 것이 분명해졌다. 이것은 물로 둘러싸인 점토의 미세 기공으로 설명할 수 있다. 순수점토의 건조 용적밀도를 건축토보다 더 크게 하려면 물을 배출하기 위해 상당히 높은 압력을 더 가해야 한다.

3.6.1.5 비밀도 ρ_s

(1) 용어 정의

비밀도 *specific gravity* ρ_s(비중력 G_s 역시)라는 용어는 비다공성 고체 물질 m_s(그림 3.36)에 들어 있는 광물 입자 혼합물의 평균 밀도를 말한다(그림 3.36).

$$\rho_s = m_s / V_s \ [\text{g/cm}^3]$$

(2) 시험 방법

DIN 18124는 비밀도 ρ_s를 측정하는 데 사용하는 비중병^{pycnometer} 방법을 설명한다. 이 시험은 비중병(마개가 있는 유리 플라스크^{flask})에 증류수를 2/3 정도 채운 다음, 준비한 건조토 시료를 넣고 +20℃에서 무게를 측정한다. 물속의 공기는 미리 끓여서 제거했다. 혼합물을 기화시키고 흙 시료의 질량을 측정한다.

(3) 실험 및 계산 수치

비밀도 ρ_s는 대략 $\rho_s = 2.65 \sim 2.80\text{g/cm}^3$ 범위에서 볼 수 있으며 평판값^{tabular values}으로 또는 표 3.24 대로 계산에 쓸 수 있다 [11].

(4) 영향 변수

점토광물 성분에 Al 또는 Fe 비율이 높은 흙(예: 홍토^{laterite}, 단원 2.1.2.6)은 개별값이 훨씬 더

표 3.24 다양한 건축토의 비밀도

번호	흙	비밀도 ρ_{pr} [g/cm^3]
1	충적토, 풍적토	2.65~2.70
2	빙력토	2.68~2.72
3	침출토	2.68~2.74
4	하성토 (점토)	2.69~2.75
5	순수점토	2.70~2.78

큰 반면, 유기질 또는 석회 부분이 있는 흙(단원 2.2.3.4)은 위에서 나열한 값보다 작다.

3.6.2 구조 척도

구조 척도는 외부 응력의 결과로 하중을 받은 흙건축 자재 또는 부재의 거동^{behavior}을 설명한다. 내력 흙건축 부재의 구조 완결성$^{structural\ integrity}$을 확보하려면 이런 구조 기준척도를 알아야 한다.

구조 척도를 다음과 같이 구별한다.

－변형 척도

－강도 척도

일반적으로 **강도 척도** *strength parameters* (β)는 외부의 힘(응력) 때문에 발생하는 변형에 맞서는 건축 자재의 저항을 설명하는 데 사용한다. 재료의 파괴^{failure}를 방지하려면 재료의 응력 한계를 아는 것이 중요하다. 건축 자재에 영구적으로 작용하는 응력을 크리프^{creep} 저항이라고 한다.

반면, **변형 척도** *deformation parameters*는 파괴가 일어나는 지점으로 이어지는 경로를 설명한다. 이 경로는 응력(σ, τ)과 변형(ε: 압축/팽창 또는 s: 변위) 간의 관계로 나타낸다. 토양역학에서는 이 관계를 Hooke의 법칙[3] 또는 Mohr-Coulomb 파괴 기준[4]으로 설명한다. 이런 원칙은 대개 완성 상태에서 촉촉한 연경도인 흙자재와 관련된 암반공학$^{subgrade\ engineering}$ 또는 수공학$^{hydraulic\ engineering}$에서 다룬다.

(내력) 건축 부재와 흙건축 자재로 만든 구조물은 사용할 때 "건조한" 상태이다. 구조 척도

---

3   탄성이 있는 물체가 외력에 따라 늘어나거나 줄어드는 등 변형되었을 때 자신의 원래 모습으로 돌아오려고 저항하는 복원력의 크기와 변형 정도의 관계를 나타내는 물리 법칙.

4   응력 변화 이후 암석이나 암반이 파괴에 이르렀는지를 판단하는 파괴기준 중 하나로, 파괴가 가능한 면을 먼저 가정한 후 그 면에서 발생하는 전단응력과 전단강도를 비교해 결정하는 방법.

를 계산하려면 이 상태에 해당하는 척도를 써서 설명해야 한다(예: 건조 용적밀도 ρ_d, 단원 3.6.1.3). 건축 부재를 사용할 때 남아있는 수분은 평형 함수량으로 정의한다(단원 5.1.2.4). 건축 부재 내에서 하중 전달은 "입자에서 입자로 전하는 압력" 기제로 발생한다(그림 2.34).

흙건축은 (건조 완료 전) 건설하는 동안 건물 상태와 건물의 수명기간 동안 발생할 수 있는 수해를 고려하는 것도 중요하다. 이 상태에서 내력 흙건축 부재는 (여전히) 젖어있고 상당한 변형을 일으키는 하중도 일부만 전달할 수 있다.

3.6.2.1 변형 척도

재료의 변형 ε는 일반적으로 다양한 외부 응력에 노출된 결과인 초기 용적 V에 대한 용적 변화 ΔV의 비율로 정의한다.

$$\varepsilon = \Delta V / V.$$

동반하는 기호는 변형 유형을 상술한다: 팽창(+), 수축(−). 수직 압축을 침하^{settling}라고도 한다. 변형 척도는 표 3.25대로 분류할 수 있다.

표 3.25 건축 자재의 변형, 개요

변형	부하 변형		비부하 변형
	즉시 변형	장기 변형	
가역적	탄성 ε_{el}	지연 탄성 $\varepsilon_{v,el}$	열 팽창 ε_T 수분 팽창 ε_f
비가역적 (영구)	침하 ε_{bl}	유동 점성, 가소성 ε_{fl}	화학 유도 팽창 ε_c 균열

(1) 비부하 변형

용어 정의

흙건축 자재의 비부하 변형은 노출 차이 또는 기제 차이에서 비롯된 용적 변화의 결과이다:

−열 변형 *thermal strains* ε_T은 고체 광물 성분의 온도 변화 ΔT 때문에 발생한다.

−수분 변형 *moisture strains* ε_f은 물리적으로 결합한 기공수 배출 또는 흡수 때문에 발생하며 수축 *shrinking*(−) 및 팽윤 *swelling*(+)이라고 한다(단원 2.2.3.3). 가역적 *reversible*이다. 동결 기공수(+)

로 인한 팽창^{expansion}은 특별한 유형이다.

– 화학 유도 변형 *chemically induced strains* ε_c. 화학적으로 안정화된 흙건축 자재(석회, 시멘트)는 수축 *shrinkage*(–)도 중요할 수 있다. "화학 수축"은 물의 화학 결합으로 용적이 영구히 감소한다. 여기서 새로운 생성물의 용적은 항상 결합재와 물의 용적 합보다 작다. 그러나 석고가 경화하면 새 생성물의 용적은 초기 재료와 물의 용적 합보다 크다. 이런 변형을 **화학 팽창** *chemical expansion*(+)이라 한다.

"수축"이라는 용어가 명확하게 다른 두 가지 유형의 용적 감소를 말한다는 점을 분명히 짚고 넘어가야 한다: 즉, 이는 물리적 건조 작용으로 빚어진 용적 손실(수축한계 SL, 단원 2.2.3.2) 또는 화학 반응으로 빚어진 용적 손실 중 하나를 나타낼 수 있다.

세라믹 산업에서는 "건조 수축"과 "소성 수축"이라는 용어를 구분한다. **건조 수축** *shrinkage during drying*은 불에 굽기 전에 물리적으로 결합한 물이 증발하는 것에서 비롯된 굽지 않은 개체의 부피 감소를 나타낸다(단원 3.5.7 "비소성벽돌"). **소성 수축** *firing shrinkage*은 불에 굽는 동안 일어나는 규화 과정에서 점토 내에 화학적으로 결합한 물이 손실되는 것에서 비롯된 추가적이고 비가역적인 용적 감소를 의미한다([6], Bd. 3: Thermische Prozesse). 흙건축에서는 소성 수축이 발생하지 않는다. 그러므로 다음 단원에서 "수축"과 "수축도"라는 일반적인 용어를 사용해도 무리가 없다.

건축 부재가 비부하 변형 중에 자유롭게 움직일 수 없으면 응력이 발생하고 건축 부재의 강도를 일단 초과하면 **균열** *crack*을 일으킬 수 있다. 이런 균열은 보통 건축 부재의 안정성에 영향을 미치지는 않지만, 사용성을 제한한다. 움직임^{movement}에는 외부 및 내부 장애가 있다. 예를 들어, 위치가 고정된 건축 부재에서 외부 장애가 발생할 수 있는 반면, 내부 장애는 건축 부재 전체의 온도와 습기 변화(예: 흙다짐벽의 불균일한 건조 정도) 때문에 발생한다.

시험 방법

선형수축도: 흙건축 자재의 선형수축도$^{linear\,degree\,of\,shrinkage}$(또는 선형 수축)는 건축토를 시험하는 것과 유사한 방법을 써서 측정한다. 그러나 시공 시점의 함수량과 직방체 모양 시험체의 치수는 각 흙건축 자재에 따라 다르다(표 3.26). 흙몰탈용 몰탈 시험체^{prisms}는 DIN EN 1015-2에 따라 준비한다.

표 3.26 선형 수축 측정에 필요한 시험체 치수, 개요

흙건축 자재	치수(길이×너비×높이) [mm]	측정 표식 간격 [mm]	시공 시 함수량 / 연경도	출처	단원
건축토	220×40×25	200	표준 연경도	DIN 18952-2	2.2.3.3
흙다짐	600×100×50	500	즉시 사용	Lehmbau Regeln [22]	3.5.1
흙몰탈	160×40×40	–	슬럼프 175±5mm	DIN EN 1015-3, 11 DIN 18946~47	3.5.6

탈형한 시험체를 플라스틱 포장 위에 보관하고 표준대기조건(흙몰탈은 23℃ / 50% RH)에서 최종 수축 정도에 도달할 때까지 건조한다. DIN 18946~47에 따라 24시간 간격으로 측정한 두 번의 연속 측정 결과의 차이가 더 작은 값을 기준으로 질량의 0.2% 이하일 때 흙몰탈의 항량constant weight에 도달한 것이다. 선형 수축은 시험체의 길이 변화를 초기 길이에 비교한 백분율(%)이다. 시험은 일련의 시험체 세 개의 길이 변화 평균을 계산한 결과로 이루어진다.

건축 부재 표본으로 다양한 흙건축 자재로 만든 흙건축 부재의 **수축 용적변형** *volumetric shrinkage deformations*을 시험할 수 있다.

생 흙몰탈의 슬럼프 *slump of fresh earth mortar*: 이 시험에는 지정 치수의 원뿔대와 유동판flow table이 필요하다. 원뿔을 유동판의 정중앙에 놓고 시험용 흙몰탈 1.5L로 채운다. 그런 다음 원뿔대를 천천히 위로 당겨 빼낸다. 다음으로 유동판을 4cm 높이의 제동기까지 들어 올려 1분 간격으로 15회 떨어뜨린다. 이 과정에서 몰탈이 흩어지거나 부서지지 않아야 한다(그림 3.40, [37]).

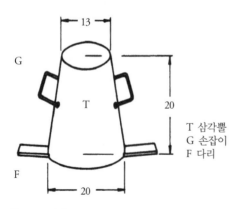
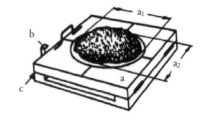

T 삼각뿔
G 손잡이
F 다리

a 유동판, 70×70cm
b 이격 높이 4cm 제동기
c 테두리 발

그림 3.40 생 흙몰탈의 슬럼프 측정 [37]

그 후에 슬라이딩 캘리버$^{sliding\,caliber}$를 사용해서 직교하는 두 중심축 a_1과 a_2상에서 몰탈의 지름을 측정하고 산술 평균을 계산한다. 몰탈의 연경도는 시간에 따라 다르므로 몰탈 준비(물을 섞을 때) 이후에 경과한 시간을 첨자로 표기한다(예: a_{15}=15분 경과 후 슬럼프).

위에서 언급한 몰탈은 고시한 속성을 준수해야 하며, DIN EN 1015-2에 따라 표본을 채취해야 한다.

실험 및 계산 수치

건축토의 선형 수축은 단원 2.2.3.3을 참조한다.

영향 변수

수축 변형은 여러 요인의 영향을 받는다: 물을 추가해서 얻는 흙건축 자재의 각 연경도, 건축토 내에서 점토광물의 구조 및 비율(응집강도), 흙건축 자재의 기공 구조, 골재, 건조 조건. 수축 변형은 보통 시공 시점의 높은 함수량, 응집강도 증가, 기공 구조의 조밀함, 빠르고 고르지 않은 건조로 인해 증가한다.

(2) 부하 변형

용어 정의

하중에 따른 변형은 고정하중, 기타 영구하중, 적재하중으로 인해 발생한다. 이런 변형은 하중 응력의 지속시간에 따라 탄성과 소성 또는 소성 부분^{portion}과 지연 탄성 부분에서 비롯된 즉시 $immediate$ 또는 장기 $long$-$term$ 변형으로 나눈다(표 3.25).

탄성 $elastic$이라는 용어는 하중 작용 직후에 외부 응력^{strain}이 유발한 변형이 발생하고, 하중 소실 직후에 복원(팽윤)하는 것을 의미한다.

소성 $plastic$ 변형은 하중 소실 후에도 영구적으로 유지된다. 특정 탄성한계에 도달하면 소위 "소성 유동$^{plastic\,flow}$"이 발생한다. 이는 응력이 더 증가하지 않아도 시간의 경과에 따라 변형이 계속 증가하는 것을 뜻한다. 이 상태를 점성 거동$^{viscous\,behavior}$이라고 한다. 액체 및 고체 물질은 대개 변형에 저항한다. 이들 분자는 Van der Waals의 힘 [5]으로 묶여 있다. 소성 유동이 시작되면

---

5   원자, 분자, 표면 사이의 인력을 포함. 주변 입자에서 비롯된 편극 때문에 의해 발생하므로 전자 공유에 의한 공유결합이나 전자 과부족에 의한 이온결합과는 다름.

이 힘을 계속 넘어서서 결합을 새로 형성한다. 이 특성은 예를 들어 흙건축에서 필요 연경도로 흙몰탈을 준비할 때 같은 실제 상황과 관련이 있다(그림 3.40).

선형 - 탄성 재료 거동의 초반에는 수직응력 σ와 압축 ε 간의 관계가 직선을 이룬다. 두 수직응력 σ_1과 σ_2 사이 직선의 기울기는 Hooke의 법칙(그림 3.41)에 기반한 단축^{uniaxial} **압축 탄성계수** *modulus of elasticity in compression* *E*(탄성계수 E, E계수, Young 계수라고도 함)이다(그림 3.41):

$$E = \Delta\sigma_z / \Delta\varepsilon_{z,\,el} \quad [N/mm^2],$$

$$실제 \quad \sigma = E \cdot \varepsilon_{el}.$$

탄성체에 작용하는 응력의 공간적 상태는 결과적으로

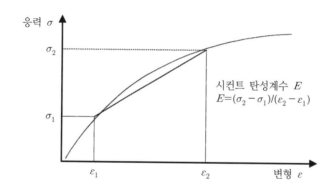

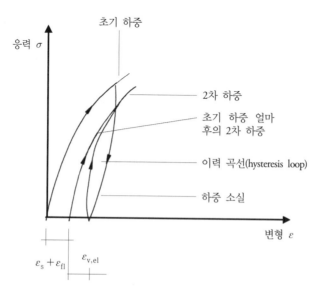

그림 3.41 탄성-소성 재료의 변형: 응력 – 변형 도표 및 시컨트^{secant} 탄성계수의 측정, [42]

$$\varepsilon_x = 1/E[\sigma_x - \nu(\sigma_y + \sigma_z)], \; \varepsilon_y, \; \varepsilon_z \text{도 이에 따른다.}$$

여기서 ν(또는 μ)는 Poisson 비율이다. 탄성 범위에서 가로 변형도 ε_x와 세로 압축도 ε_z 사이의 비율을 나타낸다.

$$\nu = \varepsilon_x / \varepsilon_z \; [-].$$

단위가 없는 재료 상수로, 값의 범위는 0에서 0.5까지이며 때로 0.1에서 0.4 사이이다. 점성토의 Poisson 비율은 $\nu = 0.30 \sim 0.45$이다 [38].

전단력 Q 또는 전단응력 τ에서 비롯된 시험체의 선형 - 탄성 거동은 **전단계수** *shear modulus* G로 설명한다. 등방성 재료는 다음과 같이 탄성계수 E와 연결된다:

$$G = E/2(1+\nu) \; [\text{N/mm}^2], \; [\text{MN/m}^2].$$

변형 상황에서는 "선형 - 탄성" 거동이 이상적인 상태이다. 실제로 과도기 형태는 하중 작용 및 소실 후에 탄성 변형과 소성 또는 점성 거동이 겹칠 가능성이 더 크다.

탄–소성 변형 거동 *elasto-plastic deformation behavior*을 나타내는 재료(예: 점성토 콘크리트)는 $\sigma - \varepsilon$ 선이 휜다. 이런 재료에도 Hooke의 법칙을 적용하려면 E계수를 시컨트[secant] 또는 탄젠트[tangent] 계수로 정의한다(그림 3.41). $\sigma - \varepsilon$선의 가변 상승에 따라 E계수도 가변적이며, 반드시 각각의 응력 간격 $\sigma_2 - \sigma_1$을 명시해야 한다.

하중 소실 후 변형은 탄성 ε_{el}의 양만큼 즉시 복원된다. 하중이 영구히 소실되면 지연된 탄성팽창 $\varepsilon_{v,el}$도 복원된다. 이제 **침하** *settling* ε_s와 **유동** *flow* ε_{fl}이 영구팽창 ε_{bl}을 유발한다. 하중 소실 곡선과 x축의 교차점은 영구 팽창에 해당하며, 재부하를 늦추면 팽창이 지연된 탄성 $\varepsilon_{v,el}$으로 인해 더 감소한다. 재하 및 비재하 곡선은 이력곡선[hysteresis loop 6]을 형성한다.

탄성팽창 ε_{el}은 하중이 작용하는 즉시 발생하며, 지속 영구하중 σ_0은 **크리프** *creep*라고 불리는 변형을 증가시킨다(그림 3.42). 총변형은 지연된 탄성과 지연된 영구팽창이 초래한 최종 상태 $\varepsilon_{k\infty}$를 향해서 시간에 따라 증가한다. 콘크리트와 조적은 응력, 온도, 습도가 일정하게 유지되면 3~5년 후에 크리프가 거의 완전히 끝난다.

팽창 ε_0이 일정하면 변형을 유발한 응력 σ_0는 시간에 따라 감소한다. 일정한 하중에서 초기

6　어떤 값이 주기적 또는 어떤 범위를 갖고 움직였을 때, 출발점으로 돌아오지 못하고 다른 값으로 떨어지는 현상

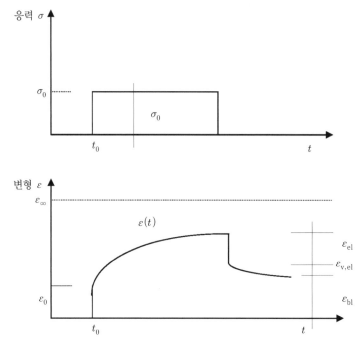

그림 3.42 점성-탄성 재료의 변형: 크리프 [42]

응력 σ_0는 점성 구조의 변화에 따라 잔류 응력이 작아져서 더 유동이 생기지 않을 때까지 감소한다. 응력 감소$(\sigma_0 - \sigma_t)$는 초기 응력과 관련이 있으며 **완화** *relaxation* ψ_t라고 한다: $\sigma_t = \sigma_0(1 - \psi_t)$.

크리프 응력 σ_k와 크리프 팽창 ε_k 사이는 비례하므로 비응력 크리프계수 Φ 또는 최종 크리프계수 Φ_∞를 이 속성을 설명하는 기준척도로 삼는다.

$$\Phi = \varepsilon_k / \varepsilon_{el} \text{ 또는 } \Phi_\infty = \varepsilon_{k\infty} / \varepsilon_{el} = \varepsilon_{k\infty} \cdot E / \sigma_k.$$

시험 방법

*E*계수. 토양역학의 탄성계수 E 표준 시험 방법에 기반한 시험으로 흙건축 자재의 변형 거동을 측정할 수 있다. 이 시험에서는 높이 비율이 1 : 1.5인 원통형 시험체를 사용한다 [39]. 표 3.27의 세 가지 시험 방법([38]에 따름)은 토양역학에서 적용하는 것에 준해서 하중을 받은 시험체의 여러 가지 측면 팽창 가능성을 보여준다.

수직 하중을 받는 흙건축 자재로 만든 내력벽의 변형에 적용하면, 축 내 하중 적용 평면에 수직인 다양한 변형이 발생할 수 있다: 벽 세로축에서의 측면 팽창이 가로축에서보다 더 제한된다. 표준압밀시험[oedometer consolidation test]에 기초한 압밀계수 E_s는 세로축에서 "예방된" 팽창에 해당하는 반면, 제한되지 않은 압축 시험에 기반한 단축계수 또는 E계수는 "비제한" 측면 팽창을 설명할 가능성이 더 크다.

DIN 18137-2에 따른 3축 시험에서 이런 상황을 구현할 수 있다. 토양역학에서 설명하는 "습한" 사용 조건은 흙건축 분야에서 수해 상황 또는 건설 중인 건축 자재에 해당한다. "건조한" 사용 조건에서 흙건축 자재의 거동을 조사하려면 고형[soild] 연경도의 표본으로 시험해야 한다. 알려진 시험은 없다.

Dierks and Ziegert[27]는 치수가 $150 \times 150 \times 300$mm이고 측면 팽창을 제한하지 않은 건조한, 직방체 모양[prism-shaped] 흙다짐 시험체를 사용해 DIN 1048-5(콘크리트)대로 E계수를 측정했다.

DIN 18945에 의한 **흙블록** *earth block*의 E계수는 DIN EN ISO 7500-1에 따라 최소 2등급의 압축 시험기를 사용해 측정한다.

표 3.27 흙건축 자재의 부하 변형 척도, 실험적 산정, 개요

시험	비제한 압축시험	3축시험	표준압밀시험
DIN	18136	18137-2	18135
측면 팽창	비제한	제한	예방
변형률/변형	$\sigma_x = \sigma_y = 0;\ \sigma_z \neq 0$ $\sigma_z = F/A$ A: 시험체 횡단면 F: 작용 압축력 d: 시험체 지름 h: 시험체 높이	1. 정수압 상태 $\sigma_x = \sigma_y = \sigma_z = \sigma;$ $\varepsilon_x = \varepsilon_y = \varepsilon_z = \varepsilon;\ \varepsilon_z = \Delta h/h$ 2. 전단 상태 $\Delta\sigma_z = \Delta\sigma_1 > 0;\ \varepsilon_z = \Delta h/h;$ $\varepsilon_x = \varepsilon_y = \Delta d/d$	$\varepsilon_x = \varepsilon_y = 0;\ \varepsilon_z \neq 0;\ \sigma_z \neq 0$ $\sigma_z = F/A;\ \varepsilon_z = \Delta h/h$ $\sigma_x = \sigma_y$ 방사형 응력
상태	단축 응력 상태(표시) • 세로 압축 $\varepsilon_z = \Delta h/h\ (-)$ • 가로 팽창 $\varepsilon_z = \varepsilon_y = \Delta h/h$ 　$(+)$	회전 대칭 응력 및 변형 상태	단축 변형 상태
E계수	$E = \Delta\sigma_z/\Delta\varepsilon_z$ (Hooke, Young 계수 기반)	$E = \Delta\sigma_z/\Delta\varepsilon_z$ (Hooke, Young 계수 기반)	압밀계수 $E_s = \Delta\sigma_z/\Delta\varepsilon_z$
도해			

시험체를 만들려면 공칭 높이가 71mm 이하인 흙블록을 세로축에 수직으로 반으로 자른다. 절단면이 서로 반대 방향으로 향하게 해서 반쪽짜리들을 몰탈로 위에 쌓는다. 시멘트몰탈(강도등급 42.5 시멘트 : 세척한 자연 모래 0/0.1=1 : 1로 배합)로 블록 접합 또는 압력 재하 영역을 평평하게 고른다. 시험체의 세장비(높이/너비)는 반드시 1 이상이어야 한다.

시험체를 연마해 면을 평행하게 만들 수 있으면 블록을 몰탈로 고를 필요가 없다. 이 경우 압력 재하 영역은 연속면이어야 한다. 연마 때문에 골재가 표면에서 1mm 이상 비어져 나오지 않도록 하는 것이 중요하다.

준비한 시험체는 항량에 도달할 때까지 표준대기조건(23℃ / 50% RH)에서 건조한다. 이는 24시간 간격으로 시험체를 두 번 측량해서 확인할 수 있다. 두 값의 차이가 작은 값 기준으로 질량의 0.2%를 초과하지 않아야 한다.

공칭 높이가 70mm 초과인 흙블록은 온장으로 E계수를 시험해야 한다.

E계수는 극한하중ultimate load의 1/3 하중으로서 세 번째 재하 주기에서 산정한다. 우선, 시험체에 두 번 재하한 다음 30초 간격을 두고 다시 한번 재하한다. 각 재하마다 극한하중의 1/3을 30초 동안 지속한다(그림 3.43). 필요하면 비재하 단계 후에 추가로 건조 압축강도를 시험할 수도 있다. E계수와 건조 압축강도를 측정하는 데 동일 시험 설정을 사용할 수 있다. ARSO[40]에 따라 끌로 자른 흙블록으로 한 시험이 그림 3.44에 나와 있다 [40].

극한하중의 1/3은 모든 시험체에 선택한 극한하중의 최소 1/3에서 최대 0.4배에 해당하는 하중을 의미한다.

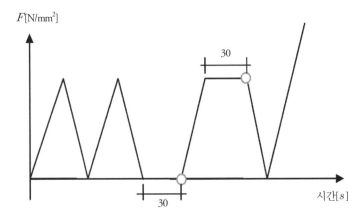

그림 3.43 DIN 18945에 따른 흙블록의 E계수 측정 순서

그림 3.44 흙블록의 E계수와 건조 압축강도 측정 [40]

동적 하중을 받는 흙건축 자재의 변형 거동이 특별히 문제가 된다. 이는 지진 지역의 흙건축 구조물에 특히 중요하다(단원 5.2.4.2). Olivier와 Velkov[41]는 **동적 E계수** *dynamic E modulus*를 산정하기 위해 세 가지 흙 시험체를 사용했는데, 그중 한 개는 시멘트로 안정시켰다. 이제, 설계된 각 하중 경로 수준에 도달한 후에 동적 진동(0.5, 1.0, 2.0Hz)의 형태로 시험체에 동적 하중을 가한다. 하중 수준은 탄성, 비선형 소성 범위였고 극한하중에 가까웠다.

동적 E계수와 정적 E계수를 동시에 산정해서 비교하여 다음과 같은 결과가 나왔다: 모든 시험체에서 동적 하중이 작용하는 동안 상당한 응고가 발생한 것으로 보인다. 모든 시험체가 최고 하중(극한응력 인접)에서 동적 E계수가 해당 정적 E계수보다 1.75~1.80 만큼 높았다.

전단계수. 이른바 직접단순전단시험^{direct simple shear test}은 전단계수 G를 전단응력 τ_{zx}과 전단왜곡 γ_{zx}의 몫으로 설명하는 데 사용한다(그림 3.45).

$$G = \tau_{zx}/\gamma_{zx}$$

전단 변위도는 적용한 변위 거리 s를 측정한 전단응력 τ와 비교하는 데 사용한다. 최소 **뻣뻣한**^{stiff} 연경도의 점성토와 순수점토는 수직응력 σ에서 매우 짧은 거리만 변위해도 극한한계상태 τ_{zx}(= 전단강도 β_s)에 도달하고, 시험체를 약화시킨 후 낮은 잔류 전단강도 또는 잔류 강도로 떨어진다. **무른**^{soft} 순수점토는 더 큰 거리의 변위 후에 극한한계상태에 도달한다.

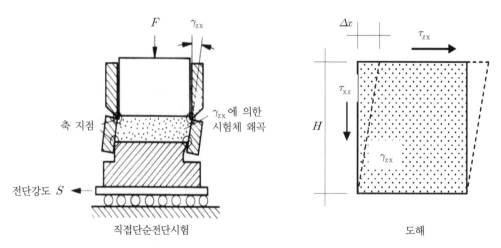

그림 3.45 흙건축 자재의 변형 거동: 측면 팽창과 전단 왜곡 [38, 78]

(3) 실험 및 계산 수치

탄성 재료거동

표 3.28[42]는 일부 주요 건축 자재의 탄성 재료 거동을 나타내는 E계수를 기재하고 있다.

표 3.28 선별한 건축 자재의 E계수

번호	건축 자재	E계수 [N/mm²]	비고
1	유리	50,000~85,000	
2	벽돌	500~15,000	
3	표준 콘크리트	15,000~60,000	
4	강철	200,000~210,000	
5	목재, 결에 평행 목재, 결에 수직	7,000~18,000 300~1,500	
6	흙다짐	550~960 700~7,000 300×β_D 500	[27, 60]; 파괴하중의 1/3까지로 10회 재하 주기 후 [14]; 하중 범위 없이 고시 NZS 4297 [50] [80]
7	흙블록, DIN 18945 기준	≥750	그림 3.43 응력도 및 단원 3.5.7

Dierks와 Ziegert[27]는 흙다짐의 **탄–소성 재료거동** *elasto-plastic material behavior*을 설명하기 위해 다음과 같이 크리프 시간 종속함수를 상술한다:

$$t > 0.25d에서 \quad \varepsilon_k(t) = 0.0654\ln(t) + 0.62$$

d = 하중 재하 후 경과한 일day 수

이 함수에 따르면 0.4N/mm²의 영구하중이 200일 사용 후에 $\varepsilon_{k\infty} < 0.1\%$의 크리프 변형을 일으킨다. 이는 이 시험에 사용한 흙다짐이 입자 구성이 최적이고 수축 변형이 작아서(< 0.1%) 콘크리트와 비교할 만하다는 것을 의미한다.

점성 재료거동

Lehmbau Regeln[22]에 따르면, 선형수축도를 측정하는 데 슬럼프가 $a = 140$mm인 몰탈 프리즘을 사용한다(단원 3.5.6, 그림 3.40).

3.6.2.2 강도 척도

건축 부재가 받는 응력의 유형에 따라 강도의 유형을 압축강도, 인장강도, 휨강도, 좌굴강도, 전단강도, 비틀림강도로 나눌 수 있다. 실제 응력 상황에서는 여러 응력 유형이 건축 부재에 겹칠 가능성이 있다.

흙건축의 강도 척도는 지금까지 압축강도 시험에 한정되었다. 대부분 시험 방법이 하중 적용 축에서 강도 속성을 "자동으로" 측정하기 때문에 압축강도 값을 아는 것으로 충분하다.

흙건축 자재의 압축강도를 시험하기 위해서 콘크리트 및 조적 건축에서 통용되는 방법을 채택하거나 변용했었다. 흙건축 자재의 용도가 더욱 다양해지면서 흙건축에서 여러 가지 응력 유형을 시험하고 규정해야 할 필요성이 증가한다. 새로운 표준 시험 절차를 개발하거나 콘크리트 또는 조적 건축에 사용하는 방법을 적절하게 변용해야 한다.

구조 강도 척도는 대개 단기 시험으로 측정한다. 즉, 최대 하중에 도달하는 데 약 1분이 걸린다.

동적 응력(바람, 지진)은 구조 강도 외에 동적인 부분을 고려해야 한다.

(1) 건조 압축강도

흙건축 자재의 압축강도 β_D는 일반적으로 하중을 받은 단면 A에 수직으로 작용하는 힘 F가 건축 자재의 파괴를 초래하는 응력으로 표현한다.

$$\beta_D = \max. \ F/A \ [\text{N/mm}^2]$$

Lehmbau Regeln[22]에 따르면, 하중을 지탱하는 흙건축 부재의 치수를 산정하기 위해 압축강도를 확인해야 한다. 건조 압축강도는 DIN 18945~47에 따른 흙블록 및 흙몰탈 제품군의 주요 속성이며 이를 고시해야 한다.

흙다짐 및 흙쌓기

안전 개념. 실험실 환경에서 흙다짐 시험체를 생산할 때 다짐 조건은 현장의 실제 건축 부재와 다르다. 그 결과 건조 용적밀도는 물론 압축강도도 더 높다. 또한 시험 강도는 실제 건축 부재의 크리프 강도에 비해 수치가 더 큰 단기 강도를 재하한다. 이는 시험 과정에서 파괴하중에 도달할 때까지 하중을 더 빠르게 가하기 때문이다.

내력 벽체 내 압축강도를 수학적으로 검증할 때는 실험에서 측정한 압축강도를 일부만 사용한다(단원 4.2.3.1).

일반적으로 다음과 같이 구분한다:

− 개별 시험 최소 3회의 **산술 평균** *arithmetic mean*

− 각 시험 결과의 통계적 분포에서 특정 분위를 고려해 취한 **특성값** *characteristic value*

− 안전계수를 포함한 **설곗값** *design value* 또는 **산출값** *calculation value*

Lehmbau Regeln[22]에서는 실험실에서 산정한 재료별 건조 압축강도 *dry compressive strength* β_D와 흙건축 부재에서 이를 수학적으로 입증한 **허용 압축응력** *permissible compressive stress* σ_p 사이에 있는 이 "전 지구적인" 안전여유도 margin를 허용 압축응력의 약 7배로 규정한다. 그리고 압축강도 시험용으로 산정한 특성값을 표 3.29에 따른 산출값으로 벽의 허용 압축응력을 도출하는 강도 등급에 부여한다.

시험당 측정한 세 개별값 중 최솟값이 $\beta_D = 2.0 \text{N/mm}^2$보다 작으면 안 된다. 따라서 산출한 벽의 압축응력 최솟값은 $\sigma_p = 0.3 \text{N/mm}^2$로 설정한다. 반면 강도등급 4의 최댓값은 벽의 압축응력 $\sigma_p = 0.5 \text{N/mm}^2$로 제한한다.

벽기둥 같은 pillar-like 벽은 벽 최소 단면적의 최대 1.5배까지 허용응력을 0.8배 줄여야 한다.

시험 방법. Lehmbau Regeln[22]에 따르면, 흙다짐과 흙쌓기의 건조 압축강도 β_D는 시험당 시험체 최소 3개를 사용해서 측정한다. 시험체는 모서리 길이가 20cm인 강철 입방체 형틀을 사용해서 실험실에서 제작한다. 시험 중에 가하는 하중의 방향은 시험체를 만들 때 가한 압축작업 방향과 일치해야 한다. 시험체를 시험 장치에 설치할 때, 바닥면에 5mm 이하의 시멘트몰탈 층을 두어 수평을 잡는다. 파괴 failure가 발생할 때까지 압축기로 건조 시험체에 하중을 가한다 (그림 3.46). 시험체는 극한하중에 도달한 후 전형적인 비제한 측면 팽창의 파괴 양상을 나타낸다: 흙이 압축 대신에 그림에서 시험체의 나머지 부분에서 보이는 것처럼 전단응력 파단 break

표 3.29 흙다짐과 흙쌓기를 위한 압축강도등급 및 허용 압축응력

압축강도등급 β_D [N/mm^2]	1[a]	2	3	4
벽체에서의 허용 압축응력 σ_p [N/mm^2]	0.2	0.3	0.4	0.5

[a] 흙쌓기만 해당

으로 세로축에 대해 45° 각도로 변위한다. 이는 압축강도보다 전단강도가 훨씬 낮은 취성 재료
에서 나타나는 전형적인 파괴 양상이다.

실험실 환경에서 건조 압축강도를 측정하려면 시험체가 완성된 상태에서 건축 부재의 일반
평형 함수량을 달성해야 하므로, 항량이 될 때까지 시험체를 표준대기조건(+20℃, 65% RH)
에서 건조한다. 이 과정을 인위적으로 가속해서는 안 되며, 이는 건조 시간을 최소 6주로 계획
해야 하는 것을 뜻한다.

젖은 시험체의 함수량이 증가하면 취성 파단이 소성 파단으로 바뀌고 결국 소성 유동plastic flow
이 된다. "젖은" 상태는 흙건축 부재가 수해에 노출되는 상황에 해당한다.

흙다짐의 건조 압축강도를 측정하는 시험 방법에 국제적 범위에서 통일된 규정은 없다.

시험 전   극한하중 후 파괴 양상

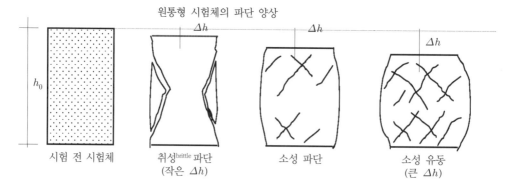

그림 3.46 흙다짐의 건조 압축강도 시험 [43]

실험 및 계산 수치. 독일 바이마르의 바우하우스 대학에서 건조하는 동안 흙다짐의 강도 발달을 다루는 연구를 수행했다 [26, 43]. 각 모서리 길이가 20cm인 총 105개의 입방 시험체를 수작업으로 압축해서 만들었다. 이후의 시험에서는 세 가지 다른 배합물(흙다짐, 짚섬유 함유 흙다짐, 짚섬유 함유 풍적토 흙다짐)을 사용해 입방체의 최종 압축강도를 비교했다. 시험체의 함수량 $w(w < w_{pr}, w_{pr}, w > w_{pr})$과 건조 시간 $t(t=7, 14, 28, 45, 90d)$을 여러 가지로 만들었다(그림 3.47). 전반적으로 $\beta_D = 0.90 \sim 3.89 N/mm^2$ 범위의 값을 얻었다. 건조 압축강도 β_D는 건조 용적밀도를 같이 측정하는 연속 시험으로 측정했다(단원 3.6.1.3).

Dierks와 Ziegert[27]는 모서리 길이가 20cm이고 $\rho_d = 2.24 g/cm^3$인 입방체에서 압축강도 $\beta_D = 2.4 \sim 3.5 N/mm^2$를 확인했다. 아마(亞麻)섬유 골재를 섞은 시험체가 가장 큰 값을 얻었다.

Fischer et al.[44]이 측정한 모서리 길이가 $10cm(5.6N/mm^2)$, $15cm(2.9N/mm^2)$인 흙다짐 입방체 시험체는 직접 비교할 수 없으나, 이 시험에서 함수량이 $w \sim w_{pr}$(단원 3.6.1.4)인 시험체의 강도가 가장 컸다.

Minke[45]가 명시한 강도 $\beta_D = 2.6 \sim 4.2 N/mm^2$는 지름 7.6cm, 높이 10cm인 원통형 시험체를 기준으로 하므로 직접 비교할 수 없다. Maniatidis와 Walker[46]는 지름 10cm, 높이 20cm인 원통형 시험체로 비슷한 결과인 평균값 $\beta_D = 2.46 N/mm^2$을 얻었다. 시험체는 $w = w_{pr}$로 만들었고 항량에 이를 때까지 표준대기조건에서 약 4주 동안 건조했다.

Ziegert[47]는 흙쌓기 *cob*로 만든 15, 20, 30cm 시험 입방체에 표준압밀시험을 수행했다. 시험체는 기존 벽체 세 곳에서 잘라내서 면을 잡았다. 입방체의 평균 압축강도는 $\beta_D = 0.63 \sim 1.12 N/mm^2$ 범위를 나타냈다. 시험한 흙쌓기 시험체에서는 흙다짐에서 시험체 크기가 증가함에 따라 단축 압축강도가 감소하던 경향을 확인할 수 없었다. 흙 구조 내의 지엽적 불연속성 또는 시험체 제작 중의 기계적 영향이 더 중요한 역할을 한 것으로 보인다.

Lehmbau Regeln[22]은 표 3.30에서 보이는 바와 같이 흙건축 자재의 건조 압축강도 "경험값"을 계속 포함한다.

여러 국가의 흙건축 법규에서 벽의 허용 압축응력 σ_p에 관한 정보를 거의 찾을 수 없다(표 3.31).

표 3.30 흙건축 자재의 건조 압축강도, 경험값

건축 자재	건조 용적밀도 ρ_d [kg/dm³]	건조 압축강도 β_D [N/mm²]
광물골재 함유 흙다짐	2.0~2.2	3~5
식물섬유골재 함유 흙다짐	1.7~2.0	2~3
흙쌓기	1.4~1.7	1
흙블록	1.6~2.2	2~4

표 3.31 벽체의 허용 압축응력 및 흙다짐의 건조 압축강도 측정용 시험체 치수, 여러 국내법의 시방서

국가	출처	σ_p [N/mm²]	시험체 치수 [mm]	비고
오스트레일리아	[70]	0.7	원기둥/사각기둥 $d=150;\ h=110;$ $h=150;\ l=150;$ $w=1.3h$ 형태계수	비안정화(시멘트 안정화 5.2), 변형계수를 사용한 안전여유도
	[49]	1.0		양생기간 28일, 비안정화(시멘트 안정화 2.5)
뉴질랜드	[50]	0.5	$h/d=0.4-5$ 형태계수 포함	자연건조 양생기간 28일, 비안정화, 일련의 최소 5회 개별시험 중 최소 개별값 $\beta_D>1.3\text{N/mm}^2$, $h/d=1$
미국	[71]	2.07ª	정육면체 $h=l=w=102$	시험당 시험체 5개, 이 중 하나만(1.725≤) $\beta_D<2.07\text{N/mm}^2$ 허용
스위스	[72]	0.3~0.5	정육면체 $h=l=w=200$	비안정화; $\beta_D=2\sim4\text{N/mm}^2$ (경량토는 0.5N/mm²)
인도	[73]	1.4	원기둥 $d=100;\ h=200$	시멘트 안정화(수분 0.7)

ª σ_p 인지 β_D 인지 분명하지 않음

영향 변수. 흙건축 자재의 건조 압축강도에의 영향 변수는 다음과 같다: 입자의 분포와 품질; 점토광물(결합재)의 양과 질 및 그에 따른 응집강도; 건조 조건; 흙 전처리 품질; 배합수의 양; 압축작업; 골재와 첨가물.

독일 바이마르의 바우하우스 대학[26, 43]에서 실시한 실험(그림 3.47)에서, 입방체의 최종 압축강도에 **시공 시점의 함수량** *moisture content at time of installation* w이 미치는 영향은 다음과 같은 방식으로 나타났다: 표준대기조건에서 90일 건조 후에 $w>w_{pr}$인 모든 혼합물의 최종 강도가 $w \leq w_{pr}$인 혼합물보다 더 컸다. 최종적인 최댓값은 $\rho_d=1.92\text{g/cm}^3$인 "풍적토" 연속물에서 3.89N/mm², $w>w_{pr}$였다. 최종적인 최솟값은 $\rho_d=1.53\text{g/cm}^3$인 짚섬유 함유 흙다짐 연속물에서 0.90N/mm², $w<w_{pr}$였다. 짚섬유가 강도를 증가시킨다는 명확한 증거는 없었다.

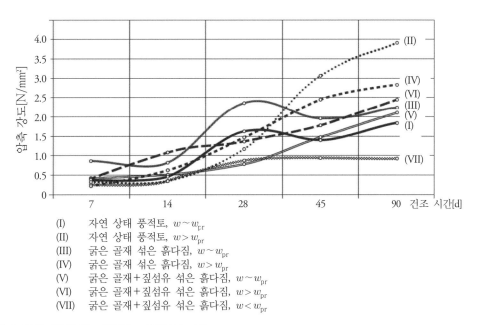

(I)	자연 상태 풍적토, $w \sim w_{pr}$
(II)	자연 상태 풍적토, $w > w_{pr}$
(III)	굵은 골재 섞은 흙다짐, $w \sim w_{pr}$
(IV)	굵은 골재 섞은 흙다짐, $w > w_{pr}$
(V)	굵은 골재+짚섬유 섞은 흙다짐, $w \sim w_{pr}$
(VI)	굵은 골재+짚섬유 섞은 흙다짐, $w > w_{pr}$
(VII)	굵은 골재+짚섬유 섞은 흙다짐, $w < w_{pr}$

그림 3.47 흙다짐의 건조 압축강도 시험 [26, 43]

이것은 프록터 시험(단원 3.6.1.4)을 흙다짐 구조물 생산에 매우 한정된 기준으로만 사용한다는 것을 시사한다. 시험에 따르면, 프록터 곡선의 "습윤" 쪽에서 작업하면 강도는 더 크나 수축 변형이 더 많이 발생하고, 평형 함수량에 도달할 때까지 건조 시간이 상당히 길어진다. 따라서 현장에서 사용하는 배합물은 함수량이 $w < w_{pr}$ 인 "건조한" 배합물일 가능성이 크다. 그러나 건축 부재 내에서 충분한 강도를 내기 위해서는 흙다짐을 시공할 때 프록터 시험에 적용한 정적 **압축작업** *compaction work*을 수정해야 한다(단원 3.2.2.1).

Rischanek[48]은 건축토의 **숙성 시간** *aging time*(단원 3.1.1.3)이 길어지면 건조 압축강도가 상당히 커진다는 사실을 입증했으며, 이는 중국과 중앙아시아의 전통적인 흙건축 실무에서 이미 알려진 효과이다.

건조 압축강도 시험에 사용하는 **시험체 치수** *specimen dimensions*는 문헌 출처와 국가별 표준에 따라 상당히 다르다(표 3.31). 시험체 모양은 원기둥, 사각기둥, 정육면체(입방체)에 이르기까지 다양하다. 흙다짐이나 다른 흙건축 자재의 단축 압축강도 측정에 사용하는 다양한 크기의 시험체들을 호환하는 변환계수는 없다([49]와 [50] 제외). 시험체 치수를 줄이면 재료 속성, 압축작업, 시험체 모양 등을 바꾸지 않아도 건조 압축강도가 증가한다(예: [46]에서, 높이 60cm,

지름 30cm의 원기둥형 시험체는 지름 10cm의 시험체보다 건조 압축강도 값($\beta_D = 1.9\text{N/mm}^2$)이 23% 작았다. 높이가 같고 단면적 $A = 30\text{cm}^2$, 10cm^2인 사각기둥 모양 시험체는 작은 시험체의 β_D 값이 약 50% 더 컸다).

사각기둥과 원기둥보다 간단한(예: 정육면체) 시험체에서도 같은 결과를 볼 수 있다.

연구 활동은 대체로 **첨가물과 골재**_additives and aggregates_가 흙다짐의 건조 압축강도와 내후성을 높이는 역할을 밝히는 데 전념했다. 독일 바이마르 HAB[51]에서 수행한 작업은 이런 흐름의 연장선에서 석회와 시멘트 결합재의 효과를 시험했다. 결합재마다 시험체를 200mm 입방체로 4개씩 만들어 압축강도를 측정했는데, 문헌에서 이미 확인했던 내용에 연결되는 결과를 본질적으로 입증했다(그림 3.48).

석회 _lime_는 주로 과양토_very rich soil_나 응집성이 큰 흙에 첨가하기 적합하다. 점토 콜로이드_colloids_ 표면에서 발생하는 양이온 교환은 즉각적인 반응으로 물과 결합하는 친화력에 광범위한 변화를 일으켜서 흙의 구조가 부서지기 쉽고 푸석해진다. 그러므로 석회를 얼마나 첨가하는지에 따라 자연 함수량이 1~2% 감소하고, 이 때문에 양토_rich soil_의 압축 효과가 좋아진다. 게다가 장기 효과로, 최적화된 압축을 하면 석회와 점토광물이 매우 느리게 수경 반응을 하면서 강도가 증가한다. 적합한 석회 유형은 수화석회와 생석회이다.

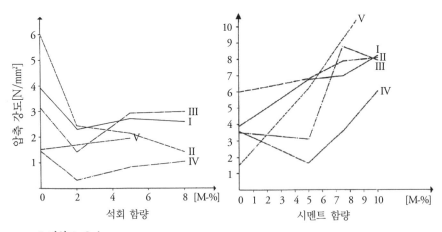

I 점성토, Gotha
II 점성토, Lüzensömmern
III 분말점토(25m-%), Friedland + 모래, Freyburg
IV 벤토나이트(25-m%), Bulg + 모래, Freyburg
V 카올리나이트(20m-%), OKA + 모래, Freyburg

그림 3.48 안정시킨 흙다짐 시험체의 건조 압축강도 [51]

시멘트 *cement*는 점토광물이 적거나 덜 팽창하는 박토[lean soil]에 첨가하기 적합하다. 시멘트는 흙 안에서 불수용성 경질 시멘트 겔을 형성하여 광물질 입자를 감싸고, 서로 결합하고, 단단한 연속 바탕질[matrix]로 고형화한다. 두 번째, 흙 안에서 점토광물이 수용성 강도 바탕질[strength matrix]을 형성한다. 두 강도 바탕질이 모두 자유롭게 발달할 수 있는지 또는 상호 간섭이 발생하는지의 문제가 흙-시멘트 혼합물의 강도를 결정한다. 예를 들어, 이런 간섭은 점토광물 함량이 높아서 발생할 수 있다. 점토 분획에서 비롯된 안정시킨 흙의 수축 반응을 경질 시멘트 바탕질이 저해한다. 시멘트를 늘이면 시멘트 바탕질이 우세해서 결과적으로 "흙 시멘트"가 된다.

중량 흙건축 자재(굵은 골재인 자갈 *gravel as a coarse aggregate* 포함한 흙다짐, $\rho_d = 2.0 \sim 2.4 g/cm^3$)를 추가하면 건조 압축강도가 증대된다. $\beta_D = 3.0 \sim 5.0 N/mm^2$ 값은 1~2층 주거 건설에 충분한 낮은 압축강도등급의 소성벽돌 범위에 들어갈 수 있다.

(아프리카 전통 흙건축에서와 같이) **토기 파편** *pottery shards*을 갈아넣거나 부서진 소성벽돌을 추가하면 포졸란 효과[pozzolanic effects] 7가 생겨서 흙다짐 건축 부재의 강도가 증가한다.

섬유 재료 *fiber material*를 조금만 추가하면 횡 방향 인장강도가 증가하고 따라서 흙다짐의 건조 압축강도가 증가한다. 섬유 함량이 더 증가하면 파괴 지점 측정이 불분명해진다: 섬유 사이의 공극이 "분쇄 공간"을 형성하고 섬유 자체가 인장 강화 역할을 한다.

구조물의 수명기간에 걸친 장기적 **상대습도 변화** *change in the relative humidity*가 흙다짐의 건조 압축강도에도 영향을 미친다. Utz와 Micoulitsch[52]는 고고학 발굴지에서 채취한 다진 풍적토 심부 표본을 사용해서 상대습도가 30%에서 98%로 증가하면 평형 함수량(단원 5.1.2.4)이 2~6% 증가하는 반면, 건조 압축강도는 약 30% 감소하는 것을 보여주었다. 동일 시험 조건에서 휨강도는 심지어 약 70% 떨어졌다. Dierks와 Ziegert[27]는 비슷한 시험 조건에서 건조 압축강도가 유사하게 감소하는 것을 관찰했다: 영구 상대습도가 65%에서 88%로 증가하면 평형 함수량이 0.7%에서 1.3%로 증가하고 건조 압축강도도 35% 감소한다.

위에서 언급한 결과는 인위적인 시험 조건에서 얻었기 때문에 실제 상황에 직접 적용하는 것이 거의 불가능하다. 그러나 위에서 설명한 경향은 건축물, 특히 내력 흙건축 구조물이라면 설계 단계에서 가능한 모든 응력을 신중하게 고려하는 것이 중요하다는 점을 강조한다.

---

7   황혜주, 『흙건축』, 씨아이알, 2016 발췌 및 요약: 자체로는 수경성이 없는 흙이 석회, 물과 함께 작용하여 경화하는 반응에서 얻는 효과. 석회가 수화반응을 일으켜 생성한 수산화칼슘과 포졸란계 재료 내부의 이산화규소, 이산화알미늄 성분이 만나 불용성 화합물을 만드는 원리로, 결과적으로 혼합재료가 경화하면서 강도가 증가하는 효과를 얻음.

흙몰탈

DIN 18946~47에 따른 흙몰탈 시험은 건조 압축강도 시험과 더불어 개별 제품에 필요한 특정 요건에 따라 산정하는 추가 강도 유형 시험으로 구성된다. 흙몰탈에 필요한 특정 요건에 따라 "묶인" 이 일련의 강도 시험은 표 3.8과 3.10에서 강도등급으로 분류한다.

시험 방법. Lehmbau Regeln[22]과 DIN 18946~47에 따른 흙몰탈의 **건조 압축강도** *dry compressive strength* β_D 측정은 DIN EN 1015-11과 DIN EN 998-1, 2를 기반으로 한다. 이들 표준은 연속한 시험으로 건조 압축강도와 휨강도를 측정할 수 있다고 명시한다.

160×40×40mm 사각기둥 시험체를 필요한 흙몰탈 연경도로 준비한다. 시험체는 항량에 도달할 때까지 표준대기조건에서 말린다. DIN EN 1015-3에 따라 유동판 시험으로 생몰탈 표본의 지름을 측정해서 연경도를 확인한다(단원 3.6.2.1).

건조 압축강도는 휨강도 시험에 사용해 반으로 쪼개진 몰탈 사각기둥으로 시험할 수도 있다(단원 3.6.2.2). 16×16mm 재하판을 탈형한 몰탈 시험체의 끝면에 모서리에서 16mm 간격을 두어 놓는다. 파괴될 때까지 지정 속도로 하중을 가한다. 최소 세 번의 시험 중 가장 작은 값이 최종 결과이다.

실험 및 계산 수치. Minke[53]는 시중에서 판매되는 14개 미장 흙몰탈의 건조 압축강도를 시험해서 $\beta_D = 1.00 \sim 3.04 N/mm^2$ 범위로 명시한다. 동시에 측정한 휨강도는 $\beta_f = 0.18 \sim 0.69 N/mm^2$ 범위에 있으며 건조 압축강도의 약 1/10에 해당한다.

Dettmering과 Kollmann[54]은 복원 및 보존 작업에 사용하는 미장용 몰탈의 압축강도 범위 개요를 제공한다. 석회미장의 압축강도는 $\beta_D = 1 \sim 1.5 N/mm^2$에서 "낮음"으로 분류한다. "강성" 시멘트미장은 약 $\beta_D = 10 \sim 30 N/mm^2$이다. 흙미장의 정보는 없다.

이 때문에 독일흙건축협회(DVL)가 시판되는 5개의 미장용 흙몰탈을 대상으로 건조 압축강도와 접착강도 시험(단원 3.6.2.2)을 주관했다. 결과는 $\beta_D = 0.7 \sim 1.8 N/mm^2$ 범위이다 [55].

미장 몰탈의 균열 발생 경향은 일반적으로 압축강도 및 휨강도 지수로 평가한다 [54]: 보통 휨강도는 압축강도의 1/3이 바람직하다. 이 결과를 미장용 흙몰탈에 적용하기에는 신뢰할 만한 자료가 충분하지 않다.

조적용 흙몰탈 *earth masonry mortar*의 건조 압축강도는 단원 3.5.7에 따라 특정 건축 공사에서 사용한 흙블록의 강도에 기초한다.

흙블록

DIN 18945에 따른 흙블록은 반드시 충족해야 하는 각 특정 요건에 따라 압축강도등급(표 3.16)으로 분류한다.

시험 방법. 흙블록의 건조 압축강도 β_D 시험은 DIN 18945에 따라 수행해야 한다. 시험체 준비는 E계수 시험과 똑같다. 기후함climate cabinet에서 표본을 꺼낸 후 1시간 이내에 시험을 수행해야 한다.

30~90초 후에 파괴가 발생할 때까지 시험 하중을 흙블록의 바닥 접합면에 수직으로 일정한 속도로 가한다. 최소 6개의 시험체로 연속 시험을 한다.

이 시험을 E계수 시험과 결합할 수 있다. 여기 그림 3.43에서 보이는 응력 도해에 이어서 하중을 제거한다. 그런 다음 파괴하중에 도달할 때까지 시험을 진행한다.

흙블록의 건조 압축강도를 측정하는 시험 방법에 국제적 범위에서 통일된 규정은 없다. 시멘트로 안정시킨 흙블록은, 예를 들어 ARSO에 따른 시험 방법을 사용해 수화된 시험체의 "습윤" 압축강도를 측정한다 [40].

(2) 인장강도

건축 자재의 인장강도 β_T 는 일반적으로 인장 시험에서 측정한 인장력의 최대량 F와 원래 단면 A의 몫으로 표현할 수 있다.

$$\beta_T = \text{max. } F/A \ \ [\text{N/mm}^2]$$

흙건축 자재도 응집강도에 기반한 인장강도를 가진다. 그러나 압축강도에 비해 응집강도가 작아서 내력 건축 부재의 강도 계산에 포함하지 않는다.

흙건축 자재의 다양한 용도에 따라 일반적인 하중 조건에서 인장강도는 다음과 같다:

－Niemeyer에 따른 응집강도 형태의 축 방향 인장강도(단원 2.2.3.2)

－쪼갬 인장강도

－접착 인장강도

－휨강도

축 방향 인장강도

용어 정의. Niemeyer에 따르면, 응집강도(단원 2.2.3.2)는 지정된 "표준" 시험 연경도 상태에서의 가공 척도로, 습한 *moist* 건축토(흙건축 자재)의 축 방향 인장강도 β_z와 유사하다(그림 2.24).

독일 바이마르의 바우하우스 대학에서 건축토의 응집강도 측정에 사용하는 동일 시험 장치를 사용해 "건조" 인장강도를 측정했다 [56].

시험 방법. Niemeyer의 응집강도 측정 장치를 사용해서 13개의 다른 건축토로 만든 건조한 "숫자 8 모양" 시험체에 취성 파괴brittle fractures가 발생할 때까지 하중을 가했다.

실험 및 계산 수치: "습윤" 인장강도(Niemeyer). $\beta_{TW} = 50 \sim 360 \text{g/cm}^2$ 또는 $0.005 \sim 0.036 \text{N/mm}^2$, 순수 점토는 더 높음(표 2.5). 시공 시점의 함수량 w_N(시험 연경도)은 단원 2.2.3.2에 따른 소성한계 PL에 가깝다($w_N = 1.19\text{PL} - 3.37$, $r_{xy} = +0.79$; 표 2.7 [57]).

"건조" 인장강도. 취성 파괴가 발생한 순간에 측정한 인장강도는 시험체를 건조하기 전 표준 연경도일 때 인장강도 값의 21~67배로 증가했다. 절댓값은 양토rich soil와 과양토very rich soil에서 가장 높았다:

박토	$< 0.4 \text{N/mm}^2$
준양토	$0.4 \sim 0.6 \text{N/mm}^2$
양토	$0.6 \sim 0.9 \text{N/mm}^2$
과양토	$> 0.9 \text{N/mm}^2$

건조 인장강도와 습윤 인장강도 사이의 상댓값은 양토와 과양토보다 박토lean soil와 준양토semi-rich soil에서 상당히 높았다.

영향 변수. "습윤" 인장강도는 흙건축 자재의 준비에서 실제로 중요하다: 흙의 속성을 개선하는 건축토, 물, 골재 및 첨가물의 배합물을 성형에 적합한 작업 가능하고 균질한 덩어리로 전환하는 것이 필요하다. 인장강도 값은 건축토의 가공 품질을 알려준다. 여기서 가공은 점성 거동을 보이는 배합물의 모양을 변경하는 것을 의미한다(단원 3.6.2.1).

강한 응집력, 양호분포well-graded 입도, 각진 입자모양, 광물 성분의 거친 입자 표면이 강도를 증가시키는 것으로 입증되었다. 흙건축 자재가 마르면서 인장강도가 증가한다.

쪼갬 인장강도

용어 정의. 경암solid rock, 굳은 순수점토, 이회토, 일부 점성토 같이 취성 파괴 경향이 있는 재료의 인장강도를 간접적으로 측정하고자 원기둥 시험체로 **쪼갬 인장** *splitting tensil* 강도 시험(브라질 시험Brazilian Test이라고도 함)을 할 수 있다. 콘크리트의 쪼갬 인장강도는 DIN EN 12390-6에 따라 시험한다.

　쪼갬 인장강도는 현장에서 흙블록의 **내충격성** *shock resistance*(흙블록 낙하 시험) 시험에 실제로 활용한다. 뉴질랜드와 오스트레일리아의 흙건축 표준 및 권장사항[49, 50]에서 이 시험을 건설 중 품질 감독 조치로 수행하도록 한다.

시험 방법. 쪼갬 인장강도 시험 *splitting tensile strength test*은 $h/d \sim 1$의 원통형 시험체를 튼튼한 시험틀의 고정판 사이에 끼운다. 시험체 표면의 두 반대쪽 평행선(섬유판 띠)에 초당 $0.05 N/mm^2$씩 일정하게 증가하는 하중을 파괴될 때까지 가한다(그림 3.49).

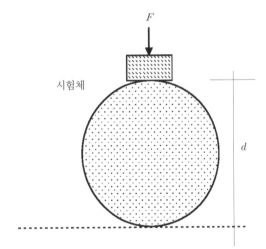

그림 3.49 쪼갬 인장강도: 시험 설정, [40, 78]

흙블록의 내충격성 *shock resistance of earth blocks*을 측정하려면 건조한 흙블록을 900mm 높이에서 단단하고 평평한 표면에 떨어뜨리고 이어지는 파괴 양상을 평가한다. 흙블록을 떨어뜨리기 전에, 높이 900mm에서 블록 바닥면의 대각선이 충격 표면에 수직이고 블록의 가장 짧은 모서리가 아래쪽으로 가도록 돌린다 [49]. 흙블록의 내충격성 시험에서 충격 후 허용 가능 또는 불가능한 파괴 양상을 그림 3.50에서 설명한다. 시험은 흙블록 2,500개마다 5개씩 수행해야 한다.

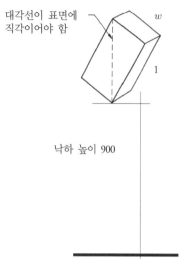

대각선이 표면에
직각이어야 함

w

l

낙하 높이 900

조건
$w \leq l \leq 2w$, $l > 2w$이면 반드시 흙블록을 쪼개야 함

시험 후 파단 양상:
1. 흙블록이 거의 반으로 깨지면 안 됨
2. 흙블록이 10조각 이상으로 깨지면 안 됨
3. 전체 블록 대각선의 1/5보다 길게 모서리가 깨지면 안 됨

그림 3.50 쪼갬 인장강도: 시험 설정 [49, 50]

그림 3.51 ARSO에 따른 흙블록의 쪼갬 인장강도 시험 [40]

그림 3.51[40]은 ARSO에 따라 쪼갬 인장강도 측정을 위해 개발한, 직사각형 단면 흙블록에 적용하는 시험 방법을 보여준다. 단면적 1cm²인 두 개의 기다란 플라스틱 또는 경목^{hardwood} 조각을 시험용 흙블록의 위와 아래에 두고 압축기에 끼운다. 두 막대를 서로 수직 상에 놓고 파괴될 때까지 0.02mm/s의 일정한 속도로 재하한다. 각 온장 블록^{full block} 당 시험 결과가 세 개씩 나오도록 처음에 깨진 블록의 반장^{half block}에 반복해 시험한다.

실험 및 계산 수치. 원기둥형 시험체의 쪼갬 인장강도는 다음 방정식을 사용하여 산정한다.

$$\beta_{ST} = 2 \cdot \max F / \pi \cdot d \cdot h(\text{또는 직사각형 단면은 } w \cdot h)$$

d – 원기둥 지름

h – 높이

$\max F$ – 표면 선을 따라가는 응력, 극한하중

DIN EN 12390-6에 따르면 다음 사항을 콘크리트에 적용하고 쪼갬 인장강도 β_{ST}와 축 방향 인장강도 β_{AT}를 비교하는 지침으로 활용할 수 있다.

$$\beta_{ST} = 1.2\beta_{AT}$$

흙건축 자재에 해당하는 값은 지금까지 찾아낸 바 없다.

접착 인장강도

용어 정의. 접착 인장강도 β_{TA}는 몰탈과 미장 바탕 사이의 결합을 끊는 데 필요한, 접착 표면에 수직으로 작용하는 인장응력의 양을 나타낸다. 이 시험은 정벌층이 초벌층에, 또는 전체 미장 조직이 바탕에 충분히 붙었는지를 보여준다.

더욱이, 흙블록과 바닥 접합부 조적 몰탈 사이의 접착강도가 지나치면 조적 구조가 파괴될 수 있다. 또한 바닥 접합부 몰탈의 접착강도가 크고 블록 높이 방향에서 흙블록의 인장강도가 작으면 블록 인장강도가 파괴를 일으킬 수 있다.

시험 방법. 미장 흙몰탈의 접착 인장강도 β_{TA}는 DIN EN 1015-12(그림 3.52 [58])에 근거한 DIN 18947에 따라 시험한다. 흙미장을 시험 연경도로 준비해서 바탕(수평 콘크리트 평판)에 바르고 미장 표면을 고른다. 그런 다음 시험 면을 최소한 14일 동안 보관하고 마지막 7일 동안 표준대기조건((23±2)℃ / (50±5)% RH)하에 있는지 확인한다.

다음으로, 시험 표면에 지름 $d = 50$mm, 70mm인 원심 구멍core hole을 천공해서 시험체 최소 5개를 만드는데, 흙미장을 관통해 바탕에 약 3mm 깊이까지 판다.

접촉면을 붓brush으로 청소하고 압축 공기로 부스러진 입자와 먼지를 제거한 후, 시험판을 접착제로 마른 흙미장에 부착한다. 접착제가 굳은 후 적절한 장치(예: Dynatest 또는 HP 850)를 사용해 흙미장 표본의 인장강도를 측정한다. 시험 시간은 60초를 초과하지 않아야 한다.

시험 결과 네 가지 파괴 유형이 발생할 수 있다(그림 3.52) [DIN 18555-6]):

- 몰탈과 바탕 부착면의 접착 파괴
- 몰탈의 응집 파괴
- 바탕의 응집 파괴
- 접착층 파괴

실험 및 계산 수치. Minke(Boenkendorf)[45]는 "흙 바탕 위 흙미장"에 필요한 일반 요건 기준을 $\beta_{TA} \geq 0.05$N/mm²로 명시한다. Riechers와 Hildebrand[59]는 미장 일반값 $\beta_{TA} = 0.08$N/mm²이면 "일반적인 시공에 충분"하다고 간주한다.

Dettmering and Kollmann[54]은 복원 및 보존 현장에서 사용하는 표준 미장의 접착 인장강도 β_{TA} 수치를 $0.1 \sim 0.5$N/mm² 범위로, 석고와 시멘트 미장은 $0.4 \sim 0.9$ 및 $1.0 \sim 2.0$N/mm²로 제시한다. 흙미장에 해당하는 값은 없다.

그래서 DVL이 시판되는 5개의 흙미장을 대상으로 접착강도 시험을 주관했다 [55]. 시험값은 $\beta_{TA} = 0.03 \sim 0.12$N/mm² 범위였다. 평활한 콘크리트를 바탕면으로 사용했다(불리한 결과 예상). 단층 흙미장에서 "원심 뚫기core drilling" 또는 DIN EN 1015-12에 따라 "파기cutter"로 시험체를 취했다. 흙미장은 표준 작업 연경도에서 시공했다. 실패한 결과는 "응집 파괴", "접착 파괴", 그 중간 등 세 가지 유형으로 나뉘었다(그림 3.52).

이렇게 체계적으로 수행한 시험은 DIN EN 1015-12에서 설명한 시험 방법을 흙미장에도 적용할 수 있다는 것을 최초로 증명한 것이다. 이런 시험을 기반으로 DIN 18947에서 미장용 흙몰탈의 접착인장강도등급 수치를 지정했다(표 3.10).

영향 변수. 미장 몰탈의 응집강도, 조성, 연경도와 더불어 미장 표면과 바탕의 속성은 미장 흙몰탈의 접착 인장강도에 특별한 영향을 미친다.

DIN 18555-6에 따른 파괴 유형

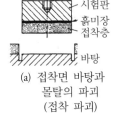

(a) 접착면 바탕과
몰탈의 파괴
(접착 파괴)

(b) 몰탈 파괴
(응집 파괴)

(c) 바탕 파괴
(응집 파괴)

(d) 접착층 파괴

시험 후의 접착 파괴(a) [55]

그림 3.52 흙미장의 접착강도 시험

휨강도

용어 정의. 휨강도 β_F는 하중이 평면에 수직으로 작용해서 건축 부재가 판재panel 역할을 할 때 흙건축 자재에서 활성화되며, 휠 때 얼마만큼의 하중이 작용하면 건축 자재가 부서지는지를 나타낸다. 휨 장력을 유발하는 전형적인 응력 상황을 흙미장에서, 또는 흙건축 자재에 가해지는 동적 응력을 통해서도, 예를 들면 지진이 발생할 때, 볼 수 있다. 다른 예로는 비내력 건축 부재와 심각하게 누적하중을 겪지 않는 부재(채움재, 벽 덧마감, 자립벽)가 있다.

시험 방법. 흙몰탈 *earth mortar*의 휨강도를 측정하는 데 사용하는 시험체는 DIN 18947에 따른 건조 압축강도 시험과 똑같은 방식으로 생산한다. 두 시험은 연속 시험으로 결합할 수도 있다.

시험체를 100mm 간격으로 떨어뜨린 강철 롤러($d = 10$mm) 두 개 위에 얹는다. 세 번째 롤러는 부러질 때까지 중앙에 하중을 가하는 데 사용한다(그림 3.53, DIN EN 1015-11).

Dierks and Ziegert[60]는 DIN 1048-5에 근거해서 휨강도를 측정하는 데 $600 \times 150 \times 150$mm인

직사각형 모양의 **흙다짐** *rammed earth* 표본을 사용했다. "격벽 작용"을 얻기 위해 시험체를 "옆면으로 세워서(세로축 중심으로 90° 회전)" 다짐 접합부를 세로로 재하 방향에 평행하게 놓았다.

NZS 4298[50]에 따르면, **흙블록** *earth blocks*의 휨강도는 그림 3.54에서 설명하는 절차에 따라 현장 시험으로 측정한다. 시험용 블록을 넓은 면 모서리를 따라 "보^beam"처럼 선형으로 지탱하고, 파괴하중에 도달할 때까지 다른 "흙"블록을 위에 쌓는다. 선형으로 누적한 하중이 시험용

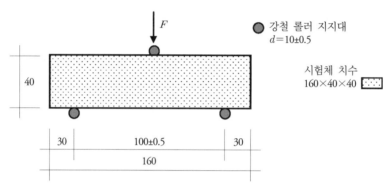

그림 3.53 DIN EN 1015-11에 따른, 흙미장의 휨강도 시험

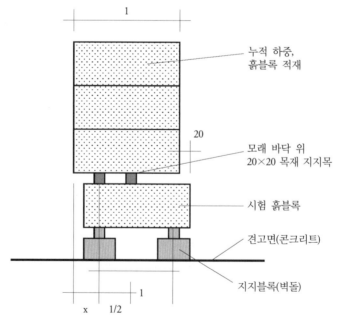

그림 3.54 NZS 4298에 따른, 흙블록의 휨강도 시험 [50]

흙블록의 넓은 면 중앙에 작용한다. 블록이 "낙하 시험"을 통과하지 못한 경우에는 건설 중 품질 관리 조치로 흙블록 5,000개당 5개씩 이 시험을 해야 한다(그림 3.50).

　Jagadish et al.[61]이 그림 3.55의 시험으로 **안정화된 흙블록 조적** *stabilized earth block masonry*의 휨강도를 측정했다. 시험에서는 석회시멘트몰탈 또는 안정시킨 조적용 흙몰탈을 사용했다. 그림은 수평력을 가할 수 있는 두 가지 방법을 보여준다: 이미 부러진 시험체를 사용해 줄을 당겨서(a) 또는 압축기로(b).

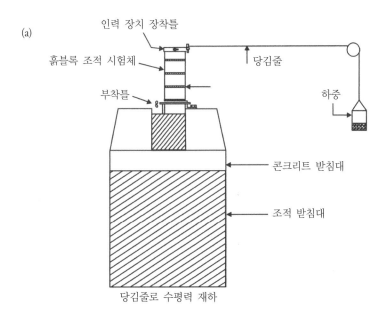

당김줄로 수평력 재하

압축기로 수평력 재하, 시험체가 이미 부러짐

그림 3.55 [61]에 따른, 안정화된 흙블록 조적체의 휨강도 시험

실험 및 계산 수치. [60]에 따라 **흙다짐** *rammed earth* 표본의 휨강도 평균값은 $\beta_F = 0.36 \sim 0.63\text{N/mm}^2$ 범위였다. 예상대로 섬유골재를 함유한 표본의 실험값이 상당히 컸다.

NZS 4297, 4298[50]은 **흙블록** *earth blocks*의 휨강도에 다음의 값을 요구한다: 그림 3.54에 따른 개별 시험 5회의 최솟값으로 $\beta_F > 0.25\text{N/mm}^2$, 계획용 산출값으로 $\beta_{F,C} = 0.1\text{N/mm}^2$.

안정화된 흙블록 조적 *stabilized earth block masonry*의 휨강도 실험값(그림 3.55, [61])은 $\beta_F = 0.031 \sim 0.414\text{N/mm}^2$ 범위였다.

Dettmering과 Kollmann[54]가 개축과 복원 작업에 사용하는 표준 **미장** *plaster*의 휨강도 β_F 수칫값 범위를 $0.2 \sim 1.0\text{N/mm}^2$로, 석고미장 $1.0 \sim 2.0\text{N/mm}^2$, 시멘트미장 $2.0 \sim 7.0\text{N/mm}^2$으로 지정했다. 흙미장에 해당하는 값은 없다. 경화 흙몰탈은 28일 양생 후에 휨강도 $\beta_F \geq 0.4\text{N/mm}^2$ 가 필요하다 [35].

미장용 흙몰탈 *earth plaster mortar*의 휨강도등급 수치는 DIN 18947에서 상술한다(표 3.10).

(3) 전단강도 및 마찰계수

용어 정의

흙건축 부재에서 전단강도 β_S의 활성화는 수평 하중을 전달하는 동안 부재 내에서 작용하는 응력과 관련이 있다. 보통 시공 과정에서 생긴 수평 표면을 따라 파괴가 발생한다.

흙건축 자재의 전단강도 β_S는 일반적으로 하중을 받는 단면 A에 전단응력 F가 작용해서 발생하는 건축 자재의 파괴를 초래하는 응력으로 표현한다.

$$\beta_S = \max. \ F / A \ \ [\text{N/mm}^2].$$

토양역학에서 Mohr/Coulomb 일반 파괴 기준에 기반해서 응력의 작용을 공식으로 만들었다:

$$\tau = \beta_{AS} + \mu \cdot \sigma_D$$

영향을 미치는 기준척도는 수직으로 작용하는 압축응력 σ_D의 정도, 재료와 무관한 마찰계수 μ를 이용해 표현하는 활주면^sliding plane 표면의 거칠기, 결정 인자(표면 거칠기, 기공 구조, 함수량) 및 흙건축 자재의 강도와 결합한 결과(=응집력 c)인 접착 전단강도 β_{AS}이다.

시험 방법

토양역학에서 점성토와 순수점토의 전단강도는 그림 3.45에서 보는 직접단순전단시험과 3축 시험으로 측정한다(표 3.27).

흙다짐과 흙쌓기 구조에서는 각 구획이 명확하게 보인다. 쌓아올린 흙다짐 또는 흙쌓기 층 사이의 (사용된 특정 기법으로 인해 생긴) 가로 방향 다짐 연결부와 세로 방향 가장자리가 이들의 경계를 이룬다. 세로 방향의 "맞댄 이음butt joint(흙쌓기는 작업의 반대 방향으로 약간 기울어져 있음)"은 블록 조적에서 보는 것과 같이 엇갈린다. 각 구획의 가장자리는 ("접합 몰탈" 없이) 서로 끝에서 접하며, 실제 구조물에서 잠재적 취약점이다.

Dierks와 Ziegert[60]는 $150 \times 150 \times 300$mm 시험체를 사용해서 다짐 연결부에 평행하게 하중을 가해 흙다짐 rammed earth의 전단강도를 측정했다. 처음에, 파괴 양상은 작용한 파괴하중의 약 60%에서 주요 응력에 수직인 경사 균열을 보였고, 그 후 갑작스런 수직 전단 파괴가 발생했다. 이 파괴 양상은 압축이 각 흙다짐 층을 "연동"시켜서 전단강도 측면에서 재료의 등방성 거동을 초래한 것으로 보인다.

흙블록 조적의 수평 접합부는 잠재적인 활주면을 형성한다. 따라서 DIN 18946에 따른 조적용 흙몰탈 earth masonry mortar의 접착 전단강도는 DIN EN 1052-3에 따라 측정해야 한다. 시험에서는 규회벽돌 조적체를 사용한다. 먼저 항량에 도달할 때까지 표준대기조건((23 ± 2)℃, (50 ± 5)% RH)에서 보관한다. 24시간 간격으로 두 번의 연속 측량 결과가 더 작은 값을 기준으로 질량의 0.2% 이하로 차이가 날 때 항량에 도달한 것이다. 규회벽돌은 쌓기 전에 미리 적시면 안 된다.

시험체를 준비하려면 (표준대기조건에서 준비한) 3개의 블록을 시험할 조적용 흙몰탈로 결합해 서로의 위에 쌓는다. 그다음 2주 동안 보관하는데 두 번째 주에는 표준대기조건에 있도록 한다. 시험은 그림 3.56에서 보이는 설정(Fontana [62])을 사용하여 수행한다: 첫째, 시험체의 바닥 접합면에 수직으로 하중을 0.05, 0.10, 0.20N/mm^{2}로 증가시키며 재하 및 소실하는 축 shaft을 사용한다. 다음으로, 중앙의 재하판을 통해 시험체에 접착 전단강도를 산정하는 시험 하중을 가한다. 하중을 가한 뒤 20~60초 후에 파괴가 발생해야 한다.

Venkatarama Reddy와 Uday Vyas[63]는 시멘트로 안정화한 흙블록 조적물 표면에 수직으로 작용하는 압축응력의 정도에 따라 달라지는 접착 전단강도의 영향을 조사했다. 그림 3.45에서 보이는 직접단순전단시험의 원리에 따라 흙블록(시멘트 5%, 14% 첨가) 두 개를 석회시멘트몰탈로 결합해 위에 쌓았다. 하단 블록은 움직이지 않도록 강철 상자 안에 고정했고, 블록을 감싼 강철 틀을 통해 상부 블록에 전단력을 재하했다. 연결된 흙블록의 바닥면은 거칠기가 다양한 잠재적인 활주면을 형성했다.

그림 3.57은 세 가지 파괴 유형 결과를 보여준다. 네 번째 유형은 몰탈 접합부와 흙블록을 따라 부분적으로 끊어지는 것이다. 이런 파괴 유형은 그림 3.52의 흙미장 접착강도 시험 결과와 유사하다.

실험 및 계산 수치

Fontana[62]는 그림 3.56와 같이 DIN 18946에서 요구하는 시험 설정으로 처음 조적용 흙몰탈의 접착 전단강도를 측정했다. 사용한 조적용 흙몰탈과 블록의 전처리(습윤 또는 건조)에 따라 $0.042 \sim 0.135 N/mm^2$ 범위였는데, 이는 DIN 18946에서 요구하는 최솟값보다 크다(표 3.10).

그림 3.56 DIN 18946에 따른, 흙블록 조적물의 접착 전단강도 시험 [62]

그림 3.57 전단응력하의 흙블록 조적물: 가능한 파괴 유형 [63]

[60]에서 설명한 시험 설정의 전단강도 결과값은 $\beta_S = 0.55 \sim 0.89 \text{N/mm}^2$ 범위였다. 콘크리트와 흙다짐의 재료거동이 유사하다는 것 또한 증명했다: [60]에서 시험한 콘크리트와 흙다짐 표본에서 전단강도와 압축강도 간의 비율 β_D와 전단강도와 휨강도 간의 비율 β_F은:

콘크리트: $\beta_S \sim 0.23\beta_D$; $\beta_S \sim 1.6\beta_F$

흙다짐: $\beta_S \sim 0.27 - 0.33 \; \beta_D$; $\beta_s \sim 1.41 - 1.52\beta_F$

NZS 4297[50]에서 전단강도에 다음의 계산을 적용한다: $\beta_{S,\,c} = 0.09 \text{N/mm}^2$

영향 변수

흙블록 조적의 강도 속성은 흙블록 E_B와 조적용 몰탈 E_M의 E계수 간 비율의 영향을 받는다 (그림 3.58 [63]).

$E_B / E_M > 1$인 비율에서는 덜 뻑뻑한^{stiff} 수평 접합부의 몰탈이 블록보다 "횡으로 변형"하는 경향이 더 크다. 그러나 흙블록과의 결합이 흙블록 내에서 추가 인장응력을 유발하는 이 변형을 억제한다. 블록과 몰탈의 응력 차이가 클수록 조적 구조물의 압축강도가 작아진다. 구조가 조밀한 모래(흙)몰탈은 조적 구조물의 압축강도에 미치는 몰탈의 영향을 몰탈의 압축강도로 충분히 정밀하게 표현할 수 있다. 반면에 경량골재를 함유한 조적용 흙몰탈은 횡변형 가능성이 더 크다. 이는 조적 구조물 내부의 압축강도를 더욱 감소시킬 것이다.

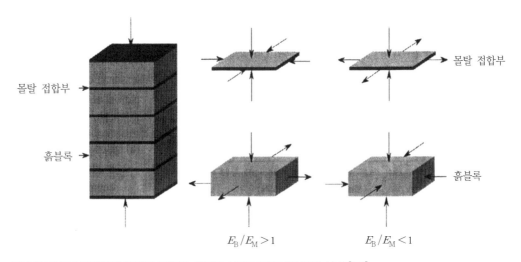

그림 3.58 압축응력하의 흙블록 조적물: 흙블록 / 몰탈 접합부의 응력 상태 [63]

[63]에 따르면, 수평 접합부에서 블록과 몰탈 사이의 접착강도는 조적용 몰탈이 흙블록보다 더 뻑뻑할 때($E_B / E_M < 1$)만 조적 구조물의 압축강도에 실질적으로 영향을 미친다. 이런 상황에서 전단강도(β_S)와 압축강도(β_D) 간의 비율을 다음과 같은 관계로 규정했다:

$$\beta_D = 1.457 + 5.01 \ \beta_S \ (r_{xy} = 0.89).$$

뻑뻑한stiff 몰탈에서 무른soft 블록까지 범위에서는 몰탈과 블록 사이 접합부의 접착강도에 따라 파괴fracture 기제가 달라진다. 강도가 크다는 것은 수평 접합부의 전단강도가 저항하는 한 조적 구조물 내의 수평 압축력이 증가한다는 의미이다. 몰탈과 블록 접합부의 표면을 따라 인장강도가 파괴되면 전단력이 작용한 수평 압축력이 사라지고 전형적인 파괴 유형대로 세로로 쪼개지는 균열이 발생한다.

마찰계수 friction coefficients μ는 흙건축 부재의 수평 하중을 수직으로 전달하고, 지붕 구조물이 갓돌을 거쳐 풍하중을 전달하듯이 다른 자재로 만든 접합부를 극복해야 하는 내력 흙건축물에서도 중요하다. [60]에서 각 재료 조합별 마찰계수를 명시한다:

(거친) 목재 / 흙몰탈: $\mu_G = 0.30 \sim 0.54$

(손질한) 목재 / 흙몰탈: $\mu_G = 0.26 \sim 0.53$

소성벽돌 / 흙몰탈: $\mu_G = 0.37 \sim 0.56$

콘크리트 / 흙다짐: $\mu_G = 0.41 \sim 0.64$

(4) 내식성

흙건축 자재로 만든 표면은 수명기간 동안 다양한 유형의 기계적 부식을 겪는다:

－표면 마모(미장, 벽 표면, 바닥)

－긁힘, 균열(미장, 벽 표면, 바닥)

－충격(벽 개구부 모서리, 벽 표면)

－홈 / 파임nicks(바닥)

마모는 보통 다양한 유형이 함께 나타나기 때문에 좀 복잡하다. 따라서 시험하는 동안 가능한 한 정확하게 실제 마모 조건을 가정하는 것이 중요하다. 재현할 수 있고 표준화된 내마모성 측정 시험 방법을 최근에 개발하기 시작해서 아직 확실한 결과를 내는 시험이 거의 없다.

그러므로 계획 단계에서 기계적 마모 수준이 높을 것으로 예상되는 곳에 흙건축 자재, 특히 흙몰탈을 적용하는 것을 신중하게 고려해야 한다. 건물에서 대중의 통행이 매우 잦은 곳이 이에 해당한다.

내마모성

용어 정의. 지정 시험 방법으로 흙건축 자재로 만든 건축 부재 표면의 마모 분진량(g)을 측정한다. 이 분진량을 표면 마모에 저항하는 기계적 강도의 기준으로 사용한다.

시험 방법. Minke[53]는 DIN 52108의 표준 뵈메^{Böhme} 연마기를 활용해서 내마모성을 측정하는 시험을 개발했다. 이 시험에서는 흙미장 표면을 목재 또는 플라스틱 흙손으로 최종 압축한 다음, 지름 7cm의 단단한 회전솔을 2kg의 압력으로 흙 표면에 대고 누른다. 솔을 20번 돌린 후 마모 분진량의 무게를 단다. 수동 시험 기구를 써서 시험할 수도 있다(그림 3.59 [64]).

미장용 흙몰탈의 마모 시험은 필수 시험으로 DIN 18947에 포함되었다. 미장용 흙몰탈의 마모강도 증명은 Natureplus e.V. 기구에서 품질 인장을 얻는데 필요한 요건이기도 하다 [35].

실험 및 계산 수치. [53]에서 여러 가지 골재와 첨가물을 함유한 시판되는 흙미장 15종의 마모 분진량을 위에서 설명한 방법으로 확인해서 내마모성 비교 표준을 제공했다. 시험용 몰탈을 DIN EN 1015-3에 따라 140mm 슬럼프 연경도로 준비해(그림 3.40) 바탕면에 발랐다. 마모 분진량은 0.1~7.0g 범위였다.

그림 3.59 흙미장의 마모 측정, 수동솔

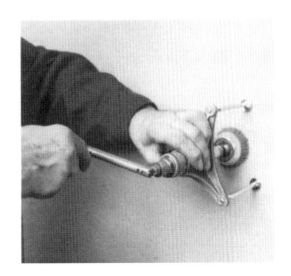

DVL은 마모 분진량 시험 결과가 0.3~6.7g인 시판 흙미장의 5종의 내마모성을 추가로 측정하려고 똑같은 절차를 따라 시험을 의뢰했다 [55]. 시험한 흙미장의 내마모성은 소수점 이상의 변동을 나타냈다.

DIN 18947과 기술정보지 01, 06[34, 65](DVL에서 발행)에서 미장용 흙몰탈과 박층 흙마감재에 허용하는 마모 분진량을 지정한다(표 3.10).

영향 변수. 흙건축 부재의 표면 마모 저항에는 연마력 정도, 표면 강도와 평활도, 건축토의 속성(응집강도, 입자 분포, 입자 형태와 모서리형angularity), 골재가 영향을 미친다.

흙미장은 수축 균열을 최소화하기 위해 종종 퍽퍽하게lean 배합한다. 이렇게 하면 미장 표면에서 모래 알갱이를 결속하는 응집강도도 감소시켜서 살짝만 만져도 바람직하지 않은 "분진이 떨어지게" 된다.

모서리 강도

용어 정의. 모서리 강도는 완성된 건물에서 기계적 응력에 노출되는, 흙건축 자재로 만들어진 문과 벽 개구부 돌출 모서리의 안정성을 측정한 것이다.

시험 방법. Minke[53]는 미장용 흙몰탈, 흙판재, 흙블록의 모서리 강도를 측정하는 시험 방법을 개발했다. 이 시험에서는 시험체를 각도 60°로 끼우고 끝모서리에서 안쪽으로 10mm 떨어진 위치에 지정 높이(흙몰탈은 125mm)에서 추를 떨어뜨린다. 시험체에 부딪치는 추의 아래쪽 부분을 강철로 만든다. 시험체에 파임 파괴chipping failure가 발생하는 무게를 측정한다.

이 시험과 관련해서는 충격받기 쉬운 가장자리와 모서리를 보호하려면 미장 윤곽틀profile과 모서리 보호대를 사용하는 것이 상식적인 시공이라는 점을 짚어내는 것이 중요하다.

충격 저항

용어 정의. 건축 자재 또는 부재의 충격 저항을 시험하려면 충격과 충격응력을 견디는 저항을 측정한다. 건축 자재가 에너지를 많이 흡수할수록 저항력이 강하다.

시험 방법. Dierks와 Ziegert[60]는 DIN 1048-2의 경화 콘크리트 시험에 준해서 반동 해머를 사용해 흙다짐벽의 압축강도를 측정하는 시험을 수행했다.

이 시험은 건축 부재의 표면 저항만 측정한다. 그러나 건축 부재의 강도 속성을 평가하려면 전체 단면의 상태를 측정하는 것이 중요하다.

긁힘 저항

용어 정의. 흙건축 부재의 표면이 뾰족하거나 날카로운 물체에 긁히는 효과를 측정하는 기계적 안정성의 지표로 특정 시험 방법을 사용한다.

시험 방법. 건축 부재의 기능과 사용상의 요구에 따라, 흙건축 자재로 만든 표면의 기계적 강도 시험 기준을 여기서 설명하는 시험 방법으로 측정할 수 있는 것보다 더 세밀하게 구분해야 할지도 모른다. 고고학 발굴의 일부로 흙건축 구조물 유적을 시험하는 것이 그런 사례인데, 대개 흙건축 자재로 된 매우 연약한 표면을 화학적 방법으로 안정시키는 것이 특히 중요하다.

이런 배경에서 UTZ[52]는 고고학 흙건축 부재의 긁힘 저항성을 측정하는 정성적 시험을 개발했다. 먼저, 안정화가 필요한 건축 부재에서 길이 5cm의 원통형 표본을 취했다. 그다음, 당기는 기구에 부착한 못에 지정된 무게를 실어서 0.025m/s의 속도로 시험체에 가로질러 당겼다. 다른 상대습도에서 일반 표본과 안정시킨 표본의 긁힌 자국 차이를 정성적으로 비교했다.

3.6.3 건축물리 척도

3.6.3.1 습성 척도

흙건축 자재와 부재는 방수되지 않는다. 최근까지 흙건축 자재의 내수성을 측정하는 기준척도나 적절한 시험 방법이 없었다. DIN 18945 개발과 연계해서, 2009년부터 2011년까지 독일연방 재료시험연구소(BAM)에서 관련 연구를 수행했다. 이 연구는 흙건축 자재와 부재, 특히 흙블록, 흙몰탈과 더불어 이것들로 만든 전체 건축 부재에서 발생할 수 있는 수분응력의 실험적 모의실현simulation에 초점을 맞추었다.

(1) 모세관 흡수

용어 정의

일반적으로 건축 자재 및 부재의 모세관 흡수(흡수용량)를 다루는 실험적 측정은 DIN EN ISO 15148에 따라 수행한다:

$$m_{\mathrm{w}} = A \cdot \sqrt{t}$$

여기서 A는 건축 자재 구조, 다공성, 용적밀도, 온도, 초기 함수량에 따른 재료 척도인 수분흡수계수이다. 단위 면적당 흡수한 물의 질량 m_{w} [kg/m²]과 시간(t)의 함수로 표현한다.

시험 방법

담금 시험. 흙건축 자재의, 물 흡수 대신, 물 저항성("현탁용량")의 정성적 평가는 DIN 18952-2 (폐기)에 따라 다음 시험으로 수행할 수 있다(그림 3.60): 치수 220×40×25mm인 시험체(사각기둥, 건축토의 수축도 시험, 표 3.26)의 아랫부분을 물이 들어있는 용기에 깊이 50mm로 담그고 45분, 60분 후에 외관을 육안으로 평가한다. 45분 후 시험체의 바닥 부분이 완전히 분리되면 내수성이 낮은 흙이라는 표시이다. 60분 이상 모양을 유지하는 시험체는 흙이 풀어지기 어렵고 내수성이 우수해서 흙건축 자재로 적합한 것이다.

DIN 18945에 따른 흙블록의 담금[dip] 시험은 DIN 18952-2에 따른 "현탁 시험"의 원리에 기반한다: 장착 기구를 사용해서 시험 흙블록의 끝을 수조에 10cm 깊이로 10분 동안 담근 채로 둔다. 물에 남은 잔류물을 걸러내어 재료 손실을 측정한다(그림 3.61) [66]. 그런 다음 40℃에서 말리고 일반 대기조건에서 조절해 무게를 잰다. 흙블록 세 개를 연속으로 시험한다.

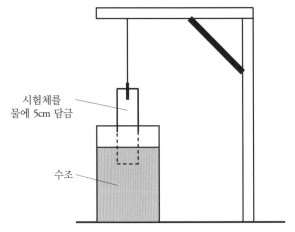

시험체를
물에 5cm 담금

수조

그림 3.60 DIN 18952-2에 따른 흙건축 자재의 담금 시험

그림 3.61 여러 사용등급 흙블록의 담금 시험 [66]

　재료 손실은 초기 질량에 대한 흙블록 세 개에서 걸러낸 재료의 질량 비율로 측정한다. 담금 시험 후 흙블록을 DIN 18945에 따른 표 3.17의 각 사용등급으로 평가한다. 표에 따르면 사용등급 I인 흙블록의 질량 손실은 5%를 초과하지 않아야 한다. 사용등급 II의 흙블록은 15%를 초과하지 않아야 한다. 사용등급 I과 II인 흙블록을 담금 시험을 하면 균열이나 영구적인 팽윤 변형을 일으키지 않아야 한다.

접촉 시험. DIN 18945에 따른 접촉contact 시험은 미장 또는 조적용 몰탈을 시공하는 동안 물과 짧게 접촉해 영향을 받은 흙블록의 거동을 측정한다.

　흙블록의 길고 좁은 면 크기의 흡수성(셀룰로스) 천을 블록 표면에 얹고 두께 15mm 몰탈층(블록 표면의 $0.5g/cm^2$)의 평균 함수량에 해당하는 양의 물로 적신다. 그런 다음 표본을 물 위에 위치한 받침에 얹어서 닫히는 용기 안에 넣어 24시간 동안 보관하고, 마지막 2일 동안 일반 대기조건에 노출한다. 그런 후에 흙블록의 표면을 평가한다. 사용등급 I과 II인 흙블록은 균열이나 영구적인 팽윤 변형을 일으키지 않아야 한다(표 3.17).

　그림 3.62[66]는 접촉 시험 전후의 흙블록을 보여준다. 흙블록이 사용등급 I과 II의 요건을 충족하지 않는다.

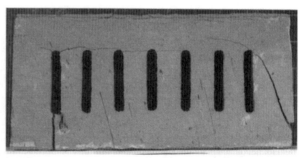

그림 3.62 흙블록의 접촉 시험, 흙블록 시험 전과 후 [66]

흡입 시험. DIN 18945에 따른 흡입^{suction} 시험은 일시적으로 과도한 물에 노출되었을 때 흙블록의 거동을 측정한다. 비가 휘몰아치는 동안 골조 구조체와 흙채움 사이에 물이 침투하고 고여서 외벽의 목재 골조가 받는 부담(단원 5.2.1.2) 같은 것이다.

이 시험을 위해 흙블록 3개의 반쪽을 먼저 표준대기조건((23±2)℃, (50±5)% RH)에서 항량에 도달할 때까지 조절한다. 다음으로 모세관 작용을 지원하는 소성벽돌(또는 다른 다공성 블록)을 얕은 접시에 연속면을 이루도록 바짝 붙여둔다. 그런 다음 소성벽돌 층 맨 윗면의 1~5mm 아래까지 접시에 물을 채운다. 이후 시험 중에 반 장짜리 흙블록이 물을 흡수하면 이 수위까지 계속 물을 다시 채워야 한다. 스펀지 천을 소성벽돌 층 위에 얹고, 그 위에 흙블록을 바닥면을 아래로 해서 놓는다. 시험체의 상태를 30분, 3시간, 24시간 후에 육안평가한다. 표 3.17에 적힌 시간 안에 시험체의 윗면과 측면에 팽윤으로 인해 눈에 띄는 균열이 발생하지 않아야 한다. 팽윤 자체는 파괴기준이 아니다. 그림 3.63[66]은 흡입 시험 후 흙블록의 파열^{spalling}을 보여준다.

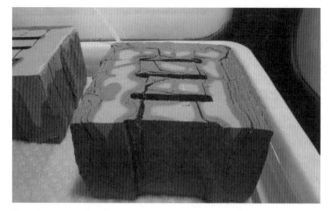

그림 3.63 흡입 시험 후의 흙블록 파열 [66]

실험 및 계산 수치

Lustig-Rössler[67]는 DIN 18952-2 기준으로 흙 시료 3종(박토[lean soil], 순수점토, 흙몰탈)의 "현탁용량"을 조사했다. 2시간(박토, 순수점토), 2.5시간(순수점토) 후 모든 시험체의 가라앉힌 부분이 완전히 분리되었다. 이는 이들 흙이 흙건축 자재로 적합하다는 것을 나타낸다.

Minke는 [45]에서 설명한 시험 설정을 변용하여 용적밀도가 다른 경량토, 골재 및 첨가물이 다른 흙과 점성토의 각 모세관 흡수 값을 흡입 시간의 함수로 명시한다.

영향 변수

특정 시간 내에 물을 흡수하는 능력은 흙에 따라 크게 다르다: 박토는 상대적으로 물을 적게 그러나 빨리 흡수할 수 있다. 반면 양토와 순수점토는 점토광물이 상대적으로 많아서 수분 흡수용량이 크나, 팽윤 잠재성이 증가하므로 흡수가 훨씬 오래 걸린다(DIN 18132, 단원 2.2.3.3, 그림 2.19). 수분 흡수를 더 방해할 수 있는 점토광물의 특성[quality]이 팽윤 과정의 강도에 영향을 미친다(단원 2.2.3.4).

흙건축 자재와 부재에 수분 전달 기제[mechanism]를 적용하면(단원 5.1.2.1), 양토와 순수점토가 더 척박한 흙보다 상대적으로 기공이 작아서 수분이 모세관 작용으로 더 멀리까지 이동한다는 것을 시사한다. 그러나 양토와 순수점토에서 발견되는 팽윤 변형의 증가로 인해, 팽윤한 점토광물이 수분의 추가 전진을 억제하기 때문에 기준 기간 내에서 수분 전달이 효과적으로 줄어든다([68], 단원 5.2.1.2).

용적밀도, 그에 따른 기공 구조, 사용한 흙건축 자재에 들어있을 수 있는 골재 및 첨가물이 이 기제에 다른 영향을 발휘한다.

(2) 동결 시험

용어 정의

수분이 침투한 흙블록은 내한성이 없다. 기공 속에서 언 물은 약 10% 팽창하는데, 이는 흙블록의 구조를 파괴하는 변형을 초래할 수 있다. 내수성이 매우 제한적이어서 독일연방재료시험연구소(BAM)는 동결융해주기 동안 흙블록의 거동을 시험하는 자체 방법을 개발했다.

시험 방법

먼저 온장 흙블록 3장을 표준대기조건에서 준비해 길고 좁은 면으로 놓는다. 흙블록의 길고 좁은 면 크기인 흡수성(셀룰로스) 천을 블록 표면에 얹고 블록 표면 cm^2당 물 0.5g으로 골고루 적신다. 시험체를 밀폐된 용기 안에 23℃에서 24시간 동안 보관한 다음, 최소 -15℃의 동결융해함에 넣어둔다. 감지기를 사용해 블록 중앙의 온도를 시험한다. 동결융해함 안에서 동결융해주기 진행 순서는 다음과 같다:

- 조절한 시험체를 기후함 안에 넣는다.
- 냉각 단계 6시간
- 동결 단계 34시간(온도 -15℃ 이하)
- 해동 단계 8시간
- 표본을 표준대기조건으로 밀폐된 용기 안에 보관하고, 2주기마다 24시간 동안 천을 통해 적신다.

  담금, 접촉, 흡입 시험의 요건 외에도 사용등급 I인 흙블록은 표 3.17에 있는 동결융해주기 횟수에 노출해야 한다. 필요한 최소 횟수 주기 내에 균열이나 팽윤 변형이 나타나지 않으면 블록을 각 사용등급 내에서 사용해도 된다.

(3) 수증기 수착

용어 정의

기체 상태의 물은 수증기라고 하며, 주변 공기의 일부이다. 인접한 건축 부재에서 수증기는 다양한 수분 전달 원리의 영향을 받는다(단원 5.1.2.1). 공기 중의 습도와 인접 건축 부재 재료의 습도 간 균형을 맞추는 과정을 수착^{sorption}이라고 한다. 수분 수착은 수착등온선으로 표시할 수 있다(단원 5.1.2.5).

시험 방법

미장용 흙몰탈의 수증기 수착은 5면을 밀봉한 강철 도금 형틀에 두께 15mm의 시험체를 설치해서 측정한다. 이것은 밀봉하지 않은 여섯 번째 면에서만 수증기의 수착이 일어나도록 하는 것이다. 시험 표면은 1,000cm^2이다. 필요 시험 두께 15mm를 얻기 위해 흙 초벌 층 위에 흙미장을 얇은 층으로 도포한다. 시험체를 항량에 이를 때까지 표준대기조건((23±2)°C, (50±5)% RH)에서 조절한다.

　시험은 일정한 온도를 유지하면서 대기 습도를 (80±5)% RH로 높이고, 시험체의 무게 증가를 0.5시간, 1시간, 3시간, 6시간, 12시간 후에 측정한다. 측정한 흡착[adsorbed] 습도의 양은 g/m^2로 표현한다. 개별 시험당 최소 3회의 평균값을 측정하며, 평균값과 20% 이상 차이 나는 값이 없어야 한다. 12시간 후 60g 이상의 습도를 흡착하는 미장 흙몰탈은 흡착[adsorption] 작용 잠재력이 크다고 분류한다.

　이 시험은 DIN 18947에 자발적 시험으로 포함되어 있다.

실험 및 계산 수치

DIN 18947, A.2(정보용)에 따라 미장용 흙몰탈의 수증기 수착은 WS I-III 등급(표 3.32)으로 나누고 지정한다.

표 3.32 미장용 흙몰탈을 위한 수증기흡착등급

번호	수증기흡착등급	x [h] 후 수증기 흡착 [g/m^2]				
		0.5	1	3	6	12
1	WS I	≥ 3.5	≥ 7.0	≥ 13.5	≥ 20.0	≥ 35.0
2	WS II	≥ 5.0	≥ 10.0	≥ 20.0	≥ 30.0	≥ 47.5
3	WS III	≥ 6.0	≥ 13.0	≥ 26.5	≥ 40.0	≥ 60.0

3.6.3.2 열 척도

(1) 열전도율

용어 정의

열전도율계수라고도 알려진 열전도율 λ를, 두께 1m인 자재층 $1m^2$에서 1초 동안 양쪽 표면 사이를 1K의 일정한 온도차로 흐르는 열량으로 정의한다. 단위는 W/mk로 표현한다.

시험 방법

열전도율 λ는 DIN 52612-3에 따라 보호열판법[guarded hotplate method]으로 시험한다. 이 시험에서는 평평하고 균질한 흙건축 자재 시험체를 시험 장치의 열판과 냉판 사이에 놓는다. 시험체는 가장

자리를 따라 절연되어 있다. 시험체의 열전도율은 가열판에서 냉각판으로의 열 유속[heat flow]과 정지 상태에서 두 판 사이의 온도 차이를 측정해서 산출한다.

실험 및 계산 수치

Lehmbau Regeln[22]에서 흙건축 자재 열전도율 λ의 산출값을 나열한다(표 3.33). 이는 예전 표준, 참고문헌, 개별 시험 결과에서 얻은 가장 불리한 값을 기재한 Volhard[69]의 편집본에 기초한다. 이는 현재 DIN 4108-4에 포함되었다.

비교용으로: 기존 건축 자재의 열전도율은 0.02(폴리우레탄)~200(알루미늄)W/mk이다.

영향 변수

열전도율 λ는 열 계산에서 가장 중요한 초기값이다(단원 5.1.1.3). 실제 건설 과정에서 주로 건조 용적밀도 ρ_d, 함수량 w, 온도가 흙건축 자재의 열전도율을 결정한다. 열전도율 λ는 다공성 증가, 즉 건조 용적밀도 감소에 따라 감소하며, 건축 자재의 함수량 증가에 따라 증가한다. 물은 공기보다 열을 훨씬 잘 전도하고, 금속도 좋은 열전도체이다. 반면 흙을 포함한 많은 광물 건축 자재는 열을 잘 전도하지 못한다. $\lambda < 0.15$W/mk인 재료를 절연 재료로 간주한다.

표 3.33 흙건축 자재의 열전도율계수 λ

번호	건조 용적밀도 ρ_d [kg/dm³]	열전도율계수 λ [W/mk]	흙건축 자재(표 3.3, 3.22)
1	2.2	1.40	흙다짐, 비다짐 흙채움
2	2.0	1.10	흙다짐, 비다짐 흙채움
3	1.8	0.91	흙다짐, 비다짐 흙채움, 흙몰탈, 흙판재
4	1.6	0.73	흙쌓기, 짚흙, 섬유토, 비다짐 흙채움, 흙몰탈, 흙블록, 흙판재
5	1.4	0.59	흙쌓기, 짚흙, 섬유토, 비다짐 흙채움, 흙몰탈, 흙블록, 흙판재
6	1.2	0.47	경량토, 비다짐 흙채움, 흙몰탈, 흙블록, 흙판재
7	1.0	0.35	경량토, 비다짐 흙채움, 흙몰탈, 흙블록, 흙판재
8	0.9	0.30	경량토, 비다짐 흙채움, 흙몰탈, 흙블록, 흙판재
9	0.8	0.25	경량토, 비다짐 흙채움, 흙몰탈, 흙블록, 흙판재
10	0.7	0.21	경량토, 비다짐 흙채움, 흙몰탈, 흙블록, 흙판재
11	0.6	0.17	경량토, 비다짐 흙채움, 흙몰탈, 흙블록, 흙판재
12	0.5	0.14	경량토, 비다짐 흙채움, 흙판재
13	0.4	0.12	경량토, 비다짐 흙채움, 흙판재
14	0.3	0.10	경량토, 비다짐 흙채움, 흙판재

(2) 비열용량

용어 정의

비열용량 c_p는 물질 1kg의 온도를 1K 바꾸는 데 필요한 열량 Ws로 정의한다. 단위는 Ws/kgK, kJ/kgK로 표현한다.

또한 체적 열용량 $S = c_p \cdot \rho$ [Ws/mk³]는 체적별 값으로 주어진다.

실험 및 계산 수치

Lehmbau Regeln[22]에서 흙건축 자재의 비열용량 c_p 계산값을 나열한다(표 3.34).

비교용으로: 무기질 건축 자재와 공기의 비열용량 c_p는 약 1.0kJ/kgK, 목재 2.1kJ/kgK, 물 4.2kJ/kgK, 알루미늄 0.8, 기타 금속 0.4kJ/kgK이다(DIN 4108-4, 표 7).

영향 변수

경량토에서 c_p값은 유기섬유골재의 비율 증가에 따라 증가한다.

표 3.34 흙건축 자재의 비열용량 c_p

번호	건조 용적밀도 ρ_d [kg/dm³]	골재, 광물 [kJ/kgK] 모래, 자갈, 경량골재	골재, 유기물 [kJ/kgK] 짚	미세 섬유	목편
1	≥ 1.6	1.0	1.0	1.0	1.0
2	1.4	1.0	1.0	1.1	1.1
3	1.2	1.0	1.0	1.1	1.2
4	1.0	1.0	1.1	1.1	1.3
5	0.8	1.0	1.1	1.2	1.4
6	0.6	1.0	1.1	1.3	1.5
7	0.4	−	1.2	1.4	−

References

1. Abduraschidov, K.S.; Tulaganov, A.A.; Pirmanov, K. et al: Baukonstruktionen aus Massivlehm in seismischen Gebieten Mittelasiens—Bewertung und Vorschlage zur Verbesserung der Erdbebensicherheit. In: LEHM 2004 Leipzig, Beitrage zur 4. Int. Fachtagung fur Lehmbau, pp. 248–257, Weimar: Dachverband Lehm e.V. (2004)

2. International Labour Organisation ILO (Ed.): Techn. Series TM No. 6. Small scale brickmaking; Techn. Series TM No. 12. Small-scale manufacture of stabilized soil blocks. ILO, Geneva (1984–1987)

3. v. Bodelschwingh, G.: Ein alter Baumeister und was wir von ihm gelernt haben—Der Dunner Lehmbrotebau, 3. Aufl. Bunde: Heimstatte Dunne(1990)

4. Mukerji K, Worner H (1991) (CRATerre): Soil preparation equipment—Product information. German Appropriate Technology Exchange Gate/Basin, Eschborn

5. Schroeder, H. et al: Bauingenieurpraktikum Havanna 1990. Weimar: Hochschule f. Architekturu. Bauwesen, Fak. Bauingenieurwesen, Arbeitsmaterialien WB Tropenbau, Heft 1 (1991)

6. Krause, E.; Berger, I.; Nehlert, J.; Wiegmann, J.: Technologie der Keramik, Bd. 1: Verfahren—Rohstoffe—Erzeugnisse.; Krause, E.; Berger, I.; Plaul, T.; Schulle, W.: Technologie der Keramik, Bd. 2: Mechanische Prozesse.; Krause, E.; Berger, I.; Krockel, O.; Maier, P.: Technologie der Keramik, Bd. 3: Thermische Prozesse. Berlin: VEB Verlag f. Bauwesen (1981–1983)

7. Karlicher Ton- und Schamottewerke Mannheim & Co. KG, KTS—einen Ton besser. Mulheim-Karlich 2003 —company brochure

8. Dachverband Lehm E.V/Abu Dhabi Authority for Culture & Heritage (Ed.): Planning and Building with Earth—Course handbook for architects, engineers, conservators & archaeologists, Weimar: unpublished (2009)

9. Dachverband Lehm e.V. (Hrsg.): Kurslehrbuch Fachkraft Lehmbau. Weimar: Dachverband Lehm e.V. (2005)

10. Miller, T.; Grigutsch, A; Schultze, K.W.: Lehmbaufibel—Darstellung der reinen Lehmbauweise. Weimar, Schriftenreihe d. Forschungsgemeinschaften Hochschule, Heft 3, Reprint der Originalausgabe von 1947, Verlag Bauhaus-Universitat (1999)

11. Striegler W, Werner D (1973) Erdstoffverdichtung. VEB Verlag f. Bauwesen, Berlin

12. Schuler G, Wagner B (1990) Hochfeste Lehmsteine. In: Baustoffindustrie 5:160–61

13. Kapfinger, O.; Rauch, M.: Rammed earth—Lehm und Architektur—Terra cruda. Basel: Birkhauser (2001)

14. Houben, H.; Guillaud, H.: Earth construction—A comprehensive guide. London: Intermediate Technology Publications (1994)

15. Зубкин, В. Е.; Коновалов, В. М.; Королёв, Н. Е.: Зонное нагнетание сыпучных сред (Zonal compaction of fill material). Москва: изд. РУСАКИ (2002)

16. Tulaganov, B.A.; Schroeder, H.; Schwarz, J.: Lehmbau in Usbekistan. In: Zukunft Lehmbau 2002–10 Jahre Dachverband Lehm e.V., pp. 91-101; Weimar: Dachverband Lehm e.V./Bauhaus-Universitat (2002)

17. Suske, P.: Hlinene domy novej generacie. Bratislava: vyd. Alfa (1991)

18. Pollack, E.; Richter, E.: Technik des Lehmbaus. Berlin: Verlag Technik (1952)

19. Schrader M (1997) Mauerziegel als historisches Baumaterial—Ein Materialleitfaden und Ratgeber. Edition Anderweit, Suderburg

20. Tate, D.; Park, K.; Lawson, W. D.; Ertas, A.; Maxwell, T. T.: Developing Large-Scale Compressed Earth Block (CEB) Building Systems: Strategies for Entrepreneurial Innovation. In: EARTH USA 2011 Albuquerque, Proc. 6th Int. Earth Building Conference, pp. 270–277, Albuquerque, NM: Adobe in Action (2011)

21. Easton, D.: Industrielle Formgebung von Stampflehm. In: LEHM 2008 Koblenz, Beitrage zur 5. Int. Fachtagung fur Lehmbau, pp. 90–97. Weimar: Dachverband Lehm e.V. (2008)

22. Dachverband Lehm e.V. (Hrsg.): Lehmbau Regeln—Begriffe, Baustoffe, Bauteile. Wiesbaden: Vieweg + Teubner | GWV Fachverlage, 3., uberarbeitete Aufl. (2009)

23. Kortlepel, U. u. a.: Lehmspritzverfahren. Aachen: Landesinstitut f. Bauwesen u. angewandte Bauschadensforschung NRW 2.23-1994 (1994)

24. Dingeldein, T.: Konzeption einer neuen Lehmbauweise mit maschineller Einblastechnik. In: "Moderner Lehmbau 2002", pp. 9-13, KirchBauhof Berlin (Hrsg.), Stuttgart: Fraunhofer IRB (2002)

25. Wilson, Q.: Die Produktion von in der Sonne getrockneten Adobe Ziegeln in den USA. In: LEHM 2008 Koblenz, Beitrage zur 5. Int. Fachtagung fur Lehmbau, pp. 98–103. Weimar: Dachverband Lehm e.V. (2008)

26. Schroeder, H.; Schnellert, T.; Sowoidnich, T; Heller, T.: Moisture transfer and change in strength during the construction of rammed earth walls. In: Living in Earthen Cities—Kerpic `05; Proc. 1st Int. Conference, pp. 117–125, Istanbul Technical University ITU (20005)

27. Dierks, K.; Ziegert, C.: Tragender Stampflehm—ein betonverwandtes Konglomerat mit Vergangenheit und Zukunft. In: Avak, R.; Goris, A., pp. G.39–G.65. Berlin: Stahlbeton Aktuell (2001)

28. Thurm C (2001) Analyse der Moglichkeiten der okologisch vertraglichen Modifizierung von Baulehmen mit Zuschlagen und Zusatzstoffen. Bauhaus-Universitat, Fak. Bauingenieurwesen, unpublished diploma thesis, Weimar

29. Maniatidis, V.; Walker, P.: A review of rammed earth construction. Bath UK, University Report (2003)

30. Niemeyer, R.: Der Lehmbau und seine praktische Anwendung. Grebenstein/Staufen: Okobuch Verlag 1982/1990 (Reprint der Originalausg. von 1946)

31. Scholz, J.; Zier, H.-W.: Schaden an den Fresken Moritz von Schwinds im Palas der Wartburg und Moglichkeiten der Restaurierung. In: Europaischer Sanierungskalender 2009 (4. Jahrgang), pp. 343-359, Berlin-Wien-Zurich: Beuth Verlag (2009)

32. Dachverband Lehm e.V. (Hrsg.), Lehm-Mauermortel—Begriffe, Baustoffe, Anforderungen, Prufverfahren. Technische Merkblatter Lehmbau, TM 03, Weimar: Dachverband Lehm e.V. (2011)

33. Dachverband Lehm e.V. (Hrsg.), Lehm-Putzmortel—Begriffe, Baustoffe, Anforderungen, Prufverfahren. Technische Merkblatter Lehmbau, TM 04, Weimar: Dachverband Lehm e.V. (2011)

34. Dachverband Lehm e.V. (Hrsg.), Lehmdunnlagenbeschichtungen—Begriffe, Anforderungen, Prufverfahren, Deklaration. Technische Merkblatter Lehmbau, TM 06, Weimar: Dachverband Lehm e.V. (2015-03)

35. Natureplus e.V. (Hrsg.) Richtlinien zur Vergabe des Qualitatszeichens "natureplus". RL 0607 Lehmanstriche und Lehmdunnlagenbeschichtungen (September 2010); RL 0803 Lehmputzmortel (September 2010); RL 0804 Stabilisierte Lehmputzmortel (proposed); RL 1006 Lehmbauplatten (September 2010); RL 1101 Lehmsteine (proposed); RL 0000 Basiskriterien (May 2011); Neckargemund: 2010

36. Schroeder, H.; Bieber, A.: Neue Stampflehmprojekte in Thuringen. In: LEHM 2004 Leipzig, Beitrage zur 4. Int. Fachtagung fur Lehmbau, pp. 190-201, Weimar: Dachverband Lehm e.V. (2004)

37. Backe, H.; Hiese, W.: Baustoffkunde fur Berufs- und Technikerschulen und zum Selbstunterricht, 8. Aufl. Dusseldorf: Werner Verlag (1997)

38. Rutz, D., Witt, K. J. u. a.: Wissensspeicher Geotechnik, 18. Aufl. Weimar: Bauhaus-Universitat, Fak. Bauingenieurwesen Studienunterlagen Geotechnik (2011)

39. Fuchs, E.; Klengel, K.J.: Baugrund und Bodenmechanik. Berlin: VEB Verlag f. Bauwesen (1977)

40. Center for the Development of Industry ACP-EU/CRATerre-Basin: Compressed earth blocks, No. 16 Testing procedures (1998) Brussels (1996-1998)

41. Olivier, M.; Velkov, P.: Dynamic properties of compacted earth as a building material. 3rd Int. Conference STREMA 93, Southampton, Wessex Inst. of Technology (1993)

42. Stark; J.; Krug, H.: Baustoffkenngroßen. Weimar, Schriften der Bauhaus-Universitat No. 102, F.A.-Finger—Institut f. Baustoffkunde (1996)

43. Schnellert, T.: Untersuchung von Transportprozessen der Einbaufeuchte in Baukonstruktionen aus Stampflehm wahrend der Austrocknung, unpublished diploma thesis. Weimar: Bauhaus-Universitat, Fak. Bauingenieurwesen (2004)

44. Fischer, F.; Monnig, H.-U.; Mucke, F.; Schroeder, H.; Wagner, B: Ein Jugendklub aus Lehm—Baureport Herbsleben. Weimar, Wiss. Z. Hochsch. Archit. Bauwes.—A.—35 (1989) 3/4, pp. 162-168

45. Minke, G.: Handbuch Lehmbau. Baustoffkunde, Techniken, Lehmarchitektur, 7. erw. Aufl. Staufen: Okobuch Verlag (2009)

46. Maniatidis, V.; Walker, P.: Structural capacity of rammed earth in compression. J. Mater Civil Eng.; ASCE; March 2008, pp. 230-238

47. Ziegert C (2003) Lehmwellerbau—Konstruktion, Schaden und Sanierung. Berichte aus dem konstruktiven Ingenieurbau, Heft 37. Fraunhofer IRB, Stuttgart

48. Rischanek, A.: Sicherheitskonzept fur den Lehmsteinbau. Wien: Technische Universitat, Fak. Bauingenieurwesen (2009)

49. Earth Building Association of Australia EBAA (Ed.): Building with earth bricks & rammed earth in Australia. Wangaratta: EBAA (2004)

50. Standards New Zealand: NZS 4297: 1998 Engineering Design of Earth Buildings; NZS 4298: 1998

Materials and Workmanship For Earth Buildings; NZS 4299: 1998 Earth Building Not Requiring Specific Design; Wellington: Standards New Zealand (1998)

51. Monnig, H.U.; Fischer, F.; Schroeder, H.; Wagner, B.; Mucke, F.: Spezifische Eigenschaftsuntersuchungen fur Erdbaustoffe einschließlich der Eigenschaftsverbesserung durch Modifikation und Moglichkeiten des Feuchtigkeitsschutzes fur in Erdstoff errichtete Gebaude. Weimar, Hochschule f. Arch. u. Bauwesen, WBI, WB Tropen- u. Auslandsbau, unpublished research report (1988)

52. Utz R (2004) Stabilisierung von Losslehmoberflachen in archaologischen Grabungen am Beispiel der Terrakotta-Armee des Qin Shihuangdi. Universitat, Fak. Geowissenschaften, Diss, Munchen

53. Minke, G.: Lehmputze—ihre Eigenschaften und deren Veranderung durch Zusatze, Verarbeitung und Oberflachenbehandlung. In: Moderner Lehmbau 2005, Beitrage, pp. 67-81, Berlin: Umbra GmbH (2005)

54. Dettmering T, Kollmann H (2001) Putze in Bausanierung und Denkmalpflege. Verlag fur Bauwesen, Berlin

55. Schroeder, H.; Ziegert, C.: Haftfestigkeitsprufungen an Lehmputzen. In: LEHM 2008 Koblenz, Beitrage zur 5. Int. Fachtagung fur Lehmbau, pp. 202–205, Weimar: Dachverband Lehm e.V. (2008)

56. Steinmann M (1995) Studie zu korrelativen Bezugen zwischen geotechnischen, mineralogischen und lehmbautechnischen Parametern von Lehmbaustoffen, unpublished diploma thesis. Bauhaus-Universitat, Fak. Bauingenieurwesen, Weimar

57. Schroeder, H.: Klassifikation von Baulehmen. In: LEHM 2000 Berlin; Beitrage zur 3. Int. Fachtagung fur Lehmbau des Dachverbandes Lehm e.V., pp. 57-63, Berlin: Overall-Verlag (2000)

58. Schroeder, H; Volhard, F.; Rohlen, U.; Ziegert, C.: Die Lehmbau Regeln 2008–10 Jahre Erfahrungen mit der praktischen Anwendung. In: LEHM 2008 Koblenz, Beitrage zur 5. Int. Fachtagung fur Lehmbau, pp. 12–21, Weimar: Dachverband Lehm e.V. (2008)

59. Riechers, H.J.; Hildebrand, M.: Putz—Planung, Gestaltung, Ausfuhrung. In: Mauerwerk-Kalender 2006, pp. 267–300, Berlin: W. Ernst & Sohn (2006)

60. Dierks, K.; Ziegert, C.: Materialprufung und Begleitforschung im tragenden Lehmbau. In: LEHM 2000 Berlin, Beitrage zur 3. Int. Fachtagung fur Lehmbau des Dachverbandes Lehm e.V., pp. 46-56. Berlin: Overall Verlag (2000)

61. Jagadish KS, Venkatarama Reddy BV, Nanjunda Rao KS (2007) Alternative building materials and technologies. New Age International Publishers, New Delhi

62. Fontana, P.; Grunberg, U.: Untersuchungen zur Haftscherfestigkeit von Lehmmauermortel. In: LEHM 2012 Weimar, Beitrage zur 6. Int. Fachtagung fur Lehmbau, pp. 104–113 (Beilage), Weimar: Dachverband Lehm e.V. (2012)

63. Venkatarama Reddy BV, Uday Vyas CV (2008) Influence of shear bond strength on compressive strength and stress-strain characteristics on masonry. Mater Struct 41:1697–1712

64. Dachverband Lehm E.V/Abu Dhabi Authority for Culture & Heritage (Ed.): Building with Earth—Course handbook for building trades: masons, carpenters, plasterers, Weimar: unpublished (2009)

65. Dachverband Lehm e.V. (Hrsg.): Anforderungen an Lehmputz als Bauteil. Technische Merkblatter Lehmbau, TM 01, Weimar: Dachverband Lehm e.V. (2014-06)

66. Rohlen U, Ziegert C (2010) Lehmbau-Praxis, Planung und Ausfuhrung. Bauwerk Verlag, Berlin

67. Lustig-Rossler U (1992) Untersuchungen zum Feuchteverhalten von Lehm als Baustoff. GH/Universitat, Diss, Kassel

68. Kunzel, H.: Regenbeanspruchung und Regenschutz von Holzfachwerk-Außenwanden. In: Statusseminar "Erhaltung von Fachwerkbauten", Sonderheft Verbundforschungsprojekt "Fachwerkbautenverfall und Fachwerkbautenerhaltung, pp. 32‒39, Fulda: ZHD (1991)

69. Volhard, F.: Leichtlehmbau, alter Baustoff‒neue Technik, 5. Aufl. Heidelberg: C. F. Muller (1995)

70. CSIRO Australia, Division of Building, Construction and Engineering, Bull. 5: Earth-Wall Construction. North Ryde, NSW, Australia: 4th edn (1995)

71. Regulation & Licensing Dept., Construction Industries Div., General Constr. Bureau: 2006 New Mexico Earthen Building Materials Code. CID-GCB-NMBC-14.7.4. Santa Fe, NM (2006)

72. Schweizer Ingenieur- und Architekten-Verein SIA (Hrsg.): SIA Dokumentationen. D 077 (1991), Bauen mit Lehm; Schaerer, A.; Huber, A.; Kleespies, T.; D 0111 (1994), Regeln zum Bauen mit Lehm; Hugi, H.; Huber, A.; Kleespies, T.; D 0112 (1994), Lehmbauatlas; Hugi, H.; Huber, A.; Kleespies, T. Zurich: SIA 1991 u. (1994)

73. Bureau of Indian Standards: Indian Standard 2110-1980: Code of practice for in situ construction of walls in buildings with soil-cement. New Delhi: 1981 (1991 1st rev., 1998 reaffirmed)

74. Rigassi V (1995) Compressed earth blocks, Vol. 1: Manual of production.; Guillaud, H. u.a.: Compressed earth blocks, Vol. 2: Manual of design and construction. Gate/CRATerre-EAG. Vieweg-Verlag, Braunschweig

75. Dachverband Lehm e.V. (Hrsg.): Lehmbau Verbraucherinformation. Weimar: Dachverband Lehm e.V. (2004)

76. Schreckenbach H, Abankwa JGK (1982) Construction technology for a tropical developing country. Gesellschaft fur Technische Zusammenarbeit GTZ, Eschborn

77. Roppischer K, Grund K, Hiersemann T (2000) Lehmbaupraktikum 2000, unpublished internship report, Weimar. Bauhaus-Universitat, Fak. Architektur, Weimar

78. Smoltczyk H. (Hrsg.): Grundbau-Taschenbuch, Bd. 1 Grundlagen, 3. Aufl. Berlin: Ernst & Sohn (1980)

79. Walker, P.; Standards Australia: The Australian Earth Building Handbook. Sydney: Standards Australia International (2002)

80. Bobe, R.; Hubaček, H.: Bodenmechanik, 2. Aufl. Berlin: VEB Verlag f. Bauwesen (1986)

4

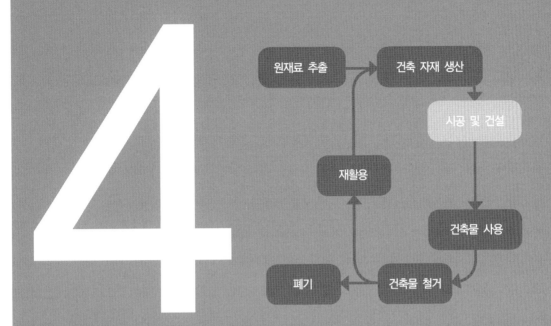

흙 구조물 - 계획,
건축, 건설 감독

흙건축 자재의 사용 적합성이 확인되면 건축 부재나 구조물로 가공할 수 있다.

모든 구조물과 마찬가지로, 흙건축은 구조 안정성, 기능, 설계, 사용자 요구에 대한 일반적인 요건을 완전히 충족해야 한다. 건물 외피envelope는 외부 환경 여건과 내부의 생활 및 작업 여건을 적절하게 연결해 최적화해야 한다.

2012년에 도입한 DIN EN 1990의 용어 정의에 따르면, 구조 유형construction type은 목조 구조물, 조적 구조물, 흙건축 같은 구조물에 사용하는 주요 내력 자재를 설명하지만, 실제 건축 공사에서는 "흙건축"이라는 용어를 비구조용 부재, 비내력 채움재, 칸막이벽, 흙미장에도 적용하는 것이 유용하다고 입증했다. 시공법construction method(또는 건축술)이라는 용어는 건축 방법을 설명한다(예: 현장시공 콘크리트 공법, 흙다짐 공법).

4 흙 구조물 - 계획, 건축, 건설 감독

Earthen Structures - Planning, Building, and Construction Supervision

4.1 기능 및 설계

기능이 정해진 건물에 겉모습을 부여하는 것은 건축가와 계획가planner의1 창조적인 작업이다. 건물은 이런 식으로 주변 환경에 시각적으로 통합되면서도 어떤 미학적, 외형적 요건을 충족해야 한다. 전통 건축물의 외관은 대대로 이어져 내려오는 지역의 원칙을 따른다. 이 원칙은 지역에서 구할 수 있는 재료를 활용한, 지역적 경험을 바탕으로 기후에 적응한 건축 양식이다. 그러나 항상 새로운 기능과 새로운 건축 자재, 또는 소유주의 경제 상황 변화도 반영하므로 융통성이 없다고 봐서는 안 된다.

건축물 내부의 기능 배치와 구조물의 외관은, 주어진 건축 부지와 부지 고유의 자연적(물리적) 요인과 더불어 인간이 개입한anthropogenic(사회문화적) 요인을 고려한 최적화 과정의 결과이다. 이런 고려사항에는 주요 기후(계절 변화와 관련된 건물 내 방의 기능 변화), 자연재해, 이용 가능한 건축 자재, 가족 구조, 직업, 종교적 신념, 지역 전통, 안전성, 마지막으로 소유주의 재원이 포함된다. 기존 흙건축에서 일어난 이 최적화 과정은 다양한 문화와 기후의 흙건축 전통과 새로운 건축 모두에서 엄청나게 다채로운 범위의 구조 및 설계 해결책을 만들어냈다.

흙건축의 **외관** exterior appearance은 주로 주요 기후와 선택한 공법의 영향을 받는다. 그림 1.1과 1.16은 이런 영향이 이미 수천 년 전에 최적화된 구조 설계에 어떻게 반영되었는지 보여준다: 덥고 건조한 기후에서는 중량high-mass 건축물을 활용한 단순한 구조물이 우세했다. 상호 간에

---

1 흙건축 관련 분야 중 표준(법), 경제성, 건축 생태 등을 다루는 분야의 종사자(단원 1.5).

그늘을 더 만들기 위해 건물들을 서로 가까이 세워서 집적체[cluster]를 이루었고, 목재가 부족해 가급적 아껴서 조금씩 쓰고 재사용했다. 드넓은 숲이 있는 온난 습건 기후에서는 건축 자재로 흙과 목재의 결합이 일반적이었는데, 이 조합으로 더 얇은 벽 구조[system]가 가능했다. 빗물을 빠르게 배수하는 데 도움이 되는 가파른 경사지붕이 이런 건축물의 두드러진 특징이다.

인접 구조물과 관련된 배치와 주요 건축 부재의 형태 또한 건축물 외관을 결정한다. 흙건축 자재로 만든 건축물은, 다양한 건물 외부 설계를 다음과 같이 구분할 수 있다:

－도시의 공간적 배치: 독립형, 연립 주택, 개별 군, 건물 집적체[cluster]

－층수 / 진입로: 단층/다층, 내부/외부에서

－벽의 축선[axis]: 선형, 곡선형, 원형

－지붕: 평지붕, 경사지붕, 곡면지붕(단원 4.3.5)

독일은 기본건축법(MBO)에 따른 외형(높이, 바닥 공간)에 준해 건축물등급을 나눈다(표 4.1):

표 4.1 기본건축법에 따른 건축물등급

건축물등급	내용
1a	단위 건물[building unit]이 2개 이하이고 연면적 합이 400m² 이하, 높이[a] 7m 이하인 독립 건축물
1b	농업 또는 임업용 독립 건축물
2	단위 건물이 2개 이하이고 연면적 합이 400m² 이하, 높이[a] 7m 이하인 건축물
3	높이[a] 최대 7m 이하의 기타 건축물
4	각 단위 건물의 연면적 400m² 이하, 높이[a] 13m 이하인 건축물
5	지하 건축물을 포함하는 기타 건축물

[a] 평균 지표면을 기준으로 가장 높이 위치한 거주 공간의 바닥 면 높이

건축 부재와 건축 자재에 부과하는 준수사항은 건축물등급에 따라 다르다. 예를 들어, 건축물등급이 높을수록 건축 부재에 요구하는 내화등급이 높다.

건축물 보험사가 평가하는 손상 위험성을 고려해서 구조물에 사용하는 공법 종류 또는 주요 건축 자재를 반드시 고려해야 한다. 이에 따라 건축 자재의 내화 성능이 우선순위에 있으며(단원 3.4.8), 자재의 내습성도 고려해야 한다.

MBO가 건축물 분류 체계를 제공하고, 독일의 각 주들이 주마다의 개별 건축법(Landesbauordnungen, LBO)으로 이 체계를 규제한다.

오늘날 전통식, 현대식 할 것 없이 흙건축의 일반적 건물 기능은 다음 범주로 묶을 수 있다:

− 주거건물residential buildings / 기숙사 / 호텔 / 주택residences

− 교육건물(어린이 주간보호시설, 학교)

− 공공건물(공공 기관, 행정 기관, 박물관)

− 문화 및 여가시설(놀이터, 동물원, 예술 공간, 개방 구조물)

− 종교 / 신성한 건물

− 상업건물 / 창고

− 목욕탕 및 건강 관련 건물

− 농업 / 원예건물

− 시설 / 보호용 건물

DIN EN 1990에서는 주거건물, 어린이 주간보호시설 같은 건축물의 기능 및 용도를 **건축물 유형** *type of building*이라고 한다. 내력 구조물에 반통계적 측정법semi-probabilistic dimensioning method을 따른 안전계수를 적용하는 방식으로 건축물 유형을 반영한다(단원 4.3.3.1).

4.1.1 주거건물

주거건물은 아마도 가장 다양한 형태로 위의 모든 건축물의 외형을 반영한 건축물 유형일 것이다. 기후가 온난하고 전에 넓은 숲이 있었던 독일에서는 흙을 채운 흙목조 주택이 수 세기 동안 시골과 도시 거주지의 모습을 형성해왔다. 대부분 건물은 아래층 위층으로 구성된 복층이며, 벽이 "무릎 벽knee wall 2"에서 지붕 경사대로 비스듬하게 시작해 위쪽 지붕으로 이어진다.

그림 4.1과 그림 4.2는 기후조건이 비슷하고 쓸 수 있는 지역 건축 자재가 같더라도 지역적 전통이 건축물 외형을 상당히 다르게 형성한 것을 보여주는 사례이다. 독일 란Lahn의 림부르크Limbur에 있는 "고딕 주택Gotische Haus"(1289년 시작)은 막대틀stake work에 흙을 채운(그림 1.19도 참조) 멋진 5층짜리 흙목조 건물로, 흙목조 주택이 조밀하게 들어선 도시 한가운데에 위치한다. 한국의 전통적 "한옥Hanok" 주택은 동일한 공법으로 지었지만, 시골과 조화를 이루는 독립 단층 건물로 전혀 다른 모습을 하고 있다 [1].

---

2 <https://en.wikipedia.org/wiki/Knee_wall> 발췌 및 요약: 보통 3피트(1m) 이하의 짧은 벽으로, 목조지붕 구조에서 서까래를 받치는 데 사용한다. 위층의 천장이 다락방인 집에서 흔하게 볼 수 있다.

그림 4.1 "고딕 주택", 독일 란의 림부르크에 위치. 세로 막대와 짚흙 덩어리로 채운 흙 목조 구조

그림 4.2 한국 전통 "한옥", 대나무 외(椳)와 진흙으로 된 흙목조 구조 [2]

그림 1.15와 4.3은 덥고 건조한 기후의 두 주거건물 사례이다: 아랍 이슬람 건축의 전통에서 전형적인 중정 주택^{courtyard house}은 서로서로 그늘을 만드는 모습이며 빽빽한 공간 구조를 형성한다. 목재 및 기타 식물성 건축 자재는 부족하지만, 흙다짐 건물에 적합한 흙은 쉽게 구할 수 있다. 그림 1.15a에서 보이는 모로코의 에이트 벤하두^{Ait Benhaddou}에 있는 흙다짐 주택의 전통적 외형은 주택 기능 외에도 건물의 방어적 성격을 보여준다(티그램트^{Tighremt}: 각각이 요새화된 주거건물; 크사르^{Ksar}: 여러 주거건물들이 요새화된 주거지). 강우량이 적어서 평평한 지붕이 대부분이다(단원 4.3.5.2).

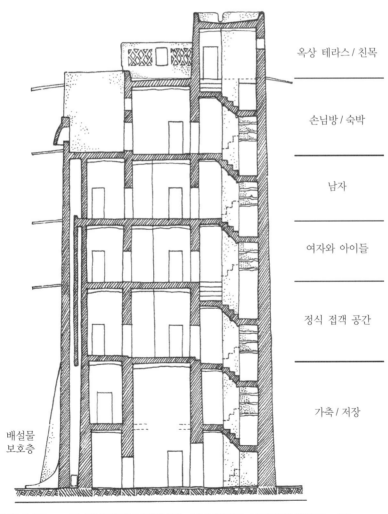

옥상 테라스 / 친목

손님방 / 숙박

남자

여자와 아이들

정식 접객 공간

가축 / 저장

배설물
보호층

그림 4.3 남부 아라비아^{Arabian}의 흙블록(탑) 주택의 기능 분포 단면도, 남예멘의 시밤^{Shibam} [2]

그림 4.3에서는 같은 시대 유럽과는 개념이 전혀 다른 기능 배치를 볼 수 있다 [2]. 이는 남예멘의 시밤Shibam에 있는 6층 흙다짐 "탑tower" 단면으로, 집 안에서의 엄격한 성별 분리뿐 아니라 1층의 저장 및 목축 기능이 명확하게 보인다.

인간과 가축이 한 지붕 아래에 사는 것은 주거 구역과 동물의 헛간을 결합한 유럽 전통 건축물의 특정 사례와도 공통된 개념이다. 제2차 대전 이후에도 독일의 새 정착민 주택을 이런 식으로 설계했는데(그림 1.24), 겨울 동안 동물의 체온이 난방비 절약에 도움이 되었다.

그림 4.3의 탑 같은 건물 모습은 지역의 지형 여건이 반영된 것이다: 하드라마트Hadramaut의 좁은 와디wadi(마른 계곡)는 건축 활동을 제한하고 사람들이 구조물을 더 높이 짓게 만든다. 빽빽하게 모여있는 건물(최대 30m 높이)들은 수많은 사진에서 묘사해왔다. 시밤Shibam시는 유네스코 세계문화유산이다(단원 1.2). 최대 10층 높이의 흙블록 건물들이 밀집해 있어서 "사막의 맨해튼"이라고 불린다.

북아프리카 및 아랍 문화의 재래식 흙다짐 건축물과는 대조적으로, 2005년 비슷한 기후조건의 오스트레일리아 시드니Sydney 인근에 시멘트로 안정화한 흙다짐으로 "현대적인" 단독주택을 지었다. 그늘을 만들고자 지붕을 크게 내밀었고 외벽에는 강한 햇빛에서 주택을 보호하기 위해 좁고 긴 틈새slit 창을 냈다(그림 4.4). 두 가지 사례 모두 외벽의 엄청난 열 저장 용량이 극심한 일별 온도진폭을 완충하여 쾌적한 실내 기후를 조성한다.

1층 주거건물, 호주 시드니Sydney 인근, 2005년

그림 4.4 시멘트로 안정화한 내력 흙다짐벽

그림 4.5는 1951년 독일 튀링겐Thuringia주 고타Gotha에 지은 18가구용 2층 흙다짐 연립주택이다. 이 건물은 동독(독일민주공화국(GDR)) 재건 사업에 발맞추어 건설했는데[3], 1960년경까지 독일 작센Saxony주와 작센 안할트Saxony-Anhalt주에 동일 기술을 사용해 유사한 주거건물을 여럿 지었다. 전후 독일에서는 자원이 부족했음에도 불구하고 메르제부르크Merseburg 근처의 뮈헬른Mücheln 사례처럼 설계자들이 외관에 드물게 장식 요소를 덧붙였다(그림 1.26).

그림 4.6의 2가구용 3층 건물은 온난 기후에 지은 현대적인 흙다짐 주거건물이다. 1980년대 초반 프랑스 리옹Lyon 인근 빌퐁텐Villefontaine의 일 다보Ile d'Abeau에 약 60채의 단독 및 공동주택을 다양한 흙건축 공법으로 지었다. 오늘날 이 주택 단지는 유럽 현대 흙건축의 출발점으로 여겨지며, 새롭고 독특한 건축 언어가 특징적이다: 구조의 아름다움과 독창성, 건축 부재 간의 명확하고 기능적인 구분, 뚜렷하게 알아볼 수 있는 (전통적) 건축 기술, 조화로움, ·색상· 질감· 표면 느낌의 상호작용으로 만들어지는 감각성sensuality에 집중했다.

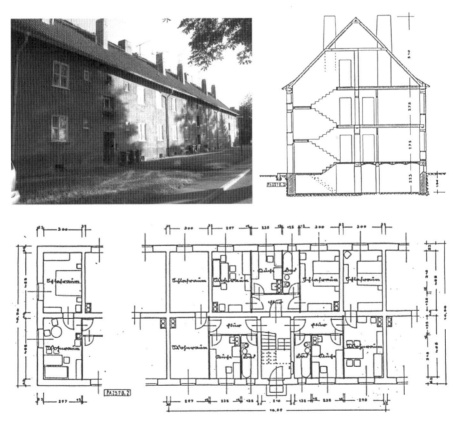

그림 4.5 18가구용 2층 연립 주택, 독일 튀링겐 고타Gotha, Thuringia, Germany [1, 3]

그림 4.6 2가구용 3층 흙다짐 주거건물, 프랑스 리옹 인근 빌퐁텐 일다보Ile d'Abeau, Villefontaine, Lyon, France

그림 4.7 흙쌓기 공법 주거건물(쉴러하우스Schillerhaus), 독일 라이프치히Leipzig [1]

중부 독일의 전통 건물 중에는 내력 흙쌓기 공법으로 지은 주거건물이 수천 개가 있는데(단원 4.3.3.1), 많은 경우 석회(시멘트) 미장이 덮여있다. 당초에 사용한 건축 기술을 알아보는 유일한 방법은 전체적으로 간결한 형태, 벽 두께 대비 작아 보이는 개구부, 구조물의 위쪽 끝으로 갈수록 얇아지는 외벽을 확인하는 것이다. 그림 4.7[1]에서 예시를 볼 수 있다. 소시민petty bourgeoisie의 집으로 1717년에 지어진 이 수수한 주택은 역사상 중요한 순간을 목격했다: 나중에 Beethoven이 9번 교향곡의 마지막 합창으로 편곡한 세계적으로 유명한 "기쁨의 노래Ode to Joy"를, Friedrich Schiller가 1785년에 여기에서 작곡했다.

그림 4.8은 주거건물에서 흔치 않은 건물 모습과 공간 배치를 보여준다. 약 400년 전 중국 남서부 푸젠Fujian성에 살았던 하카Hakka인들은 "토루Tulou"라고 불리는 요새 같은 건축물을 개발했다. 건물은 원래 100명 이상으로 구성된 확대가족(씨족 체계)을 수용하도록 설계되었다. 흙다짐으로 지은 이 건물은 고리(또는 정사각형) 형태로, 지름이 최대 80m, 높이는 1~4층이다. 잠글 수 있는 단 하나의 문을 통과해야만 안뜰로 들어갈 수 있다. 구조물에서 흙다짐으로 된 부분에 위치한 방과 개별 세대apartment는 별도의 발코니로 출입할 수 있고, 안뜰에 별채outbuildings가 있다.

그림 4.8 토루Tolou형 주거건물, 중국 푸젠성Fujian Province 티엔루켕Tianloukeng [1]

그림 4.9 Applegate 소유 흙벽돌adobe 주거건물, 미국 뉴멕시코주 산타페

산타페Santa Fe는 미국 남서부에 위치한 뉴멕시코New Mexico주의 수도이다. 이 도시의 특징적인 건축은 토착 아메리카 원주민(푸에블로Pueblos) 시대로 거슬러 올라가는 전통적 흙블록(어도비adobe) 건물이다(그림 1.14 b). 건물은 주로 1~2층 높이이며, 평지붕과 튀어나온 지붕보(비가스vigas)가 두드러진 외관의 특징이다.

그림 4.9는 전형적인 "푸에블로 스타일Pueblo-style"로 지어진 주거건물이다. 약 1700년경에 농가로 지었고, 1845년 스페인 장교가 매입했다. 1920년에 예술가인 Frank Applegate가 사들여서 그가 구상하는 대로 개축했다. 현재 건물주는 주택을 현대적 표준에 맞게 고쳐서 2013년에 "산타페 부동산Santa Fe Properties / 국제 고급 선집Luxury Portfolio international"에 매물로 등록했다.

4.1.2 교육건물

최근 학교 및 주간보호시설 건설 사업에 현대적 건축 형태와 다양한 흙건축 기술을 결합해 적용하면서 건축가와 계획가들이 건축 자재로서 흙에 다시 주목하게 되었다. 이런 다수의 독특한 사업이 종종 국내외의 건축상을 수상했다. 무엇보다 이용자들이, 실내 기후가 안정적이어서 어린이, 청소년, 교사의 건강에 이롭다는 이유로 흙건축물을 높이 평가한다.

그림 4.10 흙블록 돔 주간보호 시설, 독일 조르줌^{Sorsum} [1]

건축가이자 대학교수인 Gernot Minke(독일 카셀^{Kassel} 출신)가 지은 내력 흙블록 돔은 중부 유럽 문화에서 다소 흔치 않은 광경이다. 외부는 푸른 구릉지 풍경을 형성하는 반면 내부는 엄숙하고 거의 신성해 보인다. 이런 구조는 예상치 못했던 흙블록 건축 기술의 설계 가능성을 시사한다. 그림 4.10[1]은 1997년에 지은 독일 하노버^{Hannover}의 조르줌^{Sorsum}에 있는 발도르프^{Waldorf} 유치원으로, 중앙의 다목적실은 높이 7m, 지름 11m의 자립형 돔으로 덮여있다.

독일 바이마르의 발도르프 학교는 완전히 다른 디자인 개념을 따른다. 이 학교는 이전 수도원 부속건물의 기존 가로^{row} 안에 신축으로 설계했다. 구조물은 여러 시기에 다양한 양식으로 지어졌다(그림 4.11 [1]). 이 학교의 내력 구조는 다소 이례적이다: 3층 높이의 철근콘크리트 골조에 흙다짐으로 벽을 채웠다.

1997/1998년 독일 튀링겐^{Thuringia}의 게라^{Gera}에, 조립식 콘크리트 건물로 이루어진 동네의 한복판에 흙을 채우는 재래식 흙목조 공법으로 주간보호시설 "펄부트^{Perlboot}"를 지었다. 이 시설의 특징은 그 모양이다: 건축가 Maria Hoffmann과 Franz Wilkowski는 앵무조개^{nautilus shell}(독일어로

흙다짐으로 채운 철근콘크리트 골조

그림 4.11 발도르프 학교^{Waldorf School} 부속건물의 기존 가로 내부에 신축, 독일 바이마르^{Weimar} [1]

"Perlboot", 진주 배라고도 함)에서 착안한 구조를 적용했다(그림 4.12). 평면도는 조개껍데기의 나선형을 따랐고, 내력 외벽과 칸막이벽은 흙채움 흙목조벽으로 설계했다. 내부에서 일부 채움재는 노출했고 손으로 빚은 흙덩이를 썼다.

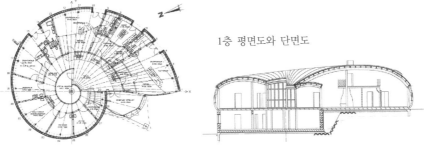

1층 평면도와 단면도

그림 4.12 주간보호시설 "펄보트Perlboot", 독일 게라Gera, Germany [1]

그림 4.13 METI 학교, 흙쌓기 / 대나무, 방글라데시 러드라푸르Rudrapur [4]

자립학교사업 METI(Modern Education and Training Institute, 현대교육및훈련기관)는 2005/2006
년 방글라데시 디나지푸르Dinajpur의 러드라푸르Rudrapur에 새로 지은 것으로, 흙쌓기와 유사한 공
법으로 건설했다 [4]. 지상층은 내력 흙쌓기벽이고 위층은 가볍고 통풍이 잘되는 대나무 구조
물인데, 지붕을 연장하여 내밀어 매달도록 설계했다. 지상층에 있는 3개의 교실은 벽에 난 구
멍으로 유기 생명체처럼 생긴 "동굴 방cave room"과 연결되어 있다. 이 사업에서는 콘크리트, 강
철, 소성벽돌 같은 "현대적인" 에너지 집약적 건축 자재를 사용하는 대신, 수작업이 많이 필요
한 현지의 자재와 건설 기술을 우선해서 적용했다. 건축가 Anna Heringer와 Eike Roswag는 그림
4.13의 학교 설계로 2007년 권위 있는 아가 칸 건축상Aga Khan Award for Architect을 받았다.

4.1.3 종교건물

오랜 세월에 걸쳐 종교적 또는 신성한 장소는 사람들의 삶에서 중요한 역할을 해왔다. 과거의
참배용 구조물 설계, 이후의 종교적 목적은 건축자에게 항상 특별한 도전이었다: 이는 매우
잘 보이는 건축 부지, 예외적인 규모의 평면 및 벽, 건물의 축 방향, 내부 공간 조명, 경관의
가장 큰 특징이 되는 지붕 모양을 포함한다. 유럽 기독교 문화는 자재를 선택할 때 일찍부터
자연석이나 소성벽돌 같은 견고하고 내수성이 있는 건축자재에 의존했다. 흙은 건축 자재로서
는 아프리카, 선(先) 콜롬비아, 현재의 라틴 아메리카 같은 지역과 대조적으로 부수적인 역할
을 했다.

선(先) 콜롬비아 아메리카인들은 신성한 장소를 "후아카huaca(마법의 힘)"라고 불렀으며, 이런
장소는 사제들이 신중하게 선택했다. 기념비적monumental 크기의 계단식 흙블록 피라미드는 이런
의식용 구조물의 한 예이다. 라틴 아메리카에서는 수많은 흙블록 피라미드 유적을 보존해왔
다. 페루 리마Lima 근처 태평양 연안에 있는 파차카막Pachacamac 피라미드 단지에는 넓은 지역에
걸쳐 연이은 문명들이 건설한 흙블록 "후아카"들이 10개 넘게 위치한다. 그림 4.14는 피라미드
의 끝으로 향하는 의식의 길을 보여준다. 사제들은 인근 산에서 온, 대부분 태어나서 처음으로
바다를 보는 순례자들에게 이곳이 지하세계로 가는 관문이라는 것을 시사하고자 했다. 사후의
삶은 무한히 넓은 물 너머에서 시작될 것이다.

중동의 흙블록 피라미드(지구라트Ziggurats)는 매우 유사한 건물 유형이다. 오늘날 이라크와 이
란에서도 그러한 예를 여전히 찾아볼 수 있다(그림 1.11).

그림 4.14 후아카 데 파차카막Huaca de Pachacamac, 흙블록 피라미드, 페루 리마Lima 인근

그림 4.15 산 에스테반 교회San Esteban Church, 미국 뉴멕시코 주 아코마 푸에블로Acoma Pueblo, NM, USA

미국 뉴멕시코주 앨버커키[Albuquerque]에서 서쪽으로 약 100km 떨어진 아코마 푸에블로[Arcoma Pueblo]에 있는 산 에스테반[San Esteban] 교회는 사막 평원에서 약 110m 높이로 솟아있는 메사[mesa](평평한 산[table mountain]) 위에 위치한다. Leonore Harris는 그녀의 책 "성스러운 흙벽돌[Holy Adobe]"[5]에서 이 신비로운 장소를 "하늘의 섬[Island in the Sky]"이라고 불렀다. 흙벽돌 교회는 1629년에 짓기 시작했다. 군과 교회는 필요한 흙을 아코마 푸에블로의 아메리카 원주민들에게 협곡 바닥에서 메사로 운반시켰다. 이 교회는 외부는 요새처럼 보이고 내부는 매우 밋밋하며 흙바닥은 아래에 있는 산과 연결된 것처럼 보인다(그림 4.15).

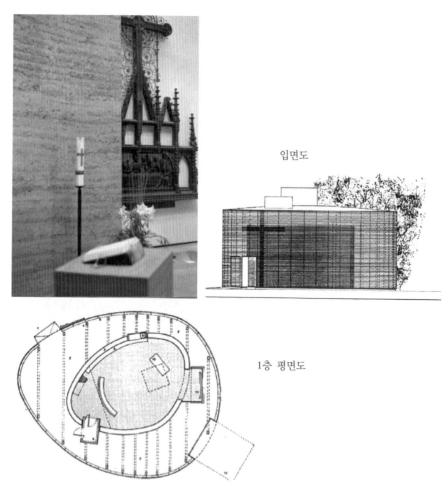

입면도

1층 평면도

그림 4.16 베를린 화해의 교회[Chapel of Reconciliation Berlin], 내력 흙다짐벽 구조 [107]

1999~2000년 베를린^{Berlin} 베르나우어 거리^{Bernauer Straße}에 옛 베를린 장벽을 따라 흙다짐으로 지은 화해의 교회(Kapelle der Versöhnung)는 현대적인 "의식의 장소"가 되었다. 위에서 언급한 예와 마찬가지로 위치가 중요하다: 1891년 같은 장소에 화해의 교회(Versöhnungskirche)를 지었는데, 이것이 나중에 동독(GDR) 국경 수비대의 방어선을 가로막아서 1985년에 철거되었다. 장벽이 무너지고 불과 4년 후, 신자들은 같은 장소에 새 교회를 짓기로 했으나, 콘크리트를 건축 재료로 한 초기 설계안에 반대표를 던졌다. 이 장소에 연결된 기억 때문에 이 건축 재료가 너무 부담스러울 것 같았기 때문이었다. 건축가 Peter Sassenroth과 Rudolf Reitermann이 제시한 해결책은 철거한 교회에서 가져온 부서진 벽돌을 넣은 흙다짐 혼합물을 쓰는 구상이었다. 이것은 예전의 교회를 "부활시켰다^{resurrected}". 인접한 베를린 장벽 기념관과 함께, 이 교회는 기억^{remembrance}의 장소이자 독일 유력 정치인들의 연례회의 장소가 되었다.

이 교회에는 다른 주목할 만한 측면이 있다. 그중 한 예는 교회 내부를 내력 흙다짐벽(높이 7.2m, 두께 0.6m)으로 둘러싼 "유기체 같은^{organic}" 모양의 평면이다. 건물 일부를 이전 교회의 기초 위에 지었고 형태가 특이해서 거푸집 설계가 특히 어려웠을 것으로 보인다. 교회의 흙다짐 중심부는 가볍고 내부가 들여다보이는 수평 테^{frame}로 구성된 목조 구조물로 둘러싸여 있다. 외피와 단단한 내부 흙벽 사이에 만들어진 공간은 통로로 사용한다. 이로 인해 흙벽 표면에 자연광과 그림자가 상호작용하여 만들어낸 뚜렷한 대비가 더욱 증폭된다(그림 4.16).

전통적인 아랍 이슬람 종교건물의 지붕은 종교적 신념에 따라 으레 천국의 궁륭^{vault}을 표현하는 돔^{dome}(단원 4.3.5)의 모습을 띤다. 돔 구조는 로마의 성 베드로 대성당과 같이 기독교 종교 건물에서도 일반적이다. 그림 4.17에 묘사된 사우디아라비아 리야드^{Riyadh}에 있는 아마드 빈 살만 왕자의 모스크^{Prince-Ahmad-Bin-Salman-Mosque}는 이슬람 종교건물로는 다소 이례적이다: 디자인이 간결하고 매우 현대적이며, 역청으로 밀봉한 흙 평지붕이 있고 내부는 석회암 기둥으로 지탱한다. 내력 외벽은 7m 높이의 시멘트 안정화한 흙블록으로 만든 조적 구조이다. 높이 16m의 첨탑^{minaret}도 흙블록을 쌓아서 만들었다. 이 건물은 Faisal bin Salman 왕자가 공표한 특별 법령에 근거해 2008~2010년에 지었기 때문에 아랍 세계의 흙건축에서 특히 중요하다. 새로운 이슬람 사원 건설에 흙건축 자재를 사용한 것은 현대 이슬람 건축이 구축하고자 하는 아랍 건축의 뿌리에 관심을 기울이는 것을 의미했다.

그림 4.17 사우디 아라비아의 리야드Riad에 위치한 아마드 빈 살만 왕자 모스크 [6]

4.1.4 농업건물

흙건축 자재로 만든 농업건물은 지역 회계장부 또는 가족사를 제외하고는 연구 문헌에서 거의 언급되지 않는 "일상적인" 건물에 속한다. 독일 중부에는 흙다짐 또는 흙쌓기로 지은 헛간이 여전히 많이 있는데(아마도 수천 개), 때로 양호한 것도 있지만, 대개 보존 상태가 좋지 않다. 이런 헛간들은 원래 기능을 상실했다: 여름에는 수확한 곡식 단을 저장했다가 나중에 바깥일이 없는 겨울에 타작하는 데 사용했다. 이 작업에는 바닥이 최대한 넓고 뚫린 공간이 필요했으므로 (수직 기둥 몇 개만 있는) 천장 장선 층을 통합해서 개방된 지지체로 공간을 떠받쳤다. 천장은 필요하면 널빤지로 덮을 수 있었다. 결과적으로 구조물은 흔히 (벽 두께 대비 높이의 비율이) 길쭉한slender 모양이었는데, 이는 흙건축 자재와 맞지 않아서 대개 균열을 일으켰다(단원 5.2.5). 이미 불안정한 헛간의 구조 상태는 건물 기능을 바꾸면 더욱 약해졌다. 때로는 추가한 내부 개조가 부적절해서 흙벽이 더욱 손상되었다.

4.2 건설 사업의 기본원칙

독일에서는 건설업 표준법과 기본원칙에 따라 흙 구조물의 계획 및 건축을 수행한다.

4.2.1 표준 및 법규

4.2.1.1 VOB 및 BGB

독일건설계약절차 *German Construction Contract Procedures*(Vergabe-und Vertragsordnung für Bauleistungen, VOB)는 건축주(소유주)와 건설업체^{contractor}(건설사) 간의 법적 관계를 규정한다. 계약 당사자가 VOB 적용을 명시적으로 동의하지 않으면 계약관계에 **독일민법** *German Civil Code*(Bürgerliche Gesetzbuch, BGB) 조항을 자동으로 적용한다.

VOB는 세 편(編)^{part}으로 나뉜다:

－A편: 건설 계약 수주 관련 총칙
－B편: 건설 공사 실행 관련 일반 계약 조건
－C편: 건설 계약의 일반 기술시방서^{technical specification}(ATV)

C편 중에 거래에서 가장 중요하게 활용하는 DIN 법규 목록인 "건설계약일반기술시방서(ATV)"가 들어있다.

BGB는 가능하면 일반적으로 통용되는 기술 규정에 준하여 건물에 결함이 없다는 것을 확인해야 한다고 명시한다. 반면 VOB에 따르면, 시공자가 필수 **상용 기술 규정** *generally accepted rules of technology*을 준수하여 계약에서 정한 대로 책임지고 공사^{service}를 수행해야 한다. 이런 규정은 세 가지 사실을 기반으로 평가하며, 다음과 같아야 한다:

－과학적으로 옳은 것으로 입증
－유자격자가 기술적으로 인정
－충분한 경험을 통해 실무에서 확인

이런 조건은 의견을 모아 합의한 표준을 개발한 다음 모든 이해 관계자들이 이를 적용해야 가능하다. 이에 비해, **통용 기술 실무 표준** *accepted engineering practice standards* 같은 예는 특정 사안에 대해 전문 협회가 개발한 기술 문서로, 권장서에 해당한다.

4.2.1.2 DIN 표준

DIN 표준은 개별 사업의 기술시방서 작성, 적용 분야 한정, 건설 공사 기준 결정, 기준 공사와 추가 공사 차이 설명(공사비 책정에 중요)에 근거자료로 사용된다. 기준 공사는 표준 공사비를 기준으로 계산하며, 추가 공사는 특정 상황에 따라 "특별" 공사비로 계산한다.

(1) 역사적 발달

1944년 독일에서 흙건축을 위한 최초의 기술법규technical regulation로 "흙건축법(Lehmbauordnung)"을 발표했다. 2차 대전 때문에, 건설부는 1951년이 되어서야 이 법규를 DIN 18951로 제정했다. 이 법규는 1편 "건설 공사 규정"과 2편 "해설서"로 구성되어 있다. 예전에는 이 흙건축법을 약간 수정해서 여러 독일 연방주의 건축법에 도입했는데, 슐레스비히홀슈타인Schleswig-Holstein주가 그 한 예이다.

다음의 흙건축 DIN 표준은 예비표준pre-standard 단계 이상은 되지 못했다:

DIN 18952: 건축토

　1편: 용어, 유형(1956~2005)

　2편: 건축토 시험(1956~2010)

DIN 18953: 건축토 및 흙건축 부재

　1편: 건축토 사용(1956~2005)

　2편: 흙조적벽(1956~2005)

　3편: 흙다짐벽(1956~2005)

　4편: 흙쌓기벽(1956~2005)

　5편: 경량토채움 목조벽(1956~2005)

　6편: 흙바닥(1956~2005)

DIN 18954: 흙건축 시공, 지침(1956~2005)

DIN 18955: 건축토, 흙건축 부재, 방습(1956~2008)

DIN 18956: 흙건축 부재 미장(1956~2008)

DIN 18957: 흙지붕널 잇기(1956~2005)

또한, 이전의 DIN 표준은 흙이 아닌 건축 자재로 만든 건축 부재와 조적 및 미장용 흙몰탈을 함께 사용하는 것도 다루었다.

DIN 1169: 조적 및 미장용 흙몰탈(1947~2006)

이 DIN 표준들은 1974년 "오래되고 경제성이 없어서" 폐기되었고 새로운 표준으로 대체되지는 않았지만, 건설부는 계속 "통용 기술 표준"으로 간주했다. 이는, 필요하면, 이 표준들에서 정한 시공법은 별도로 검증하지 않아도 되는 것을 의미한다.

같은 시기에 동독(GDR)에서는 "1944년 10월 4일부터 시행한 흙건축 법규가 더 이상 동독의 흙건축 기술 개발 요건을 충족시키지 못해서" 별도의 흙건축법을 개발했다(GDR의 흙건축법 "Lehmbauordnun, LBO").

이 법규는 다음과 같다:

－흙건축 법규(1953년 2월 23일)
－흙건축 자재의 용어, 용도, 가공(1953년 12월 23일)
－흙건축 및 흙건축 인력 교육법(1955년 11월 24일)

직업 면허와 관련된 "흙건축 인력"이라는 용어는 특히 흥미롭다. 건설, 설계, 건축 자재 시험 분야에 해당하는 세 개의 면허 등급은 "흙건축 전문가professional", "흙건축 설계자designer", "흙건축 숙련자expert"였다.

위에서 언급한 DIN 표준과 비교하면 "GDR의 흙건축법"은 내력 흙건축 부재(벽, 기둥)의 치수 규정이 한층 정밀했다.

나아가, 포츠담Potsdam에 있는 주정부건설관리국의 농업건물특별관리단이 발행한 "흙건축건설법"(1962년 4월) 초안이 있었다. 이 법규는 위의 1944년 "흙건축법"을 바탕으로 하며 내력 흙건축 부재의 치수를 더 상세하게 규정했다. 이 법규들이 초안 단계를 넘어섰는지는 확실하지 않다.

이 법규들을 얼마나 오래 시행했는지 알아내려면 신중한 문헌연구가 필요할 것이다. 1987/1988년에 건축 허가를 받은 튀링겐Thuringia주 헤르프슐레벤Herbsleben의 한 사업은[7] 1953년 이후의 "GDR의 흙건축법"에 근거해서 이전 에르푸르트Erfurt 지구의 주정부건설관리국에서 발급한 것이었다.

(2) 흙건축 법규: 렘바우 레겔른(Lehmbau Regeln)

독일에서는 "건설표준화" 전문위원회가 건설업 부문의 법규 개발을 담당한다. 이 위원회는 건축, 주택, 복지[settlement]를 관할하는 16개 주정부건축장관회의(ARGEBAU)의 일부이다. 1995년에 위원회는 독일표준화연구소(DIN)가 폐기했던 흙건축 표준을 검토하고, 이를 흙건축 공사를 대상으로 하는 최신 기술법규 개발의 기초 자료로 활용할 것을 결정했다. 흙건축 활동이 복원과 신축 모두에서 상당히 증가했기 때문에 이런 결정을 내린 것이다. 위원회는 ARGEBAU 및 독일건설기술연구소(Deutsches Institut für Bautechnik, DIBt)의 대표로 구성된 추진단에 독일흙건축협회(DVL)를 전문가 조직으로 영입했다.

과정

시간이 지나면서 DVL은 숙련된 전문가로 구성된 자체 추진단을 결성했다. DVL 추진단의 작업에 독일연방환경재단(Deutsche Bundesstiftung Umwelt, DBU)이 자금을 지원했다. ARGEBAU "건설표준화" 전문위원회는 건설기술법[technical building regulation]의 기본목록에 **렘바우 레겔른** *Lehmbau Reglen*[8]을 포함하고 독일 연방주의 건축법에 건설기술법으로 도입할 것을 권장하기로 결정했다.

건설부가 승인한 건설기술법 자격을 얻기 위해 DVL에서 제시한 초안은 다음의 절차 단계를 거쳐야 했다:

1. 현장 실무자들의 요구 증가로, ARGEBAU "건설표준화" 전문위원회가 최신 흙건축법의 필요성 확인. DVL이 전문가 추진단을 임명해 업무 절차를 수립하고 시행조직의 체계를 결정
2. 규정한 3단계 체계에 따라 기존 국내외 규범 및 표준, 직접 경험을 기반으로 법규 초안 개발

   1단계: 저자(Volhard / Röhlen＋Ziegert가 2009년 3판 지원)

   2단계: 저자＋DVL에서 선정한 추가 전문가

   3단계: 편집 위원회: 2단계＋DVL 외부 인력을 포함한 확장 흙건축 전문가 집단. 이 집단은 미리 정한 일정 내에 합의에 도달해야 했다.

3. 더 광범위한 전문 대중을 대상으로 초안 발표, 아이디어, 제안, 최종 토론 등 포함
4. ARGEBAU 비준을 위해 개정안을 국가 기술법규로 제출
5. 관할 EU 부서 인증
6. 정부 관보 또는 이와 유사한 공식 게시판에 게재하여 시행

이 절차는 2006~2007년에 진행한 Lehmbau Regeln 개정 시에도 적용되었다. 이 사업은 한 번 더 DBU의 자금 지원을 받았다.

건축법규로의 편입

MBO §20 및 EU법 No. 305 / 2011[9](BauPVO)(단원 1.4.1)에서 규정하는 구조 요건을 준수해야 하는 건축 산업재building product는 사용 적합성을 시험 및 감독해야 하며(단원 3.4.9), 용도 및 필요한 검증에 근거하여 건축 산업재를 건설 제품construction products 목록으로 분류한다: 건설 제품 목록 A, 1부 및 2부, 목록 C. 이 목록은 DIBt에서 관리한다.

독일에서는 주의 건축법이 국가 수준의 건축 산업재 사용을 관장하며, 규제, 비규제, 기타 건축 산업재로 구분한다(그림 4.18).

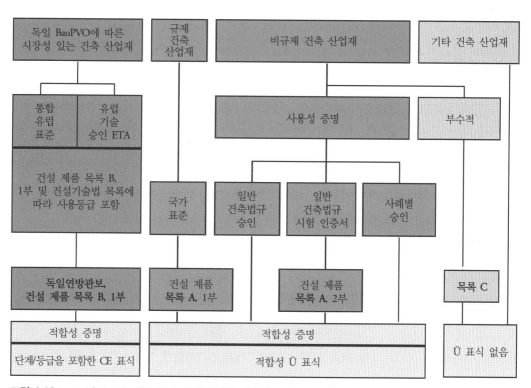

그림 4.18 LBO 및 BauPG에 따른 건축 산업재의 건축법규 상부 구조 [www.dibt.de]

규제 건축 산업재 *regulated building products*를 다루는 기술법규는 주로 DIN 표준, DIN EN 표준, DIN-ISO 표준이며, 건설 제품 목록 A, 1부에 게재한다. 비규제 건축 산업재 *nonregulated building products* 는 건설 제품 목록 A, 2부에 기재하고, 이런 제품에는 일반적으로 건설 시험 인증서만 있다.

규제 및 비규제 건축 산업재는 적합성 표식(독일 국가 수준의 "Ü 표식", 유럽 수준의 CE 표식)을 게시해서 제품 자체, 포장, 제품 명세서에서 확인할 수 있다.

기타 건축 산업재 *other building products*는 부수적인 역할을 하는 제품이다. 이런 제품은 건축 산업 에서 사용되고 통용 기술법규가 있지만, 건설 제품 목록 A, 1, 2부에는 기재하지 않는다.

Lehmbau Regeln을 건축법규로 편입시키기 위해[8], ARGEBAU "건설표준화" 전문위원회는 흙건축 자재의 특별한 성격을 고려해야만 했다: 이들 자재는 현장뿐만 아니라 산업적 환경에 서도 생산할 수 있다. 현장에서 생산한 흙건축 자재의 적합성은 간이 시험법으로만 확인할 수 있는 반면, 산업적으로 생산한 흙건축 자재는 각 제품 표준에 따라 시험해야 한다. Lehmbau Regeln은 제품 표준을 다루지 않는다. 따라서 모든 흙건축 자재에 적용하는 절차를 절충안으로 선별했다: 흙건축 자재는 건설기술법의 DIBt 기본목록에 들어있으며 의무검증이 필요 없는 "기타 건축 자재"로 분류되었다.

더군다나, Lehmbau Regeln은 건축물등급 1과 2(표 4.1)인 최대 온전한 2층, 2세대 이하까지의 주거건물 건설에 한정해 적용한다. 더 넓게 사용하려면 건설관리 관청이 요구하는 적합성 검 증이 여전히 필요하다. 내화, 차음, 단열 검증은 각 표준의 최신판을 준수해야 한다. 단열은, DIN 4108-4에서 지정하는 흙건축 자재의 열관류율을 이제 Lehmbau Regeln을 기준으로 개정했 다. 이 분류는 또한 Lehmbau Regeln 2009 3차 개정판에서도 유지되었다 [10].

함부르크[Hamburg]와 니더작센[Lower Saxony]주를 제외하고 독일 모든 주의 건축법에 Lehmbau Regeln 을 채택했다(2012년 6월 기준). 함부르크와 니더작센주에서는 흙건축을 "비규제 시공법"으로 분류했는데, 이는 각 사례 단위로 허가를 받아야 한다는 의미이다. 이 사례들에 DIBt 기본목록 Model List과 다른 주에서 도입한 Lehmbau Regeln을 참고할 수 있다. 그 외 모든 독일 주에서 Lehmbau Regeln은 "상용 기술 표준"이며, 건축물 계획 및 건설에 필수로 적용해야 한다.

1999년 Lehmbau Regeln의 시행은 건설관리 관청이 흙건축 건설을 평가하는 데 30년의 격차 를 좁혔고, 또한 흙건축 분야에서 법적인 확실성[certainty]을 크게 증대하는 결과를 낳았다. 이제 Lehmbau Regeln이 유효한 지역에서는 흙 구조물 건축허가를 신청할 때 표준 신청 절차로 진행하는 것이 가능하다. Lehmbau Regeln 도입 전에는 차상위 승인 기관이 참여하는 복잡한 "사례별 승인" 과정을 선택해야 했다. 이런 변화는 1990년대 중반 이후 독일의 건축 산업에서 흙건축이 소규모 독립적인 부문으로 발전하는 데 결정적인 역할을 했다.

내용

1971년 폐기된 DIN 표준 위에 구축한 Lehmbau Regeln은 흙건축 자재 분야의 최신 기술과 수많은 신개발품을 기반으로 한다. Lehmbau Regeln은 건축토, 흙건축 자재와 그에 따른 흙건축 구조물을 정의하고, 점토광물로 결합한 흙건축 자재를 사용하는 경우에만 적용한다. Lehmbau Regeln이 화학적으로 "안정화된" 흙건축 자재 사용을 배제하지는 않지만, 그런 자재는 법을 적용하는validity 범위에 포함하지 않는다.

Lehmbau Regeln은 3부분으로 구성된다: 건축토(2장), 흙건축 자재(3장), 흙건축 부재(4장)(). **건축토** construction soil는 시험 기준을 빌려 흙건축 자재 생산에 적합한 흙을 규정한다. 개별 **흙건축 자재** earth building materials는 조성, 가공, 속성, 시험 측면에서 설명하며, **흙건축 부재**earth building elements는 내력벽과 비내력 건축 부재(벽 및 채움재, 천정, 미장, 건식 구조체)로 구분한다. 5장은 건축 자재 및 부재의 건축물리학 수치를 요약한다. 6장은 VOB 사업 및 표준(표 4.2)에서의 주요 흙건축 공사를 규정한다. 이 분류로 견적용 기본 공사와 추가 공사의 경계를 정할 수 있다.

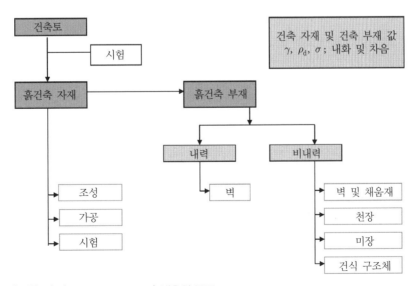

그림 4.19 흙건축 법규(Lehmbau Regeln) 내용의 구조

표 4.2 VOB 및 DIN 표준에서 정한 사업자[trades]별 흙건축 공사

번호	LR의 절 [8]	흙건축 공사	VOB 작업	해당 DIN
1	4.1.3	흙블록벽	조적작업	18330
2	4.1.4	흙다짐벽	콘크리트 및 철근콘크리트 작업	18331
3	4.1.5	흙쌓기벽	쌓기작업	18330
4	4.2	볼트[vaulted]천장	쌓기작업	18330
5	4.3.1	흙채움 흙목조벽	쌓기작업	18330
6	4.3.2	비내력 흙다짐벽	콘크리트 및 철근콘크리트 작업	18331
7	4.3.3	비내력 흙블록 조적	조적작업	18330
8	4.3.4	경량토벽, 습식	콘크리트 및 철근콘크리트 작업	18331
9	4.3.5	흙판재벽	조적작업	18330
10	4.3.6	건식 흙벽 조적	조적작업	18330
11	4.3.7	흙분사벽	콘크리트 및 철근콘크리트 작업	18331
12	4.4	천장 보	쌓기작업	18330
13	4.5	흙미장	미장 및 치장벽토[stucco] 작업	18350
14	4.6	흙다짐 바닥	고름[screed] 작업	18353
15	4.7	건식 구조체	건식 구조체 작업	18340

(3) 새로운 DIN 표준

Lehmbau Regeln은 흙건축 자재의 산업적 생산과 개별 현장 생산을 허용한다. 독일에서 생산하는 수많은 제품을 대표하는, 산업적으로 생산한 흙건축 자재는 MBO 또는 EU법 No. 305 / 2011 관점에서 건축 산업재이므로[9], 사용성 및 적합성 증명(Ü 표식, 단원 3.4.9) 요건(성능시험)의 대상이다. Ü 표식은 DIBt가 DIN 18200에서 정한 생산관리 절차에 따라 공장 및 산업 생산한 건축 산업재를 대상으로 발행한다. 그러나 이 절차는 Lehmbau Regeln에서 다루지 않는다.

과정

DVL은 Lehmbau Reglen 3차 개정 직후 DVL 정회원, 외부 전문가, 독일건설기술연구소(DIBt), 독일연방재료연구및시험연구소(BAM) 대표들로 구성된 "흙건축 표준화" 자문위원회를 지명했다. 위원회는 이후 DIN 표준으로 발전시킬 표준 초안의 내용 작성을 목표로 했고, 흙블록과 흙몰탈 제품의 표준 개발이 최우선이었다.

　　BAM은 독일연방경제기술부(BMWi)[3]가 후원한 3년 기간 연구 과제 "흙 표준(StandardLehm)"에서 수많은 건축 자재와 건축 부재를 시험했다. 이 시험 결과들을 표준 초안에 포함했고, 이

초안을 "흙건축 표준화" 자문위원회와 "표준화확대자문위원회"에 심의용으로 제출했다. 확대 자문위원회도 DVL이 지명했으며, 생산자 대표들을 중심으로 다양한 외부 기관 전문가들을 추가로 포함했다.

2011년 5월 31일 DVL은 독일표준화연구소(DIN)와 함께 "흙건축" 실무위원회 구성을 신청 했다. 예비표준 개발을 위한 토론의 기초자료로 활용하고자 이 초안("흙건축 표준화" 자문위 원회에서 개발 및 동의)을 신청서에 첨부해서 DIN에 제출했고, 2011년 6월 DVL은 이 초안을 "흙건축 기술정보지"로 출간했다:

정보지 02	흙블록−용어 및 정의, 건축 자재, 요건, 시험방법 [11]
정보지 03	조적용 흙몰탈−용어 및 정의, 건축 자재, 요건, 시험방법 [12]
정보지 04	미장용 흙몰탈−용어 및 정의, 건축 자재, 요건, 시험방법 [13]
정보지 05	산업 생산한 흙건축 자재의 원료 건축토 품질 감독−지침 [14]

기술정보지 DVL 01(2008) "흙미장 요건"은 2014년 "건축 부재로서의 흙미장 요건" [15]이라 는 제목으로 개정 발간되었다.

기술정보지 적용 범위는 산업 생산된 흙건축 자재이며, "첨단 기술"로 간주하는 권장서이다.

2011년 9월 23일에 DIN 실무위원회 "흙건축"의 법제 회의(NA 005-06-08 AA "흙건축(Lehmbau)") 가 개발 중인 DIN 초안에 다음 제목을 부여했다:

E DIN 19845	흙블록−용어 및 정의, 건축 자재, 요건, 시험방법
E DIN 19846	조적용 흙몰탈−용어 및 정의, 건축 자재, 요건, 시험방법
E DIN 19847	미장용 흙몰탈−용어 및 정의, 건축 자재, 요건, 시험방법

건축토(정보지 05)는 DIN 표준화 절차의 대상이 아니었다.

위에서 언급한 DIN 초안은 2012년 7월에 완료되었으며 관심 있는 대중이 2012년까지 의견 을 제시할 수 있도록 했고, 동시에 기술정보지 DVL 02~04는 폐기되었다. 2013년 4월 표준 DIN 18945~47이 발표되었다. 이런 표준은 "상용 공학 표준"으로 간주하며 필수로 적용해야 한다. 모든 미장용 몰탈과 마찬가지로, 미장용 흙몰탈은 DIN 18947에 따라 "기타 건축 산업 재"로 분류되며 건설 제품 목록 A, 1부에 포함되지 않아, Ü 표식을 받지 않는다.

---

3   2013년 연방경제에너지부(Federal Ministry for Economic Affairs and Energy)로 개편.

내용

DIN 18945~47은 건축 산업재를 규제하는 DIN 표준 개발 형식 및 내용의 일반 요건을 준수하며, 각 절(節)^section은 다음과 같이 구성된다:

- 용도 / 참고 기준 / 용어
- 용도 등급 / 요건
- 표기 / 표시^labeling
- 시험
- 등록한 정보의 적합성 증명 및 검사
- 제품 명세서 / 제품 정보지
- 부록(정보용)

DIN 18945~47의 적용 범위는 화학적 안정화 없이 산업적으로 생산한 흙건축 산업재이다. Lehmbau Regeln은 흙건축 산업재의 사용 및 가공에 계속 적용한다.

전망

흙건축을 대상으로 한 새로운 DIN 개발을 통해 다음과 같은 추세를 관찰할 수 있다. 그러나 이런 개발은 항상 필요한 자원의 가용성에 따라 달라진다:

1. 더 많은 건축 산업재용 건축 자재 표준을 개발해야 한다. 현재 흙판재([16] 참조)와 예를 들면 흙다짐용 즉석 배합물을 고려하는 중이다.

2. 가공 표준이 건축 자재 표준을 따라야 한다. 여기서 중요한 사항은 흙건축 자재로 만든 내력 구조물의 부분안전계수를 정의하는 것이다(단원 4.3.3.1). 2012년 7월 1일, 유로코드(Euro Code) EC 1~9를 DIN EN 1990~1999로 공식 도입함에 따라 이 방식은 흙건축 자재를 사용하는 내력 구조물의 치수 산정에 필수가 되었다.

3. 흙건축용 DIN 표준은 해당하는 유럽의 또는 국가의(여전히 동시에 존재할 수 있음) 적용 표준에 별도의 흙건축 장^chapter으로 통합되어야 한다:

   - DIN EN 1996-1-1의 흙블록 및 조적용 흙몰탈
   - DIN 18550-2 또는 DIN EN 13942-2의 흙미장

이는 건설업 표준공사집(Standardleistungsbuches Bau, STLB-Bau)에 흙건축 단원을 추가하는 것도 해당한다(단원 4.2.2.1).

4. Lehmbau Reglen은 현재의 변화를 반영하도록 조정해야 하며, 건설관리 측면에서 "현장 흙건축 활동"을 계속 다룰 것이다. 반면 산업적으로 생산한 흙건축 자재의 생산 및 가공에는 DIN 표준을 적용한다.

4.2.1.3 외국의 흙건축 법규

(1) 문서 유형

국제표준화기구(ISO)는 표준 문서와 규범 문서를 구분한다: **표준** *standard*은 전문가들이 합의에 도달했고, 국가 표준화 기관이 발간했고, 국가 공인기관이 승인한 문서이다. 알맞은 맥락에서 최적의 규제 수준을 달성하기 위해, 활동 및 그 결과에 일반 및 반복 사용하는 규칙과 지침을 수립한다. 표준은 항상 해당 분야의 최신 기술을 기반으로 일반 대중의 이익에 이바지해야 한다. 원칙적으로, 의무 적용한다. **규범문서** *normative document*는 형식과 내용 요건을 충족하지 못하고 (국가) 표준화 기관에서 발간하지 않는다는 점에서 표준과 다르다. 그러나 규범 문서는 "표준"의 품질을 획득할 수 있으며, 필요한 요건을 충족하면 국가 공인기관이 인정한다.

또한 전문가 협회 및 조직은 **기술권장서** *Technical Recommendations*, 출간물*leaflet*, 기타 문서를 발행하는데, 이 문서도 일반적으로 해당 분야의 최신 기술을 기반으로 하지만 권장서로만 간주할 수 있다.

(2) 개요

기존 흙건축 표준 분석을 위해 19개 국가 및 지역에서 39개의 다른 법규를 확인했다 [17, 18]. 다른 기존 건축 자재와 비교해 흙건축 법규는 그 수가 적다. 표 4.3은 흙건축 표준 또는 규범 문서가 있는 국가의 개요이다. 일부 국가에서는 흙건축 법규가 일반 건축법규의 한 부분이다.

(3) 내용

확인된 표준 및 규범 문서는 일반적으로 다음 사항을 포함한다:

건축 자재 *building materials* / **건축 기술** *building techniques*: 다양한 성형 공정으로 만든 흙블록, 흙다짐 건축, 흙쌓기 건축, 흙블록 조적, 비내력벽 및 채움재

자재 특성 *Material characteristics*: 질감, 가소성 / 응집력, 화학적 안정화, 천연 첨가물, 분류, 수축 및 다짐성, 시험법

현지 여건 *local condition*: 지진 영향

독일에서 지배적인 흙건축 기술은 흙과 목재를 병합한 흙목조 건축 또는 목조 건축(예: 일부 내력 흙 구조물 포함)이다. 반면 외국의 흙건축 법규는 흙을 주로 내력 구조용 건축 자재로 쓴다.

많은 국가의 법규가 흙블록 구조물처럼 각 지역 특유의 개별 흙건축 기술만을 다룬다. 예를 들어 지진과 같은 특정 자연 영향은 추가로 고려한다. 어떤 법규는 합성 안정제(석회, 시멘트) 및 폐기물의 사용도 포함한다. 이탈리아[19], 칠레[20], 모로코[21]와 같은 일부 국가에는 지역 기관 및 국가 표준화 기관에서 발간한 역사적인 흙건축물 복원 표준이 있다.

표 4.3 국가별 흙건축 표준 및 규범문서 개요

번호	국가	문서 제목	유형	건축토	흙건축 자재	흙건축 방법	지역	근거
1	아프리카	ARS 671-683(1996)	S		EB	EBM	R	[30]
2	오스트레일리아	CSIRO Bulletin 5, 4차 개정판(1995)ª	ND	CS	EB, CSEB, EMM	RE, EBM	N	[46]
3	오스트레일리아	EBAA(2004)	ND	CS	EB, EMM	EBM, RE	N	[47]
4	브라질	NBR 8491-2, 10832-6, 2023-5, 13554-5(1984~1996)	S		CSEB		N	[43]
5	브라질	NBR 13553(1996)	S			CSRE	N	[43]
6	콜롬비아	NTC 5324(2004)	S		CSEB		N	[44]
7	프랑스ᵇ	AFNOR XP.P13-901(2001)	S		EB		N	[22]
8	독일	Lehmbau Regeln(2009)	S	CS	C, LC, EB, EM, CP	RE, C, EBM, EP, EL, WL	N	[8]
9	독일	RL 0607(2010)	ND		EPM		N	[16]
10	독일	RL 0803(2010)	ND		EPM		N	[16]
11	독일	RL 1006(2010)	ND		CP		N	[16]
12	독일	TM 01(2014)	ND		EPM		N	[15]
13	독일	TM 02(2011)ᶜ	ND		EB		N	[11]
14	독일	TM 03(2011)ᶜ	ND		EMM		N	[12]
15	독일	TM 04(2011)ᶜ	ND		EPM		N	[13]
16	독일	TM 05(2011)	ND	CS			N	[14]

표 4.3 국가별 흙건축 표준 및 규범문서 개요(계속)

번호	국가	문서 제목	유형	건축토	흙건축 자재	흙건축 방법	지역	근거
17	독일	TM 06(2015)	ND		EPM		N	[109]
18	독일	DIN 18945(2013)	S		EB		N	부록
19	독일	DIN 18946(2013)	S		EMM		N	부록
20	독일	DIN 18947(2013)	S		EPM		N	부록
21	인도	IS: 2110(1998)	S	CS, CSS		RE	N	[37]
22	인도	IS: 13827(1998)	S		EB	EBM, RE[d]	N	[36]
23	인도	IS 1725(2013)	S		CSEB		N	[38]
24	케냐	KS02-1070(1999)	S		CSEB		N	[35]
25	키르기스스탄	PCH-2-87(1988)	S	CS, CSS		RE[d]	N	[29]
26	뉴질랜드	NZS 4297~9(1998)[e]	S		E, EB	RE, EBM, EP[d]	N	[45]
27	나이지리아	NIS 369(1997)	S		CSEB		N	[110]
28	나이지리아	NBC 10.23(2006)	BC	CS		EBM, RE	N	[34]
29	페루	NTE E.080(2000)	S		EB	EBM[d]	N	[42]
30	스페인	MOPT Tapial(1992)	ND	CS		RE	N	[23]
31	스페인	UNE 41410(2008)	S		CEB		N	[25]
32	스리랑카	SLS 1382 part 1~3(2009)	S		CSEB	EBM	N	[39]
33	스위스	Regeln zum Bauen mit Lehm(1994)	ND	CS	EB, C EM	EBM, RE, EL, WL	N	[27]
34	튀니지	NT 21.33, 21.35(1998)	S		CEB		N	[31]
35	터키	TS 537, 2514, 2515(1985~1997)	S		CSEB		N	[28]
36	미국	UBC, Sec. 2405(1982)	BC			EBM[d]	L	[111]
37	미국	14.7.4 NMAC(2009)[f]	BC		EB, EMM	EBM, RE[d]	L	[40]
38	미국	ASTM E2392/E2392M(2010)	S	CS	EB, EMM	C, EBM, RE, EM, WL[d]	N	[41]
39	짐바브웨	SAZS 724(2001)	S			RE	N	[32]
		SADCSTAN/TCI SC-001(2012)	S					

[a] 2008년 폐기

[b] 2010년 프랑스국립흙건축협회 As Terre는 프랑스에서 사용하는 주요 흙건축 기술을 포괄하는 프랑스 흙건축 표준 개발을 시작했다: 흙블록 조적 LSM, 흙다짐 STL, 흙쌓기 WL, 경량토 LL, 흙미장 LP

[c] 2012년 폐기하고 해당 DIN으로 대체

[d] 지진이 흙 구조물에 미치는 영향 고려

[e] 현재 개정 중

[f] NMAC(샌디에이고/캘리포니아, 투손/애리조나, 마라나/피마/애리조나, 볼더/콜로라도)와 유사한 다수의 흙블록 지역 표준 (L)이 있다.

S 표준, 내용 조정(사용 원칙: "전문가 간 합의")을 통해 국가기관 또는 전문기관이 발간하고 해당 기관이 표준화를 승인; *BC* 표준화를 위해 국가기관에서 발행한 건축법 중 흙건축 장[chapter]; *ND* 규범 문서, 내용 조정하여 해당 기관 표준화 승인 없이 전문기관에서 발간; *L* 현지의[local]; *N* 국내의; *R* 지역의[regional]; *C* 흙쌓기; *CP* 흙판재; *CS, CSS* 건축토, 시멘트로 안정화한 건축토; *EB* 흙블록, 압축 흙블록 CEB, 압축 및 안정화 흙블록 CSEB, 타설 흙블록 PEB; *EBM* 흙블록 쌓기; *EM* 흙몰탈, 미장용 흙몰탈 EPM, 조적용 흙몰탈 EMM, 분사용 흙몰탈 SEM; *EL* 흙채움, 흙심벽 WD, 타설 흙채움 PEI; *LC* 경량토; *RE* 흙다짐, 시멘트 안정화 흙다짐 CSRE; *WL* 벽 덧마감

유럽 연합 / 스위스

유럽 단일 시장이 발전함에 따라 유럽에서 표준화가 점점 더 중요해지고 있다. 유럽표준화위원회(CEN)는 공동의 유럽 표준 기관으로, 모든 EU 국가와 스위스, 아이슬란드, 노르웨이의 국내 표준화 기관이 회원이다. 독일의 회원 기관은 DIN이다. 이 표준화 기구는 국제표준화기구(ISO)의 회원이기도 하다. 유럽 표준(EN)은 같은 항목을 다루는 국제 표준[ISO]과 일치해야 한다. 독일에서 유럽 표준은 DIN EN 표준으로, 국제 표준은 DIN-ISO 표준으로 시행한다. 중복되는 국내 표준은 결국 폐기해야 하고, 이 과정은 현재 진행 중이다.

건설 산업 분야에는 EN 및 EN-V(예비표준)와 함께 발간했던 추가적인 유로코드(EC)가 있다. 유로코드는 유럽의 건축물 및 공학 구조물의 설계, 치수, 시공에 대한 표준 규칙을 정한다. 먼저 EC는 유럽 예비표준 EN-V을 발간했는데, 건설관리 관청이 시범 적용하기 위해 일명 국가별 판례 방식으로 도입했다. 1997년부터 EN-V 표준은 연속해서 유럽표준 EN으로 전환되었다. 독일주정부건축장관회의의 건축기술전문위원회는 건설관리 관청을 통해 2012년 7월 1일까지 (이전의) EC를 DIN EN 1990~1995로, 완료하면 이어서 DIN EN 1996, 1997, 1999를 도입했다. 표준들의 제목은 다음과 같다:

EC 0 - 구조 설계의 기초 - DIN EN 1990

EC 1 - 구조물 적용 - DIN EN 1991

EC 2 - 콘크리트 구조물 설계 - DIN EN 1992

EC 3 - 철골 구조물 설계 - DIN EN 1993

EC 4 - 복합 강철 및 콘크리트 구조물 설계 - DIN EN 1994

EC 5 - 목재 구조물 설계 - DIN EN 1995

EC 6 - 조적 구조물 설계 - DIN EN 1996

EC 7 - 지질공학 설계 - DIN EN 1997

EC 8 - 내진성 구조물 설계 - DIN EN 1998

EC 9 - 알루미늄 구조물 설계 - DIN EN 1999

부분 안전 개념은 이 표준들에 포함되어 있다(단원 4.3.3.1).

건설관리 관청은 2012년 7월 1일 EU법 305/2011[9]을 새로운 유럽건설제품법(Construction Products Regulation, CPR)으로 제정했다. 이는 이전에 독일에서 유럽 내 사업에 적용하는 건설

제품법(Bauproduktengesetz, BauPG)으로 시행했던 건설제품지침(CPD)을 대체한다. CPR은 지상 및 지하 구조물에 영구적으로 설치하거나 단원 4.2.1.3에서 열거한 사용 적합성 요건을 충족시키는 데 관련된 모든 건설 제품에 적용한다.

유럽 통합 사양의 건설 제품은 CPR에 기초해 여전히 사용 가능하며, 독일건설기술연구소(DIBt)가 발행한 건설 제품 목록 B에도 들어있다.

유럽 통합 사양은(그림 4.18):

−유럽 통합 표준
−유럽 기술 승인
−유럽에서 승인된 국가별 사양specifications

유럽 회원국의 표준화 기관들이 유럽표준화위원회(CEN)를 대신해서 특정 절차를 사용해 이들을 개발한다.

프랑스 France에서는 건설관리 관청이 흙블록 건축법규를 제정했으며[22], 흙다짐 표준을 개발 중이다.

스페인 Spain에는 흙다짐 구조물 건설을 위한 규범적 규정이 있다 [23, 24]. 스페인 표준 UNE 41410[25]는 단원 3.4.9에서 설명한 것처럼, EU법 305 / 2011[9]에 따라 EU의 통합 마케팅 조건에 대한 일반 규정 원칙을 준수하여 국가 표준화 기관에서 발간한 유럽 최초의 제품 표준이다.

이탈리아 Italy에서는 흙건축용 국내법을 개발 중이다 [26]. 다른 국가에서는 독일 Lehmbau Regeln을 각국 언어로 번역하여 발간했다(헝가리 2005년, 루마니아 2010년).

1994년 스위스기술자및건축가협회(SIA)는 "흙건축법(Regeln zum Bauen mit Lehm)(D 0111)"[27]을 발간했다. 이 법규를 완성 사례와 기술적 세부사항(D 0112)을 보여주는 "흙건축 지도"로 보완했고, 여기에 스위스와 관련된 흙건축의 포괄적인 설명(D 007)을 추가했다. 스위스의 "흙건축법"은 권장서 지위이다.

이 법규는 ETH 취리히(ETH Zürich)의 한 연구팀이 스위스연방에너지국이 의뢰한 2년간 연구에 근거해서 개발했다. 독일과 마찬가지로, 스위스에서도 흙과 목재의 조합이 일반적이어서 이 건축법규는 내력 구조물을 위한 흙건축 공법뿐만 아니라 흙건축 채움재도 다룬다.

스위스의 흙건축법은 3년 후 독일에서 해당 법규를 개발하는 데 영향을 미쳤고, 양 팀이 긴밀하게 정보를 교환했다.

터키

1995~1997년 사이에 터키 표준 기관 TSE는 시멘트 안정화 흙블록 생산을 규제하는 표준을 발간했다 [28].

독립국가연합(Commonwealth of Independent States, CIS)

15개의 구소련 공화국 중 유일한 공화국인 키르기스스탄은 1988년 시멘트 안정화 짚흙으로 만든 저층 건물 건설을 위한 "공화국 표준"[29]을 발간했다.

아프리카

오늘날 아프리카 대륙에서는 흙건축 자재를 여전히 매일 사용한다. 흙건축 자재의 품질과 사용을 다룬 여러 국가의 기술법규는 식민지 시대로 거슬러 올라가는데, "기술해설서" 형태가 그 예시이다. 따라서 흙건축 자재의 현대적 품질 표준 규정 및 법 조항 수립이 필요해졌다.

아프리카 대륙이 "아프리카연합"으로 통합됨에 따라, 개별 국가 및 통합 아프리카 건축 표준 수립이 점점 더 중요해졌다.

이것은 압축 흙블록(CEB) 생산, 사용, 시험에 필요한 여러 표준 개발을 도왔던 사업의 목표였다. 이 사업은 프랑스 흙건축연구소(끄라떼르(CRATerre))가 아프리카지역표준화기구(ARSO)와 협력해 시작했으며, ACP[4] 개발 협력의 일환으로 유럽 후원자들의 추가 지원을 받았다. 1996년에 ARSO가 이 표준들을 아프리카지역표준(ARS)으로 확인하고 승인했다 [30]. 준비 단계에서 8개국에서 모인 국제 전문가들이 초안을 작성했고 ACP-EU 세미나에서 토론하고 합의했다. 이 표준은 국가별 건축법으로 이행되는 과정에 있다.

튀니지 *Tunisia*에는 압축 흙블록[CEB] 생산 표준인 NT 21.33 및 21.35가 있는데, 1998년 튀니지 국가 표준화 기구(INNOPRI)가 발간했다 [31].

짐바브웨 *Zimbabwe*의 흙다짐 구조물 대상 표준 시행령(SAZS 724:2001) 또한 언급해야 한다 [32]. 2012년 남아프리카개발공동체(SADC) 국가들이 이 표준을 지역 표준 SADCSTAN/TCI SC5 001로 도입했다.

나이지리아 *Nigeria*에서 2006년 새로운 국가 건축법(NBC)을 발효했다. NBC는 네 부분으로 구

---

4   Cambridge Dictionary, <https://dictionary.cambridge.org/ko/%EC%82%AC%EC%A0%84/%EC%98%81%EC%96%B4/acp> : The African, Caribbean and Pacific Group of State의 약자. 아프리카, 카리브해 및 태평양 국가 그룹.

성되어 있는데, 2편에 흙건축 법규 10.23항paragraph이 포함되어 있다. 이 법규는 햇볕에 말린 흙블록(어도비adobe), 흙다짐, 시멘트 안정화 흙블록으로 만든 구조물에 적용한다 [33, 34].

케냐 *Kenya*의 국가 표준 기관인 케냐표준국 KEBS가 1999년 시멘트 안정화 흙블록 생산 표준을 발간했다 [35].

모로코 *Morocco*는 2012년 내진 흙건축 기술법규를 발간했다. 세 개 부처ministries가 내용 개발에 참여했다. 이 문서는 건축 자재 속성과 설계를 위한 의무 지침 외에도 권장사항과 해설을 포함한다 [21].

이집트 *Egypt*에서는 압축 흙블록(CEB) 국가 표준을 개발 중이다.

인도 / 스리랑카

인도 *India* 표준국(BIS)은 1993년 흙건축 자재로 만든 구조물의 내진 개량을 다루는 국내법을 발간했다 [36]. 법규에서 언급하고 있는 건축 방법은 흙덩이, 흙블록, 흙다짐 기술이다. 이 법규는 합성 첨가물(석회, 시멘트 등)을 섞지 않은 흙건축 자재에 적용한다.

이 법규의 개발 동기는 인도의 주거용 구조물의 약 50%가 내진 성능이 불충분한 흙벽으로 되어 있다는 관찰에서 비롯되었다.

이 법규는 건설 및 건축, 산업, 지구물리학, 내진공학 분야의 전문가 집단이 작성했으며, 표준화 관할 기구가 국가 건축 표준으로 승인했다.

또한 인도에는 흙다짐 구조물 건설을 규제하는 국내법이 있다 [37].

Venkatarama Reddysms가 안정화 CEB의 생산, 사용, 시험을 위한 인도 건축법규 초안을 제출했고, 인도표준국(BIS)이 IS 1725로 시행했다 [38].

스리랑카 *Sri Lanka*는 2006년 쓰나미 재난 이후 안정화 흙블록 건설을 위한 건축 표준[39] 초안을 개발했고, 2009년 공식적으로 도입했다.

미국

최초의 흙건축 표준은 국가표준국이 1940년대에 발간했다. 이 법규들은 1970년대에 텍사스Texas, 뉴멕시코New Mexico, 유타Utah, 애리조나Arizona, 캘리포니아California, 콜로라도Colorado주에서 수정하여 통일건축법(UBC)으로 발간했다. 모든 법규에서 주요 건축 방법은 흙블록(어도비) 공법이고, 지진의 영향을 고려한다.

기존 법규를 갱신하려는 노력이 있었는데, 뉴멕시코[40]와 캘리포니아는 이미 이 과정을 완료했다.

미국재료시험협회(ASTM)에서 2010년에 발간한 "흙벽 건축구조체 설계 표준지침 ASTM E 2392" [41]는 ─ 비록 구속력은 없지만 ─ 지속 가능한 건축물의 측면을 가볍게 다루고 있다.

남아메리카

페루 *Peru*에서는 2000년 국가 흙건축 표준을 발간했으며, 영어 번역본도 제작했다 [42].

이 표준은 페루의 지진 조건을 고려해 흙블록(어도비adobe) 구조물의 설계 및 건설을 설명한다. 이는 건축과 공학 기관뿐만 아니라 대학과 건축 산업의 대표자들이 개발했고 관할 표준화 기구가 국가 건축 표준으로 승인했다.

브라질 *Brazilian*의 국가표준기구 ABTN은 1984~1996년에 일단의 시멘트 안정화 흙블록 및 흙다짐 생산 표준집을 발간했다 [43].

콜롬비아 *Colombian*의 기술표준및인증연구소 ICONTEC는 2004년 시멘트 안정화 흙블록 생산 표준을 발간했다 [44].

뉴질랜드 / 오스트레일리아

건축물 표준화를 관할하는 뉴질랜드 *New Zealand* 표준위원회는 1998년 흙건축을 국가 수준에서 규제하는 세 가지 표준을 발간했다 [45]:

NZS 4297: 1998년 흙건축 공학 설계
NZS 4298: 1998년 흙건축 자재 및 기술
NZS 4299: 1998년 특정 설계가 필요 없는 흙건축

NZS 4297은 흙건축 구조물의 설계 및 치수의 기본원칙을 규정한다. NZS 4298은 흙건축 자재 요건과 이를 흙다짐, 흙타설, 흙블록 건설에 적용하는 것을 규제한다. 흙블록 건설은 추가 결합재를 넣거나 넣지 않은 수공 성형 블록(어도비)과 CEB로 나눈다. NZS 4299는 특정 설계가 필요 없는 흙건축 자재로 만든 구조체를 규정한다. 건물 높이, 평면도는 물론 적재하중 및 추가적인 설계 기준척도 관련 사항을 제한한다.

표준 개발을 위해, 표준위원회는 뉴질랜드의 대학, 건축가 및 공학 기관, 뉴질랜드흙건축협회(EBANZ)의 대표자들로 구성된 기술단을 지명했다.

이 기술단은 원래 1994년 호주와 뉴질랜드 간 공동 흙건축 표준 출간을 목적으로 구성했다. 그러나 합의에 도달하지 못해 양국은 흙건축 표준화에 관해서는 각자의 길을 갔다.

현재는 20년이 지난 흙건축 표준의 개정을 준비하고 있다.

오스트레일리아 *Australia*에서는 1952년 최초의 국가 흙건축 법규를 발간했고, 흙다짐, CEB, 수공 성형 블록(어도비) 건설을 규정했다. 4차 개정판은 1987년 당시에 건축건설기술부이자 관할 표준화 기구였던 CSIRO 오스트레일리아가 발간했는데[46], 2008년에 폐기했다.

오스트레일리아흙건축협회(EBAA)는 2004년 최신 건축 실태를 반영한 오스트레일리아 흙건설의 규범적normative 규정을 발간했다 [47]. 이 규정은 EBAA의 주도로 오스트레일리아의 흙건축 실무자들이 이끈 결과물이다.

이 규정은 현재의 관할 표준화 기구인 오스트레일리아건축법 BCA가 국가 표준으로 (아직) 승인하지 않아서 권장서 지위이다. 또한 오스트레일리아표준국(Standards Australia)이라는 기관이 오스트레일리아 흙건축의 현황을 요약한 설명서manual **오스트레일리아 흙건축 안내서** *The Australian Earth Building Handbook*를 2002년에 발행했다 [48]. 이 설명서는 단원 4.2.1.2에서 기술한 공개의견 수렴 기간을 포함하는 절차를 거치지 않아서 규범문서로서의 지위는 의문이다.

(4) 추세

지금까지 겨우 몇 번만 시도했었기 때문에 국가별 흙건축 법규를 국제적으로 통합하는 발전 방향은 거의 찾아볼 수 없다. 그러나 바로 이런 종류의, 그것도 국제적 수준의 규정 통합이야말로 으레 재래식 자가 건축용 자재로 분류하는(자재, 기술, 건설, 설계 측면에서 다양한 가능성을 지닌) 흙건축을 자유롭게 하는 전제조건이다. 흙건축의 미래지향적인 개발은 조적이나 콘크리트에 버금가는 "공학적 건설 기술"에 기반해야만 견인력을 얻을 수 있다.

전자 매체를 통한 전 세계적인 정보 교환으로 흙건축 공동체community는 국가별 흙건축 국내법을 논의할 수 있었다. 국제회의는 성과를 공유하고 기존의 문제를 이야기할 기회를 제공한다. 그 과정에서 산업국가와 개발도상국이 흙건축의 역할을 다르게 평가하는 것이 드러났다:

산업 *industrial* 국가에서 건축 자재로서의 흙은 생태적, 외형적 가치 때문에 일상 건설 공사에 점점 더 많이 사용하고 있다. 건설업의 산업화로 인해 수십 년 동안 묻혀 있던 기존의 흙건축 전통이 현재의 기술 표준에 따라 부활하고 더욱 발전하고 있다.

대조적으로, 많은 개발도상 *developing* 국가에서는 흙을 건축 자재로 사용하는 것을 중단한 적이 없었다. 흙건축은 여전히 일상적으로 행하는 건축 행위이며, 대개 재래식 건축 방법인 직접 do-it-yourself 짓기, 이웃의 도움이 주요 특징이다. 이것이 흙건축이 수시로 극복해야 할 오명인 후진성과 동일시되는 이유이다. 흙은 저렴하고 대부분 지역에서 쉽게 구할 수 있다. 반면, 콘크리트와 철근콘크리트는 "현대적"인 건축 자재로 간주되고 발전의 척도로 보인다. 그러나 인구 대부분은 이 건축 자재를 감당할 여력이 없다. 많은 개발도상국, 특히 자연재해(지진 등)의 위험이 큰 지역에서 흙건축 법규 수립이 필요하다는 것을 서서히 인식하고 있다. 이는 흙이 가까운 미래를 위한 건축 자재가 될 것이라는 자각realization을 기반으로 한다. 최근 일부 개발도상국에서는 흙건축을 에너지 절약 및 지속가능한 개발과도 관련짓는다.

다른 기존 건축 자재와 비교하여 흙건축은 국제적으로 통용되는 용어 사용이 부족하다. 흙건축 자재와 부재의 값을 측정하는 표준화된 시험 방법 역시 대체로 빠져 있다. "관련" 분야(예: 콘크리트, 토양역학, 세라믹)에서 다양한 시험 방법을 차용해서 흙건축 용도로 수정했다. 흙 고유의 재료 속성은 일부만 측정해서 문서화 했다. 그러나 국가 표준화 기구가 발간한 흙건축 자재와 부재 기준의 존재는 건설 과정에 참여하는 모든 당사자 간의 상호이해를 도모하는 전제조건을 형성한다. 여기에는 계약 초안 역시 포함된다.

4.2.2 입찰 요청 및 건설 작업의 위임

4.2.2.1 입찰 요청

VOB는 입찰을 공개, 지명, 수의(隨意)로 구분한다. 공개 입찰은 정해진 절차에 따라 무제한의 회사들을 공개적으로 입찰에 초대한다. 지명 입찰도 똑같은 절차를 적용하지만 제한된 수의 회사만 입찰에 참여하도록 초대한다. 수의 입찰은 공식적인 절차를 따르지 않으며 보통 개인 건축주가 건축 공사를 의뢰하는 데 사용한다.

입찰설명서call for bid documents와 작업시방서는 대개 건축가 또는 토목기술자가 작성한다. 공종 별 건축 공사 입찰은 보통 건축주가 직접 요청할 수도 있다. 그러나 이 단계에서 비용을 아끼려고 하면 착오가 생기고 잠재적으로 비용이 커진다. 경험이 많은 흙건축 회사는 필요하면 입찰설명서에서 실수 또는 착오를 찾아내서 대안을 제출할 것이다.

입찰설명서를 공사를 수행할 예정인 건설사가 작성할 수도 있다. 이는 상당한 시간을 투자하는 것이므로 계약이 성사되면 회사가 소급해서 청구할 수 있다.

건축 공사의 입찰설명서에는 건축주가 요구하는 모든 건설 작업을 유능하고 믿을 만하며 효율적인 건설사가 시중가로 정확하게 산출한 시방서 목록이 들어있다. 이는 예상 건설 작업과 그 품질 수준을 가능한 한 자세하게 기술해야만 가능하다. 목록의 개별 항목을 작성할 때 전체 건설 공사를 기술적 순서로 고려하고 모든 하위 공정을 기록해야 한다.

흙건축 공사를 종합적이면서도 최신식으로 기술하는 입찰설명서는 여전히 흔치 않다. 따라서 이미 입증된 시방서 내용을 사용하는 것을 권장하는데, [49, 50]과 같은 다양한 표준 문서에서 찾을 수 있다. [49]에서는 건설업 표준공사집(STLB-Bau)의 사업 구조에 따라 각 "흙건축 사업"에 입찰시방서를 지정한다.

912	흙조적작업
913	흙건설작업, 습식
923	미장작업
925	고름작업
935	도장작업
939	건식구조체작업

두 번째, 세 번째 숫자는 공통으로 알려진 공종 번호를 나타낸다(예: 013 콘크리트 작업). 기재된 가격은 판매세 전 평균 순 가격이다.

STLB-Bau에는 온라인 데이터베이스에서 찾을 수 있는 유럽 시장용 제품 단위 VOB 및 DIN 기준 입찰시방서가 있다. 2011년부터 흙미장에서 시작해 흙건축 자재와 부재 관련 내용을 점차 STLB-Bau에 통합해 온라인으로 제공한다.

또한, 흙건축 자재 생산자는 대개 자신들의 제품에 맞게 조정한 입찰시방서도 제공한다.

입찰에서는 흙건축 작업의 예상 품질 또한 분명하게 명시해야 한다. 흙미장의 균열, 흙 마감재의 색상과 질감의 편차, 흙다짐 표면의 풍화 때문에 분쟁이 빈번하다.

4.2.2.2 공사비 산출

각 품목의 수량은 시방서에서 정하며, 단가는 건설사가 제시한다. 단가는 다음을 포함한다:
인건비, 자재비, 경비. 자재비는 건축 자재의 실제 비용(운송 포함/미포함)뿐 아니라 필요한 특
수 공구 및 장비, 시공, 사업·물·전기 대상 특별 보험 비용까지를 포함한다. 단가나 시간당
임금 외에도 기기, 공구, 소형 부품, 장비, 차량, 임대료, 회계 및 세금 상담료, 보험 등에 더해
서 사업 손익과 같은 일반관리비와 간접비에 해당하는 비용도 계산해야 한다.

인건비에는 직접적인 시간당 임금뿐 아니라 주거비, 일당, 기타 비용이 있다. 수행할 작업
단위당 인건비는 흙건축 공사용 기준 작업시간으로 계산할 수 있다. 건설사는 통상적으로 자
체 작업 목표를 밝힌다. 독일흙건축협회(Dachverband Lehm e. V)는 흙건축 공사의 공사비 산출
을 돕기 위해 벽, 천장, 미장 등 건축 부재의 작업시간 지침을 작성했다[51] (표 4.4):

표 4.4 흙건축 공사의 기준 작업시간 계산

번호	건축 부재	작업 시간 [min/m, m², m³]
1	벽	
1.1	흙다짐	8~12 h/m³
1.2	조적작업, "녹색" 비소성벽돌 2DF/11.5	48~92
1.3	조적작업 "녹색" 비소성벽돌 3DF/17.5	53~110
1.4	조적작업, 10cm, 대형 부재	35~55
1.5	별도 청구: 목재 구조체 사이 조적 채움	10
1.6	별도 청구: 노출 조적작업, 단층	30
1.7	별도 청구: 개구부 위 조적작업, 약 1m	20~25
1.8	흙채움 신축	55~90
1.9	별도 청구: 노출 목재 골조	18
1.10	내부 흙블록벽 덧마감, 경량흙블록, $d=11.5$cm	55~70
1.11	내부 흙블록벽 덧마감, 경량흙블록, $d=10$cm; (대형 부재+약 3cm 공간 채움)	40~55 (+16)
1.12	내부 경량토벽 건설, 30cm	100~160
1.13	내벽 덧마감, 경량목편토, 15cm	65~85
1.14	내벽 갈대판 덧마감, 5cm	30~38
1.15	내벽 목섬유 단열판 덧마감, 6cm	27~35
1.16	내벽 목모판 덧마감, 5cm	27~35
1.17	재래식 흙채움 신축	120~135
1.18	채움판 보수, 짚흙, 넓은면	35~80
1.19	채움판 보수, 간단한 보수	15~22

표 4.4 흙건축 공사의 기준 작업시간 계산(계속)

번호	건축 부재	작업 시간 [min/m, m², m³]
1.20	건식 조적벽 덧마감, "녹색" 비소성벽돌, DF	25~30
1.21	건식 덧마감 바탕구조체, 벽(각재)	35
1.22	건식 덧마감, 건식벽용 흙판재	35
1.23	흙미장판, 몰탈 부착, 벽	28~36
2	미장	
2.1	외부 석회미장, 2겹	40
2.2	별도 청구: 외부 노출 목재 골조	25
2.3	바탕면 고름	6~8
2.4	점토 슬립slip 부착 도포	6~12
2.5	초벌 흙미장, 벽	13~17
2.6	정벌 흙미장, 벽	14~19
2.7	정벌 흙미장, 벽, 1겹	20~25
2.8	마감 흙미장, 벽	12~17
2.9	유색 흙미장	19~25
2.10	흙도장	6~10
2.11	면 처리 피복, 벽	12~16
2.12	갈대자리mat 목재벽 시공	6
2.13	갈대자리mat 벽 전체 시공	11~16
2.14	슬립 도포용 고름	6~12
2.15	사전 습윤	6
2.16	미장 강화, 넓은 면, 삼베	8~10
2.17	미장 강화, 넓은 면, 유리섬유망	3~7
2.18	모서리 보호대	7
2.19	미장 가장자리 마감	15 (−30)
2.20	노출 목재 골조 표면 미장	5~7
2.21	특수 마감	5~7
3	천장	
3.1	갈비살 목조천장+6cm 짚흙	9
3.2	흙타래+6cm 짚흙	145

4.2.2.3 계약 수주

공정한 사업 시행을 활성화하기 위해 여러 건설사에서 입찰서를 받는 것이 좋다. 유능하며 효율적이고 신뢰할 수 있는 회사와 시중 가격으로 건설 공사를 계약해야 한다. 이에, 가장 설득력 있는 기술 제안이 경쟁사들이 제출한 제안의 중간 범위 내에 있다면 계약을 체결한다는 원칙을 적용한다. "헐값dumping" 제안은 처음에는 매력적으로 보이지만 불확실성의 위험이 있으므로 신중하게 검토해야 한다(예: 입찰자와 추가 회의를 통해). 입찰자의 가격 예측이나 가격 담합 방지를 위해 경쟁 건설사의 이름을 입찰자들에게 공개해서는 안 된다.

발주자는 종종 흙건축 회사의 전문 역량에 의문을 제기한다. 흙건축 계약을 두고 경쟁하는 건설사는 확실하게 요구되는 품질 수준으로 작업을 수행할 수 있고 적절한 증빙서류를 제출할 수 있어야 한다. 그래서 직원의 전문자격은 결정적으로 회사에 경쟁 우위를 제공한다.

DVL은 평생직업 교육과정인 "흙건축 전문가" 과정에서 Lehmbau Regeln에 근거한 (협회에서 발간한) 필수 기술 지식을 가르친다 [51]. 이 과정의 졸업생은 독일 상공법 제8조article에 따라 상공회의소에서 각 상공회의소에 사업자 등록을 할 수 있는 자격을 부여하는 수료증을 받는다. 수료생의 건설회사는 "흙건축 전문업체"로 지정하는 DVL의 "원형 인장seal"을 게시할 수 있는 권한을 받는다. 이런 전문회사 목록은 www.dachverband-lehm.de에서 제공하며 발주자를 위한 안내서가 될 수 있다.

계약을 체결한 후 계약 당사자들은 **독일민법(BGB) 기반 공사계약** *contract for work based on the German Civil Code (BGB)* 또는 **VOB 기반 공사계약** *construction contract based on the VOB*에 동의할 수 있다. VOB 계약의 보증기간은 4년이며 건설 공사의 특수 요건에 더 적합하다. BGB 계약은 보증기간이 5년이고 VOB에 특별히 동의하지 않으면 자동으로 적용된다. 또한 BGB를 따라 보증기간이 5년인 추가 조항이 있는 VOB 기반 공사계약에 동의할 수도 있다. 주요 법적 원칙은 VOB의 B편 1~18절에서 규정한다.

4.2.3 건설 시행

4.2.3.1 건설 관리

독일에서는 연방정부 건축법이 **건설 현장 관리자** *construction site manager*의 역할을 명확하게 규정한다. 이 건축법에 따르면, 건설관리 관청이 요구하는 건설 현장 관리자의 책임은 다음과 같다:

- 건축 사업에 참여하는 모든 회사가 특히 산업 보건 및 안전과 화재 예방 관련 법규를 준수하도록 확인
- 원활한 건설 과정을 위해 필요한 모든 허가 취득
- 공사 계획 및 허가에 따라 건설 공사를 수행하는지 확인

건축가 *architect* 또는 **구조 기술자** *structural engineer*가 건설 관리를 하는 것을 독일 건축가 및 기술자 보수 체계(HOAI)에 따라 종종 8단계 "현장 감리 $^{\text{site supervision}}$"와 동일시한다. 그러나 현장 감리가 반드시 건설관리 관청과 동일 책임을 지는 것은 아니다. 주 정부 건축법에 규정된 건설 현장 관리자의 임무는 "추가 용역"으로 계약상 합의할 수^{can} 있거나 반드시 합의해야^{must} 한다.

Lehmbau Regeln[8]은 흙건축 경험이 있는 사람이 건축 자재 준비와 건설 작업을 시행하라고 명시한다. 이는 내력 흙건축 부재, 그중에서도 볼트^{vault} 건설과 자가 건축자가 참여하고자 계획한다면 특히 그렇다. 이 책임은 시험용 시험체 제작을 주관하는 것도 포함한다. 이 대목에서 "경험 있는"이란, 흙건축에 대한 충분한 이론적 지식과 더불어 흙건축 사업을 시행한 실무 경험이 있는 것을 의미한다.

흙건축 현장의 건설 관리자 또는 현장 감리로 계약했으나 흙건축 경험이 없는 건축가 또는 기술자는, 우선 건축 자재로서 흙 특유의 재료 속성과 흙건축 구조물에서 중요시하는 특별 요건을 숙지해야 한다. 이것은 특히 건물의 건조 시간 문제 또는 기타 건축 부재로의 습기 침투 방지에 적용된다. 건설과 건조 기간 동안, 그리고 완공 후에도 젖은 부재에서 건물을 영구적으로 보호하는 것이 주요한 관심사이다.

건설사 *contractor*는 담당 분야에서 건설 관리자 역할을 한다. 이는 회사가 수행하는 공사 부분에 대해서만 책임을 진다는 것을 의미한다. 여기에는 특히 건축 과정에 참여하는 모든 사람의 안전을 보장하고 환경 손상을 방지하는 것을 포함한다. 필요하다면, 공사에 참여한 다른 모든 회사와 자신들의 작업을 조정할 필요가 있다. 건축주가 건설사의 책임을 벗어나는 업무를 수행하도록 요구할 때는 별도의 계약 조건과 요금을 협의해야 한다.

건설관리 업무도 자체 건축 공사로 건축주가 직접 수행할 수 있다. 이 경우 Lehmbau Regeln에서 정한 지침을, 특히 흙건축 공사 경험이 없는 건축주에게 적용한다. 건설사와 건축주 간의 모든 계약은 건축주가 작성하고 서명해야 한다.

4.2.3.2 건설 공사

건설 과정의 모든 공사는 Lehmbau Regeln[8]의 지침과 건축 자재 생산자가 제공한 지침을 준수해야 한다. 다른 규정과 상충하는 경우 "최신" 기술을 적용한다. 필요하면 각 건축 자재 생산자에게 문의할 수도 있다. 계속 심각하게 의심스럽다면 VOB B편 4절에 따라 "보류 통지"를 보내야 할 수 있다.

건축주는 종종 흙건축 자재를 준비하고 사용하는 일부 작업을 직접 수행하고 싶어 한다. 종종 민간에서 운영하는 공방에서 이런 바람을 더욱 장려하는데, 이곳에서는 일반인이 주말 이틀 동안 흙건축에 관한 "모든 것"을 배울 수 있다고 약속한다.

"DIY 건설" 개념은 흙건축에서 오랜 전통을 갖고 있다. 개발도상국에서 흙건축은 "비공학적 건축 방법"으로 분류되며, 거의 전적으로 소유주 자신이 직접 (또는 이웃의 도움을 받아) 건설 사와 계약하지 않고 시행한다.

독일에서도 물론, 특히 변두리 지역에서 "자가 건축자"들이 흙건축 자재로 자신의 집을 짓는 것이 일반적이었다. 농부들은 농업과 축산 분야의 전문가인데다 현지의 주택 건설 및 흙건축 기술에도 익숙했다. 이렇게 농사 "휴지기downtimes"를 건설 공사로 채울 수 있었다.

흙으로 지은 도시주택은 지난 수 세기 동안 "흙건설업자"("Kleiber")가 지었다(그림 1.20). 작업자들은 건축 조합 내에서 지위가 낮았고, 그 지위는 건축 자재 자체로 전이되었다. 건축 역사에 관한 대부분 문헌은 석재와 벽돌, 목재, 흙목조 구조에 초점을 맞추고 있다. 흙건축에 대한 설명은 너무 평범하고 언급할 가치가 없는 것처럼 여겨져서 흔치 않다.

소성벽돌로 짓는 도시주택은 결코 DIY 건설의 주제가 아니었다. 소성벽돌 주택은 건설 장인이 계획했고 감독해서 시공했다. 이것이 오늘날 독일에서 누구도 소성벽돌 조적공사를 주제로 일반인을 대상으로 하는 공방을 열 생각을 하지 않는 이유이다.

1차, 2차 대전 이후에는 흙을 사용한 자가 건축자 건설도 매우 중요했다. 또한 이 때문에 흙건축에 수십 년 동안 이어진 "전후" 이미지가 달라붙게 되었다.

이런 주제들은 1990년대 초 독일 흙건축 애호가들의 관심사이기도 했다. 당시 건축 자재로서의 흙은 생태적 측면을 이유로 "재발견"되었고, 향후의 전망은 열띤 토론의 주제였다. 많은 흙건축자들이 계속 자유롭게 건설 공사를 하기 원했고, 조적이나 콘크리트 공사에 적용되는 것과 같은 규정은 흙건축을 "죽음에 이르기까지" 규제할 것이라고 두려워했다.

그러나 이후의 발전은 건축 자재로서의 흙이 "정상적인" 건축 자재로 보이는 경우에만 사회가 수용할 수 있음을 보여주었다. 이를 위해서는 현대 건축법규의 존재와 적용이 필요하다.

건축주가 자가 건축자로서 흙건축 자재로 집을 짓고자 한다면 이런 점들을 고려해야 한다. 항상 자재 사용에 대해 생산자에게 자세한 지침을 요청하고 전문적 안내서에 따라 건설 공사를 시행해야 한다. 시공 결함이 생겼을 때 보증 문제를 해결하려면, 자가 건축자가 진행한 작업을 건설사가 수행한 작업과 명확하게 구분해야 한다.

4.2.3.3 건설 공사 완료

건설 공사의 최종 동의는 VOB, B평 4절에 따라 검사 기록에 문서화 되어야 한다. 최종 동의는 예를 들어 건축주가 완성된 집으로 이사할 때 "암묵적 동의" 형태로 발생할 수도 있다. 보증기간은 공식적인 양도 및 공사 동의로 시작된다. 이 기간에 건설사는 시행한 모든 작업에 결함이 없음을 보증한다. 결함이 발생하고 건축주가 건설사에 통지하면 건설사 비용으로 결함을 해결해야 한다. 보증기간은 건설 계약의 유형에 따라 다르다(단원 4.2.2.3).

　많은 흙건축 회사들이 유난히 긴 기간 동안 보증할 것을 요구받는 상황에 직면해왔다 [51]. 그런 경우, 건축주는 종종 흙건축 자재가 여전히 수용 불가능한 정도로 위험도가 높은 "실험적 단계"에 있는 것으로 인식한다. 경험이 많은 전문 흙건축 회사는 높은 공사 품질을 강조해서 이런 주장에 대응할 수 있다. 현대 흙건축은 무엇보다도, 건설사가 참조할 수 있는 건축법규에 명시된 품질 표준 덕분에 흙건축을 다른 종류의 건설 공사와 같은 범주에 자리매김하는 시대를 맞이했다.

　또 다른 경험은, 흙건축 건설사의 보증기간이 건축 공사에 참여한 다른 건설사의 보증기간보다 긴 경우이다. 그런 상황은 피해야 하는데, 결함이 발생했을 때 건축주가 결함의 책임과 무관하게 아직 법적으로 "접촉 가능한" 건설사에게 책임을 지우려고 할 수 있기 때문이다.

　보증기간 동안 결함이 발생하면 건설사가 즉시 해결해야 한다. 보증기간이 만료된 후에는 결함을 처리해서는 안 된다. 선의의 행동이 "작업 결함을 인정"하는 것으로 보일 수 있다.

　보수한 결함에 대한 최종 검사와 동의는 다시 서면으로 작성해야 한다.

4.3 흙건축의 계획 및 실행

흙건축 구조물을 계획할 때, MBO 3절 2항에 따른 사용 적합성 일반 요건 및 Lehmbau Regeln[8]와 DIN 18945~47에 따른 특수 요건을 반드시 충족해야 한다(단원 4.2.1.2). 나아가, 다음과 같은 여러 가지 재료별 일반 원칙을 주시할 필요가 있다:

1. 흙건축 자재를 습윤 상태로 시공할 때 특히 유기섬유 함량이 높으면 곰팡이가 발생하거나 썩지 않게 **최대한 빨리 건조해야** *dry as quickly as possible* 한다. 이는 맞통풍이나 인공 건조를 적용하면 가능하다(단원 3.3.3).

2. 내력용으로 설계한 흙건축 부재를 충분히 건조하고 침하 및 수축 변형이 대체로 완료된 후에만 **하중** *loads*을 가해야 한다.

3. 공사하는 동안 적절하게 **날씨의 영향을 방지** *weather protection*해야 한다. 현장에 보관하고 있는 모든 흙건축 자재와 현재 건설 중이거나 이미 완성된 (특히 중공블록으로 만든) 모든 흙건축 부재는 덮개를 제대로 씌워서 비를 맞지 않도록 보호해야 한다. 불투수성 천장과 바닥에는 물이 고이지 않도록 방지해야 한다.

4. 공통적으로 **표준 방습 시공법** *moisture protection construction practice*을 지켜야 한다. 흙건축 부재는 특히 다음을 준수해야 한다:

   − 지면에서 올라오거나 옆쪽에서 다시 튀어 오르는 습기가 닿지 않도록 적절한 차수층 설계
   − 건물 전체 공사 기간 및 유효 수명 동안 고인 물에 닿지 않도록(예: 우발적인 수해의 경우)

5. 흙건축 자재를 고품질 부재로 가공하기 위해서는 Lehmbau Regeln[8]이 규정한 **시험** *test*을 적절하게 수행해야 한다. 필요하면 시공하는 중에라도 감독해서 기준 준수 여부를 반드시 확인해야 한다. 목표한 유효 수명 동안 건물을 확실하게 제한 없이 사용하려면 이런 요건을 충족해야 한다.

   자재의 속성이 특별하므로 건축가와 설계자는 건축 자재를 부재로 가공하는 것에 어느 정도 지식이 있어야 한다. 제품별 지침은 보통 각 생산자가 제공한다.

   표 4.5는 흙건축 자재와 이것으로 만든 흙건축 부재를 단순하게 비교한다 [52].

4.3.1 기초, 지하벽, 기초벽

기초와 지하벽cellar wall처럼 땅과 직접 접하는 건축 부재는 절대로 흙건축 자재로 만들어서는 안 된다. 대신 내수성 자재(콘크리트, 소성벽돌, 자연석)를 사용해야 한다. 내수성 자재로 만든 기초벽stell wall은 기초 또는 지하벽 위에 설치해야 하며 지면에서 최소 높이 50cm 위로 올려야 한다. 또한 필요한 경우 기초벽 외측 면에 발수성 미장 또는 도막coating을 시공해야 한다.

표 4.5 다양한 흙건축 부재에 사용한 흙건축 자재, 개요

건축 자재								
	비정형						정형	
건축 부재	흙다짐	흙쌓기	짚흙	경량토	비다짐 흙채움	흙몰탈	흙블록	흙판재
바닥	■				■			
벽, 내력	■	■				■	■	■
벽, 비내력	■	■	■	■		■	■	
천장, 지붕			■	■	■		■	■
건식벽 시공							■	■
미장			■	■		■		

기초벽과 흙벽 시작 부분의 이음부에는 수평 차수층$^{moisture barrier}$을 두어 상승하는 습기를 밀봉해야 한다. 위의 흙벽보다 기초벽을 내밀어 노출하면$^{exposed-lip}$ 흘러내린 빗물이 흙벽 아래에 모이게 되고 그 부분에서 습기가 침투하기 때문에 피해야 한다.

불투수성 천장판 위에 세운 흙벽은 최소 두께 5cm의 방수 재료로 만든 수평 차수층 위에 건설해야 한다.

4.3.2 바닥

중부 독일의 전통 건축에서 흙다짐 바닥은 매우 흔했다. 흙다짐 바닥은 "접객실^{parlor}"의 하부 구획^{enclosure}을 이루기도 했고 헛간 바닥처럼 주택의 축사 부분에도 사용했다. 지하실의 흙다짐 바닥은 과일과 채소 저장에 적합한 것으로 입증되었다.

재래식 흙다짐 바닥은, 먼저 기준 바닥면 위에 차단층으로 점성토를 두께 약 10cm로 깔고 나서 다졌다. 다음으로 중간~굵은 크기의 자갈을 두께 20~25cm로 깔아서 모세관 상승 작용을 차단했다. 최종 흙다짐은 각 층마다 약 6~7cm 두께로 해서 총 두께를 약 20cm로 만들었다. 시공 시 흙다짐 자재의 연경도는 반고형$^{semi-solid}$ ~ 뻑뻑한^{rigid} 정도였다. 각 층을 완전히 다지고 나서 다음 층을 추가하기 전까지 마르도록 내버려 두었고, 균열이 생기더라도 후속 층으로 덮었다.

수평 맞춤^{leveling} 및 다짐 후에 마지막 층(흙고름^{screed})을 평평한 판자로 더 다져서 "골재 위 골재$^{grain on grain}$" 구조를 강화했다. 기공수가 퍼지면서 표면에 광택이 생기고 바닥의 기계적 강도가

(a)

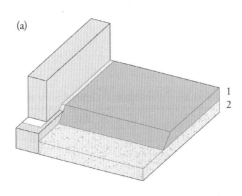

(b)

그림 4.20 흙다짐 바닥 (a) 기본 구조 [52]. (1) 여러 층(6~7cm)을 약 15~50cm로 시공한 흙다짐. (2) 약 15~50cm의 자갈모래 모세관 파괴층. (b) 독일 슐^{Shul}의 중앙병원 내 교회 [55]

증가했다. 여기에 벽돌이나 자갈로 만든 특별한 무늬를 상부층에 깔아 바닥의 강도를 더했다. 고름재의 내마모성을 높이기 위해 다짐 과정에서 소 혈액, 동물 담즙 및 소변, 모루 잔류물(금속 산화물), 타르, 역청 같은 다양한 물질을 상부층에 섞어 넣었다 [53].

베를린의 "화해의 교회"[54]와 독일 슐^{Shul}의 중앙병원 "교회"[55](그림 4.20)처럼 많은 현대 흙다짐 건설 사업에서 또다시 흙다짐 바닥을 시공한다. 이 두 사업 모두 전동 걸레를 사용하거나 사람들이 젖은 신발을 신고 다니는 것 같은 다양한 요구 사항에 맞추기 위해서 바닥 표면에 밀랍^{wax}을 먹여서 안정화했다.

바로크 시대부터 1870년 무렵까지 성^{castle} 부지에 필수로 딸려 있었던 오렌지 온실^{orangery buildings}은 흙다짐으로 바닥을 깐 매우 특별한 범주의 건물이다. 온실은 과거에, 사실 지금까지도, 여름 동안 전통식 정원에 전시된 열대 식물의 겨울 보금자리 역할을 한다.

　　본래의 흙다짐 바닥은 현대적 운송 및 관개 기술 발전, 방문객 증가로 결국 콘크리트 바닥으로 대체되었다. 지난 20년간의 대대적인 복원 조치 과정에서 일부 오렌지 온실에서 기존 콘크리트 바닥을 제거하고 "새로운" 흙다짐 바닥으로 교체했다. 독일에서는 슈베칭겐Schwetzingen, 그로세틀리츠Großsedlitz, 포츠담의 바벨스베르크Babelsberg, Potsdam, 바이마르의 벨베데레Belvedere, Weimar의 성과 공원의 오렌지 온실 바닥을 교체했다 [56]. 흙다짐 바닥으로 "돌아가는" 이유는 주로 공간의 원래 모습을 복원하고 식물이 월동할 수 있는 특별한 실내 기후를 조성하려는 요구desire에서 찾을 수 있다.

　　흙다짐 바닥을 설치할 때 기초(또는 지하벽)와 흙바닥 사이에 팽창 줄눈이 있어야 한다.

　　통상적으로 흙다짐 바닥은 지하수위가 높은 지역에서는 적합하지 않다. 또한 기초벽(≥ 지상 50cm), 조적벽의 차수층, 건물 배수 등과 관련된 모든 일반 요건을 충족해야 한다.

　　Lehmbau Regeln[8]은 흙다짐 바닥의 강도 속성을 규정하는 요건을 명시하지 않는다. 흙다짐 바닥은 "비내력" 건축 부재로 분류하지만, 특히 공공건물에서는 마모에 많이 노출된다. 따라서 흙다짐 바닥에도 내력 흙다짐벽에 적용하는 압축강도, 수축도와 똑같은 최소 요건을 적용해야 한다(단원 3.6.2.2).

4.3.3 벽체

용어. 독일어 단어 "Wand"(벽wall)는 건축 부재를 가리키는 말로, 고대 독일어/인도 게르만어에서 유래했으며, 대략 수직의 "진흙을 덧씌운 엮은woven 구조"(위키피디아Wikipedia)를 말한다. 대조적으로 독일어 단어 "Mauer"(조적벽masonry wall)는 으레 땅을 구획하는 견고한 자립self-supporting 구조를 말한다. 흙 경계벽과 촌락 요새는 아직도 시골 지역과 유서 깊은 촌락 중심부에서 볼 수 있다(그림 4.21). 중국의 만리장성 또한 이런 건축물 범주에 속한다(그림 1.6).

　　벽은 재료, 건축 공법, 기능과 같은 다양한 기준에 따라 분류할 수 있다.

　　건축물의 맥락에서는 내벽과 외벽이 있다. 구조물을 설계할 때 벽의 구조적 기능을 고려하는 것이 중요한데, 이는 내력 기능과 비내력 기능을 구분하는 것을 의미한다.

용도. 중부 유럽의 전통적 흙건축은 주로 흙다짐, 흙쌓기, 흙벽돌, (흙덩이) 건축 자재로 특정 건축 공법을 적용해서 내력벽을 짓는 것이었다. 널리 보급된 또 다른 공법은 내력 목재 골조와 비내력 채움재인 흙의 조합인 흙목조 건축half-timber construction이다.

그림 4.21 흙다짐으로 만든 경계벽^{boundary wall}, 프랑스 그르노블^{Grenoble} 근처

건조 지역과 반건조 지역의 개발도상국들 뿐 아니라 오스트레일리아와 미국 남서부에서는 흙건축을 주로 내력벽 개념과 직결해서 적용하고 있다 [40, 46].

독일에서는 현대 흙건축을, 흙건축 자재와 다른 건축 자재(내력 골조, 단열재)를 결합하는 것과 더불어, 각 건축 부재를 변용해서 다른 비내력 부위에 활용하는 것에 관심이 많다. 그러나 아직은 내력 용도로만 천천히 재도입하기 시작했다.

표 4.6은 기능에 기반한 벽체용 흙건축 자재의 적용 분야 개요를 제공한다.

구조적 역할 외에도 벽은 건물의 형태와 실 배치를 결정하고 열 쾌적성과 실내 기후에 작용한다. 오늘날 벽면은 미적, 디자인적 측면에서 특정 요건 또한 충족해야 한다.

표 4.6 벽체에 사용하는 흙건축 자재 - 개요

건축 자재							
벽 유형	흙다짐	흙쌓기	흙블록	짚흙	경량토	흙판재	흙몰탈
벽, 내력	■	■	■			■	■
벽, 비내력							
• 칸막이벽, 내부	■			■			
• 재래식 벽판		■	■	■	■	■	■
• 단열층			■	■	■	■	
• 신축 목재 골조, 채움재			■	■	■	■	

4.3.3.1 내력벽

벽과 벽의 일부가 수직 또는 수평 하중을 지탱하거나 내력벽의 보강 부재 역할을 하는 경우 내력load bearing 벽체로 분류한다.

체계적인 연구가 부족해서 흙건축 자재의 강도와 내력 속성에 대한 지식이 제한적이다. 이로 인해 콘크리트 또는 벽돌 조적 건축보다 흙건축에 더 큰 안전여유도safety margin를 두어야 하는 불확실성이 발생했다. 흙건축 부재의 수치dimensioning가 더 경제적이면 아마도 내력 부위에 적용하는 범위가 더 넓어질 것이다. 2012년 7월 1일 DIN EN 1990(유로코드) 도입으로, 모든 내력 구조물에 DIN 1055-100에 따른 부분안전계수partial safety factor로의 수치화 절차 변환을 완료했다. 따라서 내력 흙건축 부재에 적용할 적절한 수치화 절차 개발이 필요해졌다.

(1) 수치화

수치화 개념의 개요

수치화 개념은 일반적으로 계산법과 안전 개념으로 구성된다.

계산법. 두 가지 계산법이 있다: 단순화법 및 상세분석법. **단순화계산법** *simplified method*은 계산 가정(예: 선형 응력 곡선) 및 수치화 과정 자체가 더 쉽다. 안전여유도는 계산식에서는 명확하게 표현되지 않는 대신 허용응력에 통합되었다. 또한 (더 복잡한 검증이 필요한) 벽에 가해지는 응력은 무시할 수 있는 데다가, 안전여유도, 허용응력 감소, 건설 요건 및 법규로 이미 반영되었다. 그러나 단순화계산법을 적용하려면 층수, 횡단벽 사이의 거리, 벽 높이 등과 같은 특정 제한사항을 준수해야 한다. 이렇게 하면 수치가 항상 안전권에 속하는 동시에 너무 비경제적이거나 상세 계산 결과와 크게 다르지 않다.

상세분석법 *detailed analysis method*은 단순화계산법으로는 적용 제한사항을 맞출 수 없는 부위나 건물 전체, 개별 층, 건축 부재의 구조 안정성 검증이 필요한 경우에 사용한다. 예를 들어, 상세분석법은 벽과 천장 사이의 버팀 효과와 좌굴 거동을 보다 현실적으로 다룬다. 그래서 일반적으로 각 검증을 더 복잡하게 계산한다. 상세분석법은 단순화계산법의 규칙을 도출하는 데 사용할 수 있다. 이는 단순화계산법을 써서 계산한 건축 부재의 안전성이 상세 계산으로 얻은 값보다 낮지 않은 것을 보장한다.

안전 개념. 안전 개념에는 구조 안정성을 입증하는 세 가지 방법이 있다:

- 단순화계산법을 사용한 허용응력 검증
- 상세분석법을 사용한 극한하중^{ultimate load} 검증
- 유로코드에 있는 부분안전계수법 적용

허용응력 *permissible stresses*을 이용한 구조 안정성 시험은 단순화계산법을 써서 수행하며 조건에 따라 달라진다.

$$실제\ \sigma \leq 허용\ \sigma.$$

실제 응력은 허용응력과 비교할 필요가 있는 검증 수준으로 완료된 상태에서 측정해야 한다. 표준과 건설 제한사항에서 규정한 허용응력은 내력성능^{load-bearing capacity}에 필요한 안전여유도를 이미 포함하고 있다.

허용응력은 계산값과 압축강도 β_k의 평균값 사이에 있는 기존에 입증된 국제 안전여유도를 기반으로 하는데, 압축강도 β_k는 세장비가 $h/d = 10$인 벽 구조체에 실험실 가속 시험을 시행해서 측정한다.

한계분석 *limit analysis*에서는 다음의 조건식을 상세분석법을 사용하여

$$\gamma \cdot S \leq R_k(\beta_k).$$

검증 수준인 계산값 강도 R로 파괴 상태인 γ배의 사용하중 S를 지탱할 수 있다고 입증한다.

2012년 7월 1일 도입한 DIN EN 1990~1999(이전 유로코드)에서는 **부분안전계수법** *partial safety method*을 사용하여 검증한다. 여기서 내력성능과 구조 저항성^{structural resistance}에 대한 부분안전계수

를 명시하는데, 실제 조건을 더 정확하게 기록하고 더 경제적으로 수치화하는 데 이용한다. 조건식

$$S_d \, (\gamma_f \cdot S) \le R_d \, (\beta_k / \gamma_M)$$

는 부분안전계수 γ_f로 부과된 사용하중 S를 영향력^{impact} 수치값 S_d까지 높이고, 부분안전계수 γ_M으로 내력성능 S를 줄여서 건축 자재 속성이 자재 저항성$^{material\ resistance}$ 수치값 R_d를 얻는지를 검증하는 데 사용한다. 이는 검증 수준이 내력성능 측과 구조 저항성 측 사이에 있다는 것을 뜻한다.

　건축물의 지지 구조가 설계 요건을 더 이상 충족시킬 수 없는 수준(견디는 응력의 양)을 초과한 것을 나타내는 영향력 S(응력)를 한계 상태로 정의한다:

－사용성 한계 상태: 변형, 진동, 변위, 균열 발생

－구조 안전성 한계 상태: 강도 손실, 안정성 손실, 구조적 붕괴 또는 다른 형태의 구조적 파괴
　를 초래하는 비가역적 자재 크리프^{creep}

　영향력은 그 건축 자재의 주요 속성이며(수학적 용어: 기초변수, 예: 표 3.9 조적용 흙몰탈, 표 3.11 미장용 흙몰탈, 표 3.18 흙블록), 통계 분포함수를 사용하여 특성값을 설명한다.

　구조 저항성 R 측(견디는 응력의 양)의 안전계수는 DIN EN 1990의 부록 B에 따른 구조 파괴 상황에서 결과 등급과 신뢰도 등급의 형태로 구조체의 신뢰도를 설명한다. 첫째, 건물은 손상 발생 시 인명에 미치는 결과 측면에서 용도와 기능에 따라 분류한다(단원 4.1). 주거건물은 손상되었을 때 잠재적 인명피해 가능성이 더 크기 때문에 정기적인 인간 활동이 없는 헛간과 같은 농업건물보다 방어값$^{protection\ value}$이 더 크다. 결과 등급은 신뢰도 등급 또는 신뢰도 지수를 규정하기 위해 건물의 목표 유효수명과 연결하고, 이 값은 각 표에 수치로 제공하며 안전성 검증 과정에 포함할 수 있다.

　통계적 방법으로 영향력 측과 저항 측의 특성값을 설명함으로써 값이 초과 또는 미달일 확률을 추정할 수 있다. 이런 방법을 통계적 또는 반^{semi}통계적 방법이라고 한다.

　흙건축 자재에 부분안전계수를 고려하는 것은 상당히 새롭다. Walker et al.[57]이 흙다짐 배합물 생산에 부분안전계수 γ_M를 처음 도입했고, 이 계수는 3~6 범위에 있다. 생산자의 경험, 생산 품질 감독, 시험 결과의 일관성을 평가하는 등급으로 구분한다. 가장 불리한 값인 $\gamma_M = 6$

일 때 Rehmbau Regeln[8]에 따른 흙다짐의 건조 압축강도 시험에서 국제적 안전계수와 대략 일치한다.

DIN EN 1990에 명시된 부분안전계수법을 기반으로, Rischanek[58]이 흙블록 건축을 위한 안전 개념을 개발했다. 여기서는, 맨 처음 강도 속성 개선을 목표로 하는 일련의 시험으로 흙건축 자재의 주요 속성값을 측정하고, 그런 다음 이 값을 흙블록 조적으로 만든 "시제품 건설"의 수치화 과정에 포함한다.

Lehmbau Regeln의 수치화 개념

Lehmbau Regeln[8]에서는 흙건축 부재로 지은 내력벽 수치화에 단순화계산법을 사용한다. 검증 수준인 사용 조건에서 실재하는 응력을 측정해서 허용응력과 비교해야 한다. Lehmbau Regeln이 규정한 허용 압축응력(단원 3.6.2.2)은 구조 저항성과 연결된 "국제적" 안전여유도를 포함한다: 실험실 가속 시험으로 측정한 **압축강도** *compressive strength* β_D의 약 1/7까지 감소한다.

흙다짐, 흙쌓기, 흙블록의 압축강도 β_D는 단원 3.6.2.2에서 설명하는 조건을 기반으로 산정한다.

Lehmbau Regeln은 하중이 중심에 있다고 가정한다. 그러나 층고, 횡단벽 사이의 거리, 지지면의 길이 등의 구조 상세에서는 중심을 벗어난 하중이 있으므로 이 원칙은 간접적으로 깨진다. 게다가 벽 표면에 수직으로 작용하는 풍하중이 있다. 따라서 편심은 불가피하며 중심부 단면의 $e \leq b/6$로 한정된다. 편심하중을 적용하는 경우, 파괴하중에 도달하면 내력 표면에서 허용응력 분포는 치우친 모서리에서 사다리꼴이거나 기껏해야 삼각형 모양이다.

DIN EN 1990 및 이와 관련된 반통계적 수치 개념이 도입되어서 이제 Lehmbau Regeln은 흙건축 자재로 지은 내력벽 수치를 적용해야 한다. "국제적" 안전여유도가 상당히 크기 때문에, 각 부분안전계수 개발 및 도입이 완료되었어도 현재 방법을 계속 사용하는데 위험이 없다.

내력 거동 모델

흙건축 자재로 만든 내력벽은 수평하중 *load*(예: 풍하중^{wind load})에 **평면** *planes*으로, 수직하중(예: 고정하중)에 판 *plates*으로 노출된다. 따라서 압축응력, 전단응력, 인장응력, 휨응력이나 이들의 조합을 흡수할 수 있어야 한다. 흙건축 자재는 인장강도와 휨강도가 낮다. 내력성능은 주로 압축

응력에 노출되는 건축 부재에 이용한다.

흙건축 자재의 **변형** *deformations*은 선형(탄성소성^{elastoplastic})이 아니다; $\sigma - \varepsilon$선은 곡선이다. 변형계수$^{deformation\ moduli}$는 탄젠트^{tangent}나 시컨트^{secant} 계수로 산출하며, 엄밀히 말하면 건축 재료 상수^{constant}가 아니다. 응력 $\Delta\sigma$로 규정한 영역에서만 측정하고 명시할 수 있다. 이런 영역에서는 응력과 팽창 사이의 비례성을 기준으로 하는 선형탄성 재료 거동과 HOOKE 법칙이 유효하다고 가정한다(단원 3.6.2.1).

한계 상태에 도달 *reaching the limit state*했을 때 내력 흙벽의 응력 상태는 MOHR/COULOME 파괴 기준을 사용해 가장 간단한 형태(선형 – 탄성$^{linear-elastic}$)로 설명할 수 있다(단원 3.6.2.2).

$$\tau = \mu\sigma + c.$$

지질공학 사용조건에 따르면 응력은 대체로 젖은 흙을 기준으로 산정한다. 그러나 흙건축 자재로 만든 구조물은 건조한 상태로 완성된다. 그러므로 접착^{adhesive} 전단강도(c)는 건조한 건축 자재에서 측정해야 한다.

파괴 기준은 재료의 파괴를 설명하며, 내력벽 건설에 사용하는 흙건축 자재에 적절하게 적용할 수 있다(단원 3.6.2.2).

흙다짐. Dierks/Stein[9]이 현장시공 콘크리트$^{cast-in-place\ concrete}$에서 유추한 흙다짐의 내력 거동 모델을 발표했다. 다음 논의가 이를 뒷받침한다:

– 흙다짐은 다양한 크기의 광물 입자로 구성된 혼합물로 결합재인 점토광물의 비율이 다양하다＝"점토 결합 복합체"
– 콘크리트와 흙다짐 시험체의 파단 양상은 비슷하다. 가속 시험에서 단축^{uniaxial} 압축에 노출되면 두 재료는 모두 횡단^{transverse} 인장강도가 초과해서 똑같은 방식으로 부러진다(그림 3.46).

콘크리트 유추 모델에 반대하는 주장은:

– 시멘트와 점토광물 결합재의 다른 특성: 시멘트는 콘크리트 안에서 **경성** *rigid* 불용성 겔을 형성하여 비가역적으로 경화된 복합체를 만든다. 대조적으로, 흙다짐은 점토광물 사이의 전기화학적 인력(응집력)과 광물 조립자 사이의 마찰로 결합한다. 복합체 안에서 **가소성** *plastic* 수용성 결합을 형성하여 장기 거동이 다르다: 점토광물의 활동을 보존하기 때문에 건축토 안에서 광물 입자와 수막$^{water\ films}$ 사이의 상호작용 및 물의 재분배 가능성이 콘크리트 또는

소성벽돌보다 훨씬 높다. (계산한 대로는) 벽 기단에서 재료 강도를 초과했는데도 불구하고 수 세기를 견뎌낸 예멘이나 남부 모로코의 "흙 탑상형 주택"의 장기 안정성을 이 속성으로 설명할 수 있다.

–공정의 차이: 오늘날 현장시공 콘크리트로 벽을 건설할 때 천장 높이의 거푸집을 쓰고 생fresh 콘크리트를 계속 부어 넣는다. 흙다짐 건설도 일체식 공정이나, 흙다짐 공법은 거푸집 단면을 따라 또는 일일 공정을 기준으로 결국 시공 줄눈이 발생한다. 이는 균열 및 응력 재분배를 초래할 수 있다.

흙블록. 흙블록은 소성벽돌처럼 쌓아서 표준 조적 접합법standard masonry bonding rules대로 흙블록 조적체를 만든다. 접합은 압축응력과 전단응력하에서 내력성능을 증가시킨다. 또한 바닥면 전체에 몰탈을 깔아 흙블록을 쌓는 조건에서는, 흙블록과 접합 몰탈 사이의 접착 그리고/또는 마찰로 수평하중을 전달할 수 있다.

흙블록 조적체의 인장강도와 휨강도는 압축강도의 약 10~20%에 불과하다. 그러므로 수평줄눈bedding joint의 조적용 몰탈이 주로 블록 사이에서 하중을 전달한다. 수평줄눈을 일부만 채우면 블록에 최대 응력이 발생한다.

조적체가 수평줄눈에 수직인 압축응력을 받으면 흙블록에 횡단 인장응력이 발생한다. 횡단 인장강도 $\beta_{T,B}$를 초과하면 블록이 파괴된다. 일반적으로 수평줄눈 몰탈의 측면이 더 많이 변형되는데, 블록이 몰탈의 팽창을 제한하므로 수평줄눈 몰탈이 블록의 횡단 인장응력을 증가시킨다(단원 3.6.2.2).

(2) 건설

Lehmbau Regeln[8] 기준대로 실재하는 응력과 허용응력을 비교해서 흙건축 자재로 만든 내력 흙벽의 구조 안정성을 입증하는데 단순화계산법을 사용하는 경우, 다음의 구조 요건을 충족해야 한다. 요건이 충족되면 공간의 견고성stiffness 검증은 필요하지 않다. 층고가 높고 횡단벽 사이의 거리가 멀면, 벽의 세장비 또는 측면 지지의 영향을 고려하여 DIN 1053-1대로 공간이 견고함을 검증해야 한다.

벽 높이 및 최소 벽 두께

Lehmbau Regeln[8]은 표 4.7에 따라 특정 흙건축 자재별 최소 내력벽 두께를 다음과 같이 지정한다:

표 4.7 흙건축 자재로 만든 내력벽, 최소 벽 두께

번호	흙건축 자재	벽 두께, 외부 [cm]	벽 두께, 내부 [cm]	기둥벽 최소 단면 [cm^2]
1	흙블록	36.5	24.0	1,300
2	흙다짐	32.5	24.0	1,600
3	흙쌓기	40.0	40.0	3,200

이들 값은 층 높이 ≤ 3.25m에서 적용한다. 사람들이 영구적으로 점유하지 않는 층고 ≤ 2.5m인 단층 건물은 최소 외벽 두께를 24cm까지 줄일 수 있다. 이 경우 허용 압축강도 및 공간 안정성 검증은 필요하지 않다.

내벽은 아래 요건을 반드시 충족해야만 한다:

- 층고 ≤ 2.75m
- 모든 칸막이벽 보완재supplements를 포함한 적재하중 ≤ 0.275N/mm^2
- 연속 천장에서 지지 거리 ≤ 4.50m인 중간 지지체로만, 또는 접합보에 심부근을 썼으면 6.0m 까지 허용

이 조건을 충족할 수 없다면 내벽은 외벽과 두께가 똑같아야 한다.

건축 부재의 보강

다른 건축 자재를 사용하는 구조물과 마찬가지로, 내력 흙벽은 수평하중(바람, 지진)을 흡수하고 전달할 수 있는 보강 건축 부재(강성 격벽: 횡단벽 및 천장)가 필요하다. 다음 두께와 거리를 적용한다(표 4.8).

표 4.8 흙건축 자재로 만든 내력벽, 횡단벽 사이 거리

번호	보강할 벽 두께 [cm]	층고 [m]	보강 횡단벽 최소 두께 [cm]	중심간 최대 거리 [m]
1	24.0~36.5	≤ 3.25	11.5	4.5
2	>36.5~49.0	≤ 3.25	17.5	6.0
3	>49.0~61.5	≤ 3.25	24.0	7.0

   보강 횡단벽은 내력 외벽과 동시에 시공해야 하고, 구조 약화나 큰 불연속 정렬 없이 외벽과 동시에 기초벽 또는 기초 위에 세워야 한다. 보강 횡단벽을 다른 공법으로 시공하거나 나중에 시공할 경우, 횡단벽과 내력 외벽 사이를 구조적으로 확실하게 연결해야 한다. 흙블록 조적에서는 같은 흙건축 자재를 사용하면 횡단벽 연결에 톱니[toothing] 기법을 사용할 수 있다. 흙다짐벽끼리 또는 흙다짐벽을 다른 조적벽에 연결할 때는 보강할 벽에 깊이 5cm의 홈길[keyway]을 낸다 (그림 4.22 [60]).

그림 4.22 횡단 흙블록벽을 내력 흙다짐 외벽에 연결 [60]

천장과 벽의 지지면

문과 창 위의 인방 *lintel*을 지탱하려면 지지면의 길이가 최소 24cm는 되어야 한다. 계산상 지지면이 더 길어야 하면 인방의 처짐을 1/500로 제한해야 한다.

천장 장선의 지지면 *bearing surface of ceiling joist*은 천장의 하중이 벽 전체 관통 단면에 걸쳐 대칭적이고 고르게 분포하기 쉬운 방식으로 마련해야 한다. 지지면 부위의 흙건축 자재가 건조 압축 강도가 충분하지 않으면, 압축강도가 더 큰 재료로 만든 **접합보** *bond beam*를 설치할 수 있다. 다음 재료가 적합한 것으로 입증되었다: 철근콘크리트(사전제작 또는 현장시공 콘크리트), 강철(T-보), 목재(판), 압축강도가 더 큰 블록으로 만들어 붙인 조적체(그림 4.23 [60]). 이는 인장응력에 노출되는 지지부재에도 적용한다. 콘크리트와 강철을 사용하는 경우 외부 단열층을 관통하는 열교를 방지해야 한다.

체결 고정쇠 tie anchors

천장과 횡단벽이 인장응력을 버티려면 둘러싸는 내력벽에 충분히 고정해야 한다. 한쪽만 보강한 흙벽에는 천장 및 벽 높이의 각 1/3 지점마다 결착대 tie rod를 설치해야 한다. 이 막대는 횡단 벽 속에 최소 1.5m 깊이로 묻어야 한다.

그림 4.23 철근콘크리트 보천장 beam ceiling의 지지면 역할을 하는 소성벽돌 접합보, 흙다짐 외벽 및 횡단 흙블록벽 위에 설치, 철근콘크리트 보천장이 없는(좌)/있는(우) 상태. [60]

그림 4.22는 흙블록 횡단벽을 흙다짐 외벽의 높이 위쪽 1/3 지점에 연결하는 긴결재[wire tie]를 보여준다. 강선은 흙다짐벽 안에 있는 수직 막대에 연결한다. 최근에는 망사 모양 강화 플라스틱 그물을 인장저항 긴결 자재로 사용할 수 있다. 예를 들어, 이런 망사는 지반공학에서 흔히 경사면 안정화에 사용한다(소위 지오그리드[geogrid], 그림 5.66도 참조).

벽 모서리에 동일 기법을 적용한다. 그림 4.24는 재래식 흙건축에서 인장응력 때문에 발생하는 수축 균열을 방지하려고 흙다짐 및 흙쌓기 벽 모서리에 넣은 나뭇가지를 보여준다 [61]. 두 번째 사진은 시공 당시 건축 자재에 점토가 너무 많고 습해서 벽 두께 전체에 균열이 발생한 흙다짐벽을 보여준다 [60].

둘러싸는 내력벽에 천장과 횡단벽을 인장저항 고정하는 것은 지진 지역 흙 구조물에서 특히 중요하다(단원 5.2.4.2). 이는 수평응력에서 비롯되는 벽의 "전복[falling over]"을 방지한다. 때로 재정적 이유나 필요성을 몰라서 이 요건을 맞추지 않는데, 지진이 일어나면 치명적인 결과를 초래할 수 있다.

결착대는 내력 흙벽의 균열 보수에 사용할 수 있다(단원 5.2.5 및 5.3.3.2).

창과 문 개구부 주위의 틀은 표준 철물을 사용해 벽에 부착할 수 있다(그림 4.25 [60]).

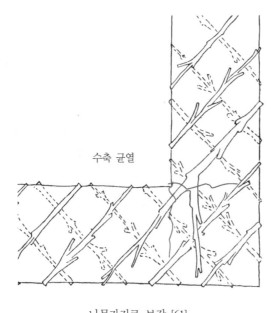

수축 균열

나뭇가지로 보강 [61]

흙다짐벽 전체 두께에 걸친 수축 균열 [60]

그림 4.24 흙다짐 및 흙쌓기 벽 모서리 균열 [61]

그림 4.25 흙블록벽의 문틀 부착용 목재 고정대 [60]

복합 공법

습식 시공하는 흙건축 자재는 한 층 안에 다른 건축 자재(소성벽돌, 콘크리트 부재, 자연석)를 섞으면 안 된다. 이는 특히 외관상 목적으로 종종 다른 재료로 된 마감재를 부착하는 문과 창의 문설주에서 그렇다. 흙건축 자재를 건조하는 동안 부동침하 거동이 균열을 일으킬 수 있다. 그러나 다른 건축 자재를 수평층으로 연속해서 시공하는 것은 무방하다.

도관과 홈

설비용 도관channels과 홈recesses(단원 4.3.7.1)은 배치와 치수가 DIN 1053-1의 표 10에 명시된 제한 사항을 준수하면 추가 검증 없이 흙건축 자재로 지은 내력벽 안에 설치하는 것을 허용한다. 이 제한을 초과하면 도관과 홈의 구조 안정성을 검증해야 한다.

(3) 건설 절차

Lehmbau Regeln[8]은 흙건축 자재로 만든 내력벽의 건설은 전문가 또는 전문가의 감독하에 수행해야 한다고 명시한다.

흙다짐

용도. 최근까지 독일에서 흙다짐 건축을 좀처럼 꺼렸던 데에는 여러 요인이 있었다: 긴 건조 시간, 상대적으로 많이 소요되는 노동력, 제대로 시공하지 않은 흙다짐의 균열 위험, 건설 중 날씨 영향 방지 등. 그러나 지난 몇 년 동안 흙다짐이 매우 흥미로운 설계 가능성을 시도할 수 있으며, 현대 건축 기술을 사용하면 내력 용도로도 콘크리트 대안으로 사용할 수 있음을 보여주는 여러 신규 사업을 완성했다[54, 62, 63](그림 4.16).

현대식 흙다짐 건축의 특별한 점은 크레인으로 건설 현장에서 벽체로 조립할 수 있도록 벽 부재를 사전제작prefabrication하는 것이다(그림 4.26 [54]) (단원 3.5.8 및 그림 3.18도 참조). 이는 건설 및 건조 시간을 단축한다.

덥고 건조한 기후의 개발도상국, 미국 남서부, 호주에서는 종종 합성 결합재인 시멘트를 첨가해서 흙다짐 구조를 내력벽에 계속 사용하고 있다(그림 4.4).

공정. 흙다짐은 단일 건설 공정이다. 준비한 흙다짐 배합물을 거푸집에 여러 층으로 붓고 다진다. 이 공정은 제자리에서 건축 부재를 형성한다(단원 3.2.1, 그림 3.17). 자재를 다지기 전 각 층의 높이는 15cm를 넘지 않아야 한다. 부어 넣은 층의 높이가 다짐 상태에서 약 1/3만큼 감소하면 자재를 충분히 다진 것이다. 이는 흙다짐 배합물 $1m^3$로 약 $0.67m^3$의 다진 흙다짐벽을 생산함을 의미한다. 거푸집 안쪽에 표시해서 지침으로 삼을 수 있다. 다짐은 벽 바깥 가장자리에서 시작해서 벽의 축에 평행하게 작업해야 한다.

시공 준비가 된 흙다짐 배합물은 수분이 고르게 분포한 곱고 푸슬푸슬하며 부을 수 있는 연경도이다. 따라서 콘크리트 버킷concrete bucket 5으로 퍼 올려서 거푸집 안에 부어서 펼쳐 넣을 수 있다.

---

5   대한건축학회, 온라인건축용어사전, <http://dict.aik.or.kr/> (2021.03.01.), 발췌 및 요약: 배합한 콘크리트를 현장으로 운반하여 기중기 등으로 매달아 타입 장소에 배출하는 용기. 전도형(轉倒形)과 저면 개폐형이 있다. 개폐는 수동 또는 압축 공기로 한다.

그림 4.26 사전제작 흙다짐 부재를 사용한 내력벽체 [54]

　시공할 때 흙다짐 자재의 최적 함수량은 각 점토광물의 비율과 그 구성 그리고 입도 분포에 따라 다르다. 재료를 손으로 시험할 때, 다음 사항을 관찰해야 한다: 자재를 손으로 쥐어 뭉쳤다 폈을 때 흙 표본이 흩어지지 않고 간신히 모양을 유지해야 한다. 흙이 너무 건조하면 다져도 단립 구조^{crumb structures}가 깨지지 않아서 층 하부가 충분히 압축되지 않는다(그림 4.27). 이런 부분은 건조 후에 벽에서 떨어져나갈 수 있다(그림 4.27). 시공할 때 흙다짐 배합물이 너무 습하면 다지는 동안 기공수가 방해를 한다: 거푸집 안에서 다짐기가 "튀어 오른다". 간이시험할 때 흙이 손을 "더럽히는" 상태에 해당한다 [7].

　대규모 건설 공사의 경우, 해당 공사용 흙다짐 배합물을 사용해 건설 현장에서 시험용 벽을 만드는 것이 좋다. 시험용 벽은 1 : 1 축척으로 만들어야 한다(그림 4.28). 이 시험용 벽은 다짐 횟수별 다짐 품질과 착색토의 효과를 시험하는 데 활용할 수 있고, 그런 다음 시험한 배합비대로 최종 흙다짐 혼합물을 혼합기로 가공하면 된다. 건설 현장에 보관하는 공장 생산 즉석 배합물은 시공 시점의 함수량에 잠재적 영향을 미치지 않도록 날씨에서 보호해야 한다.

시공. 흙건축 자재로 만든 내력벽 건설에서 가장 중요한 구조적 주안점을 단원 4.3.3.1에서 설명한다. 흙다짐 건설에는 특히 다음을 포함한다:

- 기초 또는 기단 건설(단원 4.3.1 참조)
- 천장 및 벽 지지면 또는 접합보 건설
- 인장강도 확보를 위해 천장과 횡단벽을 구획하는 내력벽에 고정(특히 지진 지역에서 건물 모서리 보강 포함)
- 설비용 철물, 도관(단원 4.3.7.1)
- 복합 공법

인장저항 자재(예: 합성 재료로 만든 지오그리드와 재래식 흙건축에 사용하는 현지 인장저항 건축 자재, 그림 4.24)를 사용한 수평 보강으로 건조 압축강도를 높이고 수축 균열 발생을 줄일 수 있다.

벽에 하중(천장, 지붕 구조체)을 가하기 전에 흙다짐벽이 충분히 마르고 침하가 끝나야 한다. 따라서 맞통풍과 같은 자연 건조를 하는 것이 매우 중요하다(단원 3.3.3). 오늘날에는 주로 인공 건조를 하는데, 이는 건축 공사의 에너지 균형에 부정적인 영향을 미친다(단원 1.4.3.2).

거푸집 제거 후에는 갓 만든 벽의 표면을 비바람, 물 튐, 직사광선에서 보호해야 한다.

흙다짐벽의 표면은 미장 바탕으로는 좋지 않다. 미장 접착력을 증대하기 위해 벽돌 또는 콘크리트 수평 띠^{horizontal band}를 별도의 층으로 흙다짐벽에 묻어 넣는 방법이 있다(그림 4.28). 이 수평 띠를 외벽 표면에 사용하면 빗물 배수로 인한 침식도 억제한다. 최근의 유럽 흙다짐 건축에서는 흙의 굵은 입자 구조를 디자인 요소로 강조하기 위해 대개 표면을 미장하지 않은 채로 두었다.

검증 및 시공 감독. Lehmbau Regeln[8]은 내력 흙다짐 공사에 요구되는 시험 및 필요한 시공 감독의 범위를 규정한다:

- 건조 용적밀도(단원 3.6.1.3):
  건조 용적밀도는 일반적으로 일련의 연속 시험 형태로 건조 압축강도와 함께 측정한다.

그림 4.27 흙다짐, 불충분한 압축으로 시공 [60]

그림 4.28 흙다짐, 설치 기준 결정을 위한 시험 벽

－건조 압축강도(단원 3.6.2.2):

시험은 공사를 시작하기 전에 적시에 수행해야 한다. 공사 중에는 현장에서 $10m^3$, 공장에서 $50m^3$ 단위로 흙건축 자재 배합을 시작할 때마다 후속 시험

－선형수축도(단원 3.6.2.1):

현장에서 $10m^3$, 공장에서 $50m^3$ 단위로 흙건축 자재 배합을 시작할 때마다 1회 시험

슐^{Suhl} 및 노르트하우젠^{Nordhausen}의 흙다짐 건설 사업^{project}[55]에서는 다양한 흙과 착색토를 사용했기 때문에, 다음의 시험을 추가로 수행했다:

－입도 분포(단원 2.2.3.1):

흙건축 자재 $50m^3$ 시작할 때마다 1회 시험

－(금속 취구(吹口)^{nozzle}로 상부 다짐 층 표본 채취) 시공 시점 함수량에서의 건조 용적밀도(단원 3.6.1.3):

흙건축 자재 $10m^3$마다 1회 시험

－석회 함량 및 유기 첨가물(단원 2.2.3.4):

전체 건물 공사에 사용된 모든 흙다짐 자재에 1회씩 시험

재료(건축토, 골재)의 품질이나 배합비가 변경되면 추가 시험이 필요하다.

현재 기존 흙다짐 내력벽의 강도를 시험하는 의무 시험법은 없다.

흙쌓기

용도. 현재 독일에서는 수작업이 많고 건조시간이 길어서 신축할 때 내력 흙쌓기 건축을 하지 않는다. 그러나 특히 신 연방주6에 재래식 흙쌓기 구조물이 많아서 적절한 복원 기술에 대한 정보가 필요해졌다.

노동력이 많이 소요되는 흙건축 공법은 많은 사람에게 새로운 일자리와 생계를 제공하기 때문에 개발도상국에 적합한 건축 기술이다. 현지 조건에 맞춘 흙쌓기 공법으로 지은 방글라데시의 METI 학교 신축이 그런 사례이다(그림 4.12 [4]).

---

6 1990년 동·서독 통일 이후에 새로 신설된 독일의 행정 구역. 과거 동독의 행정 구역이었다가 서독(독일연방공화국)에 새로 편입된 5개의 행정 구역.

공정. 흙쌓기 건축술의 결과적 특징은, 벽 두께가 기단부는 약 60cm이고 맨 위로 갈수록 얇아진다. 준비한 흙쌓기 배합물을 갈퀴를 사용해 거푸집 **없이** *without* 높이 약 80cm 층으로 쌓고 판으로 다진다. 완전히 마르지 않은 흙쌓기의 옆면을 뾰족한 삽으로 수직으로 깎아내어 모양을 만든다 (그림 4.26 [6]). 첫 번째 층을 약 1주일 동안 건조 후, 목표하는 벽 높이에 도달할 때까지 다음 층과 모든 후속 층을 같은 방식으로 추가한다. 하중은 최종 층이 건조된 후에만 가할 수 있다.

거푸집이 필요 없는 흙쌓기와 유사한 흙건축 자재를 사용하는 현지 건축 기술이 많다:

오스트리아에서는 흙쌓기 건축을 "**그자츠터 바우** *g'satzter Bau*"(쌓은 건축)라고 부른다 [64]. 전통식 흙쌓기 건축물은 특히 잉글랜드 남서부에서도 흔했으며, 특정 지질학적 상황 때문에 암석토도 사용했다(그림 4.30 [65, 66]).

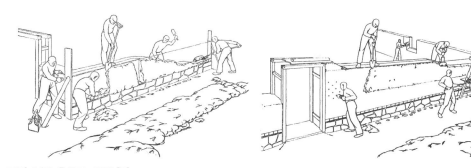

그림 4.29 흙쌓기, 벽체 [6]

그림 4.30 잉글랜드 현지 흙쌓기 공법 [66]

그림 4.31 이탈리아 현지 "마소니massoni" 흙쌓기 공법 [68]

영국, 아일랜드[67], 스칸디나비아의 **뗏장집** *sod house*은 어느 정도까지는 흙쌓기의 지역적 변형으로 볼 수 있다. 삽으로 잔디의 떼 조각을 땅에서 잘라내어 여전히 축축한 상태일 때 뿌리 쪽이 위로 가도록 엎어서 내력벽 구조물로 쌓았다.

이탈리아 중부의 마소니 *massoni*[68]는 흙쌓기 공법과 달리 갈퀴로 비다짐 자재를 쌓지 않았다. 대신, 짚흙타래reel(massoni)를 만들고 수작업으로 쌓아 벽을 형성했다(그림 4.31). 흙쌓기 건설과 마찬가지로 벽 표면을 뾰족한 삽으로 다듬었다.

시공. 단원 4.3.3.1에 따른 구조적 주안점

검증 및 시공 감독. Lehmbau Regeln[8]은 내력 흙쌓기 공사에 요구되는 시험 및 필요한 시공 감독의 범위를 규정한다:

− 시공 시점의 건조 용적밀도 및 함수량(단원 3.6.1.3):

건조 용적밀도는 일반적으로 일련의 연속 시험 형태로 건조 압축강도와 함께 측정한다.

− 건조 압축강도(단원 3.6.2.2):

공사 시작 전에 첫 번째 배합물batch을 시험해야 한다. 그 후에는 현장에서 $10m^3$, 공장에서 $50m^3$ 단위로 흙건축 자재 배합을 시작할 때마다 1회 시험

현재 기존 흙쌓기 내력벽의 강도를 시험하는 의무 시험법은 없다.

− 체적 수축(단원 3.6.2.1):

이 시험은 가능하지만, 실제 건축 부재 표본에 시행하는 경우에만 의미가 있다.

흙분사 및 타설

용도. 보다 효과적이고 경제적인 일체식 내력 흙 건설 방법을 모색하던 끝에, 1980년대 말 Easton[69]이 PISE라고 하는 콘크리트 분사 기술을 차용했다. 이 기법은 1~2층 주거건물의 내력 흙벽 건설에 적용할 수 있다.

또한 현장시공 콘크리트 기술을 흙건축에 적용하려는 시도가 있었다. 어떤 기법은 콘크리트 산업에서 자재 준비 및 가공에 사용하는 것과 동일 기계 장치를 사용한다. 흙을 부을 수 있는pourable 또는 액형 연경도로 준비하고(**흙주조** *Cast Earth*) 합성 결합재(석고, 시멘트)를 첨가한다. 흙의 경화 과정은 콘크리트와 달라서 조절하려면 특수 첨가물이 필요하다(www.castearth.com). 부은 흙poured earth에 시멘트를 넣은 사례도 있다 [70].

터키에서는 알커 *alker*라는, 석고로 안정시킨 부을 수 있는 특별한 흙을 사용한다 [71]. 석고 함량이 약 10%로 비교적 높아서, 20분만 지나면 흙 부분의 수축 변형이 시작되기 전에 배합물이 굳는다.

공정. PISE 기법 *PISE technology*(공압 타격으로 안정시킨 흙)은 건조 흙시멘트를 공기압으로 유연한 고무호스를 통해 시공 장소까지 이동시킨다. 호스 끝에 혼합 분사구mixing nozzle가 있어 배합물이 호스를 빠져나갈 때 필요한 연경도를 낼 수 있는 양의 물을 추가한다. 분사 압력이 배합물을 다지는 작용을 한다(그림 4.32).

그림 4.32 철근 보강재를 사용하여 흙분사로 만든 내력벽 [69]

흙주조^{Cast Earth} 기법에는 현장시공 콘크리트 산업에서 흔히 볼 수 있는 고정 및 이동 배합기, 거푸집 구조체, 콘크리트 펌프를 사용한다. 붓고 난 흙을 거푸집 안에서 (콘크리트 기술에도 사용하는) 진동기로 다진다.

알커 기법은 흙주조 공법과 같은 방식으로 시행한다.

시공. PISE 기법을 사용해서 건축 부재를 성형할 때는 한쪽 면만 막은, 목재로 견고하게 만든 천장 높이 거푸집의 판에 흙건축 자재를 (원하는 벽 두께로) 분사한다. (지진 때문에) 철근으로 추가 보강한 벽에 자재를 최종 두께만큼 뿌린다. 분사 후 거푸집의 "열린" 쪽을 판으로 깎아 수직을 잡는다(그림 4.32).

5명의 작업자가 하루에 (약 45cm 두께인) 벽을 약 25~30m³ 건설할 수 있다.

흙주조 기법은 제대로 된 거푸집 구조로 성형하는데, 현장시공 콘크리트 건설과 유사하다. 철근 보강은 특정 조건(예: 지진 지역)에서만 필요하다.

석고로 안정시킨 알커 배합물도 내력벽 건설은 현장시공 콘크리트 건설과 유사한 거푸집을 써서 시공한다. 이는 조적 단위체를 쌓아 내력벽을 이루는 블록 생산에도 사용할 수 있다. 지진 지역에서는 반드시 보강해야 한다.

흙덩이

용도. 독일에서 흙덩이로 지은 벽은 동부 베스트팔리아^{Westphalia}와 루르^{Ruhr} 지역에서 **뒤네르 흙덩이 기법** *Duenner mud loaf method*으로 알려진 별도의 역사적 건축 공법이다. 이는 아프리카 동부에서 선교사로 일했던 Reverend Gustav von Bodelschwingh가 1920년대 초에 개발해서 적용했는데, 그의 방법은 아프리카 전통 흙건축 공법에 근간을 두고 있다 [72]. 이 기법으로 지은 수백 채의 건물이 오늘날에도 여전히 존재한다.

많은 노동력과 긴 건조시간 때문에, 현재 독일에서는 기존 건물의 복원과 관련해서만 이 방법에 관심을 가진다(그림 4.33).

공정. 무른^{soft} 연경도로 혼합한 짚흙을 덩어리 모양 부재로 성형하고, 이것을 (몰탈 없이) 습윤 상태로 쌓아 만든 조적 구조물로 벽을 이룬다. 특히 모서리와 벽 교차 부위에는 인장 보강을 위해 가느다란 나뭇가지를 층 사이에 둔다. 벽 높이가 약 1m에 도달하면, 자재를 약 1주일 정도 건조해야 한다. 하중은 벽이 완전히 건조된 후에만 가할 수 있다.

독일 / 슈바이켈른 / 뒤네(Schweicheln / Dünne) 주거건물, 1996년 외부 미장 복원 전

[72]에 따른 재래식 건설

그림 4.33 뒤네르 진흙덩이 공법을 사용한 내력벽 건설

체코식 진흙덩이 방법은 **오푸스 스피카툼** *opus spicatum*이라고 한다. 여기서도, 습윤 상태의 "진흙덩이"를 몰탈 없이 45% 기울여 쌓는다. 다음 층에서는 바닥면 접합부^{bedding joint}를 반대 방향으로 기울인다. 시각적으로는 "진흙덩이" 3개 층이 하나의 "곡물 이삭^{ear of grain}"을 만든다(그림 4.34).

오늘날에도 아프리카와 중앙아시아 시골에서는 유사한 건축 기법으로 여전히 매일 건설 공사를 한다:

그림 4.34 체코 흙건축 공법 **오푸스 스피카툼** *opus spaicatum*을 사용한 내력벽 건설 [73]

흙덩이 수공 성형, 고리 모양으로 쌓고 이음매를 두드림

그림 4.35 도자기 *pottery* 기법을 사용한 내력벽 건설 [74]

그림 4.36 팍샤 *pachsa* 기법을 사용한 내력벽 건설 [76]

도자기 *pottery* **기법**: 무른^{soft} 연경도로 준비한 다진 흙 또는 짚흙 자재를 흙덩이로 빚어서 서로 쌓아 올려 벽을 만든다(아프리카). 흙덩이 사이의 이음매를 손으로 매끈하게 펴서 평평한 벽면으로 만든다(그림 4.35) [74].

아라비아 반도와 중앙아시아의 유사한 건축 공법은 무른 연경도의 흙건축 자재로 만든 흙덩이를 단단한 표면에 힘껏 던지는 것이다. 이런 유형의 충격 압축은 흙덩이들 사이의 접착력이 좋아지게 한다:

자부어 *zabour* **기법**: 예멘의 전통 흙건축 기법으로, 흙덩이를 약 1.8m 높이에서 손으로 벽 기단(기초) 또는 벽의 갓돌^{coping} 위에 던져 층을 형성한다 [75].

중앙아시아의 **팍샤** *pakhsa*: 뻑뻑한^{stiff} 연경도로 준비한 다진 흙 배합물을 삽으로 잘라내어 수작업으로 벽체를 쌓는다. (자부어 기법과 유사하게) 던지고 삽으로 다듬어 매끈한 표면을 만들 수 있다(그림 3.21 및 4.36) [76]. 이란에서는 이와 유사한 건축술을 **치네** *tschineh*라고 한다.

중앙아시아의 **구발자** *guvalja*: 몰탈을 써서 건조한 흙덩이를 조적 단위체처럼 쌓거나 몰탈 없이 가소 상태로 쌓는다(그림 4.37).

그림 4.37 구발자 *guvalja* 기법을 사용한 내력벽 건설

시공 및 검증. 흙다짐 및 흙쌓기 건축과 유사한 구조적 주안점을 계획할 수 있다(단원 4.3.3.1). 특별한 시험법이 알려져 있지 않다.

흙블록 조적

용어. 조적(DIN 1053-1)과 콘크리트 건설 분야에서는 단일single-leaf 또는 이중double-leaf 벽 구조라는 용어를 사용한다. 이중 *double-leaf* 외벽 구조에서는 벽의 기능을 의도적으로 분리해서 각 층leaves 에 분배한다. 두 층 사이의 공간을 공기나 단열재로 채우기도 한다. 내부 층은 하중 전달을 담당하고 실내 경계를 형성하는 반면, 외부 층은 날씨와 기계적 충격에서 보호하는 역할을 하고 건물의 시각적 외관을 형성한다. 단일 *single-leaf*(흙블록) 조적체는 구조적 기능, 단열, 기타 모든 기능을 하나의 건축 부재에 결합한다. 게다가 단일 외벽은 단열재로 덮을 수 있다.

용도. 현재 독일에서는 신축 공사에 흙블록 내력벽을 거의 사용하지 않는다. 신 연방주에 역사 건축물이 특히 많아서 주로 복원 분야에서 이 공법에 흥미를 갖는다(그림 5.19, 단원 5.3.3.2). 중앙아시아(그림 4.38), 아프리카, 라틴아메리카, 인도, 미국 남서부, 오스트레일리아 등 덥 고 건조한 기후에서 내력 용도로 이 건축 공법을 계속 사용한다. 일반적으로 시멘트를 합성 결합재로 첨가한다.

우즈베키스탄 타쉬켄트Tashkent의 주거건물 외피 [52]

그림 4.38 흙블록으로 만든 내력벽 건물 [51]

공정. 건조하고 균열이 없는 흙블록을 표준 조적 시공법^{standard masonry technique}으로 쌓아 벽체를 형성한다. 압축블록 또는 CEB는 고정하중과 적재하중이 반드시 다짐 또는 압축 방향으로 작용하도록 쌓아야 한다.

블록은 표준 조적 접합법대로 바닥면 전체에 몰탈을 깔고 쌓아야 한다(그림 4.38). 석회 또는 시멘트 몰탈의 경화 시간에 비해 조적용 흙몰탈이 경화되는 데 더 오래 걸린다는 점을 유의해야 한다. 아래쪽 수평줄눈 밖으로 굳지 않은 몰탈이 눌려 삐져나오는 것을 방지하기 위해 벽을 하루에 높이 2m 이하 또는 최대 1층 높이로 쌓아야 한다. 수직 및 수평 줄눈의 최대 권장 두께는 1cm이다. 미장 접착력 향상을 위해 덜 마른 줄눈에 1cm 깊이로 홈을 파는 것도 좋다.

시공. 단원 4.3.3.1의 설명에 따라 구조적 주안점을 계획해야 한다. 지진이 발생하기 쉬운 지역에서는 전단저항^{shear-resistant} 고정 장치 역할을 하는 접합보를 설치해서 천장과 횡단벽을 외벽에 연결하는 것이 특히 중요하다.

검증 및 시공 감독. DIN 18945(표 3.18)는 산업 생산한 흙블록의 주요 속성과 관련된 성능 일관성을 검증하고 각 시험 범위를 규정한다. 따라서 별도의 시공 감독은 필요하지 않다.

4.3.3.2 비내력벽 및 채움

비내력벽과 흙건축 자재로 된 채움재는 구조적 기능 측면에서 고정하중과 만일의 풍하중만 감당하면 된다. 보통 어떤 종류의 보강 효과도 없으며 압축강도나 인장강도가 더 큰 자재로 된 내력 골조와 결합한다. 방을 구획하고 분리하는 구조^{system} 역할을 하고, 건축물리적 측면의 각 요건을 충족한다. 비내력벽과 채움재는 다음 유형으로 구별할 수 있다:

- 전통 흙목조 구조의 채움
- 오래된 건물의 실내 단열층
- 신축 목조 구조의 채움
- 비내력 칸막이벽

실내 단열층은 단원 5.3.3.2에서 건물 보존 조치로 논의한다.

(1) 전통적 채움

전통적인 흙목조 구조half-timber construction는 목재 지지 골조와 여러 건축 자재, 흔히 흙건축 자재인 채움재로 구성된다. 채움 *infill*이라는 용어는 공간을 구획하는 건축 부재인 목조 벽판panel을 완전히 채우는 것을 말한다. 벽판 *panel*은 세로 기둥, 가로 버팀대noggin piece, 모서리 보강용 경사 버팀재가 생성한 목재 골조 사이의 공간이다(그림 4.39 [77]). 채움 자재로 짚흙, 경량토, 흙블록, 조적용 흙몰탈, 미장용 흙몰탈을 사용한다. 지역마다 크게 다른 이런 전통 공법에 대한 지식은 오늘날 흙목조 구조의 복원에 특히 중요하다(단원 5.3.3.2).

벽을 미장하고 목재 골조를 노출해 마감하는 경우, 벽판 골조의 외측 경계면 가장자리 약 2cm 밑까지 흙건축 자재를 채워 수직을 맞춘다. 덜 마른 표면을 적절한 도구(빗, 갈퀴)로 빗질하면 짚흙 또는 경량짚흙 배합물에 들어있는 짚섬유가 튀어나와서 바탕면이 미장하기 좋게 된다. 또 다른 방법으로, 구멍을 뚫거나 긁은 자국을 내서 바탕재를 거칠게 만든다.

목재 골조를 노출하는 경우, 목재 골조 부재는 미장으로 덮지 않는다. 미장은 부재의 외측 경계면 가장자리flush edge까지만 한다. 벽판과 목재 골조 사이의 경계를 명확하게 구분하기 위해 목재를 스폰지로 닦는다. 흙미장이 건조 및 수축한 후, 이 경계에 몇 밀리미터 정도 틈이 벌어진다.

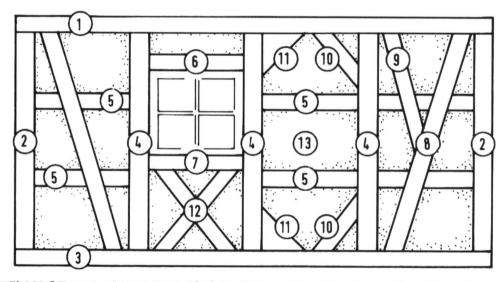

그림 4.39 흙목조 구조, 지지 부재 및 채움재 [77]. (1) 상부재top plate (2) 모서리 기둥corner post (3) 토대재sill plate (4) 기둥post (5) 버팀대noggin piece (6) 인방lintel (7) 창대sill (8) 버팀재brace (9) 지름 버팀재counter brace (10) 보강 버팀재knee (tension) brace (11) 모퉁이 버팀판corner block brace (12) 성 앤드루 십자(교차)st. andrew's cross (13) 벽판panel

날씨에 노출되는 벽의 외부 표면에는 통상 벽판 마감 미장을 (흙미장 대신) 석회로 한다. 날씨에 시달리는 쪽에 위치한 흙채움 벽판에 내수성 자재로 만든 외장널siding(예: 목재 널, 슬레이트, 깃털벽feathered wall이라 불리는 흙의 바닥면bed에 밀어 넣은 짚단 [78])을 시공해 비바람에서 보호할 수도 있다.

가장 일반적인 두 가지 채움 기법은 심벽wattle and daub과 흙블록 조적이다.

심벽

엮은 격자woven lattice와 막대를 조합해 목조 벽판에 끼워 넣으면 흙건축 자재를 부착할 수 있는 일정한 격자grid 같은 지지체가 된다(그림 4.40 [79]). 막대는 간격을 가깝게 또는 멀리 떨어지게 할 수 있다.

가로 버팀대noggin pieces 두 개 사이에 양 끝이 뾰족한 건조 경질목(참나무oak) 막대를 세로로 꽂아서 지지체를 만든다. 막대를 가운데 홈이나 눈금이 있는 목재 골조의 버팀대에 **최대 약 6cm 간격으로 서로 가깝게** *closely together, at a distance up to approx. 6cm* 끼운다. 무른soft 연경도로 준비한 짚흙이나 경량짚흙을 막대틀의 양쪽에서 붙여 모든 막대 사이 틈새로 밀어 넣는다(그림 4.40b). 또한 막대 사이를 짚흙 또는 경량짚흙 다발bundle("똬리braid")로 엮거나(그림 4.40d [80]), 막대를 짚흙 또는 경량짚흙 자재로 감쌀 수 있다(그림 4.40 c). 이 감싼 막대를 (아직 젖어있는 동안) 버팀대의 홈에 세로로, 또는 골조 사이에 가로로 꽂는다.

동일한 기법을 천장판ceiling panel 채움에도 사용한다(단원 4.3.4.1).

알맞은 막대를 충분히 구할 수 없는 경우에는, 약 10~15cm 간격으로 좀 더 멀리 배치 *placed further apart, at a distance of approx. 10~15cm*할 수도 있다. 이 기법은 버팀대 사이에 막대를 임의의 갯수로 꽂는다. 벽판의 너비를 확장하도록 유연한 나뭇가지(개암hazel, 고리버들wicker)를 막대기 사이에 가로로 엮어 조밀한 격자를 만든다. 짧고 굵은 나뭇가지는 최소한 막대 세 개에 걸쳐야 한다. 흙건축 자재를 시공하기 전에 전체 격자를 목조 벽판에 견고하게 고정했는지 반드시 확인해야 한다. 나뭇가지 대신 천연 섬유로 된 밧줄이나 줄로 격자를 만들 수도 있다.

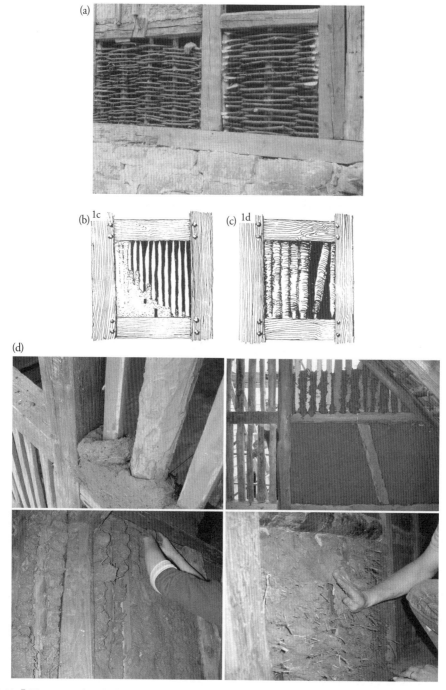

그림 4.40 흙목조 구조, 전통적 채움, 지지체. (a) 나뭇가지로 엮은 넓은 간격 막대 (b) 양면을 짚흙으로 씌운 좁은 간격 막대 [79] (c) 짚흙으로 감싼 막대("Weller") [79] (d) 짚흙 "따리[braid]"로 된 좁은 간격 막대 [80]

흙블록

주거건물은 노출 또는 미장한 흙목조 공법으로 지었다. 농업건물은 보통 채움재를 미장하지 않은 채로 남겨두었다.

흙블록 채움은 조적 건축과 똑같이 흙몰탈을 바닥에 깔고 쌓는다(그림 4.41 [51]). 채움의 실내 측은 흙미장으로 덮고, 풍화되는 외부 표면은 석회미장으로 마감했다. 바탕에 미장이 잘 붙게 하려면 블록의 몰탈 줄눈에 깊이 1cm로 홈을 판다.

때때로 흙블록 대신 현지에서 사용 가능한 다른 건축 자재를 썼고(예: 독일 북부 튀링겐주의 석회암[tufa][81]과 현지 돌), 조적용 흙몰탈을 사용해서 쌓았다.

중앙아시아의 전통 건축에서는 흙블록과 흙덩이("구발자[guvalja]")를 전통적 흙목조 건축의 채움재로 사용했다. 두 건축 자재 모두 오늘날까지도 신축 시 채움재로 사용한다(그림 4.42).

(2) 신규 건축물의 목조 채움

현대 목조 건축은 전통 흙목조 건축에 기반을 두고 있는데, 상당 부분을 사전제작하므로 시공 시간이 크게 줄었다. 목재 스터드[stud](샛기둥), 목재 골조, 목조 벽판을 쓰며, 적용한 내력 목재 골조의 구조 체계가 서로 다르다. 현대 목조 건축은 전통 흙목조 건축과 마찬가지로 목재 골조로 형성된 빈 곳[opening]을 흙건축 자재로 채운다. 흙채움은 비내력이며 보강 기능이 없다.

모든 신축 건물이 그렇듯이 이런 구조물은 독일의 에너지절감법 EnEV 2009[82](단원 5.1.1.2)의 세부사항을 반드시 준수해야 한다. 법규에 따르면 외기에 대한 외벽의 U값은 $0.28\text{W/m}^2\text{K}$ 이하여야 한다. 이 요건은 현재의 흙건축 자재로는 최대 허용 벽 두께 40cm 내에서 확실하게 맞출 수 없다. 따라서 별도의 단열층(대개 외부에)이 있는 다층 구조로 벽을 시공해야 한다.

그림 4.41 흙블록 채움 흙목조 구조 [51]

그림 4.42 전통 방식 흙덩이(guvalja)로 채운 목조 건축, 우즈베키스탄

2014년에 발간된 EnEV 개정판에서는 2021년 이후의 모든 신규 건축물이 "최저 에너지 소비 기준"을 충족해야 한다는 목표로 2020년까지 추가 진행할 것을 밝히고 있으나, 이런 상황에서 더 엄격한 U값을 부과하는 계획은 아직 표면화되지 않았다. 이제 건물에 불가피하게 인공 환기 및 공조용 첨단 장비를 설치해야 하며, 이는 결국 에너지 소비와도 연결된다. 거주자들이 이런 건물과 기술 장치를 전문가 도움 없이 어느 정도까지 관리할 수 있는지는 지켜봐야 한다.

흙건축 자재를 사용하면 여러 가지 온열 요건을 충족할 수 있다: 외벽에 경량토를 사용해 단열하고, 내벽과 천장에 "녹색green" 비소성벽돌을 축열체로 사용.

경량토 채움 목조 구조Timber-Frame Construction with Light-Clay Infill

용도. 이 건축 공법의 전신predecessor을 "흙골조 구조earth frame construction"라고 불렀다. 흙목조 구조는 특히 2차 대전 이후 동독에서 간단한 주거 및 농업 건물을 시공하는 "경제적 건축 기술"로 사용했다 [83]. 내력 골조는 껍질을 벗긴 둥근 목재나 재단한 목재로 만들었다(그림 4.42, 우즈베키스탄 참조).

이 건축 공법은 1980년대 중반부터 주로 주거건물의 신축(그림 4.43)에 사용되었고, 공공 건축 공사에도 적용했다(그림 4.11). 그러나 이 건축 공법은 외벽 단열에서는 EnEV[82]에 따른

1990년 독일 자르브뤼켄 보우스$^{Saarbrüken-bous}$ 주거건물 신축

그림 4.43 경량토 채움 목조 건축

(최소 요건 EnEV 2009: $U \leq 0.28\text{W/m}^2\text{K}$; 저에너지 주택 표준: $U \sim 0.20\text{W/m}^2\text{K}$) 현재의 요건을 충분히 충족하지 못한다. 추가 단열을 하더라도 표 4.9에 기재된(기준면: 중간 경간) 일부 건축 자재의 예시 값과 합리적 벽 두께($d \leq 40\text{cm}$)를 사용하면 이 요건을 수학적으로 맞출 수 없다. 때에 따라 다른 건축 부재와 "계산을 상쇄$^{trade-off}$"할 수 있다. 갈대판은 모세관 작용을 촉진하지 않으므로 습윤 상태로 시공한 경량목편토의 건조를 방해한다.

공정 및 시공. 경량토 건축 자재는 습윤 상태의 비정형 혼합물 또는 건조 상태의 블록 및 판재로 쓴다. 경량토를 젖은 상태에서 가공하는 것 때문에 여러 가지 단점이 생긴다: 내력 목재 구조체에 습기가 더 침투하고, 자재가 무거워 시공 중에 침하가 발생하며, 실내 벽면에 종종 달갑지 않은 곰팡이가 생긴다.

표 4.9 경량목편토 채움 목조 건축, U값 계산 예시

번호	벽 건축 자재	ρ_d [kg/dm^3]	λ [W/mK][a]	d [m]	d/λ [m^{2}K/W][a]	U [W/m^{2}K]
1	경량목편토	0.700	0.21	0.35	1.667	
2	내부 흙미장	1.500	0.65	0.02	0.031	
3	외부 석회미장	1.500	0.65	0.02	0.031	
4	d_{total}			0.39		
5	R_{se+si}				0.170	
6	$R_T = 1/U$ $= \sum d/\lambda + R_{se+si}$				1.729	
7	$U = 1/R_T$					0.578
	추가 단열 시					
8	경량목편토	0.700	0.21	0.35	1.667	
9	갈대판	0.225	0.056	0.05	0.893	
10	내부 흙미장	1.500	0.65	0.02	0.031	
11	외부 석회미장	1.500	0.65	0.02	0.031	
12	d_{total}			0.44		
13	R_{se+si}				0.170	
14	$R_T = 1/U$ $= \sum d/\lambda + R_{se+si}$				2.792	
15	$U = 1/R_T$					0.358 > $U_{필요}$ = 0.28

[a] Lehmanbau Regeln[8]에 따른 λ값

구조 골조 구조 골조의 필요 횡단면은 사각 목재 기둥이나 판재로 만든 내력 지지체와 기술적 관점에서 필요한 각재slat로 만든 비내력 중공 골조로 나눈다(그림 4.44 [84]).

　내력 골조 *load-bearing frame*는 반드시 풍하중과 모든 외벽 마감재 및 단열판을 지탱할 수 있어야 한다. 경량토 벽의 고정하중은 반드시 각 층의 구조 골조가, 또는 최대 높이 4m 이상에서는 구조 골조가 흡수해야 한다 [8]. 경량토 채움재가 탈락하는 것을 막기 위해 내력 골조의 지지 기둥 사이의 거리는 1m로 제한한다. 벽 개구부의 인방과 머리판은 사각 목재나 판재로 지지 구조에 결합한다. 수납장을 부착하는 수평 목재에도 똑같이 적용한다.

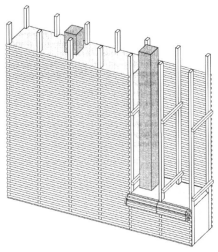

내력 중공 골조 [51, 84]

그림 4.44 경량토 채움 목조 구조, 주거건물 신축

중공 골조 *cavity frame*는 경량토 자재를 습식 시공할 때 계획한 벽체 치수를 정확히 보장하며, 인장 및 전단 저항을 수직 각재와 내력 기둥 사이에서(최대 거리 1.2m로), 그리고 바닥 및 천장으로 연결한다. 또한 임시 거푸집의 활주면sliding plane 또는 영구 거푸집을 부착하는 지지 구조체 역할도 한다(단원 3.2.2.1). 사용하는 흙건축 자재와 거푸집에 따라 비내력 중공 골조의 수직 각재를 약 35~40cm 간격으로 배치한다. 내벽 모서리에는 양방향에서 모이는 거푸집을 잡아주는 안정적인 단부 지지대가 필요하다.

기초/바닥과 벽, 벽과 천장, 벽과 지붕 연결을 계획할 때는 특히 주의해야 하는데, 건물의 외피를 관통하는 천장 장선, 도리purlin, 버팀재brace는 자칫 열교를 만드는 취약 지점이 될 수 있으므로 피해야 한다. 이런 취약 지점을 나중에 경량토로 채우거나 씌워서 수습하기는 어렵다.

또한, 단원 4.3에서 제시한 풍화와 방습 관련 일반 지침을 적용한다. 모든 내력 골조 작업을 완료하고 지붕을 임시로라도 씌운 후에 흙건축 작업을 시작해야 한다.

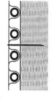

경량짚흙 시공   영구 거푸집으로 갈대자리 부착

그림 4.45 경량짚흙 채움 목조 구조 [51]

시공. 임시 거푸집에 수작업으로 **습윤 경량토 자재** *wet light-clay material*를 시공할 때, 거푸집 부재를 이동식sliding 거푸집 형태로 내력 및 중공 골조의 양쪽에 나사로 박거나 조인 후 흙건축 자재를 여러 층으로 넣고 가볍게 압축한다(그림 3.19).

영구 거푸집은, 우선 한쪽 골조(주로 외부 측)를 바닥에서 천장까지 친다. 거푸집은 나중에 미장 바탕이 되기도 한다. 다음으로 반대쪽을 갈대자리reed mat로 덮는다. 경량토를 넣는 작업을 진행하면서 자리mat를 줄기가 가로 방향이 되도록 펼쳐 (바닥 높이에서 시작해서) 중공 골조에 부착한다. 경량토를 압축하는 동안 밀려 떨어지지 않도록 꼭 유의해야 한다. 갈대자리도 미장 바탕으로 쓸 수 있다(단원 4.3.7.2).

갈대자리의 양쪽 가장자리를 중공 골조의 수직 각재에 부착해야 하며, 잇는 부분을 약 10cm 가량 겹친다. 아연 도금 결속선을 하부 구조체 위에 얹지 않고 대신 갈대 위에서 바깥면을 이루도록 해서(그림 4.45) 그 위에서 약 5cm 간격으로 중공 골조에 스테이플staple을 박는다. 스테이플도 길이 25mm 이상으로 아연 도금해야 한다. 결속선 m당 15개소씩 고정해야 한다.

경량토 배합물로 내력 및 중공 골조의 모든 수평 부분, 모서리, 빈 공간void, 벽판의 위쪽 경계를 완전히 덮거나 채워야 한다. 시공하고 건조한 후 주저앉은 부분에는 앞 또는 옆에서 경량토를 추가해 넣어야 할 수 있다. 건물 외피의 구멍이나 틈새는 단열을 감소시키고 결과적으로 건물의 실내 쾌적도를 저해한다. 결로가 발생하면 구조가 크게 손상될 수도 있다.

분사하는 방법으로 벽에 경량토를 채울 수도 있다(단원 5.3.3.2).

목조 건축의 "건식" 채움재로 **경량흙블록** *light-clay blocks*을 사용하려면 보통 중공 골조를 추가할 필요가 없고, 내력 기둥을 모든 방향에서 흙블록으로 표준 조적 시공법대로 둘러 쌓아서

그림 4.46 경량짚흙 채움 목조 구조, 단일층, 경량흙블록
조적. (*1*) 목재 골조 (*2*) 내부 흙미장 (*3*) 경량
흙블록 (*4*) 외부 석회미장

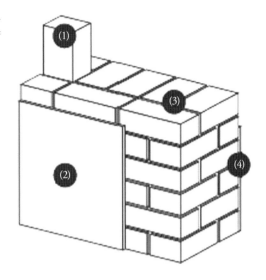

필요한 벽 두께를 만든다. 경량흙블록의 실내 측 표면을 실내 흙미장의 바탕으로 쓸 수 있다.
석회미장은 외부, 특히 비에 노출되는 표면에 적용해야 한다(그림 4.46).

건조. 유기섬유를 포함한 경량토 배합물을 습식 시공한 벽은 건조하는 데 공기 활동이 필수적
이다. 공기 활동이 없거나 불충분하면 벽 중심부 안쪽이 썩거나 실내 벽 표면을 따라 곰팡이가
생길 수 있다. 그러므로 짧은 시간에 완전히 건조하는 것이 중요하며(단원 3.3), 이것이 불가능
하면 인공 건조가 불가피하다. 이런 이유로 습식 시공한 경량토 벽체는 양면 건조에 지장이
없으면서 벽 두께가 30cm를 초과해서는 안 된다.

　(벽뿐만 아니라 목모판$^{wood\ wool\ panel}$ 및 갈대 같이 모세관 작용을 억제 또는 저해하는 자재로
된 거푸집에 바로 연결되어서) 한쪽 면에서만 건조할 수 있다면, 경량토를 습식 시공한 벽의
두께는 15cm를 초과해서는 안 된다. 모세관 작용이 좋은 재료(흙, 벽돌)에 연결된 경량토 벽의
두께는 최대 20cm이다 [8]. 특히 후자는 건조 단계에서 반드시 통기를 제대로 해야 한다.

　벽을 미장한다면, 경량토별 고유의 건조 시간을 반드시 지켜야 한다. 흙건축 부재의 함수량
이 10% 이하면 충분히 건조한 것으로 간주한다. 이는 대개 육안검사로 확인할 수 있다 [8].

경량짚흙 채움 목조 벽판Timber-Frame Wall Panels with Light Clay

용도. 지금까지 이 건축 기술은 북부 독일의 한 회사만이 주택 건설 분야에서 사용해왔다 [85].
생산자가 흙건축 자재의 최종 건조 용적밀도를 250kg/m³ 이상으로 지정했다.

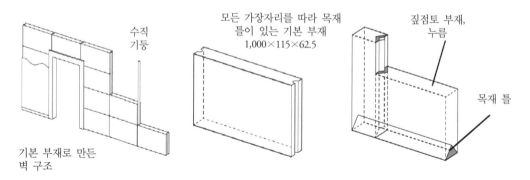

그림 4.47 경량짚흙 채움 중공 골조 공법, 단일층 [85]

공정 및 시공. 흙으로 뭉친 짚을 특수 압착기에서 판형으로 압축한 다음, 모든 가장자리에 목재 틀을 눌러 박는다. 이 틀을 다시 목재 기둥에 끼우는 방식으로 내력 벽체를 조립한다(그림 4.47). 벽 외부는 석회미장으로, 내부는 흙미장으로 마감한다.

이 건축 기법은 흙재료를 소량만 사용하며, 특히 스칸디나비아에서 널리 퍼져 있고 독일에서도 인기를 얻고 있는 스트로베일straw-bale 기법과 유사하다 [86].

흙 내장 다층 외벽 목조Multilayer Exterior Walls Made of Timber Frames with Integrated Earth Building Materials

갈대판(두께≤10). 이 기법에서는 갈대판을 부착하는 지지체 역할을 할 수 있도록 반드시 외벽 표면과 목조의 기둥 면이 맞아야 한다. 갈대판 반대편 실내 측에서 목재 기둥의 세 면을 흙건축 자재로 완전히 감싸서 시공한다. 갈대판은 젖은 흙건축 자재의 건조 과정을 억제한다. 따라서 습윤 경량토 배합물 대신 건조 흙블록을 사용해야 한다.

실내 경량흙블록 층이 있는 셀룰로스 섬유 단열재 채움 목조 구조 *cellulose fiber insulation used as infill material of a timber-frame construction with an interior layer of light-clay blocks*(그림 4.48a [87]). 벽판 옆쪽 경계면에 외부에서는 연질목 섬유판을 덧붙이고, 내부에서는 흙블록 층과 목재 기둥의 면이 서로 맞도록 조적용 흙몰탈로 쌓는다. 이 층은 약 50cm 간격으로 목재 기둥에 고정한다. 이는 좋은 실내 흙미장 바탕인 것은 물론 조적을 노출하는 것으로 계획할 수도 있다(그림 4.48b [88]).

결과적으로 생긴 공간에 공압 장비로 셀룰로스 섬유를 채운다. 목조 벽판 위쪽 가장자리에서 연질목 섬유판에 구멍을 내서 여기를 통해 섬유를 채운 후 다시 막는다. 목재 골조에 부착

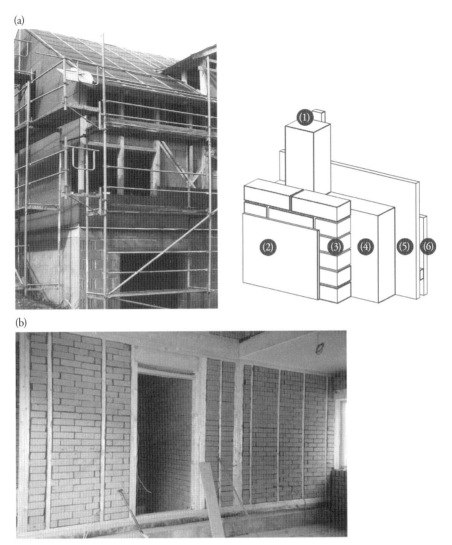

그림 4.48 목조 구조, 다층 외벽. (a) A 방식: 내부 흙미장 (*1*) 목재 골조 (*2*) 내부 흙미장 (*3*) 경량흙블록 조적 (*4*) 셀룰로스 섬유 단열 (*5*) 목섬유 단열판 (*6*) 후면 통기 목재 마감재. (b) B 방식: 노출 조적, 내부 [88]

한 배면 통기^{rear-ventilation} 목재 마감재가 외부 단열층을 잘 보호하고, 최종 입면층을 형성한다.

앞에서 설명한 벽 구조는 EnEV 2009[82]은 물론 저에너지 주택 표준(기준면: 중간 경간, 표 4.10)의 온열 요건을 충족한다.

이 기법을 완전 건식으로 적용하면 실내 흙블록 층을 흙판으로 대체할 수 있었다. 얇은 흙판재($d \sim$3cm)는 표준 철물로 목재 기둥에 부착한다; 두꺼운 흙판재($d \sim$8cm)는 접착제로 붙이거나 건식으로 시공하고서(촉과 홈^{tongue and groove}) 목재 기둥에 일정 간격으로 고정한다.

표 4.10 실내 흙블록 층 목조 구조, U값 계산 예시

번호	벽 건축 자재	ρ_d [kg/dm³]	λ [W/mK][a]	d [m]	d/λ [m²K/W][a]	U [W/m²K]
1	목재 마감재	0.60	0.130	0.02	1.538	
2	환기층			0.04		
3	목재 섬유판	0.20	0.048	0.02	0.417	
4	셀룰로스 섬유 단열	0.60	0.040	0.14	3.500	
5	경량목편토 조적체	1.00	0.35	0.115	0.329	
6	내부 흙미장	1.50	0.65	0.02	0.031	
7	d_{total}			0.355 (0.315)		
8	R_{se+si}				0.170	
9	$R_T = 1/U$ $= \sum d/\lambda + R_{se+si}$				5.985	
10	$U = 1/R_T$					0.167 < 0.2

[a] Lehmanbau Regeln[8]에 따른 λ값

셀룰로스 단열재 대신 λ값(~0.04W/mK)이 유사하고 지속 가능한 다른 단열재를 사용할 수 있다.

흙블록 내장 목조 벽판 *timber panel construction with an integrated layer of earth blocks*. 여러 조립식 목조 주택 생산자들이 실내 축열층을 조성하기 위해 흙블록("녹색green" 비소성벽돌 선호)을 외벽에 내장하는 방식의 벽체를 발전시켰다. 알맞은 구조 시스템은 주로 완전히 사전제작해서 현장에서 시공하는 목조 벽판timber panel 구조이다.

실내 측을 "채우지 않은open" 벽 부재를 공급하면, 자가 건축자들이 전문 지침대로 직접 "녹색"벽돌을 시공할 수 있다. "녹색"벽돌을 표준 조적 접합법에 따라 몰탈을 쓰지 않고 길이 면으로 세워서 쌓는데, 수직 기둥에 약 50cm 간격으로 각목을 가로로 붙여서 벽돌을 고정한다.

벽에 미장을 바르려면 흙블록의 마구리 줄눈을 약 5mm 정도 "벌려서open" 쌓는다. 이렇게 하면 미장이 벌어진 줄눈에 맞물려서 덧마감lining과 안정적으로 결합한다. 미장은 두 겹으로 시공하고, 초벌 미장이 아직 젖어있는 동안 강화망을 매입해야 한다.

건식벽 마감drywall cladding 방식(예: 얇은 경량흙판재 사용)을 계획한다면 흙블록을 세워서 쌓아야 한다(그림 4.49 [52]). 고정 각목의 깊이가 쌓은 흙블록의 높이보다 살짝 얕아서 외장판이 블록에 딱 달라붙도록 시공해야 한다.

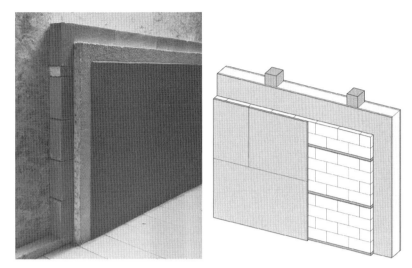

그림 4.49 흙블록 내장 목조 벽판 구조

비내력 칸막이벽Non-Load-Bearing Partition Walls

흙건축 자재로 만든 비내력 칸막이벽은 단일층 또는 다층으로 시공할 수 있다. 충분히 견고하고 안정적인 전단벽이어야 하며, 주변의 내력벽에 인장 및 전단 저항을 연결해야 한다.

흙블록 조적. 흙블록은 조적용 몰탈로 표준 조적 접합법대로 쌓는다(그림 4.38에 따라). 조적체 위에 미장을 하려면 줄눈에 1cm 깊이로 홈을 파야 한다. 종종 디자인 목적으로 조적체를 그대로 노출한다.

흙판재 칸막이벽. "얇은" 흙판재는 각목으로 만든 지지 구조체의 양면에 표준 철물을 써서 부착하는데, 판의 연결부가 엇갈리도록 해야 한다. 그리고는 안쪽 공간에 단열한다(그림 4.50 [52]). 강화용 그물망 띠를 연결부 위에 놓고 마감용 미세 흙미장을 붓칠한다. 건조 후에 전체 면을 미장한다(그림 4.70).

  "두꺼운" 흙판재는 자체 지지가 되며, 홈이음으로 가장자리를 끼운다. 흙판은 밀어 끼워서 running bond 지지턱 위에 세워(그림 4.51 [89]) 몰탈 없이 연결한다. 시공 전에 점토광물의 접착력을 활성화하기 위해 연결부위를 적신다. 접착제나 몰탈을 얇게 펴 바르는 방법을 쓰는 것도 가능하다. 판을 표준 철물(못, 나사)로 다른 (내력)벽과 연결할 수 있다.

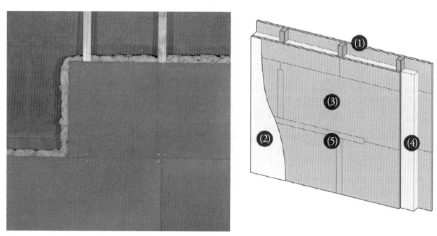

양모sheep wool로 단열

그림 4.50 비내력 칸막이벽, "얇은" 흙판재를 목조 구조에 부착, 단열 처리 [52]. (1) 내력 골조 (2) 흙미장 (3) "얇은" 흙판재 (4) 단열재 (5) 강화망

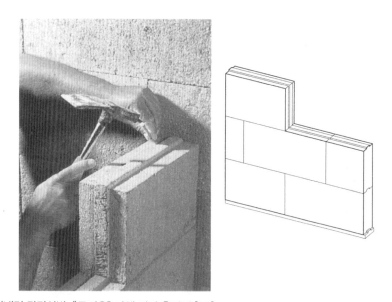

그림 4.51 비내력 칸막이벽, "두꺼운" 자체 지지 흙판재 [89]

덧마감판lining panel

크기 약 150×80cm, 두께 8cm 이상인 흙다짐 덧마감판은 일괄 설치 방식으로 사용할 수 있다. 점토 접착제로 기존 벽체에 부착하고 연결부에 고운 흙다짐 배합물을 도포한다. 이 제품은 주로 실내 공간과 관련된 열과 미관 요건을 충족한다.

4.3.4 천장

천장은 구조체에서 보통 보강 격벽diaphragm 역할을 하며 실의 위쪽 경계를 형성한다. 천장은 고정하중을 부담하고 윗쪽 방의 적재하중을 벽으로, 이어서 기초로 전달해야 한다. 구조적 기능 이외에도, 천장은 열 쾌적성 요건을 충족해야 한다.

흙건축 자재는 전통적으로 목조천장timber beam ceiling에서 천장 장선 사이 막대판stake panel에, 또는 천장 장선 위에 얹거나 사이에 끼운 깔판sheathing 위에 펼쳐 얹어서 사용했다. 천장 아랫면에서는 덧판이나 미장층이 보이게 만들고, 윗면은 바닥(바닥판 포함)을 형성한다(부속 건물에서는 생략도 가능).

흙건축 자재를 사용한 목조천장은 흙, 벽돌, 자연석으로 만든 내력벽 구조에 사용했는데, 주로 흙목조 건축에 사용했다.

현대 목조 건축과 함께 목조천장과 그 전통적 건설 원리가 다시 점차 인기를 얻고 있다. 단원 4.3에서 설명하는 흙건축 부재의 계획과 시공 일반 원리에 따라 현대 흙건축 자재로 건설한다.

목조천장은 다음으로 나눈다:

– 갈비살slatted 목조천장
– 삽입insert 천장
– 얹은overlay 천장

목재 늑간판slat panels의 위치 또는 깔판이 천장 장선과 만나는 높이에 따라 갈비살 목조천장과 흙삽입천장을 "반half" 또는 "온full"으로(그림 4.52) 구분할 수 있다. 반 *half* 천장이라는 용어는 구조 골조의 높이가 천장 장선 높이의 대략 아래쪽 1/3~1/2 사이에 있는 천장을 말한다. 장선의 바닥면과 측면 하단이 보이도록 놔두거나 마감재로 완전히 씌울 수 있다. 온 *full* 천장은 천장 장선의 바닥면만 보이며, 이 역시 미장하거나 마감재로 씌울 수 있다. 얹은 *overlay* 천장은 흙건축 자재를 지탱하는 목재 갈비살이나 깔판이 천장 장선 위에 위치한다.

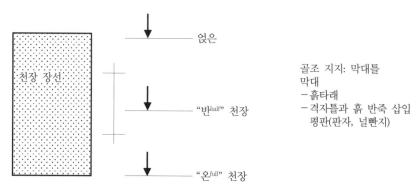

그림 4.52 목조천장의 흙건축 자재, 흙건축 자재에 대한 구조 지지 골조의 위치

4.3.4.1 갈비살 목조천장

벽체에서 벽판과 유사하게, 막대(소나무 또는 경질목재로 만든 지름 4~12cm의 둥근 목재(쪼갠 것도 가능))와 각재(3×5~4×6cm)가 갈비살 목조천장에서 흙건축 자재를 붙들고 있는 구조 골조를 구성한다. 천장 장선에 판 홈에 옆으로 끼워 넣거나, 천장 장선의 측면에 붙인 받침 졸대support batten 위에 올려놓거나, 천장 장선 위에서 못을 박는다.

적합한 흙건축 자재는 짚흙, 경량짚흙, 비다짐 채움재로 쓸 수 있는 부을 수 있는 건축토이다. 갈비살 목조천장을 말리는 동안은 그 위에서 걸어 다니면 안 된다.

갈비살 목조천장은 흙타래earth reel천장과 심lath and plaster천장으로 나눌 수 있다.

(1) 흙타래천장

흙타래천장은 수 세기 동안 독일의 표준 천장 공법을 대표했다. 오늘날 이 공법의 설계 및 시공과 관련된 지식과 기술은 주로 건축물 복원 분야에서 필요하다.

흙타래천장 건축은 굵기 4~6cm인 막대를 긴 짚으로 감싸고 질척한 흙 배합물을 입히는 것이다. 우선 짚을 "따리braid"로 꽈서 액형liquid~질척한paste-like 연경도로 준비한 흙 배합물에 담근다(그림 4.53). 짚을 자리mat 형태로 펼쳐서 흙을 씌운 다음 두 가지 자재를 막대에 감아서 "말이roll"로 만들 수도 있다. 긴 짚은 사용하기 전에 미리 물에 담가놓아야 한다. 호밀, 귀리, 보리 같은 연한 짚이 적합하다.

젖은 타래를 천장 장선에 파놓은 홈에 옆에서 끼워 넣고 밀어서 서로 밀착시킨다. 홈 대신 천장 장선의 측면에 졸대batten를 부착하고 그 위에 흙타래를 얹을 수도 있다. 타래의 위치에 따라 타래와 천장 장선의 위쪽 가장자리 사이의 공간을 부을 수 있는 건축토(특정 요건 없음) 또는 다른 자재로 채울 수 있다.

타래를 감싸기 전에 막대가 천장 장선 사이에 맞도록 천장 내 공간^{cavity} 폭으로 자른다. (습윤 상태로 서로 밀어 넣어 시공한) 타래가 천장 공간에 딱 맞게 하려면 건조 후에 목재와 흙이 수축하므로 약간 길게 자른다. 반면에 막대가 너무 길어서 천장 장선의 위치를 변경시키지 않도록 하는 것이 중요하다. 표준하중을 전달하려면 미터당 타래 8개면 충분하다 [8].

천장 구조체에서 흙타래 위치에 따라서 온, 반, 얹은 흙타래천장을 구분할 수 있다(그림 4.52). 천장 장선 사이 거리는 약 1m이다.

온^{full} 흙타래천장은 타래의 아랫면을 장선 아래쪽 가장자리와 맞추어 타래를 천장 장선 아래쪽 1/3에 끼우거나 얹는다. 천장 장선의 바닥면에 마감 (흙)미장이나 마감재를 씌우고, 타래 위의 공간은 부을 수 있는 건축토나 기타 재료로 장선 윗쪽 가장자리까지 채운다.

흙타래 감싸기 및 천장 공간에 끼워 넣기

그림 4.53 흙타래천장

반half 흙타래천장은 타래의 윗면을 장선 위쪽 가장자리에 맞추어 타래를 천장 장선 위쪽 1/3에 끼우거나 얹는다. 이 위치 차이 때문에 반 천장이 온full 흙타래천장보다 가볍다. 천장 장선 하단은 보이는 채로 두며, 천장판panel은 마감재나 (흙)미장으로 마감한다.

얹은 overlay 또는 펼친 stretched 흙타래천장은 8~12cm 굵기의 막대를 짚흙 따리로 감아서 천장 장선 위에 놓고 못으로 부착한다. 천장의 아랫면은 보통 마감재를 씌웠다.

흙타래천장의 특별한 유형으로 교차천장crossed-stake ceiling이 있는데, 응력을 많이 받고 경간이 약 5m 이상인 천장에 사용했다(그림 4.54 [53]). 이런 천장은 시청, 식당, 대표적 주거건물에서 볼 수 있었으며, 흔히 천장 장선과 판에 장식이 있었다.

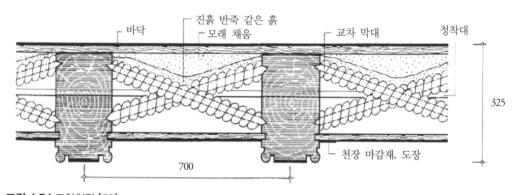

그림 4.54 교차천장 [53]

교차 막대는 짚흙으로 감싸고 각도를 엇갈려서("십자형으로") 설치했고, 간격을 최대 2m 또는 더 가깝게 했다. 시공은 천장 장선에 홈을 파서 끼워 넣거나 못을 박았다. 간격을 바짝 붙이면 교차한 막대들 사이에 움푹한 곳이 생긴다. 여기에 흙반죽 같은daub-like 재료를 바르고 구운 모래나 부을 수 있는 흙자재로 천장 장선의 맨 윗면까지 채웠다. 천장의 아랫면은 대개 마감재로 마무리했다.

십자형 막대 배치는 천장 공간 안에서 격벽 효과diaphragm effect가 더 커서 천장 하중을 가로질러 분산시키기 좋았다. 강철 결착대tie rods도 약 2m 간격으로 삽입했는데, 이는 (습윤 상태로 설치한) 막대의 길이가 건조 후에 줄어들면 격벽 효과를 더욱 증가시키거나 유지하는 데 도움이 되었다. 천장 장선 사이의 거리는 1m 미만이다.

(2) 심천장[7]

가는 막대, 각재, 둥근 목재를 켜서 만든 틀을 2~6cm 간격으로 부착해서(격자틀[lath], 외(桅)) 다음과 같은 방법으로 사용한다: 천장 장선 위에 못으로 박고, 천장 공간의 홈에 꽂고, 측면 받침대 위에 끼우거나, 천장 장선의 아랫면에 부착한다(그림 4.55 [52]). 갈비살 목조천장과 마찬가지로 심(心)천장도 "반", "온", "얹은" 천장으로 나눌 수 있다(그림 4.52).

흙타래와 달리, 장섬유 짚흙이나 경량짚흙을 격자 모양 틀에 올리고 목재 사이 틈으로 밀어 넣는다. 격자틀 아래로 늘어진 울룩불룩한 굴곡[curls]을 아래에서 목재로 밀어 올려붙여 평활하게 고른다. 건조 후에 천장 또는 천장판의 아랫면은 흙미장으로 마감한다.

격자틀 각재의 아랫면도 격자틀 미장재를 바를 수 있다. 그런 다음 천장 장선의 윗쪽 가장자리까지 공간을 짚흙이나 경량짚흙으로 채우고 가볍게 압축할("채워진[stuffed]") 수 있다. 심천장[Lath and Plaster Ceilings]은 특별히 임시 거푸집을 사용해서 시공할 수도 있다. 이 방법은 적당한 섬유 재료를 쓸 수 없거나, 흙자재의 응집력이 충분하지 않아서 늘어지는 짚흙 굴곡을 고를 수 없는 경우에 적용해야 한다. 흙건축 자재가 마르고 난 후에 천장 아랫면을 미장한다.

4.3.4.2 삽입천장

삽입천장은 독일에서 19세기에 매우 흔했는데, 천장 장선 사이에 판자[board], 널빤지[planks], 평판[slab]이 있었다. 판자는 장선 측면에 판 홈에 끼워 넣거나 부착한 받침대 위에 얹었다(그림 4.56 [52]). 흙타래천장과 마찬가지로, 흙삽입천장도 끼워 넣는 위치에 따라 "온", "반" 천장으로 계획할 수 있다. 깔판과 장선은 종종 장식으로 꾸미기도 했다. "중첩[overlapped]" 깔판은 디자인 요소

그림 4.55 "반[half]" 심천장 [52]

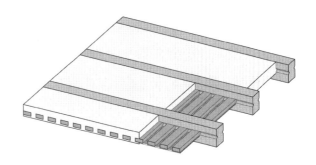

7 　목재 기둥 사이에 나뭇가지로 외(桅)를 엮어 세운 후 흙을 붙여 마무리하는 심벽(心壁)과 같은 원리로 형성한 천장. 목재로 만든 격자틀에 짚흙 또는 경량짚흙을 채워넣는 구성 원리가 심벽과 동일하다.

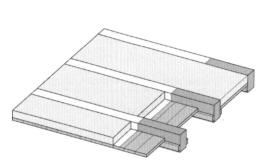

방수지 위에 "녹색" 비소성벽돌로 천장 공간 채움

그림 4.56 "반half" 삽입천장 [52]

인 동시에 경제적인 건축 기술을 대표한다. 너비 약 10cm의 평평한 판자를 아래층으로, 거칠게 켠 평판을 위층으로 사용했는데, 사이에 간격을 두고 나란히 얹거나 겹쳐지게 얹었다.

삽입 지지면(일명 "죽은 바닥dead floor")은 건조하거나 습윤한 흙 또는 기타 재료의 비다짐 채움재로 덮었다. 건조하고 푸슬푸슬한 비다짐 채움재를 시공하기 전에 젖은 진흙 같은 재료를 깔판에 발라서 채움재가 아래 방으로 흘러내리지 않도록 했다. 젖은 채움재는 삽입 지지면 위에 먼저 건조한 짚을 한 겹 깔았다.

이런 천장판은 요즘에는 건조한 흙건축 자재를 채우기 전에 질긴 방수지를 완전히 씌운다.

바닥판floorboard은 대개 목조천장 상부 마감에 사용했다. 농업건물에서 삽입판 위에 경량토를 채운 천장은 짚흙이나 섬유를 첨가한 짚흙을 고름재로 깔아서 마감했다 [53].

4.3.4.3 얹은천장

현대 흙건축에서 흙건축 재료를 덮는 천장 설계 원리가 다시 한번 일반화되었다("펼친" 흙천장 참조, 단원 4.3.4.1). 얹은 흙천장earth overlay ceiling은 천장 장선 위에 얹은 깔판과 연이은 건조/습윤 흙건축 채움재 층으로 구성된다(그림 4.57a [52]). 젖은 흙건축 자재 때문에 내력 목조 골조 속으로 습기가 많이 침투해서 시공하는 동안 건조 시간이 더 길고 천장판이 더 무거운 단점이 있다. 자재는 압축해야 할 수도 있다.

오늘날에는 주로 건조 비다짐 흙채움, "녹색green" 비소성벽돌, 흙블록, 비강화 흙판재를 얹는 자재로 사용한다. 정형shaped 흙건축 자재를 사용할 때는 차음을 위해 연결부를 몰탈이나 모래로 완전히 채우는 것이 특히 중요하다. 흙건축 자재로 덮기 전에 깔판을 방수지로 완전히 덮어야 한다. 건조 비다짐 흙채움재를 쓰는 경우, 건물의 유효수명 내내 비다짐 채움재가 고르게 분포하도록 하려면 소위 벌집 바닥재honeycomb flooring 사용을 권장한다(그림 4.57b).

바닥 구조가 천장의 위쪽 경계를 형성하므로, 흙건축 자재 강도를 준수하고 차음 및 단열 측면의 모든 요건을 충족해야 한다. 흙건축 자재의 지지체로 사용하는 깔판은 구조 요건에 따라 치수를 정해야 한다.

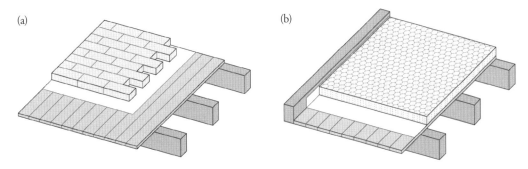

그림 4.57 흙건축 자재를 사용한 "얹은overlay" 천장 [52]. (a) 흙블록. (b) 자재의 이동을 방지하는 벌집 모양 바닥재로 비다짐 흙채움

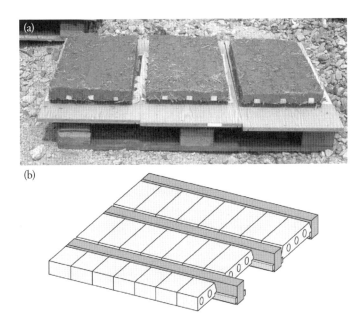

그림 4.58 천장용 사전제작 흙판. (a) "강화한" 흙판. (b) 삽입용 경량토 부재 [52]

4.3.4.4 흙천장판

천장 장선 사이의 공간을 사전제작한 짚흙 또는 경량짚흙판재로 채운다. 강화한 흙판은 내력용으로 사용할 수 있다; 강화하지 않은 흙판은 자중만 지지$^{\text{self-supporting}}$한다.

내력 흙판 내의 보강대(각재)는 장선 위에 얹거나, 장선의 측면 홈에 끼우거나, 붙인 받침대 위에 얹는다(그림 4.58a).

흙판재는 건식으로 시공해야 한다. 구멍이나 요철^{irregularity}은 흙몰탈, 경량토 자재로 채울 수 있다. 판의 아랫면은 미장하는 것이 좋다.

일부 생산자가 천장 삽입판도 판매하기 시작했다($d = 125$mm) (그림 4.58b).

4.3.5 지붕

지붕 구조는 건물의 위쪽 외부 경계를 이루며, 비, 눈, 바람, 햇볕과 같은 기상 요소에 직접 노출되므로 지붕의 계획, 설계, 건설 시 특히 단열, 차음, 내화 측면에서 특별히 주의해야 한다.

일반적으로 두 가지 구조 부재가 지붕 구조를 구성한다: 지붕하중(외피, 바람, 비, 혹시 모를 적설하중, 단열재)을 감당하는 **지지 골조** $supporting\ framework$ 및 **외피** $outer\ skin$(빗물 및 일사 방어, 기밀성). 또한 외피는 방습층으로 덮을 수 있다. 온대 기후와 냉대 기후에서는 지붕에 단열이 필요하다. 하부 구조 및 외피는 단일층 또는 다중층으로 설계할 수 있다.

지붕 구조는 열 성능 외에도 미적 요건을 충족해야 한다. 특히 전통 건축에서는 **지붕 형태** $roof\ shape$와 재료 선택이 건물의 시각적 외관을 결정하고 풍경을 특징짓는다. 다양한 기후조건과 지역의 건축 전통이 다양한 지붕 형태의 발달을 이끌었는데, 일반적으로 다음과 같이 나눌 수 있다:

− 평지붕$^{\text{flat roof}}$(경사 < 10°)
− 경사지붕$^{\text{pitched roof}}$(일면 경사지붕$^{\text{shed roof}}$, 박공지붕$^{\text{gable roof}}$, 모임지붕$^{\text{hip roof}}$, 다각지붕$^{\text{pavilion roof}}$)
− 곡면지붕$^{\text{curved roofs}}$(볼트^{vault}, 돔^{dome})

흙건축 자재로 만든 지붕 구조는 자재가 물에 민감한 것이 특히 문제이다. 따라서 이런 지붕 건설 방식은 습한 기후에서는 불가능하고 온대 기후에서는 적용이 제한된다. 두 지역의 지붕은 많은 양의 빗물을 빠르게 배수할 수 있도록 대개 기울인다. 덥고 건조한 기후에서는 강수량이 적어 대체로 이런 것이 필요하지 않다. 평지붕은 강한 태양 복사에 대한 적절한 축열체 및 열 완충체 역할을 하는데, 적은 양의 목재로 설계할 수 있다. 곡면지붕은 목재를 사용하지 않고 전체를 시공할 수 있어서 목재가 귀한 이런 기후대의 전통 건축에서는 큰 이점이다.

4.3.5.1 경사지붕

중부 유럽의 전통 건축에서, 흙건축 자재는 주로 경사지붕의 안쪽 부분에 사용되었으며 다음과 같이 분류할 수 있다.

－서까래rafter 단열(그림 4.59b)

－구조용 지붕 골조의 지지면 앞 칸막이벽(그림 4.59a [83])

　단원 4.3.4.1~4.3.4.3에서 설명했던 갈비살 목조천장과 흙삽입천장 방식을 사용하여 서까래 사이에 경량토 단열재를 시공할 수 있다. 그림 4.59a에서 보는 경량짚흙판재를 사용한 지붕 단열 기법은 수직 경량토 채움 목조 구조로 설계한 비내력 칸막이벽으로 변화한다. 요즘에는 사전제작 경량짚흙판재를 서까래 삽입물로 사용할 수 있다.

　지붕 외피에 결함이 생겨서 경량토 층에 습기가 침투하면 단열 효과가 떨어지며, 누수는 수리하기가 매우 어렵다. 처마 도리에서 서까래를 지지하는 면(접합보bond beam, 상부재top plate)을 나중에 추가하기도 했었는데, 이것이 인상적인 문설주 벽jamb wall을 형성했다. 그러나 이런 기법은 다락에서 사용할 수 있는 바닥 공간도 줄였다.

　흙건축 자재는 내수성이 약해 빗물이 직접 닿는 경사지붕의 외피로 사용하는 데 한계가 있다. 그러나 제2차 대전 이후 독일에서는 전반적으로 세라믹 건축 자재와 콘크리트가 부족해서 흙건축 자재를 지붕 구조체에 사용하는 여러 저비용 건축 공법을 개발했다.

(1) 경량토 평지붕

[90]에서 설명했던 지붕 구조는 구조용 골조 측면에서 두 가지 다른 공법을 사용해서 건설할 수 있었다: 경사도 5~35°인 목재 도리 지붕 또는 경사도 5~18°인 "응력보강prestressed wire 콘크리트 뤼더스도르프Rüdersdorf 방식(Stahlsaitenbeton, System Rüdersdorf)". 이 두 공법 모두 그림 4.59와 동일 방법으로 서까래 사이에 사전제작 경량흙판재를 끼웠다. 판의 크기는 32×약 70×12cm 였다. 시공 후 판 표면에 두께 2cm로 지붕 외피 m²당 보리겨 2.5kg로 개량한 "경질 흙고름재earth screed"를 덮었다. 흙고름 층은 건조 후에 기름으로 방수 처리했다.

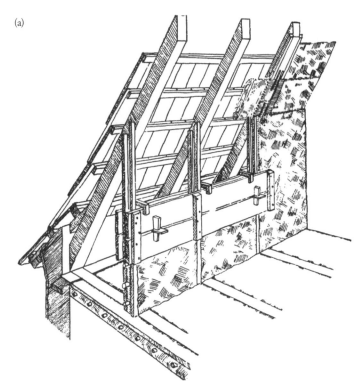

그림 4.59 경량토를 사용한 지붕 및 다락방 마감. (a) 삽입 흙판재를 사용한 지붕 단열, 경량짚흙 채움 목조 칸막이벽.
(b) 두께 5cm 갈대판과 위에 비다짐 경량짚흙을 채운 지붕 단열

(2) 흙널지붕

흙널지붕은 DIN V 18957에서 건축 공법으로 규제하고자 했고, 그 적용 분야를 "개방 구조 건축 공법을 사용하는 농업건물"로 제한했다.

흙지붕널은 줄기가 긴 짚 한 겹으로 구성했다. 이를 가로 경계면이 있는 너비 60cm 작업대 위에 펼쳐 놓는데, 약 7cm 두께의 짚 층을 작업대의 앞 가장자리 너머로 약 40cm 튀어 나가게 했다. 작업대의 가로 경계면에 판 홈에 작업대 가장자리와 평행하게 일명 널막대$^{shingle\ stick}$를 끼워 넣어 고정했다. 두께 1.5cm의 흙몰탈 층을 널막대에서 시작해서 짚 층 위에 길이 25cm 이상으로 편 다음에, 내밀었던 짚을 널막대 위로 접어서 몰탈 면에 눌렀다. 다음으로는 두 번째 널막대를 작업대의 가로 경계 반대쪽에 있는 홈 2개에 끼워 넣어 짚의 위치를 유지했고, 이후 두 번째 흙몰탈 층을 약 70cm가 넘는 길이로 깔았다. 이 흙몰탈 층은 짚을 서로 충분하게 "접착"하는 기능을 했다. 매입한 널막대는 지붕널을 지붕의 구조 골조에 부착하는 데 사용했다.

흙지붕널(60×100cm)은 건조 후 구조 골조 위에 세 겹으로 겹쳐서 부착했고, 최소 두께는 20cm였다. 외부에서는 초가지붕처럼 기능했으나, 내부 "접착층"은 흙몰탈로 연속면을 형성해서 물이 침투할 때 팽창해서 물이 더 멀리 이동하는 것을 억제했다.

4.3.5.2 평지붕

흙건축 자재로 만든 평지붕은 대부분 천장과 같은 방식으로 구조체에서 보강 격벽 역할을 한다. 건축 부재로서는 두 가지 기능을 한다:

－**지붕** *roof*으로서, 건물의 위쪽 경계를 형성하고, 구조와 온열 요건을 충족하고, 내후성이 있어야 한다.

－**천장** *ceiling*으로서, 덮고 있는 방의 위쪽 경계를 형성한다.

오늘날 흙건축 자재로 만든 평지붕은 북아프리카, 아라비아, 중동, 중앙아시아, 인도의 덥고 건조한 지역의 전통 건축에서 특히 보편적이다. 이런 구조는, 지붕으로서는 보통 위에서 걸어다닐 수 있고 천장으로서는 언제나 예술적 조형의 대상이었다.

흙평지붕의 지지 구조와 천장의 지지 구조는 유사하다(단원 4.3.4). 원형, 사각 목재 또는 두꺼운 판^{boards}으로 만든 천장 장선이 내력 골조를 구성한다(그림 4.60 [74]). 경간이 더 길면 천장 장선을 추가적인 지지 기둥이 있는 하중 분산용 교차보^{crossbeam} 위에 얹는다.

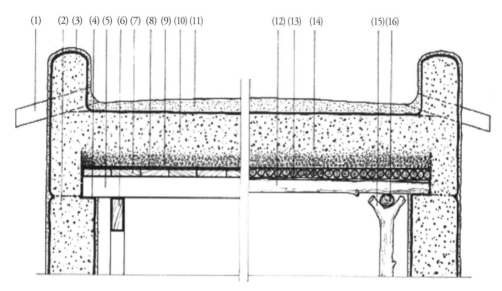

그림 4.60 흙건축 자재를 사용한 전통 평지붕, 지지구조, 기본 설계 [74]. (*1*) 현지에서 구할 수 있는 재료로 만든 지름 약 75mm, 길이 400~500mm 배수관, 벽에서 충분히 이격해야 (*2*) 두께 250~300mm 흙다짐벽, 안정 시킨 흙으로 미장하고 회칠limewash로 마감 (*3*) 두께 200mm 높이 300mm 난간벽, 안정시킨 흙으로 미장하 고 회칠로 마감 (*4*) 역청질 펠트felt 지붕재를 깐 장선 지지면 (*5*) 100×50mm 장선, 중심선 기준 750mm 간격 (*6*) 150×75mm 교차보, 중심선 기준 750mm 간격인 75×75mm 기둥으로 지탱 (*7*) 천장판board (*8*) 이중 방수층, 역청질 펠트 지붕재/역청에 담근 부직포 자리burlap mat (*9*) 두께 50mm 역토(礫土) 혼합물 (*10*) 최대 두께 200mm 사질토(沙質土) 혼합물 (*11*) 안정시킨 두께 50mm 흙고름재, 배수용 경사 2% (*12~16*) 통나무log 변용 예시

천장 장선 위에 판 또는 막대(대나무나 갈대도 사용)로 깔판을 깔고(그림 4.61), 입자가 굵은 흙자재를 넣고 압축한다. 더 나은 밀봉sealing 효과를 얻기 위해서는 위쪽으로 갈수록 흙자재의 세립자 함량을 늘려야 한다. (신선한 소똥, 역청 등으로) 안정시킨 고운 흙고름재를 최종 "외 피"로 얹고 평활하게 한다. 최신 지붕 구조에서는 깔판과 반죽한 흙 사이에 차수층(플라스틱 막)을 넣는다.

외벽 위에 난간벽parapet wall을 설치해 평지붕의 측면 경계를 만든다. 최상층 고름재 높이에서 난간벽에 틈새를 만들어 매입한 빗물 배출구sprouts를 밖으로 충분히 내민다(그림 4.62). 고름층 이 배수관 쪽으로 경사지게 한다. 강수가 드물지만 고름층과 배수관은 정기적으로 관리해야 한다. 평지붕은 누수가 잘 되는 경향이 있어서 반드시 자주 수리해야 한다(단원 5.3.3.3).

덥고 건조한 지역에서는 전통적 흙평지붕이 실내 기후 측면에서 최적이다: 중량 지붕은 낮 동안 열을 저장하고 나중에 서늘한 아침 시간 동안 건물 내부로 그 열을 방출한다.

그림 4.61 흙건축 자재를 사용한 전통 평지붕, 천장 **아랫면 모습** *bottom view*

그림 4.62 흙건축 자재를 사용한 전통 평지붕, 배수관

그러나 지진 지역에서 (건물 최상부의 질량이 큰) 이런 무거운 지붕 구조는 거주자에게 잠재적인 위험을 초래한다. 천장과 마찬가지로, 평지붕의 구조 부재는 일반적으로 정착이나 하중 분산용 접합보 없이 벽의 갓돌coping 위에 직접 얹는다.

그림 4.61의 설계 원리대로 막대 엮기stick webbing 방식을 흙평지붕 구조와 결합해 "가짜 돔false

^{dome}"을 만들면 질량을 줄일 수 있다(단원 4.3.5.3): 대략 정사각형인 방에서 시작하면, 방의 수직면에 사선으로 구석에서부터 막대를 쌓기 시작한다. 새로 위층을 쌓을 때마다 90°로 돌려서 쌓고, 완전히 덮을 때까지 방의 중앙을 향해 내밀어 쌓는다^{corbelled}. 반죽한 흙자재를 맨 위층에 덮어서 막대 엮기 구조를 안정시킨다.

엮은 돔의 "쐐기돌^{keystone}"로 유리를 끼워서 창문이 없는 실내로 자연광을 유입한다.

4.3.5.3 곡면지붕

흙블록으로 만든 돔과 볼트 구조는 평지붕과 유사하게 하나의 건축 부재가 "지붕", "천장", 심지어 종종 "벽"의 기능까지도 통합한다. 중간에 천장을 계획할 수도 있다. 볼트 *vaults*는 하나의 축을 따라 휜 구조물(높이가 낮은 것은 덮개^{caps}라고 부른다)이고, 돔 *domes*은 두 축을 따라 휜다 (그림 4.63a [91]).

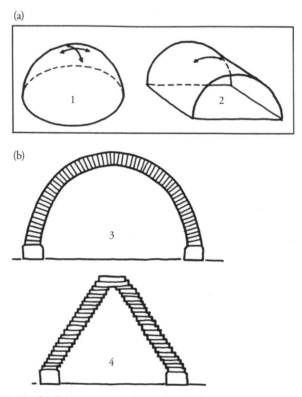

그림 4.63 곡면지붕 건설, 원리 [91]. (a) 곡면, (*1*) 이중 곡면, 돔; (*2*) 단일 곡면, 볼트. (b) 흙블록 쌓기; (*3*) 경사진 단 (*4*) 내밀어 쌓은 단

(1) 기본 유형

아랍 이슬람 문화의 전통 흙건축에서는 흙블록을 조적하는 공법이 보편적이다. 돔과 볼트에
사용한 흙블록의 공간 배열을 방사형radially 및 내물림형corbelled 쌓기로 나눌 수 있다. 첫 번째 공
법은 바닥면 접합부를 **방사형으로** *radially* 또는 포물선 중심점을 기준으로 배열한다. 두 번째 공
법은 의도한 건물 높이에 도달하고 공간을 구획할 때까지 흙블록을 매 단마다 안쪽으로 몇
센티미터씩 내밀어서 쌓는다(내물림 쌓기). 바닥면 접합부는 **수평을 이루고** *horizontal* 있다(그림
4.63b) [91~93].

그림 4.64는 두 가지 기본 유형(볼트와 돔)은 물론 두 공법을 조합한 매우 다양한 전통 곡면
지붕의 사례를 보여준다.

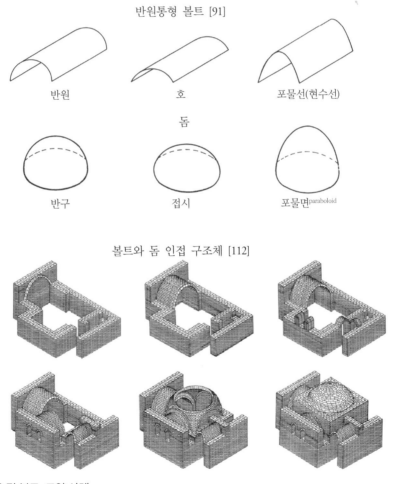

그림 4.64 돔 및 볼트, 모양 사례

흙블록의 수평 바닥 접합면을 내밀어 쌓아 형성한 포물면의 기본 형태

그림 4.65 흙블록 돔과 볼트, "가짜" 돔, 시리아의 전통 "벌집" 주택 [94]

그림 4.65는 포물면으로 공간을 구획하는 예시로 북시리아의 전통 "벌집" 주택을 묘사한다 [94]. 흙블록을 내밀어 쌓고 바닥면 접합부가 수평선 상에 있다.

햇볕에 말린 흙블록으로 만든 단일 및 이중 곡면 구조물 건축술을 현재의 이집트와 수단에서 이미 4,000년 전에 알고 있었다는 증거가 있다(그림 1.9) [95]. 이를 "누비아^{Nuvian} 돔 및 볼트"라고도 한다. 중앙아시아에서도 흙블록 곡면 구조물 전통은 수천 년 전으로 거슬러 올라간다. Baimatova[96]는 이 지역의 역사적 돔과 볼트 건설에 사용된 풍부한 형태와 모양을 분석했다.

오늘날 흙블록으로 만든 돔과 볼트는 아시아와 아프리카의 건조한 기후에서 특히 보편적인 전통 건축 기술이다. 이 기후에서 돔 및 볼트 건물의 실내 조건이 상자 모양 건물보다 더 좋다:

- 볼트와 돔은 건물 중앙에 더 높은 천장고를 조성해서 따뜻하고 상승하는 공기가 천장 아래에 모이고 개구부를 통해 외부로 빠져나갈 수 있도록 한다.
- 평지붕 표면과 비교할 때, 태양 복사의 최대 입사^{incidence}는 단일 곡면 볼트에서는 선형이며 이중 곡면 돔에서는 그냥 점과 같다. 이는 평지붕 표면에 비해 지붕이 받는 열 부하를 현저하게 감소시킨다.

또한 숙련된 장인^{craftman}이 있으면 볼트와 돔을 목재 거푸집 없이 건설할 수 있어서, 목재가 부족한 건조 기후에서 특히 유리하다.

오늘날 독일과 중부 유럽의 일반 건설 공사에서 돔과 볼트 건축은 아무 역할이 없다. 그런데, 최근 몇 년 동안 "흙블록 돔"으로 건설한 몇몇 인상적인 사업이 있었다(Minke [75], 그림 4.10).

(2) 수치화

구조 측면에서 볼트와 돔은 곡면으로 된 내력 구조체이다. 조개껍데기 모양^shell과는 달리 압축 응력을 거의 완벽하게 전달한다. 흙블록은 인장응력을 아주 일부만 흡수할 수 있다. 그러므로 흙블록 돔과 볼트 구조체는 압축응력만 발생하도록 설계해야 한다. 볼트가 고정하중만 부담하려면 횡단면이 "뒤집힌 사슬^inverted catenary" 모양이면 가능하다(그림 4.66). 자체 중량에만 노출된 매달린 사슬 모양은 인장력만 발생하는 이상적인 모양을 형성한다. 그 선을 180°로 뒤집어서 "서 있는^standing" 곡선을 이루면, 볼트의 이상적인 횡단면인 "추력선^thrust line"을 형성한다. 오직 고정하중을 받는 압축력만 발생한다.

합력(合力)^resultant force R을 구성하는 힘은 기초의 바닥 평면 교차점에서 수직 압축 및 수평 추력 요소로 나뉜다: 합력을 기초로 전달하는 각도가 가파를수록 수평 추력의 비율이 줄어들고 기초를 더 간단하게 설계할 수 있다. 볼트 추력과 벽 하중의 합력은 기초의 중심부(길이의 1/6

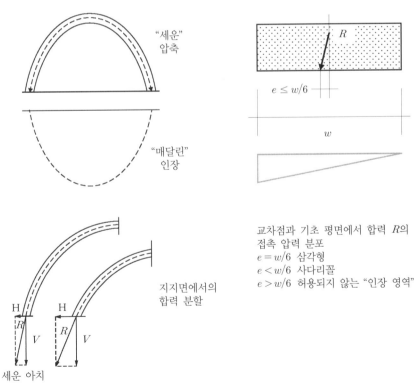

"세운" 압축

"매달린" 인장

$e \leq w/6$

w

지지면에서의 합력 분할

H

R V

세운 아치

H

R V

교차점과 기초 평면에서 합력 R의
접촉 압력 분포
$e = w/6$ 삼각형
$e < w/6$ 사다리꼴
$e > w/6$ 허용되지 않는 "인장 영역"

그림 4.66 흙블록 돔 및 볼트, "볼트" 내에서 힘 흐름

또는 중심에서 폭의 1/6로 계산) 내에 있어야 한다. 똑같은 볼트 두 개가 줄기초 위에서 만나면
구조체의 고정하중에서 발생한 볼트 추력의 수평 요소를 서로 상쇄한다.

(3) 건축 기술

"누비아 볼트 공법"은 건설하는 동안 지지체나 거푸집 없이 얇은 흙블록을 쌓아 경사진 아치
arches를 형성한다. 기울여서 단을 쌓고 기대어 수평 추력을 흡수시킬 하나 이상의 안정적인 "끝
벽end wall" 또는 "아치"가 필요하다. 조적 아치의 경사는 수직에서 약 20°이다. 상대적으로 높이
(5~6cm)가 낮고 바닥면(15×25cm)이 큰 흙블록으로 쌓아 단 위쪽 부분에서 블록이 미끄러지
거나 전복하는 것을 방지한다. 공사 시작 전에 아치 모양을 끝벽으로 옮긴다. 전체 아치의 기
울기는 벽 하부에 기대어 팬던티브pendentive를 형성하는 단 부위에서 설정한다(그림 4.67) [97].

흙블록 돔과 볼트는 큰 지진을 견뎌낼 수 있다. 그림 5.33은 2003년 12월의 지진 후에 밤
시타델Bam citadel에 있는 볼트가 입은 손상 양상을 보여준다.

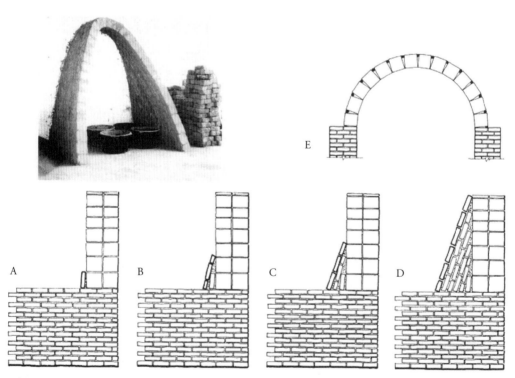

그림 4.67 거푸집을 사용하지 않은 흙블록 볼트 건설 [97]

4.3.6 미장

4.3.6.1 용도 및 요건

미장은 단원 3.5.6.2에 따라 미장용 몰탈로 만든 면 처리 피복*level coating*이다. 미장은 건축 부재 전체의 표면을 덮는 얇은 층으로 시공하고 내외부 표면에 다르게 작용하는 여러 가지 영향에서 건축 부재를 보호한다. 미장은 건축 부재 위에서 경화한 후에야 최종 속성을 얻는다.

DEN EN 998-1은 DIN 18550과 연결해서 미장용 몰탈에 필요한 일반 요건을 설명한다.

흙건축에서 미장의 다양한 용도를 다음과 같이 나눈다 [8]:

－흙이나 다른 바탕에 적용하는 흙미장
－흙 바탕에 적용하는 다른 결합재를 사용하는 미장

이는 실내 또는 실외 미장으로 시공할 수 있으며 다양한 응력을 받는다:

실내 미장 *interior plaster*(DIN 18550-2)은 도장과 벽지를 지탱하는 표면으로 응력에 노출되며, 공공장소에 사용하는 경우 기계적 응력을 받는다. 오늘날 실내 미장의 미적, 물리적 품질로 특별히 필요한 요건은 특히 증가한 실내의 습기를 빠르게 흡수하는 능력이다. 또한 실내 미장은 건축 부재의 내화와 차음 성능을 개선할 수 있다.

DIN 18550-2:2014-10의 새로운 초안에 처음으로 미장용 흙몰탈을 실내 미장 유형으로 포함했다.

실외 미장 *exterior plaster*(DIN 18550-1)은 기계적 응력과 기상 상태에 노출된다. 바람이 주로 불어오는 방향에 면한 건축물의 외기면은 특히 응력을 받는다. 여기서 실외 미장은 비가 들이칠 때 외부 표면에 갑자기 침투하는 수분을 막아야 한다. 수분을 천천히 흡수하고 충분히 환기해서 다시 방출해야 한다. 또한 실외 미장은 단열을 개선하고 건축물의 외부에서 보이는 외관에 기여할 수 있다. 대도시에서 실외 미장은 공기 중 오염물질에도 노출된다.

흙미장 *earth plaster*(DIN 18947)은 다른 흙건축 자재와 마찬가지로 내후성이 없다. 따라서 주로 실내 미장이나 비가 들이치지 않는 외부 표면에 적용하는 것이 바람직하다. 실내에 적용할 때는 제한된 기계적 강도를 고려해야 한다. 흙미장은 다른 광물 미장 마감재에 비해 점토광물의 표면 활성을 유지하고 있어서 수증기 흡착력이 상당히 높다. 그래서 습도가 안정된 건강한 실내 기후를 조성한다.

내후성을 개선한 **석회미장** *lime plasters* 또는 안정시킨 **흙미장** *stabilized earth plasters*도 풍화에 노출되

는 건축 부재 표면에 사용하기에 적합하다. 확산형^{diffusion-open} 도료가 미장의 내후성을 더욱 개선할 수 있다.

또한 흙미장 및 안정시킨 흙미장은 모양은 물론 (균일하거나 유기체 같은 표면의) 질감, 색상, 벽 장식, 벽화 등으로 표면을 다양하게 꾸밀 수 있는 선택지가 된다. 이런 배경으로, 다양한 문화권에서 여전히 풍성한 전통을 찾아볼 수 있다(그림 4.68 [98]).

그림 4.68 흙미장, 가나의 시리구^{Sirigu}에 있는 벽 장식 [98]

4.3.6.2 바탕

바탕은 건물을 사용하는 동안 미장을 단단하게 부착하는 평면 역할을 한다.

(1) 바탕 점검

바탕은 충분히 견고하고 깨끗하고 먼지가 없고 건조해야 하며, 푸석한 부분을 제거하고 안정시켜야 한다. 바탕은 미장 몰탈을 균일한 층으로 바를 수 있도록 평탄해야 한다. 또한 도료를 여러 겹으로 칠하거나 기름과 (습기가 침투한 적이 있는 기초벽 위의 벽에 모일 가능성이 가장 높은) 염류에 오염되지 않아야 한다. 미장을 시공하려면 건축 부재의 온도가 최소 +5℃이어야 한다.

　시공자는 미장작업을 시작하기 전에 위에서 언급한 바탕의 속성을 시험하고, 시험 결과를 문서화해야 한다. 다음 방법은 DIN 18550에서 규정하는 대로 바탕 및 주변 부위를 시험하는 데 적합하다:

－불순물 및 이물질, 성기고 부서지기 쉬운 부분, 백화를 점검하는 육안 평가
－(먼지와 오염을 점검하는) 손으로 바탕을 쓸어보는^{passing} 수동 시험
－(박리, 파편, 성긴 모래를 점검하는) 딱딱한 물체로 긁는 시험
－(흡수성과 거푸집 박리제 잔류를 점검하는) 물 축임
－온도 측정(바탕면, 주변 온도)

(2) 바탕 준비

바탕을 점검한 후 먼지, 기타 흩뿌려진 입자, 표면에 붙은 이물질을 반드시 제거하고, 고르지 않은 표면은 평탄하게 해야 한다. 바탕 재료의 모세관 정도에 따라 바탕면을 전처리해야 할 수도 있다. 보통은 바탕면이 흡수성이 매우 높으면 미장을 시공하기 전에 미리 적셔야 한다. 매끈한 바탕면은 점토 슬러리^{slurry}를 뿌리거나 붓칠해서 거칠게 전처리를 해야 한다. 재래식 흙건축에서는 미장이 달라붙기 쉽도록 바탕면이 젖은 상태에서 긁거나 구멍을 냈다(그림 4.69).

　바탕 재료의 변화, 특히 목재 부재는 물론 함몰부와 돌출부는 표준 심재$^{lath\,material}$를 사용해서 씌우거나 고르게 해야 한다. 흙목조 건축에서 목재와 채움재 사이의 연결부에 심재를 10cm로 덧대어 씌워야 한다.

그림 4.69 흙미장, 바탕을 거칠게 하기 위해 긁고 구멍을 낸 자국 [51]

석회미장 또는 시멘트미장과 달리 흙미장은 화학적으로 경화되지 않는다. 공기 건조 및 경화 후에는 바탕에 기계적으로만 붙는다. 바탕면의 품질도 흙미장을 한 겹 또는 여러 겹으로 시공해야 하는지를 결정한다.

(3) 흙미장의 바탕

적절한 전처리 후에는 광물 건축 자재로 만든 대부분의 표준 바탕에 흙미장을 시공할 수 있다 (개요 표 4.11).

광물 건축 자재로 만든 건축 부재

소성벽돌, 자연석, 규회sand-lime블록, 흙블록으로 만든 **표준 조적체** *standard masonry*(그림 4.38). 조적체의 거칠기에 따라 바탕을 전처리해야 한다. 클링커벽돌clinker brick로 된 매끈한 표면은 점토 슬러리를 분사 도포spray coating하거나 붓칠해서 전처리해야 한다. 흙미장은 대개 (필요한 경우 사전 습윤 후) 일반 벽돌이나 다공성 벽돌뿐 아니라 규회블록에 직접 시공할 수 있다. 몰탈 줄눈에 약 1cm 깊이로 홈을 파면 건조한 흙미장의 기계적 접착력이 향상된다. 유기섬유를 함유한 흙블록과 경량흙블록은 물론 "두꺼운" 흙판재는 대체로 좋은 바탕이다. 바탕면에서 섬유 끝을 끌어내 거칠게 처리할 수 있는데, 이는 미장의 기계적 접착력을 더욱 높인다. 압출 성형한 비소성벽돌은 표면이 고르고 습기에 매우 민감하므로, 사전 습윤을 매우 조심스럽게 해야 한다.

표 4.11 흙미장, 바탕substrates 개요

번호	바탕	단일 층	이중 층	고름 층	분사/슬러리층	사전습윤	강화	설명
1	조적							
1.1	흙블록	□				■		몰탈 줄눈에 1cm 깊이 홈 파기
1.2	"녹색", 비소성벽돌		■		□	■		낮은 수분 안정성 주의, 몰탈 줄눈에 1cm 깊이 홈 파기
2	벽돌 / 유공벽돌	□				■		
2.1	클링커벽돌clinker brick	□						
2.2	규회블록	□			■	■		
3	콘크리트 / 자연석							
3.1	평활 콘크리트	□			■			작업 어려운 바탕, 거푸집 박리제 잔류물 주의
3.2	발포 콘크리트	□		□		■		
3.3	자연석	□			■			작업 어려운 바탕
4	흙							
4.1	흙다짐		◉			■		
4.2	경량토 / 흙목조 구조		■			□	□, ■*	* 목재 부재 및 갈대자리는 사전 습윤 안 함
5	미장							
5.1	흙미장, 기시공old		■			■		전체 표면 재작업
5.2	석회 및 석고 미장, 기시공	□		■	□			
6	판							
6.1	건식시공용 흙판재	□				■	■	
6.2	목모판, 갈대판		■		◉		■	사전 습윤 안 함
6.3	연질목 섬유판		■				■	조면 처리, 사전 습윤 안 함
6.4	석고판	□		■			■	작업 어려운 바탕, 사전 습윤 안 함
6.5	경질목 복합판							적합하지 않은 바탕

■의무, ◉ 권장, □ 선택

흙미장은 보통 "녹색green" 비소성벽돌에 시공할 수 있지만 때로 분사 도포하는 전처리가 필요하다. 현대 흙건축은 때로 미적인 이유로 표면이 매우 고른 "녹색" 비소성벽돌 조적체를 노출한 채로 남겨둔다.

콘크리트 concrete. 콘크리트는 일반적으로 어려운 바탕이다. 평활한 콘크리트 표면은 거친 모래나 고운 자갈(2~4mm)을 함유한 시멘트 슬러리를 뿜칠하거나 시판하는 고름재primer로 전처리해야 한다. 우선 제거할 박리제 잔류물이 있는지 표면을 확인해야 한다. 발포 콘크리트는 흡수성이 높으므로 사전 습윤 또는 고름재로 전처리를 해야 한다.

흙다짐 *rammed earth* / **경량토** *light clay*. 흙미장을 흙다짐 또는 경량토로 만든 신규 건축 부재에 시공하기 전에 건조 과정 및 뒤따르는 수축 변형, 침하가 끝나야 한다. 흙다짐 바탕에 붙는 흙미장의 기계적 접착력을 높이기 위해, 건축 부재를 시공할 때 타일 지붕재 또는 부서진 벽돌 덩어리를 부재 내에 수평 띠band로 묻을 수 있다(그림 4.28). 흙다짐벽 특유의 표면 구조가 또다른 설계 가능성을 제공하기 때문에, 최근 흙다짐 구조물은 대부분 미장하지 않은 채로 남겨둔다.

경량토 바탕에는 보통 (섬유)골재가 들어있어서 특히 추가로 표면을 거칠게 하면 흙미장이 더 잘 달라붙는다. 영구 거푸집을 이용해 경량토를 시공하면, 흙미장은 경량토가 아닌 거푸집(예: 갈대자리)에 붙는다.

기존 석회, 시멘트, 석고, 흙미장 *existing lime, cement, gypsum, or earth plaster*. 석회, 석고, 시멘트로 미장한 충분히 안정적인 기존 바탕에 흙미장을 덮어씌울 수 있다. 간혹 바탕의 흡수 정도를 다르게 만드는 표면의 구멍은 미리 메워야 한다. 따라서 추가 미장층을 시공하기 전에 고름재로 표면을 전처리하는 것이 좋다.

충분히 안정적인 오래된 흙미장을 새로운 흙미장으로 씌울 수 있다. 예: 유색 마감fine-finish 미장. 구멍과 성긴 부분을 먼저 수리해야 한다. 오래된 흙미장은 흔히 석고로 보수했거나 때로 주방에서는 수증기 불투수성 유성 도료를 여러 겹 발랐다. 각 유성 도료 층 사이에 곰팡이도 잘 생기므로 이런 재료는 제거해야 한다. 흙미장을 새로 시공하기 전에 기존 흙미장 표면을 적시거나 거친 붓으로 처리해서 점토광물의 접착강도를 활성화할 수 있다.

건식벽 판재

얇은 흙판재 *thin clay panels*는 판 연결부를 조직이 성긴 부직포 띠로 덮어야 한다. 띠를 연결부 위에 평평하게 놓고 점토 슬러리나 최종 흙미장으로 붙인다(그림 4.70).

석고판 *gypsum board*은 일반적으로 작업하기 어려운 바탕이며 손상에 취약하다. 판의 연결부를 메움재compound로 채우고 생산자의 지침대로 연마하고 강화망으로 덮어야 하는데, 전체 표면에 걸쳐 강화하는 것이 좋다. 그 후에 판을 고름재로 처리해 젖은 마감 흙미장의 습기가 침투하는 것을 막아야 한다. 고름재가 완전히 마른 후에 미장용 몰탈을 시공해야 한다.

하부 구조체에 부착한 얇은 흙판재

강화망으로 덮은 판재 연결부

그림 4.70 흙미장 바탕면, 흙판재 연결부 전처리 [51]

목재 복합판

목편 합판(PB) *wood particle board* 또는 **배향 합판(OSB)** *oriented strand board*은 미장을 직접 시공하는 용도가 아니다. 작업하기 어려운 바탕이며, 예외적인 경우에만 흙미장에 사용해야 한다. 여기에 흙미장을 해야 할 때는 전문가의 조언을 구해야 한다.

연질목 섬유판 *softwood fiber board*에는 보통 두 겹으로 미장한다. 먼저, 목재의 섬유 끝이 비어져 나와 초벌 미장^{base coat}이 더 잘 접착되도록 판을 거칠게 한다. 바탕을 미리 적시지 않아야 하며, 강화망은 초벌 미장 전체 표면에 매입해야 한다. 그다음에 마감 미장을 시공한다.

시멘트 / 석회 접착 목모판 *cement- or lime- bonded wood wool panels*은 좋은 바탕이다. 판의 연결부를 표준 심재로 강화하거나, 대안으로 강화망을 초벌 미장 전체 표면에 걸쳐 매입할 수 있다. 바탕면은 미리 적시지 않아야 한다.

심재 / 강화망

갈대심 *reed lath*은 흙건축에 사용하는 가장 일반적인 심재이다. 미장 전에 미리 적시면 안 되며, 미장을 두 겹으로 시공해야 한다. 초벌 미장 전체 표면에 걸쳐 강화망을 매입하는 것이 좋다.

갈대자리 *reed mat*는 목재나 목재 복합재로 만든 건축 부재에 씌우거나 영구 거푸집으로 사용할 수 있다(단원 3.2.2.1). 굵기 1mm 결속선으로 각 갈대 가닥마다 양쪽 끝을 묶어 잇는다. 이렇게 갈대 위치를 고정하면 자리^{mat}처럼 말아 올릴 수 있다(그림 4.45).

그림 4.71 흙미장, 젖은 초벌 층에 매입한 강화망 [51]

갈대판 *reed panel*은 흙건축에서 미장 심재와 단열재로 두 가지 역할을 한다. 표준 판재는 두께 20mm 또는 50mm이고 치수는 2×1m이다. 판재의 갈대 전체에 결속선이 있는데, 약 20cm 간격으로 5cm마다 스테이플*staple*이 박혀 있다.

벽돌용 강선망 *brick-wire mesh* 또는 **금속심** *metal lath*과 같은 다른 심재도 흙미장의 바탕 접착력을 개선하는 데 사용할 수 있다.

강화망 *reinforcement mesh*은 일반적으로 더 촘촘하게 엮는다. 다층 미장 조직에서 얇은 마감 미장 강화에 사용하며 보통 젖은 초벌 미장의 전체 표면에 걸쳐 매입한다(그림 4.71).

유리섬유망 및 합성섬유망 *fiberglass meshed and synthetic fiber meshes*은 표면이 매끄러워서 미장용 흙몰탈 강화에는 사용이 매우 제한된다. 반면에 석회 및 시멘트 결합재 미장용 몰탈은 화학 반응을 거쳐 굳으며 망을 함께 고정한다. 천연섬유망이 흙미장 강화에 더 적합하다(예: 삼베*hemp*, 부직포*burlap*) [99].

4.3.6.3 미장 시공 및 건조

(1) 공정

단원 3.5.6.2에 따라 산업 생산한 미장용 흙몰탈은 생산자의 지침에 따라 건설 현장에서 준비한다. 몰탈은 수작업으로 또는 전동 배합기, 기존 콘크리트 배합기(통 배합기)를 사용해 준비할 수 있다. 미장용 몰탈의 연경도는 너무 빽빽해도 너무 축축해도 안 된다. 일반적으로 최적 배합비 정보는 생산자에게서 얻을 수 있다. 확실하지 않을 때는 항상 미장용 몰탈의 시편test patch을 먼저 시공하면 된다.

유색 마감 흙미장은 물을 섞은 후 결합 작용이 충분히 진행될 수 있도록 그대로 두었다가, 시공하기 직전에 다시 섞어야 한다.

(2) 시편

현장에서 생산한 미장용 흙몰탈(예: 건설 현장에서 굴착한 흙 사용)은 시공 전 시편test patch으로 시험해야 한다. 점검해야 할 특성은 충분한 접착력, 개량 가능성, 최적 시공 연경도이다. 시편을 미장할 실제 표면과 같은 성격의 바탕에 최소 면적 1m^{2}로 시공해야 한다. 시험용 흙미장은 목표한 두께 및 연경도로 시공해야 한다. 2~3일 건조한 후에 다음의 징후가 있는지 건축 부재를 확인해야 한다:

- 겨우 1~2일 만에 미장에 균열이 생기고 (그림 4.72 [100]) 바깥쪽으로 불거져 미장 덩어리가 바탕에서 분리됨: 배합물에 점토가 지나치게 많아서 모래 비율을 늘려야 한다.
- 미장에 균열이 있지만 바탕 접착력은 좋음: 미장 배합물을 초벌용으로 쓸 수 있다; 정벌용으로 쓰려면 모래를 추가해야 한다.
- 3일 건조 후에도 시험용 미장에 균열 없음: 배합물을 마감 미장으로 사용할 수 있다.
- 시공하는 동안 흙미장이 벽에서 떨어지거나 균열이 없는데도 충격을 받으면 작은 조각으로 바탕에서 분리됨: 배합물이 메마르다lean; 점토 비율을 늘려야 한다.
- 최종 마감 미장에서 모래가 많이 떨어짐: 배합물이 너무 메마르다lean; 점토나 섬유 비율을 늘려야 한다.

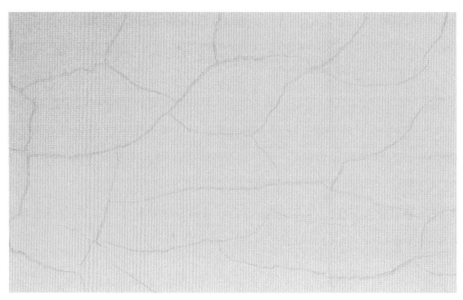

그림 4.72 시공 후 균열이 있는 흙미장 [100]

(3) 미장층의 구조

목표한 두께에 따라(그러나 조형적 의도에서도), 흙미장을 단일 층 또는 다중 층으로 시공할 수 있다. 일반적으로 단층 미장이 더 비용 효율이 높다.

두께가 1cm를 넘는 미장은 섬유질을 포함한 두꺼운 초벌 미장과 연이은 얇은 마감 미장 몰탈로 구성해야 한다(단원 3.5.6.2). 마감 미장을 시공하기 전에 젖은 초벌 미장에 수평 또는 대각선으로 홈을 파거나 강화망을 매입해 접착력을 높일 수 있다. 경화된 초벌 미장을 미리 약간 적신 후에 마감 미장을 시공한다.

(4) 미장 시공

일반적으로 흙미장은 석회미장과 동일한 방식으로 시공한다: 뜨기throw on, 바름trowel level, 고름float. 필요한 연경도는 미장 시공과 마감에 사용하는 도구에 따라 다르다.

흙미장은 수작업으로 시공하거나, 미장이 함유한 섬유가 문제가 안 된다면 표준 미장 장비로 시공할 수 있다.

(건조 중 미장의 인장강도를 증대하는) 미장 강화물은 미장층의 1/2 위쪽에 매입해야 한다. 강화물은 팽팽하고 접힌 자국이 없어야 하며 최소 10cm 이상 겹쳐야 한다.

그림 4.73 흙미장, 창문 함몰부 곡면 처리 [51]

창과 문의 함몰부^{recesses} 모서리에 특히 주의를 기울여야 한다. 창문으로 빛을 더 많이 들이기 위해 둥글리거나(그림 4.73), 흙미장에 모서리 보호대^{corner beading} 또는 모서리 틀^{edging profiles}을 매입할 수 있다.

흙미장은 수용성이라서 오래 사용하지 않아도 미장 장비의 호스 내부에서 굳지 않는다. 석회 또는 시멘트 미장과 비교해서 피부를 자극하지 않는 점도 흙미장의 또 다른 장점이다.

(5) 건조

모든 흙건축 부재의 경우와 마찬가지로 흙미장은 완전히 마른 후에 온전한 사용성을 확보한다. 건조 시간은 실내는 물론 바탕의 건조 조건에 따라 달라진다. 맞통풍은 배합수 증발로 배출된 실내 수분을 빠르게 제거하고 건조 시간을 줄인다. 두께 1cm의 흙미장은 일반적으로 약 7일 후에 완전히 마른다.

이 과정에서의 수축 균열이 발생할 위험은 이미 언급했다. 초벌 미장을 여러 겹으로 도포하고 갈라진 덩어리가 바탕에 단단히 붙어있으면 수축 균열은 문제가 되지 않으나, 최종 마감 미장에 있는 수축 균열은 일반적으로 바람직하지 않다. 석회 및 시멘트 미장과 달리 흙미장은 수용성이라 쉽게 보수할 수 있다. 그러나 유색 마감 흙미장을 사용했을 때 보수하면 색 진하기가 다를 수 있는데, 이럴 때는 표면 전체를 재작업해야만 제거할 수 있다.

(6) 곰팡이 발생

(차가운 표면에서 높은 습도가 응결하는) 특정 조건에서는, 건물을 사용하는 중에 기존의 완성된 건축 부재에 곰팡이가 발생할 수 있다. 이 문제는 흙미장에만 국한되지 않으나, 많은 흙미장이 유기섬유를 포함하고 있어서 곰팡이 증식을 촉진할 수 있다. 기공이 열려 있고 모세관이 있는 흙미장의 특성이 어떤 응결도 즉시 분산시키므로, 건축 부재가 건조하기만 하면 곰팡이 증식에 유리한 조건을 방지한다. 따라서 흙미장은 건강을 고려하는 건축물에 좋다.

생fresh 흙미장은 빨리 말려야 하는데, 빨리 건조할 수 없다면 인공적으로 건조해야 한다(단원 3.3.3). 건조 과정을 감독하고 문서화해야 한다. 기술정보지 TM 01 DVL[15]는 건조 표준 절차 protocol 사용을 권장한다. 건조 과정이 지연되면 축축한 미장 표면에 곰팡이가 생길 수 있다.

흙미장이 완전히 마른 후에는 곰팡이가 발생했던 표면에서 사라진다.

4.3.6.4 표면 디자인과 마무리

마무리하는 시간과 선택한 미장 방법에 따라, 흙미장 표면을 고르거나 흙손질하거나 작업하는 데 다양한 도구를 사용할 수 있다−쇠흙손trowels, 퍼티칼putty knife, 흙손float, 스펀지sponge, 펠트felt. 석회 및 시멘트 미장과 달리 흙미장은 표면을 젖은 상태로 유지하면 마무리 단계에 걸리는 시간을 연장할 수 있다.

표면 디자인은−완벽하게 매끄럽고 평평하게, 수작업으로 유기체 같이, 유색 또는 천연 흙미장 색으로−건축주의 개별 취향에 따라 다르다(그림 4.74).

(1) 도장

실내 흙미장 표면에 도포된 도장은 앞에서 설명한 미장의 긍정적인 실내 기후 효과를 방해해서는 안 된다. 따라서 여러 층을 형성하는 두꺼운 도료보다는 습기가 투과하고 확산 가능한 도료를 선택해야 한다. 흙미장 표면에는 붓칠 흙미장과 흙도장(단원 3.5.6.2) 뿐만 아니라 석회, 백악chalk, 카제인casein, 대리석 가루로 된 도료가 적합하다.

플라스틱 흙손으로 표면 고르기

스폰지 흙손질

동석^{soap stone}으로 마감 흙미장 표면 고르기 및
광택 연마

유색 흙미장 마무리

그림 4.74 흙미장 표면 디자인, 표면 마무리, 색칠 [51,108]

　전통 흙건축에서는 흙미장을 항상 외부 표면에 사용했다. 전문적으로 도포한 도장을 정기
적으로 관리하면 흙미장의 수명을 연장할 수 있다.

　독일에서 흙 및 석회 미장에 흔히 바르는 **석회도료** *lime paints*를 사용할 때 다음과 같은 측면을
고려해야 한다:

- 소석회(수산화칼슘 Ca(OH)₂)는 석회도료로 가장 적합한 석회이다. 가능한 한 물에 오래 담
　가야 하며 화상 위험이 있으므로 조심스럽게 다뤄야 한다.
- 적절한 첨가물(카제인, 접착제)을 사용하여 석회 퍼티를 묽은 우유 같은 연경도로 준비한다.
　유색 안료(광물 기반 안료가 바람직)를 도료에 추가할 수 있다.
- 처음에, 젖은 미장에 첫 번째 층을 얇고 투명하게 도포한다. 이 공정을 며칠 동안 매일 반복

한다.

– 외부 도장은 서늘하고, 습하고, 얼지 않는 날씨에 시공해야 한다. 부재가 날씨에 노출되는 정도에 따라 외부 석회도장은 몇 년마다 정기적으로 다시 시공해야 한다.

　독일에서는 석회도장의 사용을 주로 미장의 내후성 향상을 위해 외부용으로만 제한한다. 다른 문화권, 예를 들어 아프리카와 인도에서는 미장 표면의 예술적 처리가 내후성 이상으로 중요하다. 특히 시골 지역에서는 미장 표면에 전통적 상징을 그림 및 조각 디자인으로 표현한다. 그림 4.68은 가나 사례를 보여준다 [98]. 그러나 생활방식의 변화로 이러한 예술이 사라질 위험에 처했다. 예술적 표면 마감의 다른 사례를 일본에서 찾을 수 있는데, 소위 광택polished 미장이 수 세기 동안 전통 건축의 일부였다. 이런 미장 시공 기법은 사용 재료를 다루는 고도의 훈련과 숙련된 전문 기술mastery을 필요로 한다.

(2) 긁고 뚫은 미장 무늬

긁고 뚫은 무늬scratch and puncture pattern는 특히 역사적 흙목조 건축에서 외부 미장 표면의 특별한 조소적sculptural 외관 형태를 대표한다. 맨손, 잔가지 빗자루, 못 판, 특별히 재단한 목재 도구를 사용해서 젖은 미장 표면을 누르거나, 파거나, 긁었다. 이 기법은 18~19세기에 독일 바덴 뷔르템베르크Baden-Wuerttemberg, 헤센Hesse, 튀링겐Thuringia, 작센Saxony 지역에서 특히 흔했다. 물결선, 인기 있는 꽃문양, 동물 묘사 등이 있다 [101].

　긁고 뚫은 무늬는 석회 및 흙 미장에 모두 사용했고, 나중에는 실내 미장과 날씨에 노출되지 않는 실외 미장 표면에 한정되었다.

(3) 기타 마감

통상적으로는 실내 흙미장을 벽지로 마감할 수도 있지만, 이렇게 하면 (표면의 질감과 색상 같은) 전형적인 흙미장의 디자인 요소를 잃는다. 벽지는 또한 건강을 고려하는 건물에서 대표적으로 중요한 측면인 건축 부재 표면의 확산 특성을 저해한다. 플라스틱 벽지를 사용하면 이러한 장점을 완전히 없애버린다.

　흙미장이 있는 오래된 건물을 개축할 때는 기존 벽지를 적신 다음 조심스럽게 벽에서 제거해야 한다. 새로운 벽지를 붙이기 전에 표면의 구멍을 퍼티로 채우고 표면을 고름재로 처리해서, 향후 개축 시에 이 새 벽지를 더 쉽게 제거할 수 있도록 해야 한다.

섬유강화 흙미장은 주방과 욕실에도 사용할 수 있지만, 물이 직접 튀는 곳에 사용해서는 안 된다. 이런 곳에는 보통 타일을 사용하고 표준 방수 건축 자재 바탕이 필요하다. 흙미장은 타일에 적합한 바탕이 아니다.

4.3.6.5 외벽 표면 미장

흙미장 *earth plasters* 외부 시공을 위해 다음을 고려해야 한다:

- 흙미장은 내후성이 없어서, 건물의 외기 면에 시공하고 시간이 지나면서 부식한다. 이런 상황에서는 석회미장이나 적절한 재료(목재, 슬레이트 등)로 만든 외장널[siding]이 더 낫다.
- 기초벽 높이는 최소 50cm 이상, 지붕은 배수가 원활하고 벽체에서 충분히 길게 내밀어야 한다.
- 외부 흙미장의 내후성은 유기 첨가물(신선한 소똥, 석회 카제인 접착제)로 개선할 수 있다. 석회 카제인 도료를 여러 겹 발라서 추가로 보호할 수 있다. 첫 번째 층은 젖은 마감 미장에 시공해야 하고, 다음 층은 모두 이전 층이 마른 후에 발라야 한다(단원 4.3.6.4).

흙 바탕 위에 시공한 건물 외기 면의 **석회미장** *lime pasters*은 다음을 유의해야 한다:

석회미장 자체는 화학적 과정을 거쳐 경화하지만 흙 표면과 결합하지 않는다. 바탕에 기계적으로만 부착하므로 석회미장 시공 전에 바탕면을 거칠게 해야 할 필요가 있다는 것을 뜻한다. 예를 들어, 석회미장을 끼워 넣을 수 있게 젖은 초벌 미장에 대각선 홈이나 (대각선 아래로) 구멍을 찍어서 거칠게 할 수 있다.

석회도료와 마찬가지로 수년 동안 수화[hydrated] 및 소화[slaked]시켜서 석회 퍼티로 준비해 둔 수산화칼슘 $Ca(OH)_2$은 생석회[quicklime] 형태로 미장에 사용하기 적합하다. 요즘은 건강과 안전상의 이유로 이런 유형의 석회를 찾기 어렵지만, 분말 형태로 판매하는 하룻밤 이상 담가두어야 하는 수화 석회보다 우수하다. 화산토[trass]석회는 수경성 석회로, CO_2가 없는 상태에서 (시멘트처럼) 수중에서도 경화한다. 비수경 석회보다 단단하고 적절한 심재를 사용해 흙 바탕에서 분리된 채로 유지해야 한다. 가공 품질을 개선하고자 석회에 점성토를 추가하는 것도 가능하다. 이런 "절감형[reduced]" 석회미장 배합물은 경제적이어서 예전에 인기가 있었다. 시멘트를 추가한 석회미장은 너무 뻑뻑하기 때문에 흙 바탕에 사용해서는 안 된다.

4.3.6.6 흙미장의 요건

건축 자재로서 흙미장에 적용하는 요건은 DIN 18947에서 규정한다(단원 3.5.6.2). 독일흙건축 협회에서 발간한 Lehmbau Regeln[8] 및 관련 기술정보지 TM 01 DVL[15]은 흙건축 자재로서 흙미장의 사용성에 대한 추가 요건을 명시한다.

(1) 기계적 강도

흙미장은 바탕이나 외[lath]에 충분히 고르게 부착해야 한다. 이는 다층 미장의 개별 미장층 사이의 접착에서도 마찬가지이다. 건축 부재로서 미장의 전체적인 안정성이 보장되면 일부 좁은 부위에서 일어나는 박리는 미장의 사용성을 제한하지 않는다. 미장과 바탕의 강도 속성이 일치해야만 흙미장이 충분한 기계적 안정성을 가질 수 있다.

DIN 18947에 따르면, 미장용 흙몰탈의 기계적 강도는 일반적으로 압축강도, 휨강도, 인장접착강도 같은 강도 등급으로 설명할 수 있다. 표 3.10에서 주어진 최솟값을 준수하는지 반드시 확인해야 한다.

[8, 15]에 근거해서 단원 3.6.2.2대로 흙미장을 시공하려면 다음 기준척도를 확인해야 한다:

건조 압축강도

마감 몰탈, 도장, 벽지의 바탕[base]인 미장용 흙몰탈은 건조 압축강도 β_D가 반드시 1.5N/mm² 이상이어야 한다. 이는 DIN EN 998-1에 따른 CSII등급($\beta_D = 1.5 \sim 5.0$N/mm²)에 해당한다. [16]에서는 28일 양생 후 압축강도 β_D가 1.0N/mm² 이상이어야 한다.

[15]에서는 추가적인 용도에 대해 다음의 최소 요건을 제공한다(표 4.12).

접착강도

DIN EN 1015-12 및 DIN 18947에 따라 실험실 환경에서 얻은 건축 부재 표면에서 미장용 흙몰탈의 접착강도 값은 최소 0.05N/mm²이다. 건축 부재 기능별 추가 접착강도 허용치는 [15]에서 규정한다(표 4.13). 바탕은 물론 다층 미장 조직의 개별 미장층 사이 접착에도 이 값을 적용한다.

표 4.12 미장용 흙몰탈, 용도에 따른 건조 압축강도

번호	미장용 흙몰탈의 용도별 건축 자재 속성	건조 압축강도 [N/mm^2]
1	부속실	≥ 0.5
2	일반실, 기존 미장 표면 강화 후 흙미장, 예: 단독주택 또는 공동주택 건물의 생활 및 작업공간	≥ 1.0
3	마감 미장·도장·벽지의 바탕	≥ 1.5
4	일반실, 비강화 노출 표면, 예: 단독주택 또는 공동주택 건물의 생활 및 작업공간	≥ 1.5
5	통행 많은 곳, 노출 표면, 예: 공공건물(미장 시공 전 시편 시공)	≥ 1.5

표 4.13 흙미장 표면, 용도에 따른 접착강도

번호	미장용 흙몰탈의 용도별 건축 자재 속성	접착강도 [N/mm^2][a]	수동 평가
1	부속실, 흙미장 표면	–	미장 표면에 반복 경량 압력 적용 후 눈에 띄는 박리 또는 파손 없음
2	표면 강화 후 흙미장, 마감 미장·도장·벽지의 바탕	≥ 0.05	미장 표면에 반복 중간 압력 적용 후 눈에 띄는 박리 또는 파손 없음
3	일반실, 표면 강화 후 노출 흙미장, 예: 단독주택 또는 공동주택 건물의 생활 및 작업공간	≥ 0.05	미장 표면에 반복 중간 압력 적용 후 눈에 띄는 박리 또는 파손 없음
4	통행 많은 곳, 표면 강화 후 노출 흙미장, 예: 공공건물	≥ 0.08	미장 표면에 반복 중간 압력 적용 후 눈에 띄는 박리 또는 파손 없음

[a] 바탕 및 개별 미장층 내부와 사이의 접착

내마모성

내마모성은 DIN 18947 및 TM 01 DVL[15]에 선택/보조 시험법으로 포함되어 있다. DIN 18947에 따라 표 3.10에서 제공하는 강도 등급을 사용해 허용 마모 분진량을 산정할 수 있다. 내마모성은 건축 부재 속성에 따라 결정할 수도 있다. 표 4.13에서 열거한 인장 접착강도 정보로 표 4.14의 마모 분진량을 보완할 수 있다.

압축, 스펀지로 문지르기, 쓸어내기의 마지막 단계를 완료한 후 표면을 평가해야 한다.

표 4.14 흙미장, 허용 가능한 마모 분진량

번호	미장용 흙몰탈의 용도별 건축 자재 속성	마모 분진량 [g]	수동 평가
1	표면 강화 후 마감 미장·도장·벽지의 바탕	≤ 1.5	색상 번짐rub-off 및 중간 정도의 분진 / 모래 분리 허용
2	일반실, 노출 표면, 예: 단독주택 또는 공동주택 건물의 생활 및 작업공간	≤ 1.0	색상 번짐, 모래 입자만 분리 허용
3	통행 많은 곳, 노출 표면, 예: 공공건물	≤ 0.7	최소한의 색상 번짐, 사실상 분진 / 모래 분리 불허

(2) 시각적 외관

건축주는 종종 최종 흙미장 표면에 대해 막연하게만 생각한다. 따라서 건축주가 바라는 최종 흙미장의 시각적 외관을 (계획 단계에서) 글로 쓰는 것이 좋다. 공사 시작 전에 미장 시편을 실제 표면에도 시공해봐야 한다.

미장 표면의 시각적 외관은 다음으로 결정한다:

- 미장 방법
- 표면 요철irregularities
- 균열
- 색

미장 방법

미장 방법은 특정 표면 마감을 만들기 위해 적용하는 미장작업과 표면 처리의 유형으로 규정한다(DIN EN 998-1 및 DIN 18550-2 참조). 흙미장의 일반적인 표면 처리는(그림 4.74 [51]):

- 바름smooth 미장: 매끄러운 플라스틱 흙손trowel으로 마무리
- 고름floated 미장: 펠트판, 스펀지, 목재 흙손float으로 마무리

표면 요철

독일미장업협회(Deutscher Stuckgewerbebund)는 광택제, 도료, 박층 마감재, 벽지로 추가 마감이 필요한 미장 표면의 시각적 요건을 구분하는 품질 수준을 규정했다 [102]. 이 요건은 흙미장에도 적용할 수 있어서 TM 01 DVL에 포함했다 [15].

표준 미장 시공에서 표면 요철은 요건에 따라 어느 정도 한계 내에서 허용한다. "흠집 하나 없는" 미장면 생산에는 터무니없는 정도의 노력이 필요하다.

4가지 품질 수준(Q1~Q4)이 있으며, Q4 수준이 가장 높은 품질 요건이다. 품질 수준 Q2~Q4에 각 미장 방법 "흙손 바름^{troweled}", "바름^{smoothed}", "흙손 고름^{floated}"을 표시해야 한다. 품질 사양은 표준이자 미장의 균일함에 필요한 추가 요건으로서 치수 공차에 적용한다. 이 사양에 따르면, 최고 Q4 수준에서조차 사면광$^{grazing\ light}$ 8으로 검사할 때 치수 공차가 눈에 띄는 것을 어느 정도 용인한다. 미세 균열은 도장 또는 벽지로 채우거나 덮기 때문에 Q2 수준에서 허용할 수 있다. 따라서 마감 미장을 한 번 더 시공할 초벌 바탕에는 Q2 수준이 요구된다. Q3 수준은 흙도장으로 마감하는 바탕에 적용한다(단원 3.5.6.2).

균열

마감한 미장 표면에는 대체로 균열이 없어야 한다. 그러나 균열이 전혀 없는 미장면을 만드는 것은 사실상 불가능하거나, 매우 어렵고, 시간이 많이 걸린다. 재료 속성의 차이로 인해 대개 모서리, 목재 구조물 인접부, 경량 칸막이벽에서는 흙미장 균열을 방지할 수 없다. DIN 18550-2에 따르면 미장에 미세 균열이 조금 있으면 결함으로 간주하지 않는다. 틈이 0.2mm 이하면 미세 균열이라 할 수 있다.

단원 3.6.2.1에 따라 선형수축도를 측정해서 흙미장의 균열 정도를 추정할 수 있다. 균열이 미장의 사용성 및 시각적 품질을 크게 제한해서는 안 된다.

두꺼운 미장층은 고르게 마르지 않아서 얇은 층보다 균열이 발생하기 쉽다. 초벌 미장층의 작은 수축 균열을 다음 단계에서 마감 미장으로 완전히 채울 수 있다면 허용할 수 있다.

색

특히 유색 흙미장의 경우, 균열 보수작업으로 색상 차이가 발생해 전체 표면 재작업이 필요할 수 있다.

유색 마감 흙미장을 사용하기 전에 시편을 만들 때 사용할 초벌 미장을 함께 시공해야 한다. 이는 두 미장을 함께 사용한 최종 색상을 보여준다.

---

8 빛을 표면 가까이에서 비스듬하게 비추어 표면의 요철 및 질감을 드러내는 조사(照射) 방식 또는 조명.

(3) 수분 흡착용량

실내 습도의 급격한 변화는 건축 부재의 흡착 능력에 따라 (어느 정도까지는) 둘러싼 표면이 조정할 수 있다(단원 5.1.2.1 및 5.1.2.5). 고름 처리하지 않은 흙미장은 흡착용량이 크다.

DIN 18947 및 단원 3.6.3.1에 따라 미장용 흙몰탈의 흡착용량을 측정한다.

4.3.7 설비

설비는 건물의 외피^{shell} 건설을 완료한 후에 설치한다. 에너지, 난방, 물, 폐수, 환기 등의 공급에 필요한 모든 구조 항목이 설비에 해당한다. 흙건축 자재는 물에 민감하므로 갑작스럽게 수해가 발생할 수 있는 부분(수도관)에 특히 주의해야 한다. 건물의 수명 내내 흙건축 부재가 고여 있거나 흐르는 물에 닿는 것을 방지해야 한다(단원 4.3).

4.3.7.1 선과 관 연결

선과 관 설치용 도관^{channels}과 홈^{recesses} 및 고정용 철물은 다음과 같이 할 수 있다:

- 젖은 흙건축 자재 파내기
- U자형 틀, 사각 목재, 빈 관로(管路)^{conduit} 삽입
- 중량물 부착용 고정쇠 삽입

상하수관은 비상시에 쉽게 접근할 수 있어야 하며, 충분하게 단열해야 한다.

전선은 도관에 넣거나 관로를 통해 당길 수 있다. 도관은 흙건축 부재 건설 중에 만들 수 있어서(단원 4.3.3.1), 허용 깊이를 준수하는 것이 중요하다. 미장 두께가 충분하다면 전선을 미장에 직접 매입할 수도 있다.

4.3.7.2 벽 철물

흙건축 자재의 강도에 따라 표준 철물로 경량물을 부착할 수 있다. 이런 철물은 모든 유형의 고정쇠, 각목, 못, 나사, 체결재 등이다(단원 4.3.3.1).

창과 문의 문설주에 나중에 붙이는 보호대(알루미늄 모서리 테^{rail}, 테두리목^{molding})는 흙미장에 접착제로 붙일 수 있다. 접착제와 직접 접할 부분에 고름재를 발라야 한다.

4.3.7.3 난방 장치

모든 문화의 전통 건축에서 난방 장치나 벽난로는 없어서는 안 될 설비 항목이었으며, 기후조건에 따라 실내 또는 실외에 있었다. 건물 내부에 있는 벽난로fireplace와 화로stove에는 연기를 외부로 배출하는 적절한 장치가 필요했다. 대부분 나무를 연료로 불을 땠다.

흙건축 자재가 불연성이기 때문에 벽난로와 화로는 대개 조적용 흙몰탈로 쌓은 흙블록과 미장용 흙몰탈로 만들었고, 때로는 자연석과 벽돌(추후에는 소성벽돌)을 함께 사용했다.

(1) 전통 벽난로와 화로

전통 벽난로와 화로에서 생산한 에너지는 두 가지 주요한 역할을 담당해야 했다: 용이한 음식 준비와 겨울철 난방.

"슈비보겐" 아치 화로

16세기 말 무렵에 북부 독일의 전통 "홀 하우스hall house" 내부에서 조적 난로hearth가 개방형 벽난로를 대체했다. 현관실entrance hall 벽을 따라 조적 난로를 만들었고, 이 화로("벽실wall chamber")가 인접한 생활 구역을 난방했다(그림 4.75 [103]). 난로 자체는 조적 아치arch를 지탱하는 두 개의 조적 측벽으로 구성되었고, 독일어로 이 아치를 "슈비보겐Schwibbogen"이라고 불렀다. 보통 흙건축 자재로 조적공사를 수행했다. 아치 아래에 모인 연기를 주방 천장의 연기 구멍으로 배출했고, 연기가 박공지붕에 난 작은 구멍("올빼미 구멍owl hole")을 통해 외부로 빠져나가기 전에 고기를 (훈연) 보존하는 데 사용하기도 했다.

종 모양 화로

18~19세기에는 아치 화로가 별도의 굴뚝으로 연기를 배출하는 종bell 모양 화로로 변천했다. 거대한 아치 대신 이제 직사각형 기단이 있는 "종 덮개hood"를 벽난로 위에 올렸다. 종은 흙블록으로 만들었고 짚흙으로 감싼 목재 보 위에 얹었다. 종의 연도(烟道)가 주방 천장 위에서 흙미장을 바른 흙조적 굴뚝으로 이어졌다. 북부 독일에서 흔히 볼 수 있는 초가지붕 집에서는 화재 위험 때문에 굴뚝이 항상 지붕 마루를 따라갔다. 때로는 화로가 집 중간에 위치하지 않아서 굴뚝이 다락방을 지나 지붕 마루에 도달하도록 "연장했다extended"(그림 4.76 [104]).

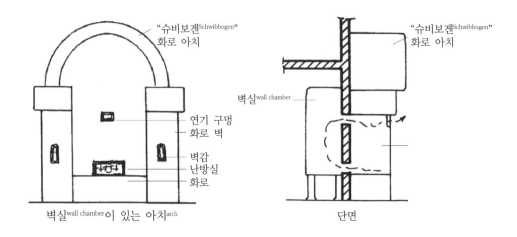

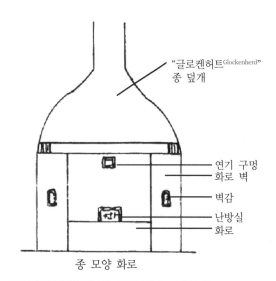

그림 4.75 전통 벽난로, 조적 난로hearths [103]

개선된 "폐쇄형closed" 조리용 화로 도입으로 종 덮개의 역할이 줄어들었다. 이제 연기를 굴뚝으로 직접 또는 굴뚝으로 이어지는 화로의 금속 연통을 통해 배출했다. 원래의 종 덮개는 폐쇄했다가 나중에 허물었다. 북서부 메클렌부르크Mecklenburg 지역에서는 1950년대까지 종 덮개를 찾아볼 수 있었다. 현대식 주방에 설치한 배기용 덮개hood는 과거 종 덮개와 기능이 똑같아서 이제는 거의 잊힌 구조물을 추억하게 한다.

"슈비보겐" 아치의
상부 다락 및 연장한
흙블록 굴뚝 [104]

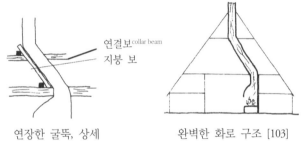

연결보^{collar beam}
지붕 보

연장한 굴뚝, 상세   완벽한 화로 구조 [103]

그림 4.76 전통 벽난로, 연장한 굴뚝

흙 화덕

전통적인 벽난로에는 항상 제빵용 화덕^{oven}이 있었고, 흔히 흙재료로 만들었다. 이런 화덕은 잠재적인 화재 위험이 있었기 때문에 때로 별도의 지붕이 있는 구조물로 외부에 지었으며, "제빵소^{bakehouse}"라고 불렀다. 많은 지역에서 제빵은 공동 활동이었고, 정한 시간에 일반인들이 제빵소를 사용할 수 있었다.

화덕 자체는 내부 공간을 지탱하는 벽돌 조적 기단으로 구성되었다. 내부 공간은 소성벽돌과 조적용 흙몰탈로 지은 돔 또는 볼트 모양이었으며, 마른 땔나무로 화덕에 불을 피우는 문 달린 개구부가 있었다. 돔이나 볼트를 (단열을 위해) 10cm 두께의 짚흙 층으로 덮었고 건조 후에 박토^{lean} 흙미장으로 마무리했다.

빵을 구우려면, 우선 화덕의 내부 공간 전체에 땔나무를 채우고, 나무를 완전히 태운 후(약 1.5시간 후)에 재를 치웠다. 볼트 내부 공간의 표면 그을음이 모두 탔을 때 화덕이 정확한 온도에 도달했다. 그러면 오븐에 구울 것들을 넣을 수 있었다.

　　세계 여러 지역, 예를 들어 중동, 중앙아시아와 더불어 라틴 아메리카 변두리 지역에서는 오늘날에도 여전히 전통식 흙 화덕을 사용하는데, 라틴 아메리카에서는 흙 화덕을 "호르노 데 바로^{horno de barro}"(흙블록으로 만든 화덕)라고 부른다.

하이포코스트(hypocaust) 난방 장치

하이포코스트 난방 장치는 고형체 사이로 흐르는 열기를 이용하지만, 종래의 난방기나 방열기보다 표면 온도가 낮다. 바닥, 벽은 물론 고형물 좌석^{solid bench}도 열을 전달하는 매체 역할을 할 수 있다. 이런 유형의 열기 난방 장치는 고대 로마로 거슬러 올라간다.

　　"온돌"이라 불리는, 한국의 전통 주거건물에서 볼 수 있는 난방 장치도 동일 원리를 이용한다(그림 4.2 참조, 전통 한옥 주택): 벽돌 벽기둥^{pillar}과 격벽^{wedge} 위에 돌 평판 9을 얹어 바닥을 만든다(그림 4.77a [1]). 지면과 돌 평판 바닥 아래면 사이의 공동^{cavity}을 주택 외벽이 둘러싸서 빈 공간을 형성한다. 판석 사이 연결부를 잡석으로 채우고 흙몰탈로 밀봉한다. 이 구조가 여러 층으로 시공한 흙 바닥을 지탱한다. 자연석 평판이 바닥의 열용량을 크게 높인다(그림. 4.77d).

　　겨울철에 뜨거운 연기와 기체가 집 옆에 따로 서 있는 굴뚝에서 끝나는 연도 10를 따라 바닥 아래 공간을 지나간다. 굴뚝은 부식 방지를 위해 흙블록과 세라믹 지붕 타일로 만든다(그림 4.77c). 굴뚝의 맨 위에 낸 두 개의 개구부로 연기와 기체가 빠져나가도록 한다. 조리용으로도 사용하는 화로에서 필요한 열을 생산한다. 흙블록 조적으로 만든 화로는 주택 외부의 우묵한 공간^{alcove}에 위치한다(그림 4.77b).

굴뚝

주거건물의 굴뚝 건설은 화재 위험성 때문에 독일 건축법에서 일찍이 19세기부터 규제했다. 1850년 이전에는 건물 내부에서 접근할 수 있게 ("오를 수 있는") 연도를 설계했다 [53]. 나중에 연기 유도 성능을 개선하기 위해 치수를 줄였는데, 연기와 기체의 온도가 높아져서 굴뚝의 건축 자재를 더 변형시켰다.

9　　온돌 구조에서 열을 축적하는 "구들". 온돌 자체가 따듯한 돌이라는 의미.
10　온돌 구조에서 열기가 이동하는 통로인 "고래".

그림 4.77 난로, 한국의 전통 온돌 난로(바닥 난방 장치와 결합한 조리 구역) [1]. (a) 난방 장치의 횡단면, 하부 구조가 있는 바닥과 온돌 난방 장치. (b) 주택 외부의 조리 구역. (c) 독립 굴뚝. (d) 판석 바닥을 "받친" 다음 흙고름 층 시공

굴뚝의 기능은 굴뚝 효과$^{stack\ effect}$에 기초한다: 주변 공기보다 더 따뜻한 연기와 기체에 (끌어당기는) 공기 부력이 발생한다. 운반하는 연기와 기체의 특정 양과 온도에 맞게 연도의 높이와 지름을 최적으로 설계한 굴뚝은 잘 "뽑아 올린다".

"점화" 단계에서 연기와 기체의 온도는 비교적 낮다. 온도가 이슬점 아래로 내려가면 포함된 수증기가 연도 내부를 따라서 응결할 수 있다. 최악의 경우 응축 때문에 타르와 유황(그을음)이 침전되고 굴뚝에 스며들어 외부에서 유황 냄새가 나는 갈색 반점이 생긴다. 이 과정을 "그을림^{sooting}"이라고 부르며, 대개는 굴뚝의 구조적 강도를 약화한다.

현대식 연도는 방수, 내열성 재료로 만든 세라믹 또는 스테인리스 스틸 관이다. 현재 흙블록 사용은 허용하지 않는다. 연기와 기체가 직접 닿는 굴뚝 건설에 (1850년 이전처럼) 흙블록을 다시 사용할 수 있는지 건축 부재 시험으로 결정할 필요가 있다. 흙블록을 이 특정 용도 제품으로 사용하기 위해 DIN 18945를 이용해서 주요 속성을 규정할 수 있었다.

(2) 현대적 벽 난방 장치

벽 난방은 벽에 매입한 열선 방식으로 건축 부재를 가열한다. 건축 부재 표면 전체에 고르게 퍼지는 복사열을 생성하며, 온열 생리학 측면에서 기존의 중앙 난방 장치에 비해 더 나은 실내 기온층을 형성한다. 또한 실내에서 공기를 가열하고 순환하는 중앙 난방 장치로 생성한 대류열(단원 5.1.1)보다 복사열이 더 쾌적하게 여겨진다. 이로써 열의 변화를 생리적으로 인식하지 않고도 최대 2K까지 물 공급 온도를 낮출 수 있다 [52].

열 복사를 효율적으로 하려면 "난방" 벽을 가구로 막지 않아야 한다. 또한, 벽 난방 장치는 내벽에 설치해야 한다. 생성된 열이 전도를 통해 외부로 빠져나가는 것을 방지하기 위해 외벽에 추가 단열이 필요하다.

현재 흙건축 자재에 사용 가능한 두 가지 난방 장치가 있다 [52]:

- 온수 열선을 사용하는 벽 난방
- 열기 방식(하이포코스트^{hypocaust})의 벽 난방

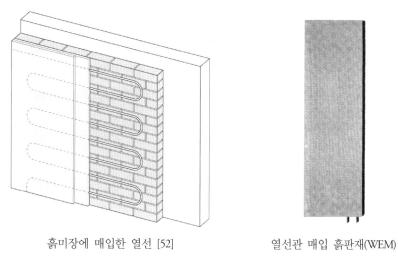

흙미장에 매입한 열선 [52]　　　　　　열선관 매입 흙판재(WEM)

그림 4.78 설비, 온수 열선 형식의 벽 난방

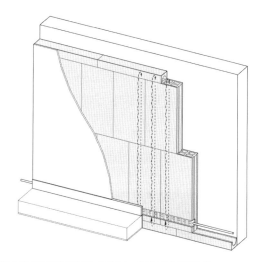

그림 4.79 설비, 중공 흙판재로 된 열기 방식(하이포코스트)의 벽 난방[52]

온수 난방

적합한 재료로 만든 열선을 벽 전체 표면에 걸쳐 초벌 흙미장에 매입하고 재벌^{second} 미장층을 덮는다. (열 전달 매체인) 물이 열선관을 통과하면 열이 흙미장으로 방출되고 다시 방 안으로 복사한다(그림 4.78). 최근 열선 매입 흙판재를 여러 생산자에게서 구할 수 있게 되었다.

흙건축 자재에 결합한 온수관 열선은 항상 수해 위험이 있다. 따라서 벽에 철물을 부착하기 전에 벽 탐지기^{scanner}를 사용해야 한다.

기초판 난방

기초판^{baseboard} 난방은 물 대신 공기를 열 전달 매체로 사용해 수해 위험을 대체로 해소한다.

이 벽 난방 장치는 중공 흙판재를 "난방 벽" 앞에 벽 덧마감으로 설치하고 U자형 마개로 덮어서 구성한다. 벽 덧마감판에 매입한 기존 기초판 난방 장치가 공기를 가열하고, 다음으로 중공 내부를 통과해 순환하며 벽을 가열한다(그림 4.79). 가열된 벽은 전체 표면에서 방 안으로 열을 복사한다.

열기^{hypocaust} 난방 장치의 원리를 오스트리아 인쇄 공장 건물에 적용했다 [54]. 내력벽을 열기 난방 함몰부^{recesses}가 내장된 사전제작 흙다짐 부재(단원 4.3.3.1)로 구성했다(그림 3.18, 4.26).

(3) 흙조적 난방기

흙조적 난방기가 점점 인기를 얻고 있다. 이는 재활용 흙블록 등의 흙 축열층으로 감싼, 시판되는 표준 화목 화로이다. 축열층은, 예를 들어 복수의 기능(화로 좌석, 조리용 화로, 화로 배관, 여러 방 난방)을 통합하는 등 맞춤화할 수 있다.

흙조적 난방기는 열용량이 커서 쾌적한 복사열을 긴 시간에 걸쳐 지속 생성한다(그림 4.80). 흙조적 난방기 건설은 숙련된 전문가가 계획하고 수행해야 한다.

흙조적 난방기는 재생 가능한 연료인 나무를 사용하므로 CO_2 중립으로 간주한다. 흙조적 난방기는 주거건물의 열 생산과 지속 가능한 건축물의 화석 연료 소비 감소에 기여한다.

그림 4.80 설비, 질량이 큰 흙층으로 감싼 표준 화목 화로 형태의 흙조적 난방기 [87]

4.3.7.4 전통 냉각 장치

(1) 환기 장치

일명 바람탑^{wind catcher}은 아랍 이슬람 문화의 덥고 건조한 기후에서 건물의 자연환기를 위해 사용하는 건축 부재로, 이 지역의 전통 건축에 없어서는 안 될 부분이다. 외부 기온이 견딜 수 없을 정도로 높을 때, 제대로 기능하는 바람탑은 신선한 공기 공급 및 사용한 공기를 제거하는 독창적인 방식으로 쾌적한 실내 기후를 조성한다.

바람탑(이집트에서는 "말카프^{malkaf}", 이란에서는 "바드기어^{badgir}"라고 부름)은 신선한 공기 공급 및 사용한 공기 배출을 위해 지붕을 씌운 수직 연도 굴뚝과 비슷하다. 연도 안의 공기 이동 방향은 일 단위 시간과 바람의 방향에 따라 달라진다. 그림 4.81b[105]의 도해는 바람탑의 작동 원리를 보여준다: 낮에는 바람탑의 남쪽 면이 뜨거워지고, 따뜻한 공기가 상승해 실내에서 공기를 뽑아 올린다. 이는 실내의 압력을 낮춰서, 이번에는 시원한 안뜰의 신선한 공기를 실내로 끌어들인다. 밤에는 시원한 공기가 바람탑을 통해 내부로 내려앉아 낮의 더운 공기를 안뜰로 밀어내어 거기서 상승한다.

전통적으로 바람탑은 흙건축 자재로 만들었고, 때로 개구부를 만드는 데 목재를 사용했다. 그림 4.81a[105]는 이란 오아시스 마을 야즈드^{Yazd}에 위치한 바람탑이 있는 옥상을 보여준다.

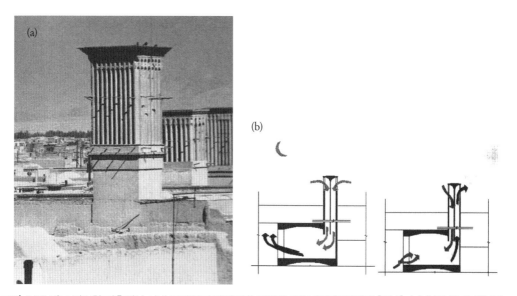

그림 4.81 덥고 건조한 기후에서 실내 공간의 자연적 기후 조절을 위해 사용한 바람탑 [105]. (a) 이란 야즈드에 있는 바람탑이 있는 옥상. (b) 낮과 밤 동안의 변화를 보여주는 바람탑의 작동 원리

오늘날 많은 역사적 복원 사업에서 바람탑에 초점을 둔다. 흔히 수백 년 된 이 구조물들의 완벽한 기술적 설계는 계속 놀라움을 자아낸다. 아주 오래전에, 비교적 간단한 방법으로 이런 방식의 건축물을 설계하고 건설한 계획자들은 우리의 존경을 받을 만하다.

(2) 얼음집

전기로 작동하는 냉각 장치가 발명되기 전에는, 여름 동안 일명 얼음 저장고 또는 얼음집이라 불리는 특수 구조물에 부패하기 쉬운 식품을 신선하게 보관했다. 얕은 연못의 인근에 지은 이 구조물의 벽이 햇볕을 차단했다. 연못의 물이 어는 겨울철에 얼음을 "수확"해 블록으로 자르고 얼음집에 저장했다. 이 건물은 줄지어 있는 얼음 방과 냉간 절연cold-insulating 건축 자재로 만든 지상 구조물로 이루어져 있다.

　이란 사막 지역의 많은 오아시스 마을 중 케르만kerman, 나엔Naen, 밤Bam에서는 제빙 및 저장 기술이 고도로 발달했다. 최대 깊이 8m, 지름 10m 이상인 지하의 원형 얼음 방(야크찰yakhchal)에 얼음을 저장했다 [97]. 지상의 돔 구조물은 흙블록으로 만들었는데, 서로 위에 얹어서 안쪽으로 좁아지는 고리 형태의 벽이었다. 그림 4.82는 케르만시의 얼음집을 보여준다 [106]. 단면은 돔 구조물 기단의 두께가 2m에 달하는 것을 보여준다. 이 엄청난 축열체가 극도로 더운 여름에도 얼음이 녹는 것을 막을 수 있었다.

흙블록 조적으로 지은 지하 얼음방이 있는 얼음집 단면, 이란 케르만kerman

그림 4.82 이란 얼음집 [106]

References

1. http://dev.lehmbau-atlas.de

2. Bochow, K.H., Stein, L.: Hadramaut—Geschichte und Gegenwart einer südarabischen Landschaft. VEB Brockhaus Verlag, Leipzig (1986)

3. Grigutsch, A., Keller, B., Fahrmann, H.: Erfahrungen beim zweigeschossigen Lehmbau in Gotha. Bauplanung/Bautechnik. 7(6), 128 (1952)

4. Heringer, A., Roswag, E., Ziegert, C.: Traditionelle Lehmbautechniken in der modernen Architektur: "School handmade in Bangladesh". In: LEHM 2008 Koblenz, Proceedings of the 5th International Conference on Earth Building, pp. 246–249. Dachverband Lehm e.V., Weimar (2008)

5. Harris Huges, E.: Holy Adobe. Hughes, El Paso (1982)

6. Aleyadah, B.: Prince Ahmad Bin Salman Mosque, Riyadh, Saudi Arabia. In: LEHM 2012 Weimar, Beitrage zur 6. Int. Fachtagung für Lehmbau, pp. 22–27. Dachverband Lehm e.V., Weimar (2012)

7. Fischer, F., Monnig, H.-U., Mucke, F., Schroeder, H., Wagner, B: Ein Jugendklub aus Lehm—Baureport Herbsleben. Weimar, Wiss. Z. Hochsch. Archit. Bauwes.—A. 35(3/4), 162–168 (1989)

8. Dachverband Lehm e.V. (Hrsg.): Lehmbau Regeln—Begriffe, Baustoffe, Bauteile, 3., uberarbeitete Aufl. Vieweg+Teubner/GWV Fachverlage, Wiesbaden (2009)

9. Europaisches Parlament; Rat Der Europaischen Union: Verordnung Nr. 305/2011 vom 9. Marz 2011 zur Festlegung harmonisierter Bedingungen für die Vermarktung von Bauprodukten und zur Aufhebung der Richtlinie 89/106/EWG des Rates, L 88/5 v. Amtsblatt der Europaischen Union, Brussel (2011)

10. Schroeder, H., Volhard, F., Rohlen, U., Ziegert, C.: Die Lehmbau Regeln 2008—10 Jahre Erfahrungen mit der praktischen Anwendung. In: LEHM 2008 Koblenz, Beitrage zur 5. Int. Fachtagung für Lehmbau, pp. 12–21. Dachverband Lehm e.V., Weimar (2008)

11. Dachverband Lehm e.V. (Hrsg.): Lehmsteine—Begriffe, Baustoffe, Anforderungen, Prufverfahren. Technische Merkblatter Lehmbau, TM 02. Dachverband Lehm e.V., Weimar (2011)

12. Dachverband Lehm e.V. (Hrsg.): Lehm-Mauermortel—Begriffe, Baustoffe, Anforderungen, Prufverfahren. Technische Merkblatter Lehmbau, TM 03. Dachverband Lehm e.V., Weimar (2011)

13. Dachverband Lehm e.V. (Hrsg.): Lehm-Putzmortel—Begriffe, Baustoffe, Anforderungen, Prufverfahren. Technische Merkblatter Lehmbau, TM 04. Dachverband Lehm e.V., Weimar (2011)

14. Dachverband Lehm e.V. (Hrsg.): Qualitatsuberwachung von Baulehm als Ausgangsstoff fur industriell hergestellte Lehmbaustoffe—Richtlinie. Technische Merkblatter Lehmbau, TM 05. Dachverband Lehm e.V., Weimar (2011)

15. Dachverband Lehm e.V. (Hrsg.): Anforderungen an Lehmputz als Bauteil. Technische Merkblatter Lehmbau, TM 01. Dachverband Lehm e.V., Weimar (2014)

16. Natureplus e.V. (Hrsg.): Richtlinien zur Vergabe des Qualitatszeichens "natureplus". RL 0607 Lehmanstriche

und Lehmdunnlagenbeschichtungen (September 2010); RL 0803 Lehmputzmortel (September 2010); RL 0804 Stabilisierte Lehmputzmortel (proposed); RL 1006 Lehmbauplatten (September 2010); RL 1101 Lehmsteine (proposed); RL 0000 Basiskriterien (May 2011); Neckargemund (2010)

17. Schroeder, H.: Modern earth building codes, standards and normative development. In: Hall, M.R., Lindsay, R., Krayenhoff, M. (eds.) Modern Earth Buildings—Materials, Engineering, Construction and Applications. Woodhead Publishing Series in Energy: Nr 33, pp. 72–109. Woodhead Publishing, Oxford (2012)

18. Cid, J., Mazarron, F.R., Canas, I.: Las normativas de construccion con tierra en el mundo. Informes de la Construccion 63(523), 159–169 (2011)

19. Italia. Regione Piemonte L.R. 2/06, Norme per la valorizziazione delle costruzioni in terra cruda. B.U.R. Piemonte, n. 13 (2006)

20. Instituto Nacional de Normalizacion INN: Estructuras—Intervenciode construcciones patrimoniales de tierra cruda—Requisitos del proyecto structural, NCh 3332.c2012, Santiago de Chile (2012)

21. Royaume du Maroc: Reglement parasismique des constructions en terre. RPCTerre, Ministere de l'interieur, Ministere de l'equipment et du transport, Ministere de l'habitat, de l'urbanisme et de la politique de la ville, Rabat (2001)

22. AFNOR: XP P13-901: Compressed Earth Blocks for Walls and Partitions: Definitions—Specifications—Test Methods—Delivery Acceptance Conditions. AFNOR, St. Denis la Plaine CEDEX (2001)

23. MOPT: Bases para el Diseno y Construccion con Tapial. Centro de Publicationes, Secretaria General Tecnica, Ministerio de Obras Publicas y Transportes, Madrid (1992)

24. Jimenez Delgado, M.C., Canas Guerrero, I.: The selection of soils for unstabilized earth building: a normative review. Construction and Building Materials 21, 237–251 (2007)

25. Asociacion Espanola de Normalisacion y Certificacion AENOR: Bloques de tierra comprimada para muros y tabiques. Definiciones, especificaciones y metodos de ensayo. UNE 41410, Madrid (2008)

26. Achenza, M.: A national law for earthen architecture in Italy. Difficulties and expectances. In: "Living in Earthen Cities—Kerpic '05", Proceedings of the 1st International Conference, pp. 191–194, Istanbul Technical University ITU, Istanbul (2005)

27. Schweizer Ingenieur-und Architekten-Verein SIA (Hrsg.): SIA Dokumentationen D 077, Bauen mit Lehm (1991); Schaerer, A., Huber, A., Kleespies, T.: D 0111, Regeln zum Bauen mit Lehm (1994); Hugi, H., Huber, A., Kleespies, T.: D 0112, Lehmbauatlas (1994); Hugi, H., Huber, A., Kleespies, T.: Zurich: SIA 1991 u. (1994)

28. Turkish Standard Institution TSE (1995–1997): Cement Treated Adobe Bricks. TS 537 (1985); Adobe Blocks and Production Methods TM 2514 (1997); Adobe Buildings and Construction Methods TM 2515 (1985); Ankara (1997)

29. State Building Committee of the Republic of Kyrgyzstan/Gosstroi of Kyrgyzstan: Возведение малоэтжных зданий и сооружений из грунтоцементобетона РСН-2-87 (Building of lowstoried houses with

stabilized rammed earth), Republic Building Norms RBN-2-87, Frunse (Bischkek) Republic of Kyrgyzstan (1988)

30. Center for the Development of Industry ACP-EU/CRATerre-BASIN: Compressed Earth Blocks, Series Technologies. Nr. 5 Production equipment (1996); Nr. 11: Standards (1998); Nr. 16 Testing procedures (1998). Brussels (1996–1998)

31. Institut National de la Normalisation et de la Propriete d'Industrielle INNOPRI: Blocs de terre comprimee—Specifications techniques. NT 21.33 (1996); Blocs de terre comprimee—Definition, classification et designation. NT 21.35 (1996), Tunis (1998)

32. Standards Association of Zimbabwe: Rammed Earth Structures. Zimbabwe Standard Code of Practice SAZS 724, Harare (2001)

33. Shittu, T.A.: Lehmbau Normen und Regeln—ein Uberblick uber die nigerianischen Baugesetze. In: LEHM 2008 Koblenz, Beitrage zur 5. Int. Fachtagung fur Lehmbau, pp. 40–47. Dachverband Lehm e.V., Weimar (2008)

34. Federal Republic of Nigeria: National Building Code, 1st edn. LexisNexis Butterworths, Capetown (2006)

35. Kenya Bureau of Standards KEBS: Specifications for Stabilised Soil Blocks. KS02-1070: 1993 (1999), Nairobi (1999)

36. Bureau of Indian Standards BIS (ed.): Improving Earthquake Resistance of Earthen Buildings—Guidelines. Indian Standard IS 13827, New Delhi (1993)

37. Bureau of Indian Standards: Indian Standard 2110-1980: Code of Practice for In Situ Construction of Walls in Buildings with Soil-Cement (1991 1st rev., 1998 reaffirmed). New Dehli (1981)

38. Bureau of Indian Standards BIS (ed.): Stabilized Soil Blocks Used in General Building Construction—Specification. Indian Standards IS 1725, (Second revision). New Delhi (2013)

39. Sri Lanka Standard Institution: Specification for Compressed Stabilized Earth Blocks. Sri Lanka Standard SLS 1382; Part 1: Requirements; Part 2: Test methods; Part 3: Guidelines on production, design and construction. Colombo (2009)

40. Regulation & Licensing Dept., Construction Industries Div., General Constr. Bureau: 2006 New Mexico Earthen Building Materials Code. CID-GCB-NMBC-14.7.4. Santa Fe (2006)

41. ASTM International, Standard Guide for Design of Earthen Wall Building Systems: ASTM E2392/E2392—10, West Conshohocken (2010)

42. National Building Standards of Peru (ed.): Adobe. Technical Building Standard NTE E. 080 (engl.). Lima (2000)

43. Associacao Brasileira de Normas Tecnicas ABNT, Rio de Janeiro (1984–1996); NBR 8491 EB1481, Tijolo macico de solo-cimento (1984); NBR 8492 MB1960, Tijolo macico de solo-cimento—Determinacao da resistencia a compressao e de absorcao d'agua (1984); NBR 10832 NB1221, Fabricacao de tijolo macico de solo-cimento com a utilizacao de prensa manual (1989); NBR 10833 NB1222, Fabricacao de tijolo macico

e bloco vazado de solo-cimento com a utilizacao de prensa hidraulica (1989); NBR 10834 EB 1969, Bloco vazado de solo-cimento sem funcao strutural (1994); NBR 10835 PB 1391, Bloco vazado de solo-cimento sem funcao estrutural (1994); NBR 10836 MB3072, Bloco vazado de solo-cimento sem funcao estrutural—Determinacao da resistencia a compressao e de absorcao d'agua (1994); NBR 12023 MB 3359, Solo-cimento—Ensaio de compactacao (1992); NBR 12024 MB3360, Solo-cimento—Moldagem e cura de corpos-de-prova cilindricos (1992); NBR 12025 MB3361, Solo-cimento—Ensaio de compresscao simples de corpos-de-prova cilindricos (1990); NBR 13554, Solo-cimento—Ensaio de duribilidade por moldagem e secagem (1996); NBR 13555, Solo-cimento—Determinacao da absorcao d'agua (1996); NBR 13553, Materiais para emprego em parede monolitica de solo-cimento sem funcao estrutural (1996)

44. Instituto Colombiano de Normas Tecnicas y Certificacion ICONTEC: Bloques de suelo cemento para muros y divisiones. Definiciones. Especificaciones. Metodos de ensayo. Condiciones de entrega. NTC 5324. Bogota (2004)

45. Standards New Zealand: NZS 4297: 1998 Engineering Design of Earth Buildings; NZS 4298: 1998 Materials and Workmanship for Earth Buildings; NZS 4299: 1998 Earth Building Not Requiring Specific Design. Standards New Zealand, Private Bag 2439, Wellington (1998)

46. CSIRO Australia, Division of Building, Construction and Engineering, Bull. 5: Earth-Wall Construction, 4th edn. North Ryde (1995)

47. Earth Building Association of Australia EBAA (ed.): Building with Earth Bricks & Rammed Earth in Australia. EBAA, Wangaratta (2004)

48. Walker, P., Standards Australia: The Australian Earth Building Handbook. Standards Australia International, Sydney (2002)

49. Dahlhaus, U., Kortlepel, U., et al.: Lehmbau 2004—aktuelles Planungshandbuch fur den Lehmbau (Erganzungen 2001 u. 2004). Manudom Verlag, Aachen (1997)

50. Schmitz, H., Krings, E., Dahlhaus, U., Meisel, U.: Baukosten 2012/13; Band 1: Instandsetzung, Sanierung, Modernisierung, Umnutzung; Band 2: Preiswerter Neubau von Ein-u. Mehrfamilienhausern, 21. Aufl. Verlag Hubert Wingen, Essen (2013)

51. Dachverband Lehm e.V. (Hrsg.): Kurslehrbuch Fachkraft Lehmbau. Dachverband Lehm e.V., Weimar (2005)

52. Dachverband Lehm e.V. (Hrsg.): Lehmbau Verbraucherinformation. Dachverband Lehm e.V., Weimar (2004)

53. Ahnert, R., Krause, K.H.: Typische Baukonstruktionen von 1860 bis 1960 zur Beurteilung der vorhandenen Bausubstanz; Bd. I: Grundungen, Wande, Decken, Dachtragwerke; Bd. II: Stutzen, Treppen, Erker und Balkone, Bogen, Fußboden, Dachdeckungen. VEB Verlag f. Bauwesen, Berlin 1985 (I), 1988 (II)

54. Kapfinger, O., Rauch, M.: Rammed Earth—Lehm und Architektur—Terra cruda. Birkhauser, Basel (2001)

55. Schroeder, H., Bieber, A.: Neue Stampflehmprojekte in Thuringen. In: LEHM 2004 Leipzig, Beitrage zur 4. Int. Fachtagung fur Lehmbau, pp. 190–201. Dachverband Lehm e.V., Weimar (2004)

56. Schroeder, H.: Stampflehmboden in historischen Orangeriegebauden in Deutschland. In: LEHM 2012

Weimar, Beitrage zur 6. Int. Fachtagung fur Lehmbau, pp. 354–355. Dachverband Lehm e.V., Weimar (2012)

57. Walker, P., Keable, R., Martin, J., Maniatidis, V.: Rammed Earth—Design and Construction Guidelines. BRE Bookshop, Watford (2005)

58. Rischanek, A.: Sicherheitskonzept fur den Lehmsteinbau. Technische Universitat, Fak. Bauingenieurwesen, Wien (2009)

59. Dierks, K., Stein, R.: Ein Bemessungskonzept fur tragende Stampflehmwande. In: Moderner Lehmbau 2002; Beitrage, pp. 37–48. Fraunhofer IRB Verlag, Stuttgart (2002)

60. Fischer, F., Monnig, H.-U., Schroeder, H., Wagner, B.: Erarbeitung einer technologischen Konzeption zur Errichtung von Gebauden aus Erdstoff mit Erprobung unter den Bedingungen der Bauausfuhrung, Teil I: 1988; Teil II: 1989. Unpublished research report. Hochschule f. Architektur u. Bauwesen, WBI, Weimar (1989)

61. Miller, T., Grigutsch, A., Schultze, K.W.: Lehmbaufibel—Darstellung der reinen Lehmbauweise. Schriftenreihe d. Forschungsgemeinschaften Hochschule, Heft 3, Reprint der Originalausgabe von 1947. Verlag Bauhaus-Universitat, Weimar (1999)

62. Kruger, S.: Stampflehm—Renaissance einer alten Technik. manudom Verlag, Aachen (2004)

63. www.rammedearth.blogspot.com

64. Hetzl, M.: Der Ingenieur-Lehmbau. Die Entwicklung des ingenieurmaßigen Lehmbaus seit der Franzosischen Revolution und der Entwurf neuer Lehmbautechnologien. Dissertation, Technische Universitat, Fak. Architektur, Wien (1994)

65. Williams-Ellis, C.: Building in Cob, Pise and Stabilized Earth, Reprinted edition. Donhead, Shaftesbury (1999)

66. Keefe, L.: Earth Building—Methods and Materials, Repair and Conservation. Taylor & Francis, London (2005)

67. McDonald, F., Doyle, P., MacConville, H.: Ireland's Earthen Houses. A. & A. Farmar, Dublin (1997)

68. Bertagnin, M.: Architetture di Terra in Italia—Tipologie, tecnologie e culture costruttive. Edicom Edizioni—Culture costruttive, Monfalcone (1999)

69. Easton, D.: Industrielle Formgebung von Stampflehm. In: LEHM 2008 Koblenz, Beitrage zur 5. Int. Fachtagung fur Lehmbau, pp. 90–97. Dachverband Lehm e.V., Weimar (2008)

70. Fontaine, L., Anger, R.: Batir en terre—Du grain de sable a l'architecture. Edition Belin/Cite des sciences et de l'industrie, Paris (2009)

71. Kafescioglu, R., Isik, B.: The relevance of earth construction for the contemporary world and Alker—gypsum stabilized earth. In: Kerpic '05, Proceedings of the 1st International Conference "Living in Earthen Cities", pp. 166–173. Technical University ITU, Istanbul (2005)

72. v. Bodelschwingh, G.: Ein alter Baumeister und was wir von ihm gelernt haben—Der Dunner Lehmbrotebau,

3. Aufl. Heimstatte Dunne, Bunde (1990)

73. Žabičkova, I.: Hliněne stavby. ERA vyd., Brno (2002)

74. Schreckenbach, H., Abankwa, J.G.K.: Construction Technology for a Tropical Developing Country. Gesellschaft fur Technische Zusammenarbeit GTZ, Eschborn (1982)

75. Minke, G.: Handbuch Lehmbau. Baustoffkunde, Techniken, Lehmarchitektur, 7. erw. Aufl. Okobuch Verlag, Staufen (2009)

76. Tulaganov, B.A., Schroeder, H., Schwarz, J.: Lehmbau in Usbekistan. In: Zukunft Lehmbau 2002—10 Jahre Dachverband Lehm e.V., pp. 91–101. Dachverband Lehm e.V./Bauhaus-Universitat, Weimar (2002)

77. Brandle, E.: Sanierung Alter Hauser. BLV Verlagsgesellschaft, Munchen (1991)

78. Schrammel-Schal, N.: Gefiederte Wande—Wandbehang mit Stroh, eingebettet in Lehm. In: LEHM 2012 Weimar, Beitrage zur 6. Int. Fachtagung fur Lehmbau, pp. 314–319. Dachverband Lehm e.V., Weimar (2012)

79. Kraft, J.: Was wie machen? Instandsetzen u. Erhalten alter Bausubstanz. Interessengemeinschaft Bauernhaus IGB, Grafischer Betrieb, Weyhe (1992)

80. Naasner, C., Paulick, R., Stendel, G., Wunderlich, A.: Lehmbaupraktikum Lindig 2004. Unpublished internship report. Bauhaus-Universitat, Fak. Architektur, Weimar (2004)

81. Schuler, G., Schroeder, H: Naturbelassene Baustoffe—Beispiel Kalktuff Magdala. Wiss. Z. Hochsch. Archit. Bauwes. – A/B – Weimar 39(4), 337–341 (1993)

82. Zweite Verordnung zur Anderung der Energieeinsparverordnung (EnEV 2009) v. 18.11.2013. Bundesgesetzblatt I, Nr. 61, Berlin (2013)

83. Pollack, E., Richter, E.: Technik des Lehmbaus. Verlag Technik, Berlin (1952)

84. Richter, A.: Analyse und Bewertung der aktuellen Lehmbauweisen im Bereich des ein-und mehr-geschossigen Wohnungsbaus. Unpublished diploma thesis. Bauhaus-Universitat, Fak. Architektur, Weimar (1996)

85. Nordische Naturbau GmbH: Lehmoment Strohlehm-Elemente. o.J.—Company Brochure, Havetoftloit

86. Minke, G., Mahlke, F.: Der Strohballenbau—ein Konstruktionshandbuch. Okobuch-Verlag, Staufen (2002)

87. Schroeder, H.: Okologischer Wohnhausneubau mit Lehmbaustoffen in Weimar-Taubach. In: Zdrave domy 2006—Přirodni materialy ve stavbach, Conference Proceedings, pp. 33–40. Technical University, Brno (2006)

88. Morton, T., et al.: Low Cost Earth Brick Construction, Dalguise: Monitoring & Evaluation. Arc, Chartered Architects, Auchtermuchty (2005)

89. Karphosit: Karphosit Lehmbauplatten. o.J. Company Brochure, Peißen

90. Richter, E.: Decken und Flachdacher aus vorgefertigten Lehmplatten. SR zur Forderung der Naturbauweisen, Nr. 3. Beratungs-u. Lehrstelle f. Naturbauweisen, Wallwitz (1951)

91. Minke, G., Mukerji, K.: Structurally Optimised Domes—A Manual of Design and Construction. GTZ/GATE/Vieweg-Verlag, Braunschweig (1995)

92. Bendakir, M.: Architectures de terre en Syrie—une tradition de onze millenaires. ENSAG-CRATerre,

Grenoble (2008)

93. Joffroy, T., Guillaud, H.: The Basics of Building with Arches, Vaults and Cupolas. SKAT/CRATerre-EAG, St. Gallen (1994)

94. Orgel, R.: Traditioneller Wohnungsbau in Syrien. Unpublished student research paper. Bauhaus-Universitat, Fak. Architektur, Weimar (2004)

95. Fathy, H.: Architecture for the Poor. University of Chicago Press, Chicago (1973)

96. Baimatova, N.S.: 5000 Jahre Architektur in Mittelasien—Lehmziegelgewolbe vom 4./3. Jahrtausend. v. Chr. bis zum Ende des 8. Jahrhunderts. n. Chr. Archaologie in Iran und Turan, 7, Deutsches Archaologisches Institut, Eurasien-Abteilung, Außenstelle Teheran. Verlag Philipp v. Zabern, Mainz (2008)

97. Khalili, N.: Ceramic Houses & Earth Architecture—How to Build Your Own, 2nd edn. Burning Gate Press, Los Angeles (1994)

98. Navrongo-Bolgatanga Diocese, Ghana Museums and Monuments Board, CRATerre-EAG: Navrongo Cathedral—The Merge of Two Cultures. CRATerre Editions, Villefontaine (2004)

99. Figgemeier, M.: Die multifunktionalen Eigenschaften—keine Uberraschungen beim Lehmputz-Einsatz. Der Maler- und Lackiermeister 11, 37–41 (2009)

100. Rohlen, U., Ziegert, C.: Lehmbau-Praxis, Planung und Ausfuhrung. Bauwerk Verlag, Berlin (2010)

101. Stappel, M.: Kratzputz, Stippputz—historische Verzierungen von Gefachen. Informationsblatt 36. Aus den Arbeiten des Freilichtmuseums Hessenpark, Neu-Anspach (2005)

102. Deutscher Stuckgewerbebund im ZV des Deutschen Baugewerbes u. a.: Putzoberflachen im Innenbereich. Berlin (1999)

103. Frimodig, H., Schulz, C., Molzen, C., Parschau, J., Stutz, H.: Bauernhauser in Nordwestmecklenburg. Einblicke zwischen Schaalsee und Salzhaff, H. 5. NWM-Verlag, Grevesmuhlen (1998)

104. Goer, M.: Ungarndeutsche Bauernhauser in der Baranya. Denkmalpflege in Baden-Wurttemberg 4, 9–21 (1996)

105. Farahza, N., Khajehrezaei, I.: Badgir, earthen resistant structure. In: TerrAsia 2011, Proceedings of the International Conference on Earthen Architecture in Asia, pp. 247–258. Mokpo National University, Dept. of Architecture, Mokpo (2011)

106. Fakhar Tehrani, F., Koosheshgaran, M.: The role of soil and land in the regional architecture of the central plateau of Iran. In: Terra 2003—Proceedings of the 9th International Conference on the Study and Conservation of Earthen Architecture, pp. 582–592. Yazd (2003)

107. Evangelische versohnungsgemeinde Berlin (Hrsg.): Kapelle der Versohnung—Ausstellung. Broschure, Berlin (2000)

108. Claytec e.K: Die Anleitung zum modernen Lehmbau—Architektenmappe 2008. Company Publication, Viersen (2008)

109. Dachverband Lehm e.V. (Hrsg.): Lehmdunnlagenbeschichtungen—Begriffe, Anforderungen, Prufverfahren,

Deklaration. Technische Merkblatter Lehmbau, TM 06. Dachverband Lehm e.V., Weimar (2015)

110. Standards Organisation of Nigeria SON: Standard for Stabilized Earth Bricks. NIS 369:1997, Lagos (1997)

111. International Conference of Building Officials: Uniform Building Code Standards, Section 2405, Unburned Clay Masonry, Whittier (1982)

112. Norton, J.: Building with Earth—A Handbook. Development Workshop. Intermediate Technology Publications, Rugby (1986)

5

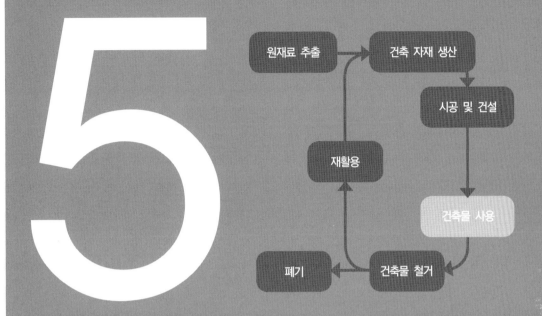

흙건축 자재로 지은 구조물 – 영향, 구조 손상, 보존

건축물의 사용연한 동안, 건축물은 수많은 외부 영향, 건축 자재의 자연적 열화, 사용 응력에 노출된다(그림 5.1).

건축물을 제한 없이 사용하려면, 사용한 건축 자재와 상관없이 건축물의 전체 사용연한 동안 구조체에 요구되는 모든 일반 요건을 충족해야 한다.

5 흙건축 자재로 지은 구조물 - 영향, 구조 손상, 보존

Structures Built of Earth Building Materials - Impacts, Structural Damage and Preservation

5.1 사용 중 건축 부재와 구조의 성능

건축물의 유효수명 동안 구조체가 받는 영향은 DIN EN 1991-1-1에 의거해 기록한다. 주로 다음 사항으로 구성된다:

－주요 기후: 기온, 강수, 동결융해주기 freeze-thaw cycle, 일사량, 바람

－건축 대지: 변형, 습기(높은 염류 농도)

－위치와 교통: 소음, 진동, 대기 오염

－사용자 활동: 기계적 및 동적 응력, 실내 공간의 수분 축적과 담배 연기, 우발적 손상

지진(DIN EN 1998-1), 토네이도, 홍수 등 이례적인 자연재해에 대비하기 위해서는 특별한 구조 설계 요건이 필요하다.

이런 영향은 단열, 방습, 내화, 차음 기능 등 분할된 개념으로 나뉘고, 구조물의 사용 적합성 측면에서 각각의 요건을 도출하는 데 이용한다. 이 요건의 준수 여부는 구조 수치와 함께 검증해야 한다. 계획 단계에서 이런 검증은 건물의 **복합 수치화** complex dimensioning 또는 건물의 시공 설계를 만들어낸다.

건물이 이런 영향에 어떻게 대응하는지는 표준화된 시험 방법으로 측정한 적절한 기준척도로 설명할 수 있다(표 1.1). 다른 광물 건축 자재와 비교했을 때 흙건축 자재로 만든 구조물은 특별한 주요 특징을 보인다.

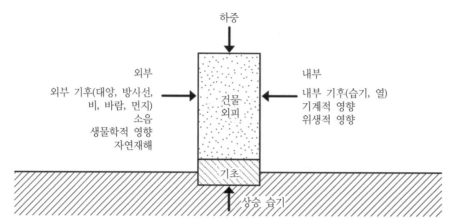

그림 5.1 건물의 사용연한 동안 건물 외피에 가해지는 영향

5.1.1 단열 척도

흙건축 자재로 만든 건축 부재와 구조물의 열 전달과 온도 분포 원리^{mechanism}는 단열 척도를
사용해서 설명, 묘사할 수 있다.

중부 유럽 기후에서는 건축물의 사용연한 동안 특히 흙건축 자재로 만든 구조물의 단열은
다음의 일반 요건을 충족해야 한다:

-특히 난방이 필요한 기간에 열 손실을 줄이기 위해 단열로 에너지 보존
-충분하지 않은 단열 때문에 건축 부재의 실내 표면에 발생하는 결로 방지
-여름철 실내 공간 과열 방지

5.1.1.1 열의 전달 원리

물리적으로, 열은 기계적, 전기적, 자기적 에너지와 마찬가지로 에너지의 한 형태이며, 물질의
기본 입자가 가진 운동에너지를 나타낸다. 열의 세기는 온도로 나타낸다(표 5.1).

열은 한 물체에서 다른 물체로 **복사** *radiation* 또는 **전도** *conduction*를 통해 이동할 수 있다. 액체
나 기체에서 열은 **대류** *convection*로 이동하기도 한다. 세 가지 원리 모두가 거의 동시에 일어난다.

(1) 복사

복사로 일어나는 열의 이동은 따뜻한 (+) 표면에서 차가운 (−) 표면으로 상응^{contact}을 통해 이

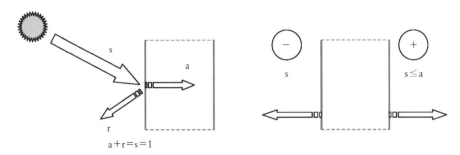

그림 5.2 열복사 s, 흡수 a, 반사 r

동한다(그림 5.2). 이 과정은 전자기파(주로 적외선)로 이루어지며 공기와 같은 전달 매체는 필요하지 않다.

따뜻한 표면은 복사열radiant heat의 형태로 열에너지를 방출하고 이 에너지는 차가운 표면으로 전달된다. 방출된 열량은 표면 사이의 온도 차이와 따뜻한 표면의 물질 특성(복사율)에 관한 함수이다. 온도가 상승함에 따라 열 복사의 세기는 현저히 증가한다.

방출된 열은 차가운 표면에서 일부는 반사되고(r) 일부는 흡수된다(a). 차가운 표면의 물질 특성이 이 과정이 일어나는 범위를 결정한다: 매끄럽고 밝은 표면은 반사율이 좋고, 어둡고 거친 표면은 흡수율이 좋다. 이런 특성은 건물의 에너지 균형에 긍정적인 영향을 미치는 열 취득heat gain으로 이어진다.

흡수량 *absorption* a와 **반사량** *reflection* r의 총합은 언제나 방출된 열의 양과 같다.

단위면적당 총복사에너지 E_s가 방출한 에너지는 Stefan-Boltzmann 법칙에 따라 산출하며 에너지는 복사체의 절대온도 T의 네 제곱에 비례한다:

$$E_s = \sigma' \cdot \Delta T^4 \ [\text{W/m}^2]$$

$\sigma' = 5.67 \times 10^{-8} \ [\text{W/m}^2\text{K}^4]$ (Stefan-Boltzmann 상수).

총복사에 비해 개별 복사 파장의 비율은 다양하다. 파장 λ_{max}는 방출된 복사 중 가장 센 부분을 나타내기 때문에 특히 중요하다. Wien의 변위 법칙에 따르면 이 파장은 복사체의 절대 온도에 반비례한다.

$$\lambda_{max} = c' / T$$

$c' = 2898$ [μmK] (제3 복사 상수).

온도가 변하면 복사의 세기가 달라질 뿐만 아니라 스펙트럼의 구성도 달라진다. 온도가 상승하면 최대 복사값은 더 짧은 파장으로 옮겨간다.

엄밀히 말하면, Stefan-Boltzmann 법칙은 특정 상수에서 "흑체black body"에만 적용된다. "흑체"란 같은 온도에 있는 다른 모든 물체와 비교해서 입사하는 복사를 모두 흡수하며 모든 에너지를 방출하는 이상적 물체를 말하는 용어이다. 반면 현실 세계의 물체는 입사한 열 복사의 일부만을 방출한다.

"흑체가 아닌" 물체(시험한 재료로 만든 건축 부재)의 열 복사는 다음과 같이 산출할 수 있다:

$$E_s = \varepsilon' \cdot \Delta T^4 \times 10^{-8} \ [\text{W/m}^2]$$

$\varepsilon' = C / C_s$, 복사율emissivity

$C_s = 4.96 \text{kcal/hm}^2\text{K}^4 = 5.78 \text{W/m}^2\text{K}^4$, "흑체"의 복사계수

C "비흑체"의 복사계수

따라서 "비흑체"(건축 부재)의 복사계수 C가 더 작다.

Reincke[1]가 복사 고온계(적외선 카메라)를 사용해 흙건축물 표면에서 측정한 복사율은 $\varepsilon' \sim 0.93$였다. 즉 건축 자재인 흙의 복사율이 다른 일반 비금속 건축 자재와 비슷하게 높은 수준이라는 뜻이다. 이는 위에서 언급한 부도체가 복사율이 높을 것으로 예측한 전자기파 이론과 일맥상통한다.

밝은색의 광택이 있는 금속 건축 자재는, C값이 $1 \text{kcal/hm}^2\text{K}^4$보다 작은 범위에 있다. 복사는 현저히 낮지만, 반사를 잘한다.

(2) 대류

액체나 기체에서 대류로 열이 전달되는 것은 항상 물질의 이동과 관련되어 있다. 온도 상승에 따라 부피가 증가하면 부력이 생기는데, 예를 들면 공기 중에서 따뜻한 공기가 상승할 때 이런 현상을 관찰할 수 있다.

(3) 전도

차가운 물체와 따뜻한 물체 사이에서, 또는 한 물체 안에서 직접적인 접촉이 일어날 때, 물질 입자의 운동 강도 균형을 맞추는 과정에서 열 전도가 발생한다. 즉, 온도가 더 높은 물체에서 낮은 물체로 에너지 이동이 발생한다. 도체에서 단위시간당 정의된 단면을 통과하는 열량을 **열유속** *heat flow*이라 한다. 이 과정은 물질의 분자 구성 뿐만 아니라 구조와 공극량에 따라 다르다. 그러므로 열유속을 열전도율계수 λ로 설명할 수 있는 **물질의 고유 특성** *specific material property* 으로 정의한다(단원 3.6.3.2, 표 3.33).

건축 자재와 건축 부재의 열 전달을 계산하기 위해서는 일반적으로 열 전달의 세 가지 원리 (전도, 복사, 대류)를 한데 묶어 총에너지량 *total energy flow* 으로 보고, 그 후에 **건축 부재 고유의** *specific to the building element* 열전도율 *conductivity* 을 산정한다.

표 5.1 흙건축 부재의 온도분포 계산을 위한 열 척도

번호	기준척도	기호	단위	수식	의미
1	두께	d	m		건축 부재나 건축 부재 층의 두께
2	면적	A	m^2		
3	시간	t	s, h		
4	온도	T, Θ	K, °C 1 K=1°C		자재 온도는 °C로, 온도 차이는 K로 표현
5	열, 열량	Q	J, Ws 1 J=1 Ws		에너지 유형, 열량 / 시간 단위＝열유속
6	열유속	Φ	W	$\Phi = dQ/dt$	시간 dt동안 전달하는 열량 dQ
7	열유속 밀도	q	W/m^2	$q = \Phi/A$	단위면적당 전달하는 열유속
8	열전도율	$\Lambda(k)$	W/mK		두께 1m인 자재층 1m^{2}에서, 1초 동안 양쪽 표면 사이를 1K의 일정한 온도차로 흐르는 열량 Q(단원 3.6.3.2, 표 3.33)
9	열관류율	Λ	W/m^{2}K	$\Lambda = \lambda/d$	건축 부재의 층 두께 d에 대한 열전도율 λ의 비율. 두께 d(m)인 건축 부재 층 1m^{2}에서, 양쪽 표면 사이를 1K의 일정한 온도차로 통과하는 열유속 Φ(W).
10	열관류저항	R	m^{2}K/W	$R = d/\lambda = 1/\Lambda$	열전도율에 대한 건축 부재의 층 두께 d의 비율, 열관류율 Λ의 역수값. 양쪽 표면 사이를 1K의 일정한 온도차로 통과하는 열유속 Φ(W)에 대한 저항.

표 5.1 흙건축 부재의 온도분포 계산을 위한 열 척도(계속)

번호	기준척도	기호	단위	수식	의미
11	표면열관류율, 실내 (i), 외부 (e)	$1/R_{si}$ $1/R_{se}$	W/m²K		바람 조건(표면 색상, 질감)을 고려한, 온도차가 1K인 공기와 건축 부재 1m²의 표면 사이에서 전달되는 열유속
12	표면열관류저항, 실내 (i), 외부 (e)	R_{si}, R_{se}	m²K/W		열 손실 측정에 필요한 열관류율의 역수값
13	총열관류율 (U값)	U	W/m²K	$U = 1/R_T$ $= 1/(R_{si} + \sum d/\lambda + R_{se})$	건축 부재 m²당 1K의 온도차로 통과하는 열유속(W)을 설명하는 총 열관류저항의 역수값
14	총열관류저항	R_T	m²K/W	$R_T = 1/U$	각 건축 부재 층의 열관류저항과 공기층의 표면열관류저항을 합한 열유속에 대한 전체 저항
15	비열용량	c_p	Ws/kgK Wh/kgK kJ/kgK		특정 물질 1kg의 온도를 1K 바꾸는 데 필요한 열량(Ws)(단원 3.6.3.2, 표 3.34)
16	축열용량	Q_s	Ws/m²K	$Q_s = c \cdot p \cdot d$	1K를 초과한 온도에서 두께 d(m), 부피밀도 ρ(kg/m³)인 판재형 건축 부재 1m²에 축열된 열량 Q
17	냉각 거동	t_A	h	$Q_s/\Lambda = \lambda \cdot p \cdot c/\Lambda$ $= \lambda \cdot p \cdot c^2/\lambda$	1K를 초과한 온도에서 열관류율 Λ에 대한 벽 1m²에 축열된 열량 Q_s의 비율
18	열침투계수	b	Ws/s$^{0.5}$m²K	$b = (\lambda \cdot p \cdot c)^{0.5}$	공간을 구획하는 표면을 형성하는 재료의 열흡수 및 열방출 속도 측정값. b값이 작을수록 표면의 가열도 빠름("만지면 따뜻")
19	온도진폭	$\Delta\Theta$	K	$\Delta\Theta = \Theta_{si} - \Theta_{se}$	24시간 내 건축 부재의 내표면과 외표면의 최대 온도 차이
20	온도진폭감쇠	$\Delta\Theta_{se}/\Delta\Theta_{si}$	–		외부 온도진폭과 실내 온도진폭 간의 비율(그림 5.4)
21	온도진폭비	$\Delta\Theta_{si}/\Delta\Theta_{se}$	–		역수값(그림 5.4)
22	상변위	ϕ	h		건축 부재의 외표면과 내표면에서 최대 온도에 도달하기까지 걸리는 시간차(그림 5.4)

5.1.1.2 흙건축 부재의 온도분포

(1) 제한조건

원래 건축 부재의 온도 분포를 산출하는 절차는 시간이 오래 걸리고, 형상에 따라 달라지는, 3차원적 문제이다. 건축 부재의 열 평가를 하려면 일반적으로 1차원의 **정류 상태** *steady-state* 문제로 과정을 단순화해도 충분하다(그림 5.3 [2]): 건축 부재 양쪽의 온도가 시간이 지나도 일정하며 다방면으로 퍼지는 열이 건축 부재의 두께 방향으로만 전달된다고 가정한다. 이렇게 하면 건축 부재 내에 선형 온도 추이^{profile}가 발생한다. 다층 구조로 된 벽의 경우 각 층의 열전도율이 달라서 온도 추이가 꺾인다.

그러나 시간을 고려하지 않은 정류 상태로 가정했을 때 충분히 설명할 수 없는 열과 관련된 상황이 많다. 예를 들면, 건축 부재 표면에서 온도가 빨리 큰 폭으로 변하면 부재 내부에서는 열유속이 변한다. 이런 상황에서는 건축 자재와 부재의 축열용량이 시간 함수로서 중요하다. 이런 상황을 **비정류 상태** *unsteady state* 문제라고 한다.

또한, 흙건축 자재를 포함해 다공성 건축 자재로 만든 건축 부재의 열유속은 항상 수분 이동 과정과 연관되어 있다(단원 5.1.2.1).

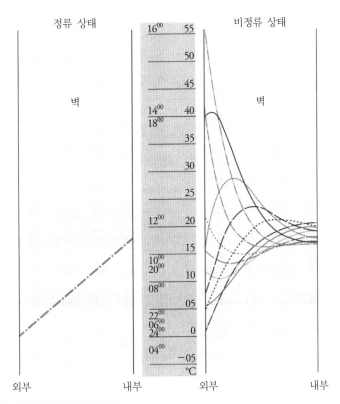

그림 5.3 [2]에 따른 흙건축 부재의 온도분포

(2) 열 척도

흙건축 부재에서의 온도 분포를 계산하는 데 관련된 기준척도를 DIN EN ISO 7345와 6946을 기반으로 한 (예비) 기호 및 단위와 함께 표 5.1에 기재했다.

열관류율과 열관류저항

(9와 10): 건축 부재는 대개 여러 겹으로 이루어져 있다. 그러므로 열 손실을 계산하려면 열유속 Φ에 대한 각 부재 층 저항의 합을 이용해야 한다. 다층 구조에서 총열관류저항은 부분 저항의 합으로 계산한다.

열관류저항 R은 실제 건축 용어에서 건축 부재의 단열 속성을 나타내는 방법이다. 열관류저항이 크면 따뜻한 쪽에서 차가운 쪽으로 열이 많이 흐르지 않는다는 뜻으로 단열 속성이 좋은 것을 나타낸다.

표면열관류율과 표면열관류저항

(11과 12): 건축 부재의 층뿐만 아니라, 공기층 역시 단열에 기여한다. 건축 부재 양쪽에서 발생하는 마찰이 공기의 흐름을 "느리게" 하고 "열 전달층"을 형성한다. 열 전달 과정에 표면의 색 및 질감, 특히 바람의 상태가 영향을 미친다. 두 종류의 표면열관류저항 R_{si}와 R_{se}은 각각 건축 부재 내외부 표면에 작용한다. DIN EN ISO 6946은 열 계산에 적용하는 상시 제한조건 및 환산조건을 규정한다.

총열관류율과 총열관류저항

(13과 14): U값은 실제 건축물에서 건축 부재 또는 건물 외부 표면에서의 열 손실을 나타낸다. 그러므로 U값은 건축물의 단열과 관련된 건축 부재의 기준척도 중 가장 중요하다. U값이 작으면 열 손실이 적고 건축 부재나 구조체가 단열이 잘 된다는 것을 나타낸다.

겨울철 열 손실은 가능하면 적어야 한다. 신축 건물에서의 난방 에너지 수요 역시 마찬가지다. 기존 건물에서는 난방 에너지 수요와 오염을 줄이기 위해 단열을 개선해야 한다. 건물 외피 단열 및 관련된 날씨별 방습에 필요한 최소 요건이 DIN 4108-2에 명시되어 있다. 2002년과 2007년 이후로는 훨씬 높은 기준을 요구하는 독일에너지절감법(EnEV)[3]이 추진하는 규정에 따라서 준수 여부 증명이 필수적이다.

"참조건물 과정reference building process"은 주거건물 대상 EnEV 2009(2014)로, EnEV의 연장이다(DIN 18599(D)). 이로써 계획한 건물의 연간 1차 에너지 수요의 최대 허용량을 표준화한 건축 부재와 필수 설비 장치를 갖춘 동일 참조건물을 활용해서 산정한다.

U값으로는 자세한 지형 조건, 다양한 배치, 건물 밀도를 분석할 수 없다. 게다가 U값은 열에너지 수요를 계산할 때 중량 건축 자재로 지어서 축열용량이 큰 건물이 획득하는 열은 고려하지 않는다. 태양열 획득 역시 마찬가지다. DIN 4108-6(D)에 따른 건물의 에너지 균형 확인 절차에서 위에 언급된 효과뿐만 아니라 다른 추가 효과들도 보정계수로 고려할 수 있다.

건축 부재나 단열층을 두껍게 해도 단열 효과는 조금씩만 증가한다. 그러므로 에너지 절약에 대한 단열 비용의 비율은 점점 불리해진다.

축열용량과 냉각 거동

(16과 17): 실외 온도가 급변하는 환절기에는 열을 저장할 수 있는 건축 부재가 건물의 실내가 지나치게 빨리 냉각되거나 가열되는 것을 방지한다. 건축 부재의 축열용량 Q_s가 크고 열관류율 Λ가 작을수록, 축열과 냉각 효율이 좋다. 두 값을 서로 나눈 것을 건축 부재의 열 관성 또는 냉각 거동이라 한다. Q_s/Λ값이 클수록 건축 부재가 천천히 냉각된다.

열침투계수

(18): 물질의 열침투계수 b는 사람의 손이나 발이 물질에 닿았을 때 신체에서 열이 얼마나 빠져나가는지를 설명한다. 열침투계수 b가 클수록 열이 많이 빠져나가고 따라서 물질이 더 차갑게 느껴진다. 표면층을 열침투계수가 높은 물질로 만든 건축 부재는 온도가 높은 방 안에서 더 오랫동안 "시원한" 상태를 유지한다. 자연석, 콘크리트, 흙다짐처럼 무거운 건축 자재는 b값이 크고, 반대로 목재, 코르크, 발포foamed 자재는 상대적으로 값이 작다. 따라서 유기섬유골재 함량이 높은 흙미장은 "만졌을 때 더 따뜻한" 것 같은 느낌이 든다.

온도진폭감쇠와 상 변위

(19~22): 건축 부재의 외부 표면에 발생하는 온도진폭은 건축 부재 내에서 계속 오르내리면서

oscillation열 전도를 통해 내부 표면에 도달하는데, 건축 부재를 통과하면서 진폭이 약해진다(감쇠한다)(그림 5.4, [4]에 따라). 쾌적한 실내 기후를 유지하려면 실외의 큰 기온 변화를 건물 내부에서는 편안한 수준으로 줄여야 한다. 이는 실내 기온이 건축 부재 실내 표면 온도와 같은 수준으로 변동한다는 가정에 기반한 것이다. 즉, 인접한 실내 공간(예: 축열벽)의 열 거동은 고려하지 않는다.

건축 부재 내부 표면의 온도진폭감쇠는 건축 부재의 냉각 거동 Q_s/Λ으로 설명할 수 있으며, 축열용량이 큰 건축 부재를 사용하거나 단열을 적절하게 해서 달성할 수 있다. 흙다짐 같은 중량 흙건축 자재는 경량토보다 열을 더 많이 저장할 수 있지만 열을 더 잘 전도하기도 한다. 이는 단열 특성이 그만큼 크지 않다는 것이므로 내벽으로 쓰는 것이 더 바람직하다. 외벽용으로는 경량토가 더 좋은 단열재이다.

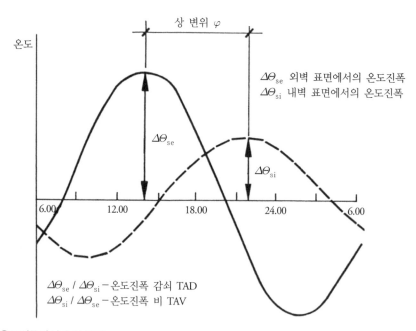

그림 5.4 온도진폭감쇠와 상 변위

기후 유형에 따라 온도진폭감쇠는 서로 다른 목표 기능이 있다:

- 연간 온도진폭이 큰 기후(극지방, 온대 기후)에서는 단열이 가장 중요하다. 온대 기후에서는 여름철 더위 방지책도 고려해야 한다.

− 일일 온도진폭이 큰 덥고 건조한 기후에서는 중량 건축 자재와 더 두꺼운 건축 부재를 사용
해서 진폭을 감쇠하는 것을 추천한다: 시간 지연 또는 상(狀) 변위 때문에 밤의 시원한 온도
가 다음날 뜨거운 낮 동안 실내 표면에 도달하고, 반대로 전날 낮에 저장된 열이 서늘한
아침 시간에 실내로 방출된다("저장 방출") ([4]에 따라, 그림 5.4).

− 연간 / 일일 온도진폭이 작은 덥고 습한 기후에서는 축열용량이 작은 건축 자재만 사용할
것을 추천한다.

상 변위는 건축 부재의 두께와 사용한 건축 자재의 열 속성(열전도율, 비열, 축열용량)의 함
수로 나타낼 수 있다. 대략 8～10시간이 지나야만 내부 표면에서 알아챌 수 있다. 일반 원칙으
로는 온도진폭 비율이 낮을수록 상 변위가 크다.

5.1.2 습성 척도

건축 부재에서의 습기 이동을 설명하는 습성 척도는 DIN EN ISO 9346에서 규정한다.

다른 모든 광물 건축 자재에 비해 흙건축 자재는 습기에 더 민감하다. 따라서 흙건축물의
전체 사용연한 동안 건물을 효과적으로 방습하고 습기 때문에 손상된 건물을 보수하는 것은
가장 중요한 일 중 하나이다.

5.1.2.1 수분 전달 원리

자재의 흡습hygroscopic 속성과 상호연결된 모세관의 개방 기공open pore 구조 때문에 습기는 흙건축
부재 내부에 액체 또는 기체 형태로 침투할 수 있다. 건축 부재와 인접 매개체 간의 습기, 온
도, 증기압 차이에 따라 습기는 건축 부재를 통과해 이동하고, 저장되었다 다시 배출될 수 있
다. 흙건축 자재의 물질 조성과 기공 구조에 따라 전달 원리 역시 영향을 받는다.

액체 또는 기체(수증기) 상태로 일어나는 습기 흡수와 전달은 다양한 크기의 기공등급에 따
라 다른 전달 원리로 이루어진다([5]에 따라, 표 5.2):

기후와 지하수는 건축 자재 외부에서 **액체** *liquid* 상태의 물로 작용하며, **모세관** *capillary* 현상을
통해 흡수되고 분산된다(단원 3.6.3.1). 노출 시간이 길어지면, 거대기공macropore에도 물이 차고
이로 인해 흙건축 부재의 구조 완결성structural integrity이 손상될 수 있다. 돌발적인 수해 또는 자연
재해의 결과로 고인 물 또는 흐르는 물이 생기는 경우가 여기에 해당한다(단원 5.2.4.1). 액체

표 5.2 수분 전달 원리와 기공 크기

번호	기공등급	크기 범위	전달 원리
1.	미세기공	$<0.1\mu m$	습기 흡습absorption(흡착adsorption), 모세관 응결, 증기 확산
2.	모세관기공	$0.1\mu m \sim 1mm$	중력의 영향을 거스르는 물의 모세관 현상, 증기 확산, 모세관 응결
3.	거대기공	$>1mm$	중력의 영향 하에서 물이 들어찬 정도에 따른 포화 또는 불포화 흐름; 모세관압 감소로 인해 물이 모세관을 통해 기공으로 들어가지 않음

상태의 물이 기공 안에서 얼었다가 녹을 때 역시 비슷한 효과가 발생한다.

건물 내부에서는 공간을 둘러싸는 건축 부재가 공기 중 수증기를 **기체 상태** *gaseous state*에서 **습기를 빨아들여** *hygroscopically* 흡수한 후 분산한다. 건축 부재 안쪽과 바깥쪽의 수증기압 균등화와 연결해서 다음 과정을 구분할 수 있다 [5]:

- **수착** *Sorption*: 공기 중과 자재 내에 들어있는 습기 균등화
- **흡습** *Absorption*: 상대습도 증가로 인한 물 유입
- **흡착** *Adsorption*: 상대습도 증가로 인해 (모세관) 표면에 물이 맺히는 것, 기공 지름 $\leq 0.1\mu m$
- **배습** *Desorption*: 상대습도 감소로 인한 물 배출

반데어발스van der Waals 힘은 물 분자와 흙건축 자재 기공 벽 사이의 미세기공 내에서 흡착 결합을 형성한다. 또한, 증기압이 감소해서 수면의 반달면menisci을 통해 포화 증기압에 도달하기도 전에 공기에서 물이 배출된다(모세관 응결). 여기서 주된 물 전달 원리는 증기 확산이다. 액체 상태의 물은 더 이상 전달되지 않는다. 그러므로, 이 기공들은 상대적으로 건조한 주변 환경에서도 물을 머금고 있고 이에 따라 평형수분이 대부분 유지된다(단원 5.1.2.4).

외부와 내부의 기온 차이 때문에 흙건축 부재에서 습기가 이동하는 동안 서로 다른 전달 원리가 동시다발적으로 발생한다(표 5.2). 이런 원리는 반대 방향으로도 작동한다. 겨울철 수증기 확산은 주로 따뜻한 쪽(내부)에서 차가운 쪽(외부)으로 일어난다. 만약 외부에 흡착될 수분이 충분히 많다면(> 50% 상대습도), 모세관수는 온도와 상관없이 습한 곳(외부)에서 건조한 곳(내부)으로 이동한다. 이런 현상은 반대 방향 전달의 한 예시이다. 벽에 붙인 방습 절연재와 수증기 차단막(그리고 방수제)은 이 전달 원리를 제한하거나 막는다.

5.1.2.2 수증기확산저항계수

물에는 온도에 따라 공기의 수분 포화를 유발하는 특정 증기압(수증기의 부분압)이 있다. 만약 실내 공기와 둘러싼 건축 부재의 표면 기공 사이에 압력 차이가 있다면 수증기는 평형 상태에 도달할 때까지 압력이 낮은 쪽으로 흐른다. 수증기는 다공성 건축 자재를 통과해서 확산된다. 이 속성을 수증기확산저항계수 μ로 표시한다. μ값은 건축 자재 내에서 수증기 흐름의 확산 밀도와 동일 두께 s_d의 공기층에서 나타나는 확산 밀도를 비교하는 비율이며 단위가 없다. 정지한 공기는 μ값이 1이다.

s_d값은 두께가 d인 특정 건축 자재와 두께가 똑같은 확산등가공기층을 나타낸다. 이로써 서로 다른 두께의 건축 부재 층을 비교할 수 있다:

$$s_d = \mu \cdot d$$

기공 구조, 자재의 용적밀도, 온도는 수증기 확산에 영향을 미친다. 용적밀도가 증가하면 (그리고 기공 공간이 따라서 감소하면) μ값이 커지고 건축 자재의 증기 저항이 증가한다.

실내 건축 부재의 표면에 바르는 마감 미장은 수증기 투과성이 가능한 한 높아야 한다 [6]. 흙미장은 상대적으로 μ값이 작고 확산성이 크다. 이는 평형 습도가 쉽게 복구되는 것을 뜻한다.

건물의 사용연한 동안 실내 공기에서 과도한 수증기를 흡수하고 배출할 수 있는 공간 구획 표면의 성능은 균형 잡히고 쾌적한 실내 기후를 구축하는 데 도움이 된다(단원 5.1.1.2). 따라서 증기압이 급격하게 변하는 상황에서는 μ값을 작게 유지하는 것이 중요하다.

미장 몰탈에 대한 경화 몰탈의 μ값은 DIN EN 1015-19에 따라 결정한다. 표 5.3은 다양한 건축 자재의 μ값을 비교해 보여주고 있다.

5.1.2.3 결로

실내 기온이 이슬점 밑으로 내려가면 실내 건축 부재 표면에서 수증기 결로 현상이 발생한다. 이슬점 *dewpoint*은 수증기가 100% 포화하는 기온이다. DIN 4108-3에 따르면, 건축 부재의 내부에서 형성되는 결로를 계산한 값은 기본적으로 동결기 동안 0.5kg/m²를 초과해서는 안 된다. 이 문제는 외부 건축 부재의 고단열 및 기밀성 관점에서 점점 더 중요해지고 있으며 곰팡이 발생과 "적절한 환기"에 대한 논의를 불러일으켰다.

표 5.3 다양한 건축 자재의 수증기 확산 비교

번호	건축 자재	μ범위	출처
1	다음으로 구성된 조적체		
	− 소성벽돌	5~10	DIN 4108-4
	− 클링커clinker벽돌	50~100	DIN 4108-4
	− 규회sand-lime벽돌	5~25	DIN 4108-4
	− 경량콘크리트블록	5~15	DIN 4108-4
	− 응회암tuff벽돌	20~50	[6]
2	흙건축 자재	5~10	[15]
	− 경량토	2~5	[87]
3	표준 콘크리트	70~150	DIN 4108-4
4	미장	10~35	DIN 4108-4
	− 시멘트미장	50~100	[6]
	− 석회시멘트미장	10~20	[6]
	− 석회미장	9~15	[6]
	− 단열미장	5~10	[6]
5	나무		
	− 습윤	20~80	DIN 4108-4
	− 건조	100~500	DIN 4108-4
	− 목재복합재, 용적밀도에 따라	1~400	DIN 4108-4
6	절연재		
	− 광물, 식물 섬유	1~10	DIN 4108-4
	− 합성재료	1~300	DIN 4108-4
	− 발포유리	사실상 방습	DIN 4108-4
7	증기 차단층		
	− 역청펠트, 매끄러운	2,000~20,000	DIN 4108-4
	− 지붕펠트, 소성막	10,000~100,000	DIN 4108-4
	− 알루미늄 호일 $\geq 125g/m^2$	사실상 방습	DIN 4108-4

정상적인 사용 환경에서 주거건물을 실제 사용한 경험에 따르면, 건조 흙건축 자재는 모세관이 충분해서 모세관 작용으로 건축 부재 표면에 발생하는 결로를 적절히 분산시킬 수 있었다. 따라서 DIN 4108-2 기준의 최소 단열 요건을 충족한다면 수분 침투를 방지할 수 있다. 이는 곰팡이가 생길 수 있는 조건을 없애는 것이다.

불리한 조건(주로 겨울)에서는 흙건축 부재 내부에서도 수증기가 액체 상태로 변하는 수증기 포화 압력에 도달할 수 있다. 실제 흙건축물 경험에서도(예: Glaser 방식을 이용하여) 산출한 결로가 흙건축 부재에 아무런 손상을 끼치지 않고 모세관 작용으로 분산되었다.

건축 부재 내부에서 결로를 방지하려면 건축 부재 층은 일반적으로 안쪽에서 바깥쪽으로 갈수록 다음과 같은 구조를 가져야 한다: 열관류저항 R은 증가하는 반면, 수증기확산저항계수 μ는 감소해야 한다(예: 외부에는 경량토 층, 내부에는 중량 흙블록 덧마감). 그러므로 재래식 흙건축에 단열층을 추가하는 단열 개량을 계획할 때는 내단열의 역할이 더 커진다(단원 5.3.3.2).

5.1.2.4 평형수분

평형수분은 건축물의 사용연한 동안 서서히 평균값으로 자리잡는 건축 부재의 함수량을 의미한다. 완성된 건축 부재의 건조 과정이 끝나면 처음으로 이 수분 함량에 도달하고(단원 3.3.3) 그 후 실내 표준조건(상대습도 40~70%, 20℃)에서는 거의 이 수준을 초과하거나 미달하지 않는다. 평형수분은 건축 부재의 성능을 방해하지 않으며 열전도율계수와 추정 하중을 산출할 때 고려한다. 실내 습도의 변동은 평형수분 함량의 변동 한계 내에서만 보정할 수 있다. 다양한 출처에서 흙건축 자재의 평형수분 함량이 질량의 2~3%라고 규정한다. Niemeyer[7]는 건축 부재의 "유형, 위치, 연한age에 따라" 2.5~4.5%라고 명시한다.

흙건축 부재 내 점토광물의 구조도 평형수분 함량에 영향을 미친다. 삼층 점토광물(몬모릴로나이트)은 비표면적이 더 커서 이층 점토광물(카올리나이트)보다 모세관 기공과 미세기공의 비율이 더 높다. 따라서 공기에서 물 분자를 당겨서 축적할 가능성 역시 더 크다(단원 2.2.3.4). 이런 경우 평형수분 함량은 3%보다 상당히 높을 수 있다.

예를 들어 흙목조 또는 목조 구조에서처럼, 다양한 건축 자재 사이의 평형수분 함량 균형을 맞추는 것은 흙건축에서 실제로 중요하다. 이런 공법은 건축 자재로 흙과 나무를 복합해서 사용한다. 건조목(약 10%)은 건조토(약 3%)보다 평형수분 함량이 더 높다. 만약 건축 부재에서 흙자재가 항상 건조하게 유지되고 확산이 효과적으로 일어날 수 있도록 두 건축 자재를 영구히 결합하면, 목재에서 흙자재로 평형수분 함량의 확산 경사로gradient가 생긴다: 흙자재가 목재를 건조하게 유지해 보존하는 효과를 낸다. 장기적으로 보면 곰팡이와 나무 해충이 살기 좋은 습한 환경이 없어서 목재와 흙자재가 수 세기 동안 기능을 유지할 수 있다(그림 1.19).

5.1.2.5 공기 습도 수착

평형수분 함량을 달성하는 수착[sorption]은 상대습도(RH)와 건축 자재의 기공 크기 간의 함수로, **수착등온선** *sorption isotherm* 형태로 설명할 수 있다. 흙건축 자재를 포함한 다공성 광물 건축 자재는 기공 표면이 매우 넓다. 상대습도 50% 미만에서는 수증기를 주로 흡착[adsorption]을 통해 끌어들이고 더 높은 습도에서는 주로 모세관 응결을 통해 끌어들인다(단원 5.1.2.1 [5]).

특정 제한조건에서 건축 자재가 유입하거나 배출하는 수분의 양을 도출하려면 수착 등온선의 추이[profile]를 사용할 수 있다. 그 효과는 건축 부재의 "수증기 저장 용량"뿐만 아니라 실내 공간의 온도 변동에도 영향을 받는다. 단열이 잘 되고 중앙난방을 하는 주택에서는 온도 변동이 적다.

(주로 미장층으로 이루어진) 실내 건축 부재 표면의 맨 바깥 1~2cm 만이 급격히 변하는 실내 공기 증기압의 균형을 맞추어 실내 기후에 영향을 미친다. 노출이 증가할수록, 습기의 유입 및 배출은 건축 부재의 더 깊은 곳까지 영향을 미치고 단원 5.1.2.1에서 설명한 전달 원리가 발생하기 시작한다.

Minke는 흙건축 자재의 수착 거동을 다른 건축 자재와 비교해서 광범위하게 측정했다(단원 4.3.6.6 [8]). 이런 측정과 DIN EN ISO 12571[9]에 따라 Holl / Ziegert가 수행한 다양한 흙미장의 수증기 수착 측정은 흙건축 자재가 (일반적 실내 습도 40~70% RH에서) 석회, 석고, 시멘트를 결합재로 사용하는 전형적인 건축 자재보다 성능이 월등히 좋음을 보여준다(그림 5.5). 즉, 건축토의 점토광물 구조가 수착량에 영향을 준다는 것을 확증한다: 이층 광물을 포함하는 건축토보다 삼층 광물을 포함하는 흙이 수착량이 더 크다(단원 2.2.3.4).

다양한 재료의 수착등온선을 비교하면, 직물, 종이, 목재의 평형수분 함량이 흙을 포함한 광물 건축 자재보다 상당히 높은 것으로 나타난다(그림 5.6) [5]. 이런 배경에서, 다음과 같은 측면을 고려해야 한다: 흙건축의 사용연한 동안 실내 공간에는 위에서 언급한 재료로 만든 물건을 비치해야 한다. 또한, 건강한 실내 기후를 위해서 창문, 기계식 환기 장치를 이용한 환기, 또는 외부 건축 부재 내의 틈새를 통한 공기 침투 교환이 필요하다(단원 5.1.5). 이는 가구를 구비한 일반적 형태의 방이 다양한 환기 주기에 노출될 때, 공간을 둘러싼 흙건축 부재의 "완충" 기능이 유효한지를 묻는 근본적 질문으로 이어진다.

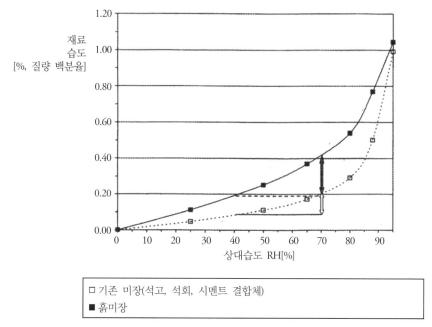

그림 5.5 기존 미장과 비교해 시험한 흙미장의 수증기 수착 [9]

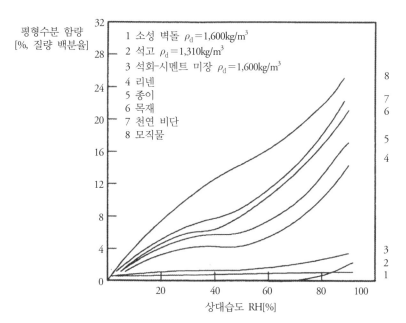

그림 5.6 여러 자재의 실온 수착등온선 [5]

5.1.2.6 내식성

중부 유럽 기후에서 온전히 제 기능을 하는 지붕과 기초가 있다면, 보통 비바람 때문에 흙건축 구조물이 침식된 것이 구조 문제를 일으키지 않는다(단원 5.2.1.2). 흙건축물은 "좋은 장화와 좋은 모자"가 필요하다는 유명한 구절은 길게 내민 처마와 기초벽stem wall이 높은 안정된 기초foundation를 뜻한다. 건물의 사용연한 동안 자연 침식에 따른 건축 자재 손실은 전통적인 내력 구조체에서 사용한 거대한 벽 두께의 "원인이 되어" 왔으며 미적인 문제일 뿐이다(그림 5.21).

바람이 없을 때 비는 중력의 영향을 받아 땅에 수직으로 내린다. 바람이 부는 상황에서는 빗방울이 특정 각도로 벽 표면에 부딪힌다: 바람이 거셀수록 기울기가 더 가파르다. 이를 휘몰아치는 비driving rain 또는 비바람wind-driven rain이라고 한다. 비바람의 위험도는 지역마다 달라서, DIN 4108-3에서 연간 강우량에 따라 여러 부하 군(群)stress groups으로 나눈다. 흔히 주변 지형이 위험도에 더 큰 영향을 미치는데, 예를 들면 건물이 바람을 피할 수 있는 위치에 있는지 또는 노출된 언덕 위에 있는지 등의 상황이다.

비바람에 노출되는 정도는 외벽의 개별 부분에 따라서도 다르다: 건물의 모서리는 빠른 풍속과 동압력에서 가장 큰 부하를 받는다. 바람을 맞는 면(중부 유럽에서는 남서-서 방향)과 높은 벽이 더 큰 위험에 노출된다.

연간 강수량이 많고 강수 집중도가 높은 기후에서는 침식과 그에 수반되는 것으로 의심되는 흙건축 부재의 구조 손실을 우려해서 현대 흙건축에 대부분 인공적 안정제(주로 시멘트)를 사용한다.

건물의 지붕, 기초, 기초벽이 제 역할을 하고 벽이 충분히 두껍다면(흙다짐 또는 흙쌓기, 두께 약 50cm) 이에 대한 우려를 불식할 수 있을 것이다. 그림 5.7은 대략 200년 정도 된 인도 방갈로르Bangalore 지역의 (안정화하지 않은) 흙쌓기로 지은 주거건물을 보여준다. 이 건물들은 주기적으로 보수한 덕분에 매년 우기monsoon마다 막대한 강수량(대략 4개월 동안 약 1,000mm)을 피해 없이 견뎌냈다. Edwards[10]는 1986년 2월 시속 200km가 넘는 강풍과 엄청난 폭우로 호주 퀸스랜드Queensland의 북쪽 해안과 케언스Cairns시를 휩쓸고 간 사이클론cyclone 위니프레드Winifred를 설명한다. 이때 막 신축된 흙다짐 건물뿐만 아니라 더 오래된 흙다짐 구조물은 아무런 피해를 받지 않았다.

그림 5.7 몬순 기후 흙쌓기 건축물의 내식성(인도)

호주와 뉴질랜드의 흙건축 법규[11, 12]에는 흙건축 부재의 표면을 비바람에 노출해서 이때 받는 부하를 분석하는 축척 모형 시험이 있다. 다공판이 달린 분사구로 건축 부재 또는 자재 표면에 70kN/m² 압력으로 물을 분사하는 시험이다(그림 5.8). 분사하는 물에 노출되는 시간 t_E 는 특정 현장의 연간 강우량과 바람 세기를 바탕으로 다음 규칙에 따라 사전에 정한다:

$$t_E\,[\text{min}] = \frac{\text{연간 강우량}\,[\text{mm}]}{10 \times \text{바람 계수}}$$

바람계수:

평균 풍속 4m/s의 비바람일 때 0.5

평균 풍속 7m/s의 비바람일 때 1.0

평균 풍속 10m/s의 비바람일 때 2.0

그림 5.8 [11]에 따른 흙건축 자재의 비바람 효과 시험

각 노출 시간이 지난 후 침식 깊이를 측정하고 실제 조건에서 예측되는 평균값을 산출한다. 이렇게 해서 자연조건에서 비가 내릴 때의 평균 풍속에 해당하는 기준값(대략 7m/s)을 실증적 으로 산정했다. 이 값은 건물의 사용연한이 약 50년이라는 추정에 기반한다.

또한 측정값에 안전계수 2를 곱한다. 그리고 수분 침투가 일부분에서 평균 침식 깊이보다 50% 더 깊을 수 있다고 가정해서 이런 부위에는 50%를 더 추가한다.

5.1.3 실내 기후환경

건물 외피로 둘러싸인 실내 공간에서는 건물의 전체 사용연한 동안 건강한 상태가 확보되어야 한다. 인체가 주위 환경과 열 평형을 이룰 때에 기후환경이 생리학적으로 이상적이고 쾌적하다고 간주한다.

사람이 기후환경 조건을 인식하는 방식은 나이, 체질, 성별, 식습관, 환경에 적응하는 능력 등에 따라 다르다. 실내 기후환경은 특히 다음과 같은 요인의 영향을 받는다:

- 기온 / 주변 표면의 열 복사
- 공기의 상대습도
- 공기의 움직임

5.1.3.1 쾌적성 도표

이 요인들 사이의 관계는 쾌적성 도표^{comfort diagram}라고 불리는 생물기후적 도해^{bioclimatic map}로 조합할 수 있다. 이 도표에서 기온과 상대습도를 인간이 최적의 쾌적함을 느끼는 범위 내에 표시한다. 공기의 상대습도는 공기가 품을 수 있는 수분 함량^{moisture content} 또는 이에 해당하는 수증기압 p에 대해 현재 공기에 존재하는 수분 함량 비율을 나타낸다. 공기의 포화 수분 함량은 포화 증기압($p_S = 100\%$)에 상응한다.

중부 유럽 기후에서는 일반적으로 실내 온도 20~26°C 및 상대습도 40~70%를 "쾌적"하다고 여긴다. 실내 온도와 주위를 둘러싼 표면의 온도 차가 2K를 초과하지 않아야 하고, 기류^{draft}를 방지하려면 평균 공기 속도는 0.3m/s보다 느려야 한다. 열대 기후에서 일반적으로 "쾌적하다"라고 인식하는 온도 수준은 대략 2~3K 높다(Lippsmeier [13] 그림 5.9).

건축물 설계는 언제나 사람이 생각할 수 있는 극한 수준의 외부 영향을 고려해야 한다. 중부 유럽 기후에서 이런 상태는 대개 건물에 난방이 필요한 겨울 추위이다. 건물 외피^{envelope}를 추위에서 보호할 수 있고 겨울철 실내 기온이 쾌적하다고 인식하는 수준 아래로 떨어지지 않도록 설계해야 한다.

게다가, 중부 유럽 기후에서 건물 외피는 여름철 더위도 막을 수 있어야 한다. 주로 그늘을 만드는 장치를 활용하고, 또한 창문 면적과 전체 외벽 면적의 비율을 알맞게 조절하거나 적절한 냉방을 활용할 수도 있다.

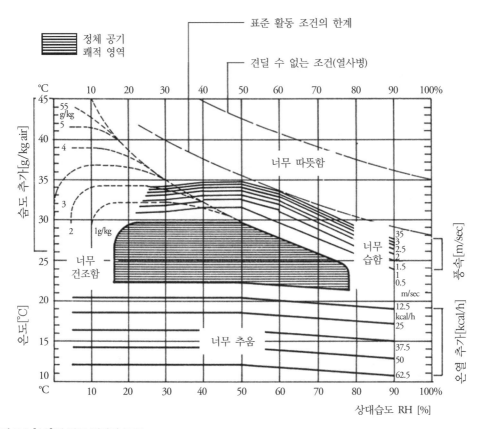

그림 5.9 [13]에 따른 쾌적성 도표

건축 자재를 선택할 때는 실내에서 외기의 극단적인 온도를 내릴 수 있는 재료를 고르는 것이 중요하다. 이는 단열과 축열을 결합하는 재료일 때 가능하다. 흙건축 자재의 경우, 외벽에 단열할 수 있는 경량토를, 내벽과 천장에는 축열이 가능한 중량 흙자재를 사용해서 이를 달성할 수 있다.

5.1.3.2 실내 공기질

EU법 No. 305 / 2011[14] (단원 4.2.1.2)에서 명시하는 건축 자재와 건축 부재의 일반적 사용성 요건들은 보충 해설문에서 자세히 설명하고 있다. 3번 문서 "위생, 건강, 환경"은 "건물의 내부 환경" 등 다양한 문제를 다룬다. 이 문서에 따르면 건물의 적합성은 구조물이 사용자의 위생 이나 건강에 해로운 영향을 끼치지 않는 것도 보장해야 한다. 이런 영향은 특히 다음과 같은 사항을 포함한다:

−실내 공기로 유독성 가스나 위험 입자 방출

−유해 방사선 배출

−건축 부재 내부 또는 실내 공간 건축 부재 표면에 습기 축적(곰팡이 생장)

이런 배경으로 다음과 같은 유해 성분을 나열했다:

−대사 산물(과잉 수증기, 체취, CO_2) (단원 5.2.3)

−연소 생성물(과잉 수증기, CO, NO_x, CO_2, C_mH_n 등)과 담배 연기

−휘발성 유기 화합물(포름알데하이드, 용제solvent 등) (단원 6.2.2.1)

−무기물 입자(공기 중에 떠다니는 흡입할 수 있거나 없는 입자, 섬유)

−유기물 입자와 미생물(균류, 세균, 바이러스, 빈대 등을 포함한 작은 곤충) (단원 5.2.3)

−전기, 전자 기기 배출물(오존)뿐만 아니라 라돈과 방사성 물질(감마선) (단원 5.1.6)

건강한 실내 공기는 산소가 많고, 냄새가 없으며, 유해물질이 적다. 이런 맥락에서 보면, CO_2 농도가 부피의 0.1~0.15% 정도로 낮아도 "퀴퀴한stale" 공기로 여기기 때문에 CO_2를 포함한 날숨은 중요하다. 이 때문에 주기적으로 실내 공기를 신선한 바깥 공기로 바꿔야 한다. 이 과정을 시간당 환기 air change per hour n이라고 설명하며, 방의 순부피net volume를 신선한 외기로 시간당 얼마나 자주 바꾸는지 명시한다.

건강을 위해 CO_2 균형을 맞추고 수증기를 제거하는 환기율은 주거 공간에서 $0.3 \sim 0.5 h^{-1}$, 사무실에서 $1.0 \sim 2.0 h^{-1}$이어야 한다. 통풍은 창문과 기계장치로 할 수 있다. DIN 4108-2는 사용자 수에 따라 주거 공간의 최소 환기율을 $30 m^3/h$로 명시하고 있다.

또 다른 통제할 수 없는 환기 부분은 건물 외피와 부재 이음새의 틈새leaks에서 비롯된 침투율infiltration rate이다. 그 범위는 매우 기밀한 건물에서 $0.1 h^{-1}$부터 덜 기밀한 건물에서 $0.3 h^{-1}$까지에 이른다. 아주 소량의 과잉 수증기가 공간을 둘러싼 건축 부재를 통과해 확산의 형태로 외부로 이동한다(단원 5.1.2.1).

건강하지 못한 실내 공기는 주로 해로운 물질을 방출하는 건축 자재 때문에 발생한다. 여기에는 바닥재와 바닥 표면재, 칸막이와 가구, 벽과 벽 마감재, 단열재, 도장, 광택제, 퍼티, 접착제, 방습층, 목재 보존제, 설비, 골재와 첨가물이 들어있는 조적 자재가 해당한다.

기계식 통풍 장치 사용이 증가함에 따라 창문을 이용한 통풍이 줄어들어서 환기율은 계속 낮아졌다. 이 때문에 실내 공기에 포함된 유해물질 문제가 나빠졌다. 건축 자재 시험에서 적용

하는 조건보다 실제 공간에서의 환기율이 더 낮다면 과거에 규정했던 건축 산업재의 유해물질 제한을 재평가해야 한다.

자연적으로 형성된 건축토는 유해물질이 없다고 여겨서 "건축생물학 원칙에 따라 추천한다"(단원 6.2.2.1). 하지만, 골재나 첨가물을 추가하므로 흙건축 자재에 어떤 물질이 들어갈 가능성은 있다. 이런 물질이 특정 농도나 노출 수준을 넘으면 위험할 수 있다. 지금까지 연구한 적은 없지만, 이와 같은 효과는, 예를 들면, 아스팔트 유액으로 안정시킨 흙블록으로 지은 구조물에서 나타날 수 있다(단원 3.4.2).

기체 방사성 물질(라돈과 라돈 붕괴 생성물, 단원 5.1.6) 역시 특수한 문제가 있다. 이런 물질은 땅과 맞닿아있는 건축 부재나 광물 건축 산업재에서 새어 나올 수 있기 때문이다. DIN 18945~47은 흙블록과 흙몰탈이 자연 방사성 핵종 활동radionuclide activity에 대한 방사능 농도 지수를 준수하라고 권고한다.

흙미장이나 흙판재의 경우, 유해물질의 양을 제한하는 권장사항을 명시하고 있다(단원 3.5.6.2, 3.5.8). 실내 공기 오염을 판단하는 다양한 방법은 일련의 DIN EN ISO 16000 표준에서 규정하고 있다.

5.1.3.3 기밀성

난방 에너지를 절감하는 기본적인 요건은 건물 외피의 기밀성이다. 기밀성이 떨어지는 건물에서는 생리학적 관점에서 불쾌한 느낌이 든다: 즉 "바람을 맞는drafty" 느낌이다. 여름철을 제외하고 영구 풍속이 0.3m/s를 넘어가면 불쾌하게 인식한다(단원 5.1.3.1).

기밀성이 충분한 정도는 DIN 4108-7에서 규정하고 있다. 표준에 따르면, 기계식 통풍 장치를 사용하는 건물은 창문으로 환기하는 건물보다 더 기밀해야 한다. 건물의 기밀성은 압력차 측정법blower door test, BDT으로 측정한다. 송풍기를 사용해서 건물 내부와 외기 사이에 ±50Pa의 압력 차이를 생성한다. 그리고, 이 압력 차이 때문에 강제로 건물 외피의 틈이나 접합선seam을 통과한 체적 유동volume flow 결과를 n_{50} 값으로 설명한다. 이 값은 창문 환기를 하는 건물은 $3.0h^{-1}$, 기계식 통풍 장치가 있는 건물은 $1.5h^{-1}$를 초과해서는 안 된다.

흙으로 된 구조물에서는 흙건축 자재보다는 특히 흙목조 건축에서 기밀성 문제가 주로 불거진다. 사용한 채움재와 상관없이 흙목조 구조는 기밀성에 한계가 있다. 목재 골조와 벽판 채움재 사이의 접합부는 수축이나 팽윤 변형을 흡수하는 신축 줄눈expansion joint이다. 구조 관점에서 보면 이 접합부는 흙목조 건축의 약한 고리weak link이다.

오래된 흙목조 건축에서는 보통 난방하는 방 외벽의 실내 측 표면에 두께 5~10cm로 경량토를 덧바르곤 했다. 이런 덧마감은 대체로 충분히 기밀했다.

Lehmbau Regeln[15]에 따르면, 밀도가 900kg/m³ 이상인 흙건축 자재는 기밀성이 있다고 간주한다. 밀도가 이보다 낮으면 건축 부재를 미장으로 마감해야 한다. 한 면을 미장으로 마감한 건축 부재는 충분히 기밀한 것으로 간주한다.

5.1.3.4 주관적 인식

구조, 설계, 경제성의 일반 원칙을 고려하는 것 외에 자주 간과하는 건축 설계 요소는 실내 기후를 느끼는 주관적 인식subjective perception이다.

표준 DIN EN ISO 7730 "열환경 인체공학"은 실내 공간의 쾌적 수준과 사용자가 이를 주관적으로 인식하는 효과를 설명하고 최적화한다. 모든 사용자의 인식을 일명 PMVpredicted mean vote 지수(열쾌적지표)를 사용해 통계적으로 기록하고, 평가와 건축 설계로 구현해 이어간다.

취리히 연방공과대학ETH Zurich[16]에서 연구 과제로 수행한 설문조사에 따르면, 스위스와 남부 독일에 위치한 22개의 기존 또는 신축 흙건축물 거주자들은 자신들의 주택이 "쾌적하다"고 만장일치로 동의했다.

5.1.4 내화 척도

일반적으로 건축 자재의 내화 성능fire performance of a building material과 건축 부재의 내화성fire resistance of a building element을 따로 구분한다. 화재 발생 시 두 요소 모두 중요하기 때문에 모든 건축법규에서 함께 적용한다. 화재 발생 초기에는 건축 자재의 내화 성능이 중요한 반면, 화재가 본격적으로 진행되는 동안 건축 부재의 거동은 내화성 용어로 설명한다.

5.1.4.1 흙건축 자재의 내화 성능

단원 3.4.8을 참조한다.

5.1.4.2 흙건축 부재의 내화성

건축 부재의 내화성은 DIN 4102-2이 명시하는 내화성 시험 요건을 자재가 충족할 수 있는 시간으로 정의한다. 이 요건들은 화재가 번지는 동안 결정적 기준인 "화염의 경로", "노출되지 않은 쪽의 표면온도 상승", "구조 안정성 보장" 등이다.

DIN 4102-2는 건축 부재의 내화성을 확인하는 다양한 내화등급(FKW)을 명시하고 있다: F 30, F 60, F 90, F 120, F 180. 숫자는 건축 부재가 불에 견딜 수 있는 시간을 분으로 표시한 것이고, F는 건축 부재의 종류를 의미한다: 벽, 천장, 벽기둥 및 장선, 계단.

모든 건축 부재의 요건을 정하는데 FKW와 건축자재등급(DIN 4102-1)을 조합해 다음 용어를 사용한다:

- 난연성 *fire retardant*: F 30-B (FWK 30, 가연성 건축 자재로 이루어짐)
- 내화성 *fire resistant*: F 90-A (FWK 90, 불연성 건축 자재로 이루어짐)

DIBt가 Lehmbau Regeln의 "단원 5.1.4 내화 성능"[15]을 무효화 했기 때문에, 흙건축 자재를 포함한 건축 부재의 FKW를 규정했던 표 5.7과 5.8은 더 이상 적용할 수 없다. 표 5.4는 지침으로 쓸 수 있는 개요이다.

이 세부사항은 전통 구조물(흙목조 건축, 목조 건축)에 적용하는데, 예전 표준에 맞춘 것이었고 일부는 폐기되었다. 현재까지 흙건축 자재를 사용한 현대 건축물에 적용할 수 있는 내화

표 5.4 흙건축 자재를 사용한 건축 부재의 내화성, [15]에 따라 예전 DIN 표준에 준한 지침

번호	건축 부재	설명	분류	출처
1.	벽체	두께 24cm의 속을 채운solid 조적 또는 흙다짐 벽체	F 90 A	DIN V 18954
2.		흙채움 흙목조 벽체: 단면이 화재에 노출될 때 목재 최소 횡단면 100×100mm, 양면이 화재에 노출될 때 최소 120×120mm, 적어도 한쪽은 미장으로 마감한 짚흙 채움	F 30 B	DIN 4102-4:1994
3.	목재 보 천장	완전 노출 목재 보, 세 면이 화재에 노출: 보와 보의 횡단면, 깔판sheathing, 바닥 구조까지 거리에 따른, 예를 들면 흙건축 자재로 만든 모든 두께의 얹은천장	F 30 B~F 60 B	DIN 4102-4:1994
4.		매립된 보: 보, 위쪽 깔판, 아래쪽 마감재 사이의 간격에 따라 60mm 이상의 비다짐 흙채움을 한 천장채움재 또는 갈비살 목조	F 30 B~F 60 B	DIN 4102-4:1994
5.		얹은천장: 윗면만 화재 노출 시 적용, 50mm 이상의 비다짐 흙채움	F 30	DIN 4102-4:1970

등급에 관련된 정보는 존재하지 않는다. 이런 세부사항을 승인된 시험 시설에서 체계적으로 계획된 화재 시험을 시행해서 결정해야 한다.

건축 자재의 내화 성능과 마찬가지로, 건축 부재의 내화성 분류는 DIN과 유럽 표준을 기반으로 한다: DIN 4102-2와 DIN EN 13501-2. 현재의 DIN 체계와 비교하면, 유럽 분류 체계가 더 상세해서 가능한 경우의 수가 더 많다.

5.1.5 차음 척도

내화와 단열은 정량적 방법으로 직접 시험할 수 없는 구조체의 두 가지 필수적 특성이다. 그러나 소리는 다르다: 건물 내부에 있는 사람들은 언제나 건물 안팎에서 들려오는 주변 소음을 인식한다. 건물 내부의 소음이 일정 수준을 넘어서 방해로 느껴지면 거주자들의 삶의 질까지 영향을 받는다.

구조체의 차음 속성 평가는 자재별$^{material\text{-}specific}$ 척도로 분석하지 않는다. 대신 건축 부재의 면적밀도$^{area\ density}$(건축 부재 1m^{2}에 대한 자재의 g 질량), 휨 강성$^{flexural\ rigidity}$, 기밀성을 평가한다. 가까이 있는 건축 부재(벽, 배선, 배관 등) 역시 소리 전달에 영향을 준다.

건축 부재의 소리 척도 값은 DIN 4109-1에 기반한 시험으로 측정할 수 있다. 추가한 구조체에서도 이런 값을 토대로 외삽^{extrapolation}해서 수학적으로 계산할 수 있다. 소리는 전달 방식에 따라 구별할 수 있다:

− 공기 전달음: 공기를 통해 퍼지는 소리(예: 목소리)
− 고체 전달음$^{structure\text{-}born\ sounds}$: 고체 물질을 통해 퍼지는 소리(예: 충격음)

2차 대전 이후 독일의 흙건축 분야에서는 차음을 거의 고려하지 않았다. 그 당시에는 적절한 건축토를 고르고 내력 건축물용 강도 속성을 산정하는 데 주된 초점을 맞췄었다. 따라서 1950년대의 흙건축용 DIN 표준에는 시험으로 도출한 차음 척도가 없었다.

오늘날에도 흙건축을 체계적으로 계획하고 실행해서 차음 척도를 산정하는 시험은 존재하지 않는다. 그러나 (1997년 쯤 시작한) 건식 건축에서 흙건축 자재의 사용이 늘어나면서, 차음 속성이 점점 중요하게 되었다. 이에 따라 독일 흙건축 자재 생산자들은 각 생산품 별로 척도를 측정하는 시험을 시행하기 시작했다 [17].

내화와 마찬가지로, 차음 영역에서도 국내 표준(DIN 4109-1)과 유럽 표준을 동시에 적용한다. 공기 전달음 차음에는 DIN EN 12354-1을, 방과 방 사이의 고체 전달음 차음에는 DIN EN 12354-2를 각각 적용한다.

5.1.5.1 벽체 공기 전달음 차단 성능

(1) 용어 정의

공기 전달음 진동 *airborne sound excitation*은 음원실^{source room}에서 발생한 공기 전달음이 두 개의 방을 나누는 건축 부재에 진동을 발생시키는 과정을 일컫는 용어다. 이어서 이 진동은 수용실^{receiving room}에서 공기 전달음을 발생시킨다. 소리 전달에 대한 건축 부재의 저항을 공기 전달음 차단 *airborne sound insulation*이라 한다 [18]. 음향감쇠지표 *sound reduction index* R은 건축 부재의 공기 전달음 차단을 설명하며 두 방(주로 음원실과 수용실) 사이의 소리 크기 차이로 계산한다. 공기 전달음 차단 평가에 참고하는 가장 중요한 값은 건축 부재를 약식 표기하는 개별값인 **가중음향감쇠지표** *weighted sound reduction index* RW [dB]이다.

인접 건축 부재를 통과하는 소리 전달을 고려하면, **가중음향감쇠지표** *weighted sound reduction index* Rw′를 구할 수 있다. 이런 측면 방향 전달은 $R_\mathrm{w}' < 48\mathrm{dB}$인 음향감쇠지표에서는 $R_\mathrm{w}' = R_\mathrm{w}$이기 때문에 별다른 영향을 주지 않는다. 하지만 더 큰 차음값은 고려해야 한다.

(2) 벽 구조체 요건

DIN 4109-1에서는 주거건물의 외부 건축 부재는 물론, 외부 소음 수준에 따라 인접한 주거, 사무 공간에서 전달되는 소리에 적용해야 하는 음향감쇠지표 R_w' [dB]를 다음과 같이 명시한다(표 5.5):

실내 건축 부재에 필요한 R_w' [dB]

−아파트나 사무실의 칸막이벽: 53

−계단이나 복도 벽: 52

−단독주택^{single family house}, 복합주택^{duplex}, 연립주택^{row house} 사이의 벽: 57

표 5.5 외부 건축 부재에 요구되는 음향감쇠지표

번호	외부 소음 지수 [dB]	아파트, 침실, 교실 R_{w}' [dB]	사무공간 R_{w}' [dB]
1	<55	30	–
2	56~60	30	30
3	61~65	35	30
4	66~70	40	35
5	71~75	45	40
6	76~80	50	45
7	>80	a	50

a 지역 상황에 따라

(3) 시험값 및 계산값

독일의 흙건축 자재 생산자[17]가 자사 흙판재에 시행한 차음 시험의 결과는 다음과 같다: 흙다짐, 경량흙블록, 흙블록, 녹색green "비소성"벽돌, 목편경량토를 사용한 기존 벽 공법들을 비교하면 건조 용적밀도가 가장 큰 건축 자재(녹색 "비소성"벽돌)의 음향감쇠지표가 가장 높다.

벽 가운데 공간을 충전했든, 안 했든, 목재 골조의 양쪽을 흙판재와 흙미장으로 마감한 칸막이벽을 두고 측정한 값은 기존 공법으로 지은 벽에서 산출한 음향감쇠지표 R_{w} 보다 아주 조금 낮을 뿐이다. 그림 4.50에서 볼 수 있는 (너비 $d=8\mathrm{cm}$인 공간을 양모wool로 차음한) 칸막이벽은 R_{w} 값이 56dB이다. 이 값은 경량흙블록으로 만든 벽의 음향감쇠지표와 일치한다($d=36.5\mathrm{cm}$, $\rho_{\mathrm{d}}=1{,}200\mathrm{kg/m^3}$, $R_{\mathrm{w}}=55\mathrm{dB}$). 따라서 이런 종류의 칸막이벽은 차음에 매우 적절하다.

5.1.5.2 목조천장 차음

(1) 용어 정의

충격음 *impact sound*은 걷기 또는 다른 활동이 빚어낸 바닥, 천장, 계단 등에서 발생하는 모든 고체 전달음을 뜻한다. 충격음의 일부는 공기 전달음으로 위 또는 아래에 있는 방으로 직접 퍼지고, 일부는 고체 전달음으로 전달된다. **충격음 수준** *impact sound level* L_{n}은 표준 타격기로 측정할 건축 부재—대개 천장이나 계단—에 자극을 가했을 때 수용실에서 측정한 소리 수준이다.

공기 전달음은 차단 속성을 공기전달음차단지표로 설명하는 반면, 천장의 고체 전달음은 수용실의 **충격음압수준**impact sound pressure level으로 설명한다. 이는 큰 충격음압수준은 차음이 잘 안

표 5.6 목재 보 천장의 계산된 음향감쇠지표와 바닥 충격음압수준

번호	천장 시스템	음향감쇠지표 R_w [dB]	충격음압수준 $L_{n,w}$ [dB]
1	짚흙을 사용한 갈비살 목조천장, 약 8cm	약 45	약 72
2	비다짐 흙채움재를 200kg/m² 이상 사용한 삽입천장	>54	<60
3	약 2mm의 개방줄눈으로 쌓은 "녹색" 비소성벽돌을 사용한 천장판	>51	<53

된다는 뜻이다. 가중 정규화 충격음압수준 $L_{n,w}$은 음향감쇠지표와 같은 방식으로 측정한다.

(2) 천장 구조체 요건

DIN 4109-1에 따르면, 다층 아파트와 사무건물에서 여러 단위실을 분리하는 천장은 $L_{n,w} = $ 53dB을 충족해야 한다.

(3) 계산값

다양한 흙건축 자재를 포함하는 전통적 목재 보 천장의 가중충격음압수준 $L_{n,w}$ [dB]을 [17]에서 산출한다(표 5.6):

추가 계산의 예는 [19]에서 확인할 수 있다.

5.1.6 방사선 노출

"방사성 건축 자재"를 다루는 언론 보도는 종종 소비자들에게 불확실성을 안겨준다. 이러한 불확실성은 소비자들이 방사능과 고주파 방사선이 발생하는 이유, 이것들이 건강에 미치는 위험을 잘 알지 못해 발생한다.

5.1.6.1 방사성 방사선

인간을 포함한 지구상의 모든 생명체는 자연적 고에너지(이온화) 광선에 노출된다. 자연적 방사선 노출은 비변형 자연 노출과 인공artificial 또는 인위man-made 노출로 구분할 수 있다.

비변형 자연 노출 unmodified natural exposure은 우주 및 지구 방사선 그리고 (음식물로 섭취하는) 방사성 물질의 체내화incorporation로 구성되는데, 건축 자재의 방사선 및 건물 내 라돈 흡입 같은

인간이 변형한 자연 노출도 여기에 속한다. 인위 노출 *man-made exposure*은 의학적 진단과 치료 시 인공 방사선 조사(照射) 또는 체르노빌 참사[20] 결과로 빚어진 노출까지 포함한다.

(1) 기준척도

표 5.7[20]의 척도들은 건축 자재와 구조체의 방사성 방사선과 중요하게 관련되어 있다.

건축 자재의 생산과 사용에 관련된 방사선 노출은 대체로 변형된 자연 노출 형태이다. 오늘날 사용하는 거의 모든 표준 건축 자재는 사실상 방사성 물질을 포함하고 있어서 건물 내에서 방사선 자연 노출이 증가하게 된다. 여기에는 자연석이나 흙으로 생산하는 건축 자재는 물론 건축 자재나 골재로 사용된 특정 산업 폐기물도 포함한다. 따라서 흙건축 자재 역시도 잠재적인 "방사선원"으로 볼 것인지를 묻지 않을 수 없다.

지구 방사선(γ선) 증가의 원인이 되는 방사성 핵종은 칼륨-40, 라듐-226, 토륨-232이다. 또한 방사성 비활성 기체 라돈-222는 라듐의 붕괴 생성물로 발생한다. 이 기체는 호흡하는 공기 중으로 누출될 수 있으나 화학적 측면에서 인체 건강에 위험하지는 않다. 그러나 특정 농도 수준이 되면 흡입한 기체와 (기관지에 축적된) 그 붕괴 생성물의 방사능이 건강에 해로울 수 있다(폐암).

노지에서의 평균 라돈 배출exhalation(탈기체outgassing)은 20~80Bq/m²h 범위에서 발생한다. 화산암(화강암, 반암 등)과 그 풍화 산물, 퇴적물이 있는 지역에서 특히 높다. 라돈 탈기체 현상은 흙의 기체 투과성(다공성)이 증가할 때 더 활발하다.

표 5.7 건축 자재의 방사성 방사선 기준척도

번호	기준척도	측정 단위	설명
1	방사능 A	베크렐Becquerel Bq; 1Bq=1붕괴/s	방사성 물질의 붕괴 횟수/시간 단위
2	비방사능 a	Bq/kg	방사성 물질의 질량 단위를 기준으로 한 방사능
3	선량당량 H	시버트Sievert Sv; 1Sv=1J/kg	생물 조직에 미치는 방사선의 위험을 평가하고 무차원의 평가계수 q를 사용해 흡수선량 D로 계산: $H = q \cdot D$
4	흡수선량 D	그레이Gray gy; 1Gy=1J/kg	고에너지 방사선이 특정 질량을 가진 물질로 전달하는 에너지
5	선량당량률 h	Sv/a 또는 mSv/a	1년간 1Sv의 선량당량 H에 노출되었을 때 인간에게 방사성 방사선이 미치는 생물학적 영향 측정

건축 자재와 건축 부재의 라돈 방출 정도는 똑같은 원인 때문에 달라진다: 사용한 광물 원자재의 라듐 농도, 건축 자재의 다공성 및 함수량. 건축 구조물과 관련지어 생각하면, 지면과 직접 맞닿아있는 건축 부재의 이음새와 틈으로 건물에 라돈이 더 많이 들어갈수록 실내 라돈 농도 수준이 높아진다는 뜻이다. 방 크기가 작거나 공간을 둘러싸는 건축 부재의 배출률이 높아도 실내 라돈 수준이 높아질 수 있다. 환기 빈도를 늘이면 농도를 상당히 낮출 수 있다.

(2) 건축 자재 요건

독일방사선방호위원회의 권장사항에 따르면, 실내 공기의 라돈 수준은 최대 기준값(제한사항은 아님) 250Bq/m³을 넘지 않아야 한다. 서부 독일의 연방 주에서는 라돈 농도 평균값이 대략 50Bq/m³ 정도이며, 전체 아파트의 1% 정도만이 최대 기준값 250Bq/m³을 초과한다. 건축 대지가 라듐이 풍부한 암반인 산악 지역에서는 실내 공기의 라돈 농도가 훨씬 높을 수 있다.

연구에 따르면[20] 지구 방사선의 원인인 방사성 핵종 농도 수준은 여러 건축 자재들 사이에서는 물론 개별 건축 자재 유형 안에서도 차이가 크다. 시험한 대부분의 건축 자재가 방사선 노출 위험이 크지 않았으나 합성 석고와 그 중간 생성물(보크사이트, 경탄 비산회, 적니$^{red\,mud}$)의 결과는 안전하다고 여기는 기준값을 상회한다.

건축 자재의 γ선 농도 수준을 추정하려고 건축 자재를 비교하는 다양한 평가 공식을 개발했다. 그중에는 일명 Leningrad 분자 공식[5]이 있는데,

$$\frac{c_K}{4810} + \frac{c_{Ra}}{370} + \frac{c_{Th}}{260} \leq 1 \ \ [\text{Bq/kg}]$$

c_K, c_{Ra}, c_{Th}이 각각 방사성 핵종 칼륨-40(K), 라듐-226(Ra), 토륨-232(Th)의 비방사능^{specific} ^{activities}이다. 만약 (부분 방사능의 합으로 산출한) 기준값이 1 이하라면 시험한 건축 자재는 주목할 만큼 위험하지 않다.

1999년 (오스트리아 표준 ÖNORM S 5200 "건축 자재의 방사능"에 기초한) 유럽위원회의 "방사선 보호 112"의 권고에 따라, Leningrad 분자 공식 원리를 따라 "방사능농도지수^{activity} $^{concentration\ index}$ I"를 규정했다:

$$I = \frac{c_{Ra}}{300} + \frac{c_{Th}}{200} + \frac{c_K}{3000} \ \ [\text{Bq/kg}]$$

표 5.8 선량당량률을 기준으로 한 건축 자재의 방사능 농도 지수 I

선량당량률 [mSv/a]	0.3	1.0
중량 건축 자재(예: 콘크리트)	$I \leq 0.5$	$I \leq 1$
표면 마감용 건축 자재(예: 타일, 판재)	$I \leq 2$	$I \leq 6$

표 5.8의 I 값은 다양한 건축 자재 유형별 권장값으로 선량당량률 h에 기반하고 있다:

I 지수값은 건강 위험성을 분명하게 말하지 않는다. 오직 여러 건축 자재를 비교하는 수단으로만 사용할 수 있다. 특정 완제품 건축 자재를 사용하는 것은 자재가 규정된 기준을 준수하는지에 따라 "실내 공기질에 영향 없음", "추가 시험 필요", 또는 "치명적"으로 평가할 수 있다.

Leningrad 분자 공식으로 산출한 흙과 순수점토의 값은 안전한 수준이지만, 개별값 사이 편차가 크다는 사실은 짚고 넘어가야 한다. 이는 풍화 혹은 이동을 통해 생성된 흙과 순수점토의 기반암 물질이 포함한 방사성 핵종의 수준 차이로 설명할 수 있다. 독일에서 라듐이 풍부한 암반은 훈스뤽Hunsrück, 아이펠Eifel, 바바리안 임야Bavarian Forest, 피히텔 산맥Fichtel Mountains, 에르츠 산맥Erz Mountains에서 찾아볼 수 있는데, 이 지역에서 난 흙과 순수점토는 위에서 언급한 방사성 핵종을 더 많이 포함하고 있을 수도 있다. 그러나 이것들을 흙건축 자재와 부재로 사용한다고 해서 실내 공간의 방사능 위험이 증가하지는 않는다. 이들 지역은 건축 대지에서 배출하는 라돈과 땅에 접한 건축 부재를 통해 건물로 침투하는 기체에 기인한 위험이 더 클 것으로 예상된다. 독일연방방사선방호국은 깊이 1m의 흙의 공기 중 라돈 농도 지도를 웹사이트에 게재했다 [22] (www.bfs.de/de/ion/anthropg/radon/radon_boden/radonkarte. html). 지도에서는 각 지역의 지질학적 조건에 따른 라돈의 예상 등급을 보여준다.

건축토 내 라돈-222(라돈-226의 붕괴 생성물) 발생과 이것이 건강에 미칠 잠재적 악영향을 염려하는 최근의 논의가 독일 흙건축 자재 생산자들이 자사 제품의 I 지수를 시험하는 계기가 되었다. 서로 다른 8개 흙건축 자재를 시험했고 0.19부터 0.31까지의 I 지수값을 도출했다. 즉 이 흙건축 자재들은 전부 "안전한nonhazardous" 집단으로 지정할 수 있음을 뜻한다.

DVL은 기술정보지 TM DVL 05 "건축토의 품질 관리"[23]를 라돈 예상 등급을 기준으로 방사능농도지수 I를 산출하는 권고안으로 보완했고, DIN 18945-47은 이 권고안을 자발적 시험(부록)으로 포함했다. 여기서는 지수값을 1 미만으로 특정한다.

5.1.6.2 고주파 전자기파 차단

최근까지 전통적 시공 규칙을 따라 설계하고 지었던 구조물은 다양한 외부 영향에서 사용자를 충분히 보호했었다. 그러나 20세기의 마지막 10년 동안 사실상 무제한 소통 욕구의 출현을 목격했고, 이는 새로운 기술 매체, 바로 무선 데이터 전송과 휴대전화 기술의 발전으로 이어졌다. 이런 형태의 통신은 10~100kHz에서부터 MHz 전 범위를 넘어 최대 150~300GHz까지의 고주파를 사용하며, 대규모 송신기 체제로 쉽게 전송한다. 독일은 2012년에 1억 1400만 명 이상의 휴대전화 사용자와 약 8만 5천 개의 송신기를 보유하고 있었다 [www.bundesnetzagentur. de]. 이는 휴대전화 사용자 수가 주민 수를 훨씬 초과했다는 의미이다.

이런 기술 발전은 구조물에 새로운 유형의 영향을 생성했다: 가장 일반적인 휴대전화 통신과 GPS 기능에 이용하는 고주파 전자기파의 주파수 범위가 890~2170MHz이다.

고주파 HF wave의 특성은 광파 light wave와 유사하다: 건물 같은 특정 물체와 충돌하면 반사되거나 물체를 통과해(단원 5.1.1.1) 흡수된다. 두 가지 현상 모두 건축 자재의 종류와 구조, 그리고 고주파 특성의 영향을 받는다. 라디오와 텔레비전 방송국은 아날로그 진폭 변조(AM)나 주파수 변조(FM)의 연속 방사만으로 작동했다면 오늘날의 이동 통신은 맥동 주파수를 사용한다. 이런 주파수는 펄스의 온오프 상태를 밀리초 간격으로 계속 변화시킨다. 예를 들어, 휴대전화 통화는 휴대전화와 기지국을 1초에 217번 연결한다. 이런 식으로 동시에 기기 여러 대로 같은 주파수를 이용할 수 있다.

고주파 복사가 인체에 미치는 생리적 영향을 두 가지 유형으로 구분한다: 온열, 비온열. 온열 효과 thermal effects는 인체에 침투하는 전자기파 때문에 발생한다. 전자기파는 분자의 운동에너지를 높여 국부 온도를 증가시킨다.

개별 연구 결과를 보면 비온열 효과 nonthermal effects도 존재한다. 이는 행동 변화, 신경학적 영향, 암 발생 위험 증가, 수면 장애, 호르몬과 대사에 영향, 스트레스 증가, 유전물질(DNA)에 영향 등을 포함한다 [24]. 그러나 이런 결과들은 지금까지도 명확히 밝혀지지 않았다.

따라서 어떤 건축 자재와 부재가 얼마만큼의 고주파를 막을 수 있는지를 시험하는 것에 큰 관심이 쏠린다. 독일 뮌헨 Munich의 연방군사학교(University of Federal Armed Forces)에서 진행했던 연구[25]는 다양한 건축 자재로 만든 여러 두께의 건축 부재로 차단 효과를 시험했다. 어떤 건축 자재를 썼는지와 별개로 건축 부재의 두께가 증가할수록 차단 효과가 좋아졌다.

그림 5.10은 일부 건축 부재들의 감쇠 효과를 가장 일반적인 휴대전화 통신과 GPS 기능에 이용하는 주파수 범위 890~2170MHz에서 비교한다. 건축 부재는 다양한 건축 자재로 만들었지만 두께는 24cm로 동일하다. 흙건축 자재로 각 두께의 건축 부재를 만들어 시험한 결과는 다른 광물 건축 자재와 비교해서 매우 바람직했다: 흙벽돌 조적체($\rho_\mathrm{d} = 1,600\mathrm{kg/m^3}$)는 같은 두께의 수직 천공벽돌($\rho_\mathrm{d} = 1,200\mathrm{kg/m^3}$)이나 규회벽돌($\rho_\mathrm{d} = 1,800\mathrm{kg/m^3}$)보다 감쇠 효과가 훨씬 컸다. 심지어 두께 36cm인 수직 천공벽돌(그러나 $\rho_\mathrm{d} = 800\mathrm{kg/m^3}$에 불과) 조적체의 주파수 감쇠 효과가 두께 24cm 흙벽돌 조적체보다 실망스러웠다.

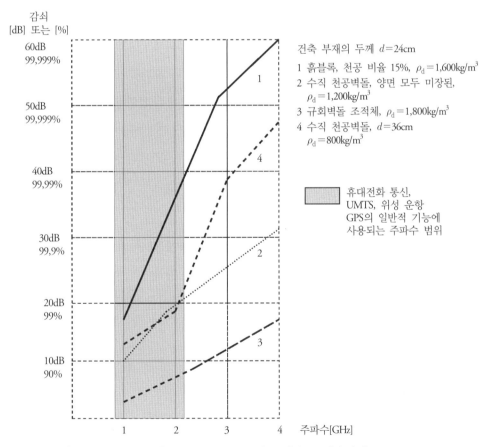

그림 5.10 [25]에 따른, 여러 가지 흙건축 자재로 만든 건축 부재의 HF 전달 감쇠

5.2 외부 영향으로 인한 구조 손상

단원 5.1에서 설명한 외부 영향의 결과로, 흙건축 자재로 지은 구조물은 전체 사용연한 동안 응력의 집중도에 따라 다양한 정도의 마모를 겪는다 [26, 27].

여기에서 **마모** *wear*는 사용 과정이나 환경요인 때문에 구조물 또는 구조물의 일부를 이루는 자재가 노후화deterioration되는 과정 또는 상태를 의미한다. 건축물 또는 건축물의 일부를 더 이상 제대로 사용할 수 없으면 **구조 손상** *structural damage*이 발생한 것이다. 자재 마모가 구조 손상으로 이어질 수 있다. 이런 손상을 보수하려면, 사용성의 완전한 회복을 목적으로 하는 적절한 보수 방법이 필요하다(단원 5.3). 심각한 손상은 건물 붕괴demolition로 이어질 수 있다.

규칙적인 관리maintenance와 보수repair는 마모를 지연시키고, 구조 손상을 방지하고, 건물의 사용 연한을 늘일 수 있다. 뿐만 아니라, 건물 외피에 작용하는 외부 영향의 부정적인 효과를 줄이 거나 방지하기 위해서 건물 설계 단계에서 준수할 수 있는 보편적인 설계 원칙이 존재한다.

종종 여러 가지 원리가 복합적으로 발생하지만, 단원 5.1에서 설명한 외부 영향은 그 성격에 따라 기계적, 화학적, 생물학적 과정으로 분류할 수 있다. 자연재해와 설계상의 오류는 별도의 유형으로 구분한다.

5.2.1 기계적 영향

다른 광물 건축 자재에 비해서 흙건축 자재는 강도 속성이 더 작고 습기에도 더 취약하다. 사용 측면에서 보면, 기계적 응력stress을 더 많이 받는 활동 영역areas of activity이 기계적으로 더 많이 마모되는 것을 뜻한다. 일례로, 통행이 많은 계단의 벽 표면이나 문 또는 창문과 같은 개구부 둘레 모서리를 들 수 있다. 농업용 축사 역시 마찬가지다.

5.2.1.1 기계적 마모

흙건축 자재 표면의 기계적 마모는 건물이 사용연한 동안 다양한 종류의 응력에 노출된 결과 이다. 단원 3.6.2.2에서는 이런 응력들을 "내마모성"이라는 용어로 묶어 각 시험 방법을 설명한 다. 마모 측면에서 흙미장의 기계적 안정성 요건은 단원 4.3.6.6에서 설명한다.

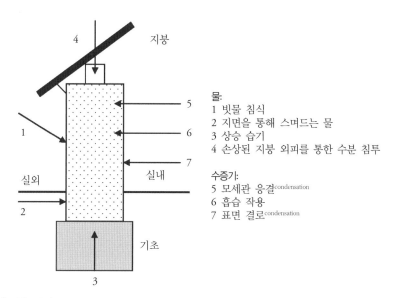

그림 5.11 흙건축 자재로 만든 구조물에 미치는 습기의 영향

5.2.1.2 수분 침투

흙건축이 입은 수해는 흙건축 부재의 강도 저감 또는 부재 손실로 이어진다. 이는 고인 물로 인한 모세관 침투와 흐르는 물로 인한 침식의 결과이다. 흐르는 물의 효과는 짧은 시간에도 심각한 손상 양상으로 눈에 띄게 드러난다. 반면 모세관 침투의 손상 효과는 어느 정도의 시간이 지나서야 건축 부재 표면이 회색과 짙은 색으로 변색하거나 도장이 벗겨지는 등의 모습으로 나타난다.

그림 5.11이 나타내는 일반적 도표([28]에 기반)는 구조물에 미치는 습기의 영향을 보여준다. 수분 흡수 유형에 따라 개별 건축 부재에서 나타나는 전형적인 손상 양상을 구분할 수 있으며 "원인과 결과" 원리에 기반해서 비교할 수 있다.

(1) 기초와 기초벽

결함이 있고 수분이 침투한 기초foundation와 기초벽stem wall은 구조 손상에서 핵심 부분이다. 기초와 기초벽에 수분이 축적되면 수많은 원인이 수시로 중첩되어 복합적인 손상 양상이 생긴다.

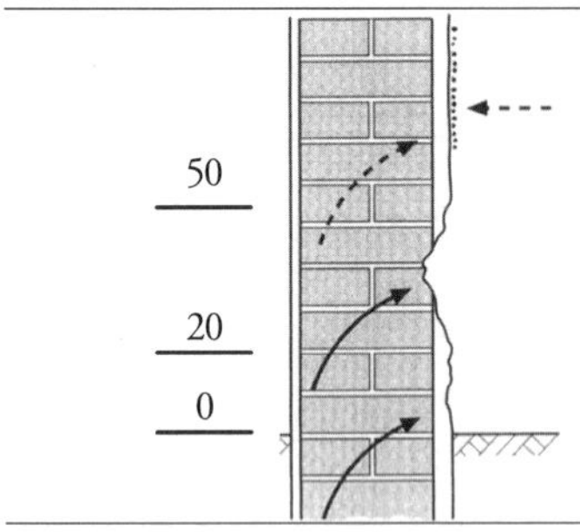

높이 cm	도해	명칭	화학식	물 100ml당 용해도
		질산칼슘	$Ca(NO_3)_2$	226
50		질산나트륨	$NaNO_3$	92
		염화칼슘	$CaCl$	75
		염화나트륨	$NaCl$	39
		염화칼륨	KCl	24
20		황산나트륨	$Na_2SO_4 \cdot 10H_2O$	92
		황산마그네슘	$MgSO_4 \cdot 7H_2O$	71
0		질산칼륨	KNO_3	13
		석고	$CaSO_4 \cdot 2H_2O$	0.3

그림 5.12 기초와 기초벽 주변 유해 염류의 유형과 분포 [6]

건축 대지

원인: 지하수는 기공이 큰 흙(자갈, 모래) 사이에서 자유롭게 이동한다. 지하수의 상부 경계면에서는 수압과 기압이 동일하다. 기공이 작고 미세한 흙(점성토, 순수점토)에서는 물이 모세관 작용으로 이동한다(단원 5.1.2.1). 점성토나 순수점토로 된 층이 수분이 많은 자갈이나 모래로 된 층 아래 깔려있을 때 "피압confined" 지하수가 발달한다. 이때 수압이 높아지며 압력 평형pressure-equalizing 수위의 상부 경계면, 즉 "모세관 수위fringe"는 지표면 위로 수 미터까지 상승할 수 있다.

땅에 직접 닿는 부분에 수평 차수층이 없거나 결함이 있으면 모세관을 따라 상승하는 습기가 (땅이나 건축 자재에 녹아있던) 염류를 흙 올림벽rising walls으로 운반할 수 있다. 벽 표면에서 기공수가 증발하면 염류가 남아 기공에 축적된다. 이 과정에서 쉽게 용해되는 염류는 잘 용해되지 않는 염류보다 더 높은 곳까지 도달한다.

그림 5.12[6]는 기초벽 부위의 유해 염류 종류와 분포 개요를 제공한다. 황산염은 주로 땅이나 건축 자재 자체에서 발생한다. 염류는 대부분 도로 제설제에서 유래한다. 질산염은 질소 공급원 근처에서 발생하는데, 변두리 지역의 경우 축사, 오물 및 거름 구덩이 등이 이에 해당한다. 17, 18세기에는 흙벽 표면에 피는 초석 백태인 질산염(질산나트륨, $NaNO_3$)이 화약의 화학성분으로 쓰여서 군사적으로 중요했다 [29].

결과: 흔히 물 분자 축적(수화)과 관련된 염류 결정화는 부피 증가를 초래한다. 부피가 증가하고 동결융해주기가 반복되면 영향을 받은 부위에서 흙건축 자재의 구조적 강도가 훼손된다. 벽돌이나 시멘트에 비해 강도가 낮은 흙건축 자재는 재료가 더 빨리 삭는다. 열화된 부위가 조개껍데기처럼 박리되면 내력 외벽의 구조 유효 단면 약화로 이어진다(그림 5.13). 그 결과

염류가 축적된 자재는 사실상 바깥쪽에서 부서진다. 점토광물이 화학적으로 변성되어 가소성 (뿐만 아니라 흙의 강도까지)이 크게 손실된다. 이는 자재를 재활용 흙으로 재사용하는 것도 제한하거나 방해한다.

그림 5.13 염류 영향으로 인한 기초와 기초벽의 흙 내력벽 횡단면 약화

배수 부족 또는 누락

원인: 배수관로나 빗물 배관에 결함이 있거나 설치하지 않으면, 물이 흐르거나 튀면서 기초벽에 부담을 준다(그림 5.14 [30]).

기초벽 주위의 배수구는 흔히 제 기능을 하지 못하거나 설치되지 않는다. 특히 시골 지역에서는 기초 주변에서 하수관이 새거나, 오물 및 거름 구덩이가 위치한 경우가 매우 흔하다. 이는 벽으로 스며드는 상승 습기^{rising damp}에 포함된 염류 부하를 높인다.

결과: "건축 대지" 사례와 마찬가지.

이런 영향에 노출된 흙벽 건축 자재는 수분이 침투하게 되고 짧은 기간에 쉽게 마모된다. 습기 "과잉"은 생물학적 영향으로도 이어질 수 있다(단원 5.2.3).

그림 5.14 빗물 배수관 결함으로 인한 구조 손상과 수분이
　　　　　　침투한 흙채움 흙목조 벽체 [30]

기초 및 기초벽 누락 또는 손상

원인: 오래된 구조물에서는 흔히 불투수성 재료로 만든 기초와 기초벽이 없거나, 가로street의 높이를 돋우면서 기초와 기초벽을 덮어 버렸다. 많은 경우 그나마 남아있는 부분마저도 조적용 몰탈이 씻겨 나간 것을 볼 수 있다(그림 5.15 [30]). 건축 폐기물이나 건축 자재를 기초벽 주위 또는 흙벽의 높은 부분에 기대어 쌓아놓아서 여기에 모인 물에서 습기가 또 빈번하게 발생한다. 농촌에서 이런 곳은 거름 더미를 쌓는 위치로도 인기가 좋다(그림 5.16).

결과: 기초벽이 물 튀김을 방어하는 본래의 기능을 잃었다. 모세관 수위fringe 이내에 위치한 벽 부분에 회백색 염류 결정의 막이 보이거나 도장이 벗겨진다(그림 5.17 [30]). 더구나 흙자재로 만든 외벽에 수분이 침투하면 단열 속성이 저하되고 건물 내부에 곰팡이가 생기기 적합한 환경이 된다. 발생할 수 있는 다른 결과는 "건축 대지" 사례와 마찬가지다.

그림 5.15 도로 면의 높이 상승에서 비롯된 기초벽의 구조 손상 [30]

그림 5.16 기초벽 부위의 구조 손상: 염류 피해, 거름 더미 때문에 가속화

그림 5.17 기초벽 부위의 구조 손상: 모세관 수위 내에서 회백색 막으로 드러난 결정화된 염류 [30]

(2) 외벽 표면

외벽 표면이 비 때문에 침투 및 침식된 정도는 위에서 언급했던 외부 영향만으로 산정하지 않는다. 벽 건축 자재 자체의 속성, 용도, 입면의 모양이 추가적 영향 인자로 작용한다. 밀도가 높고 흡습용량이 작은 건축 자재는 기공이 큰 건축 자재보다 물을 더 적게 흡수한다. 매끈하고 단단한 표면은 울퉁불퉁한 표면에 비해 물을 더 잘 흘려보낸다. 그러나 이 때문에 침식을 더 많이 유발하기도 한다. 거친 표면과 모서리는 배수를 방해하고 눈이 쌓이게 해서 벽 표면에 습기 침투를 촉진한다.

그러므로 외부 흙 표면에 어떤 공법을 사용하는지도 중요하다: 흙다짐이나 흙쌓기로 짓고 그 위에 미장한 균일한 벽 표면보다 노출한 흙목조 구조의 질감 있는 벽 표면에서 빗물이 더 천천히, 덜 완전하게 배수된다. 전형적인 손상 양상은 이에 따라 다르다.

그림 5.18 흙목조 건축의 벽 표면: 흙건축 자재 침식으로 노출된 막대틀 [30]

흙채움 흙목조 건축의 외벽 표면

원인: 풀다Fulda의 ZHD에서 시행한 시험[31]에서, 흙을 채운 흙목조벽은 비가 올 때 주로 채움재와 목재 골조 사이의 수축 줄눈에서 습기를 흡수했다. 물은 흙채움의 가장자리를 따라 빠르게 침투한다. 그러나 이 부위는 비가 그치면 통기가 되어 빨리 마른다. 복원 과정에서 목재 골조에 시공한 수밀 밀봉재sealer나 방수 도장이 이런 원리를 지연하고 차단해서 벽판의 가장자리를 따라 습기를 더 오래 머금는다. 최악의 경우, 동결융해주기 후에 미장한 채움 벽에서 이음부를 따라 미장이 떨어져 나갈 수 있다. 이는 목재 골조의 내력 속성에도 좋지 않은 영향을 끼친다.

발수제나 방수 도장, 목재 골조나 채움재에 바른 미장에 위와 같은 이유로 문제가 발생할 수 있다. 빗물이 도장이나 미장의 균열로 이 "수밀"한 껍질을 통과해 들어가서 매우 천천히 마르거나 아예 마르지 않는다.

벽판의 흙채움을 통한 모세관 흡습량이 이음부를 통한 흡습량에 비해 상대적으로 적다. 이때 채움재의 종류도 역할을 한다. 위에서 언급한 시험에서[31], 흙몰탈보다 석회몰탈로 쌓은 흙블록 채움재가 수분을 훨씬 더 많이 흡수했다. 이는 석회몰탈의 흡습용량이 더 큰 것으로 설명할 수 있다. 경량짚흙과 짚흙으로 벽 내부의 막대틀을 씌운 채움재가 습기를 가장 적게 흡수했다. 이때 습기 침투는 몇 밀리미터 범위를 넘지 않았다. 이는 흙 속 점토광물의 팽윤용량이 빚은 결과로, "밀봉" 효과로 작용해 물이 벽체로 더 깊이 침투하는 것을 방지한다.

결과: 모세관을 통한 습기 침투와 그에 따른 흙목조 벽체의 외부 표면 건조에서 비롯된 장기 영향은 벽판을 이루는 흙채움의 풍화 현상으로 나타난다. 사용한 채움재의 종류에 따라 특유의 손상 양상이 나타난다. 흙 성분이 씻겨 나가면 유기섬유질이 드러난다. 막대나 엮은 격자[1]에 짚흙을 채웠다면 막대틀이 보이도록 드러난다(그림 5.18). 흙블록으로 채운 벽판이라면 몰탈이 씻겨 나가게 된다. 미장과 도장을 전문 시공하면 이런 과정을 늦출 수 있다.

배수관로나 빗물 배관 결함에서 비롯되는 침식 현상은 채움 벽판에서 흙건축 자재를 씻어낼 뿐만 아니라, 내력 목재 골조도 손상시킨다. 영향을 받은 부위는 구조물의 구조 완결성을 완전히 잃을 수도 있다. 빽빽이 자란 덤불은 수분이 침투한 벽 표면이 마르는 속도를 늦추는 것은 물론 구조체에 기계적, 화학적 영향을 미치고, 흙벽의 강도를 감소시킬 수 있는 설치류의 서식지를 제공한다(단원 5.2.3).

흙블록 벽체의 외벽 표면

원인: 온대 기후에서 비바람이 스며든 모세관 습기 침투는 흙블록 안으로 몇 밀리미터 깊이밖에 미치지 못하는데, 점토광물이 부풀어서 습기가 더 이동하는 것을 제한하기 때문이다. 반면, 조적용 흙몰탈은 모래를 더 많이 함유하고 있어서 많은 양의 수분을 빠르게 흡수한다. 따라서 내식성이 더 작고 줄눈이 더 깊게 침식된다. 조적용 흙몰탈이 깊이 침식됨에 따라 튀어나오게 된 흙블록 또한 같은 깊이까지 부서질 수 있다(그림 5.19a).

조적용 석회몰탈은 내후성이 더 크고, 조적용 흙몰탈에 비해 흡습용량 또한 더 크다. 이 때문에 습기가 수평, 수직 줄눈을 통해 흙블록에 더 깊이 침투하고, 곧 흙블록 구조체의 광범위한 열화와 동결융해주기 동안의 강도 손실로 이어진다.

열대 습윤 ʲᵘᵐⁱᵈ ᵗʳᵒᵖⁱᶜᵃˡ 기후에서는 강수량이 많아서 흙블록 표면에서 비바람의 침식 효과가 훨씬 빠르고 심각하다(그림 5.19b). 따라서 이런 지역에서는 흔히 흙블록을 시멘트로 안정시킨다.

---

1   wattle, 즉 외(椳)에 해당. 흙심벽 내에 설치해 흙자재(daub)를 지탱하는 역할을 하는 지지틀.

그림 5.19 흙블록 건축물의 벽 표면; 침식. (a) 온대 기후에서, 씻겨나간 모래질 조적용 흙몰탈과 튀어나온 흙블록 파손 [30]. (b) 열대 몬순 기후(인도)에서, 비바람이 초래한 집중 침식

결과: 흙목조 건축과 유사하게, 배수관로와 빗물 배관이 제대로 기능하는지가 최우선으로 중요하다. 흙블록 벽체 표면으로 배수한 빗물이 집중되어 흐르면 습기가 침투한 부분에 금방 깊게 침식된 홈^{channel}을 만들고, 이는 해당 단면의 구조 완결성이 취약해지거나 완전히 손실되는 결과를 초래한다.

전문적으로 시공한 미장과 적절한 미장은 흙블록 벽체의 외부 표면을 추가로 보호할 수 있다. 비바람의 영향을 받는 외기 면에 시공한 석회미장은 벽에 부딪히는 빗방울을 기계적으로 더 강하게 견뎌낸다. 그러나 흙미장에 비해서 석회미장은 흡습용량이 더 크다. 또한 하부층의 흙블록 보다 덜 수축하고 팽윤하는 경향이 있다. 이런 변형 거동의 차이 때문에 석회미장이 바탕에서 더 일찍 분리될 수 있다.

1940~50년대에 (원래는 소성할 의도였던) "녹색" 비소성벽돌과 압출 성형한 흙블록으로 지었던 외기에 면한 벽체는 특징적인 손상 양상을 보여주었다. 벽에 침투한 물이 흙블록 내부의 (생산 과정과 관련된) 유동 평면^{flow plane}을 활성화했고(단원 3.2.2.1) 이 때문에 그림 5.20에서 보이는 것처럼 영향을 받은 부분의 재료가 블록에서 박리되었다 [32]. 이 사진에서 조적용 몰탈이 더 튼튼했던 것을 확연히 알 수 있는데, 석회몰탈로 추정된다.

그림 5.20 "녹색" 비소성벽돌로 만든 외벽 표면의 풍화로 인한 구조 손상 [32]

흙쌓기, 흙다짐 벽체의 외벽 표면

원인: 전문적으로 시공한 흙다짐, 흙쌓기 벽체는 표면이 평활하다. 그래서 빗물을 더 잘 배수하지만, 침식 역시 더 빠르다. 빗물을 균일하게 배수하면 짚흙이나 흙쌓기 표면의 풍화도 균일하다(그림 5.21 [30]). 중부 유럽 기후에서는 (현지 여건에 따라) 수십 년 동안 진행된 침식이 몇 센티미터 깊이에 불과하며 대개 건물의 구조 안정성에 영향을 미치지 않는다.

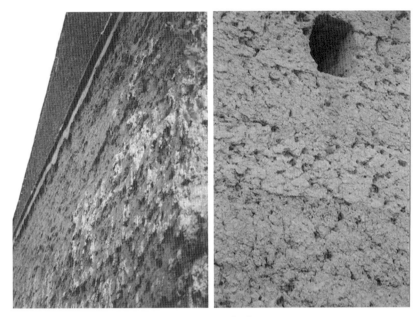

그림 5.21 흙쌓기벽 표면: 풍화에서 비롯된 "정상적인" 침식 [30]

그림 5.22 흙쌓기벽 표면: 빗물 배수가 집중
되어 흘러서 생긴 침식 홈 [33]

결과: 그림 5.22[33]는 빗물 배수에서 비롯된 침식 효과를 보여준다. 배수관로가 없고 지붕을 충분히 내밀지 않아 벽 표면에 깊게 침식된 홈이 생겼다. 이런 홈은 지붕판의 끝쪽 골^{dips} 아래 흙쌓기벽으로 파고 들어간다.

그림 5.23 흙쌓기벽 표면: 바탕면과 분리된 견고한 시멘트미장

조적 줄눈이 있는 흙블록 벽체 표면과는 달리, 흙다짐 바탕에 시공한 미장은 기계적 접착력이 약하다. 흙블록과 마찬가지로, 습기가 침투한 바탕면 위에 바른 석회미장과 시멘트미장은 빠르게 접착력을 잃고 덩어리째 떨어져 나간다(그림 5.23 [30]).

처마

원인: 처마를 따라 흙벽에 습기가 침투하는 주된 원인은 지붕의 외피에 구멍이 있거나, 배수관로가 막히거나 결함이 있거나, 지붕을 충분히 내밀지 않았기 때문이다. 처마 안으로 빗물이 들어가면 벽의 갓돌^{coping}이 물러지고 벽 표면을 따라 배수가 된다.

또한, 처마는 새들이 둥지를 틀기 좋아하는 곳이다. 새의 배설물은 벽 표면의 미관에 좋지 않을뿐더러 갓돌에도 화학적 영향을 미친다. 이는 갓돌의 강도 저하와 지붕 및 천장 보의 지지면^{bearing surface} 주변에 문제를 일으킨다.

결과: 그림 5.24[33]는 지붕 외피에서 누수가 되어 흙쌓기 외벽 표면이 깊게 침식된 홈을 보여준다. 최악의 경우, 지붕의 보와 서까래[rafter] 지지대가 유실되어 지붕 구조의 지지 구조 약화로 이어질 수 있다(그림 5.25 [30]).

그림 5.24 처마를 따라 발생한 손상: 지붕 외피의 구멍이 유발한 깊게 침식된 홈 [33]

그림 5.25 처마를 따라 발생한 손상: 지붕 외피의 구멍이 유발한 붕괴. (a) 온대 기후 [30]. (b) 몬순 기후, 인도

건물들이 서로 근접해있으면 처마를 따라 튀어 오르는 물이 인접 건물의 벽 표면에 침식을 일으킬 수 있다(그림 5.26 [33]).

그림 5.26 처마를 따라 발생한 손상: 건물 간 불충분한 거리, 물튀김이 유발한 인접 건물의 침식 [33]

(3) 유수 관련 사고

원인: 흙건축의 전체 사용연한에 걸쳐 유수와 관련된 모든 것은 내력, 비내력 흙건축 부재에 잠재적 위협으로 작용한다. 주방과 욕실에서의 주된 위험은 막힌 배수구이고, 겨울철에 난방하지 않은 방에서는 배관 동파가 발생할 수 있다. 화재 진압용 소화 용수가 "이차적인" 사고 상황을 일으킬 수 있다.

결과: 물이 바닥이나 천장에 고이거나 배수 문제가 생기면, 연결된 건축 부재에 습기가 침투하는 결과를 초래한다. 그림 5.27은 흙천장과 그 아래의 짚흙채움 흙목조벽에 발생한 수해를 보여준다. 배관이 파열되어서 천장이 완전히 젖고 흙미장이 씻겨 나갔다.

흙미장이나 흙천장에 직접 매입한 벽 및 바닥 난방장치 내 온수관에서 또 다른 위험이 발생한다. 결함 있는 관에서 알아차리지 못한 채로 오랫동안 물이 샐 수 있다. 예시로 온수관 자재 자체의 구멍 또는 관을 매입한 벽에 철물을 박다가 생기는 결함 등이 있다(단원 4.3.7.3).

그림 5.27 우발적 수해: 배관 파열로 인해 젖은 흙천장과
　　　　　아래의 흙채움 흙목조벽

5.2.2 화학적 영향

모세관 작용으로 이동한 수분은 기계적 강도를 저하시킬 뿐 아니라, 화학적인 영향도 미칠 수 있다(단원 5.1.2.1).

(단원 5.2.1.2에서 설명한) 비바람이 흙 구조물의 외벽 표면에 미치는 영향과 더불어, 기온과 습도, 태양 복사의 세기, 공기 오염 물질(단원 1.4.3.3) 등 다양한 기후 요인들이 건물의 사용연한 전반에 걸쳐 흙자재가 함유한 광물에서 화학적 분해(열화)를 일으킨다 [27].

규소 기반 원자재는 주로 알칼리 및 알칼리 토금속 이온, 철 및 알루미늄 산화물, 이산화규소 잔여물(단원 2.1.1.3)로 쪼개진다. 이 과정에서 점토광물 역시 주요 기후에 따라 다르게 쪼개진다: 복잡한 삼층 광물(montmorillonite)이 더 단순한 구조의 이층 광물(kaolinite)로 쪼개진다.

이 과정은 온대 기후보다 덥고 습한 기후에서 더 빠르고 강하게 일어나며(단원 2.1.2.6), 구조체의 열화와 외부 흙 표면의 강도 저하를 유발한다. 덥고 건조한 기후에서는 모래 폭풍이 염류를 이동시켜서 비바람과 비슷한 효과를 낸다: 충돌하면서 모래와 염류 입자들이 건물 부재 표면에 기계적 열화를 일으킨다. 습기가 있으면 남아있는 염류의 결정 형성을 촉진하고, 이 때문에 추가로 구조 노후화를 유발할 수 있다.

5.2.3 생물학적 영향

원인: 건물의 기초벽 주위에 자라는 덤불이나 나무의 뿌리(예: 오래된 덤불, 그림 5.28)는 기초, 기초벽, 심지어는 흙벽의 균열과 이음새를 파고든다. 나무는 주변의 지하수 상태에도 영향을 미칠 수 있다.

그뿐만 아니라, 나무나 덤불이 만드는 그늘 때문에 비가 내리거나 눈이 녹은 후에 기초벽이 빨리 마르지 못한다. 이 때문에 이끼, 조류, 세균, 버섯 따위가 성장하기 좋은 환경이 조성될 수 있다.

건부병^{dry-rot}은 시공한 목재, 특히 소나무에 가장 위험한 문제이다. 건부병은 건조한 목재에도 피해를 주고, 가닥 모양의 균사^{mycelia} 망으로 성장에 필요한 물을 수 미터 이상의 거리에서 끌어온다(예: 습기가 침투한 지하실 벽에서).

설치류(쥐, 생쥐)와 기생충은 흔히 이미 훼손된 기초벽을 통해 흙벽에 침입한다. 둥지를 튼 새들의 배설물은 손상된 부위에 추가적인 손상을 입힐 수 있다. 흙건축 자재로 만든 벽은 곤충(고온 건조한 기후의 경우 꿀벌이나 흰개미)에게도 적합한 서식지가 된다.

그림 5.28 생물학적 영향: 기초 주변에 무성한 오래된 덤불 [30]

결과: 물이 손상된 벽에 침투해 모세관 작용으로 확산한다.

건부병은 셀룰로스를 녹여서 흙목조 건축의 내력 목재 골조를 파괴한다. 조건만 적합하면 곰팡이 포자는 번성했던 건축 부재 내에서 수년간 생존할 수 있다. 그러므로 피해를 입은 건축 부재에서 얻은 건축 자재를 재사용해서는 안 된다(단원 6.2.2.1).

설치류와 곤충은 구조체를 열화시켜서 흙벽의 내력 성능을 감소시킨다. 설치류의 배설물과 소변은 이미 손상된 벽의 강도를 더욱 약하게 만든다. 그림 5.29는 2003년 지진으로 파괴된 이란의 밤 시타델^{Bam Citadel}에 있는, 흰개미 굴^{channel}로 구멍이 난 벽을 보여준다.

중부 및 남부 아메리카 지역에서 흙건축물 거주자들은 미장하지 않았거나 갈라진 흙건축 부재와 관련된 특정한 건강상 위험에 직면한다. 샤가스^{Chagas}병(수면병의 일종)을 옮기는 특정 유형의 벌레가 이런 구조물의 서식 환경을 선호하는 것으로 보인다. 세계보건기구가 추정하기로는 현재 1,000만 명 이상의 사람들이 감염되어 있다. 이런 건강 위험을 피하는 건설 전략은 건축 부재 표면(바닥, 벽, 천장)의 갈라진 틈을 없애는 것이다. 예를 들면, 철망으로 강화한 조밀한 고름재^{screed}와 석회 및 시멘트 미장을 시공한다.

그림 5.29 생물학적 영향: 흙벽의 흰개미 통로, 이란의 밤 시타델^{Bam Citadel}

가축을 기르는 헛간은 흙건축 부재로 만든 구조물에 가해지는 특별한 종류의 생물학적 영향을 대표한다. 수증기, 먼지와 더불어 강한 악취와 병원체가 실내 공기로 유입된다. 이런 악취나 병원체는 휘발성유기화합물의 형태로 흙건축 자재의 점토광물 구조와 결합해 중화된다. 이는 계속해서 헛간 내의 미기후^{microclimate}를 재생시킨다. Bielenberg[34, 35]는 이 과정을 "건축 자재의 재생 능력"으로 불렀다: 계속 변하는 실내의 병적인 상태를 실외의 생리적 상태에 맞추어 조절하는 (그래서 동물에게 맞게 안정화하는) 자재의 능력. 이 재생 능력은 헛간 내 습기의 양에 따라 15~30년 정도로 한정된다. 짚흙건축 부재는 특히 흡습성이 강하지만 이 과정을 거치며 분해된다. 따라서 헛간을 해체한 흙건축 자재(미장, 천장)는 위생상의 이유로 재사용해서는 안 된다(단원 6.2.2.1).

5.2.4 자연재해

20세기에 전 세계적으로 400만 명이 자연재해의 피해를 겪었는데, 주로 아시아와 태평양 지역이었지만 유럽도 약 7% 정도를 차지했다 [36]. 전체 재해의 약 절반 정도는 지진, 1/3은 홍수가 원인이었다. 인구가 가장 많은 두 나라, 중국과 인도의 외곽 지역에 있는 건물은 주로 흙으로 지었다. 이곳뿐만 아니라 건조한 기후의 개발도상국 대부분에서 흙은 인구 대다수가 구할 수 있는 유일한 건축 자재이며 앞으로도 (알 수 없는 미래에까지) 계속 그럴 것이다. 그러므로 건축의 계획 단계에서부터 재해 방지를 시작해야 한다.

산업 국가에서 재해 방지는 이 국가들과의 개발 작업이라는 맥락에서 더 중요한 역할을 담당하게 될 것이다. 사람들에게 안전한 건물을 짓는 방법을 알리는 것이 목숨을 구할 수 있다.

5.2.4.1 홍수

홍수가 발생할 가능성이 있는 지역에 흙건축물을 지어서는 안 된다. 특히 건조 기후에서는 강바닥이 오랫동안 말라 있을 수 있다. 건축법규가 존재하지 않거나 제대로 시행되지 않기 때문에, 이렇게 위험한 지역에 계속해서 건물을 짓고 홍수가 나면 참담한 결과로 이어진다(그림 5.30). 기후 변화로 인해 안전하다고 간주했던 지역마저도 이제는 홍수의 영향을 받을 수 있다.

그림 5.30 1988년 수단^{Sudan} 하르툼^{Khartoum}에서 발생한
나일강 범람: 수많은 흙건축물 붕괴
[UNDP, 세계개발계획, 1989년 5월]

2007년 8월과 9월, 사하라 사막 이남 아프리카의 전통 흙건축 지역에 이례적으로 큰 비가 내려서 대규모의 홍수가 발생하고 수많은 유서 깊은 흙건축물이 파괴되었다 [37]. 2008년 10월 예멘^{Yemen}의 하드라마우트 와디^{Hadramaut Wadi}에 위치한 유명한 흙블록 탑상 주택 또한 재앙적인 홍수 피해를 겪었다.

중부 유럽에서도 역시 대규모 홍수 발생이 증가해서, 전통적으로 안전하다고 여겼었던 지역에 건설된 흙건축물에 영향을 미칠 수 있다. 2002년과 2006년 독일 작센^{Saxony}주의 엘베^{Elbe}강과 체코 공화국에서 발생한 홍수로 파괴된 구조물 가운데에는 흙건축물도 많이 포함되어 있었다 [38].

머릿돌공동체협력기구(Cornerstones Community Partnerships)가 홍수 피해를 겪은 흙 구조물 (흙벽돌) 복원에 참고할 수 있는 실무 지침을 발간했다 [39].

5.2.4.2 지진

(1) 원인

지진은 주로 지각의 지반 운동 때문에 발생한다. 지구의 단단한 고체 맨틀은 균질하지 않으며 두께 역시 일정하지 않다. 대신, 액체 용암으로 된 핵 위에서 "부유하는" 커다란 판으로 쪼개져 있다. 판의 경계는 미끄러져서 서로 빗겨 가거나 올라타고 서로를 들어 올리기도 한다. 이로 인해 판 사이의 단층fault에서는 마찰에너지 형태로 응력이 발생한다. 이 에너지가 암반의 강도 한계를 넘어서면 판 경계에서 반대운동countermovements으로 발산된다. 이런 움직임은 사전 경고 없이 수 초 이내에 일어난다. 지진이 일어난 후에 단층선을 따라 새로운 잠재 응력이 발달할 수 있다. 이런 응력은 시간이 지나면 또다시 지표면에서 "여진"으로 느낄 수 있는 움직임의 형태로 나타난다.

판의 움직임은 **진원지** *hypocenter*(움직임의 중심)에서 모든 방향으로 지구 전체를 통과하거나 가로질러 움직이는 실체파 또는 표면파의 형태를 띠며 지진으로 전파된다. 그림 5.31[40]의 입방격자 모델은 지진파의 성질을 보여준다: 파동이 뚫고 지나가면 암반이나 건축 대지는 짧은 시간 내에 팽창하고 수축한다. 파동은 다른 방향으로 전파되는 데다가 지속 시간과 진폭이 서로 달라서, 지진이 발생하는 동안 중첩되어 암반, 건축 대지, 그 위에 지어진 구조물 내부에서 복잡한 응력 유형을 생성한다.

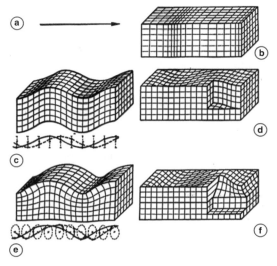

그림 5.31 지진파가 지나가는 동안의 심토subsoil 변형 [40]. (a) 파동의 방향, (b) 압축파(P), (c) 수직 진동에서 비롯된 전단파(S), (d) 수평 진동에서 비롯된 전단파(S), (e) "레일리Rayleigh" 파, (f) 횡단 진동("러브Love"파, L)

(2) 흙건축 자재로 된 구조체에의 영향

지진의 **규모** *magnitude* M 또는 진도는 지진계를 사용해서 측정하는데, 방출된 에너지의 양을 측정하는 개방형 규모 척도(리히터[Richter])를 적용해 산정한다. 지진 대부분은 규모가 3.5 이하이나, 주요 지진의 규모는 7.0에서 7.9 사이이다. 규모 7.0 지진은 히로시마[Hiroshima] 원자 폭탄 10개가 방출하는 에너지양에 해당한다.

　진도 *intensity* I 는 지표면에서 지진의 영향, 예를 들면 건물에 미치는 영향을 정량화한다. 규모와는 달리, (1897년 Mercalli가 고안하고 후대에서 수없이 개정한, 예를 들면 MSK-64와 같은) 12단계의 거시지진 진도[macroseismic intensity] 척도에 기반해서 I에서 XII까지의 로마 숫자로 표현한다. 지표면에서의 피해 정도에 따라, 이 분류는 약한($I=$I~IV), 강한($I=$V~VII), 매우 강한($I\geq$VIII) 지진으로 구분한다. 진도 $I=$XII는 사실상 도달할 수 없는 진도이다. 그림 5.32는 지진의 규모와 진도를 도해로 보여준다: 건물과 진앙지[epicenter]의 거리가 멀수록, 지표면 아래 더 깊이 위치할수록 피해가 적다.

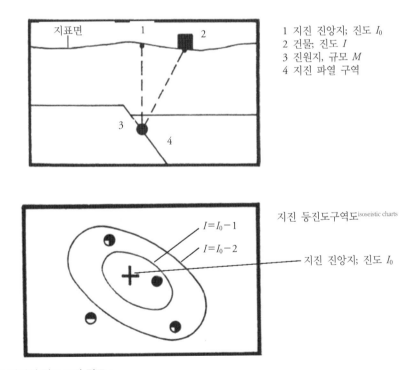

1 지진 진앙지; 진도 I_0
2 건물; 진도 I
3 진원지, 규모 M
4 지진 파열 구역

지진 등진도구역도[isoseistic charts]

$I=I_0-1$
$I=I_0-2$
지진 진앙지; 진도 I_0

그림 5.32 지진의 진도 M과 강도 I

특히 흙 구조물에 지진 피해가 발생한 경우, 이 건물들의 "내진성"에 대한 의문이 제기된다. 언론들은 이와 관련해 자주 싸잡아 일반화해서 건축 자재인 흙을 비난한다. 지진으로 대규모 파괴와 인명 피해가 발생했던 경우에 특히 그렇다. 결과적으로 건설 당국이 흙을 건축 자재로 사용하는 것을 종종 제한하거나 금지한다.

건축물의 손상 양상은 발생한 손상의 주요 원인이 건축 자재가 아니라는 것을 보여주었다. 그림 5.33은 파괴적이었던 2003년의 지진 후에도 여전히 온전하게 남아있는 이란 밤 시타델Bam Citadel의 흙블록 볼트vault 구조물을 보여준다. 이와는 대조적으로, 철근콘크리트로 만든 근처의 건축물들은 완전히 부서졌다. 특히 이 경우는 사용한 건축자재와는 무관하게, 내진 건축의 기본 원리[41, 42]를 건축 계획 단계에서 유의하지 않았었거나 이후 개조remodeling 과정에서 간과했다. 계획 오류와 무엇보다도 형편없는 작업 기량이 자연적 지진 피해와 맞물렸다.

그림 5.33 지진 영향 이후의 손상 유형: 손상을 입지 않은 흙블록 볼트 구조물, 2003년, 이란Iran, 밤Bam

(3) 내진성 평가

거시지진 척도(예: [43])는 기존 구조물의 내진성을 평가하고 적절한 내진 개량seismic retrofitting 방법을 결정하는 데 적합한 도구이다. 이 과정은 [44]에서 설명하는 사전 지정 절차대로 수행해야 한다:

- 먼저, 구조물과는 관계없이, 특정 지리적 지역의 **지진 위험도** *seismic hazard*를 평가한다. 이는 특정 시간 내에 특정 진도로 특정 위치에서 지진이 발생할 확률을 말한다. 지진 위험도는 각 국가의 국가 표준에서 규정한다.

- 다음으로는, **손상 예상치** *expectation of damage*를 평가한다. 구조물을 시공법에 따라 특정 규모의 지진에 대한 **취약성** *vulnerability*으로 평가한다. 유럽 거시지진 척도(European Macroseismic Scale, EMS) 98[43]에 따르면, 특정 공법군group의 모든 구조물에 지진취약성 등급 A~F를 지정할 수 있다. A등급은 내진성이 가장 낮은 건물을 나타낸다(그림 5.34a). 재래식 공법(흙블록)을 사용해 흙건축 자재로 지은 구조물에는 취약성 등급 A~B를 부여한다. 내진 개량을 하면 건물을 "더 나은" 취약성 등급으로 "상향 이동"할 수 있다.

- 주로 지진 진도와 사용한 공법이 구조물의 손상 예상치를 결정한다. 취약성등급으로 설명하는 특정 공법 군의 모든 구조물에 지진 진도를 기반으로 한 **손상도** *damage grade*를 지정한다. 그림 5.34b에서는, [44]에 따른 손상도를 1~5까지의 숫자 표기와 함께 문장으로 설명하고 있다: 무시할 수 있는 손상에 해당하는 1에서부터, 완전한 파괴에 이르는 5까지.

- EMS 98[43]은 비로소 취약성 등급과 손상도를 지진 규모와 연관 짓는다:

  - 진도 VIII과 IX의 예:

    진도 VIII: 취약성 등급 A인 다수 건물과 B등급인 일부 건물이 4도 손상을 입는다; A등급 건물 일부는 5도 손상을 입는다.

    진도 IX: 취약성 등급 B인 다수 건물과 C등급인 일부 건물이 4도 손상을 입는다; B등급 건물 일부는 5도 손상을 입는다.

  - 피해량을 다음과 같이 규정한다:

    일부some: 전체 건물의 0~15%

    다수many: 전체 건물의 15~55%

    대부분most: 전체 건물의 55~100%

(a)

구조 유형	취약성 등급 A B C D E F
조적	
잡석, 자연석	A
어도비(흙벽돌)	A–B
일반 석재	A–B
대형 석재	C
보강하지 않은 가공석재 조적체	B
보강하지 않은 철근콘크리트 바닥재	B
보강 또는 제한	C–D
철근콘크리트	
비내진설계 골조	C
보통 수준의 내진설계 골조	D
높은 수준의 내진설계 골조	E
비내진설계 벽체	B
보통 수준의 내진설계 벽체	C
높은 수준의 내진설계 벽체	D
강철	
강구조	D
목재	
목구조	C

○ 가장 취약 예상 등급
— 가능 범위
---- 가능성 작은 예외 사례 범위

(b)

1도 – 사소한~경미한 손상
(구조 손상이 없음, 가벼운 비구조 손상)
매우 일부 벽체에 미세 균열. 미장만 작은 조각으로 탈락.
아주 일부 경우 건물 상부에서 노후화된 석재 낙하

2도 – 중간 손상
(경미한 구조 손상, 중간 정도의 비구조 손상)
다수 벽체에 균열. 큰 미장 조각 탈락. 굴뚝 일부 붕괴

3도 – 상당한~심각한 손상
(중간 정도의 구조 손상, 심각한 비구조 손상)
대부분 벽체에 크고 광범위한 균열. 지붕 타일 탈락.
지붕선에서 굴뚝 파열. 각 비구적 부재 파괴(칸막이, 박공벽)

4도 – 매우 심각한 손상
(심각한 구조 손상, 매우 심각한 비구조 손상)
벽체 심하게 파괴. 지붕과 바닥의 일부 구조 파괴

5도 – 파괴
(매우 심각한 구조 손상)
완전 또는 거의 완전 붕괴

그림 5.34 유럽 거시지진척도(EMS) 98 [44]에 따른 취약성 등급(a)과 손상도(b). (a) 다양한 구조 유형의 취약성 등급, (b) 조적 건물의 손상 정도

– 현장 조사에서 수집한 자료를 각 공법에 따른 손상도로 지진 손상을 분류하는 데 사용한다. 이런 정보를 통해, 알려진 지진 진도에 근거해서 손상도 지표라고 일컫는 공법에 따른 손상 분포를 산정할 수 있다. 그림 5.35는 1975년 우즈베키스탄Uzbekistan 가즐리Gazli에서 5주 간격으로 두 차례 발생한 진도 VIII과 IX의 지진 이후 손상도 지표를 보여준다. 다음 건축 공법을 사용한 구조물을 포함하고 있다: 흙블록 조적, 벽돌 조적, 흙채움 흙목조 건축. 수집한 자료를 토대로 공법을 비교한 결과 흙블록 조적 건물이 진도 VIII에서 손상도 지표 3.2, 진도 IX에서 손상도 지표 4.3으로 가장 손상이 컸다.

이 과정을 적용하면, 특정 지역에서 나타나는 일반 공법의 평균 손상도를 산정할 수 있다 (예: [44]의 우즈베키스탄). 평균 손상 지표가 3보다 큰 건물들이 있는 지역은 지진 발생 시 더욱 위험하다. 이런 경우, 내진 개량을 계획하고 실행하는 것이 가장 중요하다.

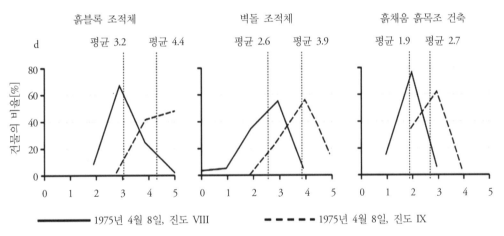

그림 5.35 1975년 우즈베키스탄 가즐리Gazli에 발생했던 두 차례 지진(진도 XIII와 IX) 이후, 다양한 벽체 공법에 따른 평균 손상도(손상도 지수) [44]

(4) 시험 시설

흙건축 자재로 만든 1 : 1 축척의 구조물을 특수 시험 시설("진동대shaking table")에서 동적 하중에 노출할 수 있다. 손상 결과를 조사해서 적절한 내진 개량 방식을 도출할 수 있다(그림 5.36).

그림 5.36 흙블록 벽체의 손상 유형을 측정하는 시험 시설: 1:1 축척의 동적 부하 장치가 달린 시험대("진동대shaking table", 시드니 공과대학교, 2005)

(5) 손상 유형 사례 연구

다음 사례 연구는 지진 발생 시 흙건축 자재로 지은 구조물의 취약성을 보여준다. 특히 개발도상국의 변두리 지역에서 대개 자가 건축자들이 필요한 구조적 조치를 취하지 않은 채 이런 건물을 짓곤 한다. 진도 VII의 지진에도 건물들은 다음과 같은 이유로 복구할 수 없는 피해를 입는다:

－구조물에서 찢겨 나간 개별 수직 벽
－지붕 구조의 붕괴
－벽 개구부(창, 문) 사이의 기둥pillars 붕괴

　위에서 설명한 손상 유형은 주로 다음 구조 결함 때문에 발생한다.

－적절한 구조 보강 부족으로 빚어진 모서리에서 수직으로 만나는 벽체들의 결속tie-in 불량. 방향이 다른 진동을 받으면 개별 벽체가 찢겨 나가고 쓰러진다. 흔히 종축longitudinal axes 방향으로 뻗은 형태의 외벽에서 모서리 보강이 부족하다. 더 긴 외벽에 수직 버팀벽으로 지지하는 보강 역시 간과한다.

-흙건축 자재의 강도와 품질 부족

-벽 개구부 사이 기둥의 너비 부족

-기초에서 지중보^{grade beam} 누락 또는 천장 지지면이나 갓돌 높이에서 접합보^{bond beam} 누락. 중앙 아시아 변두리 지역의 전통 건축에서는, 이긴 흙으로 만든 두께가 50cm에 달하는 매우 무거운 평지붕이 무척 흔하다(단원 4.3.5.2). 지붕의 내력 구조는 가벼운 포플러 통나무로 구성한다. 질량이 크기 때문에, 이런 지붕은 덥고 건조한 기후에서 최적의 "열 완충체" 역할을 한다. 그러나 지진이 발생하면 구조 관점에서 매우 불리하다. 치명적일 수 있는, 하중을 제대로 분산하는 접합보를 빠뜨린 구조 결함을 자주 볼 수 있으며, 게다가 내력 목재 보는 전혀 고정하지 않고 벽의 갓돌 위에 직접 얹어놓는다.

예시 1 2000년 우즈베키스탄 카마시^{Kamashi} 지역, 오이나쿨^{Oinakul}의 주거지에 흙쌓기(팍샤^{pachsah})로 지은 주거건물(그림 5.37 [45])

고정하지 않은 천장 보가 움직였고 이긴 흙 대부분이 건물 내부로 무너져 내렸다. 단단한 흙벽은 부분적으로 갈라졌지만 무너지지는 않았다.

그림 5.37 지진 영향 이후의 손상 유형: 흙쌓기(팍샤^{pachsah})로 지은 주거건물이 파괴된 모습(우즈베키스탄, 카마시 Kamashi, 2000) [45]

그림 5.38 지진 영향 이후의 손상 유형: 흙블록 조적으로 지은 건물이 파괴된 모습(카자흐스탄, 루고바야^{Lugovaya}, 2003) [45]

예시 2 2003년 카자흐스탄 루고바야^{Lugovaya} 주거지의 흙블록 조적 구조물(그림 5.38 [45])

건물의 외벽이 구조체에서 찢겨 나갔고 쓰러졌다. 갓돌 높이에 접합보가 없었다. 경량 다각 지붕^{pavilion roof}의 구조가 부분적으로 무너졌다. 진도 $I=$VII, 규모 $M=5.3$의 지진이었다.

예시 3 1985년 타지키스탄 카이라쿰^{Kairakkum}의 주거용 흙덩이채움(신취^{sintsch}) 흙목조 건축(그림 5.39 [45])

벽의 내력 골조가 부분적으로 남아서 서 있다. 상부재^{top plate 2}는 여전히 남아있고 흙덩이(구발자^{guvalja})의 대략 절반은 떨어져 나갔다. 상부재에 고정하지 않았던 무거운 평지붕이 무너져서 거주자가 심하게 다쳤다.

예시 4 1976년 우즈베키스탄 가즐리^{Gazli}의 흙블록 조적으로 지은 학교 건물(그림 5.40 [45])

1976년 우즈베키스탄의 가즐리^{Gazli}에서 5주 간격으로 연이어 두 차례의 대지진이 발생했다. 위의 그림은 1976년 4월 8일 진도 $I=$VIII의 첫 번째 지진 이후의 손상 유형을 보여준다.

---

2   전통 흙목조 건축의 목재 골조 부재 중 벽판의 맨 위를 길게 가로지르는 부재. 천장과 지붕을 고정하고 하중을 받는 접합보와 똑같은 역할을 한다.

학교 건물은 창문 사이 기둥에 생긴 전형적인 십자 모양 균열을 제외하고는 지진을 버텨낼 수 있었다. 1976년 5월 17일 진도 IX의 더욱 심각한 두 번째 지진이 발생하자 손상되었던 건물이 완전히 붕괴했다. 그림 5.35는 지역 내 여러 벽 공법별 두 지진의 손상도 분포를 보여준다.

그림 5.39 지진 영향 이후의 손상 유형: 흙덩이채움 흙목조 공법(신취sintsch)으로 지은 주거건물이 파괴된 모습(타지키스탄, 카이라쿰Kairakkum, 1985) [45]

그림 5.40 지진 영향 이후의 손상 유형: 흙블록 조적으로 지은 학교 건물이 파괴된 모습(우즈베키스탄, 가즐리Gazli, 1976) [45]

그림 5.41 지진 영향 이후의 손상 유형: 전통 흙블록과 흙쌓기 공법(치네[tschineh]) 으로 지은 구조물이 파괴된 모습(이란, 밤[Bam], 2003)

예시 5 2003년 이란 밤 시타델[Bam Citadel](그림 5.41)

2003년 12월 26일 발생한(규모 $M = 6.1$의) 지진은 약 27,000명의 생명을 앗아갔고, 밤[Bam]의 유서 깊은 성채와 신도시를 광범위하게 파괴했다. 재래식 흙블록과 흙쌓기 공법(치네[tschineh])으로 지은 건물이 대부분이었다.

손상 유형 분석은 충격적인 파괴 원인으로 공통되고 중복된 두 가지 계획 오류를 보여준다:

위의 예시 1과 같이, 무거운 평지붕은 주요한 피해 발생 원인이었다. 많은 건물에서 평지붕 내력 시스템의 기존 목재 장선을 훨씬 더 무거운 강철 장선으로 교체했다. 이를 받치는 내력벽에 하중을 분배하는 접합보나 고정쇠[anchor]를 사용하지 않고 강철 장선의 플랜지[flange]를 흙블록 조적벽의 갓돌에 직접 얹었다(그림 5.42 [46]). 이 때문에 지진이 발생하는 동안 강철 장선 지지면에서 흙블록 조적체의 강도 파괴[failure]가 발생했다.

건축물의 또 다른 설계 요소가 손상 결과를 악화시켰다: 평면 계획. 지역의 전형적 평면에서 흙블록 내력 외벽은 U자 형태이다: (이웃집의 측벽에 닿은) 대지 경계선에 바싹 붙어 있는 두 개의 긴 측벽과 거리에 면해 입구가 있는 짧은 벽으로 구성된다. 보통 거리에 면한 정원 쪽으로 집이 개방되어 있고 천장 높이의 문으로만 정원을 분리한다. 평면에서 횡단벽^{transvers wall}이 담당하는 버팀 효과가 여기에서 없어진다. 그래서 종단벽^{longitudinal wall}이 무너졌을 때 "도미노 효과"로 이웃한 건물들 전체가 무너졌다.

그림 5.42 지진 영향 이후의 손상 유형: 하중 분산 없이 흙블록 벽체 갓돌 위에 얹은 강철 장선(이란, 밤^{Bam}, 2003) [46]

5.2.5 계획 오류로 인한 구조 손상

흙건축물의 구조가 손상되는 다른 근본 원인은 건물 자체의 건설 과정은 물론, 계획 단계에서 내력 건축 부재의 치수를 불충분하게 설정해서 발생하는 구조 결함이다. 개축(구조 부재 제거, 적재하중 증가 등) 역시 구조 손상을 초래할 수 있다. 이런 경우, 복잡한 균열의 원인을 확인하고 가능하면 제거해야만 제대로 복원할 수 있다.

벽 단면 전체를 관통해서 난 수직 균열은 흙쌓기와 흙다짐 벽체의 전형적인 손상 유형이다. 주거건물과 달리 내력 외벽이 비교적 얇아 공간적 강성^{spatial rigidity}이 부족한 헛간에서 특히 흔하다. 이는 헛간의 기본 기능(크고, 높고, 막히지 않은 저장 영역)과 (자재 측면에서) 소유주의 절감을 되짚어보면 답을 찾을 수 있다.

그뿐만 아니라, 건물의 복원 과정에서 한 실수 역시 구조 손상과 "보수 작업"을 보수하는 후속 작업을 초래할 수 있다. 그러므로 구조적, 물리적 상관관계를 충분히 알지 못하면 흙건축 자재의 특수한 특성 또한 이해할 수 없게 된다.

(1) 사례 연구

예시 1 독일, 라이프치히^{Leipzig} 근처 바우머스로다^{Baumersroda}의 헛간, 흙쌓기 내력 외벽(그림 5.43)

높이 약 2m의 조적 벽체 또는 두께 $d≥24cm$인 벽 외장재의 상단은 천장 보를 받치는 지지면인 동시에 흙쌓기 올림벽^{rising wall}의 기저부^{base}를 형성한다. 지면은 자연석 기초벽이 흙쌓기벽의 기저부를 이루는 건물의 앞쪽으로 경사져있다. 이 때문에 하나의 연속한 부분으로 세운 흙쌓기벽에서 약 1.8m의 높이 차가 발생하고, 벽체 높이 전체에 걸친 수직 균열을 유발한다.

그림 5.43 부적절한 시공으로 인해 발생한 구조 손상: 벽 높이 차이로 빚어진 흙쌓기벽의 수직 균열

예시 2 독일, 작센 - 안할트^{Saxony-Anhalt}, 자우바흐^{Saubach}의 헛간, 흙쌓기 내력 외벽(그림 5.44 [33])

종단벽^{longitudinal wall}의 갓돌 높이에 작용하는 각 하중 유형에는 상당한 차이가 있다:

- 끝벽^{end wall}: 수직 점^{point}하중, 박공이 중심을 벗어남
- 종단 내력벽: 수평 응력, 나중에 추가 시공한 콘크리트 지붕 타일의 하중으로 응력이 증가했고, 천장 장선(체결 효과)이 없거나 결함이 있어서 지붕 하중이 가중됨

건물의 모서리에서 형성된 인장응력을 흙쌓기 자재가 흡수할 수 없었다. 처마 높이에서 시작한 균열 때문에 끝벽이 종단 내력벽에서 떨어졌고 바깥쪽으로 기울었다. 더군다나 지붕 하중이 종단벽을 끝벽에서 바깥쪽으로 밀어냈다.

처음부터 헛간으로 설계해서 사용한 이 건물의 구조를 분석할 필요가 있다. (박공을 포함한) 내력 외벽이 너무 얇다. 횡단벽^{transverse walls}과 천장 평면을 빠뜨렸고 접합보가 없다. 결과적으로 건물의 강성이 불충분하고, 그래서 외부 영향에 특히 민감하다.

그림 5.44 설계 오류로 인해 발생한 구조 손상: 종방향의 흙쌓기벽에서 분리된 (더 무거운 하중에 노출된) 끝벽^{end wall} [33]

끝벽이 넘어가는 것을 방지하려고 취약한 모서리에 버팀벽buttress을 설치했다. 모서리에 가로 약 0.5m 간격으로 강화층을 설치했다면 이 손상을 방지할 수 있었을 것이다.

예시 3 독일, 튀링겐Thuringia, 오스트라몬트라Ostramondra의 헛간, 흙쌓기 내력 외벽(그림 5.45 [30])

나중에 시행한 개축 작업이 중복 손상을 유발했을 가능성이 있다. 예시 2에서 설명한 원인 뿐만 아니라, 중량 콘크리트 지붕 타일을 사용해서 지붕을 보수한 이후로 건축 대지의 조건이 바뀌었다: 마당 쪽에는 지붕 배수관을 설치했었지만, 정원 쪽에는 설치하지 않았다. 이제 정원에 집중적으로 빗물이 스며들어서 포장된 마당 쪽보다 건축 대지의 함수량이 훨씬 높아진다. 이는 건물의 부동침하 양상과 기초벽을 통과해 흙쌓기벽까지 이어진 기초의 균열을 초래한다. (예시 2를 보면) 균열이 흙쌓기의 두 번째 단 위에서 처마 높이에서 시작된 균열과 교차한다. 이 부분에서는 흙쌓기 자재가 열화되어 떨어져 나갔다.

그림 5.45 설계 오류로 인해 발생한 구조 손상: 건축 대지가 고르지 않게 침하해서 발생한 흙쌓기벽의 균열 [30]

예시 4 독일, 라인란트팔츠^{Rhineland-Palatinate}, 베르멜스키르헨^{Wermelskirchen}의 주거건물, 막대 위에 짚흙을 피복한 노출 흙목조 건축(그림 5.46 [47])

전통식으로 막대틀 위에 짚흙을 채운 원형의^{original} 노출 흙목조 건축의 벽을 목편^{wood chip}경량토로 보강해서 단열 개량했다. 이에, 실내 측에서 10 x 10 골조 구조체와 받침판을 추가하고 그 위에 목모^{wood wool}층이 안쪽에 내장된 판재를 시공했다. 흙목조 벽판의 실외 측에서는 흙목조 벽판의 가장자리를 따라 붙인 목재 띠^{strip}에 목모판을 부착했다. 목모판을 노출 골조의 최종면 가장자리^{flush edge}에서 미장 두께만큼 안쪽에 시공했고, 그런 다음 미장으로 마감했다. 목모판은 두 가지 기능을 했다: 젖은 목편경량토 배합물의 영구 거푸집, 실내외 미장의 바탕면.

1992년에 복원한 후 얼마 지나지 않아 다음과 같은 손상 양상이 나타났다. 목편경량토가 붙은 목모판이 떨어져 나갔다. 판을 부착한 띠가 썩었고 (일부 아연 도금하지 않은 못으로 구성된) 철물^{fastener}이 녹슬었다. 실내 측에서 미장이 떨어져 나갔다. 부착판과 실내 골조 구조에 습기가 침투해 부분적으로 썩었다.

외부 미장과 흙목조 건축 사이의 이음새에서 손상이 발생했다. 이음새의 틈이 목재 골조와 목모판을 따라 빗물이 들어갔다 나갈 만큼 넓었다. 이 물이 가로 버팀대^{noggin piece}와 토대판^{sill}에 고여서 위에서 언급한 손상을 일으켰다.

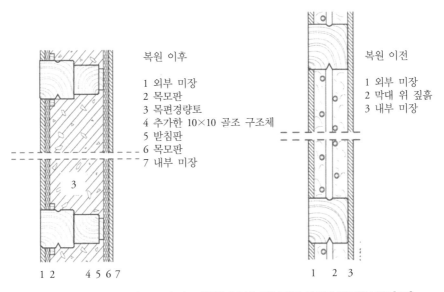

그림 5.46 설계 오류로 인해 발생한 구조 손상: 적합하지 않은 단열재를 사용한 잘못된 복원 [47]

5.3 보존

독일에 있는 기존 흙 구조물의 수와 보존 상태는 대략적으로만 추정한다. 예를 들어 [48]과 같은 문헌에서는 "흙건축"의 수를 총 2백만 개 이상으로 명시한다. 그러나 "흙건축"이란 정확히 무엇일까? 이 용어는 흙목조 건축을 포함할까, 아니면 내력 흙벽으로 지어진 구조물만을 의미할까? 또한 벽돌이나 석재로 만든 많은 전통식 구조물에서 흙건축 자재를 몰탈이나 미장의 형태로 같이 사용했었다.

확실히 말할 수 있는 것은 독일에서 한 가지 또는 여러 가지 형태로 흙을 건축 자재로 포함한 구조물의 수는 수백 만에 달한다는 것이다. 또한 이런 구조물 대부분은 수리 상태가 좋지 않은 것이 확실하며, 본래 기능을 잃은 농업건물이 특히 그렇다. 이런 경우 건물의 미래를 검토해야 한다: 철거해야 할까 아니면 보존해야 할까? 그래서 기존의 재래식 흙 구조물을 논의할 때는 건물 보존이 가장 우선되는 주제이다.

5.3.1 법 제도

독일에서 건물 보존 조치를 계획하고 실행할 때 각 주 건축법(LBO)의 건설규정을 준수해야 한다. 또한 건설업체는 책임지고 통용 기술 규정을 따라 공사를 수행해야 한다(단원 4.2.1.1).

독일에서는 예전에 유효했던 건축법규와 허가에 따라 지은 옛 건물(흙건축 자재로 지은 건축물 포함)을 "새 법령 적용에서 제외^{grandfathered in}"한다. 그러나 이 보호 기능은 건물의 용도 변경, 내력 건축 부재 제거 또는 변경(각 건축 부재나 건축물 전체의 붕괴 위험이 있으면), 건물 외관 변경에는 해당하지 않는다. 이런 경우 옛 건물이라도 신축으로 취급해서 새로 설치하거나 원래 있던 건축 부재 모두 현재의 건축법규를 준수해야 한다. 오래된 건물에 현재의 법규를 적용하는 게 늘 합당한 것은 아니어서, 관할 건축 관청이 사례별 평가를 통해 보존 조치에서 새 건설 표준 대비 어느 정도까지 예외를 허용할지 결정할 수 있다. 특히 단열 요건이 문제가 된다. 그러나 권장 방안은 여전히 건축 관청의 최소 요건을 충족해야 한다.

등록 역사건축물 *registered historic buildings*의 소유주는 구조물을 보존할 의무가 있다. 그들은 관할 보존 관청과 모든 구조 변경을 협의해야 한다. 등록 역사건축물은 건축물 전체를 보존할 목적으로 구조적 조치 계획이 필요한 경우에만 구조를 개조할 수 있다. "베니스헌장(Venice Charter)"의 역사건축물 보존과 복원 원칙에 따르면, 기념물 보존을 "사회적으로 유익한 목적으로 활용하는 것은 언제나 가능하다. 그런 사용은 바람직하나 건축물의 평면 배치나 장식을 개조해서는 안 된다. 기능 변경에 필요한 개조 범위 한도 내에서만 구상하고 허용할 수 있다" (베니스 헌장, 1965년 5조).

또한 지역 단위의 복원과 설계 법규는 등록 역사건축물이 아닌 건축물에도 적용할 수 있다. 독일에서는 역사적 보존의 목적이 각 주의 법에도 성문화되어 있다. 등록 역사건축물의 소유주는 보존 조치 계획을 시작하기 전에 항상 관할 관청과 문제를 해결해야 한다.

5.3.2 보존 방법 계획

오늘날 독일에 존재하는 대부분의 오래된 흙건축물은 "일반" 구조물의 좋은 예이며 등록 역사건축물의 지위(건축 관청 관점에서 건축물 보존 특별 요건을 부과함)가 아니다. 기본적으로 이런 건축물은 "법규 적용 예외"이지만 보호 지위는 상대적으로 낮은 것으로 간주한다. 이런 배경에서 지난 수십 년 동안 노천 연탄 채굴장을 만들기 위해 독일 라이프치히 주변에 있는 수백 채의 구식 흙쌓기 건축물을 철거했다.

5.3.2.1 방법

"등록 역사건축물" 또는 "일반 건축물"의 범주로 분류하면 어떤 보존 방법을 허용하는지, 적용할 수 있는지를 다음과 같이 구분할 수 있다 [26, 49~51]:

(1) 유지 관리

"유지 관리"라는 용어는 마모, 노후화, 결함으로 발생한 손상을 제거 또는 지연시켜서 건축물의 사용성을 보존하려는 목적으로 지속하는 작업 형태의 예방적 *preventive* 조치를 의미한다. 여기에는 정기적 청소, 배수관로 보수, 벗겨진 지붕 타일 교체 같은 자명한 작업을 포함한다. 두 가지 모두 흙건축물의 "수명을 보전하는" 조치이다.

(2) 보수 및 복원

구조물 보수는 건물의 사용성을 완전히 복원하고자 각 건축 부재의 물리적 마모를 교정한다.

또한 등록 역사건축물의 손상은 원래 구조체와 동일 재료를 사용하여 수작업으로 보수한다.

보수 *repair*는 절대적으로 필요한 경우로 한정해야 하며 교체보다 우선해야 한다. **복원** *restoration*은 본래 자재는 아니지만 적절한 건축 자재를 광범위하게 사용해서 구조체를 원래 상태로 되돌린다. 또한 기념물의 기술적, 역사적, 미적 가치를 보존한다. 예를 들어, 아직 상태가 양호한 벽판 채움재는 흙건축 자재로 보수해야 하는 것이지 제거하고 단열재로 채워서는 안 된다. 복원작업은 원래의 재래식 건축 공법(예: 심벽)을 사용해서 시행해야 한다. 또한 모든 보수 조치는 되돌릴 수 있어야 한다.

등록 역사건축물 복원에는 안정화, 경화, 방수, 그라우트grout 주입이나 핀 고정 같은 특별한 **보존과 강화** *conservation and consolidation* 방법이 있다. 앞의 내용과 역사건축물 보존의 이익에서 보면, 예전에 구조물에 사용하지 않았던 건축 자재와 기술을 활용하는 것은 원래 건축 재료substance를 불가피하게 침해하는 것이다. 이 과정은 새로운 "복합 건축 자재"를 만든다. 흙다짐과 흙쌓기 벽체의 연속 균열 보수 및 기초와 내력 구조물에 적용하는 구조 안정화 조치에서 사례를 찾아볼 수 있다. 도료, 도료 층, 건물 바탕 위 흙미장, 흙 구조물 고고학 유적의 표면 안정화 및 경화 등이 또 다른 예시이다.

(3) 개축

"개축"이라는 용어는 다양한 방식으로 해석할 수 있다. 독일어 "Sanierung"은 "치유"를 의미하는 라틴어 "sanare"에서 유래했다. 개축 작업은 오래된 건물을 보존하기 위해 취하는, 원래 재료에 광범위하게 개입하게 되는 모든 종류의 보호 조치이다. 흔히 건물에서 이전에 사용하지 않았었던 건축 자재와 기술을 적용한다.

여기에는 특히 개조conversion와 재활성화 사업 계획과 관련된 모든 조치가 해당한다. 이는 주로 복원과 수작업 보수 공사보다는 건물의 수명을 연장하고 더 종합적이고 광범위한 조치를 하는 데 도움이 되는 설비 개선을 목표로 한다. 현대화 조치에는 보통 새 난방장치 설치 또는 위생 개선과 더불어 외벽 단열재 추가가 있다.

역사 유적 개축에는 다음의 원칙을 적용한다: 본래 건축 재료에 최소한으로 개입하면서 구조물의 향후 사용성을 보장한다.

(4) 구조물 이전(이동 재조립)

역사 유적을 원래 위치에서 새 위치로 이전하는 것은 **예외적인 상황** *exceptional situations*에서만 수행하며, 건축물을 해체, 재조립하거나 전체 구조물을 운송하게 된다. 새 도로 개발 또는 곧 악화될 건물 보전 등 다양한 이유로 구조물을 이전한다. 흙건축 자재가 내장된 건축물을 이전하는 전형적인 예는 흙채움 목조 구조물을 야외 박물관으로 이전하는 것이다(그림 5.47). 1994년 최초로 구조물을 통째로 이전한 흙쌓기 건물은 원래 위치인 바이마르Weimar 근처 우츠버그Utzberg 위치에서 독일 호엔펠덴Hohenfelden의 튀링겐 야외 박물관Thuringian Outdoor Museum 부지로 이전했다(그림 5.48 [52]). 이는 주거공간과 가축 헛간을 결합한 건물로 1683년에 지어졌다.

역사 유적 보존에 이 방법을 사용하는 장단점을 두고 여러 가지 의견이 많다.

그림 5.47 건축 유적의 이전: 흙채움 목조 건축, 벨기에 보크뤼크Bokrijk 의 야외 박물관

그림 5.48 건축 유적의 이전: 흙쌓기 구조물 완전 이전, 1994년 독일 호엔펠덴의 튀링겐 야외 박물관 [52].
(a) 양중(揚重) (b) 이전 (c) 새 위치

(5) 재건

건축적, 문화적으로 중요한 유적이 파괴되면, 존재하는 건축 문서를 기반으로 건축물의 원래 상태를 복제replica 또는 복사copy할 수 있다. 이것은 미래 세대를 위해 문화 유적지의 정체성을 이루는 특질을 보존하는 것이다.

존재하는 상세한 건축 문서를 참고해서 파괴된 유적의 **복사본** copy을 건설할 수 있으며 남아 있는 모든 구조 건축 요소를 통합incorporate할 수도 있다. 유적 **복제** replica는 원본 건축 문서를 사용하지 않고 건설하는 것이다. 일례로 2007년부터 2009년까지 독일 산텐Xanten의 고고학 공원에 있는 로마의 흙다짐 건물 재건이 있다 [53].

2000년이 넘은 이란의 밤 시타델^{Bam Citadel}에서 (역사적 보존을 대하는 유럽식 해석에 기반한) 이 구분의 한계가 분명해진다. 이곳은 2003년 엄청난 지진으로 파괴되었으며 세계에서 가장 큰 흙 유적 단지 중 하나이다(그림 5.41). 비유럽 전통에서는 그저 항상 쓰던 건축 자재를 전통 건축술로 계속해서 다시 사용해왔기 때문에 수백 년 된 문화 경관과 그 (특히 흙건축물로 된) 건축 단지를 현재까지 보존할 수 있었다. 이런 방식으로 "건축 유적"의 본질^{authenticity}을 보존했 다 [49].

5.3.2.2 계획 단계

건축물 보존 조치 계획은 일반적으로 세 단계로 이루어진다:

－현황 또는 과거력 *anamnesis* 조사
－현황 또는 진단 *diagnosis* 평가
－보존작업 또는 대응법 *therapy* 계획

(1) 현황 조사

구조물의 현재 상태를 조사하는 과정은 기존 건물 도면, 형상, 개조 이력, 개축 공사, 건물 기능 변경 등을 평가하는 것으로 구성된다. 흙 구조물이 물에 민감한 것을 고려해서 나중에 수행하는 도로변 되메우기와 통행로, 배수, 기존 기초의 상태 등의 변화에 특히 주의해야 한다.

이 과정에는 기존 건물의 구조 상태와 건축물리(온열 상태) 기록은 물론 구조 손상의 문서화가 있다. 등록 역사건축물은 건축물 관리대장과 손상 내용 기술에 특별한 준수사항을 부여한다. 이런 준수사항은 독일 연방주의 법률로도 규정한다. 준비해야 하는 관리대장 용 도면의 정확성은 일반적으로 네 가지 수준으로 나눌 수 있다:

－수준 1: 개괄 조사 도면 (M 1:100)
－수준 2: 거의 사실적인 조사 도면 (M 1:50)
－수준 3: 변형^{deformation} 조사 도면 (예: 선이 틀어진 복합 건물, M 1:50)
－수준 4: (수준 3과 같은) 변형 조사 도면에 상세 설명 첨부 (M 1:25)

특정 사례에 필요한 정확도 수준은 관할 보존 관청이 결정해야 한다. 일반적으로는 건축물

의 유적 가치가 높을수록 필요한 문서의 수준이 높으며, 소유주가 부담할 비용과 사업에 참여
하는 전문 작성자가 늘어난다.

　　주요 손상은 적절한 설명의 형태로 현황 실측도[as-built plan]에 누적 기록하고[charted] 사진이나 그림
문서로 보완한다. 모든 손상 사례를 개별 목록화하고 원인에 따라 분류하는 데 사용하는 건축
물 일지[logbook]에 손상을 기록하고 누적 관리하는 것이 좋다.

(2) 현황 평가

현재 상태는 발생한 마모의 특성을 분류해서 구조 상태 수준으로 설명할 수 있다(표 5.9 [26]):

표 5.9 현황 평가에서의 구조 상태 수준

번호	구조 상태 수준	평균 마모 [%]	평가
1	1	0~10	매우 양호
2	2	11~25	양호
3	3	26~50	보통
4	3~4	51~80	불량
5	4	81~100	매우 불량

　　구조 상태 수준 3~4 이상에서는 건축물의 안전한 사용을 보장할 수 없다.

　　현재 상태를 평가할 때 건물의 사용 기간이나 연한은 중요한 요소이다. [26]에서는 소요 비
용을 고려하면 90년이 한계라고 말한다. 건물을 정기적으로 유지 관리하면 사용성을 수십 년
연장할 수 있으며 유지 관리를 게을리하면 따라서 줄어든다.

　　흙 구조물은 노화 양상이 대체로 불리하다. 특히 옛 동독의 변두리 지역에는 보수 상태가
나쁜 100년 넘은 건물들이 많다.

　　현황 평가는 건물의 유효수명 동안 발생했던 기존에 확인된 손상의 원인 규명 또한 포함한
다(단원 5.2).

　　이렇듯 손상된 채 남아있는 건축 부재의 구조 안정성은 반드시 재료 분석을 기반으로 평가
해야 한다. 전형적인 흙건축 손상 사례는 벽 기저부[base] 주변의 단면 약화와 내력 흙벽의 구조
적 수직 균열이다(단원 5.2.5). (염류가 스며든) 손상된 흙건축 자재를 제거하는 깊이 또는 전체
구조물 철거 여부를 반드시 결정해야 한다. 예비조사와 관련 분야 전문가의 조언을 통해 추가

조치가 필요한지, 기존 구조체와 호환 가능한지 등을 확인해야 한다.

　농업건물에서는 기능적 사유로 종종 외부 내력 흙벽이 너무 빈약하다(단원 5.2.5). *Lehmbau Regeln*[15]을 근거로 흙건축 자재의 현재 구조 안정성을 평가하면 그런 구조물의 용도 변경을 계획할 때 평면 설계 및 개축 방식에 영향을 미칠 수 있다.

(3) 계획

보존 계획은 현황을 조사하고 평가한 후에 전개할 수 있다. 계획에는 주로 다음을 포함한다:

− 활용 개념
− 보존 방법 선택
− (흙)건축 자재와 각 공법 선택
− 구조 분석을 포함한 개념적 설계
− 비용

활용 개념

현대 사용자가 오래된 구조물에서 필요로 하는 것의 개념을 세울 때 소유주는 항상 건물의 역사적 특성을 인식해야 한다. 수많은 규정을 준수해야 하지만 소유주는 자신의 소유물을 "부담"으로 여기지 말고 오히려 역사건축물을 현대적으로 사용하는 독특한 가능성을 찾는 흥미로운 도전에 집중해야 한다.

　수 세기 동안 주거건물에 대한 사용자의 요구사항이 크게 변하지 않았었다. 겨울에는 난방하는 방을 줄였는데, 대부분 열을 오랫동안 저장하는 주방 화로나 조적 난방기를 사용했다. 밤에 열 손실을 줄이기 위해 창의 외부 쪽을 덧문으로 가렸다. 집의 가장 차가운 부분은 창의 유리판이었다. 여기에 공기 중 과다 수증기가 모여서 응축되었다. 다락방은 난방하지 않고 수납용으로만 사용했다. 창 크기가 상대적으로 작아서 여름에는 건물이 시원하게 유지되었다.

　지난 50년 동안 주거건물에 대한 사용자의 요구사항은 근본적으로 바뀌었다. 생활이 윤택해지면서 사용자의 요구가 늘어났다. 이제 다락방을 대개 지붕 마루까지 마감하여 연중 생활 공간으로 사용하며, 집의 모든 방을 난방한다.

　이런 주거 요구의 변화 때문에 난방 에너지 수요가 크게 증가했고 따라서 배출량도 증가했다. 결과적으로 독일 입법기관은 신축 시 난방 에너지 수요와 단열 표준의 한도를 정했다(DIN 4108-2, EnEV [3]). EnEV의 16, 17절에 근거해서 오래된 건물은 이런 한도를 면제받을 수 있다.

보존 방법 선택

흙건축 구조물에 사용하는 보존 방법은 정기적인 유지 관리 계획을 수반한 보수 및 개축 공사 분야에 주로 집중한다. 흙건축물의 이전과 재건은 예외적인 경우로, 적절하고 상세한 계획이 필요하다.

흙건축 자재와 공법 선택

흙건축 자재와 공법은 여러 가지 요인에 따라 결정한다. 구조, 재료, 경제성 측면 외에도 소유 주는 점점 더 건축물리적(건강 고려 건물), 생태적, 미적 요인도 계획 단계에서 고려하는 것을 요구한다. 역사적 보존 요건 또한 특정 흙건축 자재와 공법 선택을 결정할 수 있다.

개념 설계

독일에서는 흙건축물 개축 방법과 관련된 개념 설계와 가능한 구조 분석을 보조하는 Lehmbau Regeln[15](단원 4.2.1.2) – 건설부가 도입한 현행 법규 – 과 흙블록과 흙몰탈 용 DIN 18945-47 (2013년 발간)를 제공한다. 예를 들어 내화와 차음은 다른 현행 건축법규도 반드시 준수해야 한다.

건축 자재와 구조 우려 외에도, 흙건축 자재를 내장한 오래된 건물의 동시대적 보존에는 으레 추가 단열을 사용한 단열 개량 조치가 포함된다. 공법에 따라 적절한 단열 조치는 난방 에너지 수요를 크게 낮출 수 있다. [19]에 따르면 개축하지 않은 오래된 구조물의 건축 부재에 서 다양한 경로로 열 손실이 발생한다:

– 외벽 약 30~40%

– 지붕 약 20%

– 다락 약 10~20%

– 창문 약 10~15%

개축공사를 계획 및 시행하려면 전문지식이 필요하다. 건물의 현황과 위치를 항상 고려해야 한다. 그러나 무엇보다도, EnEV[3]를 적용할 때 과거와 현대 흙건축 자재의 속성은 물론 각 공법의 특정 속성을 건축물리적 작용과 관련지어 고려해야 한다. 구조와 위생 요건에서는 모든 영역에서 DIN 4108-2에 따른 최소 단열값을 준수해야 한다.

비용

흙건축 자재를 사용하는 개축공사는 이제 현장 시험을 거친 기준 작업시간과 평균 공사비를 포함한 입찰설명서를 활용할 수 있다(단원 4.2.2.1 [54, 55]). 특정 현지 공법을 요구하려면(예: 역사적 보존 요건에 따라) 시공업체가 그에 따라 제안서를 만들 수 있도록 입찰설명서에 상세하게 기술해야 한다.

5.3.3 보수 및 복원 작업 시행

5.3.3.1 기초

흙건축 자재를 사용한 올림벽$^{rising\ walls}$ 3의 보수 및 복원 작업은 기초와 기초벽에 필요한 모든 보수 작업을 전문 시공하고 완료한 후에만 시작할 수 있다.

(1) 기초 개조 및 보수

현황을 평가(단원 5.3.2.2)하면 (공법과는 별개로) 기존의 기초가 현재의 법적 요건이나 용도 모두를 충족하지 않는다는 결론이 나는 경우가 빈번하다. 이때 기존 기초의 구조를 개조해서 해결책을 찾을 수 있다. 이런 공사는 항상 작업자, 손상 건물, 인접 건물에도 큰 위험을 초래하므로 적절한 안전 조치를 신중히 계획하고 시행해야 한다. 현황 조사는 기초 공사 실행 중과 후에 개축한 건물의 성능 및 혹시 발생할 수 있는 손상을 평가하는 기반이 된다. 또한, 이 조사는 제3 자를 대상으로 잠재적 손해 배상 청구$^{damage\ claim}$를 평가하는 데 사용할 수 있다.

---

3   흙이 아닌 내수성 재료(콘크리트, 소성벽돌, 자연석 등)로 **조성한 기초벽**$^{stem\ wall}$ 위에 올려서 흙건축 자재로 지은 **벽**. 벽을 타고 흘러내린 물이 기초벽과의 경계로 스며들지 않도록 기초벽보다 살짝 외부 쪽으로 내밀어 쌓는다.

기초 개조 및 보수는 일반적으로 4가지 작업 단계로 나눌 수 있다 [56]:

− 건물의 버팀대^{bracing}와 지주^{shoring} 설치(안정화)
− 기초 노출 및 기존 기초의 부분 단위 하중 감쇄(지주), 예: 측면 지지대가 있는 교차보 사용 (그림 5.49)
− 기초 공사 시행(기둥^{post}이나 벽기둥^{pillar}을 사용해 넓히고, 깊게 하고, 받침, 건축 대지 안정화)
− 개조한 기초 위로 구조체 하중을 마찰로 전달

기초를 확대하면 기존 지지 압력$^{bearing\ pressure}$을 더 큰 표면으로 분산시켜 가장자리에서 일어날 수 있는 하중 집중을 줄이는 데 도움이 된다. 보강재를 적절하게 배치하면 기초와 (초기에는 장력이 없는) 추가한 구성 요소 사이에 마찰을 확실하게 연결한다. 이런 연결은 침하가 발생할 때만 설치한다.

그림 5.49 기초 보수 작업: 흙블록벽의 기초 받침 [85]

오래된 기초는 종종 연결하는 몰탈 없이 원석quarry stones을 그냥 쌓는데, 보통 얕고 동결 한계선 아래까지 미치지 않는다. 원석 기초 보수나 개조에는 대개 콘크리트 기초판footing을 시공한다. 기초판 바닥이 동결 한계선 아래의 단단한 지반에 도달하도록 기초를 깊게 한다. 이 방법은 기존 기초를 부분 단위로 받쳐야 한다.

건축 대지 근처의 지표면이 충분히 단단하지 않다면 말뚝pile을 사용해 받칠 수도 있다. 시멘트 슬러리를 주입해 건축 대지를 안정시킬 수도 있다.

(2) 외부 수밀

지하실이 있는 오래된 건물에서는 정수압(靜水壓) 방지 차원에서 (적절한 흙재료를 주변에서 구할 수 있는 경우) 점토 밀봉을 하곤 했다 [57]. 이 밀봉은 기초의 외부에 고리 형태로 시공했다. 점토는 영구적으로 젖어 있고 자체의 팽윤 속성이 기초, 기초벽, 올림벽을 지하수와 습기에서 보호했다. 전체 기초 주위의 점토 고리가 닫힌 채로 유지되는 한 이 밀봉 기능은 유지되었다. 그러나 보통 점토 밀봉을 깨고 새로운 지하 편의시설을 연결해 설치한 후대의 개축이 그 효과를 무용화했다. 수평 차수층이 충분치 않거나 빠뜨렸을 경우 수십 년 동안 건조했던 올림벽에 습기가 발생하는 결과를 초래했다 [58].

수십 년간 건물을 사용하면서 점토 밀봉 기능은 점차 잊혔다. 오늘날 지하수를 밀봉하는 최신 방법은 역청 밀봉제를 사용한 수평 차수층과 주변을 둘러싼 배수 체계이다.

5.3.3.2 벽

독일에서 대부분의 흙벽 보수는 흙목조 건축, 흙다짐, 흙쌓기 분야에서 일어나며 흙블록 건축에서도 시행되고 있다. 이런 맥락에서, 흙 구조물로 된 고고학 유적은 매우 구체적인 복원 전략이 필요하다(단원 1.1, 1.2, 5.3.3.5).

(1) 흙건축 자재를 사용한 흙목조 건축

계획 기준

독일 전통 건축에서는 수 세기 동안 흙목조 건축이 견고하게 뿌리를 내려왔다. 흙목조 주택이 여전히 많은 도시와 변두리 지역의 특색을 형성하며, 독일의 문화적 정체성의 일부이다. 현재 약 이백만 채가 있는 것으로 추정된다 [47]. 다른 흙건축 공법을 사용하는 구조물과 비교했을 때, 흙목조 건축은 지금까지 가장 큰 건물군을 구성하고 있다. 이는 또한 가장 오래된 복합 건축 공법이다. 목재를 방을 구획하는 역할을 하는 흙과 결합해 구조 골조로 사용한다(단원 1.1, 4.3.3.2). 따라서 소유주, 건축가, 계획가[planner]는 미래 세대를 위해 이런 문화유산을 보존해야 할 특별한 의무가 있다.

독일의 업계 기구와 기관들은 분야의 최신 기술을 규정하고 흙목조 구조물의 복원 및 개축 조치 계획에 사용할 수 있는 건축법규, 기술정보지, 지침을 발행해왔다. 그런 기관들은 다음과 같다:

- 독일흙건축협회(German Association for Building with Earth, DVL) [15, 59, 60]
- 건축물복원및유적보존과학기술협회(Scientific and Technological Association for the Restoration of Buildings and Preservation of Monuments, WTA) [61]
- 목재정보서비스(Timber Information Service) [19]
- 독일수공업및전통보존중앙연합회(German Center for Craftsmanship and Historic Preservation, ZHD) [62]
- 농가협회(Farmhouse Association, IGB) [63]
- 독일 노르트라인 - 베스트팔렌[North Rhine-Westphalia]주 건설주택부(Ministry for Construction and Housing) [64]

DVL의 Lehmbau Regeln[15]은 건설부에서 도입한 공식 법규인 반면(단원 4.2.1.2), 다른 기구에서 발행한 기술정보지와 지침은 권장사항으로 서로 편차가 있을 수 있다.

흙목조 구조물의 복원 및 개축 공사를 계획하고 작업 절차를 결정할 때는, 구조체의 기능 측면에서 서로 다른 역할을 하는 두 가지 구성 요소를 구별해야 한다:

- 내력 목재 골조
- 단원 4.3.3.2에 따라 방을 구획하고 건축물리 요건을 충족하는 비내력 채움재

작업 순서는 항상 구조 골조에서 시작한다. 목재 골조, 기초, 지붕과 관련된 모든 작업이 끝난 후에만 비내력 벽판 채움재를 보수하거나 교체할 수 있다. 벽판 채움재는 흙건축 자재 외에도 조적용 흙몰탈로 쌓았던 벽돌, 탄산석회암블록 [65], 석재처럼 주변에서 구할 수 있는 다른 자재로 구성하기도 했다.

단열

총열관류율 U. 단열 측면에서, 재래식 흙채움 목조 건축의 수치는 현재 요구되는 최저치에 한참 못 미친다. 총열관류율 U의 각 기준값은 다음과 같다:

－DIN 4108-2에 따라:

　벽판 채움재에만 한정해서 $U = 0.73 \text{W/m}^2\text{K}$

　전체 건축 부재의 평균값으로 $U = 0.85 \text{W/m}^2\text{K}$

－EnEV[3]에 따라:

　$U = 0.45 \text{W/m}^2\text{K}$

　따라서 주거건물 또는 주거건물로 바꾸는 건물에 단열을 추가하는 단열 개량(단원 5.3.2.2) 은 흙채움 목조 건축의 복원 및 개축 공사를 시행하는 핵심 영역이다.

　다음 가정을 기반으로, $d = 12\text{cm}$ 흙블록을 사용한 기존 채움재는 각 2cm의 내부, 외부 미장 을 적용했을 때 총열관류율 값이 다음과 같이 $U = 2.315 \text{W/m}^2\text{K}$이다(표 5.10):

　경량흙블록으로 덧마감하고 목편경량토로 수평 채움한^{leveling fill} 벽은 초기 상황과 비교했을 때 단열이 두드러지게 개선된다(표 5.11, 그림 5.50 [86], 신축은 표 4.9 참조).

표 5.10 전통 흙목조 건축의 단열 개량, U값 계산 예시

번호	벽 건축 자재	건조 용적밀도 ρ_d [kg/dm³]	열전도율 λ [W/mK][a]	층 두께 d [m]	d/λ [m²K/W]	총열관류율 [W/m²K]
1	내부 흙미장	1.50	0.65	0.02	0.031	
2	흙블록	1.40	0.60	0.12	0.200	
3	외부 흙미장	1.50	0.65	*0.02*	0.031	
4	d_total			0.16		
5	$R_\text{se+si}$				*0.170*	
6	$R_\text{T} = 1/U = \sum d/\lambda + R_\text{se+si}$				0.432	
7	$U = 1/R_\text{T}$					2.315

[a] Lehmbau Regeln[15]에 따른 λ값

실내 단열층을 사용할 경우, [19]는 총열관류저항 값을 최소 $R \leq 0.8\text{m}^2\text{K/W}(U \geq 1.0\text{W/m}^2\text{K})$로 권장한다. 벽 전체는 확산등가공기층 두께 $0.5\text{m} < s_d < 2.0\text{m}$에서 평균값이 $R \geq 1.0\text{m}^2\text{K/W}$ ($U \leq 0.85\text{W/m}^2\text{K}$)을 달성할 수 있어야 한다.

표 5.11 전통 흙목조 건축의 단열 개량, U값의 계산 예시

번호	벽 건축 자재	건조 용적밀도 ρ_d [kg/dm³]	열전도율 λ [W/mK][a]	층 두께 d [m]	d/λ [m²K/W]	총열관류율 [W/m²K]
1	내부 흙미장	1.50	0.65	0.020	0.031	
2	경량흙블록 2DF	0.80	0.25	0.115	0.460	
3	목편경량토 채움재	0.80	0.25	0.060	0.240	
4	흙블록	1.40	0.60	0.120	0.200	
5	외부 석회미장	1.50	0.65	0.020	0.031	
6	d_{total}			0.335		
7	R_{se+si}				0.170	
8	$R_T = 1/U$ $= \sum d/\lambda + R_{se+si}$				1.132	
9	$U = 1/R_T$					0.883

[a]Lehmbau Regeln [15]에 따른 λ값

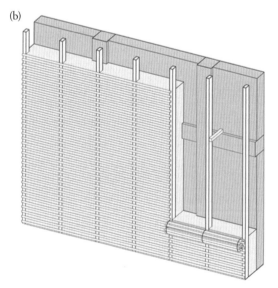

그림 5.50 흙목조 건축의 단열: 경량토 배합물을 습식 시공해 만든 벽 덧마감. (a) 임시 거푸집 [86] (b) 영구 거푸집, 갈대자리[reed mat] [59]

단열층의 위치. 흙목조 건축의 외벽 단열을 계획할 때, 단열층을 벽의 내부와 외부 중 어디에 부착할 것인가 하는 질문은 중요하다.

건축물리와 관련해, 온도진폭감쇠는 건축 부재의 외부 표면에서 가장 효과적이기 때문에 일반적으로 **외단열** *exterior insulation*을 권장한다(단원 5.1.1.2). 이렇게 하면 단열층을 건물 전체 외피에 빈틈없이 설치할 수 있어서 열교[thermal bridge] 방지 역시 더 쉽다. 외단열층은 미장이나 내후성 자재로 만든 배면 통기성 외피 구조를 사용해 날씨 요소에서 보호할 수 있다. 단열층 위에 미장하려면, 흙 바탕에 맞는 확산형[diffusion-open] 미장을 선택해야 한다.

역사물 보존 법규는 종종 노출 흙목조 건축에 외단열 사용을 제한한다. 이런 경우에는 반드시 **내단열** *interior insulation*을 설치해야 한다. 즉 겨울에는 외벽에서 내부 단열층에 이르는 모든 층이 냉각되어 흙건축 자재 내에서 모세관 습기가 증가하고, 벽판 채움재−내단열재−목재 사이의 경계층을 따라 이슬점 온도가 떨어질 수 있다는 뜻이다. 그러면 목재 골조를 따라 생기는 결로 때문에 문제가 발생할 수 있다(단원 5.1.2.3).

봄과 가을에도 강한 햇빛에 노출되면 햇빛이 들고 비바람이 들이치지 않는 위치에 있는 외벽 표면이 상당히 뜨거워질 수 있고, 벽을 단열하지 않으면 실내 온도가 증가할 수 있다. (특히 외부) 단열은 이런 현상을 방지할 수 있다. 중부 유럽에서도 향후 수십 년에 걸쳐 평균 기온이 상승한다는 입증된 결과로 미루어, "단열"을 새로운 관점에서 보아야 할지도 모른다.

건축 자재. 전통적인 흙목조 건축에서 외기에 면한 외벽에 사용했던 물에 민감한 흙자재는, 주변에서 구할 수 있는 슬레이트[slate], 목재 지붕널 같은 내후성 재료로 된 마감재[cladding]로 특별히 보호했다. 예를 들어 석회같이 발수성이 있는 내후성 미장, 수증기 투과성 도료도 사용했다.

지난 수십 년간 단열 성능을 개선하기 위해 아직 온전한 외벽 흙채움재를 단열재나 단열 성능이 더 우수한 건축 자재로 많이 교체했는데, 이런 조치를 하면서 재래식 흙목조 건축의 특수한 성질에 주의를 기울이지 않았다: 목재 골조는 기후조건에 따라 지속적으로 "움직이며", 목조 벽판의 흙은 이런 변형에 순응할 수 있었다. 반면 단열 속성이 더 우수한 조적용 또는 즉석 사용 몰탈은 뻣뻣하고 목조의 "자연적인" 움직임을 제한하곤 했다. 폐기공 구조인 건축 자재는 습기 침투 후에 더 천천히 말랐고, 목구조에, 특히 벽판 가장자리 주변에 손상을 초래했다. 밀봉재[sealant] 사용은 이런 과정을 가속했다. 이런 방식으로 개축한 많은 흙목조 주택은 불과 몇 년 지나지 않아서 다시 보수해야 했다.

현대 개축 공사에서 단열 성능을 개선하기 위해서는, 갈대나 목섬유로 만든 단열판(예: 연질 목섬유판, 목모판)으로 건축 부재의 표면을 완전히 덮어야 한다 [15]. 내단열로 하려면 응집성이 충분한 흙몰탈로 부착할 수 있다. 외부에서는 표준 철물^{fastener}로 판재를 부착한 다음 석회미장으로 마감해 내후성을 증대한다.

또한, 경량 흙건축 자재를, 조적용 흙몰탈을 쓰는 조적체나 적절한 거푸집으로 습식 시공하는 흙 배합물 형태로 사용해서 외벽의 실내 측 바로 앞에 설치하는 연속 벽으로 덧마감할 수 있다.

벽판 채움재 보수

흙목조 건물의 기초나 기초벽에 습기가 침투하면 흔히 내력 골조 토대^{ground sill}의 심각한 손상으로 이어진다. 습기가 침투한 원인을 제거한 후에야 토대를 교체할 수 있다(단원 5.2.1.2). 새로운 토대를 설치하고 나면 흙채움을 보수할 수 있다. 이런 맥락에서, 보수와 새로운 흙건축 자재로 완전히 교체하는 것은 명백한 차이가 있다. 오늘날에는 두 가지 유형 모두 보통 경량토로 덧마감하거나 몰탈로 단열판을 부착하는 추가적인 단열 조치와 동반해서 시행한다.

토대 교체. 토대는 벽돌이나 자연석으로 만든 최소 높이 40cm 이상의 기초벽 위에 얹는다. 기초벽을 쌓는 중간에 상승 습기 차단층을 설치한다. 토대는 기초벽 위에 석회몰탈 또는 석회흙몰탈을 깔고 놓으며 흘러내린 빗물이 밖으로 떨어지도록 벽의 가장자리 앞으로 몇 밀리미터 내민다. 토대 목재의 방사조직^{medullary rays} 4이 아래쪽을 향해야 한다. 고인 빗물이 잘 빠지도록 기둥의 장부 구멍^{mortise}에 수직으로 구멍을 뚫어야 한다.

벽판 보수. 막대 위 짚흙채움 벽판 *straw-clay panel infill over stakes*의 보수는, 아직 온전한 부분을 기존에 사용한 흙자재와 조성이 대체로 일치하는 짚흙 혼합물로 보수한다. 재활용 흙자재처럼 회수해서 모래로 개량한 흙을 재사용하는 방법도 있다(단원 2.2.1.3). 염류를 머금은 벽체에서 얻은 흙건축 자재는 재사용할 수 없다.

보수 과정의 첫 단계로, 열화되어 속이 빈 소리가 나는 부분을 두드리거나 붓으로 훑는다.

---

4   강영희, 『생명과학대사전』, 도서출판 여초, 2008, 발췌 및 요약: 식물 줄기의 관다발 내에서 중심에서 바깥쪽을 향해 방사형으로 뻗은 가늘고 긴 조직으로 물과 양분의 통로 및 저장 기능을 한다. 사출수(射出髓) 또는 수선(髓線)이라고도 한다.

또한 소성벽돌이나 시멘트몰탈과 같이 적합하지 않은 자재를 사용한 이전 시점의 모든 보수 작업들을 제거한다. 이 과정에서 드러난 내력 골조와 막대틀^{stake work}의 목재 부재가 제대로 기능 하는지 확인한 후 보수하거나 필요하면 교체한다. 형태는 아직 멀쩡하지만 열화된 채움재는 건조목이나 목재 나사로 만든 쐐기^{shim}로 안정시킨다.

다음 단계로는 시공하는 보수 자재와 "결합층^{bonding course}"을 형성하도록 기존 자재 내 점토광 물의 응집강도를 활성화해야 한다. 이를 위해 보수작업 전날 저녁과 시작 직전에 기존 흙자재, 특히 벽판의 모서리와 가장자리를 완전히 적신다. 흙손^{trowel}이나 손으로 이 부분에 새 흙자재를 먼저 시공해야 한다. 그다음에 젖은 자재를 흙손^{float}으로 압축하고 마르기 전에 표면을 거칠게 해서 다음 층이나 미장이 더 잘 붙게 만든다. 벽판 면 전체를 한 번에 작업해야 하며 각 층의 두께는 3cm를 넘지 않아야 한다.

노출 흙목조 건축의 풍화된 외벽 보수에는 일반적으로 최대 두께 1.5cm의 석회미장을 한 겹 또는 두 겹으로 시공한다. 흙목조 골조의 바깥 가장자리 높이에 맞춰 미장을 시공한다. 시 공한 석회미장의 두께는 높이를 맞춘 가장자리와 복원한 짚흙 표면 사이의 함몰 깊이와 같아 야 한다. 벽판 표면 전체에 걸쳐 미장층의 두께를 고르게 하는 것이 중요하다. 필요하다면, 미장층을 벽판 가장자리를 향해 약간 얇게 할 수 있다.

외기에 면하지 않거나 일부만 면하는 외벽도 흙미장을 할 수 있다. 내후성을 증진하기 위해 외부 미장은 보통 회칠^{lime wash}로 마감한다(단원 4.3.6.4).

흙블록 *earth block*로 채우는 보수 역시 같은 방식으로 한다. 흙블록과 조적용 흙몰탈은 가능한 한 기존 건축 자재의 조성과 일치해야 한다.

벽판 완전 교체. 종종 벽판 채움재는 일부가 없어지거나 아예 더 보수할 수 없을 정도로 손상되 기도 한다. 이런 상황에는 새로운 흙건축 자재로 완전히 교체해야 한다. 내력 목재를 교체해야 해서 벽판을 새로 채워야 하는 경우가 있을 수 있다. 또한 흙목조 구조물의 복원에 대한 역사 물 보존 조항이 원래의 재래식 건축 공법을 사용해 채움작업을 진행하는 것을 요구하기도 한 다(단원 4.3.3.2). 벽판 채움재로 사용할 수 있는 "새로운" 흙건축 자재로 젖은 짚흙, 경량짚흙 혼합물, 흙블록, 경량흙블록이 있다.

유기물/광물 경량골재를 포함한 젖은 경량토 *wet light clay with organic or mineral lightweight aggregates*는 임시/ 영구 거푸집에 여러 층으로 부어 압축한다(단원 4.3.3.2).

분사 방식으로 **경량토를 채울** *light-clay panel infill using the spray method* 수도 있다 [66]. 이 방식이 적합한 자재는 쉽게 퍼 올릴 수 있는 흙 또는 경량흙몰탈이다. 이 방식은 영구 거푸집 역할을 하는 접착성 표면(예: 경량판재)은 물론 측면 경계와 벽 배관용 홈^{guide}으로 쓰는 내력 골조 또는 중공 골조^{cavity frame}가 필요하다.

필요한 연경도로 자재를 준비하고 미장 장비를 사용해 한 층에 최대 5cm 두께로 여러 층으로 시공한다. 각 층은 새 층을 시공하기 전에 완전히 말려야 하며, 작업 일정을 계획할 때 이를 고려해야 한다. 분사 채움은 표면을 매끈하게 건조한 뒤 미장, 도료, 마감재로 마감할 수 있다.

최근 거의 건조 상태의 흙 배합물을 사용할 수 있는 새로운 분사법이 개발되었다. 이 기술을 사용하면 초고압하에서 벽판 두께까지 단일 층으로 시공할 수 있고 수축 변형은 최소한으로 발생한다 [67].

짚흙, 경량짚흙으로 만든 흙블록과 흙판재 *earth blocks and clay panels made of straw clay or light straw clay*을 벽판 채움재로 사용하려면, 표준 조적 접합법에 따라 조적용 흙몰탈을 바닥면 전체에 깔고 흙블록을 쌓아야 한다(그림 4.41). 벽판 채움재는 (탈락 방지를 위해) 기둥이나 토대 중앙에 삼각형, 사다리꼴 각재^{slat}를 부착하거나 기둥에 25cm 간격으로 스테인리스 스틸 못을 박아서 고정할 수 있다. 일부 생산자는 벽판이 더 버티도록 바닥 접합면에 각재에 물릴 수 있는 홈을 낸 짚흙블록이나 경량흙블록을 공급한다. 미장 접착력을 향상하려면 아직 젖었을 때 조적 줄눈에 깊이 1cm로 홈을 파는 것이 좋다.

경량토 덧마감. 벽 덧마감^{lining}과 더 보수할 수 없는 벽판 교체를 동일 흙건축 자재를 사용해서 하나의 공정으로 합칠 수 있다. 벽 덧마감 시공은 반드시 다음 조건을 충족해야 한다:

- 목재 골조가 각 층에서 덧마감의 추가 하중을 흡수하고 구조적으로 전달할 수 있을 정도로 충분히 온전하고 튼튼해야 한다.
- 외벽의 기존 벽판 채움재를 점검하고 필요하다면 보수해야 한다. 벽 표면의 수증기 불투성 도료를 제거해야 한다.
- 기존 방과 용도를 변경하는 방 모두 크기가 줄어드는 것을 감수해야 한다.
- Lehmbau Legeln[15]에 따라 비내력 경량흙판재로 덧마감한 벽의 천장 높이는 4m로 제한한다.
- 예를 들면 우발적 수해의 경우와 같이, 튀기는 물이나 고인 물로 빚어진 피해는 단원 5.2.1.2 에 따라 예방해야 한다.

덧마감은 기존 외벽의 실내 측 앞에 "위치"한다. **습윤 경량토 배합물** *wet light-clay mix*을 수작업으로 더 쉽게 시공하고 덧마감과 기존 외벽 사이를 더 단단하게 결합하기 위해서, 기존 내력 골조에 부착해 거푸집 유도^{guide} 역할을 하는 중공 골조를 사용한다(단원 4.3.3.2, 그림 5.50). 내부 경량토 덧마감 역시 분사법으로 시공할 수 있다.

기존 외벽에 습식 시공하는 경량토 덧마감의 두께는 15cm를 넘지 않아야 한다. 기존 외벽을 모세관 작용을 촉진하는 확산형^{diffusion-open} 건축 자재(흙건축 자재, 벽돌)로 만들었다면 내부 경량토 덧마감은 최대 두께 20cm까지 설치할 수 있다. 건조는 단원 3.3의 지침을 참조해야 한다.

경량흙블록 *light-clay blocks*으로 덧마감을 설치할 때는 블록을 외벽 안쪽 면에 바짝 붙여 쌓을 수 있다. 최대 세장비 $h/d = 15$까지는 별도의 중공 골조가 필요하지 않다.

내부 덧마감은 두 부분으로 나눌 수 있다(그림 5.51): 경량흙블록 덧마감은 외벽과 적절한 거리를 두고 고정해서 영구 거푸집 역할을 한다. 이는 젖은 경량토 혼합물이나 단열재를 채우는 중공을 형성한다. 경량흙블록 작업과 젖은 경량토 혼합물 시공은 동시에 점진적으로 수행한다. 조적 덧마감과 전체 경량토 채움재의 두께는 최소 11.5cm가 되어야 한다. 방 쪽에 면하는 조적벽은 노출한 채로 두거나 (이중) 흙미장으로 마감할 수 있다.

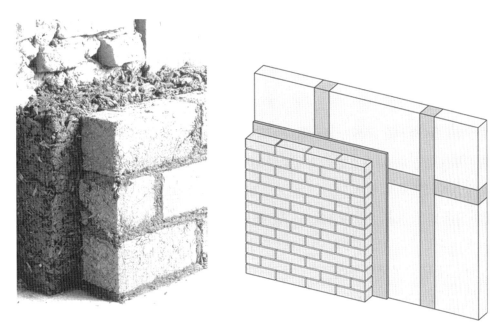

그림 5.51 흙목조 건축의 단열: 목편경량토로 수평채움하고 경량흙블록으로 만든 벽 덧마감

(2) 흙쌓기, 흙다짐 구조물

계획 기준

독일에 남아있는 오래된 흙쌓기와 흙다짐 건물의 수는 대략적인 추정만 할 수 있다. [48]에 따르면 독일의 "순수한 흙건축물"의 수는 약 200,000채이며, Güntzel[29]은 총 2,500채라고 명기한다. 독일의 작센, 작센 안할트, 튀링엔주의 관리목록을 분석한 바로는[30, 33, 68] 흙건축물의 수가 최소 10배 더 많은 것으로 추산된다. 이는 흙목조 건축물의 약 100분의 1에 불과하다. 따라서 이 분야의 복원 및 개조 공사 계획을 지원할 수 있는 현대적 규범문서의 수도 적다. Lehmbau Regeln[15] 외에도 다음 출처에서 개축 계획에 유용한 정보를 찾을 수 있다: [68~71].

전통식 흙쌓기와 흙다짐 건축물은 종종 서로 혼동된다. 흙쌓기와 흙다짐 공법 특유의 시공 줄눈 위치가 매우 유사하다: 흙쌓기 또는 흙다짐을 높이 약 0.8~1m 단위로 계속 쌓으므로 가로로 된 줄눈이 생긴다. 흙다짐 구조체에서는 수직이고 흙쌓기 구조체에서는 약간 기울어진 세로로 된 "맞댄 이음butt joint"은 흙다짐 거푸집의 길이 또는 흙쌓기 부분의 길이에 해당한다. 이런 연결부는 "사전에 내장된" 취약 부위라서 때로 향후 손상 원인이 된다.

내식성과 미장 접착성을 향상하기 위해 벽에 파묻은 수평 벽돌 덩어리 층이 비교적 확실한 흙다짐 구별 표식인 반면, 흙쌓기 건설의 흔적은 벽의 틈이나 균열에서 볼 수 있는 흙자재로 둘러싼 짚섬유에서 찾는다. 유사점을 바탕으로 다음과 같은 개축 계획을 두 공법 모두에 적용한다. 그러나 두 건축 자재의 강도 속성 차이는 고려해야 하는 주요한 차이점이다.

단열

흙쌓기벽과 흙다짐벽은 두께가 50~60cm로 최대 두께가 15cm인 흙목조벽보다 상당히 두껍다. 또한 흙쌓기벽과 흙다짐벽에는 목조 건축에서 통제하기 어려운 문제 부위인 목재 골조와 흙 채움 사이의 연결부가 없다.

따라서 복원 및 개축 공사 과정에서 개별 사례 단위로 추가 단열 조치가 필요한지 결정해야 한다. 단열층을 추가하면 외벽이 두꺼워지고 건물 내부의 채광 상태에 부정적 영향을 미칠 수 있다는 점에 유의해야 한다.

흙쌓기와 흙다짐 구조물의 기초, 기초벽, 올림벽, 갓돌에는 습기가 자주 침투한다. 손상 원인을 제거한 후에야 완전하게 말릴 수 있고, 결과적으로 단열 속성도 향상된다.

보수

기초, 기초벽, 벽 기저부. 습기가 침투한 기초와 기초벽 부위가 가장 일반적인 손상 원인이다. 따라서 복원작업은 수분의 근원을 알아내서 없애는 것으로 시작해야 한다. 때로 서로 다른 원인이 겹치기 때문에 이 작업은 매우 복잡할 수 있다(단원 5.2.1.2).

우선, 벽 단면의 수직 수분 이동을 막을 수 있는지와 막는 방법을 결정해야 한다. 수평 차수층을 개량해서 설치하는 방법에는 표준 조적공사에서 일반적으로 쓰는 여러 기법이 있다([28, 70~72]). 각 방식의 실용성과 이점을 사례별로 결정해야 한다.

벽 기저부base의 보수작업은 벽 단면의 약화와 관련이 있다. 이런 작업에는 일정한 위험이 따르며 작업자, 건물 자체, 인접 건물을 보호하는 적절한 안전 조치가 필요하다. 보수하는 기간 내내 손상된 벽이 안정되도록 버팀대를 써야 한다(그림 5.49).

모세관 단절 작용을 하는 층(예: 플라스틱 막 또는 타르tar 종이) 형태의 수평 차수층을 설치하는 **기계적인** *mechanical* 방식으로, 벽의 기저부를 파고 쪼아내서 드러내고 손상된 부분의 건축자재를 교체한다. 교체해야 하는 벽 부분 길이는 각 사례에 따라 다르지만, 1m를 넘으면 안 된다(그림 5.55).

기계적 방법은 고도로 숙련된 솜씨가 필요하며 그만큼 비용이 든다. 벽 단면이 이미 상당히 감소했다면 이 방법을 고려해야 한다.

벽 단면을 "여는" 대신에 스테인리스 스틸 판을 기초 또는 기초벽 위와 흙올림벽 사이의 이음부에 수평으로 끼워 넣을 수 있다. 이 방법은 더 비용효율적이지만 판을 끼울 때 발생하는 진동 때문에 구조 안정성을 잃고 균열이 더 생기는 위험도 따른다. 또한 설치 중에 판이 휠 수 있다. 특정 흙벽에 포함된 염류가 금속을 공격할 위험도 감안해야 한다.

화학적 *chemical* 방법으로는, 기초벽 위에 적당한 간격으로 뚫은 구멍으로 벽 단면에 (가압 또는 무압으로) 액상 밀봉제를 주입한다.

과거에는 다양한 재료로 만든 수평 "차수층"으로 벽에 습기가 올라오는 것을 막았다. 납 또는 슬레이트 판재, 아스팔트나 시멘트몰탈로 쌓은 클링커벽돌 층, 아스팔트와 모래 혼합물, 자작나무 껍질 또는 갈대와 대나무 등 재료를 썼다. 타르 종이로 만든 수평 차수층이 최신 기술이 된 것은 1900년대 초반에 이르러서였다 [57].

불안정한 벽 기저부를 보수하기 전에 흙건축 자재의 염류 손상 정도와 유해물질 농도를 확인해야 한다. 화학적 분석 방법으로 손상된 벽 부분의 수분과 염류 층단면^{profile}을 확인한다(그림 5.12 [6]). 각 전문가(예: 구조공학자와 화학자)와 협조하면 오염물 층단면을 이용해 염류를 머금은 부분을 얼마나 교체해야 하는지 결정할 수 있다(그림 5.13). 대안으로는 손상된 벽 부분을 보기에 푸석하지 않은 멀쩡하고 "건강한" 부분까지 최대 약 10cm 깊이로 제거할 수 있다. 염류가 스며든 자재는 흙건축용으로 재사용할 수 없으며 폐기해야 한다. 원래 건축 자재 특성과 일치하는 흙건축 자재로 대체해야 한다.

보수에 적합한 재료는 같은 방식으로 시공한 흙다짐으로 마련한 혼합물 또는 조적체를 쌓은 흙블록이다. 약해진 벽 단면과 대체 흙건축 자재 사이에 마찰 연결을 형성하는 것이 중요하다. 먼저, 약해진 부위의 위쪽 가장자리 손상되지 않은 벽 단면 안쪽으로 쐐기를 직각으로 파낸다(그림 5.52 [71]). 다음으로 노출한 벽의 약해진 기저부 앞에 수직 거푸집을 설치한다. 거푸집에서 벽까지 거리는 약해진 단면 깊이의 2.5~3배이면서 최소 20cm 이상이어야 한다. 이 "덧마감"은 교체 재료를 지장 없이 효과적으로 압축할 수 있다.

반고체 연경도로 준비한 흙다짐 혼합물을 시공한다. 층마다 최대 높이 10cm로 붓고 4~5회 다져서 높이 약 6~7cm로 압축한다. 재료를 손으로 시험할 때 흙이 쉽게 흩어져 간신히 공 모양을 만드는 정도여야 한다. 흙을 올바른 연경도로 혼합하면 건조 후에 대체한 건축 자재의 침하를 최소화할 수 있다.

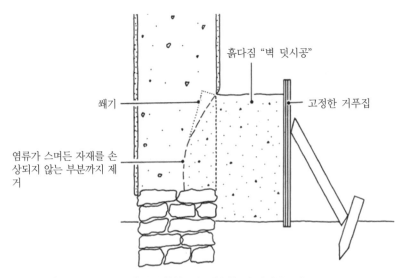

그림 5.52 흙다짐벽과 흙쌓기벽의 보수: 흙다짐 혼합물을 이용한 벽 기저부 보수

약해진 부위 위쪽 가장자리 쐐기는 특히 주의해서 압축해야 한다. 이 부분에서는 혼합물을 옆쪽에서 시공해야 한다. 벽에 하중을 가하면 쐐기가 대체한 건축 자재와 마찰 연결을 생성해서 벽 단면 전체에서 기초로 하중을 전달하는 것을 회복한다.

흙다짐 작업을 완료한 후 보수한 부분이 기존 벽과 같아질 때까지 삽으로 "덧시공"을 수직으로 깎아내서 다듬는다. 그런 다음 표면을 평활하고 고르게 기존 자재와 연결할 수 있다.

이런 방식으로 보수한 부분은 기존 벽에 사용한 건축 공법의 특성을 유지하며, 표면 질감을 거의 구별할 수 없다. 흙블록을 써서 보수할 수도 있다. 미장하지 않는 흙쌓기 또는 흙다짐벽에 흙블록 기법을 적용하면 보수한 부분이 계속 눈에 띄어서 벽의 미관을 망칠 수 있는 단점이 있다.

올림벽과 벽 갓돌. 벽 단면 전체에 가로질러 뻗은 수직 균열은 흙쌓기벽과 흙다짐벽의 전형적인 손상 방식이다(그림 5.43, 5.44, 5.45). 이런 유형의 손상은 흙블록 조적에서도 볼 수 있다(그림 5.19). 균열 보수는 두 가지 측면으로 다룬다: 인장저항 부재와 흙건축 충전재를 써서 균열을 실제로 메우고, 내력 구조를 강화.

다음 인장저항 부재는 전통적으로 균열을 막는 데 사용해왔으며 오늘날에도 여전히 사용하고 있다: 고정쇠, 띠/끈, 그라우트grout, 전통적 건축 자재로 만든 핀 [70, 71, 73, 74]. 또한 현대 조적공사 분야의 정착, 고정, 주입 방법도 구식 흙건축 복원에 사용할 수 있게 되었다.

그림 5.53[71]은 흙다짐 건물 모서리의 수직 균열을 띠 *straps*를 써서 안정시킨 것을 보여준다. 이 기법은 강철 L-꺾쇠brackets를 써서 모서리를 수평으로 둘러싼다. 미리 벽의 축에 수직으로 엇갈려 뚫어놓은 구멍에 볼트를 삽입해서 벽 외부 표면에 강철 L-꺾쇠를 부착하고, 벽 내부 표면에 세로로 댄 강철 띠strip에 고정한다.

손상된 벽을 파낸 수직, 수평 도관에 흙다짐 **그라우트** *grout*를 (벽 표면과 같은 높이로) 삽입할 수 있다(그림 5.54 [71]). 각 사례에 따라서, 균열의 전체 높이에 걸쳐서 길이 약 1m의 수평 그라우트를 1m 간격으로 내부와 외부 면에 교대로 설치한다. 흙다짐, 짚흙블록 조적(약 4개 층, 필요하면 지오그리드로 강화), 짚흙타래reel를 그라우트 재료로 사용할 수 있다 [73, 74]. 그라우트의 중앙이 균열의 벌어진 부위를 가로지르도록 배치해야 한다. 그라우트의 양쪽 끝을 안쪽으로 구부리고(안으로 걸어서) 스테인리스 스틸 망 또는 지오그리드로 강화하면 갈라진 부분의 강도를 높일 수 있다.

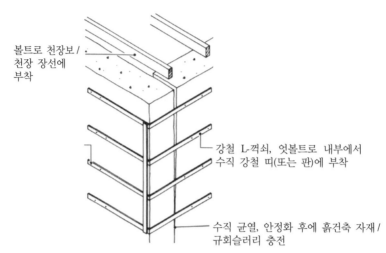

볼트로 천장보 /
천장 장선에
부착

강철 L-꺽쇠, 엇볼트로 내부에서
수직 강철 띠(또는 판)에 부착

수직 균열, 안정화 후에 흙건축 자재 /
규회슬러리 충전

그림 5.53 흙다짐벽과 흙쌓기벽의 보수: 끈을 이용한 벽의 수직 균열 안정화

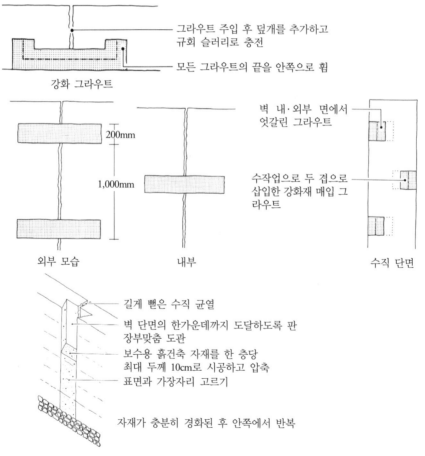

그라우트 주입 후 덮개를 추가하고
규회 슬러리로 충전

모든 그라우트의 끝을 안쪽으로 휨

강화 그라우트

벽 내·외부 면에서
엇갈린 그라우트

수작업으로 두 겹으로
삽입한 강화재 매입 그
라우트

200mm

1,000mm

외부 모습   내부   수직 단면

길게 뻗은 수직 균열

벽 단면의 한가운데까지 도달하도록 판
장부맞춤 도관

보수용 흙건축 자재를 한 층당
최대 두께 10cm로 시공하고 압축

표면과 가장자리 고르기

자재가 충분히 경화된 후 안쪽에서 반복

그림 5.54 흙다짐벽과 흙쌓기벽의 보수: 석회 안정화 흙다짐과 규회슬러리로 만든 그라우트로 균열 보수 [71]

벽 전체 높이로 뻗은 수직 균열(일반적으로 더 큰 손상을 나타냄)은, 먼저 외벽 표면에 수직 도관channel을 판다. 도관이 균열 전체 길이에 걸쳐서 균열의 중앙에 위치하고 벽 단면의 중심에 도달해야 한다. 도관 안쪽 수직면을 미리 적시고, 그 안에 두께 약 10cm로 흙쌓기 층을 채우며 압축한다. 침하가 끝나면 벽 내부 측에서 절차를 반복한다.

벽의 갓돌을 복원할 때도 벽 기저부와 똑같은 방법을 적용한다. 보수작업은 모든 손상 원인 (대개 지붕 바깥 쪽의 구멍)을 없앤 후에 시작해야만 한다.

접합보 또는 기타 지지 부재를 써서 손상된 건물을 보강하는 여부는 여러 측면에 따라 결정한다: 개별 손상 양상, 기존 구조 조건, 대개는 사용하중 변화를 일으키는 건물 변환 계획. 현대 개축 작업에서 접합보는 대개 철근콘크리트로 만든다. 하중 지지 효과는 기존 구조에 내력 부재를 충분하게 전단 및 인장 저항 고정을 해서 달성한다.

표면 마모와 미장 손상. 재래식 흙쌓기와 흙다짐 구조물의 평균 벽 두께는 60cm로, 표면 침식으로 발생하는 손상이 이미 설계에 반영되어 있다. 독일 튀링겐주에서 흙쌓기 건물을 조사한 바에 따르면 약 100년 된 외벽 표면의 흙쌓기 자재가 풍화로 불과 몇 센티미터만 손실된 것으로 나타났다. "일반" 구조물의 벽면 침식은 위에서 설명한 손상 양상이 발생하지 않는 한 대개 무해한 것으로 간주한다(그림 5.21 [30]).

과거에는 주거건물에 미장을 했었기 때문에 이런 건물들이 흙쌓기 구조물인지 흙다짐 구조물인지 알아보기가 어렵다. 헛간과 기타 농업건물은 보통 미장을 안 한 채로 두거나 정기적으로 회칠을 했다. 따라서 전통식 흙쌓기와 흙다짐 구조물 개축에 외부 미장을 포함할지를 결정하기가 쉽지 않다(게다가 주로 소유주가 결정). 미장하지 않은 전통식 흙쌓기와 흙다짐 구조물은 풍경에 독특한 개성을 더한다. 반면에 새로 미장한 흙쌓기와 흙다짐 건축물은 너무 완벽하고 위생적이어서 언제든 바꿔버려도 될 것처럼 보인다.

흙쌓기와 흙다짐 건물에 본래 시공되어 있던 미장이 손상되면 전문적으로 보수해야 한다. 흙미장의 구멍을 물로 적시고 흙몰탈로 보수할 수도 있으나, 일반적으로 전체 면을 재작업하기를 권장한다(단원 4.3.6).

(3) 흙블록 구조물

계획 기준

오늘날 독일에서 내력 흙블록 구조물의 수를 정확하게 집계한 자료는 없지만, 대략 수만 개로 추정한다. 따라서 독일어 규범문서에는 내력 흙블록벽의 복원 및 개축 공사 계획을 다루는 정보가 거의 없다 [15].

국제 단위에서는 여러 국내법^{national regulations} 내용에서 특히 내력 흙블록벽의 내진 개량 문제에 중점을 둔다(단원 4.2.1.3).

단열

구조 요건을 충족하려면 내력 흙블록벽은 두께가 최소 24cm여야 하며, 외벽은 일반적으로 36cm이다. 이 치수는 흙블록을 채운 흙목조 건축에서 볼 수 있는 벽 두께보다 훨씬 두껍다. 따라서 개축작업과 함께 단열재를 추가해야 하는지, 얼마나 추가해야 하는지 사례별로 결정해야 한다(그리고 계산으로 확인할 수도).

습기가 침투한 기초, 기초벽, 올림벽, 벽 갓돌은 손상의 원인을 제거한 후에 완전히 건조할 수 있다. 이는 결과적으로 단열 속성도 개선한다.

흙채움 목조 구조물의 경우와 마찬가지로 흙블록벽의 단열 속성도 경량토 덧마감을 추가해서 개선할 수 있다.

보수

흙블록벽의 복원은 흙쌓기 및 흙다짐 건축과 같은 부분에 초점을 맞추고 비슷한 보수 방법을 사용한다.

기초, 기초벽, 벽 기저부. 상승 습기를 차단하는 수평 차수층을 설치하려면, 손상되지 않은 부분에 깊이 약 10cm로 (그러나 벽의 중간보다 더 깊지 않게) 홈을 파서 줄눈을 따라 손상되고 열화되고 염류가 스며든 자재를 제거한다. 아직 상태가 괜찮은 흙블록 층은 반드시 블록으로 받쳐야 한다. 이는 벽 속에 빈 곳^{cavity}을 형성하며, 몰탈을 흙블록 바닥면 전체에 깔아^{full bed} 단으로 쌓아서 채운다. 흙블록의 조성과 치수는 기존 조적체와 일치해야 한다. 작업을 진행하면서 남아있는 흙블록 단을 항상 확실하게 보강하도록 받친 블록 높이를 줄여가야 한다(그림 5.55 [75]).

보수가 확실하게 성공하려면 교체한 자재와 기존 손상되지 않은 벽 부위 사이에 반드시 마찰 연결이 이루어져야 한다. 보수작업을 손상되지 않은 벽 부위에 연결하는 최종 수평 줄눈은 필요하면 뽀족 흙손을 사용해서 특히 세심하게 몰탈을 채워야 한다. 수평, 수직 줄눈은 10mm 보다 두껍지 않아야 한다.

보수가 필요한 부분이 벽 전체 길이에 퍼져있으면 석회 또는 시멘트로 안정시킨 흙블록과 조적용 석회몰탈을 사용해야 할지도 모른다. 이 경우 기초 위 조적 올림벽은 단 전체를 안정화 흙블록으로 교체해야 한다. 벽 전체 길이에 걸쳐있지 않은 다른 부분에는 원래 블록과 품질이 같은 흙블록을 사용해야 한다.

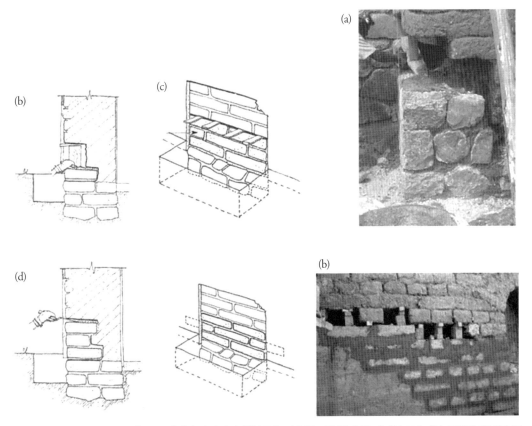

그림 5.55 흙블록벽의 보수 [75, 85]. (a) 자연석과 흙블록을 사용한 기초벽과 벽 기저부 보수, (b) 풍화된 흙블록 조적을 구조적으로 안정된 깊이까지 제거, 빈틈 받치기, (c) 줄눈 몰탈을 충분히 말려서 단마다 바닥면을 완전히 채운 조적, (d) 마찰 연결 형성, 뽀족한 흙손으로 몰탈 채움

조적용 몰탈은 기존 자재보다 강도가 더 큰 단단한 "판plates"을 형성하는 것을 방지하기 위해 원래 몰탈과 일치해야 한다.

흙블록 건축 유적 복원에 사용하는 교체 자재의 건축토는 원래 건축 자재와 원산지와 조성이 일치해야 한다. 이를 흙블록을 생산하는 특정 방법에도 적용한다.

올림벽과 벽 갓돌. 흙블록벽에 난 연속적인 수직 균열은 흙쌓기와 흙다짐 건축의 권장사항을 따라 수리할 수 있다. 다음 사례 연구는 (표준 조적 건축에 적용하는) 현대 기법을 활용해서 내력 흙블록 조적체의 균열을 보수하는 것을 예증한다 [76]:

모로코의 아그즈 아슬림Agdz, Asslim에 있는 구조물 카스바 에이트 엘 케이드Kasbah Ait el Caid의 건축 대지는 북쪽의 암반이 남쪽 드라Draa 계곡의 강 퇴적물로 바뀌는 위치에 있다. 지진이 난 후에 Kasbah("요새" 주거)의 남서쪽 탑에 외벽 갓돌에서 시작된 연속 수직 균열이 생겼다. 균열은 탑의 갓돌에서 폭 15cm, 길이 6m였다.

북동쪽 탑 옆 동쪽 벽에 비대칭으로 붙은 계단실 탑이 연결된 벽체에서 분리되었다. 주요 균열은 벽 갓돌에서 15cm 너비로 벌어지고 창 개구부에서 확장되어 벽의 수직 아래로 대략 10m를 뻗어나갔다.

금이 간 부분은 이미 불룩해지기 시작했고 무너질 위험이 있었다. 현대 조적공사에서 흔히 쓰는 두 가지 복원 기법으로 균열을 보수했다: 정착anchoring과 핀 고정pinning.

정착 *anchoring* 방법은 금이 간 남서쪽 탑의 복원에 사용했다(그림 5.56). 이 방법은 탑의 전망대 바닥에 미리 판 홈channel에 두 개의 강철 강선($d = 12mm$)을 느슨하게 두었는데, 두 홈은 바닥면의 1/3 지점에 위치했다. 강선의 끝을 외벽에 뚫은 구멍으로 밀어 넣고 외부 고정판의 눈을 통과시켜 잡아당겼다. 회전식 조임쇠turnbuckle로 강선에 살짝 사전장력pretension을 가해 균열을 안정시켰다. 균열은 외부에서 미리 깨끗이 한 후 흙블록 조적으로 봉합했고, 내부에서 흙다짐으로 채웠다. 마무리로 전망대 바닥의 홈을 흙다짐으로 채우고 균열을 안팎 양쪽에서 미장했다.

핀 고정 *pinning* 방법으로, 지름 40mm, 길이 약 80cm의 둥근 강철 막대를 사용해서 균열을 고정했다(그림 5.57). 벽 갓돌에서 시작해서 약 3.5m 길이에 걸쳐 약 60cm 간격으로 4쌍의 핀을 설치했다. 핀을 플라스틱 호스와 얇은 직물gauze로 된 가는 관에 꽂고서 몰탈 펌프에 연결했다. 그다음, 뚫어놓은 구멍에 핀을 꽂아서 균열의 가운데를 대충 덮고 시멘트 슬러리를 주입했다. 주입하기 전에 균열 부위를 깨끗하게 하고 흙블록으로 봉합했다.

그림 5.56 흙블록벽의 보수 [76]. (a) 보수 전, 외부에서 본 균열의 모습, (b) 보수 전, 내부에서 본 균열의 모습, (c) 고정판의 눈을 통과시켜 강선 유도, (d) 천장을 통과해 지나가는 강선, (e) 회전조임쇠turnbuckle, (f) 보수 후, 시멘트 슬러리로 메운 균열의 모습

핀 고정법을 시작하기 전에 철근콘크리트 틀을 세워 튀어나온 벽 부위를 안정시키는 응급 버팀대 역할을 했다.

핀 고정은 손상된 벽에 사전장력을 추가로 가하지 않으며, 기존의 상태를 구조적으로 안정시키기만 한다. 핀이 추가 인장력을 흡수하고 더 움직이지 않게 제한한다.

설명한 정착 및 핀 고정 조치는 각각 2004년과 2005년 3월에 시행했다. 2007년 3월 현장 방문에서 보수한 부분이 안정적이라고 판명되었다.

그림 5.57 흙블록벽의 보수, 균열 보수: 핀 고정 [76]. **(a)** 균열 보수 전 응급 지주로 설치한 강철 보강틀, **(b)** 깨끗이
한 균열을 흙블록으로 채움, **(c)** 얇은 직물gauze 관에 꽂은 강철 핀과 플라스틱 호스, **(d)** 구멍에 강철 핀 삽입,
(e) 균열 보수 후 벽의 모습

표면 마모와 미장 손상. 흙블록 조적체 표면의 침식 부위가 넓으면(최대 깊이 10cm) 느슨한 입자
를 털어 내고 석회미장을 바른다. 그리고 미장이 아직 젖어 있는 동안 납작한 깨진 벽돌 조각
을 빽빽하게 미장에 밀어 넣는다(그림 5.58 [74]). 마른 다음에 석회미장을 2겹(굵은 모래로 초
벌, 고운 모래로 정벌)으로 시공하고 석회칠limewash을 입혀서 마감한다.

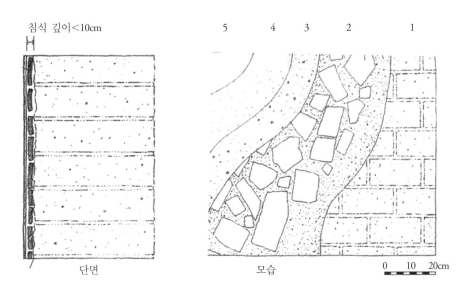

1 흙블록 조적, 미손상 부분
2 석회 초벌 미장, 벽돌 부스러기 매입
3 석회 초벌 미장, 굵은 모래
4 석회 정벌 미장, 고운 모래
5 석회칠

그림 5.58 흙블록벽의 보수: 표면 부식 보수 [74]

5.3.3.3 천장과 평지붕

다른 건축 부재와 마찬가지로, 천장과 평지붕의 손상은 손상 원인을 분석한 후에만 수리할 수 있다(단원 4.3.5.2). 원인은 주로 다음 중에 있다:

— 부재가 받은 영향(강수량, 큰 온도진폭으로 빚어진 심한 온도 변동, 과도한 태양 복사에서 비롯된 자재 열화)

— 사용자가 유발한 기계적 마모

— 다양한 피해(수분 침투, 지진, 흰개미 등)의 결과로 목재 골조 손상

평지붕을 정기적으로 유지 관리하지 않으면, 특히 강우 후 잠깐 사이에 심각한 피해가 발생할 수 있다. 유지 관리는 특히 다음 조치에 중점을 두어야 한다 [73, 77]:

— 사용자가 통행하는 지붕 표면의 방수층과 균열 보수

— 난간벽을 관통하는 우수관의 기능(그림 4.62)

— 벽 갓돌 덮개의 안정성(난간벽)

— 지지 구조체

그림 5.59 흙건축 자재로 만든 전통 평지붕: 지지 구조체 복원

그림 5.60 흙건축 자재로 만든 전통 평지붕: 지붕 방수층(플라스틱 막) 보수

그림 5.59는 모로코의 에이트 벤하두Ait Benhaddou에 있는 둥근 박피 목재로 만든 평지붕의 지지 구조체 보수를 보여준다. 플라스틱 막을 지붕 구조에 매입했다. 그러나 이 지붕을 제대로 복원하지 않으면 곧 다시 보수해야 할 것이다(그림 5.60).

5.3.3.4 흙미장

초기 기능에 따라 흙미장을 유지하고 복원하는 두 가지 다른 계획이 있다:

- 건축 부재 표면을 보호하는 평평하고, 얇고, 연속된 표면재 역할 미장(단원 4.3.6)
- 건축 유적 보존에서 장식물, 부조reliefs, 그림의 바탕 역할 미장

(1) 전통식 흙미장

여전히 튼튼한 기존의 전통식 흙미장은 단원 4.3.6에서 설명한 방법으로 개별 부위 또는 전체 표면을 보수할 수 있다.

미장 면에 발라서 흡수시키는 안정제stabilizer는 불안정한 또는 부서진 부분을 보호하는 데 사용한다.

미장이 분리된 부분에는 적절한 화학물질이나 접착제를 주입하여 바탕에 "재부착"한다(그림 5.61 [78]). 구멍은 새 미장으로 채워야 한다.

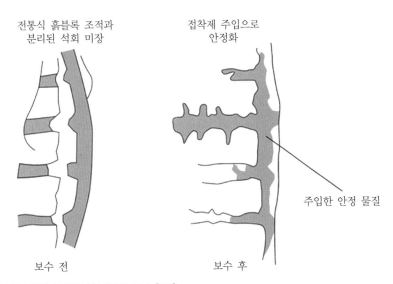

그림 5.61 흙블록 바탕 위 전통식 미장의 보수 [78]

간혹 미장이 더러워지고 염류가 침투하고 곰팡이가 피기도 한다. 그러므로 미장을 화학적으로 중화하고 세척하는 조치도 계획에 포함해야 한다.

　　이런 종류의 손상은 기초와 기초벽에 수분이 침투해서 자주 발생하므로 미장 복원작업을 시작하기 전에 원인을 제거해야 작업을 시작할 수 있다.

(2) 그림의 바탕 미장

장식과 벽화의 밑바탕base 역할을 하는 전통식 흙미장과 석회미장의 보존과 복원은 복원자와 고고학자들에게도 대표적으로 복잡한 분야이다. 여러 가지 유형의 영향 때문에 미장이 불안정해지거나, 바탕substrate에서 분리되거나, 부풀어 오르거나, 떨어질 수 있다.

　　그림 5.62는 바탕 미장으로 사용된 흙미장의 성공적 복원을 보여준다. 그림을 그린 흙미장이 우즈베키스탄의 아프라시아브Afrasiab(사마르칸트Samarkand) 옛터의 일부인 전통 흙쌓기(팍샤pachsah)(단원 5.3.2.1) 벽체의 마감재 역할을 했다(그림 1.12). 흙벽은 AD 7세기 지역 통치자의 궁전 접객실에 있었는데, 1965년 발굴 작업 중 우연히 외국 대사를 뜰에서 맞이하는 것을 묘사한 벽이 발견되었다. 흙벽돌과 장식물이 붙은 흙벽을 안정시키고 덩어리로 잘라서 복원했다. 1985년 사마르칸트 역사박물관 중앙 홀에 설치했는데, 영구 소장품 중 주요 볼거리가 되었다.

그림 5.62 그림의 밑바탕 흙미장: "아프라시아브 그림"- 아프라시아브 지방통치자의 대사 접견 행렬 묘사(사마르칸트, 우즈베키스탄), 기원후 7세기

(3) 지속 가능한 복원

2009년부터 2012년 사이에 본^{Bonn}에 있는 랑어 오이겐^{Langer Eugen}(1953년에 건축)이라는, 예전 독일 연방 하원의원들이 사용하던 탑 건축물을 UN기후변화협약(UNFCCC) 사무국의 새 본부로 바꾸었다. 독일연방건축및지역계획사무소에게 건설을 위임했는데, 독일연방교통및디지털기반시설부에서 발간한 평가체계인 "연방 건물용 지속 가능한 건축물(BNB)"을 적용해서 지속 가능한 건물의 원칙(단원 1.4.1)을 이 "현대적인" 개축공사에 엄격하게 구현했다 [79, 80].

이 평가체계를 바탕으로 다양한 재료를 평가한 후 실내 건설과 미장 분야에 흙건축 자재를 사용했다. 잘 알려진 독일 제조사가 만든 흙판재($w = 150$cm, $l = 62.5$cm, $d = 20, 25$cm)를 비내력 칸막이벽에 사용했는데, 경량강철 구조재^{framing profiles}에 부착했고(그림 5.63 [81]), 마감용 흙미장으로 마무리했다.

그림 5.63 흙미장판을 사용한 지속 가능한 개축, UN기후변화협약 사무국, 본, 2011 [81]

5.3.3.5 고고학 유적지

많은 흙 구조물 고고학 유적지에서는 오래전에 건물의 원래 기능을 잃어버린 벽의 잔해만 찾을 수 있다. 어떤 것들은 근대^{modern era}에 건설된 반면, 일부 구조물은 10,000년도 더 되었다는 고고학적인 증거가 있다(단원 1.1).

고고학 유적지의 흙 구조물은 현대 흙건설자가 과거를 들여다볼 수 있게 해준다. 유적은 수백, 수천 년 전 건설 당시에 보편적이었던 흙건축술의 기술적 "손자국"을 드러낸다(그림 1.19 [82], 짚흙채움, 1289). 그림 5.64는 작업자가 올림벽의 갓돌에 힘껏 흙덩이를 던지면서 남긴 오른손 손자국을 보여준다. 이 벽은 심부가 2000년 이상 된 밤 시타델의 일부였다. 이 손자국은 2003년 12월 26일 발생한 엄청난 지진 때 비극적으로 다시 표면으로 나왔다(그림 5.33 및 5.41). 이 발견은 이란, 중앙아시아, 중국 서부에서 여전히 보편적인, 다양한 지역 명칭으로 불리는, 흙쌓기 공법의 현지식 변형인 "치네^{tschineh}" 기법을 분명하게 보여준다(그림 4.36).

그림 5.64 2003년 지진 후 드러난 "치네" 공법의 역사적 기술적 "손자국", 밤 시타델, 이란

흙 구조물의 고고학 유적지 보존 방안에는 유적의 보존과 구조 안정화가 있다. 보존 조치 계획은 단원 5.3.2.2에서 설명한 단계에 따라 수행할 수 있다. 투명 지붕과 울타리로 날씨 요소와 무단출입자에게서 1차 보호를 할 수 있다(그림 1.2). 구조적 대책으로는 벽 갓돌에 안정시킨 흙을 "희생층"으로 시공하고(그림 1.13) 보조 벽을 건설해서 벽의 기저부를 보호한다. 이런 단계는 노후화를 지연하는 데 도움이 될 수 있으나 영구적인 해결책은 아니다.

이미 언급한 보수 방법 외에도 흙 구조물을 안정시키고 방수할 수 있다. 화학적으로 변형된 천연 유기물질 또는 합성물질(그림 3.31b)을 흙건축 자재의 모세관 흡수를 줄이는 데 사용한다. 안정제 또는 방수제는 흙자재에 완전히 배어들게 해서 표면에 끈적한 막을 남기지 않고 모세관을 막지 않아야 한다. 사용하는 물질은 알칼리성 및 내후성이어야 한다. 안정화와 방수 조치는 되돌릴 수 없다.

고고학 유적지를 관리하에 되메우는 것은 특정 표면을 날씨 요소에 노출한 채로 두면 급격히 악화되는 구조물에 사용하는 또 다른 방법이다.

설명한 대책의 결과는 기껏해야 중기적으로만 만족스러울 수 있다. 영구적인 보존 방법의 부족[83]은 "흙"을 다루는 전문가들 간의 긴밀한 학제 간 협력(그림 1.28)의 필요성을 더욱 시급하게 만든다.

5.3.3.6 내진성 복원 및 개량

예상 지진 강도가 $I \geq 5$(단원 5.2.4.2)인 지역에서는 일반적으로 건물의 내진 복원, 특히 흙건축 자재로 만든 건물에 매우 특정한 문제를 야기한다. EMS 98(그림 5.34a)에 따르면 흙 구조물은 특히 지진 손상에 취약한 것으로 간주한다.

기존 흙 구조물의 내진 복원은 두 가지 실행 전략으로 나눌 수 있다:

- 기존 건축물의 예방적 구조 보강 또는 내진 개량
- 지진 발생 후 손상된 건물의 복원

(1) 구조 보강

흙건축 자재로 만든 건물의 예방적 구조 보강의 정도는 예상 지진 강도(각 지역 또는 국가의 지질학 서비스 지도에서 확인할 수 있음), 건축 공법, 평면, 층수와 더불어 영향을 받는 건물의 보호 가치에 따라서도 달라진다. 학교, 어린이 보육시설, 보행자 통행이 있는 공공건물, 주거 건물은 농업건물이나 일터보다 보호 가치가 크다.

기존 흙 구조물의 내진 보강은 건물의 내진 결함을 철저히 분석하는 데서 시작한다. 이는 주로 내진 구조를 규정하는 유효 국가 표준에 따라 내력 및 비내력 건축 부재의 상태를 전문적으로 평가하는 것이다.

Chakimov는 중앙아시아의 흙건축을 종합적으로 분석한 후 지진 발생 시 손상을 유발할 수 있는 주요 구조 결함을 다음과 같이 규정했다:

− 건물의 목적 용도에 따른 적절한 기초 결여
− 벽 갓돌과 천장 지지면 높이에서 연속 접합보 결여
− 각 벽의 전복을 방지하는 모서리 보강 결여
− 흙목조 건축의 흙블록채움 붕괴를 방지하는 보강 결여
− 벽 개구부 사이의 벽기둥 단면 불충분 및 보강 결여

단원 5.3.3.1에서 설명한 방법대로 기초를 보강할 수 있다.

목재 골조와 흙채움을 사용하는 전통 흙목조 건축은 토대재ground sill plate와 기초 사이에 전단저항 연결이 필요하다(그림 5.65 [41]). 이를 위해서는 고정쇠를 필요한 간격으로 기초에 삽입하고 토대재를 부착한다. 모서리 부분의 수직 기둥과 대각선 버팀재도 토대재와 전단저항 연결을 형성해야 한다. 이것은 장부촉 맞춤, L-꺾쇠bracket 또는 끈strap과 긴결재tie로 해결할 수 있다.

그림 5.65 흙목조 건축의 내진 개량: 기초와 토대판 사이의 전단저항 고정 [41]

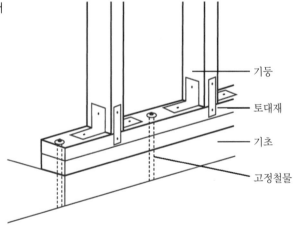

기둥

토대재

기초

고정철물

흙블록 조적으로 만든 올림벽 또는 흙채움 흙목조벽(흙블록 조적, 흙덩이)은 전체 내·외부 표면에 걸쳐 붕괴 보강 기능을 하는 강화재를 시공해야 한다. 강화재를 조적체의 양쪽 면에 부착해서 인장 및 전단 저항 연결을 형성하는데, 고정하는 철물이 그물처럼 균등하게 분포하도록 한다. 흙목조 건축에서는 표면 강화재를 구조 골조에 부착한다.

그물 같은 강철망 또는 인장저항 지오그리드 자재(그림 5.66 [41, 45, 84])는 표면 강화재로 적합하다. 부착한 표면 강화재를 시멘트몰탈로 덮어 마감한다.

천장 장선 또는 벽 갓돌 높이에 접합보가 없으면 소급해서라도 설치해야 한다. 이것은 흙다짐 및 흙쌓기와 그 지역적 변형 같은 모든 내력 흙건축 공법에도 적용된다.

천장 높이에서 끝나는 장선은 물론 벽 갓돌 높이의 지붕 구조는 적합한 철물(강철 결착재,

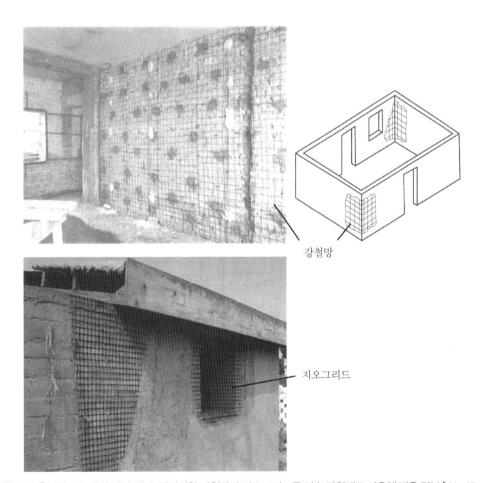

강철망

지오그리드

그림 5.66 흙블록 구조물의 내진 개량: 인장저항 강철망과 지오그리드를 연속 강화재로 사용해 벽을 밀봉 [41, 45, 84]

L-꺾쇠)로 접합보(또는 흙목조 건축의 상부재)와 전단저항 연결을 형성해야 한다(그림 5.67 [41]). 이는 평면과도 같은 천장 및 지붕 구조체의 전단을 방지하고자 접합보를 벽 갓돌에 연결할 때도 적용된다(그림 5.37).

철근콘크리트와 강철(U- 또는 I- 단면)은 접합보로 적합한 재료이다. 구조 골조가 목재인 흙목조 구조에서는 다른 모든 건축 부재와 동일 품질이라면 목재로 접합보를 만들 수도 있다.

그림 5.39에서 보이는 목재 골조와 흙채움으로 된 흙목조 건축의 손상을 방지하려면 수직 기둥과 대각선 버팀대가 연속 상부재와 전단저항 연결을 형성해야 하며, 그리고서 반드시 지붕 구조체에 견고하게 연결되어야 한다.

창과 문 개구부에 강철 틀을 매입해서 흙블록 조적으로 만든 벽의 강도를 증대할 수 있다(그림 5.68 [45]). 기울인 버팀벽을 추가하여 벽의 내진성을 개선할 수도 있다. 버팀벽을 전단 및 인장 저항 연결을 형성하는 종방향^{longitudinal} 내력 외벽을 따라 일정한 간격으로 배치하면 종단벽이 덜 휜다. 그림 5.69는 앞쪽에 보이는 모서리 앞에 지탱하는 버팀벽이 없는 학교 건물을 보여준다. 이런 유형의 버팀벽이 있었다면 끝벽에서 종단벽이 찢어져 나가는 것을 방지할 수 있었다.

이런 권장 예방 조치에는 상당한 비용이 수반된다. 비용편익$^{cost-benefit}$ 분석을 하면 기존 흙 구조물 개량보다 내진 신축이 낫다고 깨닫게 될지도 모른다.

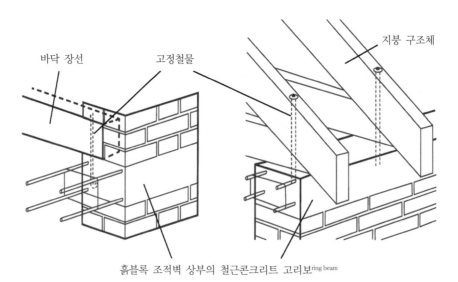

그림 5.67 흙건축의 내진 개량: 연속 접합보를 사용한 천장과 지붕 구조의 전단저항 고정 [41]

그림 5.68 흙건축의 내진 개량: 창 개구부 강철 틀과 연속 강철 그물을 이용하여 벽기둥 강화 [45]

그림 5.69 흙건축의 내진 개량: 버팀벽을 사용한 보강, 2000년 지진 후 "팍샤" 공법으로 지은 학교 건물, 우즈벡 카마시 지역에 위치 [45]

(2) 손상된 건축물의 복원

지진으로 건물이 훼손된 후 가장 먼저 내릴 결정은 구조물을 수리할 수 있는지, 철거해야 하는지이다. 보통 손상도 1과 2(그림 5.34b)의 손상은 복구할 가치가 있다. 건물 철거 여부는 주로 건물 손상 정도뿐만 아니라 건물의 보호 가치와 같은 여러 다른 요인에 따라 결정한다. 소유주는 자신의 집과 특별하게 연결되어 있어서 가능한 집을 구하고 보수하려고 노력할 것이다. 이런 상황에서 관련 없는 전문가가 거주자의 이익을 위해 간혹 어려운 결정을 내려야 한다.

Chakimov[45]는 중앙아시아의 한 학교 건물을 대상으로 가능한 복원작업을 감안하여 손상된 구조물의 안정성을 평가하는 몇 가지 일반적 권장사항을 설명했다. 지진 발생 후 건축 부재에 발생한 다음 변위값과 균열의 너비는 허용되지 않거나 위험한 것으로 분류한다:

− 위험한 변위값:

하중 지지면 3, 4개 중 하나가 경간^{span}의 1/50을 초과해 휜^{deflection} 천장 구조의 변위

수직 내력/비내력 벽이 천장 높이 대비 벽 두께의 1/6 이상 기울어짐

− 허용할 수 없는 변위값:

붕괴 위험 없이 모두 경간의 1/100로 휘었고 내민 지지 길이의 25%를 초과한 천장 구조 변

수직 부재의 기울기 δ가 $10 < \delta < h/6$ [mm] 범위(h는 구조물의 단면 중 최소 치수)

하중 지지를 전혀 못할 것 같은 정도로 변형된 모든 내력 건축 부재

− 허용할 수 없는 균열 너비:

건축 부재의 균열 너비 > 10mm

건축 부재 간 구조적 연결부에서의 균열 너비 > 15mm

권장 변위값은 보호 가치가 가장 높은 건물 범주에 속하는 학교 건물에 적용하므로 지침으로만 사용할 수 있다. 보호 가치가 낮은 건물(예: 농업건물)에는 다른 값을 적용할 수 있다.

균열은 단원 5.3.3.2에서 설명한 방법으로 수리할 수 있다(그림 5.56와 5.57).

오늘날에도 지진이 발생하기 쉬운 세계의 많은 지역에서 흙 구조물을 볼 수 있다. 피해국에서는 내진공사, 기존 흙 구조물의 내진 개량은 물론 지진으로 훼손된 흙 구조물의 적절한 복원 등에 관한 규제가 시급하게 필요하다. 건설부처가 적절한 법규를 제정하고 시행하는 것이 인명을 구하고 흙건축 자재로 만든 건축물의 구조 손상을 줄일 수 있었다(단원 4.2.1.3).

References

1. Reincke, D.: Untersuchungen zum Emissionsverhalten von Lehmoberflachen. Unpublished diploma thesis, FB Maschinenbau, Fachhochschule, Stralsund (2000)

2. BV der Deutschen Ziegelindustrie e.V., Mauerziegel, A.G. (Hrsg.): Baulicher Warmeschutz. Ziegel Information GmbH, Bonn (1994)

3. Zweite Verordnung zur Anderung der Energieeinsparverordnung (EnEV 2009) v. 18.11.2013. Bundesgesetzblatt I, Nr. 61, Berlin (2013)

4. Gut, P., Ackerknecht, D.: Climate Responsive Building—Appropriate Building Construction in Tropical and Subtropical Regions. BASIN/SKAT, St. Gallen (1993)

5. Stark, J., Krug, H.: Baustoffkenngroßen. Schriften der Bauhaus-Universitat Nr. 102, F.A.-Finger—Institut f. Baustoffkunde, Weimar (1996)

6. Dettmering, T., Kollmann, H.: Putze in Bausanierung und Denkmalpflege. Verlag fur Bauwesen, Berlin (2001)

7. Niemeyer, R.: Der Lehmbau und seine praktische Anwendung (Reprint der Originalausg. von 1946). Okobuch Verlag, Grebenstein Staufen (1982/1990)

8. Minke, G.: Handbuch Lehmbau. Baustoffkunde, Techniken, Lehmarchitektur, 7nd erw. Aufl. Okobuch, Staufen (2009)

9. Eckermann, W., Ziegert, C.: Auswirkung von Lehmbaustoffen auf die Raumluftfeuchte. Unpublished manuscript, Berlin (2006)

10. Edwards, R.: Basic Rammed Earth—An Alternative Method to Mud Brick Building, 7th edn. The Rams Skill Press, Kuranda (2004)

11. CSIRO Australia, Division of Building, Construction and Engineering: Earth-Wall Construction, Bull. 5, 4th ed. CSIRO Australia, Division of Building, Construction and Engineering, North Ryde (1995)

12. Standards New Zealand: NZS 4297: 1998 engineering design of earth buildings, NZS 4298: 1998 materials and workmanship for Earth buildings, NZS 4299: 1998 earth building not requiring specific design. Standards New Zealand, Wellington (1998)

13. Lippsmeier, G.: Tropenbau/Building in the Tropics, 2nd Aufl. Callwey, Munchen (1980)

14. Europaisches Parlament, Rat der Europaischen Union: Verordnung Nr. 305/2011 vom 9.Marz 2011 zur Festlegung harmonisierter Bedingungen fur die Vermarktung von Bauprodukten und zur Aufhebung der Richtlinie 89/106/EWG des Rates. Amtsblatt der Europaischen Union L 88/5 v, Brussel (2011)

15. Dachverband Lehm e.V. (Hrsg.): Lehmbau Regeln—Begriffe, Baustoffe, Bauteile, 3rd uberarbeitete Aufl. Vieweg + Teubner/GWV Fachverlage, Wiesbaden (2009)

16. Schmidt, P.: Urteil uber Lehmhauser—eine Umfrage. In: das bauzentrum 8/95, pp. 70–74

17. Rohlen, U.: Schallschutz-Werte von Lehmbau-Konstruktionen. In: LEHM 2000 Berlin, Beitrage zur 3. Int.

Fachtagung fur Lehmbau des Dachverbandes Lehm e.V., pp. 64–68. Overall, Berlin (2000)

18. Bundesverband der Deutschen Ziegelindustrie e.V. (Hrsg.): Baulicher Schallschutz—Schallschutz mit Ziegeln. AG Mauerziegel e.V., Bonn (1996)

19. Holzabsatzfonds, Deutsche Gesellschaft f. Holzforschung (Hrsg.): Erneuerung von Fachwerkbauten. In: Holzbau Handbuch, Reihe 7, Teil 3, Folge 1. Informationsdienst Holz, Bonn (2004)

20. Stark, J., Wicht, B.: Umweltvertraglichkeit von Baustoffen. Schriften der Bauhaus-Universitat Nr. 104, Weimar (1996)

21. European Commission (ed.): Radiological protection principles concerning the natural radioactivity of building materials, Radiation protection 112. Directorate-General Environment, Nuclear Safety and Civil Protection, Brussels (1999)

22. Bundesamt fur Strahlenschutz (Hrsg.): Strahlenthemen—Radon in Hausern. Informationsblatt BfS, Salzgitter (2007)

23. Dachverband Lehm e.V. (Hrsg.): Qualitatsuberwachung von Baulehm als Ausgangsstoff fur industriell hergestellte Lehmbaustoffe—Richtlinie. Technische Merkblatter Lehmbau, TM 05. Dachverband Lehm e.V., Weimar (2011)

24. Lindenmann, M., Leimer, H.P., Rusteberg, C.: Moglichkeiten und Grenzen der Abschirmwirkung von Gebauden gegen elektromagnetische Wellen. In: Ganzheitliche Bauwerkssanierung und Bauwerkserhaltung nach WTA, WTA-Schriftenreihe H. 28, pp. 101–116. WTA, Munchen (2006)

25. Pauli, P., Moldan, D.: Reduzierung hochfrequenter Strahlung im Bauwesen—Baustoffe und Abschirmmaterialien. Univ. d Bundeswehr, Munchen (2000)

26. Stahr, M. (Hrsg.): Bausanierung—Erkennen und Beheben von Bauschaden, 2nd Aufl. Vieweg, Braunschweig (2002)

27. Hughes, R.: Material and structural behaviour of soil constructed walls. Monumentum 26(3), 175–188 (1983)

28. Goretzki, L.: Instandsetzung von feucht- und salzbelastetem Mauerwerk. Workshop "Erdbebengerechtes Bauen mit lokal verfugbaren Materialien in Zentralasien" Fergana, Usbekistan 1996. In: Thesis, Wiss. Zeitschr. d. 45(6), pp. 49–53. Bauhaus-Universitat, Weimar (1999)

29. Guntzel, J.: Zur Geschichte des Lehmbaus in Deutschland, Bd. 1. Dissertation, Gesamthochschule, Kassel (1986)

30. Kohler, T.: Analyse von Bauschaden und Maßnahmen der Instandsetzung an Konstruktionen aus Lehmbaustoffen. Unpublished diploma thesis, Fak. Bauingenieurwesen, Bauhaus-Universitat, Weimar (2003)

31. Kunzel, H.: Regenbeanspruchung und Regenschutz von Holzfachwerk-Außenwanden. In: Statusseminar "Erhaltung von Fachwerkbauten," Sonderheft Verbundforschungsprojekt Fachwerkbautenverfall und Fachwerkbautenerhaltung, pp. 32–39, ZHD, Fulda (1991)

32. Pollack, E., Richter, E.: Technik des Lehmbaus. Verlag Technik, Berlin (1952)

33. Maiwald,Y, Hein, B.: Lehmwellerbauten in Thuringen und Sachsen-Anhalt. Unpublished student research paper, Bauhaus-Universitat, Weimar (1998)

34. Bielenberg, H.: Der Einfluss des Stalles auf die Schweinemast. Dissertation, Fak. f. Bauwesen, Technische Hochschule, Braunschweig (1963)

35. Burger, H.: Sanfter Baustoff Lehm in der Landwirtschaft—Auswirkungen auf das Stallklima. Unpublished diploma thesis, FB Landwirtschaft/Agrartechnik, Univ.-GH, Kassel Witzenhausen (1995)

36. Pacific Science Association: Information Bulletin (Honolulu), 42(1) (1990)

37. Manu, F.W., Amoah-Mensah, P.D., Bai-den-Amissah, Nana K. Nsiah-Achampong: Die Uberschwemmung von Sandema (Ghana) im September 2007—Auswirkungen auf Lehmbauten. In: LEHM 2008 Koblenz, Beitrage zur 5. Int. Fachtagung fur Lehmbau, pp. 80–89. Dachverband Lehm e.V., Weimar (2008)

38. Rauch, P.: Hochwasserschaden an Lehmbauten. www.ib-rauch.de (2003)

39. Cornerstones Community Partnerships (ed.): How to save your adobe home in the event of a flood disaster—An emergency flood mitigation manual for historic and traditional earthen architecture, Santa Fe (2008)

40. Arnold, W.: Eroberung der Tiefe. VEB Verlag f Grundstoffindustrie, Leipzig (1974)

41. Coburn, A., Hughes, R., Pomonis, A., Spence, R.: Technical Principles of Building for Safety. Intermediate Technology, London (1995)

42. Minke, G.: Construction Manual for Earthquake-Resistant Houses Built of Earth. GATE-BASIN/GTZ, Eschborn (2001)

43. Grunthal, G., Musson, R.M.W., Schwarz, J., Stucchi, M.: European Macroseismic Scale 1992 (up-dated MSK-Scale). Centre Europeen de Geodynamique et de Seismologie, Luxembourg (1998)

44. Schroeder, H., Schwarz, J., Chakimov, S.A., Tulaganov, B.A.: Traditional earthen architecture in Uzbekistan —evaluation of earthquake resistance and strategies for improvement. In: Proceedings of Terra 2003—9th international conference on the study and conservation of earthen architecture, Yazd, Iran, pp. 513–530 (2003)

45. Хакимов, Ш. А. и др.: Технологические приёмы антисейсмического усиления школьных зданий —Пособие для строителей (Technological procedures for seismic reinforcement of school buildings— guideline for building professionals). Extremum, Ташкент (2009)

46. When the earth quakes—earthquake resistant construction with local materials in the Iran. Unpublished project thesis, Bauhaus-Universitat, Fak. Architektur, Weimar (2005)

47. Lamers, R., Rosenzweig, D., Abel, R.: Bewahrung innen warmegedammter Fachwerkbauten—Problemstellung und daraus abgeleitete Konstruktionsempfehlungen. In: Bauforschung fur die Praxis, Band 54. Fraunhofer IRB, Stuttgart (2000)

48. Schneider, U., Schwimann, M., Bruckner, H.: Lehmbau fur Architekten und Ingenieure—Konstruktion, Baustoffe und Bauverfahren, Prufungen und Normen, Rechenwerte. Werner, Dusseldorf (1996)

49. Petzet, M.: Grundsatze der Denkmalpflege. In: Sana`a—die Restaurierung der Samsaratal-Mansurah, pp. 92–

98. ICOMOS Hefte des Deutschen Nationalkomitees XV, Munchen (1995)

50. Wirth, H.: Denkmalpflege in erdbebengefahrdeten Regionen. Workshop "Erdbebengerechtes Bauen mit lokal verfugbaren Materialien in Zentralasien" Fergana, Usbekistan 1996. In: Thesis, Wiss. Zeitschr. d. 45(6), pp. 54‒57. Bauhaus-Universitat, Weimar (1999)

51. Hahnel, E.: Fachwerk-Instandsetzung—ein Praxishandbuch. Bauwesen/Fraunhofer IRB, Berlin Stuttgart (2003)

52. Happe, M.: Gebaudetranslozierungen des Thuringer Freilichtmuseums Hohenfelden—Projekte und Technologien unter den Bedingungen der DDR und der Zeit nach 1990. Fachtagung "Vorfahrt mit Blaulicht fur Museumshauser," Tagungsband, pp. 43‒50. AG der regionalen landlichen Freilichtmuseen in Baden-Wurttemberg, Bad Waldsee (2005)

53. Kienzle, P., Ziegert, C.: Die Rekonstruktion romischer Stampflehmbauten im Archaologischen Park Xanten. In: LEHM 2008 Koblenz, Beitrage zur 5. Int. Fachtagung fur Lehmbau, pp. 148‒161. Dachverband Lehm e.V., Weimar (2008)

54. Dahlhaus, U., Kortlepel, U., et al: Lehmbau 2004—aktuelles Planungshandbuch fur den Lehmbau, Erganzungen 2001 u. 2004. manudom, Aachen (1997)

55. Schmitz, H., Krings, E., Dahlhaus, U., Meisel, U.: Baukosten 2012/13, Band 1: Instandsetzung, Sanierung, Modernisierung, Umnutzung, Band 2: Preiswerter Neubau von Ein-u. Mehrfamilienhausern, 21st Aufl. Verlag Hubert Wingen, Essen (2013)

56. Kinze, W., Franke, D.: Grundbau. VEB Verlag f Bauwesen, Berlin (1981)

57. Ahnert, R., Krause, K.H.: Typische Baukonstruktionen von 1860 bis 1960 zur Beurteilung der vorhandenen Bausubstanz; Bd. I: Grundungen, Wande, Decken, Dachtragwerke; Bd. II: Stutzen, Treppen, Erker und Balkone, Bogen, Fußboden, Dachdeckungen. VEB Verlag f. Bauwesen, Berlin 1985 (I); 1988 (II)

58. Schroeder, H.: Gutachterliche Stellungnahme zu einem Grundungsschaden in Kornwestheim. Unpublished, Weimar (2000)

59. Dachverband Lehm e.V. (Hrsg.): Kurslehrbuch Fachkraft Lehmbau. Dachverband Lehm e.V., Weimar (2005)

60. Dachverband Lehm e.V. (Hrsg.): Lehmbau Verbraucherinformation. Dachverband Lehm e.V., Weimar (2004)

61. Wissenschaftlich-Technischen Arbeitsgemeinschaft fur Bauwerkserhaltung und Denkmalpflege e.V. WTA: Merkblatter zur Fachwerkinstandsetzung 2000-2013. 8-1: Bauphysikalische Anforderungen an Fachwerkgebaude (2012); 8-2: Checkliste zur Sanierungsplanung und—durchfuhrung (2007); 8-3: Ausfachungen von Sichtfachwerken (2010) (Kap. 5.4 Lehmausfachungen); 8-4: Außenbekleidungen (2008); 8-5: Innendammungen (2008); 8-6: Beschichtungen auf Fachwerkwanden—Ausfachungen/Putze (2009); 8-7: Beschichtungen auf Fachwerkwanden—Holz (2010); 8-8: Tragverhalten von Fachwerkbauten (2007); 8-9: Gebrauchsanweisung fur historische Fachwerkhauser (2013); 8-10: EnEV: Moglichkeiten und Grenzen (2011); 8-11: Schallschutz bei Fachwerkgebauden (2008); 8-12: Brandschutz bei Fachwerkgebauden (2011)

62. Deutsches Zentrum fur Handwerk u. Denkmalpflege Fulda ZHD (Hrsg.): Arbeitsblatter, AB Fachwerksanierung,

AB Warmedammung bei bestehendem Fachwerk. ZHD, Fulda (1990)

63. Kraft, J.: Was wie machen? Instandsetzen u. Erhalten alter Bausubstanz. Interessengemeinschaft Bauernhaus IGB, Weyhe (1992)

64. Ministerium fur Bauen u. Wohnen des Landes Nordrhein-Westfalen (Hrsg.): Fachwerkgebaude erhalten und instandsetzen. MBW-Ratgeber Nr. 4, Dusseldorf (1991)

65. Schuler, G., Schroeder, H: Naturbelassene Baustoffe—Beispiel Kalktuff Magdala, pp. 337–341. In: Wiss. Z. Hochsch. Archit. Bauwes. −A/B− 39(4), Weimar (1993)

66. Kortlepel, U.: Lehmspritzverfahren. Landesinstitut f. Bauwesen u. angewandte Bauschadensforschung NRW, Aachen (1994)

67. Dingeldein, T.: Konzeption einer neuen Lehmbauweise mit maschineller Einblastechnik. In: KirchBauhof Berlin (Hrsg.) "Moderner Lehmbau 2002," pp. 9–13. Fraunhofer IRB, Stuttgart (2002)

68. Ziegert, C: Lehmwellerbau—Konstruktion, Schaden und Sanierung. Berichte aus dem konstruktiven Ingenieurbau, Heft 37. Fraunhofer IRB, Stuttgart (2003)

69. Morris, W.: 1—History, building methods and conservation; Keefe, L.: 2—Repair and maintenance. Devon Historic Building Trust, Exeter (1993)

70. Keefe, L.: Earth Building—Methods and Materials, Repair and Conservation. Taylor & Francis, London (2005)

71. Pearson, G.T.: Conservation of Clay and Chalk Buildings. Donhead, Shaftesbury (1997)

72. Henes-Klaiber, U.: Ursachen und Behandlungsmethoden von Feuchteschaden an historischen Bauwerken. In: Klimatisierung und bauphysikalische Konzepte—Wege zur Nachhaltigkeit bei der Pflege des Weltkulturerbes, pp. 129–138. ICOMOS Hefte des Deutschen Nationalkomitees XLII, und Deutscher Kunstverlag, Munchen Berlin (2005)

73. CERKAS, CRATerre-EAG: Manuel de conservation du patrimoine architectural en terre des vallees presahariennes du Maroc. Ouarzazate, CERKAS Centre du Patrimoine Mondial de l'UNESCO (2005)

74. Fodde, E.: Architetture di terra in Sardegna—Archeometria e conservazione. Cagliari, Aipsaedizione (2004)

75. Cornerstones Community Partnerships (ed.): Adobe Conservation—A Preservation Handbook. Sunstone, Santa Fe (2006)

76. Fahnert, M., Schroeder, H.: Sanierung traditioneller Stampflehmbauten in Sudmarokko. In: LEHM 2008 Koblenz, Beitrage zur 5. Int. Fachtagung fur Lehmbau, pp. 250–251. Dachverband Lehm e.V., Weimar (2008)

77. Klessing, J. M.: Planung und Ausfuhrung der Restaurierung. In: Sana`a—die Restaurierung der Samsarat al-Mansurah, pp. 49–91. ICOMOS Hefte des Deutschen Nationalkomitees XV, Munchen (1995)

78. Crosby, A.: Conservation of painted lime plaster on mud brick walls at Tumacacori National Monument, U.S.A. In: Proceedings of 3rd international symposium on mud brick (adobe) preservation, pp. 59–78. ICOMOS, Ankara (1980)

79. Bundesministerium fur Verkehr, Bau und Stadtentwicklung (BMVBS): Bekanntmachung uber die Nutzung und die Anerkennung von Bewertungssystemen fur das nachhaltige Bauen. Bundesanzeiger Nr. 70, v. 07, p. 1642 (2010)

80. Bundesministerium fur Verkehr, Bau und Stadtentwicklung (BMVBS) (Hrsg.): Leitfaden Nachhaltiges Bauen. BMVBS, Berlin (2011)

81. Rohlen, U., Mai, D.: Trockenbau mit Lehmbau im "Klimareferat der Vereinten Nationen," Bonn. In: LEHM 2012 Weimar, Beitrage zur 6. Int. Fachtagung fur Lehmbau, pp. 50–53. Dachverband Lehm e.V., Weimar (2012)

82. Volhard, F.: Historische Lehmausfachungen und Putze. In: LEHM '94 Internationales Forum fur Kunst u. Bauen mit Lehm, Beitrage, Aachen, pp. 25–27 (1994)

83. Simon, S.: Kulturelles Erbe Erdarchitektur—Materialien, Forschung, Konservierung. In: Naturwissenschaft & Denkmalpflege, pp. 263–273. Innsbruck University Press, Innsbruck (2007)

84. Mantovani, A.: Architetture e tipologie della terra cruda in Peru. In: Terra—Ragionamenti e Progetti (a cura di Stefan Pollak), pp. 27–40. ARACNE editrice S.r.l., Roma (2012)

85. Torrealva, D., Esquivel, Y.: Structural Intervention in Adobe Monuments in Cusco. Catholic University Peru CUP, Lima, Peru (2008)

86. Naasner, C., Paulick, R., Stendel, G., Wunderlich, A.: Lehmbaupraktikum Lindig 2004. Unpublished internship report, Fak. Architektur, Bauhaus-Universitat, Weimar (2004)

87. Volhard, F.: Leichtlehmbau, alter Baustoff—neue Technik, 5th Aufl. C. F. Muller, Heidelberg (1995)

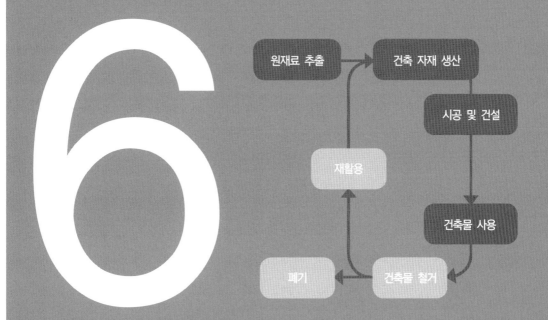

6

흙건축 자재의
철거, 재활용, 폐기

1996년 독일의 자원순환형폐기물관리법(Kreislaufwirtschafts und Abfallgesetz, KrW-/AbfG)은 건축물 철거, 재활용, 필요한 경우 철거 자재 폐기에 대한 의무적인 절차를 설명한다. 법의 내용에서는 재활용보다 폐기물을 덜 만드는 것을 더 중요하게 생각한다.

이는 다음 세대가 누릴 수 있도록 훼손되지 않은 환경을 물려주기 위해 반드시 지켜야 하는 원칙이다. 따라서 오늘날 건축물의 품질은 설계, 구조, 자재 기술, 건설 실무 등의 특정 요건을 충족하는 것으로만 판단할 수 없고, 다음의 규정을 준수하는 지도 가늠해야 한다: 건축물은 재활용이 가능하도록 설계해야 한다.

6 흙건축 자재의 철거, 재활용, 폐기

Demolition, Recycling, and Disposal of Earth Building Materials

6.1 건축물 철거

건축물은 유효수명이 다하면 철거한다. 철거 시점은 다양한 상황에 따라 결정한다:

- 마모 또는 유지보수의 부족으로 심각한 손상이 발생했고 보수 비용이 예상되는 수익을 넘어선다.
- 우발적 손상 또는 예외적 자연재해로 건물이 심각한 피해를 입었다.
- 기존 건물 설계가 새로운 사용자의 요구를 충족할 수 없다.
- 도시와 토지이용 계획에 근거한 결정.

6.1.1 법 제도

독일철거협회(Deutscher Abbruchverband e.V.)가 독일 건설계약절차 VOB의 C편(編)^{part}에 따라(단원 4.2.1.1) 철거공사와 해당 절차를 규제하는 기술법규$^{technical\ regulations}$를 발간했다 [1]. 이 법은 철거공사 계약서의 세부사항을 구체화하는 지침[2]으로 더욱 보완되었다.

이 법에 따르면 철거공사와 철거 자재 폐기를 계획 및 감독하는 것은 건물주의 책임이다. 책임은 다음을 수반한다:

- (유자격 전문가가) "추가 용역(보호와 안정화 조치, 안전과 건강 조치, 감독, 폐기)"을 포함하는 작업내역서 작성
- 철거 허가 취득(건설관리 관청에 통보하는 것과 교통, 사업, 환경 관청에서 허가를 취득하는

것 포함)

— 철거공사 계약(지명 입찰) 및 지정 요건 준수를 위해 취득한 허가를 철거 회사에 제공

　　작업 내역은 건물의 부피^{mass}(자재), 규모(구획된 공간), 구조 속성(예: 벽 두께) 측면에서 철거할 건물을 규정해야 한다. 이런 세부 사항이 공사비 산정과 자재 분리의 기초를 이룬다.

　　건축물 특유의 용도, 건축 자재의 생산과 관련되었거나 고유한 성질에서 유해할 가능성이 있는 물질 정보를 제공하는 것이 특히 중요하다. 건강과 안전을 위해서 이를 석면과 합성 광물 섬유를 함유한 건축 부재 작업에도 적용한다. 이런 자재와 관련된 작업은 사전에 관할 관청에 보고해야 한다.

6.1.2 해체 단계

일반적으로 철거 $demolition$라는 용어는 분해 또는 파괴를 통해 구조물 또는 건축물의 구성요소를 제거하는 것을 칭한다. 건축물과 건축 부재의 철거는 부분적으로 또는 전체적으로 할 수 있다.

　　독일의 자원순환형폐기물관리법(KrW-/AbfG)[3]에 따르면 "비단계적^{uncontrolled}" 전체 철거보다 단계적^{controlled} 분해를 우선시해야 하는데, 특히 뒤섞이지 않은 철거 자재를 얻는 데 유리하기 때문이다. 장비 현대화, 철거 회사 전문화는 물론 환경과 안전 문제를 대하는 전반적인 인식이 높으면 단계적 건축물 분해가 쉬워진다.

　　단계적 건축물 해체는 지정된 분해 단계를 따른다:

- 1단계: 즉시 재사용할 수 있는 구성요소(기술 장치, 문, 창문, 고정물 등) 비파괴 분리
- 2단계: 접근과 재사용이 가능한 구성요소(벽 판재, 창의 유리, 관, 바닥재 등) 분리
- 3단계: 건물의 일부인 재사용할 수 있는 구성요소(구조용 강철재, 합성 자재, 배관 등) 분리
- 4단계: 재사용할 수 없는 자재(단열판, 발포 충전재, 타르지$^{tar\ paper}$, 접착한 방수막 등) 분리
- 5단계: 건물의 주요 건축 자재(흙자재, 목재, 기타 건축 자재) 해체
- 6단계: 지하 구조물 분리

　　때로는 시간 제약으로 "비단계적" 전체 철거를 한 후 현장 또는 분류 시설에서 철거 자재를 분류한다.

6.1.3 철거 방법

흙건축 자재로 만든 구조물은 기계적 방법으로 철거한다 [4]. 이는 철거한 자재를 재활용 용으로 제대로 분류하여 선별 회수할 수 있는 방식이어야 한다. 사용하는 특정 방법은 여러 요인에 따라 다르다: 현장에서 쓸 수 있는 공간, 전문 장비와 철거 회사의 자격, 시간 제약, 마지막으로 재활용 공장 혹은 폐기물 처리장의 인수 조건과 인도금^{fee}. 특히 "인도금" 요인은 회사와 건물주가 더 많이 재활용하고 폐기물을 매립지로 덜 보내도록 격려하는 수단이 될 수 있다.

일반적으로 흙 구조물 철거공사는 작업자의 건강을 위협하는 먼지가 많이 발생하므로, 먼지를 억제하려고 철거 예정인 건축 부재에 물을 뿌리기도 한다. 흙건축 자재는 수용성이고 흙자재가 다른 철거 자재와 섞일 위험이 있으므로 물 뿌리기는 신중하게 해야 한다.

6.1.3.1 기계적 타격 및 망치질

휴대용 도구$^{handheld\ tools}$(끌, 망치, 지렛대, 곡괭이)와 철거 망치 $^{demolition\ hammers}$(공압, 전기, 유압)로 안전한 작업 위치에서 건축 부재를 제거한다.

이 방법은 주로 1~2층 주거 건물의 철거, 해체, 개조와 같은 소규모 철거작업(해체 1~4단계) 및 흙목조 또는 흙블록 건물의 해체 5단계에 적용한다. 또한 예를 들어 흙미장 분리와 회수 같은 다른 철거 방법 준비 과정에서 쓸 수 있다. 지지 구조체는 이후에 다른 철거 방법으로 제거한다. 건축 부재의 두께 때문에 흙쌓기나 흙다짐 구조물에는 이 방법을 권장하지 않거나 매우 일부만 사용한다. 그러나 이후 단계에서 큰 덩어리를 깨는 데 사용할 수 있다.

이 방법은 인접 건물이나 교통 기반시설을 손상시킬 위험이 상대적으로 낮은 것이 장점이다. 또한 철거 자재를 순도 높게 분류할 수 있어 이후 재활용에 유리하다. 단점은 육체노동 강도가 높고 작업자들이 매우 위험하다는 것이다. 철거 수익률이 비교적 낮아 더욱 번거롭다.

육체노동을 용이하게 하려면 철거 망치를 운반식 장비$^{carrier\ equipment}$(예: 유압 굴착기, 소형 이동식 장치)에 부착한다. 이런 운반식 장비는 충분한 공간과 안정적인 작업 지면이 필요하다.

6.1.3.2 기계적 파괴

강철구$^{wrecking\ ball}$는 건축 부재를 **무너뜨리는** $^{knock\ down}$ 데 사용한다. 강철구는 보통 강선^{cable}으로 조작하는 굴착기의 팔에 달려 있다. 강철구의 무게는 용도에 따라 500(조적)~5000(철근콘크리트)kg으로 다양하다.

장비 조작자는 소음과 먼지에 노출되어 육체적 정신적 부담이 매우 크며, 이런 작업 수행에 숙달되어야만 한다.

이 방법은 해체 5단계에서 사용한다. 이론적으로는 흙쌓기와 흙다짐 구조물에도 사용할 수 있지만, 아직까지 이러한 유형에 적용한 실무 경험이나 관련 문서가 충분하지 않다.

유압식 장비(예: 불도저^{bulldozer} 또는 부하기^{loaders})는 "밀어내고 끌어내리는" 방식으로 건축 부재를 철거한다. 이 방법은 철거 장비가 건물의 가장 높은 지점에 닿을 만한 높이여야 한다.

이 방법은 흙블록과 흙목조 구조물 철거에 적합하다(해체 5단계).

강선은 상대적으로 큰 건물의 일부분을 해체하는 *tear down* 데 사용한다. 이 방법은 견인 장비를 건물에서 충분히 떨어뜨려(건물 한 층 높이의 약 3배) 배치할 수 있도록 넓은 공간이 필요하다. 또한 장비를 반드시 안정된 지면에 앉혀야 하며, 철거 예정인 건축 부재는 강선의 인장력을 안전하게 흡수할 수 있어야 한다.

이 방법은 흙블록과 흙목조 구조물에 적합하다(해체 5단계).

집기 *grabbing* 방법은 집게 장비(집게^{grabber}를 부착한 굴착기)를 사용해서 건물의 일부분을 위에서부터 아래로 기계적으로 철거하는 데 사용한다. 이 방법도 충분한 공간이 필요하다. 게다가 건물에 사방에서 접근할 수 있어야 한다. 불안정한 건축 부재는 미리 제거해야 한다.

이 방법은 흙블록 구조물 철거에 적합하다(해체 5단계).

6.1.3.3 기계적 절단 및 뚫기

다이아몬드 톱날 *diamond saw blades* 또는 다이아몬드 실톱 *diamond wire saws*은 큰 진동 없이 기존 구조물을 비교적 깨끗하게 절단하는 데 사용한다. 이 방법은 주로 오래된 건물의 개축과 현대화, 특히 내력 건축 부재 제거에 사용한다. 흙쌓기벽과 흙다짐벽(단원 5.3.3.2)의 기초 주변 보수작업과 추가 철거 준비작업에도 적합하다.

이 방법은 이론적으로 흙쌓기와 흙다짐 구조물의 해체 5단계 준비작업에 사용할 수 있지만, 아직 이 절차를 실무에 적용하는 데 필요한 자료가 충분하지 않다.

원통구멍 뚫기 *core hole drilling*와 째기^{slitting}는 용도가 달라서, 개조와 개축 공사 중에 전통식 흙쌓기와 흙다짐 구조물의 기술적 개량 과정에서 개구부를 만드는 데 사용한다(단원 4.3.7).

6.2 흙건축 자재의 재사용

수 세기 동안, 건축 공사에는 여러 세대의 건설자들이 제대로 기능하는 구조물을 건설하는 데 사용했던 현지에서 구할 수 있는 몇몇 가지 건축 자재보다 더 많은 자재가 필요하지 않았다. 선조들은 건축 자재를 재사용하고 심지어 여러 번 사용하는 것이 표준 관행이었다. 중세 요새와 수도원 유적은 대개 인근 주민들에게 인기 있는 건축 자재 공급원이었다. 대량 생산한 기존 건축 자재를 재사용한 가까운 과거의 가장 유명한 사례는 아마 2차 세계대전 이후 잔해를 치우고 파괴된 독일의 도시 재건을 도왔던 여성들인 "잔해 여성Trümmerfrauen"의 작업일 것이다.

흙건축 자재를 재사용하는 것은 수천 년 동안 일반적인 관행이었다. 고고학적 발견에 따르면, 현재 알려진 가장 오래된 흙 주택 구조물인 차탈 회위크에서 8000년 이전부터 흙건축 자재를 채움재로 또는 흙블록 생산에 재사용했다. 오늘날 사마르칸트Samarkand의 전신인 고대의 아프라시아브Afrasiab는 13세기 중반 칭기즈칸이 파괴하기 전까지 높이가 40m 이상이었다(그림 1.12). 이 높이는 더 필요하지 않거나, 허물어지거나, 파괴된 건물을 철거하고 회수한 자재를 채움재 또는 흙블록을 만드는 데 재사용했기 때문에 가능했다. 2003년 지진으로 거의 완전히 파괴된 이란의 도시 밤(그림 5.41)에서도 이런 아주 오래된 재활용 방식을 볼 수 있었다. 파괴된 주택의 소유주는 보수 또는 신축용 새 흙블록을 만드는 데 잔해를 사용했다.

오늘날의 "쓰고 버리는 사회"와는 극명한 대조를 이룬다: 현재 독일의 총 폐기물 양은 연간 약 4억 톤이며, 그중 건설 폐기물이 약 3/4인 연간 3억 톤을 차지한다. 그리고 60%에 해당하는 연간 약 1억 8천만 톤이 매립지로 간다 [5, 6]. 이 건설 폐기물에는 모든 노반(路盤)subgrade 건설 영역에서 나온, 오염되지도 교란되지도 않은 "굴착토" 상태의 흙이 포함되어 있다.

매립 공간이 점점 부족하고 비싸진다. 잠재적 새 매립지 주변에 사는 사람들은 그런 부지 개발 논의를 점점 더 반대한다. 그들이 오염 증가와 자산 가치 하락을 두려워하는 것은 당연하다. 이는 전체 폐기물의 양을 줄이는 조치가 시급히 필요함을 강조한다. 지금까지 건설 폐기물이 총폐기물 양에서 가장 큰 부분을 차지한다. 특히 "굴착토" 폐기물의 대체 용도를 찾아 연간 건설 폐기물의 양을 줄이면 매립 공간 수요를 크게 줄이는 데 기여할 수 있다.

여기에서 현대 흙건축의 기회를 찾을 수 있다: 알맞은 "굴착토"를 기존 건축 자재와 속성이 비슷한 흙건축 자재로 산업 가공하면 매립 공간 수요를 낮출 수 있다. 이미 독일의 많은 흙건축 자재 생산자들이 이를 성공적으로 수행해서 현재 흙건축 자재의 연간 총매출이 약 4천만 유로에 달하며, 증가 추세이다 [7].

또한, 오염되지 않은 흙건축 자재는 도로 건설과 조경에서 되메우기 자재로 사용하면 토양 생성geogenic과 생명biogenic 순환계로 쉽게 돌려보낼 수 있다.

위에서 설명한 넘쳐나는 매립지 문제가 최근 건축 자재의 재활용 방안을 다시 생각하는 과정으로 이어졌다. 건축 자재 재활용은 창문, 문, 화로, 바닥판, 목재 보beam에서 시작했던 것이 벽체 벽돌, 지붕 타일은 물론 흙블록과 미장으로 확장되었다. 오늘날 이 분야는 기본적으로 회수할 수 있는 모든 건축 자재를 다룬다. 독일에서 이런 개발은 "건축 고재 재활용"이라는 별도 산업을 형성했고, 건축고재업협회(Unternehmensverband Historische Baustoffe e.V., www.historische-baustoffe.de)가 이를 대표한다.

6.2.1 계획 기준

위에서 설명한 상황을 법 규정에도 반영한다. 1972년 폐기물처리법(Abfallbeseitigungsgesetz)은 폐기물의 안전한 폐기가 목표였던 반면, 1986년 개정법은 가능한 한 폐기물을 많이 줄이고 재사용하는 것을 목표로 했다. 자연에서 채취한 원료는 언제든지 가능하면 재료주기material cycle 내에 있어야 한다. 이는 건설 분야에서는 건물의 "수명기간"이 끝나는 시점에 건축 자재를 재활용 또는 재사용하는 것을 가급적 일찍 계획 단계에서부터 고려해야 한다는 뜻이다.

독일의 자원순환형폐기물관리법(KrW-/AbfG) [3]은 자원절약, 저폐기물 재활용 관리, 불가피한 폐기물의 환경적 안전 처리를 명령한다. 자재와 에너지 회복보다 폐기물 방지를 우선시한다. 이는 생산자의 제품 책무를 확립해서 "오염자 부담polluter-pays" 원칙을 실행한다.

이 법에 근거해서 독일 건설계약절차(VOB)(단원 4.2.1.1)는 각 용도별 품질 요건을 충족한다면 재활용 제품과 1차 건축 자재를 동등하게 취급하도록 규정한다.

6.2.2 재활용

오늘날 건축 자재의 재활용은 지속가능한 건축의 일부가 되었다. 이는 건축물 수명주기life cycle 의 마지막 단계를 형성한다(단원 1.4.2): 소비한 자재와 생산한 폐기물을 재처리하고 새 제품용 원료로 바꾸어 재료주기로 되돌아간다.

진정한 재활용 true recycling은 1차 제품과 같은 곳에 재활용 제품을 재사용할 수 있다. 이는 재료의 수명주기를 완결한다. 반면에 **다운사이클링** *downcycling*은 재사용하는 제품을 더 낮은 수준의 품질로 생산해서 제품이 결국 폐기물이 되는 경로를 따라 내려간다. 재활용에 필요한 방법은 건축 자재에 따라 단순한 공정에서 에너지-집약적인 공정까지 다양할 수 있다.

6.2.2.1 재활용 흙건축 자재 사용을 위한 전제조건

재활용 건축 자재를 사용하는 일반적인 전제조건은 다음과 같다:

- 기술 적합성
- 환경 안전성
- 비용효율적 사용
- 사용자 수용

이런 전제조건을 충족하면 철거 중에 얻은 회수 흙자재는 **재활용 흙자재** *recycled earthen material* 라고 하는 재사용 가능한 건축 자재가 된다(단원 2.2.1.3). 이것이 재료의 수명주기를 완성한다 (그림 1.27).

(1) 기술 적합성

재활용 흙건축 자재의 기술 적합성은 대체로 철거 중에 얻은 자재의 순도에 따라 다르다. 건물의 수명기간 동안 수행하는 개축 및 보수 공사 같은 구조 변경으로 인해 흙자재를 빈번하게 석고, 석회, 도료 등과 결합한다. 이런 자재는 대개 서로 분리할 수 없으므로 폐기해야 한다. 자재를 분리하려고 투입하는 노력은 재활용한 흙자재 사용의 비용효율성을 낮춘다.

건축 부재 생산에 사용하는 흙건축 자재의 주요한 속성은 재가소화^{replasticize}할 수 있다는 것인데, 이는 점토광물의 구조에서 기인한 것이다. 이는 물을 추가하면 가소성을 회복한다는 의미이다(단원 2.2.3.2). 그러므로 대개 날씨에 노출되는 외부에는 흙건축 자재를 제한적으로만 사용하거나 추가로 "안정화"해서 사용할 수 있다. 구조적 관점에서 다른 광물 건축 자재(소성벽돌, 콘크리트)와 비교하면 이 주요 속성은 단점으로 나타난다. 그러나 건축생태학 관점에서는 흙의 재가소화 능력은 추가 에너지 소모 없이 거의 무제한으로 재활용이 가능하다. 이런 이유로 흙건축 자재는 지속 가능한 건축물의 중요한 요건을 충족한다(단원 1.4.1).

생산 중에 골재와 첨가물 형태로 안정제를 추가하면 흙건축 자재의 재가소^{replastification} 속성이 감소한다(단원 3.4.2). 합성 결합재를 첨가하면 흙건축 자재가 젖은 상태일 때 가소성 감소가 분명해진다. 가장 일반적인 광물 결합재인 석회와 시멘트로 "안정화"한 흙건축 자재는 더 낮은 품질로는 쉽게 재활용할 수 있다.

지금까지는 사용성 측면에서 재활용 흙자재가 충족해야 하는 기술적 요건의 정량화 기준을 만들지 않았다.

(2) 환경 안전성

건축물 또는 구조물의 수명기간 동안 흙건축 부재는 여러 가지 다양한 물질에 노출될 수 있다. 이것이 이런 흙건축 자재의 재사용을 제한하거나 배제할 수 있다. 어떤 경우에는 이런 노출이 환경에 안전한 방식으로 자재를 폐기하는 데 문제를 일으킬 수도 있다. 이는 다음을 포함한다:

- 염류(단원 5.2.1.2)
- 공기 오염물질(단원 5.2.2)
- 건부병과 곰팡이(단원 5.2.3)
- 해체한 축사의 악취와 세균 결합과 같은 위생 관련 우려(단원 5.2.3)

염류

알칼리 및 알칼리군 이온이 있는 쉽게 용해되는 염(황산염, 염소, 질산염)은 지하수에 용해되고 모세관 작용을 통해 완성된 건축 부재로 이동한 다음 결정화되는 화합물이다(단원 5.2.1.2). 농도에 따라 일정 시간이 지나면 흙에서 분해된다. 일반적으로 건강에 직접 위험을 초래하지 않아서 유해물질로 간주하지 않는다.

흙블록과 흙몰탈에 허용할 수 있는 염류량은 DIN 18945-47에서 규정한다(단원 3.5.6, 3.5.7).

유해물질

건축 자재에 포함된 유해물질^{substance} 논의가 흙건축 자재에도 건강에 잠재 위험을 일으키는 유해물질이 들어 있을지 모른다는 의문을 유발했다.

인간에 대한 위험성 측면에서 (화학) 물질 평가는 서로 독립적인 두 가지 측면이 있다: **노출** *exposure*과 **독성** *toxicity*. 한 가지 측면만으로는 유해물질의 영향을 제대로 평가할 수 없다. 간단히 말해서 노출 수준이 "0"인 "가장 독성이 강한" 물질은 완전히 안전하지만, 노출 수준이 매우 높은 "약한 독성"은 심각한 위험을 초래한다. Paracelsus에 따르면, 즉 **섭취량** *dose*이 독이 된다. 따라서 실제로 발생할지도 모를 영향을 평가하려면 먼저 (화학) 물질의 섭취량을 아는 것이 중요하고, 초과하면 인간에게 해로운 영향을 미칠 수 있는 **한계** *limits*를 정의하는 합의가 필요하다, 이 시점이 물질이 **유해물질** *harmful substance*이 되는 때이다. 현대적인 측정법은 건축 자재의 잠재 "유해물질"을 나노 단위로 감지할 수 있기 때문에 오늘날 이러한 한계를 명시하는 것이 특히 중요해졌다.

물질의 독성이 "자재 고유의" 성질인 반면, 노출은 일부분만 자재 속성에 근거한다. 인간은 삶의 대부분을 실내에서 보낸다. 따라서 상황을 평가할 때 환경(건물의 경우 실내 공기)이 물질을 어떤 방식으로 어느 정도까지 흡수 및 배출할 수 있는지 조사하는 것이 중요하다. 물질의 피해 지속시간과 독성을 증가시킬 수 있는 다른 물질material과의 조합 가능성도 추가로 고려해야 한다.

건축생태학의 하위 영역인 **건축생물학** *building biology*은 건축 자재와 건축물이 사람들에게 미치는 건강 영향을 조사한다. 애초부터 합성 변경한 원료를 포함하지 않은 오염되지 않은 흙건축 자재는 다른 건축 자재에 비해 전과정 평가life cycle assessment, 흡습성hygroscopicity, 확산성diffusivity, 축열, 독성, 재활용 측면의 속성들이 긍정적인 점수를 받기 때문에 "건축생물학 원리에 기초해서 권장"된다. 오늘날 "건축생물학 원리에 기초해서" 건축 자재를 추천하는 평가는 건축주가 자재를 선택할 때 중요한 기준이다. 뉴부언Neubeuern의 건축 생물학＋생태학 연구소에 따르면(2003), 긍정적인 점수에 영향을 미칠 수 있는 흙건축 자재의 유해물질 한계는 지금까지 알려지지 않았거나 합의하지 못했다. 그러나 방사능(단원 5.1.6.1)과 곰팡이의 증식(단원 4.3.6.3)은 건축생물학 관점에서 문제가 될 수 있다.

네이쳐플러스(Natureplus e.V.) 기구가 품질 인장seal을 발급하기 위해 미장용 흙몰탈(LPM), 흙도료, 박층 흙마감재(LDB)와 더불어 흙판재(LP)을 생산하는 데 잠재적으로 유해할 수 있는 물질(표 6.1)과 배출물(표 6.2)의 한계를 규정했다 [8]. 중금속과 그 화합물, 살충제, 유해 유기 물질의 허용 한계를 지정했으며, 방사능 시험 기준을 제공했다. 휘발성유기화합물(VOCs, TVOCs) 외에 냄새도 배출물에 포함한다:

추가 요건은 pH 수준 8 이하(ISO 10390)와 석면 섬유 시험이다. 자연 방사능 시험을 위해 다음 정보를 제공한다: 감마선 분광법을 사용하여 Th 연속물, U 연속물, Ac 연속물뿐 아니라 방사성 핵종 K-40과 Cs-137의 부분 활성화도 누적값으로 ÖNORM S 5200에 따라 측정한다(단원 5.1.6.1). 감지 한계값이 0.5Bq/kg이고, 초과하면 안 되는 한곗값이 0.75Bq/kg이다.

표 6.1에 기재한 물질은 다음을 참조한다:

금속 및 준금속: 중금속과 그 화합물. 흙 내에서 분해되지 않고 다양한 경로를 통해 먹이사슬에 축적될 수 있으며, 특정 농도 수준에서 독성이 있다.

살충제: 유기염소 살충제(예: DDT, 헥사클로로벤젠hexachlorobenzene, 린단lindane, 펜타클로로페놀pentachlorophenol, 피레스로이드pyrethroids). 제품별 살충제는 개별 사례에 따라 결정해야 한다.

흡착성유기할로겐화합물: 폐수의 품질을 측정할 때 흡착성 유기할로겐halogen 화합물의 합계 척도. "X"는 할로겐 불소, 염소, 브롬, 요오드를 지칭한다. 이 집단의 제품 중에 독성 살충제가 있다.

흙건축 자재를 재활용하려면 유해물질로 인해 오염될 수 있는 경로를 고려해야 한다. 건물의 수명기간 동안 노출 유형에 따라 크게 다를 수 있다. 예를 들어, 교통량이 많은 곳에서 배기가스에 노출되었던 외벽 흙미장은 재활용에 적합하지 않다. 그러나 지금까지 상세한 세부사항은 마련되지 않았다.

표 6.1에 기재한 유해물질은 흙건축 자재 생산 단계에서 첨가물로 건축 부재에 들어갈 수도 있다. 여러 국가의 흙건축 표준이 내후성을 높이기 위해 아스팔트 유액emulsion을 넣는 것을 허용한다(단원 4.2.1.3). 지금까지는 완성된 건물의 실내 공기 오염 가능성 또는 미래의 건축 자재 재활용 문제를 첨가물과 연결해서 깊이 고려하거나 시험하지 않았다. 살충제는 유기섬유골재를 첨가하면서 흙 배합물에 따라 들어갈 수 있는 기타 유해물질이다.

특히 개발도상국에서는 고가의 시멘트 기반 결합재의 대안으로 현지에서 구할 수 있는 폐기물을 첨가해서 흙블록을 안정시킨다(단원 3.4.2). 이런 첨가물은 많은 경우 중금속 성분이 들어있는 산업 폐기물을 포함한다. 시멘트에도 분쇄 공정에서 중금속 성분이 추가된 분쇄 산업 슬래그slag가 들어갈 수 있다.

건물의 "비단계적" 전체 철거(단원 6.1.2)가 잔여 흙건축 자재와 석면 섬유의 혼합을 유발할 수 있다. 석면 함량이 너무 높은 잔여 자재 혼합물은 재활용해서는 안 되며 폐기해야 한다.

표 6.1 흙건축 자재의 유해물질 한계 [8]

번호	시험 지표 / 물질	한계			시험 방법
		LMP	LP	LDB	
1	금속 및 준금속 (mg/kg)				소화 질산 / 불소화 질산
1.1	비소 As	≤ 5	20	20	DIN EN ISO 11885 또는 DIN EN ISO 17294-2
1.2	카드뮴 Cd	≤ 1	1	1	동일
1.3	코발트 cobalt	≤ 20	20	20	동일
1.4	크롬 Cr	≤ 20	200 (총 Cr)	200 (총 Cr)	동일
1.5	구리 Cu	≤ 35	–	–	동일
1.6	수은 Hg	≤ 0.5	0.5	0.5	DIN EN ISO 12846
1.7	니켈 Ni	≤ 20	100	100	DIN EN ISO 11885 또는 DIN EN ISO 17294-2
1.8	납 Pb	≤ 15	20	20	동일
1.9	안티몬 Sb	≤ 5	–	–	동일
1.10	주석 Sn	≤ 5	–	–	동일
1.11	아연 Zn	≤ 150	–	–	동일
1.12	육가 크롬 Cr VI (mg/L)			2	용출액 분석 TRGS 613
2	살충제 (mg/kg)				DFG S19와 동일
2.1	총계		1	1	
3	유기 물질 (mg/kg)				
3.1	흡착성유기할로겐화합물 AOXs	≤ 1	1	1	네이처플러스에 따른 실행 표준 "AOX / EOX"
4	활석의 석면 섬유	–	–	독일 약전에 따라 무석면 (독일 약전 -DAB)	REM
5	방사능 (Bq/kg)				
5.1	자연 방사능: ÖNORM S 5200에 따른 축적값 I	0.75	0.75	0.75	감마선 분광법을 사용해 방사성 핵종 K-40, Cs-137 및 Th 연속물, U 연속물, Ac 연속물의 활성 측정, 검출 한계: 0.5 Bq/kg (단원 5.1.6.1)

석면은 자연적으로 형성된 암석이다. 석면의 풍화 산물에는 오랫동안 전통 흙건축에 사용했던 섬유가 많은 점성토가 있다.

[9]에서는 터키 전통 건축에서 석면을 함유한 흙이나 건물을 사용해서 생긴 건강 위험을 설명한다. 지금까지 이런 오염된 건물을 복구하거나 폐기하는 해결책은 발견되지 않았다.

표 6.1의 한곗값을 사용해서 처음으로 표준 시험 방법으로 재활용 흙건축 제품의 유해물질

표 6.2 흙건축 자재에서의 배출 한계 [8]

번호	시험 척도 / 배출(조절 후)	한계			시험 방법(네이쳐플러스에 따른 시험실 방법 - 실행 표준)
		LMP	LP	LDB	
1	휘발성유기화합물(VOCs) (μg/m³)				DIN ISO 16000-6; -9; -11
1.1	VOCs 분류: 법규 EC No.1272/2008; TGRS 905: MAK 목록 III.1 및 MAK III.2의 K1, K2, M1, M2, R1, R2.	의미 있는 흔적 없음	의미 있는 흔적 없음	의미 있는 흔적 없음	시험실에 넣은 후 3일
1.2	(총) TVOCs, 분류: 법규 EC No.1272/2008; TGRS 907	≤ 3,000	≤ 3,000	3,000	시험실에 넣은 후 3일
		≤ 300	≤ 300	300	시험실에 넣은 후 28일
2	포름알데히드formaldehyde(μg/m³)	≤ 24	≤ 24	≤ 24	DIN EN 717-1, DIN ISO 16000-3, 시험실에 넣은 후 28일
3	아세트알데히드acetaldehyde(μg/m³)	≤ 24	≤ 24	≤ 24	DIN ISO 16000-3, 28일 후 PKB
4	냄새 / 냄새 등급	≤ 3	3	3	VDA 270; 23℃; 네이쳐플러스－실행 표준 "냄새 시험" 6단계 냄새등급 척도, 시험실에 넣은 후 24시간

허용 수준을 묻는 질문에 답할 수 있게 되었다. 이런 한곗값을 실제 건설 실무에서 어느 정도까지 확립할 수 있는지는 아직 지켜보아야 한다.

표 6.2에서 나열한 배출물은 다음을 참조한다:

총휘발성유기화합물(TVOC): 모든 휘발성유기화합물의 합계. 이 용어는 화학적으로 서로 다른 유기화합물을 합치는 것으로, 비등 범위는 하한 50~100℃, 상한 240~260℃이다. 가스 크로마토그래피gas chromatography 법으로 분리 및 검출할 수 있다. 개인 주택과 사무실의 일반적인 VOCs 배출원은 다음과 같다:

－세정제와 관리 제품

－도료, 마감재, 도료 희석제

－풀, 접착제

－향수, 향유

－소나무와 가문비나무로 만든 경목 가구

예를 들어, 최대 약 50℃로 비등 범위가 낮은 고휘발성 유기화합물(VVOCs)에 메탄올 CH_3OH과 포름알데히드 CH_2O가 있는데, 실내에서 흡입하면 두통을 유발할 수 있다. 위험 물질을 규정하는 기술법규(Technischen Regeln für Gefahrstoffe, TRGS)에 따르면 이런 물질은 휘발성 유기 용매라고도 하며 표 6.2에 별도로 기재했다.

다환성방향족탄화수소(PAHs): 벤젠 *Benzene* C_6H_6에서 파생된 분자 구조가 있는 화학물질군을 가리키는 포괄적 용어. 타르 산물에서 빠져나오거나 유기 물질(광물 타르유, 디젤 매연, 담배 연기, 바비큐 산물 등)이 일부만 연소할 때 형성된다. PAH군의 많은 물질들이 발암성이 높다.

페놀 지수: 페놀 *phenol*(탄화수소의 수산기 유도체)에서 파생된 분자 구조가 있는 화학물질군 합계 지수. 대표적 페놀 함유 제품으로 소독제와 방부제, 염료 중간 생성물, 합성수지, 플라스틱, 살충제, 가소제, 세제 등이 있다. 특히 클로로페놀^chlorophenol은 독성이 있으며 냄새와 맛이 강하다.

허용한계농도^threshold limit value(Maximale Arbeitsplatz-Konzentration, MAK): 지속 노출되는 동안 대체로 작업자의 건강에 영향이나 해를 끼치지 않는 기체, 증기, 공기 중 부유 입자 형태인 물질의 작업장 내 최대 허용 농도. 사람들이 건축 자재 또는 실내 비치물에 사용한 재료에서 나온 화학물에 노출되는 곳의 실내 공기질을 평가하는데 MAK를 적용할 수 없다. 독일에서는 이 분야를 규정한 평가 절차가 없다. 공기 오염물질을 정의하는 일반적인 평갓값은 연방배출관리법의 다양한 규칙과 규제에서 찾을 수 있다([10] 참조).

냄새: VDA 270(독일자동차산업협회)의 냄새 시험에서 자재(이 경우는 흙건축 자재)의 냄새를 전문가 집단이 측정한 다음 해당 등급을 발급한다. 등급 척도의 범위는 1 "감지할 수 없음"에서 6 "견딜 수 없음" 까지이다. 냄새 시험의 일반적 한계는 3등급 미만이다.

표 6.2의 모든 유기 물질은 실내 공기 중 특정 농도에서 다양한 정도로 건강 위험을 초래한다. 위에서 언급한 모든 유해물질은 땅속에서 전혀 분해되지 않거나 거의 분해가 안 된다.

진균포자

건부병 포자로 오염된 회수 흙건축 자재는 건물 철거 후에도 위험하다(단원 5.2.3). 따라서 흙구조물에 재활용하고 재사용해서는 안 된다.

회수한 흙건축 자재 내의 곰팡이 포자는 자재를 제대로 시공하면 거주자(실내 공기)나 구조물에 위험을 일으키지 않는다. 곰팡이는 생존을 위해 일정 수준의 수분이 필요한데, 완성 상태의 건조한 건축 부재에서는 수분을 이 수준으로 찾을 수 없다.

냄새

냄새는 실내 공기 내에 있는 휘발성 화합물로, 완성 상태의 건축 부재에(도) 영향을 미치며 건축 부재가 흡수할 수 있다. 기공이 열린 흙건축 부재의 표면은 수착[adsorption]용량이 크다. 흙건축 자재는 이런 화합물을 점토광물의 구조로 흡착하고 중화시켜서 냄새를 감지할 수 없게 만든다. 그러나 예를 들어, 농업 건물에서처럼 흡습[absorption]용량은 한계가 있다(단원 5.2.3 [11, 12]).

재활용 흙자재를 적시면, "냄새"가 다시 난다(예: 담배 연기). 이는 금방 사라지는데, 재활용 흙미장으로 마감한 벽이 건조 후에는 냄새가 나지 않는다는 것을 의미한다. 배출되는 냄새는 건강에 전혀 해롭지 않지만, 재활용 흙자재 사용에 심리적 장벽을 만들 수 있다. 농업 건물에서 회수한 재활용 흙자재는 위생상의 이유로 일반적으로 주거 구조물에 사용해서는 안 된다.

흙건축 자재에 적용한 첫 번째 냄새 시험은 독일자동차산업협회에서 개발한 등급 척도를 기반으로 한 시험이다(VDA 270). 흙판재 제품을 대상으로 Natureplus e.V. 기구가 발급하는 품질 인장을 인증하는 과정의 일부였다.

(3) 비용효율성

건축고재업협회(Business Association of Historical Building Materials e.V.)에 따르면(2006), 현재 재활용 흙건축 자재의 상업적 사용을 다룬 자료는 없다. 따라서 경제적 관점에서 이런 재료를 사용하는 비용효율성을 명확히 제시하는 것은 불가능하다.

반면 한 번에 대량의 자재를 쓰지 않는 자가 건축자들이 보수와 개축 공사에 재활용 흙건축 자재를 많이 사용한다. 자가 건축자들이 수행하는 공사의 "비용효율성"은 경제적 기준에 근거해 계산할 수 없으며 매우 제한적으로만 계산할 수 있다.

자가 건축자들이 재활용 흙건축 자재를 사용하는 것은 대체로 당초 용도에 적합했던 조성이기 때문에 이점이 있다. 재활용 자재를 동일한 용도로 사용하면 "올바른 배합"을 찾는 것이 상대적으로 쉬워지는데, 결국 이것이 비용효율성의 한 형태를 나타내기도 한다.

(4) 사용자의 수용

연방재활용건축자재조합[13]에서 제공한 자료에 따르면, 1997년 독일에서는 5,200만 톤의 재활용 건축 자재를 생산했는데, 이는 전체 건설용 암석 생산량의 7.4%에 불과했다. 이 자재의 80%를 토공사와 도로공사에 사용한다. 그 나머지 양은 아스팔트 파쇄석, 콘크리트용 골재, 기타 용도로 사용한다. "기타 용도"라고 한 영역은 분명히 "지상 건설"을 포함하므로 재활용 흙건축 자재를 활용하는 분야이다. 특히 이 영역에서 재활용 흙건축 자재를 더 많이 사용해야 한다. 재활용 건축 자재 사용이 2012년까지 9천만 톤으로 증가할 가능성이 매우 크지만, 신뢰할 만한 재활용 흙건축 자재 정보를 이용할 수가 없다.

이 수치는 기존의 법 제도와 건축 자재 재활용의 필요성 및 중요성 논의에도 불구하고 현재 건축 공사에 재활용 흙건축 자재를 포함한 재활용 건축 자재의 수용이 매우 낮은 수준이라는 것을 보여준다. 건물주와 건설사들이 "새롭고 현대적인" 자재와 비교해 재활용 건축 자재가 실제로 장점이 있는지에 대체로 회의적인 것 같다. 역사 보존 분야는 유일한 예외이다.

현재 건축물 건설에 재활용 흙건축 자재를 포함한 재활용 건축 자재 사용을 꺼리는 또 다른 이유는 순도가 높은 자재 공급에 한계가 있고 가격에 대한 분분한 견해 차이 때문이다. 품질 보증이 불확실한 것과 심리적 장벽이 작용하는 걸지도 모른다. 이도 저도 아니라면, 모든 건설 관련자들이 객관적인 정보가 부족해서 재활용 흙건축 자재를 포함한 재활용 건축 자재를 덜 수용하는 것이다.

6.2.2.2 재활용한 흙자재의 가능 용도

위에서 언급한 전제조건을 충족한 후 재활용 흙건축 자재(단원 2.2.1.3)는 진짜 재활용 제품으로 또는 다운사이클링을 통해 건물 철거 후에도 자재의 수명주기 안에 계속 남아있을 수 있다. 다음의 용도가 가능하다(표 6.3) (●):

표 6.3 재활용 흙건축 자재의 가능 용도

번호	흙건축 자재 [18]	진정한 재활용, 재사용	진정한 재활용, 준비+성형	다운사이클링	내용
1	흙다짐		●	●	분쇄한 건축토
2	흙쌓기		●	●	골재, 분쇄
3	짚흙 straw clay		●	●	골재, 분쇄
4	경량토			●	
5	비다짐 채움	●			골재, 필요하면 분쇄
6	흙블록 / "녹색" 비소성벽돌	●	●	●	
7	흙판재			●	표면 도포 고려
8	흙몰탈		●	●	표면 도포 고려, 골재 또는 분쇄

(1) 진정한 재활용

동일한 목적으로 사용하는 것을 뜻하며, 흙블록 조적에 흙블록을 재사용하는 것이 최고 형태의 재활용으로 가장 바람직하다. 이는 흙건축 자재에 적용한 내재된 작업(엔트로피[entropy])이 "성형한" 건축 자재 자체에 보존되어 있기 때문이다(그림 6.1 [14]).

그림 6.1 "진정한 재활용": 회수한 흙블록을 사용하여 기존 흙블록 조적벽 보수작업 [14]

그림 6.2 회수한 흙 재사용: 물에 담그기 및 모래 추가 [14]

특히 자가 건축자가 오래된 건물을 개축하고 개량하는 분야에서는 회수한 미장용 흙몰탈에 (필요하면) 모래를 추가해서 사용하는 것이 일반적이다. 회수한 자재를 단원 3.1.2에서 설명한 방법으로 준비한 "새로운" 흙미장 배합물에 첨가물로 사용할 수도 있다(그림 6.2 [14]).

(2) 다운사이클링

흙건축 자재는 기존 건축토와 첨가물이 최적으로 배합되어 있으므로 가치가 있는 것이다. 따라서 흙건축 자재에는 "다운사이클링downcycling"이라는 용어를 제한된 범위에만 적용할 수 있다.

그러나 더 사용할 수 없거나 깨진 흙블록을 기계적으로 처리할 수 있다. 건축 공사에서 흙쌓기나 흙다짐 건축 부재를 잘게 부수고 곱게 빻아 건축토 또는 비다짐 채움재로 사용하는 것도 마찬가지이다.

재활용 흙건축 자재(염류에 손상된 자재 포함)는 노반 공사의 채움재로도 사용할 수 있다. 건부병 포자로 오염되었거나 농업 건물에서 회수한 흙건축 자재도 동일하게 활용한다. 이런 뚜렷한 재활용 흙건축 자재 활용 기준을 아직 마련하지는 않았지만, LAGA 지침에 따라 환경 유해물질의 한계를 준수해야 한다(단원 6.3.2).

독일의 자원순환형폐기물관리법은 "폐기물"을 자재로 사용하거나 에너지를 복구해 사용할 수 없어서 매립지에 폐기해야 하는 잔여물로 정의한다. 이런 유형의 폐기물은 흙건축 자재를 재활용하는 동안에는 분리가 불가능한 자재 복합체 또는 유해물질을 포함하는 건축 자재를 제외하고는 발생하지 않는다. 깨진 흙블록 같은 잔여물은 젖은 상태로 되돌릴 수 있고, 필요하면 새로운 성형 공정을 진행한다(단원 3.1.2 및 3.2).

6.3 흙건축 자재의 폐기

1996년 독일의 자원순환형폐기물관리법(KrW-/AbfG)[3]은 폐기물 예방을 재활용보다 우선하도록 요구한다. 그러나 모든 재활용 조치를 강화하더라도 잔여 건축 자재를 항상 재료주기로 되돌릴 수 있는 것은 아니다. 이 경우 "건설 폐기물"로 폐기하는 것을 피할 수 없다.

6.3.1 건설 폐기물

독일연방합동폐기물위원회(LAGA – Landesarbeitsgemeinschaft "Abfall")"는 "건설 폐기물"이라는 용어를 네 가지 자재군group으로 나눈다 [15]: 굴착토, 도로 건설 폐기물, 건물 잔해, 건설 현장 폐기물. 표 6.4는 이 네 가지 자재 군의 기원과 구성 성분을 설명하며 2000년의 총량을 보여준다 [16]. 총 물량은 되메우기/직접 활용, 재활용, 잔여물(폐기물)로 세분화한다.

더 이상 필요하지 않은 (오염된) 건축 자재 잔여물은 "폐기물"로 분류하고, 재료주기에서 분리해서 환경적으로 안전한 방법으로 매립지에 적재한다.

직접 재사용, 되메우기, 재활용 용도의 건축 폐자재를 전처리하거나 품질을 관리한 후에 이들 자재는 건축 산업재로 규정한 속성을 다시 얻어서 1차 자재와 동등해진다. 이것이 재료 수명주기를 완성한다.

"도로 건설 폐기물" 자재군을 제외한 나머지 모든 범주에는 건축 폐자재인 다양한 품질의 점성토가 들어있으나 이 문제를 다룬 쓸만한 물량 정보가 없다.

표 6.4 건설 폐기물: LAGA 지침에 따른 자재 군 및 2000년 총생산량 [16]

번호	LAGA별 자재 유형	출처	구성 성분	총 용량 (백만 톤)	되메우기, 직접사용	재활용	잔여물 (폐기물)
1	굴착토	건물, 지하건축물, 도로 건설로 발생하는 고형 광물 폐자재	오염되지 않았거나 방해받지 않았거나 이전에 사용한 흙 또는 암석 자재(표토, 자갈, 모래, 점성토 clay-rich soil, 돌, 암석)	163.6	126.5	11.2	25.9 (15.8%)
2	도로건설 폐기물	교통 기반시설의 철거, 개선, 확대로 발생하는 고형 광물 폐자재	수경결합 건축 자재, 포장 및 도로 경계석, 포장용 석판, 모래, 자갈, 쇄석, 세자갈chipping 등	54.5	40.6	8.6	5.3 (9.7%)
3	건설 폐기물	모든 유형의 건물 철거, 개축, 재건축으로 주로 발생하는 고형 광물 폐자재	콘크리트벽돌 그리고/또는 소성벽돌 조적, 점성토, 규회벽돌, 자연석, 콘크리트 및 경량콘크리트 블록, 발포 콘크리트, 몰탈, 미장, 타일, 광모mineral wool 등	22.3	2	19.1	1.2 (5.4%)
4	건설현장 폐기물	건물의 신축, 개보수, 철거로 발생하는 혼합 광물 및 유기 폐자재	콘크리트, 조적, 미장용 (흙)몰탈, 목재, 합성 자재, 유리, 세라믹, 금속, 판지cardboard paper 등, 또한 강선, 도료, 광택제, 접착제, 밀봉제	11.8	–	1.7	10.1 (85.6%)

6.3.2 유해물질의 농도

건설 폐기물의 유해물질 농도는 "광물성 폐자재/폐기물의 자재 재활용 요건(LAGA 목록)"[17]을 규정하는 기술법규로 평가할 수 있다. 이 지침은 환경에 유해한 (흙을 포함한) 광물성 폐기물에 있는 유해물질의 한계를 규정한다.

흙을 토공사, 도로공사, 조경, 매립지 건설, 되메우기, 토지 재경작 조치에 사용할 수 있는 여부를 다양한 사용등급에 따라 결정한다(표 6.5). 이 사용등급은 유해물질의 상한, 즉 물질의 총 함량(표 6.6)과 원래 자재 내 유해물질의 기존 용해 부분(용출액^{eluate} 분석, 표 6.7)을 지정하는 기준 Z를 규정한다.

LAGA에서 발표한 잔여 자재와 폐자재 처리를 다루는 국가 지침 외에, "명령 1999/31/EC의 제 16조 및 부록 II에 따라 매립지 폐기물 수용 기준과 절차를 확립하는 2020년 12월 19일 EU 이사회 결정"을 고려해야 한다 [19]. 이 판결은 2004년 7월 16일에 발효되었고, 모든 회원국이 1년 이내에 자국 법률로 이행할 수 있는 선택권을 제시했다.

독일의 전략은 필연적으로 매립지로 향하는 폐자재가 매립에 적합하고 더 이상 화학적으로 반응하지 않도록 하는 것이다. 이는 일반적으로 열처리를 해야만 가능하다.

표 6.5 환경 유해물질 농도에 따른 흙 및 광물 폐기물의 사용등급(지정 기준)

번호	지정기준 Z	설명
1	Z0	Z0 지정기준까지의 물질 농도는 자연토로 취급한다. Z0보다 기준값이 작으면 임의로 사용할 수 있고, 흙 굴착이 필요하지 않다. 이 흙은 어린이 놀이터나 축구장, 학교 운동장, 텃밭과 같이 생태적으로 민감한 용도에 적합하다.
2	Z1	Z1 지정기준은 특정 한계를 고려하는 임의 사용의 상한을 규정한다. 지하수 수질 보존 규정은 이 기준값에 결정적인 역할을 한다. 지정기준을 초과하면 민감하지 않은 공업용지, 상업용지, 저장소 등의 토지에 임의로 사용할 수 있다. 위에서 언급한 생태적으로 민감한 곳에 사용은 제외한다.
3	Z1.1	이 값 이하에서는 불리한 수질 조건에서도 지하수 수질이 나빠진다고 보지 않는다.
4	Z1.2	이 값이 Z1.2 상한이면 전체 지면 덮개 같은 침식 방지 조치를 하고 임의 사용한다.
5	Z2	Z2 지정기준은 기술적 보호 조치가 규정된 흙의 사용 상한을 나타낸다. 이 등급의 흙은 불투수성 상위층 아래의 기초층 또는 폐기물과 표면 밀봉 사이의 고름층으로만 사용할 수 있다. 유해물질을 지하수로 방출하지 않도록 해야 한다. 이 흙도 생태적으로 민감한 토지에 사용할 수 없다.

표 6.6 LAGA 지침에 따른 지정기준별 고체물질 허용 농도

지표(mg/kg TS)	Z0	Z1.1	Z1.2	Z2
탄화수소	100	300	500	1,000
PCBs	0.02	0.1	0.5	1
EOX	1	3	10	15
PHA, EPA에 따른 합계	1	5	15	20
LHKW, 합계	<1	1	3	5
BTEX 방향족 화합물	<1	1	3	5
시안화물, 합계	1	10	30	100
카드뮴	0.6	1	3	10
니켈	40	100	20	600
납	100	200	300	1,000
비소	20	30	50	150
크롬, 합계	50	100	200	600
구리	40	100	200	600
아연	120	300	500	1,500
수은	0.3	1	3	10
탈륨	0.5	1	3	10

표 6.7 LAGA 지침에 따른 지정기준별 용출액eluate 분석의 기존 유해물질 용존 허용치

지표(mg/L)	Z0	Z1.1	Z1.2	Z2
pH 값	6.5~9.0	6.5~9.0	6.0~12.0	5.5~12.0
전도율(μs/cm)	500	500	1,000	1,500
페놀 지수	<0.01	0.01	0.05	0.10
시안화물, 합계	<0.01	0.01	0.05	0.10
카드뮴	0.002	0.005	0.005	0.01
니켈	0.040	0.050	0.150	0.20
납	0.020	0.040	0.100	0.20
비소	0.010	0.01	0.040	0.06
크롬, 합계	0.015	0.03	0.075	0.15
구리	0.050	0.05	0.150	0.20
아연	0.100	0.10	0.300	0.60
수은	0.0002	0.0002	0.001	0.002
탈륨	<0.001	0.001	0.003	0.005
아염소산염	10	10	20	30
황산염	50	50	100	150

References

1. Deutscher Abbruchverband e. v. (Hrsg.): Technische Vorschriften fur Abbrucharbeiten. Dusseldorf, 3. Aufl (1997)

2. Deutscher Abbruchverband e. v. (Hrsg.): Anforderungen an Verdingungsunterlagen bei Abbrucharbeit en und Ruckbauprojekten—Handlungshilfe, Dusseldorf (2004)

3. Gesetz zur Vermeidung, Verwertung und Beseitigung von Abfallen. Artikel 1: Gesetz zur Forderung der Kreislaufwirtschaft und zur Sicherung der umweltvertraglichen, Beseitigung von Abfallen (Kreislaufwirtschafts- und Abfallgesetz—KrW-/AbfG), Bundesgesetzblatt Teil I, 6.10.1994. Letzte Neufassung/Anderung BGBl. I S.1324, 1346 v. 22.05, pp. 2705–2732 (2013)

4. Robenack, K.-D.; Muller, A.: Baustoffrecycling—Einfuhrung Abbruchverfahren. Weimar, Bauhaus-Universitat, Fak. Bauingenieurwesen, Lehrunterlagen Vertiefung. Bauwerkserhaltung und Baustoffrecycling (1996)

5. Lofflad, H.: Das globalrecyclingfahige Haus—Fallstudie uber die Moglichkeiten der Wiedereingliederung von Bauruckstanden in den Naturkreislauf am Beispiel eines globalrecyclingfahigen Hauses mit Klassifizierung von Baustoffen und Planerkatalog sowie Oko-und Energiebilanz. Technische Universitat, Diss., Eindhoven, NL (2002)

6. Katalyse GmbH/Lofflad, H.; Justen, M.; Ebert, L.: Das recyclingfahige Haus. Studie uber die Notwendigkeit und die Moglichkeiten der Wiedereingliederung von Ruckstanden in den Naturkreislauf, am Beispiel des globalrecyclingfahigen Hauses, Koln (1993)

7. Schroeder, H.: Die Produktion von Lehmbaustoffen in Deutschland—aktuelle Situation und Tendenzen. Bauhaus-Universitat, Weimar, unpublished study (2001)

8. natureplus e.V. (Hrsg.) Richtlinien zur Vergabe des Qualitatszeichens "natureplus". RL 0607 Lehmanstriche und Lehmdunnlagenbeschichtungen (September 2010); RL 0803 Lehmputzmortel (September 2010); RL 0804 Stabilisierte Lehmputzmortel (proposed); RL 1006 Lehmbauplatten (September 2010); RL 1101 Lehmsteine (proposed); RL 0000 Basiskriterien (May 2011); Neckargemund (2010)

9. Vural, S.M.: Health effects of earthen building products. In: "Living in Earthen Cities—Kerpic 05", Proc. 1st International Conference, Istanbul Technical University 2005, pp. 204-211. Istanbul Technical University ITU, Istanbul (2005)

10. Zwiener, G.; Motzl, H.: Okologisches Baustoff-Lexikon: Bauprodukte, Chemikalien, Schadstoffe, Okologie, Innenraum., 3., erw. Aufl. C. F. Muller, Heidelberg (2006)

11. Bielenberg, H.: Der Einfluss des Stalles auf die Schweinemast. Braunschweig, Technische Hochschule, Fak. f. Bauwesen, Diss. (1963)

12. Burger, H.: Sanfter Baustoff Lehm in der Landwirtschaft—Auswirkungen auf das Stallklima. Kassel/Witzenhausen, Univ.-GH, FB Landwirtschaft/Agrartechnik, Unpublished diploma thesis (1995)

13. Rese, F.; Strauß, H. (Hrsg.): Die Steine- und Erden-Industrie—Baustoffe 2000 (2001/2002, 2003).

Stein-Verlag GmbH, Baden-Baden 2000 (2002, 2003)

14. Kurz, J.; Steinbichl. S.: Dokumentation Lehmbauarbeiten Haus Kurzbichl, Weimar. Weimar, auhaus-Universitat, Fak. Architektur, unpublished student research paper (2005)

15. Landesarbeitsgemeinschaft Abfall LAGA (Hrsg.): Abfallarten. Berlin: In: Abfallwirtschaft in Forschung u. Praxis, Bd. 41 (1992)

16. Glucklich, D. (Hrsg.): Okologisches Bauen—von Grundlagen zu Gesamtkonzepten. Munchen: Deutsche Verlags-Anstalt (2005)

17. Landesarbeitsgemeinschaft Abfall LAGA (Hrsg.): Anforderungen an die stoffliche Verwertung von mineralischen Reststoffen/Abfallen, Heft 20, 5. Aufl. LAGA Mitteilung, Berlin (2004)

18. Dachverband Lehm e.V. (Hrsg.): Lehmbau Regeln—Begriffe, Baustoffe, Bauteile., 3., uberarbeitete Aufl. Vieweg + Teubner | GWV Fachverlage, Wiesbaden (2009)

19. Entscheidung des Rates vom 19.12.2002 zur Festlegung von Kriterien und Verfahren fur die Annahme von Abfallen auf Abfalldeponien gem. Art. 16 u. Anhang II der Richtlinie 1999/31/EG

7

흙건축의 미래

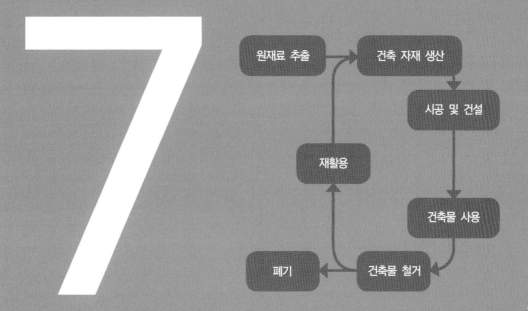

마지막으로 흙건축의 미래에 대한 질문을 살펴본다. 이전 장에서 설명한 접근 방식이 흙이 건축 자재로서 시장에서 성공하거나 지위를 확장하도록 보장할 수 있을까? 건축 자재 대기업의 "우위성"이 흙자재에 너무 압도적이지는 않을까? 상하이Shanghai의 새로운 푸동Pudong 공항, 두바이Dubai의 부르즈 알 칼리파the Burj al Khulifa 호텔, 대만의 수도 타이페이Taipeh의 101 마천루가 유행을 선도하는 건축 목표일까? 그렇다면 흙은 건축 자재로서 여전히 무슨 역할을 할까?

7 흙건축의 미래

Future of Earth Building

세계의 새로운 "호황" 지역의 사람들과 이야기할 때, 한 가지가 두드러진다: 그들 중 많은 사람들이, 초현대적인 고층 건물에서든 기록적 속도로 건설한 분주한 공항에서든, 자신의 뿌리를 찾는 이상한 갈망에 시달린다. 빠르게 성장하는 경제 강국은 자신의 문화적 정체성에 대한 안목을 잃었으나, 사람들은 이제 그들의 전통을 찾고 "다시" 발견하기 시작했다. 이러한 모색은 이따금 그들을 흙으로 된 건축 자재로 이끌기도 하고, 그 분야에 큰 기회를 제공한다.

개발도상국에서 흙은 여전히 사회적 사다리의 가장 아래 단에 있는 수백만 명의 사람들이 사용할 수 있는 유일한 건축 자재이다. 여기서 흙건축물은 항상 존재한다. 비록 사람들이 콘크리트 또는 소성벽돌로 견고한 집을 짓기를 열망하지만, 그들 대부분에게 그것은 꿈으로 남는다. 오늘날 대부분의 흙건축 활동이 이런 곳에서 아쉽게 이루어지고 있다. 그래서인지 흙을 이들 국가의 빈곤과 동일시하곤 하는데, 이는 2차 세계대전 이후 독일의 상황과 유사하다. 특히 지진 지역에 사는 사람들은 대개 흙으로 내진 주택을 짓는 방법을 제대로 알지 못한다. 그래서 그다음 지진 때 다시 많은 사상자가 발생할 수밖에 없다. 이런 정보 부족과 불충분한 교육은 흙건축 세계에 커다란 난관을 부과한다.

산업국가의 사람들은 증시와 유가(油價) 정보가 매우 중요한 매체 사회에 살고 있다. 정치인들은 언론 매체를 통해 녹아내리는 빙하 앞에서 에너지 절감 조치를 강화해야 한다고 설득하는 연설을 한다. 이러한 조치는 항상 사람들이 좋아하는 상품을 구매하고 사용하는 데 새로운 어려움을 야기한다: 자동차, 주택, 복지, 건강, 체력은 적어도 동등하게 중요하다.

바로 그 똑같은 매체를 활용하여 흙건축 자재의 장점인 건강한 실내 공간, 시멘트 대비 사실상 없다시피 한 생산 중 에너지 비용, 그다지 복잡하지 않은 재활용 과정을 대중에게 알릴 수 있다. 만약 대다수 사람이 이런 통찰에 도달하고, 그들의 깨달음이 석유 가격에 긍정적인 영향을 미친다면, 흙건축의 미래에 중요한 이정표가 될 것이다.

게다가, 유럽연합의 건설 과정에는 감당할 수 없을 정도로 많은 규칙과 규정이 적용되고, 흙은 대부분 유럽연합 국가의 건설 과정에서 "비규제" 건축 자재이다. 그래서, 건축 생태 및 건축 경제 측면에서 가치가 높지만, 이 공식 분류로 인해 장기적인 시장성이 없다. 흙을 "규제" 건축 산업재^{building product}로 분류하려면 재료 거동을 분석한 종합적인 연구에 근거해서 적절한 제품과 시공 표준을 개발해야 한다. 독일에서는 수십 년 동안 흙건축에 소홀했기 때문에 체계적인 연구를 수행하지 않았다. 이 점에서도 변화가 일어나야 한다.

이는 흙건축의 미래에 중요한 세 가지 영역으로 이어진다:

— 교육
— 연결망^{network}
— 연구와 표준화

그러나 무엇보다도 가장 중요한 질문이 있다: 흙건축이 경제적으로 합당한가?

7.1 교육

독일 교육계의 구조를 앞으로의 흙건축 교육 대상자에게 적용하려면 다음의 매우 단순화한 항목체계를 사용할 수 있다(표 7.1).

각 대상자용 흙건축 교육은 매우 다양하게 개설되어 있다:

표 7.1 독일의 흙건축 교육 대상자

	직업	학문
직업 기초훈련과 학부 강좌	건설업 수습생	건축공학 / 토목공학 학생
고급교육, 평생교육	건설업자	건축가 / 토목공학자 / 계획가

7.1.1 건설업자 대상 심화훈련

"업계 종사자[tradespeople]" 대상자군은 건설 과정에 직접 관여한다. 이 집단은 경쟁력을 유지하기 위해 흙건축에서 정보 격차를 가장 신속하게 좁혀야 하므로, 이 집단을 위한 교육 활동은 필수적이다. DVL은 1999년부터 2001년까지 맡았던 시범 사업으로 게라[Gera]에 있는 동부 튀링겐 상공회의소에서 튀링겐 루돌슈타트[Rudolstadt]의 상공환경센터와 협력하여 "흙건축 전문가" 평생직업 교육[1~4]을 개발했다. 이 사업은 튀링겐 경제기반시설부에서 자금을 지원했다. 주요 대상자는 건설업 직업훈련을 마친 업계 종사자이다. 교육과정에 참가자 교재가 포함되어 있다 [5].

이 교육과정은 성공적이었고 2005년부터 경제적으로 자립했다. 이는 사업자들[trades]을 위한 독일 전역의 평생교육 체계에 통합되었으며, 산업부[trades authorities]가 인정하고 시행한 독일 최초의 흙건축 평생교육이다 [6, 7]. 교육의 법적 근거는 참여하는 상공회의소(HWK)가 각 회의소 구역에서 발간하는 "특별법 조항"이다.

교육과정 졸업생은 해당 HWK가 발급한 수료증[certificate]을 받는다. 이 수료증으로 "조적공[mason] 및 콘크리트공" 전문업체를 대상으로 하는 사업자 등록 A에 자신의 사업체를 등록할 수 있다. 흙건축은 현재 이 전문업계에서 독립적인 사업자 자격이 없기 때문에 "흙건축"이라는 특수 분야로 등록을 제한한다. 사업 등록의 법적 근거는 독일 상공법, 8절 "예외"이다.

졸업생 회사는 HWK가 발급한 "흙건축 전문가" 수료증에 더해서 DVL에 등록된 "DVL 흙건축 전문업체" 인장을 달 자격을 얻는다. 이 인장은 회사가 흙건축 분야의 유능한 전문가임을 나타낸다. 이것을 홍보 목적으로 사용할 수 있으며, 건축주, 건축가, 계획가가 흙건축 전문가를 찾는 것을 돕는다.

유럽연합 LEONARDO 사업의 일환으로, 서부 포메라니아[Pomerania]의 메클렌부르크[Mecklenburg] 간 즐린[Ganzlin]에 있는 독일 기관 FAL e.V.는 슈베린[Schwerin] 상공회의소와 협력하여 2002년부터 2005년까지 "흙미장" 시범 교과과정을 개발했다. 이 과정 역시 산업부가 인정하고 시행했다. 이 과정의 자료는 CD-ROM으로 이용할 수 있다 [8].

7.1.2 건설업자 대상 직업 기초훈련

독일, 오스트리아, 스위스에서는 업계 수습생의 기초 직업교육을 회사에서 하는 실무 훈련과 직업학교에서 하는 이론 훈련으로 나눈다(= 이원 직업교육). 독일은 또한 회사가 운영하는 직업훈련소 형태로 전문직용 직업훈련의 세 번째 기둥pillar을 갖고 있다(＝3원 체계).

독일에서, 전체 연방 수준에서 인정하는 공식 훈련을 받아야 하는 직업에 필요한 직업교육은 직업훈련법(Berufsbildungsgesetzes, BBiG)[9]에 근거한다. 연방에서 인정하는 모든 직업은 해당 훈련 규정을 따른다. 회사 훈련은 교수자 적성시험에서 자격을 증명해야 하는 강사 또는 장인masters이 담당한다. 직업학교는 전문 이론, 실무, 일반 교육을 제공한다.

직업훈련의 과업은 "조직적으로 구성한 교과과정의 형태로 변화하는 작업 환경에 필요한 직업 기술, 능력, 지식을 가르치는 것"이다 [9, 1.3절]. 공식 훈련이 필요한 새로운 직업을 시험하는 절차는 [9, 6절]에서 규정한다. 현재 흙건축은 독립적인 사업 분야로 인정되지 않았다.

"흙건축 전문가" 교육과정은 공식적으로 흙건축을 산업 내 "특수 분야"로 도입했는데, 이는 흙건축 수용이 크게 향상되었음을 보여준다.

"전문직" 지위를 얻으려면, [9, 4와 6절]에 따라서 연방에서 인정하는 공식 훈련이 필요한 해당 직업을 개발, 시험, 시행해야 한다. 이는 기초 직업훈련 체계 내에서 다음과 같이 매우 단순화한 단계를 거쳐야 하는 것을 의미한다:

1. 한 (또는 복수의) 직업학교에서 "흙건축" 과목(약 40시간)을 내부적으로 "시험 운영"한다.
2. 시험 운영이 성공하면, 관할하는 교육문화부에 "공식 학교 시범운영"을 신청해야 하고, 직업훈련 2, 3년 차에는 "흙건축" 전공(선택) 과목(자격증 과목)을 개발해야 한다.
3. 장기목표: 독립 직업으로 발전시키고 독일연방직업교육훈련연구소(BIBB)에 연방 승인을 신청한다.

독일의 여러 직업학교는 이미 흙건축 과목을 교과과정에 포함시켰다(1단계). 그러나 전략적인 조정과 정보 교환이 빠져 있다.

DVL은 2008년 베를린Berlin의 크노벨스도르프Knobelsdorff 직업학교에서 BBiG의 68절 이하를 기반으로 "흙건축 구조물 건설"이라는 국가 자격증 과목 개발사업을 지원했다. 2009년 베를린 HWK가 평생직업교육중앙사무소(Zentralstelle für Weiterbildung im Handwerk, ZDH)의 국가 기준에 따라 이 자격증 과목을 시험하고 인증했다. 이는 이제 국가 수준에서 조적공 대상 직업훈련에 이 과목이 들어갈 수 있음을 의미한다.

현재 수습생의 이동성을 증진하고 외국에서 달성한 학습 성과가 수습생의 모국에서 상호 인정되도록 유럽연합 내에서 직업훈련을 보다 "이동성" 있고 투명하게 만드는 첫 번째 단계를 수행하고 있다. 이를 위해서 기초 직업훈련 단계용 학점credit 제도를 개발하는 중이다−직업 교육 및 훈련용 유럽 학점 제도 *European Credit System for Vocational Education and Training* ECVET.

이 제도의 기본은 서로 다른 국가의 자격 제도 연결과 "번역 장치" 역할을 기대하는 공통적인 "평생 학습을 위한 유럽 자격 제도(EQR)"이다 [10]. 이 제도는 지정된 기술자(記述子)descriptor 1가 있는 여덟 단계로 구성되며, 모든 자격 제도의 지식, 기술, 숙련도를 얻기 위해 각 단계에서 필요한 학습 결과 검증에 사용한다. 1~5단계는 직업훈련 분야를 다룬다. 독일 관점에서 4단계는 대략 "기능공journeyman", 5단계는 "장인"의 전문 자격에 해당한다.

EQR은 각 기술자로 유럽 고등교육 자격 제도, 이른바 볼로냐 과정Bologna Process과 호환이 가능하다. EQR의 5~8단계는 학사, 석사, 박사(PhD)까지 있는 대학 교육 분야를 다룬다.

유럽연합의 기술(건설) 표준 통합을 기대하면서(단원 4.2.1.3), 장기적 목표로 유럽의 "통합된" 교육 분야 조성을 향해 단계를 밟는 것이 타당한 것 같다. 이와 관련된 주요 문제는 국가별 직업 교육체계에 엄청난 차이가 있어서 결과적으로 비교할 수가 없다는 것이다.

흙건축 분야에서 범국가적인 첫 번째 시도인, 국가별 교육체계를 통해 달성한 학습 결과를 상호적으로 인정한 것은 FAL e.V. 기관이 시작해 2007년과 2009년 사이에 수행한 EU 사업(LEONRDO) ECVET Lehmbau / Lern·Lehm(흙을 배웁시다)이다. 이 사업은 흙미장 분야에서 1단계(초보자)에서 4단계(건설 자영업자/기능공)까지의 학습 과목을 개발했다 [11]. "흙건축 평가 및 훈련용 지침과 자원 제공(PIRATE)"이라는 제목의 EU 후속 사업에서, 2015년까지의 추가 흙건축 기술과 더불어 대학 교육에 준하는 수준의 학습 과목들을 개발하고 있다.

7.1.3 건축가, 토목공학자, 계획가 대상 대학 학술교육

2차 세계대전 이후 독일 튀링겐 주에 있는 바이마르 건축미술대학(1946년에 다시 설립했으며 현재의 바우하우스Bauhaus 대학)에서 학생들의 학술 교육과 흙건축 실습을 결합하려는 시도가 있었다. 1947년 12월 1일 튀링겐 주의 흙건축 학교가 대학 내 독립기관으로 문을 열었다. 참가자(대학생)는 일반적인 흙건축 방법(흙블록과 흙다짐 공법)의 이론적 지식을 농업 실험장 experimental agricultural station(모델 사업)에서 실습할 수 있었다(그림 7.1). 이 교육기관은 운영한 지 불과 몇 년 후에 흙건축이 쇠퇴해서 문을 닫았다.

---

1   국립국어원, 표준국어대사전, <https://stdict.korean.go.kr/main/main.do> (2021.03.01.) 발췌 및 요약: 정보를 분류하거나 문헌의 개념이나 내용을 표현하기 위해 사용하는 색인어.

그림 7.1 바이마르 주립 흙건축 학교에서 실습하는 모습 (1948)

현재 독일의 대학 및 전문학교 중 단지 몇 곳에서만 교과과정 내에 흙건축 교육을 진행하고 있다. 카셀대학(Minke 교수)이 이 분야의 선구자였다. 바우하우스Bauhaus 대학에서도 1993년부터 2012년까지 건축 및 토목 공학의 학위diploma/석사 교육과정 전공 선택으로 "흙건축"을 개설했다. 이 교육과정은 학위 과정degree program인 "건설업 지도 자격"을 통해 직업훈련 분야와 흥미로운 연계를 구축했다: 이 과정의 많은 학생들이 직업학교에서 흙건축 기초훈련 분야의 잠재적인 강사가 되는 "흙건축"을 전공 선택으로 수강했다.

학술교육 과정은 직업훈련 과정과 유사한 단계로 나눌 수 있다:

1. 건축재료학, 건물 복원, 생태 건축 같은 학제 간 교육과정의 일부인 흙(건축)과 함께, 간혹 비유럽의 전통 흙건축물과 관련된 건축가와 계획가[2]를 위한 설계

2. 일반적으로 한 학기 동안, 시험이 있는 교과과정 내에서 별도의 전공 선택인 흙(건축)

3. 일반적으로 4학기 동안, 전공을 추가하지 않고 각 학위(예: 미학 석사 MA, 이학 석사 MSc,

---

2   흙건축 관련 분야 중 표준(법), 경제성, 건축 생태 등을 다루는 분야의 종사자(단원 1.5).

공학 석사 M.Eng.)로 끝나는 별도의 석사 학위인 흙(건축)

독일에서 개설한 몇 안 되는 대학 수준의 흙건축 교육과정은 학사 학위가 1단계, 석사 학위가 2단계 과정이다. **연계** *consecutive* 과정으로 묶여있는데, 학사 및 석사 과정이 주제 내용 측면에서 연계되어 있음을 의미한다. 각 전문학교 또는 대학의 학과는 교과과정 중 흙건축 교육과정 시행 여부를 각자 결정할 수 있다. 3단계 박사 교육과정은 관할 교육 부서의 승인이 필요하다. 또한 승인 전에 3단계 박사 교육과정은 외부 전문가로 구성된 전문위원회가 진행하는 집중평가 절차를 성공적으로 통과해야 한다. 현재 3단계 흙건축 박사 과정은 단 하나로, 프랑스의 그르노블^{Grenoble} 대학^{ENSAG}에서 개설하고 있다 [12].

유럽 고등교육 분야를 대상으로 볼로냐 과정 제도 내에서 비교할 수 있고 (국가 간에) 학점을 이전할 수 있는 체계를 개발했다─**유럽 학점 이전 및 누적 체계** *European Credit Transfer and Accumulation System* ECTS. EU 내에서 학생들의 이동성을 촉진하는 것이 주요 목표이다. EU의 학원 체계가 현재의 학위^{diploma} 과정에서 유사한 학사 및 석사 과정으로 완전히 전환된 후에 ECTS 체계의 잠재력이 충분히 발휘될 것이다.

바이마르의 바우하우스 대학에서 이 체계를 시행했을 때 EU 국가뿐 아니라 특히 아시아와 라틴 아메리카에서 온 외국 학생들이 전공 선택인 "흙건축"에 큰 관심을 보였다. 학생들은 이제 전 세계적으로 대학교 웹사이트에서 관심 있는 특정 과목을 조사하고 그에 따라 선택할 수 있다. DVL은 이 절차를 쉽게 하려고 자체 웹사이트 www.uni-terra.org를 개발했고, 대학은 이를 전 세계 관객들에게 흙건축 과정을 홍보하는 데 사용할 수 있다 [13].

7.1.4 건축가, 토목공학자, 계획가 대상 평생교육

"변화하는 작업 환경"의 요구에 부응할 수 있으려면 건축가, 토목공학자, 계획가는 자신의 전문 기술과 지식을 지속적으로 확장하고 새롭게 해야 한다. 회의소^{chamber}라 불리는 전문 협회가 이들에게 정기적으로 연수^{workshop}에 참석하여 평생교육 학점을 취득하도록 요구한다.

현재 건축가, 토목공학자, 계획가는 잠재적인 흙건축 지식 격차를 해소할 수 있는 몇 가지 대안을 갖고 있다. 이런 활동의 공식 주최자로, 건축가와 공학자 회의소가 주립 협회, 대학, 전문학교의 역할을 할 수 있다.

회의소가 흙건축을 주제로 개설하는 평생교육은 일반적으로 흙건축 전문가들(협회, 기업,

개인 등)과 협력해서 계획한 하루에서 며칠 동안 지속되는 토론회seminars이다.

전통적인 의미의 학술 교육 외에도 건축가, 토목공학자, 계획가에게 평생교육을 제공하는 것이 대학과 전문학교에서 점점 더 중요해진다. 이런 교육과정은 볼로냐 과정에서 규정한 석사 학위를 기반으로 한다. 보통 네 학기 교육과정 동안 열리는 비연계 *nonconsecutive* 또는 **평생** *continuing* 석사 학위 과정이다. 학부 교육과정과 마찬가지로 흙건축을 건물 복원 또는 생태 건축과 같은 학제 간 과정의 부분적 주제로 다시 집어 넣는다.

대학도 석사 과정보다 낮은 단계의 평생교육 과정을 개설한다. 이런 과정은 흙건축을 1~2학기 수료 과정으로 개설한다. 대학의 흙건축 교육과정은 학생들도 청강할 수 있고 이후 참석 수료증도 받지만 보통 시험은 볼 수 없다.

또한, 비EU 국가로 흙건축 과정을 "수출"한 사례가 있었다. 2011년과 2014년에 DVL이 아부다비Abu Dhabi 문화유산청(ADACH)과 이집트흙건축협회(EECA)를 대신해서 이런 교육과정을 개발했고 현장에서 가르쳤다 [14, 15].

7.2 연결망

연결망*network*이라는 용어는 기본적으로 인과관계와 일반 또는 특정 시스템 속성을 기반으로 다양한 방법으로 서로 연결된 각 부분의 시스템을 의미한다.

잘 연결된 구조는 긴밀한 연결망을 통해 중요한 정보에 빠르게 접근할 수 있다. 예를 들어 특정 정보를 연결함으로써 위기 상황을 예방하거나 어떤 것의 대중적 심상image 개선에 필요한 행동 전략을 개발할 수 있다. "흙건축 시스템"을 생태적 또는 지속 가능한 건축물로 대중이 받아들이도록 인식을 향상하기 위해서는 사회의 관련 부문들이 그것을 인정해야만 한다. 이런 부문에는 사업자trades, 건설 산업, 교육, 표준화, 연구, 재정, 법률이 있다. 이 부문들의 구조를 분석하고 적절한 실행 전략을 규정해야 한다. 예를 들어, 개별 부문 간의 "연결망"이 좋을수록 "흙건축 시스템"이 대중적 인식에서 더 성공적일 수 있다.

이는 한 개인이 해낼 수 없다. 흙건축 촉진을 위한 독일의 국가기구인 독일흙건축협회 (Dachverband Lehm e.V.)는 건설, 계획, 건축 자재, 정보 분야의 지역 활동을 교육, 표준화, 연구, 국제협력 분야에서 국가 활동과 연계하는 임무를 스스로 설정했다. 이런 맥락에서 협회는 자체 사업을 수행하고 더 큰 사업에서 동업자 역할을 한다.

결정적인 요소는 매체와 꾸준하게, 분명한 목표를 갖고, 기술적으로 건전하게 교류^{engagement}하는 것이다. 인쇄 매체 외에도 인터넷은 정보 교환의 가장 보편적이고 효과적인 형태이다. 1999년부터 DVL은 웹사이트 www.dachverband-lehm.de에 흙건축 정보를 제공했다. 현장에서 하는 "토론 포럼"은 흙건축 분야의 일반적인 정보와 경험을 교환하는 발판 역할을 한다. 웹사이트 www.uni-terra.org는 학술 분야에서 흙건축 정보를 국제적으로 교환하는 발판 역할을 한다(단원 7.1). DVL은 4년마다 독일의 다양한 "흙건축 지역"에서 국제 학술대회와 무역 박람회를 개최해서 모든 흙건축 영역의 경험을 직접 교환하도록 촉진한다. 바이마르에서 열린 LEHM 2012는 여섯 번째였고, LEHM 2016은 이런 개념에 근거한 한 일곱 번째 학술대회가 될 것이다. 모든 발표는 학술대회 자료집으로 발행한다 [16-19].

독일에서 "우산^{umbrella}" 역할을 하는 국가기구인 독일흙건축협회가 성공적인 모델로 입증되었다. 많은 나라의 흙건축 전문가들이, 예를 들어 스위스, 오스트레일리아, 뉴질랜드에서 비슷한 경로를 따랐다. 독일의 DVL에게 어느 정도 고무된 다른 유럽 국가들, 예를 들어 체코, 프랑스, 포르투갈, 영국의 흙건축 건설자들이 최근 국가 단위 흙건축협회를 결성했다. 유럽 흙건축 표준화와 같은 중요한 작업을 집단적으로 처리하려면 유럽 또는 국제 흙건축 연결망을 형성해야 한다는 것이 점점 더 분명해진다.

역사적 흙건축물 보존을 위한 국제 연결망은 UNESCO-ICOMOS의 우산 아래에서 결성되었다. ICOMOS의 후원으로 1972년부터 약 4년마다 세계 각 지역에서 흙건축 유산의 보존에 관한 국제 학술대회가 열렸다. 이 학술대회들은 1993년부터 "Terra"라는 제목을 사용해 왔다. "Terra 2012"는 이 개념을 근간으로 한 열한 번째 학회였으며 페루 리마^{Lima}에서 열렸다. 열두 번째 학회인 "Terra 2016"은 프랑스 리옹^{Lyon}에서 열릴 것이다. 발표는 학회 자료집으로 발행했다. UNESCO-ICOMOS 규칙에 따른 국제 전문가 위원회 시스템은 이 작업을 조정하기 위해 만들어졌다. 흙건축물 보존 분야를 담당하는 위원회는 **국제흙건축유산과학위원회** *International Scientific Committee on Earthen Architectural Heritage* ISCEAH이다(http://isceah.icomos.org).

7.3 연구와 표준화

교육 외에도, 표준화는 흙을 일반적 건축 자재로 받아들이는 데 또 다른 중요한 분야이다. 미래에는 재료가 건설기술법 및 표준 체계에 포함된 경우에만 국내 및 국제 시장에서 성공할 수 있다.

독일에서는 1999년에 건설부가 흙을 건축 자재로 사용하는 것을 기술법규의 형태로 공식 규제했다(단원 4.2.1.2). 이 법규는 독일연방환경재단(DBU)이 후원하는 DVL 사업의 일환으로 2007년에 갱신되었으며 2008년에 3차 개정판을 발간했다 [20, 32].

오늘날, 독일에서는 대부분의 흙건축 자재를 산업적으로 생산한다. 이로써 DIN 18200에 기반한 흙건축 자재용 제품 표준 개발이 필요해졌다. 2012년 10월 DVL에서 시작한 "흙건축" 대상 DIN 추진위원회는 세 가지의 DIN 제품 표준 초안을 발표했고, 이를 2013년 4월 도입했다. 흙건축 표준화 분야의 추가적인 개발 전망은 단원 4.2.1.2에서 설명한다.

이러한 배경에서 연구는 주로 흙건축 자재의 재료 척도를 측정하고 적절한 시험 방법을 찾는 데 중점을 두었다. 연구 성과는 흙건축 대상 DIN 초안에 포함했고 3.6절에서 설명한다. 이제는 흙건축 부재를 시험하는 연구로 이어가고 확장해야 한다.

국제적인 흙건축 표준 개발은 이 주제가 개발도상국에서도, 특히 지진과 관련해서 점점 더 중요해지는 것을 보여준다.

표 1.1의 기준척도 항목체계는 기준척도 연구 계획에 필요한 지침 역할을 한다. 이 항목체계는 "건축토", "흙건축 자재", "흙건축 구조물"로 이어지는 가공 단계와 관련된 기준척도 집단과 개별 기준척도를 보여준다(단원 1.4.2).

그러나 처음에는 현재 흙건축에 사용하는 시험 방법이 적합한지 반드시 확인해서 필요하면 수정하고, 시험 간격 또한 정해야 한다. 이 시험 방법들은 대부분 다른 건축 자재 부문에서 차용해서 그런대로 흙건축 자재에 적용한 것이다. 이 항목체계는 특정 흙건축 자재의 용도에 따라 관련된 기준척도를 도출하고 정의하는 데 사용할 수 있다.

연구와 표준화는 여전히 "방대하고 복잡한 분야"이다. 그러나 아직 답이 없는 많은 질문에도 불구하고, 건축 자재로서의 흙이 건축재료학, 건축 및 구조 설계 분야에서 표준 참고기준 standard reference 으로 돌아오고 있는 것이 분명해졌다 [22~27].

7.4 경제적 발전

흙건축의 미래 전망을 살펴본 후에 경제 발전 가능성에 중요한 모든 질문에 답해야 한다. 흙건축 자재 수요가 증가하고 있다. 그러나 이 수요가 흙건축이 건설 산업 내에서 (소규모) 독립 부문이라고 영원히 확신할 수 있을 만큼 충분히 안정적인가? 최근 몇 년간 독일에서는 연간 건설 물량이 크게 증가하지 않았다. 이는 시장 점유율을 재분배해야만 판매가 증가할 수 있다는 의미이다.

독일에서 (흙건축 자재 생산을 포함하는) 채취장과 채석장 산업의 발전은 약 156,000명의 직원과 6,500개의 회사가 2001년에 약 235억 유로의 수익을 창출했다는 것을 보여준다 [28]. 2008년 독일건축자재협회(BV Steine u. Erden e.V.)는 약 280억 유로의 수익을 기록했는데, 이는 약 140,000명의 근로자를 고용한 약 6,000개의 회사가 창출한 것이다(www.bvbaustoffe.de). 같은 해 총건설투자액은 2,315억 유로(주택 건설에 1,408억 유로)였다. 흙건축과 흙건축 자재의 생산은 이 숫자와 얼마나 관련이 있을까?

바이마르의 바우하우스 대학에서 수행한 연구[29]에서 1995년부터 2000년까지 독일의 흙건축 자재 생산을 분석했다. 생산자들은 다음의 주제를 다룬 설문지에 답했다:

- 회사 내부 구조
- 생산량 / 제품군 / 수익
- 시장 분화 / 판매
- 자격 요건

다음은 더 이상 최신자료는 아니지만, 그럼에도 불구하고 독일 흙건축 시장 발달에서 결정적인 시기를 보여준다: 처음에 소규모였으나 지속적 수요 상승으로 시장 내 위치가 안정적으로 바뀐 것을 보여준다.

그 5년 동안 다음과 같은 경향이 관찰되었다:

많은 제조사가 "미분화된[all-in-one]" 회사로 시작했는데, 건축 자재 생산, 마케팅, 가공 등 모든 측면을 한 지붕 아래에서 결합했다는 뜻이다. 그러나 시간이 지나면서 개별 사업 부문에 집중하는 쪽으로 발전한 것이 명백해졌다.

이 같은 발전은 회사 수에서도 마찬가지였다. 초반에는 변동이 매우 큰 것이 관찰되었다. 연구가 끝날 무렵에는 회사당 창출한 수익보다 훨씬 느린 비율로 회사의 절대적 수가 증가했다. 이는 생산이 더 안정되고 수익성이 좋아진 것을 나타낸다. 오늘날 그 시절 업체들 중 일부가 여전히 시장에서 활동하고 있으며, 그들의 사업 운영은 매우 튼튼하고 안정적이다.

위에서 언급한 연구에서[29] 제작된 흙건축 자재들을 네 가지 제품군으로 분류했다: 사전 배합재와 비다짐 채움재; 즉석 몰탈과 미장; 흙블록; 흙판재. 연구기간 동안 각 제품 하위 군segment의 생산량 발전을 검토했다. 위에서 언급한 하위 군별 발전은 상당한 차이를 보였다.

1995년에 "흙블록"과 "흙몰탈" 제품군은 각각 약 64%, 29%로 흙건축 시장에서 명백히 우위를 차지했다. 그러나 1999년에는 "흙판재" 하위 시장segment의 총 매출이 거의 0%에서 40%로 증가했다. 수집한 자료에서 같은 해 "흙블록" 및 "흙몰탈" 제품은 합해서 55%에 불과했다.

이 모든 변화는 2000년 최초의 유력 사전배합 몰탈 제조사가 자체적으로 흙을 "발견"하고는 흙건축 자재를 포함해서 제품 범위를 확장하면서부터 시작되었다. 2000년 이후에는 신뢰할 수 있는 자료가 없다. 흙건축 자재 시장에서 "의미있는perceived" 발전은 "흙몰탈"(특히 흙미장) 제품군이 현재 선두에 있다는 것을 보여준다.

정보 제공 의지가 회사마다 크게 달랐다는 점도 언급해야 한다. 따라서 수익 자료는 대략의 추정치로만 보아야 한다. 수집한 자료에 따르면 연간 매출액이 1995년 340만 유로(독일 마르크에서 환산)에서 1999년 930만 유로로 거의 3배 증가했다. 이 수치는 분명히 이 금액을 초과한 1998년, 1999년과 함께 30%의 연평균 수익 증가를 나타낸다.

"의미있는" 발전을 바탕으로, 이 수치를 2014년에 반영해보면 낮은 두 자릿수 범위의 꾸준한 연간 성장을 추정할 수 있다. 연간 성장률을 보수적으로 10%로 추산하면 2014년 연간 매출액이 약 4,000만 유로에 이를 수 있다. 이를 근거로, 흙건축 자재 생산의 시장 점유율은 전체 건축 자재 시장의 0.1% 범위 안에 있다. 2001년에는 이 수치가 0.01%로 낮았다는 것을 기억하는 것이 중요하다.

흙건축이 지난 15년 동안 괄목할 만한 발전을 보였지만, 생성한 수익은 건축 자재 총생산량에 비하면 (여전히) 무시할 수 있는 수준에 머물러 있다. 반면 전체 추세와 달리 느리지만 꾸준한 증가세도 안정성을 가져온다. 따라서 "괄목할 만한 변화" 또는 "주요 돌파구"는 합리적인 예측이 아니다.

환경 보호와 특히 생태 건축을 바라보는 소비자들의 자세가 "의미있게" 수용적이라는 것은 감지할 수 있다. 그러나 예를 들어, 흙건축 자재를 사용하는 실제 구현에 대해서는 회의론이 여전히 널리 퍼져있다. 소비자들의 의구심을 성공적으로 해결할 수 있다면 흙건축은 긍정적인 방향으로 계속 발전할 것이다. 이를 달성하는 잠재적인 전략은 단원 7.1~7.3에서 제시했다. 이런 배경에서 정치적으로 시행하는 지속 가능한 건축물 원칙[30]에 충실한 주요 공공건물은 흙건축의 중요한 역할 모델이 될 수 있다 [31].

　제조 분야에서 현대적 생산 시설 투자와 신제품 개발은 주로 재원이 충분하지 않아 제한된다. 또한 많은 제조사가 전통 방식을 고수하고 위험을 감수하기를 꺼리며 좋은 마케팅이 필요하다는 것을 모른다. DIN 표준에 따라 흙건축 자재 생산에 요구되는 시험이 늘어난 것이 특히 소규모 업체에는 비용 부담이 되는 것도 분명하다.

　지난 20년을 돌아보면 흙건축은 매우 바람직한 방식으로 발전해왔다. 많은 사람들이 과소 평가하던 개별 활동 분야에서 신뢰할 수 있고 작지만 안정적인 건축 산업의 독립 부문으로 탈바꿈했다. 흙건축이 다시 일상적인 것으로 받아들여지기 시작했다.

References

1. Hohle, F.: Qualifizierung fur den Lehmbau. In: LEHM 2000, Beitrage zur 3. Int. Fachtagung des Dachverbandes Lehm e.V., pp. 85–89. Overall, Berlin (2000)

2. Pitzing, U.-D.: Fachkraft im Lehmbau—Die erste handwerksrechtlich anerkannte deutsche Lehmbauausbildung. In: Zukunft Lehmbau 2002—Fachtagung 10 Jahre Dachverband Lehm e.V., Beitrage pp. 123–132. Dachverband Lehm e.V./Bauhaus-Universitat Weimar, Weimar (2002)

3. Beuchel, E; Rohlen, U.: Modellhafte Qualifizierung zur "Fachkraft im Lehmbau". In: Zukunft Lehmbau 2002 —Fachtagung 10 Jahre Dachverband Lehm e.V., Beitrage, pp. 111–122. Dachverband Lehm e.V./Bauhaus-Universitat, Weimar (2002)

4. Beuchel, E.: Weiterbildung zur Fachkraft fur Lehmbau—Inhalte und bisherige Erfahrungen. In: Moderner Lehmbau 2003, pp. 101–104. Fraunhofer IRB, Stuttgart (2003)

5. Dachverband Lehm e.V. (Hrsg.): Kurslehrbuch Fachkraft Lehmbau. Dachverband Lehm e.V., Weimar (2005)

6. Rohlen, U: Uberfuhrung der Qualifikation "Fachkraft Lehmbau" in eine bundesweit anwendbare Struktur. In: Moderner Lehmbau 2005, pp. 99–102, Umbra Umwelt- u. Unternehmensberatung GmbH (Hrsg.), Berlin (2005)

7. Schroeder, H.; Rohlen, U.; Jorchel, S.: Professional Training and Academic Teaching in Earth Architecture: The Activities and Experiences of the Dachverband Lehm e.V., Germany. In: Mediterra 2009; 1st Mediterranean Conference on Earth Architecture, Proc, Monfalcone, pp. 657–663. Edicom Edizioni, Italia (2009)

8. FAL e.v.: Lehmputze und Gestaltung/Clay Plaster. MVP, Ganzlin, CD (2005)

9. Bundesministerium fur Bildung u. Forschung: Berufsbildungsgesetz (BBiG) v. 23 March 2005 BGBl. I, p. 931

10. Europaische Kommission (Hrsg.): Der Europaische Qualifikationsrahmen fur lebenslanges Lernen (EQR). Amt fur amtliche Veroffentlichungen der Europaischen Gemeinschaften, Luxemburg (2008)

11. Fal e.v. (Hrsg.): Handbuch ECVET Lehmbau, Ganzlin MVP: 2009 (www.earthbuilding.eu)

12. Ecole Nationale Superieure d'Architecture de Grenoble: Diplome de specialisation et d'approfondissement en architecture DSA—Architecture de Terre. Laboratoire CRATerre—ENSAG, Grenoble (2005)

13. Schreckenbach, H.: Vernetzen im Lehmbau. In: LEHM 2008 Koblenz, Beitrage zur 5. Internationalen Fachtagung fur Lehmbau., pp. 74–77. Dachverband Lehm e.V., Weimar (2008)

14. Dachverband Lehm E.V./Abu Dhabi Authority for Culture & Heritage (ed.): Building with Earth—Course handbook for building trades: masons, carpenters, plasterers, Weimar: unpublished (2009)

15. Dachverband Lehm e.v./Egyptian Earth Construction Association (ed.): Planning and Building with Earth—Course Handbook for Architects, Civil Engineers And Urban Planners. Weimar: unpublished (2013)

16. KirchBauhof gGmbH (Hrsg. im Auftrag des DVL): LEHM 2000 Berlin—Beitrage zur 3. Internationalen Fachtagung Lehmbau des Dachverbandes Lehm e.V. Overall, Berlin (2000)

17. Dachverband Lehm e.V. (Hrsg.): LEHM 2004 Leipzig—Tagungsbeitrage der 4. Internationalen Fachtagung

fur Lehmbau. Eigenverlag Dachverband Lehm e.V., Weimar (2004)

18. Dachverband Lehm e.V. (Hrsg.): LEHM 2008 Koblenz—Tagungsbeitrage der 5. Internationalen Fachtagung fur Lehmbau. Eigenverlag Dachverband Lehm e.V., Weimar (2008)

19. Dachverband Lehm e.V. (Hrsg.): LEHM 2012 Weimar—Tagungsbeitrage der 6. Internationalen Fachtagung fur Lehmbau. Eigenverlag Dachverband Lehm e.V., Weimar (2012)

20. Dachverband Lehm e.V. (Hrsg.): Lehmbau Regeln—Begriffe, Baustoffe, Bauteile, 3., uberarbeitete Aufl. Vieweg + Teubner | GWV Fachverlage, Wiesbaden (2009)

21. Schroeder, H.: Modern earth building codes, standards and normative development. In: Hall, M.R., Lindsay, R., Krayenhoff, M. (eds.) Modern earth buildings—Materials, engineering, construction and applications, pp. 72–109. Woodhead Publishing Series in Energy: Nr 33. Woodhead, Oxford (2012)

22. Backe, H.; Hiese, W.: Baustoffkunde fur Berufs- und Technikerschulen und zum Selbstunterricht, 8. Aufl. Werner, Dusseldorf (1997)

23. Dierks, K.; Wormuth, R. (Beitrag Ziegert): Baukonstruktion, 6. Aufl. Werner, Dusseldorf (2007)

24. Hegger, M.; Auch-Schwelk, V.; Fuchs, M., Rosenkranz, T.: Baustoff Atlas. Architektur/Edition Detail. Birkhauser-Verlag f., Basel/Munchen (2005)

25. Achtziger, J.; Pfeifer, G.; Ramcke, R.; Zilch, K.: .: Mauerwerk Atlas. Architektur/Edition Detail. Birkhauser, Basel (2001)

26. Schroeder, H.: Konstruktion und Ausfuhrung von Mauerwerk aus Lehmsteinen. In: Mauerwerkkalender 2009, pp. 271–290. W. Ernst & Sohn, Berlin (2009)

27. Minke, G.; Schroeder, H.; Ziegert, C.: Das Technische Merkblatt "Anforderungen an Lehmputze" des Dachverbandes Lehm e.V. In: Europaischer Sanierungskalender 2009, pp. 105–111. Beuth, Berlin (2009)

28. Rese, F.; Strauß, H. (Hrsg.): Die Steine- und Erden-Industrie—Baustoffe 2000 (2001/2002, 2003). Stein-Verlag GmbH, Baden-Baden, 2000 (2002, 2003)

29. Schroeder, H.: Die Produktion von Lehmbaustoffen in Deutschland—aktuelle Situation und Tendenzen. Weimar, Bauhaus-Universitat, unpublished study (2001)

30. Rohlen, U.; Mai, D.: Trockenbau mit Lehmbau im "Klimareferat der Vereinten Nationen", Bonn. In: LEHM 2012 Weimar, Beitrage zur 6. Int. Fachtagung fur Lehmbau, pp. 50–53. Dachverband Lehm e.V., Weimar (2012)

31. Bundesministerium fur Verkehr, Bau und Stadtentwicklung (BMVBS) (Hrsg.): Leitfaden Nachhaltiges Bauen. BMVBS, Weimar (2011)

32. Schroeder, H.; Volhard, F.; Rohlen, U.: Die Lehmbau Regeln 2008–10 Jahre Erfahrungen mit der praktischen Anwendung. In: LEHM 2008 Koblenz, Beitrage zur 5. Internationalen Fachtagung fur Lehmbau, pp. 12–21. Dachverband Lehm e.V., Weimar (2008)

Cited Standards as of March 2015

Number	Edition	Title
DIN 105-100	2012-01	Clay masonry units—Part 100: Clay masonry units with specific properties
DIN 276-1	2008-12	Building costs—Part 1: Building construction
DIN 276-4	2009-08	Building costs—Part 4: Civil constructions
DIN 1048-2	1991-06	Testing concrete; testing of hardened concrete (specimens taken in situ)
DIN 1048-5	1991-06	Testing concrete; testing of hardened concrete (specimens prepared in mould)
DIN 1053-1	1996-11	Masonry—Part 1: Design and construction
DIN 1055-2	2010-11	Actions on structures—Part 2: Soil properties
DIN 4102-1	1998-05	Fire behaviour of building materials and building components—Part 1: Building materials; concepts, requirements and tests
DIN 4102-2	1977-09	Fire behaviour of building materials and building components; Building Components, Definitions, Requirements and Tests
DIN 4102-4 (D)	2014-06	Fire behaviour of building materials and building components—Part 4: Synopsis and application of classified building materials, components and special components
DIN 4103-1	2014-03	Internal non-loadbearing partitions
DIN 4108-2	2013-02	Thermal protection and energy economy in buildings—Part 2: Minimum requirements to thermal insulation
DIN 4108-3	2014-11	Thermal protection and energy economy in buildings—Part 3: Protection against moisture subject to climate conditions—requirements and directions for design and construction
DIN 4108-4	2013-02	Thermal insulation and energy economy in buildings—Part 4: Hygrothermal design values
DIN V 4108-6	2004-03	Thermal protection and energy economy in buildings—Part 6: Calculation of annual heat and energy use; Corrigendum 1
DIN 4108-7	2011-01	Thermal insulation and energy economy in buildings—Part 7: Air tightness of buildings—requirements, recommendations and examples for planning and performance
DIN 4109-1 (D)	2013-06	Sound insulation in buildings—Part 1: Requirements to sound insulation
DIN 18121-1	1998-04	Soil, investigation and testing—water content—Part 1: Determination by drying in oven
DIN 18122-1	1997-07	Soil—investigation and testing—consistency limits—Part 1: Determination of liquid limit and plastic limit
DIN 18122-2	2000-09	Soil—investigation and testing—consistency limits—Part 2: Determination of the shrinkage limit
DIN 18123	2011-04	Soil—investigation and testing— determination of grain-size distribution

Number	Edition	Title
DIN 18124	2011-04	Soil—investigation and testing— determination of density of solid particles— capillary pycnometer, wide mouth pycnometer, gas pycnometer
DIN 18125-1	2010-07	Soil—Investigation and testing— determination of density of soil—Part 1: Laboratory tests
DIN 18127	2012-09	Soil—investigation and testing—Proctor-test
DIN 18128	2002-12	Soil—investigation and testing—determination of ignition loss
DIN 18129	2011-07	Soil—investigation and testing—determination of lime content
DIN 18132	2012-04	Soil, testing procedures and testing equipment—determination of water absorption
DIN 18134	2011-07	Soil—testing procedures and testing equipment—plate load test
DIN 18135	2012-04	Soil—investigation and testing—oedometer consolidation test
DIN 18136	2003-11	Soil—investigation and testing—unconfined compression test
DIN 18137-1	2010-07	Soil, Investigation and testing—determination of shear strength—Part 1: Concepts and general testing conditions
DIN 18137-2	2011-04	Soil, Investigation and testing—determination of shear strength—Part 2: Triaxial test
DIN 18137-3	2002-09	Soil, Investigation and testing—determination of shear strength—Part 3: Direct shear test
DIN 18196	2011-05	Earthworks and foundations—soil classification for civil engineering purposes
DIN 18200	2000-05	Assessment of conformity for construction products—certification of construction products by certification body
DIN 18300	2012-09	German construction contract procedures (VOB)—Part C: General technical specifications in construction contracts (ATV)—earthworks
DIN 18319	2012-09	German construction contract procedures (VOB)—Part C: General technical specifications in construction contracts (ATV)—trenchless pipelaying
DIN 18330	2012-09	German construction contract procedures (VOB)—Part C: General technical specifications in construction contracts (ATV)—masonry work
DIN 18331	2012-09	German construction contract procedures (VOB)—Part C: General technical specifications in construction contracts (ATV)—concrete works
DIN 18340	2012-09	German construction contract procedures (VOB)—Part C: General technical specifications in construction contracts (ATV)—dry lining and partitioning work
DIN 18350	2012-09	German construction contract procedures (VOB)—Part C: General technical specifications in construction contracts (ATV)—plastering and rendering
DIN 18353	2012-09	German construction contract procedures (VOB)—Part C: General technical specifications in construction contracts (ATV)—laying of floor screed
DIN 18550-2	2015-06	Design, preparation and application of external rendering and internal plastering— Part 2: Supplementary provisions for DIN EN 13914-2 for internal plastering

Number	Edition	Title
DIN 18555-6	1987-11	Testing mortars containing mineral binders; determination of bond strength of hardened mortar
DIN V 18599-1	2013-05	Energy efficiency of buildings—calculation of the net, final and primary energy demand for heating, cooling, ventilation, domestic hot water and lighting—Part 1: General balancing procedures, terms and definitions, zoning and evaluation of energy sources; Corrigendum 1
DIN 18945	2013-08	Earth blocks—terms and definitions, requirements, test methods
DIN 18946	2013-08	Earth masonry mortar—terms and definitions, requirements, test methods
DIN 18947/1	2015-03	Earth plasters—terms and definitions, requirements, test methods/ Amendment 1
DIN 52108	2010-05	Testing of inorganic non-metallic materials— wear test using the grinding wheel according to Böhme—grinding wheel method
DIN 52612-3	1979-09	Testing of thermal insulating materials; determination of thermal conductivity by the guarded hot plate apparatus; thermal resistance of laminated materials for use in building practice
DIN 20000-401	2012-11	Application of building products in structures—Part 401: Rules for the application of clay masonry units according to DIN EN 771-1:2011-07
DIN EN 717-1	2005-01	Wood-based panels—determination of formaldehyde release—Part 1: Formaldehyde emission by the chamber method
DIN EN 771-1	2011-07	Specification for masonry units—Part 1: Clay masonry units
DIN EN 772-1	2011-07	Methods of test for masonry units—Part 1: Determination of compressive strength
DIN EN 772-9	2005-05	Methods of test for masonry units—Part 9: Determination of volume and percentage of voids and net volume of clay and calcium silicate masonry units by sand filling
DIN EN 998-1	2010-12	Specification for mortar for masonry—Part 1: Rendering and plastering mortar
DIN EN 998-2	2010-12	Specification for mortar for masonry—Part 2: Masonry mortar
DIN EN 1015-1	2007-05	Methods of test for mortar for masonry—Part 1: Determination of particle size distribution (by sieve analysis)
DIN EN 1015-2	2007-05	Methods of test for mortar for masonry—Part 2: Bulk sampling of mortars and preparation of test mortars
DIN EN 1015-3	2007-05	Methods of test for mortar for masonry—Part 3: Determination of consistence of fresh mortar (by flow table)
DIN EN 1015-10	2007-05	Methods of test for mortar for masonry—Part 10: Determination of dry bulk density of hardened mortar
DIN EN 1015-11	2007-05	Methods of test for mortar for masonry—Part 11: Determination of flexural and compressive strength of hardened mortar
DIN EN 1015-12	2000-06	Methods of test for mortar for masonry—Part 12: Determination of adhesive strength of hardened rendering and plastering mortars on substrates
DIN EN 1015-19	2005-01	Methods of test for mortar for masonry—Part 19: Determination of water vapour permeability of hardened rendering and plastering mortars

Number	Edition	Title
DIN EN 1052-3	2007-06	Methods of test for masonry—Part 3: Determination of initial shear strength
DIN EN 1990 /NA/A1	2012-08	Eurocode: Basis of structural design/National annex/Amendment 1
DIN EN 1991-1-1 /NA/A1	2014-07	Eurocode 1: Actions on structures—Part 1-1: General actions—densities, self-weight, imposed loads for buildings/national annex— nationally determined parameters/Amendment 1
DIN EN 1995-1-1 /A2	2014-07	Eurocode 5: Design of timber structures—Part 1-1: General—common rules and rules for buildings/Amendment 2
DIN EN 1996-1-1 /NA/A2	2015-01	Eurocode 6: Design of masonry structures— Part 1-1: General rules for reinforced and unreinforced masonry structures/national annex— nationally determined parameters/ Amendment 2
DIN EN 1996-2	2012-01	Eurocode 6: Design of masonry structures— Part 2: Design considerations, selection of materials and execution of masonry
DIN EN 1998/A1	2013-05	Eurocode 8: Design of structures for earthquake resistance—Part 1: General rules, seismic actions and rules for buildings/ Amendment 1
DIN EN 12354-1	2000-12	Building acoustics—estimation of acoustic performance of buildings from the performance of products—Part 1: Airborne sound insulation between rooms
DIN EN 12354-2	2000-09	Building acoustics—estimation of acoustic performance of buildings from the performance of elements—Part 2: Impact sound insulation between rooms
DIN EN 12390-6	2010-09	Testing hardened concrete—Part 6: Tensile splitting strength of test specimens
DIN EN 12620	2008-07	Aggregates for concrete
DIN EN 12664	2001-05	Thermal performance of building materials and products—determination of thermal resistance by means of guarded hot plate and heat flow meter methods—dry and moist products with medium and low thermal resistance
DIN EN 12878	2014-07	Pigments for the colouring of building materials based on cement and/or lime— specifications and methods of test
DIN EN 13055 (D)	2012-04	Lightweight aggregates for concrete, mortar, grout, bituminous mixtures, surface treatments and for unbound and bound applications
DIN EN 13139	2004-12	Aggregates for mortar/Corrigenda 1
DIN EN 13300	2002-11	Paints and varnishes—water-borne coating materials and coating systems for interior walls and ceilings—classification
DIN EN 13501-1	2010-01	Fire classification of construction products and building elements—Part 1: Classification using data from reaction to fire tests
DIN EN 13501-2	2010-02	Fire classification of construction products and building elements—Part 2: Classification using data from fire resistance tests, excluding ventilation services
DIN EN 13914-2 (D)	2013-09	Design, preparation and application of external rendering and internal plastering—Part 2: Design considerations and essential principles for internal plastering

Number	Edition	Title
DIN EN 15643-1	2010-12	Sustainability of construction works—sustainability assessment of buildings—Part 1: General framework
DIN EN 15643-2	2011-05	Sustainability of construction works—sustainability assessment of buildings—Part 2: Framework for the assessment of environmental performance
DIN EN 15643-3	2012-04	Sustainability of construction works—sustainability assessment of buildings—Part 3: Framework for the assessment of social performance
DIN EN 15643-4	2012-04	Sustainability of construction works—sustainability assessment of buildings—Part 4: Framework for the assessment of economic performance
DIN EN 15804 /A1	2014-07	Sustainability of construction works—environmental product declarations—core rules for the product category of construction products/Amendment 1
DIN EN 15933	2012-11	Sludge, treated biowaste and soil—determination of ph
DIN EN 15942	2012-01	Sustainability of construction works—environmental product declarations—communication format business-to-business
DIN EN 15978	2012-10	Sustainability of construction works—assessment of environmental performance—calculation method
DIN EN 16309 /A1	2014-12	Sustainability of construction works—assessment of social performance—calculation methodology/Amendment 1
DIN EN 16627	2013-07	Sustainability of construction works—assessment of economical performance—calculation method
DIN EN ISO 6946	2008-04	Building components and building elements—thermal resistance and thermal transmittance—calculation method
DIN EN ISO 7345	1996-01	Thermal insulation—physical quantities and definitions
DIN EN ISO 7500-1 (D)	2014-05	Metallic materials—verification of static uniaxial testing machines—Part 1: Tension/ compression testing machines—verification and calibration of the force-measuring system
DIN EN ISO 7730	2006-05	Ergonomics of the thermal environment—analytical determination and interpretation of thermal comfort using calculation of the PMV and PPD indices and local thermal comfort criteria
DIN EN ISO 9346	2008-02	Hygrothermal performance of buildings and building materials—physical quantities for mass transfer—vocabulary
DIN EN ISO 11885	2009-09	Water quality—determination of selected elements by inductively coupled plasma optical emission spectrometry
DIN EN ISO 12571	2013-12	Hygrothermal performance of building materials and products—determination of hygroscopic sorption properties
DIN EN ISO 12572 (D)	2015-01	Hygrothermal performance of building materials and products—determination of water vapour transmission properties
DIN EN ISO 12846	2012-08	Water quality—determination of mercury— method using atomic absorption spectrometry (AAS) with and without enrichment
DIN EN ISO 14021	2012-04	Environmental labels and declarations—self- declared environmental claims (Type II environmental declaration)
DIN EN ISO 14024	2001-02	Environmental labels and declarations—type I environmental labeling—principles and procedures

Number	Edition	Title
DIN EN ISO 14025	2011-10	Environmental labels and declarations—type III environmental declarations—principles and procedures
DIN EN ISO 14040	2009-11	Environmental management—life cycle assessment—principles and framework
DIN EN ISO 14044	2006-10	Environmental management—life cycle assessment—requirements and guidelines
DIN EN ISO 14688-1	2013-12	Geotechnical investigation and testing— identification and classification of soil—Part 1: Identification and description
DIN EN ISO 14688-2	2013-12	Geotechnical investigation and testing— identification and classification of soil—Part 2: Principles for a classification
DIN EN ISO 15148	2003-03	Hygrothermal performance of building materials and products—determination of water absorption coefficient by partial immersion
DIN (EN) ISO 16000-3	2013-01	Indoor air—Part 3: Determination of formaldehyde and other carbonyl compounds in indoor air and test chamber air—active sampling method
DIN (EN) ISO 16000-6	2012-11	Indoor air—Part 6: Determination of volatile organic compounds in indoor and test chamber air by active sampling on Tenax TA sorbent, thermal desorption and gas chromatography using MS or MS-FID
DIN EN ISO 16000-9	2008-04	Indoor air—Part 9: Determination of the emission of volatile organic compounds from building products and furnishing—emission test chamber method
DIN EN ISO 16000-11	2006-06	Indoor air—Part 11: Determination of the emission of volatile organic compounds from building products and furnishing—sampling, storage of samples and preparation of test specimens
DIN EN ISO 17294-2 (D)	2014-12	Water quality—application of inductively coupled plasma mass spectrometry (ICP-MS)—Part 2: Determination of 62 elements
DIN EN ISO 22475-1	2007-01	Geotechnical investigation and testing— sampling methods and groundwater measurements—Part 1: Technical principles for execution
ISO 15392	2008-05	Sustainable building in construction—general principles
ISO 21929-1	2011-11	Sustainability in building construction— sustainability indicators—Part 1: Framework for the development of indicators and a core set of indicators for buildings
ISO 21930	2007-10	Sustainability in building construction— environmental declaration of building products
ISO 21931-1	2010-06	Sustainability in building construction— framework for methods of assessment of the environmental performance of construction works—Part 1: Buildings

그림 목록

Chapter 1 흙건축의 발전

Figure	Bibliography no.	Author
1.1, 1.16	[1]	
1.3		Susanne Schroeder, Weimar, Germany
1.4	[2]	
1.5	[3]	
1.6	[4]	
1.7	[5]	
1.8	[6]	
1.9		Hannah Schreckenbach, Magdeburg, Germany
1.10	[7]	
1.11, 1.13	[8]	Prof. Dr. Stefan Simon, Berlin, Germany
1.14a	[12]	
1.15b		b: www.wmf.org
1.17	[21]	Bianca Isensee, Weimar, Germany
1.18, 4.39	[25]	
1.19	[26]	Franz Volhard, Darmstadt, Germany
1.20	[27]	Stadtmuseum Nürnberg
1.21, 1.22	[29]	
1.24, 1.25	[33]	

Chapter 2 건축토 – 조달, 채취, 분류

Figure	Bibliography no.	Author
2.1, 2.4, 2.5, 2.6, 2.7	[1]	
2.2	[2]	
2.3, 2.33	[3]	
2.8	[5]	
2.9	[15]	
2.15	[9, 37]	
2.11, 2.12, 2.13, 2.22, 2.23, 2.24, 2.25, 2.29	[10]	Thomas Schnellert, Weimar, Germany

Chapter 2 건축토 – 조달, 채취, 분류 (계속)

Figure	Bibliography no.	Author
2.14, 2.16, 2.31	[11]	2.31 REM: Wikipedia
2.17, 2.18	[14]	
2.19 top, 2.27, 2.28, 2.30	[9]	
2.19 bottom	[15]	
2.26	[27]	
2.32	[20, 27]	
2.33	[3, 23]	
2.34	[20, 27]	
2.35	[34, 35]	
2.15	[38]	

Chapter 3 흙건축 자재 – 생산, 요건, 시험

Figure	Bibliography no.	Author
3.1	[3]	
3.2	[2]	
3.3	[4]	
3.6	[7]	
3.7, 3.28	[6]	
3.8	[8]	Claytec, Viersen, Germany
3.9	[9, 10, 74]	
3.10, 3.20, 3.35	[7]	Dachverband Lehm e. V. (DVL)
3.11, 3.38, 3.39	[11]	
3.13	[2, 14]	
3.24, 3.21	[16]	Bachrom A. Tulaganow, Weimar, Germany
3.14	[10, 15]	
3.15	[8]	
3.17	[75]	Diagram
3.22	[3, 76]	
3.23	[17]	Photo: Wikipedia
3.24	[2, 16, 18]	
3.25	[14, 19, 20]	
3.26		System Putzmeister
3.27	[14, 25]	(b) Quentin Wilson, El Rito, NM, USA
		(c) Claytec, Viersen, Germany
3.29, 3.47	[26]	

Chapter 3 흙건축 자재 – 생산, 요건, 시험 (계속)

Figure	Bibliography no.	Author
3.31	[28]	
3.32		According to DIBt
3.33	[10]	
3.34	[77]	Tom Hiersemann, Weimar, Germany
3.36	[81]	
3.37	[11, 43]	Thomas Schnellert, Weimar, Germany
3.40	[37]	
3.41, 3.42	[42]	
3.43		According to DIN 18945
3.44	[40]	
3.45	[38, 78]	
3.46	[43]	Photo: Thomas Schnellert, Weimar, Germany
3.48	[51]	
3.49	[40, 78]	
3.50, 3.54	[49, 50]	
3.51	[40]	
3.52	[55]	
3.54	[50]	
3.55	[61]	
3.56	[62]	
3.57, 3.58	[63]	
3.59	[64]	
3.60		According to DIN 18952-2
3.61, 3.62, 3.63	[66]	
3.4, 3.12	[5]	
3.5 diagram	[74]	

Chapter 4 흙 구조물 – 계획, 건축, 건설 감독

Figure	Bibliography no.	Author
4.2, 4.5, 4.7, 4.8, 4.10, 4.11, 4.12, 4.77	[1]	
4.3	[2]	
4.9		www.santafeproperties.com
4.13	[4]	
4.16	[107]	Drawings
4.17	[6]	
4.18		According to www.dibt.de
4.20, 4.38, 4.49, 4.50, 4.55, 4.56, 4.57, 4.78, 4.79	[52]	DVL/Julian Reisenberger (JR), Weimar and Claytec, Viersen, Germany
4.20	[55]	Julian Reisenberger, Weimar, Germany
4.21, 4.43, 4.68		Hannah Schreckenbach, Magdeburg, Germany
4.24, 4.29	[61]	
4.26	[54]	
4.30	[66]	
4.31	[68]	
4.32	[69]	David Easton, Napa, CA, USA
4.33	[72]	
4.34	[73]	Ivana Zabičkova, Brno, Czech Republic
4.36, 4.38, 4.42	[76]	Bachrom A. Tulaganow, Weimar, Germany
4.35, 4.60, 4.68	[74, 98]	Hannah Schreckenbach, Magdeburg, Germany
4.38 (JR), 4.41, 4.45, 4.69, 4.70, 4.71, 4.73, 4.74,	[51]	Dachverband Lehm e.V. (DVL)
4.39	[77]	
4.40	[79, 80]	
4.44	[84]	Anke Richter, Weimar, Germany
4.46		Claytec, Viersen, Germany
4.47	[85]	
4.48	[87, 88]	Tom Morton, Auchtermuchty, UK, Diagram: claytec
4.51	[89]	
4.53		André Sudmann, Weimar, Germany
4.54	[53]	
4.56		Anna Migliaccio, Weimar, Germany
4.64	[91, 112]	
4.65	[94]	Richard Orgel, Weimar, Germany
4.67	[97]	
4.72	[100]	

Chapter 4 흙 구조물 – 계획, 건축, 건설 감독 (계속)

Figure	Bibliography no.	Author
4.75	[103]	
4.76	[104]	
4.81	[105]	
4.82	[106]	
4.59	[83] (a)	(b) Claytec

Chapter 5 흙건축 자재로 지은 구조물 – 영향, 구조손상, 보존

Figure	Bibliography no.	Author
5.3	[2]	
5.4	[4]	
5.5	[9]	
5.6	[5]	
5.8	[11]	
5.9	[13]	
5.10	[25]	
5.11	[28]	
5.12	[6]	
5.14, 5.15, 5.17, 5.18, 5.19, 5.21, 5.23, 5.25, 5.28, 5.45	[30]	Tino Köhler, Weimar, Germany
5.20	[32]	
5.20	[32]	
5.22, 5.24, 5.26, 5.44	[33]	Yvonne Maiwald; Bettina Hein, Weimar, Germany
5.27		Schader, Weimar, Germany
5.30		UNDP
5.31	[40]	
5.34	[43]	
5.35	[44]	.
5.37, 5.38, 5.39, 5.40, 5.66, 5.68, 5.69	[45]	Shamil A. Chakimov, Tashkent, Uzbekistan
5.46	[47]	
5.48	[52]	
5.49, 5.55	[85]	Daniel Torrealva, Lima, Peru
5.50	[86]	
5.50 (JR), 5.51 (JR/Claytec)	[59]	
5.52, 5.53, 5.54	[71]	

Chapter 5 흙건축 자재로 지은 구조물 – 영향, 구조손상, 보존 (계속)

Figure	Bibliography no.	Author
5.55	[75]	
5.56, 5.57	[76]	Manfred Fahnert, Flammersfeld, Germany
5.58	[74]	
5.61	[78]	
5.62		Archaeological Museum Samarkand, Uzbekistan
5.63	[81]	
5.65, 5.66, 5.67	[41]	
5.66	[84]	
5.42	[46]	

Chapter 6 흙건축 자재의 철거, 재활용, 폐기

Figure	Bibliography no.	Author
6.1, 6.2	[14]	Jürgen Kurz, Weimar, Germany

Chapter 7 흙건축의 미래

Figure	Bibliography no.	Author
7.1		Archive City Museum Weimar, Germany

찾아보기

흙건축: 흙으로 하는 생태적 계획 및 건설

초 판 인 쇄 2021년 10월 1일
초 판 발 행 2021년 10월 7일

지 은 이 Horst Schroeder
옮 긴 이 이은주
펴 낸 이 김성배
펴 낸 곳 도서출판 씨아이알

편 집 장 박영지
책 임 편 집 최장미
디 자 인 윤지환, 윤미경
제 작 책 임 김문갑

등 록 번 호 제2-3285호
등 록 일 2001년 3월 19일
주 소 (04626) 서울특별시 중구 필동로8길 43(예장동 1-151)
전 화 번 호 02-2275-8603(대표)
팩 스 번 호 02-2265-9394
홈 페 이 지 www.circom.co.kr

I S B N 979-11-5610-956-3 93540
정 가 35,000원